山西阳城蟒河猕猴国家级自然保护区科研宣教文集

郝育庭　张建军　主编

中国林业出版社

图书在版编目(CIP)数据

山西阳城蟒河猕猴国家级自然保护区科研宣教文集 / 郝育庭，张建军主编．—北京：中国林业出版社，2021.9

ISBN 978-7-5219-1337-8

Ⅰ.①山… Ⅱ.①郝… ②张… Ⅲ.①猕猴-自然保护区-阳城县-文集 Ⅳ.①S759.992.254-53 ②Q959.848-53

中国版本图书馆 CIP 数据核字(2021)第 172344 号

责任编辑：何 鹏 徐梦欣

出版 中国林业出版社(100009 北京西城区刘海胡同 7 号)

E-mail forestbook@163.com **电话** (010)83143543

发行 中国林业出版社

印刷 三河市双升印务有限公司

版次 2021 年 9 月第 1 版

印次 2021 年 9 月第 1 次

开本 889mm×1194mm 1/16

印张 23.75

字数 720 千字

定价 130.00 元

前　　言

开展科学研究和宣传教育是自然保护区重要的工作内容之一。通过科研摸清保护区自然资源的本底,研究保护区内野生动植物资源的动态变化,是保护生物多样性、保护生态环境、制定保护管理对策的主要依据。开展宣教扩大保护区的影响,提高全民保护意识,是推进人与自然和谐共生现代化的应有之义。

山西阳城蟒河猕猴国家级自然保护区于1983年12月,经山西省人民政府批准建立。1998年8月,经国务院批准晋升为国家级自然保护区。蟒河保护区是山西省现有的8个国家级自然保护区之一,主要保护对象是猕猴等珍稀野生动物和暖温带森林生态系统。

蟒河保护区建立以来,在国家林业和草原局、山西省林业和草原局的正确领导和大力支持下,着力开展了资源保护、科学研究、公众宣教、社区共建、生态旅游等基础工作,建立了保护区专门的科研监测室。2020年山西省事业单位重塑性改革中,保护区管理局由副处级升格为正处级,内设科室也设立了专门的科研宣教科。

建区以来,蟒河保护区坚持内练硬功打基础、横向联合建基地,狠抓科研宣教队伍建设,从自身能力入手开展基础科学研究,与科研院所、大专院校联合建立科研基地,强有力地推动了科研工作向纵深发展。蟒河保护区集中精力开展生物多样性研究,重点开展了野生动物的生物学习性、生态学特征观察研究,森林生态系统的动态演替研究,种子植物区系研究,在工作实践中积累了大量的第一手野生动植物保护的珍贵资料,发表了学术论文,提高了保护区科研技术人员的业务素质和技能水平。与此同时,蟒河保护区先后与中科院动物研究所、国家林草局猫科动物研究中心、北京科技大学、北京林业大学、山西省生物研究所、山西大学、山西农业大学、山西师范大学、太原师范学院、长治学院、山西省林业和草原科学研究院、山西林业职业技术学院等科研院所、大专院校建立了科研合作共建机制,聘请了多位专家教授指导蟒河保护区的科研宣教工作,为蟒河保护区的科研工作注入了不竭的动力和活力。

鉴往知来,砺行致远。总结蟒河保护区建区以来的科研宣教成果,可以使保护区的科研工作稽古振今,可以更好地服务科研技术人员的业务需要和对外交流,可以铭记为保护区科研做出奉献的领导、学者、老师和工作人员,为此我们编辑出版《山西阳城蟒河猕猴国家级自然保护区科研宣教文集》。本文集分为科研和宣教两个篇章,科研篇章中以生态保护研究、野生动物研究、野生植物研究等章节排列,在宣教篇章中,重点收集建区以来宣传蟒河保护区丰富的自然资源的各类文章。各章节按文章刊发的先后顺序排列,排序时间从建区至2021年6月止。

翻阅文集,可以跨越历史的年轮,与蟒河保护区的管理者、建设者、研究者畅谈,感受拓荒人的艰辛与执着;翻阅文集,可以走进时光隧道,抚摸30多年前蟒河织锦的山水和原始的风情,与爱美、赞美、集美的先知共享自然生态的荣光;翻阅文集,可以感受蟒河厚重的发展和清新的文化,感受科研宣教工作带来的蟒河新变化,为今后的工作捧一杯清茶,站在历史的肩膀上,走向长远。

本文集在编辑过程中,查阅、检索了大量的文献,尽管如此,收集仍有疏漏,由于学识水平有限,文集仍会存在许多不妥之处,敬请大家批评指正。

编　者

2021年4月

目　录

前　言

一、科研篇

生态保护研究

山西省历山、蟒河自然保护区人类学生态学意义 …… 崔武社　尹艳庭(2)
山西阳城蟒河猕猴国家级自然保护区生态旅游开发的SWOT分析 …… 马维海(5)
蟒河生态旅游风景区的SWOT分析与发展对策 …… 徐福慧　韩　飞　姚延梼(9)
蟒河生态旅游区森林资源保护初探 …… 廉梅霞　李彩虹　王　珏　赵维娜(13)
山西蟒河自然保护区森林生态系统服务功能价值评估 …… 李　沁　闻　渊(17)
山西阳城蟒河猕猴国家级自然保护区自然生态质量评价 …… 张　俊(22)
山西阳城蟒河自然保护区森林碳储量及碳汇价值估算研究 …… 靳云燕(26)
山西阳城蟒河猕猴国家级自然保护区生态保护现状整体评估研究 …… 靳云燕(29)
蟒河保护区发展问题的调查与思考 …… 张建军(32)
野生动物对群众生产生活造成损害情况的研究
——以山西阳城蟒河猕猴国家级自然保护区为例 …… 张建军(35)
自然保护区生态保护与建设发展研究
——以山西阳城蟒河猕猴国家级自然保护区为例 …… 张建军(40)
山西阳城蟒河猕猴国家级自然保护区总体规划绩效评价 …… 吉国强(46)
山西阳城蟒河猕猴国家级自然保护区整合优化研究 …… 焦慧芳　靳　潇　张建军(49)

真　菌

山西蟒河自然保护区土壤放线菌区系及资源调查 …… 刘德容　赵益善　郭　珺　吴玉龙(52)
山西虫生真菌种类及分布研究(Ⅰ) …… 宋东辉　贺运春　宋淑梅　张作刚　李文英(56)
山西虫生真菌种类及分布研究(Ⅱ) …… 宋东辉　贺运春　宋淑梅　张作刚　李文英(60)
山西省虫生真菌生态多样性研究 …… 李文英　贺运春　王建明　张作刚　张仙红(65)
山西虫生真菌资源的研究Ⅲ
——虫生镰刀菌的研究 …… 李文英　张　纯　张仙红　吕增芳　李志岗　贺运春(71)
山西省虫生真菌种类资源概貌 …… 戴建青　李文英　张仙红　贺运春　刘贤谦(74)
炭角菌科埋座属的一个中国新记录种 …… 路炳声　康瑞娇　岳松涛　梁　晨　李新凤(78)
山西省虫生真菌种类及分布特点研究 …… 王宏民　王曙光　张仙红　郝　赤(81)

野生动物研究

山西省突眼隐翅虫属 *Stenus* 名录 …… 王志超　侯　毅　李晓红　郝　赤(86)
中条山蚜虫种类资源初步研究 …… 魏明峰(89)
山西省隐翅虫 Staphylinidae 名录 …… 郝　赤　刘志萍　李会仙(93)
山西蟒河猕猴国家级自然保护区蛾类多样性 …… 侯沁文　铁　军　白海艳(96)
蟒河猕猴国家级自然保护区蛾类群落生态位特征 …… 侯沁文　白海艳　铁　军(104)
人为干扰对山西蟒河国家级自然保护区蛾类多样性的影响 …… 侯沁文　铁　军　白海艳(112)

蟒河自然保护区两栖爬行动物 …… 白海艳　铁　军(120)
山地麻蜥的生态观察 …… 薛之东　张青霞　王金燕(124)
山西阳城发现刘氏链蛇 …… 张建军(127)
山西阳城蟒河猕猴国家级自然保护区两栖爬行动物多样性及保护 …… 张建军(129)
蟒河自然保护区金雕数量及其保护研究 …… 田德雨(139)
山噪鹛繁殖习性初步观察 …… 田德雨　仝　英(142)
蟒河保护区夜间鸟类调查初探 …… 关永社　张青霞　田随味(144)
山西蟒河自然保护区雉类调查 …… 赵益善　田德雨(147)
蟒河自然保护区猛禽初步调查 …… 田德雨　田随味(150)
大山雀生态的初步观察 …… 杨潞潞　茹李军(153)
蟒河自然保护区金翅雀的繁殖生态学研究 …… 赵益善　田随味　田德雨　茹李军(156)
蟒河保护区山鹡鸰生态观察初报 …… 田德雨(159)
山西省蟒河自然保护区雀鹰的繁殖 …… 田德雨　杨潞潞　张宝国　徐珍萍(161)
蟒河保护区普通翠鸟繁殖生态观测简报 …… 田德雨　牛治钰　王金燕(163)
蟒河保护区冠鱼狗繁殖生态 …… 田随味　杨潞潞(165)
蟒河保护区野生鸟类的繁殖动态 …… 张青霞　王金叶　李王斌(168)
北红尾鸲的繁殖习性观察 …… 张青霞　薛之东　茹李军(170)
戴胜的繁殖生态观察 …… 安学军　田德雨(173)
蟒河自然保护区鸟类调查初报 …… 田随味　田德雨　张锁荣(175)
白鹡鸰的栖息地调查 …… 张青霞(181)
山西省红腹锦鸡资源分布研究 …… 李丽霞　王建军　蔡立帅(183)
山西省猕猴调查初报 …… 朱　军　谢重阳　贾志荣(187)
野生猕猴生物学特性观察 …… 李鹏飞(190)
山西省蟒河自然保护区兽类区系调查 …… 赵益善　田德雨　田随味(194)
蟒河保护区猕猴生态观察与种群监测 …… 田随味　张龙胜(197)
Complete mitochondrial genome of *Prionailurus bengalensis* (Carnivora: Felidae), a protected species in China …… Jian-Jun Zhanga, Yu-Kang Liangb and Zhu-Mei Renb(201)
山西阳城蟒河猕猴国家级自然保护区野猪种群调查 …… 焦慧芳　靳　潇　张建军(204)
蟒河保护区人兽冲突现状研究 …… 焦慧芳　张建军(208)
基于红外相机技术对蟒河保护区鸟兽多样性的调查 …… 张建军　焦慧芳(212)

野生植物研究

山西省轮藻植物新资料 …… 张　猛　冯　佳　谢树莲(219)
山西蟒河自然保护区苔藓植物研究 …… 王桂花　谢树莲　张　峰　赵益善　刘晓玲(223)
山西蕨类植物新资料 …… 谢树莲　王　芳　刘晓铃　张　峰　赵益善(230)
山西蕨类的新记录——凤丫蕨属 …… 朱莉香　孙克勤　崔文举　朱东泽　梁林峰(233)
山西蟒河自然保护区鹅耳枥林的聚类和排序 …… 米湘成　张金屯　上官铁梁　杜雪亮　李学凤(236)
山西蟒河自然保护区栓皮栎林的聚类和排序 …… 米湘成　张金屯　张　峰　上官铁梁(241)
蟒河自然保护区珍稀树木的数量与分布 …… 田随味(245)
山西植物一新纪录属和四个新纪录种 …… 岳建英　刘天慰　关芳玲(247)
山西蟒河自然保护区野生植物资源 …… 茹文明(250)
山西蟒河自然保护区药用植物资源研究 …… 茹文明(255)
山西蟒河自然保护区南方红豆杉林的调查研究 …… 茹文明(258)

山西蟒河自然保护区植物区系的初步研究 …………………… 茹文明　张桂萍(263)
山西蟒河南方红豆杉群落和种群结构研究 ………………… 张桂萍　张建国　茹文明(267)
山西蟒河自然保护区种子植物区系研究 ……………… 张殷波　张　峰　赵益善　樊敏霞(271)
蟒河自然保护区野生植物资源调查分析 ……………… 张　军　田随味　魏清华　张　蕊(278)
蟒河自然保护区南方红豆杉种群的数量分布 ………………… 张　军　田随味　潼　军(282)
蟒河自然保护区林分考察报告 ……………………………… 张青霞　张　军　田随味(285)
蟒河自然保护区植被考察报告 ……………………………… 田随味　张　军　张青霞(288)
山西紫草属植物——新记录种 ……………………………… 任保青　周哲峰　陈陆琴(291)
山西蟒河国家级自然保护区猕猴食源植物区系特征 ……………………………………
…………………………… 铁　军　金　山　陈艳彬　秦永燕　张桂萍　茹文明(293)
山西蟒河国家级自然保护区人工油松林生态位特征 …… 李燕芬　铁　军　张桂萍　郭　华(300)
山西兰科植物新资料 ……………………………………………………………… 任保青(309)
蟒河自然保护区极小植物调查报告 ……………………………………………… 张青霞(312)
蟒河自然保护区野生南方红豆杉资源调查 ………………………………………… 张青霞(315)
山西蟒河自然保护区南方红豆杉群落生态位研究 ………………… 陈龙涛　高润梅　石晓东(318)
山西省石蒜科新记录种——忽地笑 ……………………… 裴淑兰　王刚狮　雷淑慧　梁林峰(323)
山西蟒河珍稀植物群落谱系结构研究 ……………………… 张滋庭　张滋芳　王　凯(326)
华北地区国家级自然保护区对药用维管植物的保护状况 ………………………………
………………………… 张　毓　王庆刚　田　瑜　徐　靖　阙　灵　杨　光　池秀莲(331)
南方红豆杉实生苗和扦插苗定植后生长量研究 …………………………………… 张建军(338)
硒处理对土壤理化性质及杭白菊品质的影响 …………………………………………
…………………… 程　丹　张　红　郭子雨　张建军　王志玲　牛颜冰　张春来　吕晋慧(341)
蟒河国家自然保护区硅藻植物新记录 ……………………………………………
………………………… 刘　琪　李佳佳　冯　佳　吕俊平　南芳茹　刘旭东　谢树莲(347)
蟒河自然保护区南方红豆杉植物生境调查研究 ………………… 王玉龙　张建军　王艳军(350)

二、宣教篇

蟒河的传说 ……………………………………………………………………………… 王玉萍(354)
蟒河棋盘山的传说 ……………………………………………………………………… 王玉萍(356)
蟒河山萸肉 ……………………………………………………………………………… 王五喜(357)
蟒河鸟巢拾趣 …………………………………………………………………………… 张青霞(358)
兔年说草兔 ……………………………………………………………………………… 张青霞(360)
保护华北"小桂林"之美
——山西蟒河国家级自然保护区发展纪实 ……………………………… 赵益善　田随味(362)
为蟒河旅游产业插上灵动的文化翼翅
——山西阳城蟒河生态旅游有限责任公司"文化全渗透"理念下的品牌塑造纪实 ……………
………………………………………………………………………………………… 陈　鹏(365)
天晴云归尽　山翠猕猴欢 ……………………………………………………… 周亚军　苏　艺(369)

一、科研篇

生态保护研究

山西省历山、蟒河自然保护区人类学生态学意义*

崔武社[1]　尹艳庭[2]
（1. 北京林业大学，北京，100083；2. 山西省杨树丰产林局调查队）

摘　要：历山和蟒河是山西省两处重要的自然保护区，设区的目的是保护区域内的珍贵动植物资源；在分析它们特殊的地理位置的基础上，从人类学和生态学的角度综合分析，拓展了保护区的内涵价值。

关键词：自然保护区；人类学；生态学

中条山脉位于山西省最南端，是黄土高原的南沿，约在110°19′~112°E，34°42′~35°50′N间，山脉为东北—西南走向，主峰历山(舜王坪)海拔2358m。由于动植物区系复杂多样，分布有我国特有的古老动植物种，还残存有斑块状原始森林，据此设立了历山和蟒河两处自然保护区。显然最初设区的本意是以保护物种考虑。笔者拟从人类学及生态学的角度综合分析，使其内涵价值延伸。

围绕中条山脉，先后发现高密度的猿人及石器文化遗存。如山西襄汾丁村人距今13万~8万年、陕西大荔人距今23万~19万年、山西芮城中条山南中窑乡距今180万年的西侯度文化遗存、中条山历山下川距今3万年的石器文化遗存、以及高平牛村石器文化遗存。这一现象说明黄土高原的中条山是人类早期活动的根据地。

在人类的3个承前启后的种(能人、直立人和智人)进化的过程中，除社会条件影响外，环境的作用也是极重要的。外界环境的影响包括地质地貌、气候、动植物等，在人类进化的后期除上述条件外则注重栽培作物、家禽、家畜、土壤等生产条件。简单说来，云贵高原山区使树上臂行式的猿进化成地上直立行走的能人和直立人；高温高湿，盐和水供应充足的长江流域使古猿脱去皮毛，皮肤裸露；黄土高原则是智人成长的关键因素之一。

黄土高原四季分明的气候使脱去皮毛的古人发展皮下脂肪以御寒冷，皮下脂肪层的出现使古人类有了雄厚的能量物质贮备。定时取食使古人类有时间进行创造性劳动和思维，从而发展了文化和艺术，同时雄厚的能量物质贮备使人类能熬过更长时间的饥荒期，以适应更加恶劣的环境，增强了向更辽阔空间进军的适应能力。

1992年1月3日，法国《问题》周刊报道，在地球这个巨大的活有机体中，沙漠是生命的一个源头。从更新世到全新世的几百万年中，冬春季盛行的西风将亚洲腹地沙漠的黄土撒播在黄土高原上，给这个地区的土地带来了源源不断的氮、磷、钾、铁和其他微量元素，深厚疏松的黄土层，肥沃且易耕种，这是其他任何一种土壤都无法比拟的。在人类进化的早期，原始石木工具离开疏松易耕的黄土，农业是无法立足的。这是中国境内农业文明在黄土高原得以最早产生的决定性条件。

黄土高原的西南，青藏高原第一阶台地以山脉形式犬牙交错式地侵入；南方以秦岭为界和四川盆地相邻；北方和西北方受蒙古高原的鄂尔多斯荒漠挟带毛乌素沙地和腾格里沙漠南下逼近；东方俯临辽阔的华北平原。因此以中条山脉的历山和蟒河自然保护区为中心的汾渭谷地或黄土高原是蒙古干旱荒漠植物区系、青藏高寒荒漠植物区系、四川盆地亚热带常绿植物区系及华北平原温带森林草原植物

* 本文原载于《国土与自然资源研究》，1999，(3)：55-57.

区系等4种地质地貌和植物区系的交界处，这样复杂的地形和植物区系的交界线是世界植物区系中少见的，其生态学上的边界效应达到最大值，因而其动植物种类的复杂性也是世界上同纬度地区少见的。

从地形上看，黄土高原是很多平行发展的经向和纬向构造的交界点，形成多道丁字形结构，使黄土高原成为动植物迁移的十字路口。以南北向山脉为例：黄土高原东缘是太行山、中条山，中条山北上太行山以阴山和燕山为跳板可向东北接大兴安岭和外兴安岭达太平洋，或通过维尔霍杨斯克山脉到达北冰洋。从中条山南下以伏牛山、大巴山为跳板则连接巫山、大娄山达横断山脉，再通过长山山脉直达中南半岛南端的太平洋热带雨林区。南北向的吕梁山脉延续不长，北接蒙古高原达阴山，南隔汾渭盆地与秦岭相望。黄土高原的西缘是贺兰山，贺兰山以蒙古高原为跳板可达肯特山及雅布洛诺夫山接外兴安岭达太平洋和北冰洋。从贺兰山南下以六盘山为跳板并沿青藏高原东缘高山断裂南下也可达横断山脉，接若开山脉达印度洋。与这种巨大的经向构造相间隔的是一系列相连相邻的低地和盆地。太行山以东的华北平原北接东北平原，南连长江中下游平原和珠江三角洲、再向南与红河三角洲、湄公河三角洲相连，成为基本南北相通的沿太平洋的平原低地，大约从北纬50°开始至北纬10°为止。太行山以西的山西盆地北起雁门关南达晋南，以汾河盆地与渭河盆地相连，然后越秦岭进入四川盆地，从大约北纬40°开始至北纬29°为止。

以东西向山脉为例。从黄土高原南沿中条山经秦岭开始沿祁连山至阿尔金山达帕米尔山结，再沿兴都库什山一系列山脉达大西洋，这条山系的北面是蒙古高原的南沿。以六盘山为起点，为一系列大致东西向的山脉，如龙首山、合黎山、北山并连接天山山脉又向南达帕米尔山结，并向西通过阿尔泰山、萨彦岭进达南乌拉尔和欧洲。在这些基本东西向的山脉中心的最低点是一系列基本贯通的山间盆地，如以华北平原算起则大约始于东经120°止于东经75°。

这些山系是动植物迁移扩散的通道，特别是山系的边缘是物种容易找到合适的生态小区的地方，这就成为生物的生态走廊。黄土高原的中条山及其中心的历山和蟒河自然保护区正处在这个十字路口上，北极冰沼荒漠植物南下的种属，如罂粟属、萎陵菜属、卷耳属和黄芪属的一些特有种在黄土高原被发现。从西方干旱区传入的植物有野燕麦属、大黄属、殓蓬属，许多豆科植物如豌豆、小扁豆、蚕豆、山黎豆和葱属等。由南方温暖湿润亚热带传入的植物有苹果属、梨属、山楂属等。一些特殊的种可以到达更远的大洋彼岸，如北方植物区的柳属在赤道高山上，苹果属在西亚和欧洲，而杜鹃在大兴安岭定居，殓蓬在东海边上发现等等。

从历史上看，黄土高原属泛北极植物区系在古北动物区系，但受到泛热带植物区系和东洋动物区系的巨大影响，在第三纪内统一的北极植物区系分化形成3个成带的植物区系：波尔塔瓦植物区系、图尔盖植物区系和北方植物区系。波尔塔瓦植物区系的北界在某些地方向北进展到维斯拉河口和长江河口连线附近。第四纪冰川消灭了波尔塔瓦植物区系，但这个植物区系在中国保存下来并演变成中国日本植物亚区。这个亚区是由远东避难所保存的图尔盖植物区系和北方植物区系与波尔塔瓦植物区系混合而成的。现在黄土高原是亚热带、温带和寒带植物非常复杂的混合，但是由于几千年来气候变迁，人类不断地破坏森林的结果使这一自然景观不复存在，历山和蟒河自然保护区是唯一保存的原始区域，是黄土高原古代自然地理的唯一博物馆。

在黄土高原现存森林植被中混杂间或单独成片发现珍奇亚热带树种，这在此2处自然保护区十分典型。其中有南方红豆杉、连香树、山白树、盐肤木、匙叶栎、异叶榕、三叶木通、七叶一枝花和九节菖蒲等等，都证明远古时代黄土高原的温暖和湿润。与这种植被特征相一致的是在中条山发现猕猴群体和大鲵。世界上猕猴和大鲵都生活在热带和亚热带，在温带生活的仅发现日本雪猴。由于日本处于海洋性气候控制下，与大陆气候类型很不相同，因此中条山发现的猕猴，大鲵群体是黄土高原气候特征的很重要的证据。

由于前述黄土高原特别是中条山及其中的历山和蟒河自然保护区域特殊的自然地理条件，几乎全中国及亚洲的栽培作物都向这里集中，成为智人起源的保证。这里有自南边来的粟、黍、高梁、大豆和芝麻；自东而来的薏苡、水稻和茭白；自西而来的大麦、燕麦和胡麻。这里最为奇特的是六倍体小麦的起源。

黄土高原西部的山脉组成是非常特殊的，阿尔泰山与昆仑山南北距离达纬度 15 度，而在东部河西走廊两山之间的距离不足纬度 1 度，这样形成一个东西长达经度 45 度以上的喇叭状结构。纬度 1 度的弧长约合 110km，那么仅以地图计算可知这个漏斗形构造在西部南北最宽处为 1650km，而在东部南北向最窄处不足 110km，实际上河西走廊最窄处不足 10km，经度 1 度的弧长在北纬 40°时约合 85. 4km，则经度约合 3840km，称之为巨大漏斗状结构是再确切不过的了。如果我们的眼界再开阔一些，将昆仑山向西延伸的兴都库什山，伊朗高原和孔格罗斯山看成这个漏斗状结构向西的南缘，而将阿尔泰山以北的萨彦岭和中西伯利亚高原看成这个漏斗状结构的北缘，那么这个结构几乎包括了欧亚大陆中部从北至南的全部地区。这个漏斗状构造从北纬 30°的孔格罗斯山至北纬 70°的中西伯利亚高原，大约跨纬度 40°，约合南北宽 4400km；如果从东经 115°的太行山中条山算起，至东经 40°的黑海边孔格罗斯山末，大约跨经度 70°。还以北纬 40°经度 1 度的弧长计算，则这个漏斗构造东西长约 6405km。这一地区一直盛行强大的西风，风力常在七八级以上，连豌豆大小的石子都可以吹上天。这的确是一个奇妙的结合，冬春季干旱的气候，强劲的西风使大量西方和北方的草原物种的植株和种子乘风而进，漏斗状的地质构造又起到物种集中的作用。这就使物种从宽度 4400km 压缩到 1650km，再缩小到不足 10km；从长 6450km 压缩到 3840km 再缩小到零。在漫长的地质年代中，物种的密集和重叠度之高是完全可以想象的。奇妙的是在这个喇叭状构造的底部，中条山从东北向西南像一条舌头一样嵌入，承受看西风带来的恩赐。尤其东南季风带来了丰沛的雨水，培育着新生的幼苗。这样几乎所有的小麦属植物的亲缘种都集中到了黄土高原和中条山，包括小麦属、冰草属、黑麦属、滨麦属、山羊草属和簇毛麦属等。其中有重要的小麦物种四倍体硬粒小麦和二倍体小麦草，在黄土高原物种密集和统一风土驯化的情况下四倍体和二倍体发生了重要的一次远缘杂交而产生了六倍体普通小麦。

这样，黄土高原和中条山通过孕育栽培作物而成为中华民族的摇篮，中国上古时所有的历史都在它身边上演，这一带丰富的关于炎帝的传说不是空穴来风，因此保护历山和蟒河自然保护区也就保护了中华民族历史的一面永不磨灭的镜鉴。

总体来看以历山和蟒河为中心的中条山区是在中原唯一保存下来的古生态博物馆和人类的环境遗址。那些凝结在自然景观上的远古人类的进化场景是我们研究祖先历史宝贵的实物资料，所以我们不能仅从自然环境的角度来看两处自然保护区的重要性，而要从人类起源进化和人文历史的角度研究历山和蟒河自然保护区的意义。

山西阳城蟒河猕猴国家级自然保护区生态旅游开发的SWOT分析*

马维海

（山西省交城县林业局，交城县，030500）

摘　要：根据山西阳城蟒河猕猴国家级自然保护区自身状况与外部环境的对比分析，甄别出保护区在生态旅游开发过程中可能面临的机遇与挑战，进而为决策者提供战略方案选择的决策依据，以谋求在日益激烈的竞争环境中，获取更多的发展机会。

关键词：保护区；生态旅游；SWOT分析

1　蟒河自然保护区基本情况

山西阳城蟒河猕猴国家级自然保护区位于山西省阳城县境内，总面积5573hm^2。其中可供开发生态旅游的实验区总面积为1756hm^2，以保护猕猴及珍稀动、植物为主，是山西省五个国家级自然保护区之一，森林覆盖率达82%，保护区素有“山西省动植物资源宝库”之称，有国家Ⅰ级、Ⅱ级保护动物黑鹳、金雕、金钱豹、娃娃鱼、勺鸡、猕猴等，列为国家、省保护植物的有山白树、领春木、红豆杉、青檀、暖木等。陆栖动物285种、鸟类214种、兽类43种，仅种子植物就有800种以上。其中山茱萸约7万株，年产量50t，名列全国前茅。

早年在保护区成立初期，就有旅游观光者，但一直没有进行有序开发，直到2005年在国家政策的大力支持下，保护区本着“保护第一、持续发展”的原则，开始进行生态旅游的规划、开发与建设。

2　蟒河自然保护开发生态旅游的SWOT分析

2.1　优势(Strengths)分析

2.1.1　蟒河山水峻秀瑰丽

蟒河自然保护区是山西省南部的主要天然屏障，其特殊的地理位置和多变的温、亚热带气候，形成了颇具特色的森林、自然、历史人文景观，区内丛林茂密、层峦叠嶂、名山耸翠、碧峰陡峻、悬谷幽峡、瀑潭棋布、景致奇丽。自然资源珍稀多样，景观资源丰富，生态系统保存完好是蟒河自然保护区开发生态旅游的最大优势。

2.1.2　区位优势明显

该区位于山西省东南部，地处太行、太岳、中条、王屋四山交汇之腹地。北接太原，南俯中原，区位优越，通讯发达，交通十分便利。连接第二条欧亚大陆桥的侯月铁路纵贯区域南北，晋阳高速公路横穿区域东西，阳城—济源的二级公路打开了通往中原的南大门。随着晋城—焦作、晋城—侯马等高速公路的建成，区域四通八达的交通运输网络已经形成。随着国家西部大开发战略的进一步实施，黄河小浪底水利枢纽、洛阳经济特区和济源经济走廊的建设，蟒河自然保护区雄居于该区位中心，因此其生态旅游业的发展具有明显的区位优势。

2.1.3　广泛的地域联系性

蟒河自然保护区地处晋豫两省交界处，河南省的“太行山猕猴国家级自然保护区、蟒河森林生态旅

* 本文原载于《内蒙古林业调查设计》，2006，29(4)：41-43.

游区”“九里沟生态观光旅游区”“王屋山风景区”“五龙口风景区”等项目已经对蟒河自然保护区形成了包裹之势。

保护区所在的阳城县内有雄伟壮观的“海会双塔”，风韵独存的“西池花园”，树里名章“灵泉洞”，更有清康熙吏部尚书陈廷敬故居“午亭山村——皇城”，相府文化内涵深厚，与蟒河自然风光相得益彰，并且南临中原古都洛阳，东接太行风情之自然热线，西靠河东古风，黄河风情之文化热线。蟒河自然保护区生态旅游建设具有广泛的地域联系性，市场客源充盈。

2.1.4 区域农户对旅游认知度的提高

在多年的旅游探索实践中，保护区范围内的居民已充分认识到发展生态旅游是促进农产品增值，提供就业机会，实现经济持续发展增长的有效途径。区域居民已自发地开展了家庭农户特色食宿服务，为游客提供导游、交通等服务，特别是蟒河村，成立了蟒河旅游开发有限公司，已投资修建和完善了一些基础设施，整顿了村容村貌，为全面发展该区域的生态旅游奠定了良好的基础。

2.2 劣势(Weaknesses)分析

2.2.1 环境压力大

阳城县是山西省重要的能源基地，随着经济的发展，阳城县的大气污染状况已越来越不容乐观。据资料统计，全县现有 200 余座炼铁高炉、170 多家化工企业和众多的服务业锅炉。这些炼铁高炉、化工炉、服务业锅炉所排放的污染物造成了区域大气环境的不断恶化，严重地阻碍了阳城县整体社会、经济的持续发展。

2.2.2 保护压力大

蟒河自然保护区开发旅游所在的实验区总面积 1756hm^2，森林面积 1439.9hm^2，森林资源主要以中龄林和幼龄林为主，优势树种栓皮栎、橿子栎是其稳定的林分组成树种。大面积的森林分布在旅游区的各个角落。开发生态旅游，如果不能对游客进行大力的森林防火知识的宣传和旅游线路的科学管理，这将会给保护区的森林防火、动植物的保护带来诸多的负面影响。

2.2.3 无序管理与开发

对旅游区的开发建设缺少统一的规划，政出多门，盲目开发，是目前存在的主要问题。有些单位和部门从本单位本部门的经济利益出发，盲目进行旅游设施建设，严重阻碍了旅游管理的顺利进行。由于盲目扩张旅游，加大宣传力度，而区内的服务设施如厕所、垃圾箱等基础设施不健全，小商小贩随意占地经营，私挖乱建，已给保护区原始的生态面貌造成潜在的破坏。

2.2.4 旅游经营理念滞后

与东南沿海及旅游业发展较快的地区比较，整个山西省在经营理念方面相对比较滞后，思想比较保守。阳城县、保护区均在管理理念、服务意识和服务技能等旅游接待与服务方面，还没有标准化、规范化和市场化的管理，经营观念和意识比较淡薄，整体旅游管理人员和从业人员的综合素质能力偏低，缺乏专业人才。

2.3 机遇(Opportunities)分析

2.3.1 国际大环境

旅游业已成为世界上最大的产业和最大的就业部门，旅游业的发展极大地促进了世界各国国民经济的发展。进入 21 世纪，国际旅游市场将形成欧、美、亚三分天下的市场格局，亚太地区甚至将超过美洲地区跃居世界第二。

另据世界旅游组织的调查，未来世界旅游将呈以下发展趋势：①到 2010 年区域旅游除在美洲地区减少外，其他五个洲的旅游都将大幅度增加，所占份额欧洲最高将达到88%，非洲最低，将达到42%，大部分国家的临近市场仍将是本国旅游客源的主体市场，区域旅游仍将是世界开发的主流；②散客迅速上升，团队比重幅度下降，主题旅游将迅速崛起；③从观光型旅游为主向休闲、度假、娱乐型旅游转变，旅游者追求更多的参与性活动；④旅游活动将继续朝着大众化发展，家庭旅游将成为全球流行趋势，“银发”旅游市场不断扩大。

2.3.2 国内环境

中国政府曾指出：中国是“最安全的旅游目的地”，旅游业的发展必须得到各级政府的重视和各相关方面的配合。我国目前旅游业的主要任务是：把旅游业与扩大内需、结构调整、深化改革、扩大开放、增加就业等工作更加紧密地结合起来，进一步发展壮大旅游业，巩固旅游市场秩序的治理成果，进一步树立“中国是最理想的投资沃土，是最安全的旅游胜地”的形象，在建设世界旅游强国的道路上迈出新的步伐。

为达到以上目的，其中有一条就是：要大力加强旅游业与当地产业结构调整的强有力结合，培育旅游业新的经济增长点。

2.3.3 省内环境

山西省入境旅游市场逐步转旺，国内旅游市场出现繁荣局面，黄金周旅游日趋成熟，旅游产业的发展呈现出游客增加、市场扩大、效益明显的势头。

旅游业是山西省的朝阳产业和实现可持续发展的希望产业，是山西产业政策重点鼓励发展的七大优势产业之一。当前和今后一段时期，山西要把旅游产业作为重要的支柱产业、优势产业和新兴持续产业摆上全局的战略位置，予以扶持和推动。

山西将依照“政府主导、社会主办、市场运作”的思路，大力促进旅游产业的发展。搞好重点部位、重点景区、重要旅游资源的开发和保护。着力搞好旅游景区景点的水、电、路等基础设施建设，加强环境整治和综合开发，创造良好发展环境。

山西省还要加强与周边省市的合作，以邻为伴、以邻为善，实现旅游产业的共同发展，同时政府部门要予以大力支持，使旅游业尽快发展成为山西的优势支柱产业。到2010年，山西省将建成我国中西部旅游经济强省。

2.3.4 区域环境

就旅游业，阳城县政府曾在政府工作报告中明确提出：旅游业是阳城县未来最具潜力和活力的朝阳产业，在未来的建设中，要加大景区景点的基础设施建设力度，加快旅游产业开发。要以建设全国“旅游名县”为目标，以“三河、三城、三山”为重点，大力开发，精心包装，强化宣传，努力推向全国市场。开发的目标之一就是：要把蟒河景区建成以山水风光旅游为主的风光旅游区。创出皇城、蟒河两大全国知名品牌和7项省级旅游品牌。基础设施建设要以旅游为重点，以枢纽工程、骨架工程为突破口。

当地政府就蟒河自然保护区生态旅游的合作开发，也曾多次与保护区及省林业厅进行合作洽谈，以达成共识，实行双赢，并得到了保护区上级主管部门的同意。

2.4 威胁(Threats)分析

蟒河自然保护区生态旅游的开发，所有的威胁只有一个，那就是周边景区的激烈竞争，其中最不能忽视的是：中国旅游看“三南”之一的河南省。

早在10年前，国家旅游局的领导就明确指出，中国旅游看“三南”，即河南的历史文化，云南的民族风情，海南的自然风光，“三南”的旅游资源代表了中国旅游文化的三个典型特色。河南作为中华民族历史文化的重要发源地，历史文化旅游资源丰富多彩，又占有地处中原，交通便利，人口众多的优势，发展旅游业有着广阔的前景和巨大的市场潜力。

河南省为发挥旅游资源大省的优势，实现旅游经济大省、旅游经济强省的目标，出台了一系列的优惠政策的同时，采取相应的措施：①在旅游基础设施建设上，大投入；②在旅游线路组织上，大手笔；③在旅游品牌上，大战略。

积极向海内外旅客推出了极具诱惑力的“古都游、黄河游、寻根游、功夫游、赏花游”五张“王牌”，并收到了良好的效果。

蟒河自然保护区生态旅游的开发，如果没有独到之处，没有“绝牌”出招，是很难与之相抗衡的，这是蟒河自然保护区生态旅游开发所面临的最大威胁。

3 结论

通过以上的 SWOT 分析，蟒河自然保护区具备开发生态旅游的景观资源，且占据区位优势，同时又面临大好的发展机遇。因此在开发过程中，决策者只有正视威胁、抓住机遇、发挥优势、改善劣势，才能使蟒河自然保护区生态旅游的开发走可持续发展之路。

蟒河生态旅游风景区的SWOT分析与发展对策*

徐福慧[1]　韩　飞[2]　姚延梼[1]
（1. 山西农业大学，太谷，030801；2. 山西省中条山国有林管理局，侯马，043000）

摘　要：运用SWOT分析法对山西蟒河生态旅游风景区优势、劣势、机遇和威胁进行了详细分析，进一步认识到其自身发展中存在的优势和不足，并针对当地旅游区特色景点建设提出定位与规划、旅游产品开发、整体营销和人才队伍建设等一系列建议，促使其真正做到科学发展与生态文明相融合。

关键词：山西蟒河；生态旅游；SWOT分析；发展对策

SWOT分析法即强弱危机综合分析法，是一种企业竞争态势分析方法，是市场营销的基础分析方法之一。20世纪80年代初由旧金山大学的管理学教授提出，这是一种能够较客观而准确地分析和研究一个单位现实情况的方法。SWOT 4个英文字母中S指产业内部的优势(Strength)，W指产业内部的劣势(Weakness)，O指产业外部的机会(Opportunity)，T指产业外部环境的威胁(Threat)。SWOT分析法旨在对产业内部条件和外部环境的各种因素进行综合系统评价，从而选择最佳经营战略。

1　蟒河生态旅游风景区概况

蟒河生态旅游风景区位于山西省晋城市阳城县东南40km，北承太岳，东接太行，西倚中条，南连王屋，景区总面积120km^2，地处北温带大陆性气候南缘的低中山温和湿润气候区，属暖温带半湿润气候，年均温11.8℃左右，年平均降水量602mm，无霜期180d~200d，年日照时间2800h，地质结构北部台头片为丘陵地带，属煤系地层，地质结构相对不稳定，是地质灾害易发区；南部桑林片为山区山地地貌，属老地层，结构相对稳定。境内矿产资源丰富，主要有石英砂、白云岩、角闪岩、硫铁矿、碳酸钙等。

2　SWOT分析

2.1　优势分析

2.1.1　投资优势

蟒河生态旅游景区以国家AAAA级景区规格规划建设，并留有AAAAA级的建设余地。投资概算足，资金投入多，为景区建设奠定了较高的基础。通过项目区竞标，2006年阳城县竹林山煤炭有限责任公司取得了蟒河景区50年经营管理权，蟒河景区投资概算4.5亿元，整个工程分3期完成。第1期工程2006年至2009年，计划完成投资1.5亿元；第2期工程2010年至2012年，计划完成投资2亿元；第3期工程2013年至2016年，计划完成投资1亿元。建成集生态观光、度假疗养、运动休闲、地质科普为一体的旅游胜地。目前，蟒河景区投资1.5亿元，一期工程建设已完成，初步具备接待能力。

2.1.2　政策优惠

县镇政府十分重视蟒河旅游风景区的发展，把旅游业当作当地国民经济的支柱产业和促进整个乡镇整体协调发展的有力手段来抓，一系列优惠政策的提出无疑是蟒河生态景区发展的巨大动力。例如，

* 本文原载于《山西林业科技》，2013，42(3)：9-11.

政府出台旅游项目收费优惠政策；对排放污水达到国家或地方标准，并进入城市污水处理网的旅游定点饭店免征排污费；县政府每年拿出上年财政收入的0.1%，设立旅游宣传专项资金；出台旅游行业奖励政策，对成绩突出的旅行社、星级饭店、农家乐和旅游演艺节目、旅游商品开发、特色旅游项目等予以重奖。

2.1.3 区位优势

阳城地处山西省东南部，与河南接壤，自古为山西、河南、陕西的重要门户，也是我国沟通东西、连接南北的交通枢纽。区位适中，交通便捷，太焦、候月铁路纵贯本境，晋焦高速、长晋高速、晋济高速、晋阳高速、207国道、省道与县道、乡道交织成网。

2.1.4 资源优势

蟒河生态旅游景区位于晋城市阳城县蟒河镇，是以保护猕猴和亚热带植被为主的国家级自然保护区，森林覆盖率在80%以上，有山西动植物资源宝库之美誉。特别是保护区内的太行猕猴，群居数量已达700多只，属我国自然地理分布的最北限，一级保护植物红豆杉分布也属我国最北限。

全镇有野生动物285余种，种子植物882余种，山茱萸、柴胡等野生药用植物300多种。被列为国家一级保护动物的有黑鹳、金雕、金钱豹，国家二级保护动物有猕猴；被列为国家一级保护植物的有红豆杉、无喙兰，二级保护植物有山白树、连香树。药用价值极高的山茱萸在蟒河分布最广，历史悠久，因此，蟒河又称“山茱萸之乡”。此外，蟒河镇的矿产资源分布很不均衡，主要矿产资源有石英砂、白云岩、角闪岩、硫铁矿、碳酸钙等。

2.1.5 风景独特

蟒河的水清澈见底，终年不断，主要水景有：出水洞、二龙戏珠、水帘洞、饮马泉、小黄果树瀑布、流银瀑布、黄龙瀑布、黑龙瀑布、天龙瀑布、蟒湖等；蟒河的山层峦叠嶂，奇峰突兀，主要山景有：莲花峰、望蟒孤峰、孔雀峰、石人山、窟窿山、三盘山等；数百万年形成的地表钙化景观，被有关专家称为中国东部唯一的钙化型峡谷景观，有资格申报世界文化遗产。

2.1.6 品牌宣传意识不断提升

自从蟒河生态旅游风景区2009年开放以来，景区生态旅游业的发展由无到有，由弱变强，景区宣传工作也得到重视。2010年，在央视《朝闻天下》栏目推出了“游宜居晋城，观皇城相府，登太行云顶，赏珏山明月”的整体形象广告，并根据晋城旅游的特点全年播放，开创了地级市在央视整体宣传的先河；坚持常年编发《晋城旅游文物情况》和《神奇太行》刊物，同时还编印了《神奇太行·经典晋城》《山水晋城》《诗画晋城》《唱响晋城》等大型画册。

2.2 劣势分析

2.2.1 经营管理水平有待提高

蟒河风景区在国有林场和自然保护区的基础上建立起来，其管理人员与导游等相关服务人员学历普遍低、文化素质不高。自景区开放以来，经营管理水平不断上升，景区发展已经取得不错的业绩。为了使景区可持续发展，应该加强对旅游从业人员的专业培训，全面提高旅游从业人员的整体素质和经营管理水平。

2.2.2 开发潜力有待提升

全国各省市普遍把旅游产业作为重要的优势支柱产业加以扶持、加快发展，特别是周边的河南、陕西等省市，近年来旅游扶持力度远远强于山西。面对周边景区的竞争，蟒河生态旅游景区财政总收入由2009年的200万元到2010年的500万元，再到2011年1000万元，呈现出良好的上升态势，发展潜力大。国有林场的改革尚待深化，国有林区经济处于“两危”“两困”境地尚未得到根本好转，应进一步挖掘景区经济、生态、文化效应，使其更好、更快地发展。

2.3 机会分析

2.3.1 经济快速发展

近年来我国经济快速发展，城市以及乡村居民收入增加，人均年收入从1000美元迈向2000美元，进入新一轮旅游消费高峰，国内居民出游率从2005年的92%上升到2010年的157%。再加上一些传统节日被列入节假日范围，人们的闲暇时间增多，国内旅游市场逐年增温，对文化旅游、乡村旅游、生态旅游的需求逐年加大，蟒河生态旅游风景区将迎来潜力巨大的旅游市场。

2.3.2 旅游发展得到重视

在《太原市"十一五"规划纲要》中，旅游业被列为九大优势产业之一。"十八大"生态文明和美丽中国的提出为发展生态旅游提供了很好的契机，从中央到地方，各级党组织和政府对发展旅游业都给予了高度重视和大力支持，为旅游业发展创造了良好的机会。2012年阳城县委、县政府高度重视旅游产业的发展，全力支持重点旅游景区的建设，不断提高县域旅游景点在全国的知名度。2013年以来，下拨蟒河景区煤炭可持续发展专项基金300万元，用于蟒河景区特大暴雨引起景区山洪爆发所毁景点及环线道路的灾后重建，有效缓解了景区重建资金紧张的局面。

2.3.3 新假日制度的实施

山西蟒河生态旅游风景区是晋城市最大的旅游客源市场。新假日制度的实施，使短假期增多，近途旅游机会增加，为阳城县休闲旅游产业带来机遇。

2.3.4 周围地区生态旅游业的发展

随着生态旅游、森林旅游的兴起和进一步发展，西蟒公路沿线、蟒河镇部分区域也将进一步加强生态农业、采摘观光、森林保健等旅游项目的建设，这对蟒河生态旅游风景区的发展来说既是补充、促进，也是一种挑战。

2.4 威胁分析

2.4.1 周边景区竞争激烈

2010年山西旅游局强调重点建设五台山、平遥古城、云冈石窟、关帝庙、太行八路军纪念馆，要建成全国知名旅游品牌和世界级优秀旅游目的地，这无疑会对蟒河风景区客流量造成一定的影响。另外，周围大型旅游城市，如北京、西安、济南等地的旅游资源等级高，景区景点也相对集中，旅游者由于时间、距离、经济等条件的限制，可能将其作为旅游目的地，也会对山西生态旅游产生冲击。

2.4.2 开发与保护的矛盾

伴随国内旅游的社会化、大众化发展，国内游客消费观念日趋成熟，消费决策日益理性化，旅游需求更加多样化、个性化，这对目前蟒河旅游业的粗放型增长方式提出了挑战。另外，随着蟒河风景区接待游客量的增加，势必也会对蟒河景区的自然资源和生态环境造成破坏，影响蟒河生态旅游区的可持续发展。

3 小结与结论

SWOT分析法作为生态旅游区发展决策的辅助方法之一，是一种比较准确和清晰的方法，能比较客观地分析和研究蟒河景区面临的现实情况，有助于在现实的市场发展环境下制订出最佳的战略决策。

3.1 休闲旅游开发与环境保护结合

旅游资源和环境保护是休闲旅游发展的基础，因此，合理开发生态旅游资源和做好环境保护工作对休闲旅游的发展极其重要。旅游业的发展首先要统筹规划、合理开发，促进各项旅游景区人工设施与环境的和谐统一；其次，政府部门应建立和健全与旅游区发展有关的法律和法规，以立法的形式制止破坏旅游资源和环境行为的发生，运用法律手段实行有效保护；再次，要完善生态旅游行业的管理体系，加强对生态旅游资源和环境的保护；最后，要加强对旅游者和当地居民的宣传教育，提高人们的环保意识。

3.2 加强景区整体功能建设

纵深拓展蟒河游览观光区域，进一步完善景区服务功能，着力打造集露营、房车、旅游、休闲、食宿为一体的自驾游主题度假景区。同时，推进景区基础设施和服务设施建设，重点做好西蟒公路、供电供水、餐饮住宿、游览标识、旅游厕所、综合服务等配套服务设施建设，进一步提升旅游公共服务能力。另外，大力发展旅游专业村和农家乐，引导扶持景区周边农户开发农家乐园和家庭宾馆，提供地方特色饮食，最大限度地满足游客需求。

3.3 提高观光旅游产品的文化层次

在旅游业发展过程中，追求文化底蕴和文化含量已成为旅游发展的一种共识。文化是旅游业的灵魂，没有文化的旅游是没有生命力和竞争力的旅游。山西省旅游资源以历史名胜为主，因此，必须大力挖掘各个人文景点的文化内涵。如能将旅游产品的丰富文化内涵充分挖掘出来，利用史实把各个景点串联起来展现给游客，同时提高服务人员的文化素质，通过他们的讲解和服务使游客游有所得，蟒河旅游业一定会迈上一个新台阶。

蟒河生态旅游区森林资源保护初探*

廉梅霞　李彩虹　王　珏　赵维娜
（山西林业职业技术学院，太原，030009）

摘　要：通过对蟒河生态旅游区中的植被、动物、水域、大气、土壤等资源的分析和评价，提出了改进工作和加强管理的建议，促进生态旅游区森林资源的科学保护和可持续发展。

关键词：蟒河生态旅游区；森林资源；保护

蟒河自然风景名胜区位于山西省晋城市阳城县境内，地理坐标为东经112°22′10″~112°31′35″，北纬35°12′30″~35°17′20″[1]，属太行山、王屋山、中条山、太岳山四山之交汇处，温带南缘亚热带北界，暖温带落叶阔叶林之边缘，其保护物种主要有猕猴和亚热带植物。该区集山、水、动物、植物、人文等景观于一体，四面环山，中间谷地有4条大沟，是地貌以奇峰、峡谷、深涧为主的国家级自然保护区、国家级森林公园、国家4A级旅游景区。景区总面积120km^2，有奇、幽、秀、险四大特点，素有“山西动植物资源宝库”和“黄土高原小桂林”之美称。

1　蟒河自然风景名胜区森林资源概况

1.1　林地资源

蟒河自然保护区内植被茂盛、灌丛密集、乔木灌木相间，林业用地达5573hm^2，植被覆盖率在82%以上，活立木总蓄积量超过2.2万m^3。由于多年来人为干扰破坏，蟒河自然保护区的原始森林植被类型已不复存在，现有植被类型均为次生林。地下矿产资源主要有碳酸钙、石英砂、硫铁矿、白云岩、角闪岩等。景区内全长10km的地面钙化景观，是独特的钙化型峡谷景观。

1.2　植物资源

据张军等人(2004)调查，蟒河国家级自然保护区内共有种子植物106科、393属、886种，以橿子栎、栓皮栎等为优势树种，落叶阔叶林居多。其中，我国特有的植物共计5科、6属、6种，分别是榆科的青檀、金缕梅科的山白树、紫草科的弯齿盾果草、忍冬科的双盾木和蝟实、桦木科的虎榛子[2]。有国家Ⅰ级、Ⅱ级保护植物红豆杉、无喙兰、连香树、山白树、天麻等8种，并且是红豆杉在我国地理分布的最北限；所有种子植物根据其不同特性，可分为以山茱萸(历史久、分布广，约8万多株，蟒河又称“山茱萸之乡”)、五味子等为代表的药用植物，以黄连木、黑椋子等为代表的油脂植物，以毛榛子、栎类等为代表的淀粉植物，以油松、合欢等为代表的鞣料植物，以白羊草、马唐等为代表的饲用植物，以芨芨草、荆条等为代表的纤维植物，以侧柏、菊叶香藜等为代表的芳香植物，以香薷、山杏等为代表的蜜源植物，以绿苋、山葱等为代表的蔬菜植物，以栾树、黄栌等为代表的观赏植物等。

1.3　动物资源

蟒河自然保护区动物种类丰富，有昆虫600余种，陆栖脊椎动物70科、285种，其中兽类43种，鸟类214种。有国家Ⅰ级保护动物金钱豹、金雕、黑鹳，Ⅱ级保护动物娃娃鱼、猕猴、勺鸡等28种[3]。特别是保护区内守护太行山的野生猕猴，群居数量已经达到8群近1000多只，每日有专职管护员对其进行喊话和投喂。

* 本文原载于《农业技术装备》，2014，300(12B)：20-22.

1.4 水域风光

蟒河的主要河流有洪水河和后大河，在黄龙庙汇集形成蟒河，全长约30km，流域面积1203km^2，经河南济源，由北向南注入黄河。后大河源头的出水洞每年出水量933万m^3。水质纯净，含有硅、锶等多种微量元素，是矿泉水中的珍品。蟒河风景区水域以蟒河源水、源地资源为载体，依山穿洞顺道而行，有风景河段、漂流河段、湖库、瀑布、潭池、泉、井、溪流等景观资源，悬者为瀑，落者为潭，走者为湍，停者为泓。主要水景有水帘洞、瀑布、二龙戏珠、龟石池、三迭水等，景致秀丽，为黄土高原罕见的一处水景富集区。水的形态、声色、光影及其组合变化，使其成为蟒河风景名胜区的血脉，可开展漂流、划船、垂钓、潜水、游泳等旅游活动，增加景区吸引力。

1.5 大气环境

蟒河风景名胜区四季分明、冬暖夏凉、气候温和、光热资源丰富。年平均气温14℃，无霜期200d左右，年降水量700mm左右，主要集中在每年7—9月份。空气负离子、植物精气丰富，细菌等空气微生物含量低，霉菌数高，空气中的二氧化硫、二氧化氮、总悬浮颗粒物等污染物少，保持着良好的大气环境质量，是人们旅游、度假、疗养的最佳处所。同时，由于景区地形遮蔽和森林覆盖，区内太阳日照少、日射弱、气温低、气温日差较小、相对湿度大、静风频率大、平均风速小、气象景观丰富、美学价值高。

2 蟒河自然风景名胜区森林旅游资源评价

森林能涵养水源、净化大气、防风固沙、保持水土、调节气候、美化环境，以及生产木材和林副产品，对繁衍生物物种、保护动物栖息地等起着不可替代的作用。同时，还能提供干净、舒适、利于人体健康的生态环境，是理想的生存环境，是人类旅游、度假、放松的好去处。

蟒河自然风景名胜区丰富的动植物资源具有极高的观赏价值、科学艺术价值和康体休闲游憩价值，数量多，自然景观资源丰富，旅游区域景观奇特，形态与结构保持完整，适游期长，在我国北方罕见，国际上也有一定知名度，生态环境资源优秀，属一级景观资源。

3 森林旅游开发对蟒河生态旅游区森林资源的影响

森林旅游开发对蟒河自然风景名胜区森林资源的影响途径主要是旅游区开发建设活动，如旅游道路、停车场、饭店、宾馆、水电、通信等基础设施的建设；旅游企业的经营活动，如餐饮、住宿、娱乐业所产生的食物废渣、污水、废气、固体废弃物等；旅游者的游憩活动，如车辆的噪声干扰、行人对土壤和植被的践踏、薪柴用火等。

3.1 对生态旅游区植被的影响

森林植被是生态旅游区的主要造景元素之一，但植被也最容易遭到破坏及毁灭。影响森林旅游区植被生长发育的主要因素有旅游者的践踏、采集、燃烧及旅游设施建设等污染。如，森林地被物易受践踏、火烧、折枝断叶等直接破坏的影响，也易受土壤压实等引起地被物变化的间接影响；灌木和幼树的影响多来自于人类活动有意地伐除，多数幼龄木植物因机械损伤和土壤压实受到的伤害比成龄木要大得多，幼苗受到踩踏可能就无法存活；成熟林主要会受机械损伤的影响，有些是因旅游者欠考虑造成的，如剥树皮、树干上钉钉子、引火、折断树枝做薪柴和做帐篷杆、砍树引起伤疤等，以及森林经营中为营建小径或野营地而砍光沿途及周边树木、除掉对人有危害的树种等种种影响。植被一经损伤和破坏，腐朽、生病、遭受虫害的概率会很高，植物多样性、植被覆盖率等都会减少，造成不可逆转的损失。

3.2 对生态旅游区动物的影响

森林旅游开发及森林旅游活动的增加会影响或破坏野生动物原来的栖息环境、繁衍习惯、生态习性等，尤其是狩猎会使动物种群数量急剧下降甚至灭绝，如果不加以调控则会造成生态失衡。例如，砍去树枝会损伤鸟巢，影响鸟类繁育行为；某些候鸟如果在筑巢地区遭到干扰或惊吓，常会弃巢而飞离至远方；土壤被压实会造成有机质损失，导致昆虫因缺少食物而转移活动区域等。各种动物的耐干扰能力和适应力不太相同，有些动物的容忍力和适应性较强，例如猕猴、松鼠等，可以以游客的丢弃物作为其部分食物来源，但同时也会因食物不卫生、变质等造成消化不良、肠胃不适，甚至死亡。

3.3 对生态旅游区水体的影响

森林旅游区的水经过森林的过滤作用，水质会更纯净。但是随着蟒河生态旅游区森林旅游业的开发，旅游者、旅游交通、旅游饭店、旅行社的不断扩展及频繁活动，也产生了很多生活、生产垃圾。如，将生活污水直接排入地下或蟒河，使河水受到了污染；游泳者会给蟒河水带入磷与氮元素，在一定程度上影响着水体成分含量的变化，导致水体内生物成分的变化。

3.4 对生态旅游区大气质量的影响

随着森林旅游业的发展，空气中的含菌量和含尘量会随着森林旅游活动的增加而增加：汽车尾气排放的氮氧化物、一氧化碳、铅化合物、碳氢化合物等会造成空气污染；旅游宾馆、饭店的煤气灶、锅炉、小吃摊点等多无除尘设施，其排放的废气等对蟒河生态旅游区的大气质量影响很大；垃圾、厕所等污物排放处理不当会滋生细菌、病原菌；废气、废水的增多将彻底改变空气质量。

3.5 对生态旅游区土壤的影响

生态旅游区建设不仅占用耕地，还会对地表植被和生态系统造成不良影响。土壤失去了保护，容易受冲蚀。同时，游客对土壤尤其是游步道和旅游沿线的频繁践踏，会降低土壤大孔隙的数量，减少空气和水分在小孔隙的流动，增大土壤板结程度，影响植被根系的生长，造成土壤裸露面积增加。地表土层受摩擦会使土质干燥，造成土壤的夹带移动或土壤颗粒粉末化，易被风吹走或形成地表径流，导致水土严重流失。

4 蟒河生态旅游区森林资源保护利用措施

森林旅游活动对森林资源产生的负面作用，如不及时加以调控和管理，带来的破坏将不可逆转。

4.1 加强对生态旅游区植物的保护

主要是：①加强对景区道路两侧植物资源的管控，通过设立警示牌、隔离带等方式，提醒游客爱护景区中的各类植物资源；②加强对森林资源调查、野生药材采集等活动的管理，限定范围和次数，尽量把动植物栖息环境的破坏程度减少到最低；③加强对森林资源的科学养护，选择性地砍伐一些枯树、病树，以及不适宜景区生长的树种，适当增加一些更宜生长、具有更高观赏价值的树种，如蟒河景区可以适当多栽种一些侧柏、山杏等树种；④加强对景区名贵、濒危、珍稀树种的保护力度。蟒河景区中有不少珍稀树种，要为每一个树种设置标志牌，明确其名称、种类、树龄、植物特性等，指派人员定期进行管理和养护；⑤加强对森林资源的可持续规划。对一些已经被破坏的环境，要进行科学规划，合理选择增加栽种树种，充分考虑森林生态的多样性，尽量丰富树种多样性，进行交叉栽种，形成一个贴近自然的、新生的森林生态环境。

4.2 加强对生态旅游区动物的保护

主要是：①加强对景区游客与动物互动的监督和管理。动物受到伤害最多的时候，通常是在与游客接触时发生的。要充分考虑和预见各种安全情况，采取有效手段进行管理，既要保证游客的安全，也要保护动物的安全。②加强对景区珍稀保护动物的保护力度，要采用科学手段(如植入电子芯片)等形式，跟踪观察珍稀动物的生长、发育，以及种群繁衍等内容，便于对其进行针对性的保护。③密切与公安、司法等部门配合，加大对偷猎野生动物，特别是偷猎珍稀野生动物等违法行为的打击力度。

4.3 加强对生态旅游区水资源的管理和保护

水资源是森林景区资源中的明珠，没有水的景区就缺乏一种灵气。同时，污水横行的景区更是噩梦。要加强对生态旅游区水资源的保护力度，人类生活污水要严禁直接排放入景区溪水中，通过警示标志、标语等形式，要求游客把各类生活垃圾放入指定的垃圾桶中，不能随意丢弃在水边，造成水资源污染。

4.4 加强对景区空气质量的保护

在有条件的情况下，尽量使用太阳能、天然气、沼气等清洁能源进行日常生活，限制使用煤炭、木材、汽油等会产生更多污染的能源。蟒河生态旅游区就可以使用当地储量丰富的煤层气供日常使用，以减少对大气的污染，保护自然环境。

4.5 加强生态旅游区病虫害防治

森林是森林生态旅游景区的核心资源，要加强对景区树种的病虫害防治，了解景区树种可能会发生的各类病虫害，做好应对处置预案和经常性的预测预报。如，针对侧柏，要做好侧柏毛虫、大蚜、双条杉天牛、红蜘蛛等害虫的防治，预防侧柏叶凋病、叶枯病等病害，通过农业防治(针对害虫的生态习性和发育规律，人工进行干预处理)、物理防治(利用各类昆虫趋光、趋热等特性，用灭虫灯等工具进行灭虫)、生物防治(投放一批害虫的天敌，减慢害虫的繁殖速度)、化学防治(主要是对病虫害比较严重的植物，喷洒化学药品进行治疗)等手段，及早进行处置，减少各类病虫害损失。

4.6 其他管理和保护

森林生态旅游区还要做好森林防火工作，做好应对泥石流、堰塞湖、地震等各类突发自然灾害的应急处置工作，积极鼓励各类林学、森林资源保护与游憩专业人才对景区各类动植物资源进行普查和研究，建立生态旅游区动植物资源数据库，充分了解自己的家底，从而为进一步有目的、保护性的开发和利用打下坚实的基础。

山西蟒河自然保护区森林生态系统服务功能价值评估*

李　沁[1]　闻　渊[2]
(1. 山西省林业调查规划院，太原，030012；2. 山西大手园林绿化设计咨询有限公司，太原，030012)

摘　要：文章通过调查研究，运用机会成本、影子工程和市场价值等方法，初步估算出蟒河自然保护区森林生态系统7项服务功能的总价值量为24436.11万元/a。其贡献大小顺序为：涵养水源、保护生物多样性、固碳释氧、森林游憩、净化空气、积累营养物质和土壤保持，生态公益性巨大。评估从经济价值量上说明，山西蟒河自然保护区森林生态系统服务功能较好，具有较高的生态保护价值。

关键词：自然保护区；森林生态系统；服务功能价值；评估

自然保护区构成一个复杂的生态系统，具有持续为人类提供林产品、生态游憩空间的潜力，在涵养水源、保持水土、改善环境和保护生物多样性等方面发挥着重要作用。森林生态系统服务是指森林对自然生态过程或生态平衡所做出的以经济为指标评价的贡献[1]。当今自然保护区广义上的保护自然资源、生态环境的作用已逐渐被民众感性认知，但其森林生态系统服务功能价值在多数自然保护区仍是未知数。结合近期开展的山西省首次国家级自然保护区生态现状整体评估工作，借鉴现有评估体系和方法，初步以货币形式估算出山西阳城蟒河猕猴国家级自然保护区的森林生态系统服务功能总经济价值，并对分项经济价值量进行分析、比较。

1　蟒河保护区概况

蟒河自然保护区成立于1983年，1998年晋升为以保护猕猴及暖温带植被为主的森林和野生动物类型的国家级自然保护区。

1.1　自然条件

保护区位于山西省东南部的中条山区，总面积5573hm^2，地理坐标介于东经112°22′10″~112°31′35″，北纬35°12′30″~35°17′20″之间；保护区四周环山，中成谷地，海拔300~1572.6m，地质结构多为石灰岩山地，常见钙化现象；属暖温带半湿润气候，年平均气温11.7℃，年均降水量659mm，无霜期170~180d；区内水源丰富，蟒河发源于内，流经山西阳城、河南济源、武陟等6县(市)汇入黄河，流域面积1328km^2[2]；土壤主要为山地褐土、山地棕壤和冲积土。

1.2　动植物资源

蟒河素有“山西植物资源保库”的美誉，植被区划上虽属于暖温带落叶阔叶林地带，却分布着相当数量的亚热带植物和山西稀有植物。拥有维管束植物106科393属880种，其中，被子植物100科313属868种、裸子植物3科5属6种、蕨类植物6种、苔藓植物39种。国家一级保护植物有南方红豆杉[*Taxus mairei*(*Lemee et perl.*)S. Y. Hu]，国家二级保护植物有连香树(*Cercidiphyllum japonicum*)、无喙兰(*Holopogon gaudissartii*)等8种，省级重点保护植物有山茱萸、匙叶栎、领春木、青檀等35种。

保护区是野生动物栖息活动的理想场所，已知野生动物26目70科285种，其中，鸟类214种，兽类43种，两栖爬行类28种。国家一级保护野生动物有金钱豹(*Panthera pardus*)、金雕(*Aquila chrysaetos*)、黑鹳(*Ciconia nigra*)，二级保护野生动物有猕猴(*Macacam Uatta*)、大鲵(*Andrias davidanus*)等

* 本文原载于《生物多样性保护》，2016，39(3)：65-68.

28 种，省级保护动物有苍鹭、刺猬、星头啄木鸟等 22 种[3]。

1.3 社会经济文化

保护区涉及阳城县蟒河、东冶二镇，人口 2026 人，其中，农业人口 1964 人，人口密度为 0.36 人/hm^2，人均耕地 0.21hm^2，拥有较丰富的人文旅游资源和生态乡村特色景观。蟒河生态旅游风景区（国家 4A 级）与蟒河保护区协调发展，已形成具有区域影响的“蟒河生态文化”。

2 森林生态高质服务功能价值评估

保护区林地面积 4989.19hm^2，其中，有林地面积（栓皮栎、橿子木为主）4920.39hm^2，灌木林地面积 41.80hm^2，森林覆盖率高达 88.29%，活立木蓄积量 $8.41\times10^4m^3$[4]。在森林资源调查数据的基础上，经收集整理、专题调查、试验分析，参考相关研究经验，采用物质量评价法和价值量评价法，分别对森林的积累营养物质、森林游憩、涵养水源、保护生物多样性、固碳释氧、净化空气和保持土壤功能进行定量评价，并估算出全区森林生态系统服务功能的总经济价值。

2.1 森林积累营养物质价值评估

本次积累营养物质评估仅以乔木林为对象，主要反映在活立木年生产量、蓄积量上，选用市场价值法，利用公式[5]：$V_1=B\times A\times C/10000$ 估算。式中：V_1 为生产有机物的价值；B 为森林单位净生长量［m^3/（$hm^2\cdot a$）］；A 为森林面积；C 为活立木市价（元/m^3）。采用山西省全国“连清”样地或“二类”调查数据，2014 年森林单位净生长量为 17.05m^3/（$hm^2\cdot a$），活立木市价取杂木平均价格[6]1300 元/m^3，则森林积累营养物质价值 V_1 为 700.42 万元/a。

2.2 森林游憩价值评估

本次仅对森林游憩直接价值进行了评估，选用费用支出法，利用公式[6]：$V_2=A\times N_m$ 评价，式中：V_2 为游憩价值；A 为每人次平均游憩收益；N_m 为环境最大年可容纳游客量，坚持保护优先原则，游客人数按环境最大年可容纳游客人数的 70%计算为 60.99 万人·次，用生态旅游年营业总收入扣减森林旅游营业税及附加费、营业成本费，算出平均游憩收益为 24 元/人·次（目前，短途观光游人占大多数），则森林游憩价值 V_2 为 1463.82 万元/a。

2.3 涵养水源价值评估

森林的林木枝叶、地被物、森林土壤具有拦截降水、积蓄土壤水分、调节地表径流等功能。采用涵养水源总量乘水的影子价格，利用公式：$V_3=Q\times P/10000$ 估算[7]，式中：V_3 为涵养水源价值；Q 为涵养水源量（m^3）；P 为单位蓄水费用（元/m^3）。参照国内相关研究结果，测算涵养水源量为 1.38 亿 m^3，P 取 0.67 元/m^3，则森林涵养水源价值 V_3 为 9254.11 万元/a。

2.4 生物多样性价值评估

保护区为山西生物多样性较丰富的区域，为我国野生猕猴自然分布的北界，在华北地区亦具有典型性，其植物种类分别占山西种子植物总科数的 75.9%，总属数的 62.3%，总种数的 52.4%；动物种类分别占山西鸟类、兽类、两栖爬行类总数的 65.9%、60.6%和 84.9%。采用国际 Shannon-Wiener 指数，选定森林群落的物种丰富度指数、个体种数和均匀度等指标展开评估。利用公式[16]：$V_4=S\times A/10000$，可较好地反映出森林生物多样性状况，式中：V4 为森林年保护生物多样性价值；S 为单位保护生物多样性价值［元/（$hm^2\cdot a$）］；A 为森林面积。

生物多样性保护价值：参照相关数据，保护区单位物种多样性保育价值为 12158.9 元/（$hm^2\cdot a$），区内有林地面积 4920.39hm^2，其他林地 53.70hm^2，可得该区森林年生物多样性保护价值 V_4 为 6047.95 万元/a。

2.5 固碳释氧价值评估

森林净第一性生产力按乔木层生物量增量及林下凋落物生物量两部分计量。森林生态系统每生产1.00g植物干物质的过程中可固定1.63g CO_2、释放1.20g O_2[8]。利用生物量与蓄积量的关系模型来推算森林年净生产力，建立转换系数模型[9]为：F=aV+b，式中：F为单位生物量；V为单位蓄积量；a、b参数见表1[10]。

表1 保护区生物量和蓄积量转换模型参数

Table 1 Transformation model parameters of biomass and volume in the reserve

树种代码	a	b	树种
8280	1.1453	8.5473	栓皮栎
4900	0.7564	8.3103	橿子木或其他硬阔类
4120	1.1453	8.5473	辽东栎
2000	0.7554	5.0928	油　松
3510	0.6129	46.1651	侧　柏

据相关测算，阔叶林的枝占生物量干重比为18.3%，根占21.4%[11]；乔木层生物量增量5.62t/(hm^2·a)，凋落物生物量按2014年凋落物未分解层生物量计量，为3.50t/(hm^2·a)；造林成本为273.3元/t，生产O_2的成本为369.73元/t[12]；得出森林年生产干物质量为45363.70t、乔木层年固碳释氧价值为2563.76万元。

以森林面积与单位森林土壤年固碳量的乘积，得土壤固碳释氧物质量，然后采用影子工程法估算其价值。区内灌木林地面积为41.80hm^2，其余可近似为阔叶林面积，即4932.29hm^2，阔叶林、灌木林地土壤碳密度分别为23.19t/hm^2、24.49t/hm^2，得土壤年固碳价值为3153.98万元。上述两项合计，森林生态系统年固碳释氧总价值V_5为5717.74万元/a。

2.6 净化空气价值评估

净化SO_2：用单位森林年吸收SO_2的平均值乘以区内森林面积，得到年吸收SO_2量，采用影子工程法，利用公式：$V_s=B_1\times A\times C_1/10000$，以削减$SO_2$的单位治理成本推算净化$SO_2$的价值。式中：Vs为吸收$SO_2$的价值(万元/a)、B1为单位森林吸收$SO_2$的平均值[t/($hm^2$·a)]、$C_1$为防污工程中削减$SO_2$的成本(元/t)；滞尘：用单位森林年拦截的粉尘量乘以森林面积，得到年截留粉尘的含量，采用替代消费法，利用公式：$V_f=B_2\times A\times C_2/10000$，以削减粉尘单位成本，推算滞尘功能的价值，式中：$V_f$为森林滞尘价值、$B_2$为单位森林平均滞尘能力[t/($hm^2$·a)]、$C_2$为防污工程中削减粉尘的成本(元/t)[6]。

森林净化空气价值：保护区植被97%以上为阔叶林、灌木林，且阔叶林占绝大多数，可以阔叶林为代表计算，阔叶林吸收SO_2能力年均为88.65kg/hm^2，每削减1t SO_2投资成本为600元[13]；阔叶林滞尘能力平均为10.11t/(hm^2·a)，除尘运行成本170元/t[14]。由公式分别算出森林吸收SO_2、滞尘的价值分别为26.46万元/a，854.90万元/a，合计得净化空气的总价值V_6为881.36万元/a。

2.7 土壤保持价值评估

运用机会成本法、影子价格法，从减少土地废弃、保持土壤肥力和减轻泥沙淤积三方面，对森林土壤保持经济价值进行评估。

减少土地废弃：以森林减少土壤侵蚀总量和土地耕作层的厚度、密度，可算出森林减少的土壤侵蚀量相当的耕地面积；森林年减少土壤侵蚀量为潜在侵蚀量与现实侵蚀量的差值，以土地废弃面积乘以机会成本，计算其经济价值。计算公式[14]：$V=A(P-Q)$；$ES=(V\times B)/(10000\times L\times D)$。式中：V为森林减少土壤侵蚀量(t/a)、A为森林面积、P为土壤潜在侵蚀模数[t/(hm^2·a)]、Q为土壤现实侵蚀模数[t/(hm^2 · a)]；ES 为森林减少土地废弃的价值、B 为林业年均收益(元/hm^2)、L 为森林土层厚度(m)、D 为森林土壤容重(t/m^3)。

保持土壤肥力：土壤保持量为潜在土壤侵蚀量与现实土壤侵蚀量之差，经测定森林土壤中 K、N、P 含量，利用公式：$E_f = \sum(V \times C_i \times T_i)$，可估算保持土壤肥力的价值，式中：$E_f$ 为保护土壤肥力经济效益(元/a)；C_i 为土壤中 K、N、P 的纯含量；T_i 为 K、N、P 的价格(元)；i 表示 K、N、P。

减轻泥沙淤积：按照我国主要流域泥沙运动规律，利用公式[15]：$E_n = 24\% V \times C/10000D$，可估算林地减轻土壤流失造成的泥沙淤积价值，式中：E_n 为减轻泥沙淤积经济效益(元/a)；C 为水库工程费用，取 0.67 元/m^3。

森林土壤保持价值：山西太行山区裸地平均侵蚀模数为 32.28t/(hm^2 · a)，阔叶林林地现实侵蚀模数为 4.60t/(hm^2 · a)，得出森林年减少土壤侵蚀量为 137682.81t。保护区森林土壤平均密度为 1.13t/m^3，土层平均厚度为 0.5m，以我国林业经济收益均值 282.17 元/hm^2 作为减少土地废弃的机会成本，可得减少土地废弃价值为 0.69 万元/a；保护区森林土壤中的 K、N、P 含量分别为 0.319%，0.156%和 0.035%，减少 K、N、P 的损失量可折算为氯化钾量、尿素和过磷酸钙，氯化钾中含钾量 50.0%、尿素中含氮量 46%、过磷酸钙含磷量 7%[6]，各种化肥价格按市场询价计，可得保持土壤肥力价值为 367.51 万元/a；减轻泥沙淤积价值为 2.51 万元/a。上述三项合计，得森林土壤保持价值 V_7 为 370.71 万元/a。

3 结果分析

3.1 服务功能价值构成

从保护区服务功能价值类型上看，直接经济价值为 216424 万元/a，间接经济价值为 22271.87 万元/a，详见表 2。间接价值是直接价值的 10.29 倍，这一结果同国内大部分相关研究相似。在总经济价值中，间接经济价值占到 91.14%；因树种、气候、立地等因素，保护区森林的连年生长量低于山西和全国平均水平，致使生产有机物价值较小，直接经济价值仅占到 8.86%。

表 2 森林生态系统服务功能经济价值评估结果

Table 2 Economic value assessment of service functions of forest ecosystem

功能类型	总计	直接经济价值			间接经济价值					
		小计	森林游憩	积累营养物质	小计	涵养水源	保护生物多样性	固碳释氧	净化空气	土壤保持
结果(万元 · a)	24436.11	2164.24	1463.82	700.42	22271.87	9254.11	6047.95	5717.74	881.36	370.71
占比(%)	100.00	8.86	5.99	2.87	91.14	37.87	24.74	23.40	3.61	1.52

各分项经济价值贡献大小依次为：涵养水源、保护生物多样性、固碳释氧、森林游憩、净化空气、积累营养物质和土壤保持，涵养水源价值比重超过总价值的 1/3，保护生物多样性、固碳释氧价值分别为生产有机物质价值的 8.63、8.16 倍，表明保护区水文生态效益显著，生态公益性巨大。

3.2 结论与讨论

一是蟒河保护区作为多功能的复合生态系统，不仅能持续提供生物资源和林产品，更重要的是具有涵养水源、维持生物多样性、固碳释氧、净化空气和保持土壤等方面的生态功能。其服务功能总经济价值中，90%以上来源于森林自身的生态防护价值。

二是作为地处蟒河源头的国家级自然保护区，其森林涵养水源作用巨大，增加了枯水季节的径流量，使河流水量均匀、稳定，同时，减少了洪涝灾害，为下游地区生态安全提供保障。

三是林地固碳价值大于林木固碳价值，森林生态系统具有良好的净化空气和改善小气候功能，为动、植物提供了良好的生存空间，保护、丰富了区域生物多样性。

四是森林生态旅游处于上升期，森林游憩价值比重相对较高。随着森林旅游的转型升级和高速发展，人均收益将会持续增长，森林游憩价值比重预计在 5 年内将达到 10%以上。

由于我国在森林生态系统服务功能方面的相关研究仍处于初级阶段，加上评估对象的特殊性，受技术、数据、时间等方面限制，通过调查研究，借鉴同行研究成果，本次只得出此方面的初步评估结果，还存有一定缺失和不足，如净化空气功能中，未包括提供负氧离子，吸收氮氧化物、氟化物、重金属等因子；积累营养物质中未包含灌、草，所评估结果可能会小。期望日后能在指标体系、研究方法、技术设备等方面进一步提高完善，以深入研究探索。

山西阳城蟒河猕猴国家级自然保护区自然生态质量评价*

张 俊
(山西省林业调查规划院，山西太原，030012)

摘要：自然保护区对保护生物多样性具有重要作用，开展生态质量评价对促进保护区有效管理意义重大。以山西阳城蟒河猕猴国家级自然保护区为研究对象，根据《自然保护区自然生态质量评价技术规程》(LY/T1831-2009)中的生物多样性、典型性、稀有性、自然性、面积适宜性、脆弱性、人为活动强度等指标对保护区自然生态质量进行了评价，蟒河自然保护区自然生态质量综合分值为74.1分，评定等级为Ⅱ级，自然生态质量较好。同时，对保护区存在的问题提出了相应的建议。

关键词：蟒河自然保护区；生态质量评价；建议

自然保护区生态质量评价是保护区工作中重要的环节，在保护区综合评价中占有重要地位[1]。对蟒河自然保护区开展生态质量评价，促使保护区管理局发现问题，查找不足，总结成绩与经验，更好地保护区域内生物多样性，提升保护管理能力，为新时期蟒河自然保护区各方面建设、有效保护生物多样性提供依据。

1 研究区自然概况

蟒河自然保护区位于山西省东南部、中条山东端的阳城县境内，地理坐标为东经112°22′10″~112°31′35″，北纬35°12′30″~35°17′20″，东至三盘山，西至指柱山，北至花园岭，南至省界，总面积5573hm^2。保护区位于石质山区，最高峰指柱山海拔1572.6m，最低点拐庄海拔300m。保护区属暖温带季风型大陆性气候，年平均气温14℃，最高气温39.7℃，极端最低气温-10℃，年降雨量600~800mm。土壤类型从山麓到山顶依次为冲积土、山地褐土、山地棕壤[2]。保护区森林面积4920.39hm^2，森林覆盖率88.29%，已知野生动物285种，维管束植物880种[3]。

2 研究方法

根据《自然保护区生态质量评价技术规程》(LY/T1831-2009)指标体系，在自然保护区进行实地调查、收集资料的基础上，结合国家级自然保护区建设规范化管理要求，客观、系统、连续、定量与定性地对保护区生态质量进行评价[4]。通过筛选整合，蟒河自然保护区生态质量评价指标共分7个指标大项、15个指标小项。

3 数据来源

数据来源包括保护区设置的固定样地、固定样线监测数据，山西蟒河猕猴国家级自然保护区科考报告，猕猴(*Macacamulatta*)、连香树(*Cercidiphyllum japonicum*)、南方红豆杉(*Taxuschinensis* var. *mairei*)、蕙兰(*Cymbidium faberi* Rolfe)等专项调查数据以及部分补充调查数据。

* 本文原载于《林业建设》，2018，200(2)：33-36.

4 评估结果与分析

4.1 生物多样性

4.1.1 物种多度及相对丰度

蟒河自然保护区共有已知维管束植物106科393属880种，其中蕨类植物3科3属6种、裸子植物3科5属6种、被子植物100科313属868种[5]。此外，苔藓植物14科39种、真菌植物32科94种[3]。已知野生动物285种，其中鸟类16目43科214种，兽类7目16科43种，两栖爬行类3目11科28种，分别占山西省鸟类、兽类、两栖爬行类的65.9%、60.6%和84.9%。保护区物种多度和相对丰度评价结果为极丰。

4.1.2 生态系统多样性

蟒河自然保护区丰富的地貌形成了多样性的生境类型，根据IUCN对生态系统的划分[6]，蟒河自然保护区拥有IUCN/SSC一级生境类型5个，分别为森林、灌丛、湿地、岩石区、洞穴生境类型，反映出蟒河自然保护区生境类型较为丰富。保护区种子植物分布特征较为复杂，温带分布区类型为主要区系成分，占保护区总属的66.95%；同时，亚热带或热带区系成分占有一定比例，占保护区总属的21.2%。评价结果为保护区生态系统多样性丰富，自然保护区内生境和生态系统的组成成分与结构极为复杂，且有很多种类型存在。

4.2 典型性

典型性指的是保护对象的代表性，蟒河自然保护区主要保护猕猴、南方红豆杉等野生动植物及森林生态系统。猕猴为国家二级重点保护野生动物，在我国主要分布于南方省份，陕西、山西、河南等局部地点也有分布。蟒河自然保护区的猕猴分布相对集中，对外影响较大。保护区内共发现猕猴数量约1251只。

保护区地处暖温带，但独特的气候环境，有大量珍稀的亚热带物种保留于此，是许多亚热带植物分布范围的边缘。猕猴和其他珍稀动植物地理分布区和生物系统进化上在国内具有一定的代表意义。评价结果为物种典型性强，蟒河自然保护区保护对象在全国范围内或生物地理区内具有突出代表意义。

4.3 稀有性

4.3.1 保护物种稀有性

蟒河自然保护区有国家Ⅰ级重点保护野生动物3种，包括黑鹳(*Ciconianigra*)、金雕(*Aquila chrysaetos*)、金钱豹(*Panthera pardus*)；国家Ⅱ级重点保护野生动物包括大鲵(*Andrias davidianus*)、猕猴、勺鸡(*Pucrasia macrolopha*)、原麝(*Moschus moschiferus*)等28种；国家重点保护野生植物包括南方红豆杉、连香树、无喙兰(*Holopogon gaudissartii*)、刺五加(*Acanthopanax senticosus*)、蕙兰、天麻(*Gastrodia elata* Bl.)、核桃楸(*Juglans mandshurica Maxim*)等10种。评价结果为保护物种稀有性强。

4.3.2 物种濒危程度

保护区有国家Ⅰ级重点保护野生动物和国家重点保护野生植物；列入濒危野生动植物国际贸易公约(CITES)附录Ⅰ的哺乳动物有金钱豹、大鲵、游隼(*Falco peregrinus*)、水獭(*Lutra lutra*)，列入附录Ⅱ的哺乳动物有狼(*Canis lupus*)、豹猫(*Prionailurus bengalegis*)、原麝、黑鹳。评价结果为物种濒危程度强。

4.3.3 物种地区分布

自然保护区保护物种南方红豆杉在北方分布较窄，栖息地稀有性为重要，保护区是猕猴在山西省范围内极重要栖息地。评价结果为物种地理分布较窄，虽广布但局部少见。

4.4 自然性

4.4.1 生境状况

由于历史原因，保护区核心区分布794人，实验区903人，村民以种地为主，伴有少数放牧行为。尤其是核心区居民的日常生活、生产活动不可避免地影响保护区主要保护动植物的生存环境。评价结果为保护区生境状况一般，核心区受较轻微影响，但生态系统无明显的结构变化，自然生境较完好。

4.4.2 自然度

蟒河自然保护区天然林主要为阔叶林，人工林主要为针叶林。保护区内天然林面积为4883.07hm^2，占森林面积的99.24%。评价结果为保护区自然度很高。

4.5 面积适宜性

4.5.1 总面积大小

蟒河自然保护区总面积为5573.00hm^2。根据《自然保护区工程项目建设标准》规模划分等级，属于小型自然保护区。评价结果为蟒河自然保护区属小型自然保护区。

4.5.2 核心区和缓冲区面积

蟒河自然保护区核心区、缓冲区、实验区面积分别为3397.50hm^2、419.20hm^2、1756.30hm^2，核心区占保护区总面积的60.96%。评价结果为核心区和缓冲区面积大小适宜，能维持生态系统的结构和功能，有效保护猕猴等动植物资源。

4.6 脆弱性

4.6.1 生态系统稳定性

蟒河自然保护区植被以暖温带落叶阔叶林为主，主要植被类型有栓皮栎林、橿子栎林、槲栎林，面积占保护区总森林面积的90%以上。动物种类繁多，群落结构复杂，种群密度和群落结构能够长期处于稳定的状态(见表1)。

表1 蟒河自然保护区植被分类系统表

植被型组	植被型	植被亚型	群系
针叶林	温性针叶林	温性常绿针叶林	油松林、侧柏林
	暖性针叶林	暖性常绿针叶林	南方红豆杉林
阔叶林	落叶阔叶林	典型落叶阔叶林	栓皮栎林、橿子栎林、槲栎林、辽东栎林、山茱萸林
		山地杨桦林	山杨林
灌丛和灌草丛	落叶阔叶灌丛	温性落叶阔叶灌丛	酸枣灌丛、荆条灌丛、绣线菊灌丛、土庄绣线菊灌丛、黄栌灌丛、黄刺玫灌丛、野皂荚灌丛
	灌草丛	温性灌草丛	白羊草草丛、黄背草草丛、茭蒿草丛

评价结果为保护区生态系统稳定性强，生态系统处于顶级状态，生态系统结构完整合理，较稳定。

4.6.2 生态系统恢复程度

评价结果为生态系统恢复程度一般，有些地域受到干扰和破坏，通过人工管理或天然改变，生态系统原有的品质能够得到恢复，但不一定发挥比现在价值更大的自然保护区。

4.7 人为活动强度

4.7.1 自然保护区内资源开发利用状况

保护区位于石质山区，地貌多以深涧、峡谷、奇峰、瀑潭为主。景观资源极为丰富，“望蟒孤峰”“天龙瀑”“神龟池”“蟒湖”等已开发利用。

由于历史原因，区内有6个行政村30个自然村，总人口1697人，其中实验区内903人，核心区794人，现有耕地516.21hm^2，农业生产活动较多。同时，生态旅游位于实验区，旅游活动也对自然资源造成一定的影响。

评价结果为保护区内资源开发利用状况一般，有少量的人类侵扰性活动存在，开发利用实验区内的水体、土地、景观等资源的强度中等，资源的有效保护受到一定威胁。

4.7.2 自然保护区周边地区开发状况

评价结果为保护区周边地区开发状况弱，蟒河自然保护区与河南太行山猕猴国家级自然保护区毗邻，有通道相连，为未开发生境所环绕。

5 评估结论与建议

5.1 评估结论

根据《自然保护区生态质量评价技术规程》的评定方法与等级，蟒河自然保护区自然生态质量综合分值为74.1分，评定等级为Ⅱ级，自然生态质量较好。

5.1.1 成效

蟒河自然保护区自成立以来，森林覆盖率由建区时的30.34%增长到2014年时的88.29%，森林质量大幅提高，森林覆盖率是建区时的2.91倍。保护区森林生态系统和珍稀濒危野生动植物及其生境得到全面保护，物种和种群数量增长明显，已知有高等植物880种，动物285种，植物种类比初期调查新增300多种，动物种类新增100多种。猕猴种群扩大明显，从建区初期仅4群150只，增长到2014年的8群1251只。

5.1.2 问题

保护区地处偏僻地带，从事管护、科研等工作需大量经费及必要的设施设备，保护资金的缺乏在一定程度上制约了必要日常工作的开展。没有固定的科研经费导致科研监测数据不具连续性，不能有效地掌握野生生物资源动态变化。

核心区内现有押水、蟒河两个行政村12个自然村，有323户794名村民，农业生产生活与自然保护产生较大矛盾；2014年生态旅游游客量为14万人次，由于桑林至蟒河道路穿越核心区，人流和车流影响着保护区的生态景观，较多的人为活动对保护区生境和动植物生存具有一定的干扰与负影响。

5.2 建议

5.2.1 注重科研，强化能力建设

积极争取政策、资金、人才、技术等方面的扶持，解决资金不足、科研能力差的问题。有计划、分步骤开展资源调查、科学考察工作，建立完善的保护区监测体系，在典型生态系统区域建立监控区，及时评价生态环境质量变化趋势，加强自然保区管理信息化建设，支持保护区成效监测和评估系统建立和运行，为蟒河自然保护区科学决策提供依据[7]。

5.2.2 推进生态移民，保护栖息地环境

为从根本上减轻保护区环境保护压力，提高珍稀动植物的种群数量，保护区管理局应鼓励核心区内村民异地搬迁，最大限度地修复、保护好核心区生态环境。外迁后遗留下来的房屋设施，部分可作为保护区的科研、监测用房加以合理利用。

山西阳城蟒河自然保护区森林碳储量及碳汇价值估算研究*

靳云燕
（山西省林业调查规划院，山西太原，030012）

摘　要：文章通过对历次森林资源调查数据的研究，初步对蟒河自然保护区的森林生物量、碳储量、碳汇价值进行了估算。森林面积由2007年的4235.6hm^{2}增长到2014年的4920.39hm^2，生物量由2007年的164261.42t增长到2014年的232881.90t，碳储量由2007的81950.03t增加到2014年的116184.77t，2014年自然保护区碳汇价值10979万元。
关键词：自然保护区；碳储量；碳汇

自然保护区是一个复杂的生态系统，对保护生物多样性有重要意义。森林是自然保护区的主体，对其碳储量和碳汇价值的研究有助于对自然保护区的价值的多方位评估。文章对蟒河自然保护区的森林生物量、碳储量和碳汇价值进行了分析，以期对自然保护区的保护提供部分参考。

1　研究区自然概况

山西阳城蟒河猕猴国家级自然保护区位于山西省中条山东端的阳城县境内，地理坐标为东经112°22′10″~112°31′35″，北纬35°12′30″~35°17′20″，总面积5573hm^2。保护区位于石质山区，最高峰指柱山海拔1572.6m，最低点拐庄海拔300m。属暖温带季风型大陆性气候，年平均气温14℃，年降水量600~800mm。土壤类型从山麓到山顶依次为：冲积土、山地褐土、山地棕壤。

保护区已知野生动物285种，分属26目70科。其中鸟类214种，兽类43种，两栖爬行类28种。国家一级保护野生动物有金雕（*Aquila chrysaetos*）、黑鹳（*Ciconia nigra*）、金钱豹（*Panthera pardus*），二级保护野生动物猕猴（*Macaca mulatta*）、勺鸡（*Pucrasia macrolopha*）、原麝（*Moschus moschiferus*）等28种，省级保护野生动物苍鹭（*Ardea cinerea*）、星头啄木鸟（*Picoides canicapillus*）、黑枕黄鹂（（*Oriolus chinensis*）等22种。

蟒河自然保护区植被区划上属于暖温带落叶阔叶林地带，主要植被类型有栓皮栎林、橿子栎林、槲栎林等。森林面积4920.39hm^2，森林覆盖率88.29%。共有已知维管束植物106科393属880种。国家重点保护野生植物有南方红豆杉（*Taxuschinensis* var. *mairei*）、连香树（*Cercidiphyllum japonicum*）、无喙兰（*Holopogon gaudissartii*）、刺五加（*Acanthopanax senticosus*）等10种；山西省重点保护野生植物有匙叶栎（*Quercus spathulata*）、脱皮榆（*Ulmus lamellose*）、青檀（*Pteroceltis tatarinowii*）、异叶榕（*Ficus heteromorpha*）等35种。

2　研究方法

根据蟒河自然保护区1983—2014年期间的森林调查数据，保护区森林的优势树种共计6类，包括油松、侧柏、辽东栎、栓皮栎、橿子栎、其他硬杂。本研究将乔木林划分为阔叶林和针叶林两大类，其中针叶林包括油松、侧柏2种，阔叶林包括辽东栎、栓皮栎、橿子栎、其他硬杂4种。

2.1　生物量估算

本研究采用方精云等建立的各个林分类型生物量与蓄积量之间的回归方程来估算蟒河保护区各林

* 本文原载于《内蒙古林业调查设计》，2018，41(4)：76-77，99.

分的生物量。

森林生物量估算回归方程为：B=aV+b，其中：B 为单位面积平均生物量(t/hm)；v 为单位面积平均蓄积量(m^3/hm^2)；a、b 为参数。各树种参数详见表 1。

表 1　蟒河自然保护区各树种生物量估算回归方程参数

树种/树种组	a	b
油　松	0.7554	5.0928
侧　柏	0.6129	46.1651
辽东栎	1.1453	8.5473
栓皮栎	1.1453	8.5473
橿子栎	1.1453	8.5473
其他硬杂	0.7564	8.3103

2.2　碳储量和碳密度估算

碳储量 C=生物量×含碳率。根据马钦彦对华北地区主要森林类型的研究成果，选用更符合山西省森林树种实际的含碳率 0.4989。

碳密度 P=C/S，S 为林分面积。

2.3　森林固碳价值估算

对于固定 CO_2 经济价值的计算，目前较常用的计算固定 CO_2 价值的方法是造林成本法和碳税率法。造林成本法是根据所造林分吸收大气中的 CO_2 与造林的费用之间的关系来推算森林固定 CO_2 的价值，中国的造林成本由于林分、年代和区域的差异有多种造林成本法，主要有 4 个单价价位的造林成本：251.4 元/t、260.9 元/t、273.7 元/t、305 元/t；碳税法是根据政府部门为了限制向大气中排放 CO_2 数量，而征收向大气中排放 CO_2 的税费标准来计算森林植物固定 CO_2 的经济价值。环境经济学家们通常使用瑞典的碳税率，即 150 美元/t(C)(文章按照 1 美元=6.3 人民币)碳税率法进行计算。计算出不同森林类型的碳汇经济价值。

3　数据来源

2007 年、2012 年、2014 年保护区森林资源调查数据。

4　结果与分析

4.1　森林资源动态分析

经过多年天然林保护工程、封山育林和天然更新等措施，保护区森林面积不断增加，面积由 2007 年的 4235.6hm^2 增长到 2014 年的 4920.39hm^2，林地中疏林地、灌木林地大面积减少，有林地面积不断增加，森林覆盖率增长到 88.29%。详见表 2。

表 2　山西蟒河猕猴国家级自然保护区林地资源表　　单位：hm^2

统计年份	总面积	林　地						森林覆盖率
		小计	有林地	疏林地	灌木林地	未成林造林地	其他林地	%
2007	5573	4717.07	4235.6	307.5	149.41	10.7	13.86	76
2012	5573	4971.37	4889.65	7.5	56.92	8.56	8.74	87.74
2014	5573	4982.19	4920.39	7.5	41.8	4.4	8.1	88.29

蟒河自然保护区 2014 年林业用地面积 4982. 19hm^2，占保护区总面积的 89. 40%，森林覆盖率 88. 29%。

乔木林中，阔叶树种所占比例大，面积 4810. 19hm^2，占乔木林面积的 97. 76%；针叶林 110. 2hm^2，占乔木林面积的 2. 24%。

乔木林单位面积蓄积量由 2007 年 29. 80m^3/hm^2 增长到 2014 年的 34. 10m^3/hm^2。保护森林区蓄积量明显提升，森林质量不断提高，森林生态效益不断增强。

4. 2　森林生物量及其动态分析

根据生物量计算方法，2007 年、2012 年、2014 年蟒河自然保护区森林生物量分别是 164261. 42t、207944. 64t、232881. 90t；单位面积生物量分别为 38. 78t/hm^2、42. 53t/hm^2、47. 33t/hm^2。保护区内森林生物量增长明显。

4. 3　碳储量和碳密度及其动态分析

根据各林分树种的生物量与蓄积量回归模型，计算出蟒河自然保护区森林碳储量、碳密度。蟒河自然保护区 2007 年、2012 年、2014 年森林碳储量为 81950. 03t、103743. 59t、116184. 77t，碳密度为 19. 35t/hm^2、21. 22t/hm^2、23. 61t/hm^2。蟒河自然保护区森林平均碳密度接近于山西省森林平均碳密度 23. 76t/hm^2。2007—2014 年间森林碳储量呈上升趋势。

4. 4　林分固碳价值研究

蟒河自然保护区 2007 年、2012 年、2014 年间年碳汇价值分别是 7744 万元、9803 万元、10979 万元。2014 年，保护区森林平均每公顷固定 CO_2 的价值是 22314 元。

5　结论

蟒河自然保护区 2014 年森林总生物量为 232881. 90t，2007—2014 年共增加 68620. 48t，年均增加 9803t，森林总生物量不断增长，栓皮栎、橿子栎为保护区森林生物量的主要贡献者，二者的生物量占森林总生物量的 95%。

蟒河自然保护区森林碳储量年平均增加 4890 t，碳密度年均增加 0. 61 t/hm^2。蟒河自然保护区森林平均碳密度接近于山西省森林平均碳密度 23. 76 t/hm^2。

蟒河自然保护区 2014 年碳汇价值 10979 万元，比 2007 年时增加了 3235 万元。

山西阳城蟒河猕猴国家级自然保护区生态保护现状整体评估研究*

靳云燕
（山西省林业调查规划院，太原，030012）

摘　要：蟒河自然保护区经过多年的建设，亟需系统地对主要保护对象变化、管理机构日常工作、项目建设与效益、社区共管及生态旅游管理等方面进行生态保护现状整体评估。根据相关技术标准，建立了适合蟒河保护区的生态现状评价体系，结合以往资料和现地调查，对保护区进行了生态现状整体评估，并为保护区的进一步发展提供建议。

关键词：蟒河自然保护区；评价指标；评价体系；建议

山西阳城蟒河猕猴国家级自然保护区自1998年晋升为国家级自然保护区以来，在资源保护、科学研究、科普教育、生态旅游等方面开展了相关工作。为更好保护区域生物多样性，提升保护管理能力，亟需对蟒河自然保护区主要保护对象变化、管理机构日常工作、管护设施建设与运行、项目建设与效益、社区共管及生态旅游管理等方面进行生态保护现状整体评估。

1　整体评估指标体系

根据《自然保护区生态质量评价技术规程》《自然保护区有效管理评价技术规范》《自然保护区生态旅游管理评价技术规范》《自然保护区保护成效评估技术导则第1部分：野生植物保护》《自然保护区保护成效评估技术导则第2部分：植被保护》《自然保护区保护成效评估技术导则第3部分：景观保护》等相关标准规范，筛选出适合蟒河自然保护区整体评估的相关指标建立指标体系，在自然保护区进行实地调查、收集资料的基础上，通过专家咨询定性评价，对自然保护区生态保护现状进行定量和定性的评估，并为保护区的整体发展提供相关对策。

通过筛选整合，蟒河自然保护区生态现状整体评估体系共分3个指标大项、34个小项、88个细项，包括生态质量、有效管理、生态旅游管理3个指标大项。

生态质量评估指标：生物多样性、典型性、稀有性、自然性、面积适宜性、脆弱性、人为活动强度。

有效管理评价指标：规划设计评价、权属、管理体系评价、管理队伍评价、管理制度评价、保护管理设施评价、资源保护工作评价、科研与监测工作评价、宣教工作评价、经费管理评价、社区协调性评价、生态旅游管理、监督和评估。

生态旅游管理评价指标：规划设计评价、资源与环境保护评价、旅游交通评价、旅游基本设施评价、旅游安全评价、管理体系评价、旅游收益分配评价、社区协调性评价、保障措施评价。

2　评估方法

对蟒河自然保护区生态质量指标、有效管理指标、生态旅游管理指标进行定性分析评价与定量分析评价，并使之相结合进行打分，对保护区生态保护现状进行整体评估，努力做到客观准确地评价。

* 本文原载于《中国林业经济》，2019，155(2)：121-122.

3 综合评价

3.1 成效

蟒河国家级自然保护区自成立以来，未曾出现擅自调整和改变2000年国家林业局批复的《山西阳城蟒河猕猴国家级自然保护区总体规划》的保护范围、界限和功能区界限的情形。自然生态环境得到明显改善，生物资源种群数量明显增加，生物多样性更加丰富。保护区森林覆盖率由建区时的30.34%增长到2014年时的88.29%[3]。

保护区森林生态系统和珍稀濒危野生动植物及其生境得到全面保护，已知有高等植物880种，动物285种，比初期新增300多种植物、100多种动物。区内有国家一级重点保护动物3种，国家二级重点保护动物28种，省级重点保护动物22种；国家重点保护植物10种，省级重点保护植物35种。猕猴种群不断扩大，从初期4群150只，增长到8群1251只，人工招引从1987年的1群40只增长到2群540只。

保护区科研监测稳步前行，科普宣教效果较好。先后协同中国科学院、山西大学、山西农业大学等科研机构进行了哺乳动物考察、鸟类考察、综合考察、动植物自然资源的本底状况调查，为保护区生物多样性保护提供了详实数据。

生态旅游蓬勃发展，保护区形象和影响力大大提升。提高了自然保护区知名度，使更多的人认识蟒河、爱上蟒河。通过软硬件建设，获得了“中华生态文化名牌旅游景区”“国家AAAA级旅游景区”“中国(行业)十大影响力品牌”“中国低碳旅游示范区”等荣誉称号。

保护区各项主体功能正常运转，步入良性循环的可持续发展轨道。

3.2 问题

3.2.1 保护资金短缺，部分工作无法正常开展

保护区在科研、管护等方面需大量经费，保护资金的缺乏制约了必要日常工作的开展。科研经费的不足导致科研监测数据无法连续，不能有效地掌握野生生物资源动态变化。

3.2.2 管理队伍人员不足，能力建设有待加强

很多岗位均是一人多职，专业技术人员缺乏，一些具有保护区职能的业务工作，如动物学、植物学、信息管理学方面的技术人才空缺，致使许多专业性工作开展困难。同时由于资金缺乏和技术人员科研素质不高的原因，导致部分科研设备闲置，基础研究、监测无法连续开展，无法充分发挥自然保护区的科研、监测功能。

3.2.3 保护区人为活动较多，影响保护区生态环境

核心区内有12个自然村，桑林至蟒河道路穿越核心区，人流和车流影响着保护区的生态景观，农业生产生活与自然保护有较大矛盾，较多的人为活动致使生态保护难度加大。

3.3 建议

3.3.1 注重科研，强化能力建设

努力解决资金短缺问题，与相关科研机构合作，解决人员少、资金不足、科研能力差的问题。积极推进资源调查、科学考察工作，建立完善的保护区监测体系，全面掌握区内动态变化，监测栓皮栎林、鹅耳枥林、橿子栎林生态系统内动植物的种类多样性、群落结构。监测猕猴、金钱豹等种群数量、种群动态、食物链及繁殖率等指标。加强典型生态系统区域调查，及时评价生态环境质量变化趋势。

3.3.2 突出科普，推进深层次生态旅游

突出科普、自然、人文特色，开展以保护区自然环境、珍稀动植物、生态养生、生态文化、科普教育为主的旅游项目，使游客在欣赏蟒河景色、了解民俗风情的同时也能学习野生动植物相关知识。积极组织开展夏令营和志愿者服务等项目，使保护区成为提高全民文化素质、宣扬生态文明理念和爱

国主义教育的重要基地，成为太行山南段著名的“天然博物馆”。

3.3.3 强化社区共管，推进生态移民

加强社区共管，让村民以村为单位参与保护区发展决策、共享生态旅游收益，提升村民生态旅游意识和环保理念。利用山茱萸、红豆杉等山地特色资源，开展土特产品种种植、生产、加工等项目，提高村民整体收入，鼓励核心区内村民异地搬迁，保护核心区生态环境。

3.3.4 控制游客数量，加强环保建设

生态旅游在获得收入的同时，也对保护区的自然环境造成一定压力。在日游客量接近“日极限环境容量”时，应启动预警机制，提前发布公告，严格控制游客数量，使日游客数量控制在极限游客容量以下，避免对自然生态的破坏。

蟒河保护区发展问题的调查与思考*

张建军
（山西阳城蟒河猕猴国家级自然保护区，阳城，048100）

摘　要：该文对蟒河保护区社区基本情况进行了调查，对社区在生态旅游发展中的要求进行了解析，分析了蟒河生态旅游的建设主体单位与当地社区、群众之间存在的问题，提出了相应的解决措施，以期为其发展提供参考。
关键词：蟒河保护区；社区发展；调查

习近平总书记指出，山水林田湖草是一个生命共同体，绿水青山就是金山银山，自然保护区在实验区开展生态旅游是践行“两山论”的前沿阵地，是地方政府转变经济发展方式的重要基地。蟒河保护区是山西南部的生态屏障，为了进一步摸清蟒河社区发展现状，笔者对蟒河社区进行了多次调查，对社区生态旅游的现状及未来进行了剖析，以期为蟒河社区的经济发展提供参考。

1　蟒河社区基本情况

蟒河保护区始建于1983年12月，1998年8月经国务院批准晋升为国家级自然保护区。保护区位于阳城县东南30km，晋豫两省交界处，东倚太行，西接中条，北屏太岳，南瞰王屋，是山西东南部重要的水源涵养地和保持生物多样性的重要基地，是承接华北与西北的重要生态廊道，对连通太行、汾渭物种基因交流、维系中原大地生态安全具有重要的区域优势。保护区内地形复杂，水资源丰富，受第四季冰川的影响，地形强烈切割，具有喀斯特地貌的典型特征，形成了峡谷、深涧、峭壁为主的景观资源，享有“华北小桂林”“山西九寨沟”的美誉。

蟒河村位于山西阳城县蟒河镇南部，距晋城市阳城县50km，地处蟒河自然保护区中心地带，东连东冶镇索龙村，南与河南济源九里沟相接，西北分别与押水村、桑林村相依。2006年，阳城县政府建有旅游专线公路直达蟒河村。全村12个自然庄，11个村民小组，耕地91.7hm^2，共有382户，1091口人，其中：年龄超过60周岁的191人，小于24周岁的儿童、青少年320人，在外季节性务工的青壮劳力235人，剩余的300多人从事服务蟒河生态旅游建设工作。因此，蟒河村的主要经济来源是承揽蟒河生态旅游有限公司的生态旅游建设任务。

近来年，根据县镇两级政府的要求，全村91.7hm^{2}耕地流转给蟒河生态旅游有限公司。村集体和蟒河景区合作在流转土地内种植了干果经济林53.3hm^2、中药材13.3hm^2、木材林5hm^2、景观林6.67hm^2、小杂粮13.3hm^2。同年，村集体联同全村60%农户以股份制形式成立了“阳城大圣农产品有限公司”，结合景区建设增加了环卫、经营户、农家旅馆等就业岗位，共解决了200余人的就业问题。全村共建农家乐69户，并全部通过星级评定。

2　存在的问题

2.1　蟒河景区运营不畅

2.1.1　区内土地流转管理不畅

蟒河村耕地流转，用于发展经济林、采摘园，是“生态旅游一盘棋”的发展初衷。蟒河景区共流转

* 本文原载于《安徽农学通报》，2019，25(05)：5-6，43.

蟒河村土地91.7hm^2，每年付流转费10500元/hm^2，总计96万余元。在流转初期，蟒河景区大力栽植核桃、山桃等干果经济林53.3hm^2、山茱萸等中药材13.3hm^2、木材林5hm^2、其他经济作物20hm^2。为了把流转土地管理好，蟒河景区聘用村民管护，支付管护费6000元/hm^2，一年共计56万余元。尽管如此，部分群众仍以自身利益为重，在流转土地内种植作物、瓜果等，斑块状的侵蚀，造成严管不得、不管不行的现象，让蟒河景区无法实现完整的协调化发展。

2.1.2 蟒河村的发展过度依赖蟒河景区

蟒河村的发展无支柱产业，完全依赖蟒河景区创收。该村以集体组织的名义，承揽了蟒河景区的环卫、商铺经营、工程建设项目，在以较低价格组织村民增收的同时，村公司也积累了一定的经济收入。蟒河景区、明秀苑酒店每年向村民提供近200个岗位，每个岗位平均工资1500元左右；景区内共有商铺32家，以每年2000~3000元不等的价格委托给村公司统一管理，村公司以不低于4000元的价格租给村民，有的商铺每年的租赁费达到了3万~4万元，蟒河景区每年付给村公司的费用近90万元。与此同时，蟒河村每年承揽蟒河景区的工程维修项目，但村内的标识、宣传牌等自行设计、安装、维修后，也要求蟒河景区付款，甚至连村集体的垃圾清运费也交由蟒河景区承担。蟒河景区每年还要提供给蟒河村60岁以上老人200~500元/人的福利，年支出3万余元。

与此同时，蟒河村的一些村民以“农家乐、免门票”的“地下运营方式”，在景区入口处招揽游客，对景区的正常经营造成了干扰。2017年，为了和蟒河村的关系融洽，杜绝村民私自拉客行为，蟒河景区为当地村民每人发放3张景区门票，但许多门票被村民以低于原价100元，仅40~50元的价格倒卖，这一行为严重影响了景区的旅游秩序。

2.1.3 农家乐经营户与蟒河景区恶性竞争

蟒河村的农家乐均为村民自行经营，与蟒河景区的管理形成“争游客、抢生意”的无序争端现象。蟒河景区前期修筑的道路、景区建设等，成为村民农家乐搭台唱戏的平台，村民有创收，但景区无收益。景区经营的闻瀑楼、明秀苑等接待服务设施，接待条件比农家乐好，但因运营成本费高，收费也较高，导致不被游客接纳。农家乐的经营方式灵活，能够吸引更多的游客，且一些农家乐经营户不顾市场秩序，私自以10~20元不等的住宿价格吸引客源，一些农家乐经营户甚至经常到景区门口拦客，在游客中形成了较坏的影响。

因利益争端，一些农家乐经营户经常在景区大门口摆放三轮车或滋事影响景区经营，虽然景区派出所也对滋事村民作过拘留等处罚，但经常性的争端中，村民把握了一定的界限，行事界于处罚边缘，又够不上追究责任，让蟒河景区管理工作举步难行。在一步步的蚕食和争端中，蟒河景区管理经营一度萎缩，目前仅靠门票收入来维持经营，后续的开发投入缺乏资金和动力，蟒河生态旅游开发的前景处在一片混沌之中。

2.2 蟒河村集体对景区开发的干扰

蟒河村集体始终认为，阳城县政府对蟒河景区的引入开发是为村集体经济发展考虑。虽然在阳城县政府的协调下，制定了蟒河景区的发展规划，但实际操作过程中，蟒河村不能完全配合预期规划，比如：对于村民住宅的规划设计是石墙青瓦、古朴雅致的农家风貌，但在“农家乐”争利经营的驱动下，新建住宅绝大多数为2~3层楼房，现代化的钢筋、水泥、采钢瓦等元素充斥了整个建设空间，与景区建设风格极不相符，干扰了景区建设管理。随着阳城县“全域旅游”的兴起，蟒河村不满足于既得利益，对自然资源的利用欲望更加强烈。近年来，多次提出要在蟒河河段开发“水上漂流”项目，由村民入股、自主经营。蟒河村集体强烈的本位主义和发展意识，也是蟒河生态旅游急需解决的难题。

3 思考与对策

蟒河村社区的发展与蟒河景区生态旅游的发展相互交织、相互牵制，与生物的“协同进化”表现相一致。要解决蟒河社区的发展问题，就必须解决好蟒河生态旅游的发展问题。

3.1 把握好切入点，重新洗牌，对利益分配格局进行调整

蟒河景区的发展自2006年以来，已经走过了12个年头，景区的建设也经历了从初期的集中投入、快速发展、运营维持到目前的疲软持续经营4个阶段，景区的发展与煤炭行业的发展息息相关，一定程度代表阳城煤炭行业的晴雨表。唯一不同的是，煤炭行业在去年冬季回暖，但竹林山煤业对景区的发展已经没有了初期的热情和动力，对景区的再投入持谨慎和拒绝态度。蟒河景区仅仅依靠门票收入，除支付社区费用、日常维修、广告营销、管理人员工资后，已再难有资金投入建设。

“食之无味、弃之可惜”，也许正是景区上层管理者的潜在心态。2018年年初，竹林山煤业有限公司计划引入北京东方园林公司、皇城相府集团。但是，这一行为的前提是在对蟒河景区自然资源和生态环境资源做出科学评估的基础上进行，对于新接手经营的公司，要有对自然保护区法律法规的清醒认识，要在阳城县政府的支持下，理顺公司与蟒河镇、村两级的关系，明确公司和镇、村两级的职责、义务和权利。在蟒河保护区的监督下，在阳城县政府的主导下，明确各方的利益分配，从根本上解决蟒河景区的发展问题。与此同时，必须加强对村民的管理，以县政府的名义，对景区的合法经营做出指导，明确镇、村两级和村民的责任和义务，不得干涉和影响景区的正常经营，并对干扰行为做出必要的惩处，给景区发展创造良好环境，推动景区的更好发展，进一步树立“蟒河山水”的良好品牌。

3.2 掌握关键点，重新规范，对农家乐经营进行管理

蟒河生态旅游区的发展要明确：资源监督的主体是蟒河保护区，开发建设的主体是“旅游公司”，协同发展的主体是镇村两级，服务发展的主体是当地群众，支持发展的主体是阳城县人民政府。

蟒河景区在重新洗牌后，重点应做好4项基础性的工作：一是对景区的发展、定位要切实地回到先保护、后发展的轨道上来，要抛弃边保护、边发展的陈旧观念，践行好“绿水青山就是金山银山”的发展理念，所有的开发建设项目必须在保护区规划允许的范围内，通过专家评审、生态环评后方可实施。对于已开发的猴山到树皮沟段要重新检视，把一切与生态环境不相融洽的东西坚决去除。对于欲开发的黄龙庙至蟒湖段，要严把生态观，坚决杜决一切对环境有影响的人类活动设施。二是在县政府的支持下，排除镇乡两级的干扰，成立生态旅游发展委员会，给镇乡两级明确发展任务，使其各司其职，各享成果。三是对农家乐经营规范管理，通过多种形式的宣传，让农家乐经营户充分认识到：景区的前期投入巨大，收回成本是理所当然；景区的发展需要各方面共同努力，农家乐的管理不能游离于整个景区管理之外。可供参考的模式是：对所有农家乐核定床位，对进入景区的住宿游客，由景区派出所监管，按人头由景区出具统一的收费收据，收取游客住宿费，在住宿费中按人头返还农家乐一定金额。农家乐对游客的餐饮自行接待收费经营，景区不再参与。这样，既可以保证景区发展的利益，又在农家乐中形成了以餐饮推动服务竞争升级的良性局面，更有利于推广蟒河的特色物产。四是对于商铺的经营，由景区、蟒河村建立的协调组织统一监管，根据市场情况，自主经营，真正把经营收入用于景区、社区的建设和发展上来[1]。

3.3 突出生态特点，提高站位，对景区建设品位再规划

目前，蟒河景区开展的旅游，名义上是生态旅游，实质是一般性质的“观光游”，游客入区后，主要的目的是喂猕猴、看山水，在旅游中寓以生态的行为和措施还不够充分。除了蟒河保护区在一些树木上悬挂了树木标识牌、景区树立了一些警示性的安全牌外，其他与“生态游”的要求相距甚远。

在下一步的发展中，景区的发展要与自然资源、自然保护的要求紧密结合在一起，突出游客对自然生态知识的接受和体验。景区要按照保护区的要求，在游客可及地段，开展动物救护、避危知识教育，对植物进行功能、价值教育，对区内的风光要深层次挖掘岩层、地貌的成因、演化教育，特别要对蟒河在自然演变历程中的特点讲清楚、讲明白，让游客通过接受生态教育，提高保护意识，这也是自然保护区开展生态旅游的最终目标和理想[2]。

野生动物对群众生产生活造成损害情况的研究*

——以山西阳城蟒河猕猴国家级自然保护区为例

张建军

（山西阳城蟒河猕猴国家级自然保护区，阳城，048100）

摘　要：对山西阳城蟒河猕猴国家级自然保护区内的野生动物损害庄稼、影响群众生产生活等进行调查研究，结合蟒河保护区实际，提出了建立野生动物肇事补偿专项基金，协助地方政府开展生态移民，推进“一区一法”建设，加强社区就业和创业指导服务培训等对策。

关键词：蟒河；猕猴；自然保护区

自然保护区是野生动物的避难所、优良栖息地，是野生动物生境保存完好的地区。由于受到严格的保护和管理，种类繁多的野生动物在长期的生活和繁衍中，构建了较为稳定、平衡的生态系统。近年来，随着生态环境的持续好转，野生动物损害庄稼，对群众生活造成的损害问题日益突显出来[1]。2016年以来，蟒河保护区组织开展了区内野生动物损害庄稼、影响群众生产生活问题的调研，基本摸清了情况。

1　山西阳城蟒河猕猴国家级自然保护区现状

山西阳城蟒河猕猴国家级自然保护区（以下简称“蟒河自然保护区”）是以保护猕猴等珍稀野生动物和暖温带森林生态系统为主的自然保护区，位于阳城县东南30km、晋豫两省交界处，处太行山南段、太岳山东端、中条山东北、王屋山之北特殊的地理、气候环境，保护区内保存着较大面积呈自然原生状态的暖温带森林生态系统和大量的野生生物物种，是华北地区不可多得的珍稀动植物避难所、天然生物基因库和“天然博物馆”，成为人们观光、休闲、学习的胜地。保护区全区总面积5573hm^2，林地总面积5229hm^2，非林地总面积344hm^2。植被覆盖率达93.8%。全区划分为三个功能分区，其中核心区面积3398hm^2，缓冲区419hm^2，实验区1756hm^2。保护区地处亚热带向暖温带过渡的边缘地带，动植物种类繁多，区系组成复杂，植物区系以暖温带植物为主，并有部分亚热带种分布，计有植物102科882种，列为国家重点保护的有南方红豆杉、连香树等9种，列为山西省重点保护的有青檀、猬实、老鸹铃等26种；动物区系以古北界为主，有部分东洋界种分布，计有动物26目70科285种，列为国家重点保护的野生动物有金钱豹、猕猴等54种，是山西省的动植物资源基因库。保护区辖区涉及阳城县的蟒河镇、东冶镇2个乡镇的6个行政村31个自然庄，农业人口520户1709人，耕地面积150hm^2，区内无工矿企业，辖区居民以农副业和服务旅游业为主要收入。

2　野生动物对群众庄稼的损害和生产生活的影响

2.1　闯祸的猕猴精灵

猕猴是华北地区唯一残存的灵长类动物，蟒河保护区对野生猕猴种群的保护、招引已达近30年的时间，仅猴山的野生猕猴招引种群已从初始的28只，发展到现在的360余只。蟒河保护区自1987年开始招引的猕猴主要在猴山，2012年左右，对蟒源、窟窿山2处也开展了招引，蟒源的种群从初始的

* 本文原载于《中国林业经济》，2019，156(3)：120-123.

50余只，现发展到了220余只，窟窿山的种群初始有80余只，至2014年发展到120余只。由于窟窿山的种群对紧邻的草坪地、南占2个自然村的居民生活影响较大，于2015年停止了人工补给饲料，该群已自行分散活动至蟒湖、老鼠梯、九里沟山梁等地，在食物匮乏时，也经常到草坪地、东占等自然村损害群众的庄稼和粮食。

蟒河村民王战胜的悲愤。王战胜居住在蟒河村前庄自然村，所住房屋紧邻蟒河河道，在河道旁开垦有五分菜地，每年秋季，猴山、录化顶的猕猴总会光顾他家，在菜地内大摇大摆地取食萝卜、白菜，起初，他十分气愤，召集邻居亲友用木棍、皮鞭驱赶，多数时候猴子都灵活地躲避，但有时也能打中几只行动较慢的猴子，人与猴子的交手，更加激怒了猴群，形成了人进猴退、人退猴进的相持局面，他家种的菜每年几乎都喂了猴子。在近乎疲惫的征讨中，猴群得寸进尺，认准了他家的房屋，时常光顾他的家中，对他家中看家的老母，熟视无睹。猴子也明白，年老体衰的老妪对猴子构不成威胁，经常在他家院内嬉戏，甚至上房揭瓦，把王战胜家的土坯房房顶揭穿，进入他家的坑上、桌子上翻箱倒柜寻找食物。后来，王战胜对入侵的猴子采取了燃放鞭炮、埋伏起来驱赶等办法，但猴子熟悉了鞭炮的威力，对他们的埋伏有了认识后，就不再害怕这些手段了。无奈之下，王战胜不得不在房顶上加固了铁皮彩钢瓦，算是暂时解决了这个问题。提起猕猴，王战胜咬牙切齿，恨猴子恨到了祖宗八代。

蟒河村民时中晋的调侃。时中晋居住在蟒河村东占自然庄，遭害东占、草坪地的猕猴是原窟窿山的猴群，这群猴子活动范围较广，或许是猴群中也像人类一样存在某种交流和沟通吧，除了取食村民挂在房墙上的柿饼，挂在房梁上的玉米穗，一些猴子是越来越精明了。猴子会寻找房主不在家的时候，有粗心的村民未上锁房门或窗门，它们会伺机进入房间内，寻找食物，发现装有粮食的陶瓷缸时，会把缸盖推到一旁推开一个口子，把头和手伸入缸内取食玉米、小麦、面粉等，吃饱后会把缸盖原样复位，然后从原路返出，还会把门、窗关闭成原来的样子，村民返回家中时，如果大意，轻易不会发现猴子已经来过，往往要等到需用缸中食物时，才会发现缸盖上的食物残余和缸内食物的减少。

一些细心的猴子与村民相处久了，还会寻找“取食突破口”。若某村民生病住院返家，有亲戚朋友看望，猴子也会去凑热闹，当亲友与病人谈话时，猴子会猝不及防地进入到病人家中，夺起当间桌子上的白粮、挂面等，狂奔而去。当屋里的人反应过来时，猴子已跑的很远了。

农家乐经营户马朝的非常体验。马朝是蟒河景区猴山脚下的农家乐经营户，编号是1号。猴子时常光顾他的经营摊点，抢食他的木耳、黄花菜等土特产，对于饲料、小吃等，经营都得死看硬守。猴子经常扒在房檐前、窗户上向房内张望，对于游客来说，可能觉得非常有趣，但对于马朝来讲却是苦不堪言。若有游客点餐，一碗面刚端上桌子，猴子就已经觊觎了，若游客不注意，起身接个电话，或是等待饭菜稍微凉一些的时候，猴子就会快速地扑向桌子，抓起面条，又飞一般地窜上房顶去了。

马朝向游客兜售准备的饮料时，也经常只是游客要几瓶取几瓶。为了方便游客，马朝有时在屋内多拿出几瓶，也只能塞到桌子下的萝框内，3~4次过后，猴子就已经发现了其中的奥秘，自己就会学着马朝的样子，弯腰伸手探取了。可能是颜色不同吧，猴子还能分清饮料和矿泉水，一般不抢矿泉水，而且口味从前几年的喜欢冰红茶已经发展到对果粒橙特别衷爱。喝饮料的方式，也从撕开瓶口倒在地面凹处舔吸，发展到撕开瓶口，像人一样倒在嘴中喝掉，这应该就是协同进化的结果吧！

长治游客许珊(女)的惊喜。许珊几乎每年都要到蟒河旅游一到两次，对猕猴可以说比较熟悉了。以前来的时候，总觉得猕猴性机警、怕人，即使是受食物的诱惑，也总是捡到食物后快速地远远走开。后来，觉得猴子与人的亲近度增加了，可以近距离地到人边捡食了，有些胆大的还可以到人手中拿取食物，多不会伤人，只有个别急躁的猴子在慌乱地抢食时，不经意时会划伤人的手腕、手臂。大约3、4年前，到蟒河时，发现有1只小猴子不甚畏人，会跳到人的手臂上、肩膀上，一起合影。

猴山的猴群在与人的日益相处中，学会了研究一些东西，有小汽车停留在猴山时，3、5只猴子会跳上车顶，有的会扳着反光镜照镜子，也许在镜子中发现了另外一只同类，它们会对着镜子上下、左右移动观察镜子中的影像，偶尔也会对着镜子呲牙咧嘴，恐吓镜子中的“那只猴子”。个别溢出种群的孤猴还会拦路抢劫，它们抢劫的对象多是穿着鲜艳的美女，对男子很少动手，如果女同志背着鼓囊囊的背包，它们会拉住包往外掀，如果发现女同志手中拿着食物，则会毫不客气地卧在路中间不让，大有一副“此路是我开，留下买路财”的蛮横气势，如果女同志不识趣，不放下手中食物，则会扑上去，拦腰抱住女同志抢食，直到女同志松了手，食物进了猴子的口，这场闹剧才会在女人的尖叫、猴子的胜利中惊悚收场。

2.2 野猪的夜空舞台

押水村位于蟒河保护区的核心区，有211户529口人，有40.47hm^{2}土地。山大沟深、上学就医条件艰难，有80%的人已经离开家乡外出打工、上学，在河南济源、阳城县城附近购置房屋，只是在山茱萸收获季节才返乡搞一些副业补充收入。村里留下的都是年龄在60岁以上的老年人，或许是故土难离，或许是不愿拖累子女，或许是觉得在家乡能种点薄田，有些微收入，自然衰减已使村落寂静下来，只有在春节年关，一些回村看望老人的年轻子女，才能给山村带来一些生气，也只有在大年初一才能有一些稀稀落落的鞭炮声，大年初二刚过，许多年轻人就已迫不急待地走出了山村。野猪就是在这样的环境中，走进了山村，走近了居民。

村里留守的老年人年老体衰，距村较远的土地均已荒芜，即使有些还在耕种，但每年夏秋的夜晚，一窝3、4头野猪家庭，进入农田，半个晚上就可以把庄稼翻个底朝天，翌日清晨，农田里被野猪拱过的壕沟，就像手扶农用拖拉机犁过一样均匀一致，只是沟两旁留下倒伏的庄稼苗还记录着野猪来过的痕迹。

动物界的用进废退在野猪种群中表现尤为明显，一些村民在地头扎草人、或者在农田守候，野猪智慧的大脑远非人们所说的“猪脑子”，它们好像已经知道自己进入了“三有”物种名单受到法律保护，对农民的这些伎俩置之不理，大摇大摆地进入农田。如果农民用燃放鞭炮的方法驱赶，野猪也仅是在鞭炮靠近时才会慵懒地躲避一下，过后依旧我行我素地拱食。

村民们在无奈中，只能缩小种植区范围，只是在门前地边种些蔬菜、口粮，即使这样，也难以抵御野猪侵略的脚步。保护区工作人员下乡期间，常常被受到损害的群众申诉野猪的恶行，要做很久的解释工作方能离场，野猪的行为已经在一定程度上造成了村民对保护工作的敌对意识。

2.3 难见真踪的金钱豹

金钱豹是森林生态系统的顶极消费者，其种群生存力差、生活环境脆弱，金钱豹的出现是生态环境改善的重要指标，是生态系统趋于动态平衡的一种考量。

2008—2011年，辉泉、蟒河2村的牧工，每年都要向保护区申诉，自己的放牧的羊群不知不觉中就少了几只，疑是金钱豹所为。在桑林苇园岭上，一只母牛被不明物在喉咙处咬了两个口子，头被咬食了一半，当牧主发现时，血液已经干涸，牛身旁有几挫豹毛，牧主拿着证据来到保护区，一口咬定是金钱豹所为，问及母牛尸体，答曰金钱豹来不及拖走，还会来食。第二日，管护员现场巡查，母牛尸体果不见踪迹。窟窿山边的牧户，一日内少了2只羊，乡人10余人找寻未果。

在调研中遇到了蟒河村现在的一名牧主赵将军，在赵将军的讲述中，金钱豹的可爱形象逐渐鲜活起来。据赵将军讲，一天在捉驴驮(地名)放羊时，突然觉得羊群吃草都不正常，头羊驱赶不前，猎狗卧地不起，低声呜叫，赵将军抬头一看，一只金钱豹在树丛中俾睨，很有王者之气，情急之下，赵将军大声唱起了山歌，高低起伏抑扬顿挫的歌声似在招朋唤友，金钱豹在歌声中缓缓地离去，羊群又恢复了昔日的平静。

又一次放牧期间，羊群突然骚乱起来，树丛右侧一只金钱豹闪出，身体跨在一只肥羊背上，两只前爪搭在肥羊肩头，血盆大口已经向羊头利出，金钱豹身下的肥羊已经完全失去了抵抗力，只能绝望地低声呜咽。情况危急，赵将军大喝一声“嗨—嗨”，金钱豹受了惊吓，回头看了赵将军一眼，跳下羊背逃跑了！

听了赵将军的讲述，我们对其真实性表示置疑，豹子在食物的诱惑下，对手拿羊鞭的赵将军真的那么畏惧吗？后走访多位牧主，均没有类似的说法。

3 野生动物给群众造成的损失

3.1 有田难耕

蟒河村由于旅游开发，全村土地均已流转给了蟒河景区公司，每年既得10500元/hm^2的收益，只是村民在房前屋后种些蔬菜、水果容易受到猕猴的遭害。村里的百姓家中、农家乐，猕猴经常光顾，对菜地造成一些不必要的损失。蟒河村大大小小的损失，年均在万元以上。押水村的情况比较严重，保守估计人均0.0667hm^2地，全村33.333hm^2土地的庄稼或多或少都要受到野猪的侵害，严重的颗粒无收，轻些的也只能有3~4成收入，按每年15000元hm^2损失计算，年损失达50余万元。

3.2 有畜难养

蟒河保护区全区现有羊7群，牛24头，羊群在放牧中每年都有10头左右的损失，按每只羊平均1000元计算，牧主每年损失1万余元。

3.3 有房难住

受猕猴进村入户的危害，蟒河村的居民新建房屋全部为全封闭样式，原来的老房子很难有安全感，从这一点上来讲，不利于蟒河古村落建设，一定程度上成为村民无序建设的理由。对房屋和村民生活的损害，测算年损失在3万元以上。

4 解决问题的对策

4.1 建立野生动物肇事补偿专项基金

为了减少野生动物对社区居民造成的经济损失，缓解村民与保护区的矛盾，保护区管理局申请中央、省级投资，设立野生动物肇事补偿基金，用于补偿野生动物对人畜和庄稼造成的损失。通过保护区工作人员、受损居民以及有资质的调查机构共同组成调查组，对肇事范围、类型、受损程度进行勘察、评估后予以合理补偿，调查及补偿结果应公平、公正、公开，并存档备案。基金可以接受社会捐助，资金使用应严格审批，做到专款专用，本年度剩余资金列入下一年度赔偿使用[2]。

4.2 协助地方政府开展生态移民

按照国家有关政策，鼓励居住在保护区内偏远地区的居民进行生态移民，搬迁到生活条件较好的地方居住，一方面改善社区居民的生活水平，另一方面促进保护区的管理工作更易开展。根据生态环境综合整治和“绿盾行动”的要求，对保护区核心区内存在人类活动的现象进行积极整改，结合当地国民经济和社会发展规划，采取居民外迁的方法解决。保护区核心区内主要为押水行政村与蟒河行政村的2个自然庄，在保护区成立前就已存在，其中押水行政村有10个自然村在核心区范围内，蟒河行政村有2个自然村在核心区范围内，17个村共计323户。据调查，核心区内现有村民中有80%有意愿搬出，优先选择自愿且现居住条件差的居民逐年搬迁，进行妥善安置。退一步讲，可以区别对待，从押水村的发展情况看，将来即使不进行补助搬迁，随着人口的减少，仍可实现自然搬迁[3]。

4.3 推进“一区一法”建设

加强法制化建设，依法推进自然保护区发展。保护区要制定普法计划，形式多样地开展自然保护区的法制培训和普法工作，切实提高保护管理人员和公民保护自然生态系统和自然资源的法律意识。积极争取地方党委、人大、政府的支持，努力推进“一区一法”制定工作，争取早日通过政府审批、人大备案，顺利颁布《山西阳城蟒河猕猴国家级自然保护区管理办法》，使保护区的各项工作有章可循，有法可依，促进核心区内生态移民问题的有效解决。

4.4 加强社区就业和创业指导服务培训

发挥保护区的科技、人才优势，帮助社区群众提高科学文化素质和服务水平，实现科学致富，为社区居民在科学种植、养殖、旅游服务、旅游产品生产经营、特色产品开发等方面提供专家服务和培训，提高经济效益，增加居民收入，改善生活水平。同时，通过对社区居民进行诸如家政服务、物业服务、物流配送、园艺技术等外向型劳务技术培训，组织劳务输出，加大社区居民外出就业的空间。

自然保护区生态保护与建设发展研究
——以山西阳城蟒河猕猴国家级自然保护区为例*

张建军
（山西阳城蟒河猕猴国家级自然保护区，阳城，048100）

摘　要：通过对山西阳城蟒河猕猴国家级自然保护区的生态保护、管理建设以及发展现状进行调查，摸清了保护区内自然资源保护、社区经济发展、野生动物损害庄稼、生态旅游开发、科研监测的服务功能提升、传统管理中的法律空白、自然保护区范围界线调查和必要性等方面存在的困难和问题，并有针对性地提出了社区群众从事管护参与保护、加强自然资源资产管控、落实野生动物损害补偿办法、强化科研监测、科学评价调查保护区范围界线等办法和对策，为自然保护区管理和科技人员以及社区管理服务人士研究和决策提供参考。

关键词：自然保护区管理；自然资源；保护

习近平总书记指出，建设生态文明是中华民族永续发展的千年大计，坚持人与自然和谐共生，践行"绿水青山就是金山银山"的发展理念，是自然保护区建设和发展的宗旨。自然保护区必须实行最严格的生态环境保护制度，把生态环境保护放在首要位置，要像对待生命和眼睛一样对待和呵护生态环境，推动形成绿色发展方式和生活方式，建设美丽中国，为人民群众创造良好的生产生活环境作出贡献。

自然保护区是生物多样性的富集区，是生态文明建设的先行区和示范区，是践行"两山论"的重要载体。因此，加强自然保护区的管理，是生态文明建设的需要，是实现自然资源可持续利用、推动自然保护区可持续发展的基本要求。为了进一步做好自然保护区的管理和建设工作，本文对山西阳城蟒河猕猴国家级自然保护区（以下简称蟒河保护区）管理和发展现状进行了深入的调查和分析，组织保护区科技人员，到辖区4个保护管理站、6个行政村开展了专题调研，调研采取进山查林情、入村访社情、召开座谈会、个别谈心等方式，把宣传党的十九大精神与调研紧密结合，把倾听职工呼声与改进工作作风紧密结合，把视察社区民情与解决存在问题相结合，充分了解了15名聘用管护人员的工作和生活情况，与蟒河景区旅游公司10余名管理服务人员，以及60余名村民和村干部进行座谈，听取了他们对保护区管理建设工作的意见和建议，进一步了解了区内群众最迫切的需要、最关注的问题和当前保护区建设发展面临的困难。在此基础上，认真研判分析了形势，提出了适合蟒河保护区发展的对策和建议，为更好地保护自然生态和自然资源、推进自然保护区的科学发展提供参考。

1　蟒河保护区发展现状

中国的自然保护区建设起步于建国后，1956年10月，由林业部牵头制定了《关于天然林禁伐区（自然保护区）划定草案》，明确了划定自然保护区的重点区域、保护对象和划定办法，在广东鼎湖山建立了全国第一个自然保护区，其他自然保护区的划定和建立逐渐完善，截至2018年底，已建立国家级自然保护区474个。蟒河保护区始建于1983年12月，位于山西省阳城县，辖区面积5333.3hm^2（8万亩），其中国有林地面积3933.33hm^2。区内分布的野生猕猴种群为暖温带分布最北限，南方红豆杉、山白树等亚热带特征指标物种在本区也有遗存，揭示着保护区地质年代的久远。保护区地处晋东南太行山尾部、王屋山断褶初起地段，晋豫两省的阳城蟒河镇与济源思礼镇交界处，山大沟深、地处偏远，在群山深处，星罗棋布地分散着8个行政村的23个自然庄，农业经济原始落后，开发建设水平

* 本文原载于《林业经济》，2019，6：104-109.

处于较低层次。2006年，随着阳城县政府发展西南部区域旅游战略的实施，从蟒河镇到蟒河村才打通修建了近10km的盘山公路，成为群众出行、游客通行、边贸畅行的唯一通道。

经过30多年的建设，蟒河保护区建立了较为完善的规章制度，组建了管理机构和管理队伍、专业技术队伍，管理和建设能力得到加强。在国家支持下，于2000年开始编制总体规划，按照规划开展了工程建设，使保护区基础设施建设不断完善和提升。在此基础上，保护区开展了生态保护、科研监测、科普宣教、社区共管。在山西省林业和草原局的支持下，区内设立了森林公安派出所，开展综合执法工作。目前，在党和国家的政策支持下，区内群众致富增收能力不断增强，热心公益事业、热爱自然资源意识不断提高，生态保护与当地社区的发展融合日趋紧密，实施能力得到了进一步的提升。

2　蟒河保护区管理中存在的问题

建立自然保护区的目的就是要严格地保护自然生态和自然资源，对于国家级自然保护区，国家和地方均把自然保护区作为严格的资源保护管理区，禁止人为破坏，通过严格管理，以期为子孙后代留下绿水青山[4]。国家级自然保护区在建设与发展进程中，逐渐暴露出许多矛盾和问题，如2017年绿盾行动中查处的祁连山自然保护区违法案件、2018年中央查处的秦岭违法建设案件，均在一定程度上表现出对自然保护区的侵害和认识的不到位。地方为了推动区域经济的发展，纯粹依靠行政和法律手段进行自然资源保护管理的方式，与保护区的管理还有一定程度的不和谐、不平衡、不相适应。蟒河保护区在建设与发展中也受到了许多冲击，区内目前存在7个方面的问题。

2.1　社区群众向自然资源索取生活资源，造成保护管理供给侧结构失衡

生态环境是人类赖以生存的家园，野生动植物资源是生物多样性的重要组成部分，是自然保护区保护的基础和平台。但是，自然资源也是保护区内社区群众生存和依靠的基础，是保护区内社会经济发展的重要依托。保护区的建立，使区内丰富的自然资源得到了有效保护，但同时又限制了当地群众的生产生活活动，也就不可避免地引发了保护与利用的矛盾与冲突。

自然保护区一般地处偏远，山大沟深，自然生态状况良好，由于自然条件的限制，区内居民远离城市文明，文化、经济、习俗均与现代化城市有一定距离，区内群众多以传统农耕为主，开展种植业、养殖业、采挖药材等生产经营活动，对自然资源存在本质上的依赖[6]，这与国家严格保护的要求形成了一些矛盾。

近年来，受环保督查等因素影响，煤炭价格持续低迷，煤炭企业生产难以为继，尽管阳城县政府对每户给予每年300元或相等量的冬季燃煤补贴，但是日常生活的取暖、烧饭仍然依靠烧柴等方式，

特别是2017年环保压力下行，禁止燃煤、集中养殖、环保达标整改等强制措施的实行，更是对群众的生活习惯造成了一定的影响。蟒河保护区内的押水村234户居民，对资源依赖的生产生活方式没有根本改观。传统的自然保护模式与当地群众的生产生活基本条件不能很好地接轨，严格限制了当地群众对自然资源的有序、合理使用，导致了保护与发展的矛盾得不到根本性的解决[5]。

2.2　辖区乡村欲改善社区基础设施，但遇功能区管控受阻

1994年，国务院颁布《中华人民共和国自然保护区条例》规定，保护区内分为核心区、缓冲区和实验区。2017年10月，国务院令第687号对《中华人民共和国自然保护区条例》进行修订，第十八条规定："自然保护区可以分为核心区、缓冲区和实验区。自然保护区内保存完好的天然状态的生态系统以及珍稀、濒危动植物的集中分布地，应当划为核心区，禁止任何单位和个人进入；核心区外围可以划定一定面积的缓冲区，只准进入从事科学研究观测活动；缓冲区外围划为实验区，可以进入从事科学试验、教学实习、参观考察、旅游以及驯化、繁殖珍稀、濒危野生动植物等活动"。《森林和野生动物类型自然保护区管理办法》规定："自然保护区的自然环境和自然资源，由自然保护区管理机构统一管理。未经林业部或省、自治区、直辖市林业主管部门批准，任何单位和个人不得进入自然保护区建立

机构和修筑设施”。

但是蟒河保护区的实际情况是，保护区内有402户居民，其中，核心区有298户，并且他们耕种大量集体所有的、用于农牧生产的土地，是当地乡政府重点关注和支持的贫困地区。保护区组织开展对核心区居民异地搬迁意向问卷调查中，超过70%的居民不愿搬离家园，剩余30%也在搬迁资金及后续生产生活费用上纠结。2016年地处核心区的押水村，欲在出行的泥土路基上硬化路面，改善通行条件，但受《自然保护区条例》的限制，这一问题始终难以得到规范性文件的批复，导致当地群众对保护区的管理产生不满。再如，与南河九里沟景区仅600m之遥的蟒河村，欲将南河自然庄到九里沟的出行道路硬化，方便蟒河村村民与济源思礼联通的习俗，但该地段处在保护区核心区内，仍然没有找到很好的解决和处理办法。这些现状的深层次原因是群众改善生活条件的愿望与保护资源的限制产生矛盾。

2.3 野生动物向群众生活区域入侵，引发群众困难的潜在性积怨增加

蟒河保护区成立以来，经过近40年的有效保护，区内野生动物的生存环境得到了极大的改善，栖息地得到了自然修复和升级，野生动物种群数量恢复和增长，野生猕猴已由保护区建区时的150只发展到现在的7群1273只，种群数量不断扩大，栖息地得到改善。由于蟒河保护区范围内的自然环境和栖息地，对猕猴种群的承载量有一定的限度，野生动物必然要进入到群众的农田、农庄损害庄稼，有些野生动物为了获得食物，甚至进入农家寻找食物，对群众的人身安全造成伤害。

近年来，押水村的大小天麻、上下康洼等自然村的87户村民，每年种植的14hm^{2}玉米、谷子、油菜等农作物都不同程度地遭受到野猪、狍子、獾等动物的拱食，部分农田常在收获前期一夜之间被侵害而导致大幅减产甚至绝收。辉泉村村民的2头耕牛还曾在1天内被华北豹残害。蟒河后大河人工驯养猕猴长达30多年，从起初的怕人、防备、警戒、远离，现在已经发展到主动向人挑衅，女性、孩童游客常常被猕猴抢包或抓伤，一些猕猴甚至能分清游客携带的甜味饮料和矿泉水，在抢食时，已能够有选择性地抢夺甜味饮料而放弃矿泉水。每年早春和严冬，食物匮乏时，野生猕猴常常三五成群、肆无忌惮地进入到农户家中，上房揭瓦、掀锅搜缸、翻箱倒柜、卧床坐桌，群众打不敢打、吓又不怕，常常是猴进人退，等猕猴自行离去后，留给村民的是含泪愤怨且无奈地收拾残局。

以野猪和猕猴为主的野生动物对群众庄稼造成损害，对社区群众的生产生活造成了一定的影响，引发了群众对野生动物的不满和无奈，由于野生动物损害庄稼后的补偿不到位，也使群众对保护工作的支持力度有所减弱。尽管《野生动物保护法》第十八条规定：“在自然保护区的实验区内开展参观、旅游活动的，由自然保护区管理机构编制方案，方案应当符合自然保护区管理目标”。第十九条规定：“因保护本法规定保护的野生动物，造成人员伤亡、农作物或者其他财产损失的，由当地人民政府给予补偿。具体办法由省、自治区、直辖市人民政府制定。有关地方人民政府可以推动保险机构开展野生动物致害赔偿保险业务。有关地方人民政府采取预防、控制国家重点保护野生动物造成危害的措施以及实行补偿所需经费，由中央财政按照国家有关规定予以补助”。但是由于没有具体的配套补偿细则和补偿标准，或是县乡政府财力有限，补偿资金渠道不畅，农民的这部分损失没有得到应有的补偿，群众常常把这些不满发泄到保护区管理上。比如，保护区树立的一些宣传碑牌，即使是在蟒河村黄龙庙的中心广场，也经常被群众故意损坏。

2.4 生态旅游因整体开发水平较低，满足群众需要的增长力还未激发

生态旅游是自然保护区建设的重要内容，在《中华人民共和国自然保护区条例》中，涉及自然保护区建设的有8项条款、自然保护区管理的有15项条款，但是对于保护区开展生态旅游为社区共建共管没有作出明确规定。对于自然保护区开展生态旅游地方政府有一定的积极性，社区居民在从事生态旅游服务活动中均能增加收入。生态旅游的共建共管，是保护区建设和发展必须面对的一个问题，应该坚持问题导向，从发现问题、解决问题入手，下大力气解决好保护区与社区的和谐建设问题。

近年来，随着阳城县政府“悠然阳城、美丽乡村、全域旅游”发展战略的实施，在阳城县政府的主

导下，阳泰煤炭集团竹林山煤业有限公司与保护区签订合作开发协议，于2006年起投资开发蟒河生态旅游资源。竹林山煤业有限公司的旅游开发走的是修路、建基础设施、收门票为重点的常规路子，在兼顾群众生产方面，采取集中租用农田发展经济林、扶助群众开展农家乐等有利于当地群众生活的措施。但是在经营管理过程中缺少社区的有效参与，群众的欲望与旅游发展收益存在一定的差距，引起群众对煤业公司开发旅游资源的不理解和不满意。近几年来，旅游收入逐年下滑，公司每年应付给群众的租地款达800余万元，但能够用于旅游设施的投资还是明显不足。由于社区参与管理渠道不畅，蟒河村民没有切实感受到竹林山公司的难处，加之，竹林山公司没有开辟出更多的适合当地群众参与的旅游产业项目，群众增加收入的欲望与现实经营的收益存在一定的差距，也是诱发矛盾的主要原因之一。

2.5 科研监测受多种因素影响制约，服务生态建设的基础性功能缺位

开展科学研究和监测，是保护区摸清本底、掌握野生动物种群消长状况、科学调整保护对策的基础，是对自然生态有效保护的关键。目前，蟒河保护区正常开展科研工作受到制约的因素有3个方面。一是科技人员少。蟒河保护区人员编制少，仅有15人，科研人员仅有3人，第一学历为本科的仅1人，其余均是起点为中专、后取得较高学历；全局高级职称1人，中级职称1人，且年龄均在45岁以上，科研人员的知识结构、学历层次及职称职务比例失调，后劲不足。15人中，专职管理人员较多，工人聘用在管理岗位的4人，工勤管护人员4人，实际有基础从事科研工作的科技人员缺乏，加之岗位设置的比例要求，现有人员的技术职称很难得到晋升，影响了干部职工从事科研工作的积极性。二是研究课题少。受技术力量的限制，研究领域较窄，深度较浅，目前仅是开展沁河流域常规性疫源疫病监测，辖区内日常的样带监测都未能有效开展。资源本底调查、专项性科研项目都是委托大专院校或有资质的调查机构外包完成，科学管理的研究项目更是空白，不能适应保护区发展的需要。三是科研经费少。蟒河保护区属全额财政事业单位，科研经费仅靠争取上级投资解决，渠道比较单一。每年争取到的科研经费平均10余万元，仅够完成基础的10条样线调查监测，完成专项课题每年仍有30万元左右的缺口。由于保护区的科研属自然科学范围，其科研成果应用于保护工作，为服务公益事业的研究成果，直接产生的生态效益难以在短时间内显现出来，因此，科研工作更需持续投入科研经费，长期坚持。只有不断积累科研数据，才能更好地掌握自然资源的消长变化情况，探寻出变化规律，更好地服务于生态建设。

2.6 法律法规仍存在一些空白，传统管理模式的局限性日益凸显

自然保护的相关法律法规还不健全，目前除《森林法》《野生动物保护法》等框架性的法律外，仅1994年国务院发布《中华人民共和国自然保护区条例》，这个条例在2017年作了修订，但配套性的地方法规和保护区的“一区一法”建设仍有很长一段路要走。另外，由于自然保护区管理的严格性和公益性，国家颁布的自然保护区保护法规只是给予原则性的指导，对于不同地区、不同生态类型和功能类型的自然保护区还不够全面，所以，不同类型的自然保护区管理应该需要不同内容的法律调整，才能实现法律对自然保护区的保护作用。随着国家机构改革的深入，国家林业和草原局负责全国各类自然保护地的管理工作，将结束部门管理、九龙治水的格局，自然保护区的建设将迈上制度化、法制化的轨道。

当前，建设以国家公园为主体的自然保护地体系成为明确的方向，自然保护区是国家自然保护地的重要组成部分，采取自上而下的指导性管理模式。这对于经济实力雄厚、物种珍稀（如大熊猫、朱鹮、白暨豚等）集中分布保护区的管理比较适用。但是对于大多数保护区来说，多是抢救性保护的划建，许多保护区的管理，脱离当地社区群众的生产生活实际，限制当地村民的活动，所要达到保护目的的办法，实质是没有把人的发展与自然资源的协调发展统一起来，应该说这种传统的保护模式已经与现代社会发展不适应了[2]。

2.7 范围界线需严守法律底线，违反保护规定的随意性急需补差

保护区的范围界线由其所处的生态位置、自然生态系统的代表性、生物多样性的典型性等决定，一般来说，不能任意调整。但由于历史、技术和现实的原因，在资源保护利用方面，已有一些触碰法律底线的问题需要整改。

蟒河保护区面积较小，在1998年晋升国家级保护区时，按照功能区划定的要求，结合保护对象和资源利用的需要，尽可能多地划定了核心区和缓冲区的范围。而随着社会经济的发展，特别是生态旅游的开展，旅游开发部门缺乏自然保护区规范意识，在核心区的边缘地带、蟒河洪水废弃的民房和河滩边缘修建了停车场和游客接待中心，按开发者的眼光看，停车场和接待中心地段全部为没有利用价值的地段，但是忽视了功能区界线的“底线”，导致了从2009年开始的每年一度的环保执法检查中，一直作为一个焦点问题被监督和处罚，至今仍是环保问题中没有彻底解决的难题。

这一问题从维护国家法律层面的高度讲，依法整改责无旁贷，而开发者对这一问题仍在衡量经济与现状的层面上理解，心中困惑难解，因开发建设随意性造成国有资产严重损失的后果，地方政府必须以壮士断腕的决心和勇气予以解决。

3 对策和建议

3.1 创新机制，做好以全民参与为主要抓手的社区共管，实现共建共享

(1)以聘用管护人员为窗口，吸引原住民参与资源管护。在自然资源管理与保护中，要结合扶贫建设，把当地的劳动力组织起来，通过科学的选用方法，使他们参与到日常资源管理和巡查工作中，发挥他们熟悉情况、主动作为的优势，取得保护和社区共建的双赢。2014年以来，蟒河保护区采取的具体办法是：按照辖区每个行政村的管护面积，分别核定在每个行政村需聘用的专职管护人员数量，并与行政村协商，明确聘用管护人员的年龄要求、文化程度、工作任务、身体状况等，所需人员由行政村推荐，保护区考核使用、驻站管理，行政村在推荐管护人员的过程中，尽量向建档立卡贫困户或生活困难人员倾斜，全局范围内共聘用专职管护员15名。2017年，资源保护工作推行公司化运营办法，把聘用的管护员通过区、村、公司和个人协商，整体移交到劳务公司，劳务公司为这些人员办理了工伤保险和意外伤害保险，解决了他们的后顾之忧，进一步提高了工作积极性。对于辖区内的集体林管护，采取与6个行政村平等协商的办法，除发动村民全员管护外，还要求行政村根据面积大小，每村重点确定、使用1~2名集体林专职管护员，对集体林管护员的考核标准略低于专职管护员，但在档案、记录等方面与专职管护人员一致。这些办法以点带面，进一步融洽了保护区与行政村的关系，强有力地推动资源保护工作向社会化、全员化迈进。

(2)以国有资产管控为重点，争取旅游开发的利益最大化。按照山西省林业和草原局的要求，结合蟒河保护区生态旅游的现状，聘请有资质的评估机构，对保护区的生态旅游资源和景观资源进行评估，在评估的基础上，确定资源资产价值。保护区代表国家，履行出资人资格，以资源资产入股，与投资开发商平等协商，按国家规定协定开发期限，确定收益分成比例。同时对于在评估前已取得经营权的投资商，给予同等条件优先或优惠条件的承包经营权。在生态旅游开发中，可以吸取九寨沟景区总结出来的“从封闭式保护与重视社区利益、与社区分享利益的曲折之路”的经验，采取成立股份公司、社区群众参股控股、直接对经营所得公平分配的经营模式。同时，也可以规范旅游经营活动，减少恶性竞争带来的利益损失。

(3)以落实损害赔偿为突破，提高关注发展的群众支持率。在保护资源的同时，要把群众的生产生活问题放在重要位置，在充分考虑野生动物栖息地的基础上，采取拉网、围栏、廊道建设等办法保护好群众的农田、庄稼。采取划定范围改造栖息地的措施，减轻野生动物对群众的压力。保护区要制定科学的管理计划，合理规范村庄边缘的薪炭林建设项目，疏导群众合理利用资源的途径。

建议省级层面的《野生动物保护法》的配套办法，能够明确对野生动物损害庄稼造成的损失，制定科学的损失价值评估体系，明确赔偿标准，确定赔偿的具体部门、资金渠道和办理程序，切实把群众损失赔偿落到实处。建议国家对自然保护区内的社区群众生活给予关注和支持，发展适宜保护区内群众生产生活的节能灶等新型设备和新型能源，鼓励群众在保护好自然资源的前提下综合利用，逐步调整产业结构，发展群众参与面较广的影视拍摄基地拓展、科研宣教定期展演等，对自然资源压力较小、附加值较高的产业。

3.2 强化保障，做好以资源监测为主要内容的科研工作，服务保护实践

要加强对科研项目的管理，完善科研制度，制定以自然保护区补助资金项目为支撑的科研管理5年计划，并依据5年计划制定年度工作目标，建立科研人才引进制度、科研经费申报专项制度、申报成果鉴定评审验收的奖励制度等等，从基础层面规范科研工作，明确研究目标及效果。要着力引导科技人员克服浮躁、急于求成的心理，积极向上级提出激励科技人员晋升和岗位兼职办法，加强对科技人员的教育和管理，尽快培育出一批本土化的科研技术人才。

坚持保护区科研监测工作系统性、长期性、连续性的基本要求，在抓好沁河流域疫源疫病监测的基础上，重点开展野生猕猴种群和华北豹种群监测，强化对管护人员的培训和管理，按科研内容分项目开展研究和监测，通过长期的科研监测，做强保护区专题项目的研究。要逐步拓宽领域研究，重点开展资源演替动态研究，加快区内以橿子栎、栓皮栎为主的栎类林分的恢复与重建技术研究步伐，有针对性地观察研究野生猕猴种群体毛斑块状脱落的机理，开展人猴共患病机理的研究，为更好地保护猕猴种群提供科学依据。

3.3 科学评价，做好以林保一张图为划界基础的确权工作，发挥保护价值

在现有技术条件和水平下，自然保护区要以林保一张图为基础，自然资源部门对保护区做到现地落实、矢量化落界、地图及档案衔接，建立保护发展大数据，进一步落实自然保护区范围界线，特别是对省界、市界、县界交界地段更要明晰范围，对保护区内涉及群众利益的地块，在保障群众生产生活需要的基础上，转变管理方式，求得利益最大化公约数，最大限度地让利于生态建设、生态安全，使自然保护区内的资源能够得到统一地管理和利用[1]。

建议国家尽快出台生物多样性价值化和服务量评估技术规程，让自然保护区每个山头地块和森林生态系统的科学价值能被定量化评估和表述，在此基础上，科学划定保护区的核心区、缓冲区和实验区，消除人为主观因素在划界中对群众生产生活的影响。

总之，自然保护区管理是保护区管理机构一项永恒的课题，做好保护管理工作的本质就是要不断提高管理效率。因此，蟒河保护区的管理必须坚持以贯彻党的十九大精神和习近平生态文明建设思想作为主线，增强科学发展本领，增强群众工作的本领，善于贯彻新发展理念，创新工作体制机制和方式方法，狠抓落实，把雷厉风行和久久为功有机结合，勇于攻坚克难，以钉钉子的狠劲做实做细做好各项管理工作，稳步走出一条人与自然和谐共生的发展之路，为建设山水林田湖草的自然综合体作出贡献。

山西阳城蟒河猕猴国家级自然保护区总体规划绩效评价*

吉国强
（山西林业职业技术学院，山西太原，030009）

摘要：通过详细地调查分析山西阳城蟒河猕猴国家级自然保护区，从完成情况、自然生态质量和保护区管理水平等方面作出了全面评价，并总结当前存在的主要问题，以期对蟒河自然保护区长效优质管理提供参考依据。

关键词：蟒河；总体规划；绩效；评价

山西阳城蟒河猕猴国家级自然保护区(以下简称“蟒河自然保护区”)成立于1998年，是以保护猕猴等珍稀野生动植物为主的森林及野生动物类型的自然保护区。2000年蟒河自然保护区编制了总体规划，规划期15年(2001—2015年)，规划期内在国家及省林业主导和投资下，在资源保护、科学研究、科普教育、多种经营等方面开展了卓有成效的工作，保护区的管护设施、基础设施、宣教设施等已经初具规模，总体上已建成山西省功能基本完备，设施比较齐全的国家级自然保护区，并初步探索了一套行之有效的管理办法。根据蟒河自然保护区总体规划建设内容现状，从建设内容完成情况、自然生态质量及保护区管理水平等方面对其进行全面评价。

1 总体规划完成情况评价

蟒河自然保护区经过15年的建设，基本达到了规划建设的总体目标。基础设施建设相对齐全，科研、办公，保护硬件设施完成配备。资源保护上经过不懈努力，有林地面积蓄积达到增加，森林覆盖率从81.9%提高到88.29%，生物多样性保护取得明显成效，未发生大规模毁林、偷砍案件，全区未发生森林火灾，主要保护对象猕猴数量快速增长，由规划初期的150只增加到1251只。同时，保护区还建立了资源监测及生态监测体系，监测人为活动、主要保护对象、野生动物的种群数量，组织了野生动植物本底资源调查，细致统计分析全区的资源数据，发表科研论文30余篇。

在规划总体目标建设中，仍然存在一定的短板和缺陷。一是社区共建薄弱，自然保护区的建设带动了部分居民群众的经济发展，但效果不明显，特别是核心区农民；二是宣传教育及对外交流欠缺，特别是与高水平、高知名度的目标组织和自然保护区的交流较少；三是科学研究有待加强，没有达到预期的发展目标。

2 自然生态质量评价

蟒河自然保护区具有生物多样性、生境自然性、区位独特性、脆弱性、面积适宜性、科学价值性等特点。

2.1 生物多样性

蟒河自然保护区内气候适宜，水源丰富，污染极少，土壤条件好，动植物资源非常丰富。本区有种子植物874种，分属于103科390属，占山西省总种数的52.1%；有野生动物285种，分属26目70科。动植物种类繁多，区系成分复杂，有些动植物种在山西境内仅分布于该区。

* 本文原载于《现代园艺》，2019，22：164-165.

2.2 生境自然性

蟒河自然保护区基本处于自然状态，加上地形陡峻、地貌复杂、植被茂密，交通不便，可进入性差，受到人为活动干扰较少。区内山峰林立，峭壁断崖，地理环境特殊，地质历史悠久，地形复杂，保存大片原始林，生态系统多样性至今仍保存完好，生态演替自然，生态功能健全。

2.3 区位独特性

蟒河自然保护区地处暖温带落叶阔叶林的内部边缘带，区位特性明显，其植物区系除具有种类繁多，珍稀植物丰富的特点外，南北渗透现象非常明显，许多亚热带区系植物在此生长良好，如南方红豆杉、竹叶椒、异叶榕、玉铃花等，反映了该区具有暖温带与亚热带的双重性质，体现了强烈的过渡性，即许多种类的分布至此已达其分布范围的边缘。

2.4 脆弱性

蟒河植物区系强烈的过渡性影响该区系的现状与发展，使其具有脆弱性特点。许多植物种尤其是亚热带成分的分布常局限于山体的某一部分或某一沟内。如南方红豆杉，在此只局限于海拔400~680m的峡谷中，虽长势良好，但不是优势树种，不能形成稳定群落。许多植物种不仅分布局限，而且数量极少，说明这些物种至此已达其自然地理分布的最北限，极易在此灭绝，亟待加强保护。

2.5 面积适宜性

保护区总面积5573hm^2，满足资源保护的要求。核心区面积3397.51hm^2，山高灌密，人烟稀少，地形复杂，生境多样，是野生动物栖息繁殖的主要区域，也是整个保护区的中心地带，占总面积61%。保护区内分布均匀、生长良好的原始次生林可满足多种多样的动植物生存，相互联通、易于扩展，为生态保护提供了空间和介质。

2.6 科学价值性

蟒河自然保护区地处华北地台南缘沁水盆地南端，太行、王屋、中条三山交汇处，地貌由中山、峡谷等多种类型组成，与之相对应的，形成了由亚热带向温带过渡的多种物种和原始次生林，植被垂直带谱明显，并分布有国家Ⅰ级保护动物金钱豹、金雕和黑鹳等，保护区以其独特的自然地理条件、丰富的生物多样性引起了国内外野生动植物保护专家与游客的广泛关注。

3 保护区管理水平评价

蟒河自然保护区建区20多年来，在资源保护、林政管理、森林防火、科学研究、多种经营方面都设立了组织机构，在管理能力方面有较大提升。

3.1 建立了比较完整的制度管理体系

根据“规范管理、争先创优、建设一流保护区”的工作思路，保护区制定了资源保护、内部管理、科研工作、物资管理、安全生产等多个方面的管理制度，制定了办公室主任、会计、出纳、保管、司机等多个岗位责任制，对基层各保护站制定了考勤登记、野外巡护、值班记录、学习记录等笔记制度，对每项制度都实行奖惩兑现，确保执行。

3.2 基础设施建设初具规模

按照优先保证工作、保证生活的原则，蟒河自然保护区管理局在国家财政的大力支持下，通过总体规划三期工程的建设实施，保护区的保护事业从无到有，全面改变了建区前的落后面貌，逐步建立了保护区管理体系，充实了保护设施，为有效行使保护职能、促进科学研究和科普教育提供了基础条件。主要完成了蟒河、索龙、东山、树皮沟保护站，科研中心，三盘岭、天麻岭嘹望塔，森林防火视频监控塔、动物救助站等保护科研监测设施。

3.3 保护工作初见成效

各项工程建设使蟒河自然保护区在资源保护、科研工作、社会宣传等的能力有明显提高。自然资源得到有效保护，国家重点保护动物金钱豹、猕猴、红腹锦鸡、勺鸡等种群数量明显增长，森林覆盖率大大增加；科研工作不断进步，先后发表论文20余篇，逐步开展了区内自然环境、自然资源的本底状况调查，为保护、发展和合理利用自然资源提供了可靠的科学依据。

4 存在的主要问题

蟒河自然保护区建立以来，还存在以下方面的问题：①设施设备急需维护更换。保护区内部分公共设施、标识碑牌等出现老旧、破损的情况，应修复更换。管护员使用的手持GPS巡护器、保护站摄像头、防火设施设备需要进行定期更换与维护。②资源监测的连续性得不到保障。保护区于2009年共设置10条样带和32块固定样地，按照资源监测的相关技术规程要求，固定样带需每年进行4次监测，固定样地应4~5年进行1次调查。但由于单位日常监测资金缺乏，样地在布设后未再进行过及时有效调查。③专项调查、监测无专人负责。保护区人员编制较少，一人兼职多个岗位，专业技术人员缺乏，造成了技术断层。④猕猴种群增加带来一定隐患。蟒河自然保护区建区以来对区内猕猴的种群数量恢复、生活习性的观察均做了大量的工作，猕猴数量由初期的150只增至现在的1251只，保护成效明显。但同时也导致食物的短缺，冬季食物缺乏时猕猴曾扒树皮取食，秋季进入居民地中抢蔬菜，直接影响社区居民的正常生活，造成了居民与保护区的矛盾。⑤野生动物救护与肇事赔偿缺乏保障。金钱豹、猕猴、野猪等兽类对区内居民的家畜、房屋、庄稼造成损害，至今没有合理的补偿办法，且缺乏经费保障，保护区常常面临两难境地。

山西阳城蟒河猕猴国家级自然保护区整合优化研究*

焦慧芳[1] 靳 潇[2] 张建军[1]
(1. 山西阳城蟒河猕猴国家级自然保护区管理局，山西阳城，048100
2. 山西省生物多样性研究中心，山西太原，030012)

摘　要：介绍了山西阳城蟒河猕猴国家级自然保护区的资源现状和保护价值，分析了整合优化中存在问题，提出了调整优化思路、原则以及具体对策和办法，对保护区面积整合优化有参考价值。

关键词：山西阳城蟒河猕猴国家级自然保护区；整合优化

2020 年 2 月，自然资源部、国家林业和草原局发出了《关于做好自然保护区范围及功能区分区优化调整前期有关工作的函》，要求对自然保护区功能分区进行优化调整。对保护地整合优化，已成为建立以国家公园为主体的自然保护地体系的重中之重。山西阳城蟒河猕猴国家级自然保护区(以下简称保护区)按照国家和山西省要求，在全省自然保护区中率先组织开展了优化调整前期工作，取得了一些成功经验，解决了一些存在的问题和矛盾。对保护区优化研究成果进行总结，可以为全省自然保护地整合优化提供参考和借鉴。

1　保护区概况

该保护区始建于 1983 年 12 月，是根据《山西省人民政府关于建立历山、蟒河保护区的批复》(〔83〕晋政函 37 号)成立的。保护区位于山西省东南部的阳城县境内，南界与河南太行山猕猴国家级自然保护区接壤，属太行山脉南端与中条山脉的交汇，地貌强烈切割，境内最高峰指柱山海拔 1572.60m，拐庄为最低点海拔 300m，相对高度差 1272.60m。保护区是以保护猕猴和暖温带栎类森林植被为主的保护区。保护区属暖温带季风型大陆性气候，是东南亚季风的边缘地带，年平均气温 15℃，最高气温 38℃；年降水量 750mm~800mm。区内的河流均属于黄河水系，主要有后大河、阳庄河两条河流，在黄龙庙汇集后称蟒河。蟒河源头出水洞，年出水量 760 万 m^3，沿线形成湖、泉、潭、瀑、穴等不同的景观。

保护区地理坐标东径 112°22′10″~112°31′35″，北纬 35°12′30″~35°17′20″，总面积 5573.00hm^2，其中核心区面积 3397.50hm^2，占全区总面积的 60.96%；缓冲区面积 419.20hm^2，占全区总面积的 7.52%；实验区面积 1756.30hm^2，占全区总面积的 31.52%。

2　保护区优化调整实践

2.1　现存问题和矛盾

2.1.1　晋豫两省省界调整引起保护区面积变化

保护区 1983 年建立时，划定辖区面积是以中国人民解放军总参谋部测绘局 1977 年第 1 版 1∶5 万(或 1∶1 万)地形图为底图，进行图面勾绘，并进行林班、小班区划。1999 年，按照国务院关于勘定行政区域界线的要求，晋豫两省勘界领导工作小组从当年 5 月上旬至 9 月下旬，经历了 5 次协商、接洽，于同年 10 月 27 日，签订了晋豫省界阳城济源段边界线走向协议书。该协议书中对阳城县境内保

* 本文原载于《山西林业》，2020，268(5)：18-19.

护区与济源市的边界，亦采用中国人民解放军总参谋部测绘局 1977 年第 1 版 1 : 5 万地形图(上桑林 9-49-33 乙、东土河 9-49-34 甲)，其走向描述改变了采用原图中的省界，也就改变了保护区的南界。1999 年后，在两省民政部门每 5 年 1 次(2004 年、2009 年、2014 年、2019 年)的界线互认中，均以 1999 年联合勘界的结果为依据，双方相互予以确认。

2.1.2 中条山国家森林公园蟒河景区与保护区辖区完全重叠

1993 年，根据原林业部《关于建立中条山等 8 处国家森林公园的批复》文件，山西省建立山西省中条山国家森林公园。初建的中条山国家森林公园规划的蟒河景区范围与蟒河保护区完全重叠，重叠面积 5573.00hm^2。

2.1.3 绿盾行动查出的“停车场和游客接待中心”问题

2006 年，在阳城县相关方面的参与、协调下，阳城县竹林山煤业有限公司注册成立蟒河生态旅游子公司，在保护区实验区批准范围内开展生态旅游活动。2010 年，蟒河生态旅游公司在保护区核心区边缘、蟒河村洪水自然庄群众的旧房、猪圈、内陆滩涂，修建停车场和游客接待中心。对于这一问题，保护区多次要求其停工、督促办理有关手续。2011 年 5 月被山西省环保厅行政处罚 10 万元，后在 2015 年开展的“历次绿盾”行动中，“停车场和接待中心”均被作为未销号的问题要求蟒河生态旅游公司整改。2017 年蟒河生态旅游公司制定了“停车场和接待中心”搬迁恢复方案，并经阳城县人民政府批准实施。目前，已经过晋城市批准销号。

2.2 优化调整原则和范围

优化调整遵循的基本原则是：坚持保护第一，以生物多样性保护为基础，立足现实，客观对待历史问题；把保持自然生态系统的完整性放在首要地位，把华北豹廊道保护和猕猴种群的生存繁衍放在突出位置，结合国土空间规划，科学划定生态红线。

保护区优化调整的范围：由于保护区内无城镇建成区、无成片集体人工商品林、无矿业权、无经济开发区，因此本次优化调整没有符合调整出保护区区域的范围。

2.3 调整优化思路

在分析野生动物生存现状、栖息动态的基础上，广泛开展区内社会经济状况调查，彻底摸清自然保护区现状，为优化调整打牢基础。按照《关于建立以国家公园为主体的自然保护地体系的指导意见》要求的“自然保护区实行分区管控，原则上核心保护区内禁止人为活动，一般控制区内限制人为活动”，将保护区从现有的核心区、缓冲区、实验区 3 个功能区，调整优化为核心保护区和一般控制区 2 个功能分区。

(1)核心保护区永久基本农田、村庄逐步有序退出。一般控制区永久基本农田和村庄，在日常管理中，没有对生态功能造成明显影响，没有对猕猴及暖温带森林生态系统保护造成影响，暂不考虑退出。

(2)对于规范省界管理的要求。由于保护区的范围在 1983 年建区时划定，1998 年晋升国家级保护区时，是经原林业部批复的自然保护区总体面积、功能区划为依据，而晋豫两省的联合勘界是在 1999 年，在保护区晋升国家级之后。因此，在长期的保护管理工作中，保护区均以建区和晋升国家级时，原国家批复的四至范围进行管理和巡护。

(3)核心保护区调整优化原则：考虑生态系统的完整性和原真性，结合野生动物监测和生物多样性保护，尽量集中连片。

(4)一般控制区调整优化原则：结合森林资源管理一张图、阳城县国土三类调查数据及保护区地形图和现地勘查进行微调。

3 结论及建议

《关于建立以国家公园为主体的自然保护地体系的指导意见》明确规定，自然保护区应“具有较大的面积，确保主要保护对象安全，维持和恢复珍稀濒危野生动植物种群数量及赖以生存的栖息环境”。根据保护区长期的科研监测结果，保护区东北部的树皮沟北岭—老正土乞堆—独龙窝—三盘山—黄瓜掌—豹榆树—小南岭，是国家I级保护动物华北豹、原麝、林麝迁徙通道，以三盘山为中心的区域是猕猴、华北豹等野生动物主要捕食区和栖息区，野猪、猪獾、狗獾等许多野生动物中的II级消费者分布较多，国家、省重点保护植物南方红豆杉、连香树、领春木、山白树等在该区域自然分布也比较多，建议能够把与保护区东北区域相邻的部分，划入保护区，以利于保护生态系统和生物多样性的完整性和适度性。

真　菌

山西蟒河自然保护区土壤放线菌区系及资源调查*

刘德容[1]　赵益善[3]　郭　珺[2]　吴玉龙[1]
(山西大学生命科学系，太原，030006)[1](山西省农业科学院土肥所，太原，030031)[2]
(山西蟒河自然保护区，阳城，048111)[3]

摘　要：从山西蟒河自然保护区的后河背、旱地和后大河三个样区采集土样。用五种培养基分离放线菌，并对放线菌的数量、组成、生理生化特性、细胞壁化学组分以及它们的拮抗性等进行了研究。按放线菌常规分类方法进行了鉴定，结果分离到九个属的高、中温放线菌。

关键词：放线菌区系；土壤；蟒河保护区

目前，国内放线菌区系调查及其资源开发研究的较少。近年来，姜成林，徐丽华等[1-3]和胡润茂等[4]有过详细报道，山西省还处于空白。

山西蟒河自然保护区属山西省最南端的中条山脉，地处阳城县境内，位于东经112°22′~112°31′55″，北纬35°2′55″~35°17′20″，最高峰指柱山海拔1572米，山势险峻，河谷中泉水四季常流，杂草灌木茂密。蟒河自然保护区位于暖温带，季风气温24.0~25.0℃，一月平均气温为-4.5~-3.0℃，极端最低气温为-24.0~-18℃，≥10℃的积温3400~3900℃，年降水量600~650mm。

保护区植物种类丰富，并有少量亚热带种类和稀有保护植物，如南方红豆杉、匙叶栎以及中药材山茱萸等。保护区植被区划上属于温暖带落叶阔叶林地带，以栎林为主。保护动物以猕猴为主。土壤为山地褐土或碳酸盐褐土，发育较差，营养贫瘠，透水性强，土壤较干燥[5]。各样区的概况见表1。本文报道山西蟒河自然保护区土壤放线菌区系考察情况，为本省放线菌资源开发提供资料。

表1　三个样区的自然概况

样　区	植　被	pH	采样深度(cm)	土样湿度
后河背	杂草灌木茂密	6.5	阳坡5~15	干燥
旱　地	小麦、玉米等	6.5	耕地5~15	干燥
后大河	杂草极稀少	6.5	河岸泥5~15	湿润

1　材料和方法

1.1　土壤来源及处理

1996年4月采集蟒河自然保护区的后河背、后大河和旱地三个样区的土样，带回室内风干，研磨过筛备用。分离高温放线菌时将风干的土样作干热预处理[6]。

1.2　分离培养基

中温放线菌用淀粉酪素琼脂、甘油精氨酸琼脂、燕麦粉琼脂、改良葡萄糖天冬素琼脂等培养基；

* 本文原载于《微生物学通报》，1998，25(1)：1-4.

高温放线菌用淀粉酪素琼脂、甘油精氨酸琼脂和土壤浸汁琼脂等培养基，为抑制真菌的蔓延，在分离培养基内加入 5×10^{-5} 重铬酸钾。

1.3 鉴定培养基

鉴定高、中温放线菌用高氏 1 号琼脂、改良葡萄糖天冬素琼脂和土壤浸汁琼脂培养基。

1.4 分离与纯化

采用稀释平板涂布法分离，常规方法计数、纯化。

1.5 鉴定

用放线菌常规鉴定方法[6]按 1992 年阎逊初放线菌分类系统[8]进行归类。

1.5.1 形态特征观察

采用插片法培养，适时取片用光学显微镜和扫描电子显微镜观察形态特征。

1.5.2 细胞壁成分分析

采用微晶纤维素薄层层析法[7]。

1.6 放线菌生理生化特性测定

淀粉水解[5]和纤维素利用[6]试验。

1.7 拮抗性试验

将中温放线菌采用琼脂移块法[6]进行 6 种供测真菌(木霉、黑曲霉、烟曲霉、青霉、毛霉和链格孢霉)的抑菌试验。

1.8 枝菌酸试验

采用 Lechevalier 试验方法，对 IV 型菌进行枝菌酸分析。

2 结果与分析

2.1 土壤放线菌区系组成

三个样区土壤放线菌区系组成结果见表 2。

表 2 三个样区放线菌区系组成(属)(10^4/g 干土)

属	后河背		旱地		后大河	
	数量($\times10^4$)	比例(%)	数量($\times10^4$)	比例(%)	数量($\times10^4$)	比例(%)
中温放线菌						
链霉菌属 *Stretomyces*	22	73.3	36	62.1	4.1	56
小链孢菌属 *Microstreptospora*	4	13	12	20	1.1	14.6
小单孢菌属 *Micromonospora*	2	6.7	4	6.9	0.5	6.6
诺卡氏菌属 *Nocardia*			1	1.7	0.1	1.3
类诺卡氏菌属 *Nocardioides*					0.1	1.3
链轮丝菌属 *StreptoverticiUium*			1	1.7		
小荚孢囊菌属 *Microellobospora*					0.1	1.3
小多孢菌属 *Micropolyspora*			1	1.7	0.1	1.3
未鉴定	2		3		0.4	
总　数	30		58		7.5	
高温放线菌						
链霉菌属 *Streptomyces*	0.08	34.8	1.8	16.1	0.03	44.8

续表

属	后河背		旱地		后大河	
	数量(×10⁴)	比例(%)	数量(×10⁴)	比例(%)	数量(×10⁴)	比例(%)
高温放线菌属 *Thermoactinomyces*	0.15	65.2	9.1	81.3	0.027	40.3
未鉴定			0.3		0.01	
总　数	0.23		11.2		0.067	

从表2可见，中温放线菌中旱地的数量最大，后河背次之，后大河最少。后大河的数量虽少，但放线菌的组成较复杂，分离到7个属。

高温放线菌只分离到高温放线菌属和嗜热型链霉菌属。后河背和旱地高温放线菌的数量和比例均大，而后大河的数量和比例均较少。

从表2中还表明中温放线菌中后河背的链霉菌占的比例大。三个样区土壤放线菌链霉菌类群列于表3。

表3　三个样区链霉菌属类群组成(10^4/g 干土)

类　群	后河背		旱地		后大河	
	数量(×10⁴)	比例(%)	数量(×10⁴)	比例(%)	数量(×10⁴)	比例(%)
中温放线菌						
白孢类群 *Albosporas*	12	48	10	27.8	1.1	20.8
黄色类群 *Flavus*	4	16	2	5.6	0.5	9.4
粉红孢类群 *Roseosporas*	3	12	6	16.7	0.7	13.2
淡紫灰类群 *Lavendulae*	2	8			0.1	1.9
青色类群 *Glancus*	1	4	2	5.6		
烬灰类群 *Cinerogriseus*			3	8.3	0.2	3.8
绿色类群 *Viridis*						
蓝色类群 *Cyaneus*			4	11.1		
灰红紫类群 *Griseofuscus*	1	4			0.8	15.1
灰褐类群 *Criseo*	2	8	2	5.6	0.9	17
金色类群 *Aureus*			7	19.4	0.7	13.2
吸水类群 *Hygroscopicus*					0.3	5.7
总数	25		36		5.3	
高温放线菌						
白孢类群 *Albosporas*	0.06	75	1.4	77.8	0.02	66.7
烬灰类群 *Cinerogriseus*	0.02	25	0.1	5.6	0.01	33.3
灰红紫类群 *Griseofuscus*			0.1	5.6		
灰褐类群 *Criseo*			0.1	5.6		
吸水类群 *Hygroscopicus*			0.1	5.6		
总数	0.08		1.8		0.03	

从表3可看出，中温放线菌中，链霉菌在各样区的类群分布也不同。但三个样区中均以白孢类群占优势；在整个自然保护区未分离到绿色类群。在高温放线菌中，各样区中链霉菌的类群都少，与中温型相一致的是白孢类群居多。

2.2 中温放线菌生理生化特性结果

将分离到的206株中温放线菌进行淀粉水解试验。从表4可见，其中水解淀粉的占21%。

表4 中温放线菌生理生化特性结果

项　目	供试菌株数	链霉菌属	小单孢菌属	小链孢菌属	诺卡氏菌属	小荚孢囊菌属	未鉴定	阳性数	比例(%)
淀粉水解	206	30	3	2	1	1	6	43	21
纤维素利用	110	6					1	7	6.4
枝菌酸分析		无	无	无	有	无			

选取有代表性的110株中温放线菌进行纤维素利用试验，其中利用的仅占6.4%(表4)。

2.3 拮抗性试验结果

将206株中温放线菌对6种供试真菌进行抑菌试验，从测定结果得出，其中80株中温放线菌对6种供试真菌中的1种或1种以上有抑制作用，占39%。

3 讨论

山西省与云南省等西南地区地理环境有很大的不同。山西蟒河地区气温较低，土壤较干燥，营养贫瘠，比动植物王国的云南地区土壤放线菌的数量和种类都要少得多，但组成规律是一致的。另外，该保护区小链孢菌分布较多，对供试真菌有抑制作用的也不少，有些菌株可能是新种，值得进一步开发研究。

致谢 山西大学生命科学系金晓弟和校测试中心李江颂协助拍摄光学显微镜和扫描电镜照片；该保护区田德雨同志协助采集土样，在此一并致谢。

山西虫生真菌种类及分布研究(Ⅰ)*

宋东辉[1]　贺运春[1]　宋淑梅[2]　张作刚[1]　李文英[1]
(1. 山西农业大学农学院；2. 山西农业大学林学院，山西太谷，030801)

摘　要：本文记载了山西虫生真菌种类3属8种，并对其培养性状、形态特征及分布区域作了详细描述。它们分别涉及虫霉属(*Entomophthora*)、曲霉属(*Aspergillus*)、白僵菌属(*Beauveria*)、镰孢霉属(*Fusarium*)、绿僵菌属(*Metarhizium*)、拟青霉属(*Paedlemyces*)、青霉属(*Penicillium*)、帚霉属(*Scopulariopsis*)和侧孢霉属(*Sporotrichum*)等9属，其中，山西省新记录种4种(标记为*)，新寄主3种(标记为**)。所有虫生真菌标本均保存在山西农业大学真菌标本室中。

关键词：虫生真菌；种类；山西

在引起昆虫传染性疾病的致病微生物中，由真菌引起昆虫死亡的情形最多，这些被称作“虫生真菌”(entomogenous fungi)的微生物约占全部致病微生物的60%。目前，世界上已记载的虫生真菌约有800多种，我国已报道的就有405种[1]。由于虫生真菌种类繁多，对虫口密度起着重要的调节作用，利用虫生真菌种类资源进行“以菌治虫”也是生物防治工作的重要组成部分，因此，近几十年来对虫生真菌的分类学研究也在不断深入，虫生真菌的分类也由形态学走向了多学科的综合发展[2]。虫生真菌种类研究在我国的广西、贵州、安徽、福建等地发展较快，各地都先后报道了不少虫生真菌种类，此外还对许多种类作了进一步的生物学特性研究[3,4]。

山西省各自然保护区和主要林区的植被及昆虫种类繁多，气候差异明显，为虫生真菌的生长提供了良好的条件[5]，但山西省从事虫生真菌研究的专业人员极少，虫生真菌种类资源调查研究的工作刚刚起步。作者曾于1998—1999年对历山国家级自然保护区的虫生真菌种类资源进行了系统研究，曾报道虫生真菌11属19种[6]。在此基础上，作者又于1999年5月至2000年5月在山西省各自然保护区和主要林区采集寄主昆虫721份，从中分离出虫生真菌207株，现将部分鉴定结果报道如下。

1　材料与方法

1.1　寄主昆虫的米集

依据蒲蛰龙的采集方法[7]，于1998年6月—2000年5月，在山西省庞泉沟国家级自然保护区、历山国家级自然保护区、芦芽山自然保护区、蟒河自然保护区以及黄崖洞森林公园、老顶山森林公园和真武山林场、云顶山林场、灵空山林场、交口林场等10个地点进行昆虫寄主标本采集。采集生境为溪流两岸阔叶林下的植株叶面、树干、枯枝落叶层以及土表和水体。

1.2　分离鉴定方法

虫生真菌分离采用常规组织分离技术[7]、平板稀释分离和分生孢子划线分离[3]，培养基选用PDA，Czapeck，SMAY，SDBAY，以及蛋黄培养基[8]。为防止细菌和杂菌污染，加入2%的青霉素和4%的硫酸链霉素。25℃下培养，湿度为80%~90%。经1~2次纯化后进行点植培养和孢子载片培养[7]，培养4~7d后记录，镜检时采用乳酸酚和棉蓝染色法进行染色处理[3]，描述时每个形态单位测量30个，求出平均值范围。真菌种类的鉴定采用Ainasworth分类系统，参照魏景超、耶夫拉霍娃、小波因纳等的描述和检索表进行鉴定[9,10,11]。

* 本文原载于《山西农业大学学报》，2001，21(2)：104-107.

2 研究结果

2.1 虫生真菌种类数量

对721份寄主昆虫标本进行分离培养，其中430份被真菌寄生，约占60%。所分离的真菌菌株整理得207株，鉴定到属的有65株，目前已鉴定出21种，分布在虫霉属(*Entomophthora*)、曲霉属(*Aspergillus*)、白僵菌属(*Beauveria*)、镰孢霉属(*Fusarium*)、绿僵菌属(*Metarhizium*)、拟青霉属(*Paecilomyces*)、青霉属(*Penicillium*)、帚霉属 *JScopulariopsis*)和侧孢霉属(*Sporotrichum*)等9属。本文报道了3属8种，其中山西省新记录种4种(标记为*)，昆虫新寄主3种(标记为**)。

2.2 虫生真菌种类描述

2.2.1 虫霉属(*Entomophthora* Fresenius 1856)

(1)刺孢虫霉*(*Entomophthora echinospora*(Thaxter)Gustafeson)(LS9906104)

培养性状：在蛋黄培养基上生长极为缓慢，14d时菌落直径10~13mm，平展菌苔状，表面光滑，时有波状，淡粉色。

形态特征：分生孢子梗分枝，有假根，但无囊状体。分生孢子多核，卵圆形至椭圆形，泡壁常为黄色，20.3~25.2μm×10.0~14.3μm。

寄主：长翅缟蝇(*Spromyza longipennis* Fab.)，格氏丽蝇(*Chlliphora grahami* Aldrich)等。

被该菌寄生的丽蝇科昆虫，在自然条件下常大量群集死亡，腹部被假根固定在基物上，节间溢出白色物，腹部的中部被有较厚的白色层状物。该种多见于南方诸省，但在山西为首次发现，为山西省新记录种。

分布：历山自然保护区西峡地区。

2.2.2 曲霉属(*Aspergillus Micheli* ex Fr.)

(1)白曲霉(*Aspergillus candidus* Link)(JK9807011)

培养性状：在查氏培养基上，10~14d后菌落直径25~30mm。菌落质地绒毛状，较致密。在PDA上菌落扁平，在查氏和SMAY培养基上呈丘状隆起。PDA和查氏培养基上菌落颜色为白色，SMAY上则为淡乳黄色，菌落背面无色，有时淡黄色。

形态特征：分生孢子梗自气生菌丝上长出，直径0.5~1.0μm。孢子梗顶端膨大成囊状体，近球形，大小为10.0~40.0μm。顶囊表面全面着生两层小梗，下层小梗(梗基)为柱形，上宽下窄，大小5.5~8.0μm×2.5~3.5μm。上层小梗为瓶状，大小为8.0~10.0μm×3.5~5.5μm。在小的顶囊上只有少数单层小梗于顶囊上半部着生。分生孢子球形或椭圆形，壁光滑，(1.5~2.5)~(3.0~3.5)μm，分生孢子穗常呈放射状结构排列，未见休眠孢子。

寄主：白条菌瓢虫**(*Halyzia houseri*)。

该寄主为鞘翅目瓢虫，为新寄主，不同于以前的鳞翅目和膜翅目寄主。

分布：关帝山林局交口林场。

(2)黄曲霉(*Aspergilhus flavus* Link)(LDS9808019)

培养性状：该菌在大多数培养基上生长良好，菌落具有无限扩展能力，培养7d后菌落直径70~90mm，质地粉状至绒状，疏松平展。初为淡黄色，后变成黄绿色。背面菌落无色至淡黄绿色。

形态特征：分生孢子梗生自气生菌丝或基质，平均大小为520.4~1400.2μm×10.5~12.5μm。孢子梗壁粗糙，呈淡黄色，顶端膨大成球形至槌形囊状体，大小为28.6~43.5μm。顶囊表面的2/3至4/5区域可产生梗基和瓶梗(即二层小梗)，小型顶囊只形成一层小梗。梗基柱状，下部稍窄，6.0~10.2μm×4.5~5.5μm，梗基在顶囊表面呈扇形排列。小梗不分枝，紧密排列呈四面放射状，小梗大小为6.2~8.5μm×2.5~3.5μm。分生孢子近球形，表面略有细刺，3.6~5.2μm。孢子链易断裂脱落，呈念珠状。

寄主：双斑黄虻(*Atylotus bivittateinus* Takahasi)成虫，蝉科(Cicadidae)若虫等。

分布：太行山林局老顶山森林公园、历山国家级自然保护区猪尾沟区域。

(3)灰绿曲霉(*Aspergilhus glaucus* Link)(LKS9809025)

培养性状：在大多数培养基上生长良好。7d 后菌落直径 50~55mm，质地粉状，扁平状展开，中间稍凹陷，具 3~6 条放射沟纹。菌落中央为灰白色，四周呈灰绿色至土黄色，边缘部分浅灰色，背面无色至淡绿色。查氏培养基培养 14d 后，菌落上可产生淡黄色至黄色子囊壳，球形，无孔口，56.2~102.2μm，但压破后未见子囊和子囊孢子。

形态特征：分生孢子梗顶端形成顶囊，近球形，23.0~26.8μm×12.7~16.6μm。顶囊只 1/2 表面可育，小梗单层，3.8~5.2μm×2.5~3.2μm，呈放射状扇形排列。分生孢子球形或亚球形，表面粗糙，2.5~6.4μm，孢子链脱落后呈分散状。

寄主：一种蝉科(Cicadidae)若虫。

分布：吕梁山林局灵空山林场。

2.2.3 白僵菌属(*Beauveria* Vuillemin)

(1)蜘蛛白僵菌*(*Beanveria aranearum*(Petch)von Arx)(MH9905067)

培养性状：SDBAY 和查氏培养基上，7d 菌落直径 35~40mm，14d 菌落直径 50~60mm。菌落粉状，致密，中央突起。菌落白色，突起部分白色或淡黄色，四周有淡黄色或淡棕色晕圈，背面淡黄色至桔黄色。

形态特征：产孢细胞(瓶梗)直接着生在气生菌丝上，有时也生于稍分化的分生孢子梗上。产孢细胞瓶状，下部膨大，上部延长呈颈状，4.2~10.4μm×2.4~3.6μm。由于产孢细胞在顶生分生孢子下方不远处又有 2~4 次合轴式分枝产孢，因而其颈部可形成钉状小柄(产孢轴)，长约 2.0~4.6μm。有时小柄也可合轴式延长并再育产孢，则延长部分也具有明显的“之”字形弯曲小齿突，其长度约 5.0~12.6μm。在 20d 的老培养物上，气生菌丝可形成膨大的泡囊，大小为 4.5~6.4μm，在其上可产生瓶状或钉状产孢细胞。产孢细胞的钉状小柄上可产生 1 个分生孢子，分生孢子透明，壁光滑，椭圆形至拟卵形，3.8~6.0μm×2.5~5.1μm。

寄主：大灰象甲**(*Sympiezomias velatus* Chevrolet)成虫。

该种为山西新记录种，且寄主为鞘翅目象甲，不同于已有的蛛形纲的蜘蛛，为新寄主。

分布：蟒河自然保护旦沙区域。

(2)多形白僵菌*(*Beanveria amorpha*(Hohn.)von Arx)(PQG9907094)

培养性状：PDA 及查氏培养基上 14d 菌落直径为 25~27mm，质地毡状至粉状，较致密，扁平状展开，中央稍凸起。菌落中央灰白色，其余淡黄色，背面奶黄至桔黄。SMAY 及 SDBAY 上菌落生长较慢，14d 后直径 20mm，粉状丘状隆起，淡黄色，背面奶黄色。

形态特征：菌体有较长孢梗束，褐色，600~800μm。产孢细胞在菌丝上以及膨大的泡囊上簇生成团，每团有 4~8 个产孢细胞。产孢细胞基部近球形或圆筒形，3.5~4.6μm，上部延长呈颈状，并在产孢点下方再分枝产泡，反复向顶部合轴式产泡，形成膝状弯曲(“之”字形)的具小齿突的产孢轴，长约 16~18μm。分生孢子透明，光滑椭圆形，一侧扁平或稍弯曲，5.5~6.2μm×1.5~2.5μm。

寄主：麻皮蝽(*Erthesina fullo* Thtimberg)成虫，红长蝽**(*Lymantria doheryi* Distant)若虫。

该种为山西新记录种，且寄主为半翅目长蜡科，为新寄主。

分布：庞泉沟国家级自然保护区阳屹台、神尾沟区域。

(3)球孢白僵菌(*Beauveria bassiana*(Bals.)Vuill.)(MH9905024)

培养性状：PDA 及查氏培养基上 14d 菌落直径 35~40mm。菌落绒状至粉状，无孢梗束出现。菌落初白色，后呈淡黄色。背面初无色，渐变为淡黄、乳黄至黄色不等。

形态特征：营养菌丝具有明显的“H”形分枝，分生孢子梗着生在营养菌丝上，梗粗 1.0~2.4μm。

产孢细胞簇生于分生孢子梗顶端膨大的泡囊或菌丝上，球形或瓶形，颈部延长成 15. 2~20. 1μm×1. 0~1. 5μm 长的产孢轴，轴上具明显的小齿突，呈“之”字形弯曲。产孢细胞常在分生孢子梗上或菌丝上聚集成球形的相当密实的孢子头，低倍镜下也明显可见。分生孢子球形，透明，壁光滑，1. 5~3. 2μm×2. 4~3. 6μm。

寄主：笨蝗(*Haplotropis brunneriana* Saussure)若虫，小麻皮蝽(*Erthesina* sp.)成虫，七星瓢虫(*Coccinella septempunctata* Linneaus)成虫，马铃薯瓢虫[*Henospilachna vigintiomaculata*(Motschulsky)]成虫，粟长蝽(*Blissus pallipes* Distant)成虫，异色瓢虫[*Harmonia axyridis*(Pallas)]成虫，中华广肩金星步甲[*Calosoma*(*Campalita chinense* Kirby)]成虫，榆黄叶甲[*Pyrrhalta luteola*(Muller)]成虫等。

分布：蟒河自然保护区黄龙庙、南沟，历山国家级自然保护区杨汉岭、东川、旦沙，庞泉沟国家级自然保护区三道川、关帝山林局云顶山林场、芦芽山自然保护区大南滩、西庵等区域。

(4)布氏白僵菌*(*Beanveria brongniartii*(Sacc.)Petch)(LS9906142)

培养性状：PDA 及查氏培养基上 14d 菌落直径 40mm。初为白色绒状，渐变成淡黄色粉末状，菌落平展，中央稍凸起，周围有一圈凸起的产孢轮带，菌落背面杏黄色。

形态特征：产孢细胞单生于分生孢子梗上，极少簇生，也不聚集成头状。产孢轴纤细，具小齿突，呈“之”字形弯曲，大小为 20. 4~25. 5μm×0. 3~0. 6μm。分生孢子卵形或椭圆形，透明光滑，1. 3~5. 4μm×1. 3~2. 5μm。

寄主：七星瓢虫(*Coccinella septimpunctata* Linneaus)成虫，黄褐天幕毛虫(*Malacosoma neustria testacea* Motschulsky)成虫等。

该种在山西未见报道，为山西新记录种。

分布：历山国家级自然保护区东川区域，芦芽山自然保护区跑马湾区域。

山西虫生真菌种类及分布研究(Ⅱ)*

宋东辉[1] 贺运春[1] 宋淑梅[2] 张作刚[1] 李文英[1]
(1. 山西农业大学农学院，山西太谷，030801；2. 山西农业大学林学院，山西太谷，030801)

摘 要：记载了山西虫生真菌种类6属13种，并对其培养性状、形态特征及分布区域作了详细描述。它们分别涉及镰孢霉属(*Fusarium*)、绿僵菌属(*Metarhizium*)、拟青霉属(*Paecilemyces*)、青霉属(*Penicillium*)、帚霉属(*Scopu-lariopsis*)和侧孢霉属(*Sporotrichum*)等6属，其中，山西省新记录种12种(标记为*)，新寄主3种(标记为**)。所有虫生真菌标本均保存在山西农业大学真菌标本室中。

关键词：虫生真菌；种类；山西

近几年来，由于虫生真菌在防治害虫，保护益虫，开发药用真菌资源方面的应用价值越来越受到人们的重视，因而在资源种类调查、分类鉴定、生理特性和开发生防制剂等方面都取得了很大进展，特别是一些重要的种类如白僵菌、座壳孢的致病机理、毒素生理以及商品化开发等方面都已做了深入的研究。但是，由于虫生真菌这一特殊群体的分布广泛，种类繁多，与国外相比，我国在虫生真菌资源调查和分类等方面研究还很不够。因此，进行虫生真菌种类资源及分布研究，对发现新资源，筛选新型生防菌株以及高效、广谱生防制剂的开发等，都有着十分重要的理论意义和应用价值。作者曾于1998—2000年对山西的虫生真菌种类资源进行了系统研究，有关山西虫生真菌的种类及分布作者曾报道了14属27种。在此基础上，经过对分离出来的207株虫生真菌的进一步研究，又鉴定出山西虫生真菌6属13种，其中山西省新记录种12种(标记为*)，新寄主3种(标记为**)。现将鉴定结果报道如下。

1 镰孢霉属(*Fusarium* Link ex Fries)

1.1 束梗镰孢*(*Fusarium stilboides* Wollenew.)(MH9905009)

培养性状：在PDA及查氏培养基上培养7d，菌落直径38~42mm，质地棉絮状至薄绒状，菌落凸起，气生菌丝白色至米白色，基物呈玫瑰粉色。SMAY及SDBAY上，气生菌丝黄白色，基物呈淡粉色至粉紫色。

形态特征：分生孢子梗聚集成孢梗束，较少形成分生孢子座。分生孢子梗上具单层瓶梗，长约6.2~10.4μm×4.4~5.6μm。瓶梗上着生产孢细胞，产孢细胞多次分枝呈帚状排列，12.2~20.4μm×3.6~4.2μm，可产生大、小两种孢子。大孢子圆筒形，比较细长，具3~4隔，但有的隔膜不清。中下部细胞较直，而顶胞和第二个细胞稍弯。顶胞鸟咀型，基胞大多有足跟，大小约为18.6~38.4μm×2.5~6.4μm。小孢子产生量少，肾形、棒形或倒卵形，0~2隔，大多无隔，9.2~11.0μm×2.5~5.1μm。

寄主：叶蝉科(Cicadellidae)若虫。

该种在山西未见报道，为山西新记录种。

分布：蟒河自然保护区白龙洞区域。

* 本文原载于《山西农业大学学报》，2002，22(4)：281-284.

2　绿僵菌属(*Metarhizium* Sorokin)

2.1　金龟子绿僵菌＊(*Metarhizium anisopliae*(Metsch.)Sorokin)(LYS9909044)

培养性状：PDA、SMAY 培养基上 7d，菌落直径 35mm，14d 后则达 50mm。在查氏培养基上菌落扩展较慢。菌落质地绒毛状至棉絮状，初为白色，产孢后变为深绿色至墨绿色，背面棕黄色，菌落表面常因分生孢子链粘聚而呈厚苔样。

形态特征：分生孢子梗通常不形成分生孢子座，常单生，直径 2.2~3.1μm，与分枝的营养菌丝很难区别。末端产生柱状瓶梗，瓶梗对生或轮生，9.0~18.4μm×1.5~3.0μm。在瓶梗末端向基式连续形成长链分生孢子，分生孢子单细胞，柱形至长椭圆形，两端钝圆或基部稍缢缩，表面光滑，脱落后常聚集成孢子团，5.6~8.4μm×2.5~3.2μm。

寄主：小地老虎(*Agrotis ypsilon* Rottemberg)幼虫。

该种在山西未见报道，为山西新记录种。

分布：芦芽山自然保护区西庵区域。

3　拟青霉属(*Paecilemyces* Bainier)

3.1　粉拟青霉(*Paecilomyces farinosus*(Dicks. ex Fr.)Brown et Smith)(LS9906148)

培养性状：查氏培养基上培养 7d，菌落直径 12mm，14d 后可达 32mm。菌落质地粉状至绒毛状，不易产生孢梗束。初为白色，渐具淡黄色晕圈，背面杏黄色或橙黄色。

形态待征：分生孢子梗单生于气生菌丝上，梗大小为 55~120μm×1.2~2.5μm。瓶梗轮生于分生孢子梗上，基部柱状，向上变为细长管状，8.4~10.1μm×1.0~2.2μm。分生孢子单胞，无色透明，壁光滑，卵形或近球形，1.0~3.2μm×1.2~2.5μm，有时形成水散性分生孢子链。

寄主：大青象甲(*Chlorophanus grandis* Roelofs)成虫，桑梢角蝉(*Gargara genistae*(Fabricius))成虫，七星瓢虫(*Coccinella seplimpunctata* Linneaus)成虫，棉三点盲蝽(*Adelphocoris taeniophorus* Reuter)成虫，一种步甲科(Carabidae)成虫，一种夜蛾科(Noctuidae)幼虫。

分布：历山国家级自然保护区西峡、东川，庞泉沟国家级自然保护区庞泉沟、八道沟等区域

3.2　黄拟青霉＊(*Paecilomyces flavescerts* Brown et Smith)(YDS9807018)

培养性状：PDA 及查氏培养基上培养 14d，菌落直径 25~30mm，粉状至束状，表面稍微隆起，具丛束。菌落初为白色，渐变为淡黄色，背面亦为淡黄色。

形态特征：分生孢子梗多聚集成束，有分枝，70~100μm×1.5~2.2μm。瓶梗常轮生于孢子梗上，基部球形，上部尖细，5.2~8.4μm×1.0~2.1μm。分生孢子穗简单，分生孢子单胞透明，壁光滑，卵形、拟卵形，3.5~4.2μm×2.0~2.5μm。

寄主：角蝉科(Membracidae)若虫，桑梢角蝉(*Gargara genistae*(Fabricius))成虫。

该种在山西未见报道，为山西新记录种。

分布：关帝山林局云顶山林场。

3.3　玫烟色拟青霉＊(*Paecilomyces fumoso-roseus*(Wize)Brown et Smith)(PQG9907081)

培养性状：SMAY 及 SDBAY 培养基上培养 7d，菌落直径 25~30mm，14d 后为 45~50mm，查氏培养基上培养 14d，菌落直径可达 60~65mm。毡状至绒状，初白色，稍后淡粉红色，背面初白色，后从中央向四周呈淡黄色扩展。

形态特征：分生孢子产孢结构较简单，分生孢子梗大多由单生或轮生瓶梗组成，瓶梗基部球形，上部细长成长颈，单个瓶梗 6.5～13.2μm×1.2～2.0μm。分生孢子柱形或长圆形，光滑透明，3.2～4.5μm×1.2～2.5μm，多形成孢子穗，长约 40μm。

寄主：斑背安缘蝽(*Anoplocriemis binotata* Distant)成虫。

该种在山西未见报道，为山西新记录种。

分布：庞泉沟国家级自然保护区庞泉沟区域。

3.4 古尼拟青霉 * (*Paecilomyces gunnii* Liang)(HYD9910074)

培养性状：查氏培养基上培养 14d，菌落直径 30mm，致密呈毡状，边缘有一圈凸起的产孢轮带。菌落初为白色，后为莲子白色，背面中心棕黄色，边缘浅棕色。

形态特征：气生菌丝顶端或中间易形成薄壁厚垣孢子，椭圆形或拟椭圆形，6.2～10.2μm×4.0～6.8μm。分生孢子梗自气生菌丝上长出，长约 60μm，末端着生瓶状小梗，瓶梗基部球形，上部成管状，呈轮状排列，13.8～25.4μm×3.2～5.5μm。分生孢子椭圆形、拟卵形，表面具细刺，2.2～4.0μm×1.2～2.5μm，常形成串珠状分生孢子链，长约 40μm，遇水极易散开。

寄主：碧蝽(*Palomena angulosa* Motschulsky)成虫。

该种在山西未见报道，为山西新记录种。

分布：太行山脉黄崖洞森林公园。

3.5 蛹草拟青霉 * (*Paecilomyces militaris*(Kob.)Brown et Smith ex Liang)(LS9906099)

培养性状：PDA 及查氏培养基上培养 14d，菌落直径 50～55mm，表面致密呈粉状，菌落微隆起，中央部分稍凸起。菌落白色，边缘近鸭梨黄，背面近枇杷黄。

形态特征：产孢细胞单生于分生孢子梗上，或营养菌丝上，基部柱状，向上部分成细长管状，6.2～20.3μm×0.5～1.5μm。分生孢子两型，孢子链顶端的细胞柱状、卵形，双细胞，2.5～5.1μm×1.2～2.6μm，其余孢子近球形，拟卵形，单胞，1.2～3.8μm×0.6～2.6μm，分生孢子常连接成叠瓦状孢子链，有时形成松散的孢子头。

寄主：金缘真蝽 * * (*Pentatoma metallifera* Motschulsky)成虫。

该种在山西未见报道，为山西新记录种。其寄主不同于鳞翅目幼虫，为新寄主。

分布：历山国家级自然保护区东川区域。

3.6 蒲同拟青霉 * (*Paecilomyces puntonii*(Vuill.)Nann)(HYD9910022)

培养性状：SMAY 查氏培养基上培养 14d，菌落直径 30～35mm，丘状隆起，束状至棉絮状，质地疏松。菌落表面污白色，背面中央污白色，边缘为柠檬黄，有鸭梨黄色素渗入培养基中。

形态特征：孢子梗自气生菌丝上生出，有分枝，145～150μm×2.5～3.2μm，瓶梗(产孢细胞)簇生于孢子梗上，或孢子梗顶端膨大部分，瓶梗基部膨大近球形，上部渐变为长管状，6.2～12μm×2.0～2.5μm。分生孢子生长缓慢，单胞椭圆形或梭形，壁光滑，具较强水散性，3.0～5.2μm×1.5～2.4μm。

寄主：鳞翅目(Lepidoptera)蛹。

该种在山西未见报道，为新记录种。

分布：太行山林局黄崖洞森林公园。

4 青霉属(*Penicillium* Link ex Fr.)

4.1 白酪青霉 * (*Penicillium caseicolum* Bainier)(LYS9909054)

培养性状：PDA 及查氏培养基上培养 7d，菌落直径 48～50mm，棉絮状，边缘具产孢轮带。菌落表面白色，背面灰白色，并有淡紫色晕圈渗入基质中。培养物一般有较强刺鼻药味。

形态特征：分生孢子梗自气生菌丝上生出，壁粗糙，具分枝，且间枝紧凑，500μm×3.4~4.5μm。瓶梗位置与间枝在同一水平上，间枝大小8.2~12.3μm×2.5~3.1μm，瓶梗大小10.2~13.1μm×2.2~2.5μm。分生孢子向基式形成水散性孢子长链，分生孢子椭圆形，无色单胞，壁光滑，4.5~5.2μm×3.3~4.5μm。

寄主：异红点唇瓢虫(*Chilocorus esakii* Kamiya)。

该种在山西省未见报道，为新记录种。

分布：芦芽山自然保护区跑马湾区域。

4.2 黄绿青霉*(*Penicillium citreo-viride* Biourge)(ZWS9806015)

培养性状：PDA培养基上培养14d，菌落直径30mm，查氏培养基上14d可达40mm。绒毛状至絮状，丘状隆起，且菌落中央凸起3~5mm，边缘具2~3回产孢轮带。表面灰白至微黄色，背面淡黄色，有强烈药味。

形态特征：分生孢子梗自气生菌丝上生出，长约130~160μm×2.5~3.6μm，顶端帚状分枝，形成单层瓶梗，瓶梗排列紧密。梗基稍膨大，上部渐细，分生孢子近球形，无色单胞，壁光滑，2.6~3.0μm×1.5~2.5μm。

寄主：姬蜂科(Ichneumonidae)成虫。

该种在山西省未见报道，为新记录种。

分布：关帝山林局真武山林场。

5 帚霉属(*Scopulariopsiis* Bednier)

5.1 短柄帚霉*(*Scopulariopsis frevicaulis*(Sacc.)Bainier)(PQG9908062)

培养性状：SMAY及查氏培养基上培养14d，菌落直径35~40mm，绒毛状，丘状隆起，中央部分微凸起。表面及背面均淡黄色，培养物有大蒜气味。

形态特征：营养菌丝具隔膜，有分枝，直径4.4~10.2μm。直立的分生孢子梗自气生菌丝生出，横隔处略有缢缩，直径4.2~8.6μm。顶部帚状分枝，形成一簇柱状产孢细胞(瓶梗)，10.2~12.4μm×3.2~4.0μm。瓶梗向基式产生分生孢子链，分生孢子球形或梨形，厚壁粗糙，表面有疣状突起，顶端具乳突，初无色，成熟时略显粉色，6.2~7.6μm×3.8~4.5μm。

寄主：菱斑巧瓢虫(*Oenopia conglobata* Linnaeus)成虫。

该种在山西省未见报道，为新记录种。

分布：庞泉沟国家级自然保护区三道川区域。

6 侧胞霉属(*Sporotrichum* Line.)

6.1 赛氏侧孢霉*(*Sporotrichum cejpii* Fassatiova)(LDS9908002)

培养性状：PDA及查氏培养基上培养10d，菌落直径35~40mm，粉状至绒毛状，平展无凸起。表面白色，背面同色。

形态特征：气生菌丝具很多不规则侧向分枝(相当于分生孢子梗)，分生孢子直接形成于菌丝侧枝的顶端，侧枝往往略弯曲，6.5~9.0μm×2.0~2.5μm，分生孢子也可形成于菌丝体的小突起上，小突起全长等宽，直径1.7~2.0μm。分生孢子单生，柱形至椭圆形，无色单胞，基部平截，表面光滑，2.5~3.8μm×2.0~2.8μm。

寄主：大灰象甲**(*Sympiezomias velatus* Chevrolet)成虫。

该种在山西省未见报道，为新记录种。且寄主为新寄主。

分布：太行山林局老顶山森林公园。

6.2 马丁内克侧孢霉＊(*Sporotrichum martinekii* Prihoda)(PQG9907058)

培养性状：PDA 及查氏培养基上培养 7d，菌落直径 28~30mm，14d 后可达 38~45mm。质地绒毛状，稀疏平展。表面初白色，渐变成灰白色，背面不变色或淡黄色。

形态特征：菌丝体稀疏有隔，偶有分枝，菌体略为弯曲，直径 1.8~2.3μm。分生孢子直接着生菌丝体上，单生，椭圆形或拟卵形，无色单胞，壁光滑，4.2~5.1μm×2.2~3.0μm。

寄主：落叶松花蝇＊＊(*Lasiomma laricicola*(Karl))成虫。

该种在山西省未见报道，为新记录种。寄主为双翅目成虫，不同于膜翅目的卵，为新寄主。

分布：庞泉沟国家级自然保护区庞泉沟区域。

山西省虫生真菌生态多样性研究*

李文英　贺运春　王建明　张作刚　张仙红
（山西农业大学农学院，山西太谷，030801）

摘要：为探讨山西省主要植被区的虫生真菌资源区系分布特点，于1996—2001年连续对山西省境内芦芽山、庞泉沟、蟒河3个国家级保护区的虫生真菌进行了生态多样性研究。采集的469份昆虫标本中有276份分离出真菌，总检出率为58.8%。根据菌落形态、营养体、孢子等特征将124株虫生真菌初步鉴定到属，其中110株已鉴定到种和专化型，共计10属25种。对各地区和各生境中真菌类群进行统计比较的结果表明，各保护区内虫生真菌物种资源都很丰富，广泛分布在不同的生境中，但具有明显的地域性分布特点。从菌株数量来看，从大到小依次为蟒河(45株)>庞泉沟(40株)>芦芽山(39株)；从属的种类来看，蟒河地区(10属)标本中的类群略多于其他2个自然保护区；但从属内种类多样性来看，蟒河(18种)明显比其他2个自然保护区丰富。白僵菌(*Beauveria* spp.)、绿僵菌(*Metarhizium* spp.)等优势类群具有明显的垂直分布带谱和小生境分布特点，中等海拔区域(1000~2000m)分离菌株数最多，占到66%以上，包含种类最丰富，几乎囊括了所有种类，混交林、阔叶林和溪边灌林中，虫生真菌种类丰富，分布均匀，尤以混交林中菌株最多，共23株，占到37%，种类也最丰富，包含8种。

关键词：自然保护区；虫生真菌；生态分布；生物多样性

在森林生态系统中，各种菌物类群，如菌根菌、食用菌、药用菌、虫生菌等，生活在不同的生态条件下，具有丰富的多样性[18]，但相对于宏观的动植物来说，个体小、数量大、鉴定难度大的菌物多样性研究远没有得到足够的重视[2]，目前仅有一些有关AV菌根真菌生物多样性的报道[14,15]。虫生真菌是真菌的一个重要组成部分，在形态结构、生活史、繁殖方式和次生代谢产物方面极具多样化[4,5]。但有关虫生真菌多样性研究的报道还很少见，特别在山西省有关虫生真菌生态学研究还是一个空白。为此，作者于1996—2001年连续在山西省境内芦芽山、庞泉沟、蟒河3个国家级保护区不同的生境采集自然罹病的昆虫标本带回实验室，从中分离虫生真菌，旨在探讨山西省主要植被区的虫生真菌资源区系分布特点，为虫生真菌资源的合理开发利用提供科学依据。

1　材料和方法

1.1　标本的采集

标本采自山西省境内植被完好、人为活动干扰少的芦芽山、庞泉沟、蟒河3个国家级自然保护区的不同生境中。芦芽山地处山西北部的宁武县、五寨县境内，属暖温带半湿润山区气候，年均温3℃，年积温(≥10℃)2000℃，年降水量500~600mm；庞泉沟地处山西中北部的交城、方山两县交界处，属暖温带半湿润山区气候，年均温3~4℃，年积温(≥10℃)2500℃，年降水量700mm左右；蟒河地处山西东南部的阳城县境内，属暖温带大陆性季风气候，年均温14℃，年积温(≥10℃)4020℃，年降水量600~800mm。

根据采集地的地形情况，将海拔分为5个等级：E1为低海拔(1000m以下)，E2为中低海拔(1000~1500m)，E3为中间海拔(1500~2000m)，E4为中高海拔(2000~2500m)，E5为高海拔(2500m以上)。根据植被类型，将采集地的生境分为5类：H1为溪边灌木，H2为混交林，H3为针叶林，H4为阔叶林，H5为亚高山草甸。根据采集地小生境和海拔高度，将主要采集地分为Ⅰ~Ⅸ类，采集地概况见表1[6]。

依据昆虫群体的发生时间及发生量的不同以及保护区降雨量的季节差异，选择每年的6~9月为集

* 本文原载于《生物多样性》，2003，11(1)：53-58.

中采集期。在各类小生境中的植株叶面、树干、枯枝落叶层以及土表和水体中采集罹病昆虫标本[9]。为了避免杂菌干扰，采集后的标本保存于冰箱内，1 个月内分离处理。

1.2 菌株的分离、纯化

标本分离采用常规组织分离技术、平板稀释分离法和分生孢子划线分离法。先用 WA 培养基进行初步分离，待虫体上长出菌丝体后，再挑接于 PDA，PSA 或 Czapeck 培养基上进行常规分离培养，对有些难以产生子实体和弛子的菌株，进一步利用 IDA、SMAY 或 SDBAY 培养，以诱导其产生子实体。对特殊的菌株类群，如镰刀菌则采用选择性 培养基(米饭培养基)辅助鉴定菌种[2,16]。待培养物产生孢子后进行单弛分离，以获得纯化菌株。纯化培养物及时转入 PDA 斜面培养基，保存在 0~4℃的冰箱中待观察与鉴定。为防止细菌和杂菌污染，加入 2%的青霉素和 4%的 硫酸链霉素，25℃下培养，湿度控制在 80%~90%[9]。

IDA(虫粉培养基)：虫粉(将大个体的老熟幼虫在 60℃下烘干 48 小时后研磨成粉)40g，琼脂 20g，葡萄糖(蔗糖)20g，蒸馏水 1000mL。

WA(水琼脂培养基)：琼脂 20g，蒸馏水 1000mL。

1.3 菌株的观察与鉴定

将纯化的菌株培养物进行点植培养和孢子载片培养，观察记录菌落色泽、质地变化、生长速度等培养特性。培养 4~7 天后进行显微观察，镜检时采用乳酸酚和棉蓝染色法进行染色处理[19]，用目镜测微尺在 Olympus 显微镜下观测各菌株的产孢体和孢子的形状和大小，每个形态单位测量 30 个，计算出平均值范围。结合其培养性状，并参考国内外有关资料对各菌种进行鉴定[3]。

根据《真菌鉴定手册》[17]的分类标准，主要根据培养特性、形态特征确定菌株归属。形态特征主要包括菌丝细胞、子实体形态和孢子形态。

真菌种类的鉴定采用 Ainsworth et al. (1973)分类系统[1]，参照戴芳澜[12,13]、耶夫拉霍娃(1982)、Poinar & Thoms[7]、Samson et al. [10]、Shimizu & Aizawa[11]、蒲蛰龙[8,9]等的描述和检索表进行鉴定。

表 1 9 类采集地点的自然概况

Table1 A survey of nine types of collecting sites in three nature reserves

	类型 Type	地点 Site	生境类型 Habitat type	海拔等级 Elevation
芦芽山 Luyashan	I	大南滩、梅洞沟、丘洞沟 Danantan, Meidonggou and Gedonggou	Hl 溪边灌木 Shrub near river	E2 中低海拔 Middle-low(1000 ~ 1500 m)
	II	跑马湾 Paomawan	H2 混交林 Mixed forest	E3 中间海拔 Middlc(1500 ~ 2000 m)
	III	西贋、石猴崖 Xi an and Shihouya	H3 针叶林 Coniferous forest	E4 中高海拔 Middle-high(2000 ~2500 m)
庞泉沟 Pangquangou	IV	庞泉沟、八道沟、神尾沟 Pangquangou, Badaogou and Shenweigou	H4 阔叶林 Deciduous broad-leaved forest	E3 中间海拔 Middle(1500~2000 m)
	V	三道川、阳丘台 Shandaochuan and Yanggetai	H2 混交林 Mixed forest	E4 中高海拔 Middle-high (1500~2000 m)
	VI	孝文山 Xiaowen Moutain	H5 亚高山草甸 Subalpine meadow	E5 高海拔 High (2500 m 以上)
蟒河 Manghe	VII	黄龙庙、树皮沟、南沟 Huanglongmiao, Shupigou and Nangou	H1 溪边灌木 Shrub near river	El 低海拔 Low (1000 m 以下)
	VID	白龙洞、猴山、滴水盆 Bailongdong, Houshan and Dishuipcn	H4 阔叶林 Deciduous broad leaved forest	E2 中低海拔 Middle low(1000~1500 m)
	IX	倒刀缝、窟窿山、三盘山 Zhadaofen, Kulongshan and Sanpanshan	H2 混交林 Mixed forest	E2 中低海拔 Middle-low(1000~1500 m)

2 结果与分析

2.1 虫生真菌的分离鉴定结果

本研究对采自芦芽山、庞泉沟、蟒河3个保护区的469份昆虫标本的分离培养结果统计，其中276份中分离出真菌，总检出率为58.8%。迄今为止，所分离的真菌菌株中初步整理得到虫生真菌200余株。鉴定到属的有124株，其中110株鉴定到种和专化型。已鉴定出的种类涉及2目10属25种。均属于半知菌亚门(Deuteromycotina)丝孢纲(Hyphomyceres)真菌。具体虫生真菌的每一类群在不同地区与不同生态条件下的分布见表2。

分离出的200余株真菌中有62%鉴定到属，其中一些常见菌株和典型菌株已经鉴定到种。但虫生真菌在类群和数量上却有着显著的差异。从3个保护区的总体情况来看，白僵菌属(*Beauveria*)、绿僵菌属(*Metarhizium*)、曲霉属(*Aspergillus*)、拟青霉属(*Paecilemyces*)等为优势类群，每个属的分离菌株数均在13株以上，已鉴定种类在3种以上，而且大部分种类分布区域广泛，在不同的地区和生态条件下均有分布。

2.2 虫生真菌地域性分布特点

将来自芦芽山、庞泉沟和蟒河3个自然保护区内的昆虫标本分离情况进行对比，结果见表3。通过对比，可以得出以下结论：由于地理位置、气候和植被不同，虫生真菌类群有着很大的差异，生态区系差异明显，因而虫生真菌分布差异悬殊。芦芽山地处山西北部，山地面积广阔，地势高耸，地形复杂，植被种类丰富，虫生真菌资源丰富，分离到39个菌株，共涉及7属15种，优势类群为拟青霉；庞泉沟地处山西中部地区，气温相对较低，昼夜温差大，降水量少而集中，植被覆盖率相对较低，微生物资源相对贫乏，该地区虽分离到40个菌株，但种类多样性差一些，仅涉及8属13种；蟒河地处亚热带和温带交界处，水分热量充足，自然条件对动植物生长十分有利，虫生真菌的物种资源也特别丰富，分离到45个菌株就涉及10属18种，优势类群为白僵菌。

从表2和表3中可以看出，各保护区内虫生真菌物种资源都很丰富，广泛分布在不同的生境中。但不同环境中的种属分布情况不同。从菌株数量来看，昆虫标本的真菌寄生率从高到低依次为蟒河>庞泉沟>芦芽山；从属的种类来看，蟒河地区标本中的类群略多于其他2个自然保护区；但从属内种类多样性来看，蟒河明显比其他2个自然保护区丰富。由此可见，虫生真菌的分布与周围环境有着密切的关系。湿度越大、植被越丰富的区域，虫生真菌物种越多样化。

2.3 虫生真菌垂直分布特点

将采自不同海拔高度的昆虫标本分离情况进行对比(见表2)。从表2中可以看出：虫生真菌的分布与海拔高度密切相关，由于海拔高度不同，气候和植被相应变化，因而虫生真菌分布差异悬殊，垂直分布带谱明显。

通过对白僵菌(*Beauveria*)、绿僵菌(*Metarhiz-ium*)和拟青霉(*Paecilomyces*)重要类群进行对比分析，从图1可以看出，在中等海拔区域(1000~2000 m)，这3类虫生真菌分离菌株数最多，占到66%以上，包含种类最丰富，几乎囊括了所有种类，特别是 在中低海拔区域，菌株数22株，占到35.5%，6个种；在低海拔区域，虫生菌菌株分布明显减少，种类相对单一；而在2500 m以上海拔的范围内，虫生真菌种类和菌株数量均为最少，几乎没有分布。由此可见，虫生真菌具有明显的垂直分布带谱，主要种类集中分布在海拔相对较低、气候湿润，但人为干扰较少的生境中。

表 2　虫生真菌在不同地区与不同生态条件下的分布

Table 2　Distribution of entomogenous fungi in different habitats and conditions

类群 Taxa	不同地区分离到的真菌菌株数 No. of strains									小计 Total
	芦芽山 Luyaehan			庞泉沟 Pangquangou			蟒河 Manghe			
	I	II	III	IV	V	VI	VII	VIII	IX	
白僵菌属 *Beauveria*	1	4	2	3	4		5	1	3	23
球孢白僵菌 *B. bassiana*	1	3	2	1	3		2	1	2	15
布氏白僵菌 *B. brongniartii*		1								1
多形白僵菌 *B. amorpha*				1	1					2
蜘蛛白僵菌 *B. aranearum*							1			1
绿僵菌属 *Metarhixium*		3	2		1	2		3	2	13
金龟子绿僵菌 *M. anisopliae*		1	1					1	1	4
黄绿绿僵菌小孢变种 *M. flavoviride* var. *minus*		1						2		3
戴氏绿僵菌 *M. taii*					1	2				3
曲霉属 *Aspergillus*	5	2	2	6	1	4	2	4	2	28
黄曲霉 *A. flavus*	4	2		6	1		2	3	2	20
黑曲霉 *A. niger*			2			4				6
亮白曲霉 *A. Candidas*	1							1		2
青霉属 *Penicillium*				6	1			1		8
扩张青霉 *P. expansum*				4	1			1		6
匍枝青霉 *P. sloloniferum*				2						2
拟青霉属 *Paecilomyces*	7	4		5	2		3	5		26
粉质拟青霉 *P. farinosus*	4	2		2	1		1	3		13
玫烟色拟青霉 *P. fumowroseus*	2	1		1						4
淡紫拟青霉 *P. lilacinus*	1						1	1		3
镰孢菌属 *Fusarium*	2	1		2			3			8
尖孢镰孢 *F. oxysporum*				1			1			2
串珠镰孢 *F. moniliforme*	1	1								2
砖红镰孢 *F. lateritium*	1						1			2
半裸镰孢 *F. semitectum*				1			1			2
轮枝菌属 *Verticillium*	1	2		2			4	2		11
蚧轮枝菌 *V. lecanii*	1	1		2			3	1		8
蜘蛛轮枝孢 *V. aranearum*		1						1		2
侧孢霉属 *Sporoirichum*	1			1			2	1		5
马丁内克侧孢霉 *S. Maninekii*				1			1	1		3
塞吉普侧孢霉 *S. cejpii*	1						1			2
野村菌属 *Nomuraea*								1		1
莱氏野村菌 *N. rileyi*								1		1
拟口霉属 *Chaniransiopsis*								1		1
外倾拟口霉 *C. decumbent*								1		1
菌株数量 No. of strains		39			40			45		124
菌种属数 No. of genera		7			8			10		10
菌种数量 No. of species		15			13			18		25

注：I ~ IX 所代表的生境类型见表 1。Note：Habitat types I~IX correspond to those in Table 1

表 3 虫生真菌地域性分布总计

Table3 Distribution of entomogenous fungi in different sites

采集地点 Locality	菌株、属和种的数量 No. of strains, genera and species			分离到的主要属的菌株数和种数 No. of strains and species of dominant genera					
	菌株 Strains	属 Genera	种 Species	白僵菌属 *Beauveria* Strains	白僵菌属 *Beauveria* Species	绿僵菌属 *Metarhizium* Strains	绿僵菌属 *Metarhizium* Species	拟青霉属 *Paecilomyces* Strains	拟青霉属 *Paecilomyces* Species
芦芽山 Luyashan	39	7	15	7	2	5	2	11	3
庞泉沟 Pangquangou	40	8	13	7	2	3	1	7	2
蟒河 Manghc	45	10	18	9	2	5	2	8	2

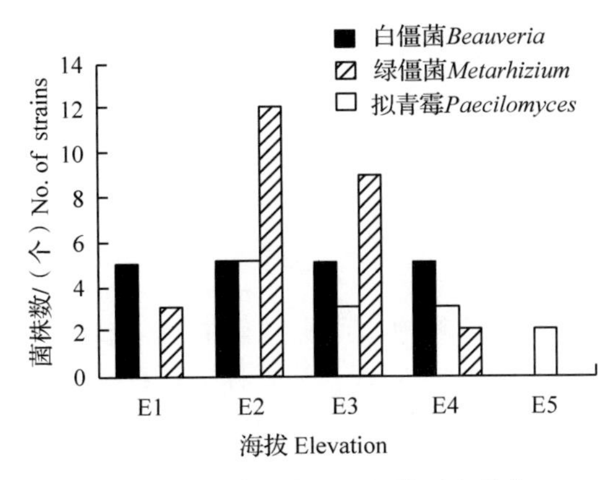

图 1 虫生菌 3 个重要属的垂直分布

Fig. 1 Distribution of dominant genera in different elevations

注：E1（Ⅶ）为低海拔；E2（Ⅰ，Ⅷ，Ⅸ）为中低海拔；E3（Ⅱ，Ⅳ）为中间海拔；E4（Ⅲ，Ⅴ）为中高海拔；E5（Ⅵ）为高海拔

Note: E1, low elevation; E2, middle-low elevation; E3, middle elevation; E4, middle-high elevation; E5, high elevation

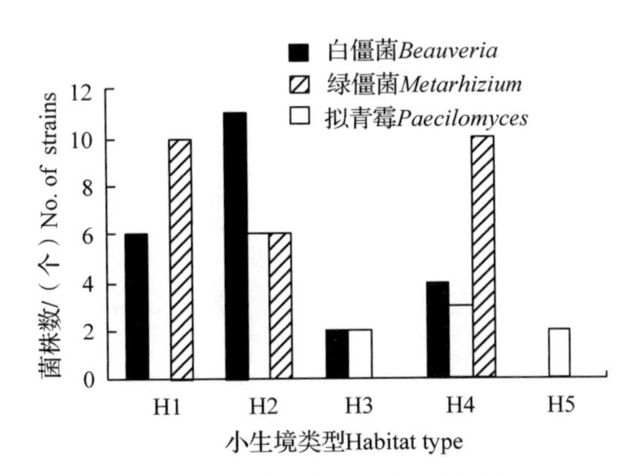

图 2 3 个重要虫生菌属在小生境中的分布

Fig. 2 Distribution of three dominant genera in three habitat types

注：H1（Ⅰ，Ⅶ）为溪边灌木；H2（Ⅱ Ⅴ，Ⅸ）为混交林；H3（Ⅲ）为针叶林；H4（Ⅳ，Ⅷ）为阔叶林；H5（Ⅵ）为亚高山草甸

Note: H1（Ⅰ，Ⅶ），shrub near river; H2（Ⅱ Ⅴ，Ⅸ），mixed forest; H3（Ⅲ），coniferous forest; H4（Ⅳ，Ⅷ），deciduous broad-leaved forest; H5（Ⅵ），subalpine meadow

2.4 虫生真菌小生境分布特点

将采自 5 种不同生境的昆虫标本分离情况进行 对比。从表 2 中可以看出，由于生境类型、气候和

植被不同，虫生真菌类群有着很大的差异，生态区系差异明显。混交林、阔叶林和溪边灌林中，植被相对丰富，虫生真菌区系组成的特点是组成复杂，种属分布均匀，而其他各类生境虫生真菌类群相对单一，种属分布不均匀。

通过对白僵菌（*Beauveria*）、绿僵菌（*Metarhizium*）和拟青霉（*Paecilomyces*）等重要类群进行对比分析，从图 2 可以看出，生境类型严重影响了菌株数量和菌种类群分布。*Beauveria* spp. 和 *Metarhizium* spp. 分布比较广泛，可生存于 4~5 种生境内；而 *Paecilomyces* spp. 对单一生境的依赖性较强，主要分布于溪边灌木和阔叶林。从所含菌株数量和菌种类群来看，混交林中菌株最多，共 23 株，占到 37%，种类也最丰富，包含 8 种；溪边灌木丛和阔叶林的生境次之；高山草甸中菌种种类最单一，仅含 1 种绿僵菌。

总之，自然保护区内地形多样，气候温和，植被保存完好，生境多样化，能够支持多种类的物种生存，适于虫生真菌生长繁衍。由于生活条件的不同，导致数量和种类分布的差异性，这些都体现了虫生真菌生态分布的多样性。

3 结论

生物多样性及其地域性特点是在漫长的地质历史过程中演化形成的，它受到现代气候、土壤、植被、人类活动以及历史环境变迁的影响[18]。同理，在森林生态系统中，这些因素都影响着虫生真菌的分布，其中湿度、温度、地表覆盖物及演替阶段等环境因素是主导因素。

3 个自然保护区内，植被覆盖率高，人为干扰少，尤其是夏季，温度适宜，降水充足，寄主食物丰富，是虫生真菌资源的天然宝库。从上述研究可见，虫生真菌更倾向于分布在纬度较低、海拔较低、湿度较大、植被组成和昆虫群落组成多样化的区域。环境所能提供的生存途径越多，真菌种类越丰富。但是由于地理环境、海拔高度和生境类型不同，植被组成和昆虫群落也不同，导致虫生真菌分布的生态多样性。

一般认为，海拔高度对物种数量分布的影响趋势与纬度对物种的影响相似，海拔升高相当于纬度升高，物种和数量会随之逐渐降低。但是也有一些例外，如庞泉沟处于其他 2 个保护区南北中间，但它的虫生真菌物种多样性远远低于其他 2 个保护区，这可能与庞泉沟自然保护区最早成为旅游区，人为干扰过多有关。另外，低海拔地区物种数量相对少，种类相对单一，这与上述理论不太相符，这可能与低海拔地区与农田毗邻，农民经常采菌、放牧，人为干扰相对较多有关。

从以上分析可以看出，虫生真菌生态分布多样，它的物种和数量分布因地理位置、植被、海拔的不同，有着极大的差异，要想保护虫生真菌的物种多样性，不仅仅针对某种特殊生境采取某一特殊手段，而要加强全面保护，尽量保持生态的多样化，使人为干扰或自然干扰控制在适度的范围内，才会有利于虫生真菌物种多样性的稳定和持续发展。

山西虫生真菌资源的研究Ⅲ*
——虫生镰刀菌的研究

李文英[1]　张　纯[1]　张仙红[1]　吕增芳[2]　李志岗[1]　贺运春[1]
（1. 山西农业大学农学院，山西太谷，030801；2. 运城市林业局红枣中心，山西运城，044000）

摘　要：通过对山西省虫生真菌资源调查，从蟒河国家级自然保护区采集的154份罹病昆虫或死虫标本上分离出镰刀菌（*Fusarium* spp.）37株，共鉴定出6种，它们分别是尖孢镰孢（*F. oxysporum* Schlecht）、弯角镰孢（*F. camptoceras* Wollenw. Ex Reink.）、节状镰孢（*F. merismoides* Corda）、镰状镰孢（*F. fusarioides*（Frag，ex Cif.）Booth）、砖红镰孢（*F. lateritium* Nees）和半裸镰孢（*F. semitectum* Brek. ex. Rav.），并对它们的形态特征进行了详细描述。所有菌种均保存于山西农业大学真菌标本室（MHSAU）。

关键词：虫生真菌；镰刀菌属（*Fusarium*）

蟒河国家级自然保护区处于山西省东南部，中条山南端的阳城县境内，属暖温带季风型大陆性气候，是东南亚季风的边缘地带，由于受季风的影响，一年四季分明，光热资源丰富，气候温暖，雨量充沛，自然条件优越，加上区内沟谷纵横，山峰陡峭，局部范围水热条件得以重新分配，形成多种多样的小生境，为不同生态习性和不同区系来源的动植物提供了适宜的生存条件，因此该保护区具有丰富的生物资源，植被属暖温带落叶阔叶混交林带，带有暖温带向亚热带过渡性质。由于气候条件优越，植被完好，保护区内孕育着丰富的昆虫资源和真菌资源，并在生态系统中起着重要作用。

镰刀菌是一类世界性分布的真菌，它能生活在各种基物上，其中有许多种类与昆虫有密切的关系，作为虫生真菌报道过一些种类[1]，此外不少人报道了从该属真菌中筛选到对昆虫有明显杀虫活性的物质，如T-2毒素，玉米赤霉烯酮和单端孢素等[2]。因此，这类真菌在农林害虫的生物防治上有广阔的应用前景。

作者于1996年至今，对蟒河自然保护区的虫生真菌资源进行了初步调查，共采集标本154份，分离真菌94株，其中镰刀菌37株，鉴定出6个种，并对它们的形态特征进行了详细描述[3~6]。

1　种类特征描述

1.1　尖孢镰孢（*F. oxysporum* Schlecht）

培养性状：25~27℃在PDA上培养采集寄主，3d虫体全身布满菌丝，4d菌落直径25mm，气生菌丝丝绒状，白色，到后期略带粉红色，基物表面黑紫色（Blackish Purple），基物无色；在虫粉培养基上气生菌丝绒状至棉絮状，白色至浅黄色，淡锦葵紫色（Light Mallow Purple），基物表面、基物不变色；在米饭培养基上呈白色至淡粉色[3,4]。

形态特征：大型分生孢子量少，呈美丽形，月牙形，稍弯向两端比较均匀地逐渐变尖，基胞足跟明显，顶胞楔形，3~6隔，大多3隔，大小：23.2~59.8μm×3.2~4.5μm，平均40.1μm×3.8μm；小型分生孢子量多，卵圆形，假头状着生在产孢细胞上，0~2隔，大多无隔，大小：4.5~13.6μm×2.4~3.8μm，平均7.6μm×3.1μm；厚垣孢子很容易产生，球形，单生、对生或串生，直径为6μm~8μm，产孢细胞单瓶梗。有性阶段未见[3,6]。

寄主：黑蚁（*Lasius niger*）成虫。

* 本文原载于《山西农业大学学报》，2003，23(3)：227-229.

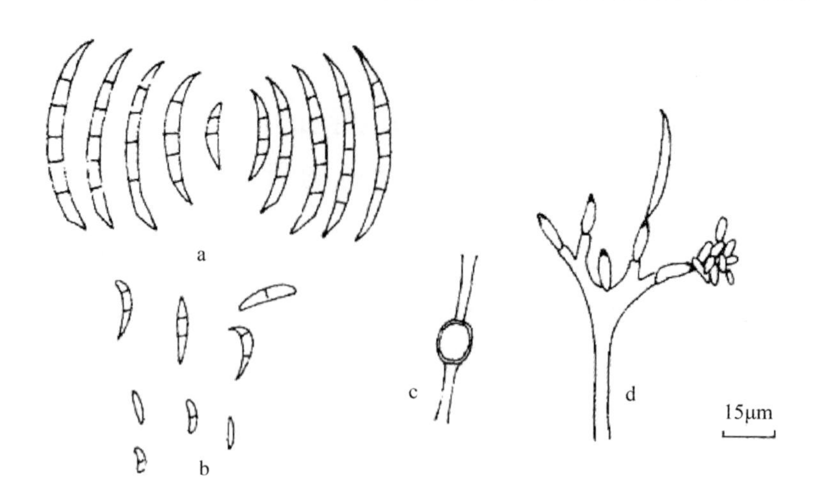

a. 大型分生孢子 a. Macroconidia　b. 小型分生孢子 b. Microconidia
c. 厚垣孢子 c. Chlamydospores　d. 产孢细胞 d. Conidiogenouscell

图 1　尖孢镰孢

Fig. 1　*Fusarium* oxysporum Schlecht

1.2　弯角镰孢(*F. camptoceras* Wollenw. Ex Reink.)

培养性状：25~27℃。在水琼脂上培养采集寄主，2d 后虫体表面长出白色短丝状气生菌丝，培养 6d 后菌丝表面出现紫红色，基物不变色；在 PSA 上 4d 菌落直径为 28mm，气生菌丝棉絮状至粉状，白色至浅绛红色，基物表面暗紫红色(Dull Magenta Purple)，基物不变色；在虫粉培养基上菌丝薄絮状，白色至淡粉色，基物表面暗红色，基物呈深印度红色(Dark Indian Red)；在米饭培养基上白色至洋红色(Magenta)[3,4]。

形态特征：这个种无明显的大、小型分生孢子界限，分生孢子椭圆形、肾形、卵形或纺缍形，两端稍弯，顶胞和基胞渐尖成楔形，0~4 隔，多数 3 隔，大小：10.2~47.6μm×3.4~7.8μm，平均 19.3μm×5.3μm；厚垣孢子多，球形，略带枸橼绿色(Citron Green)，直径为 7.4μm~12.5μm，平均为 10.0μm，一般串生，极少单生；产孢细胞为复瓶梗[3]。

寄主：麻天牛(*Thyestilla gebleri*)成虫。

1.3　节状镰孢(*F. merismoides* Corda)

培养性状：生长速度慢，25~27℃在 PSA 上 4d 菌落直径为 21mm；气生菌丝少，白色至肉色；在虫粉培养基上气生菌丝絮状，白色至枸橼绿色(Citron Green)，基物呈暗褐色；在米饭培养基上呈淡黄褐色(Light Drab)[3,4]。

形态特征：大型分生孢子直筒形，两端稍弯、稍尖，顶胞锥形，有时鸟嘴形，基胞楔形或有不明显足跟，3~5 隔，大小：28.7~41.5μm×3.2~4.9μm，平均 36.5μm×4.1μm；小型分生孢子未见；虫粉培养可见大量球状厚垣鞄子，直径为 6.4μm~17.6μm，平均 10.6μm，大多顶生，也有串生，略呈淡黄色；产孢细胞为单瓶梗。有性阶段未见[3,6]。

寄主：华北蝼蛄(*Gryllotalpa unispina*)若虫。

1.4　镰状镰孢(*F. fusariodes*(Frag. ex Cif.) Booth)

培养性状：25~27℃在 PDA 上 2d 后虫体布满菌丝，4d 菌落直径 36mm；气生菌丝丝绒状至丝絮状，生长茂盛，白色，到后期带深紫红色，基物表面紫菀花色(Aster Purple)至深褐色(Bumt Lake)，基物不变色；在虫粉培养基上气生菌丝羊毛状至丝絮状，白色，基物表面、基物均不变色；在米饭培养基上呈白色至淡橙黄色(Light Orange-Yellow)[3,4]。

形态特征：大型分生孢子量极少，大多镰刀形，较细长，两端渐变细，顶胞楔形，基胞有足跟，2

~6隔，大多3~4隔，分隔较明显，大小：24.0~58.3μm×2.3~5.1μm，平均36.2μm×3.5μm；小型分生孢子量多，形状多种多样，呈椭圆形、肾形、纺缍形，0~2隔，大多无隔，大小：7.3~16.6μm×3.4~4.8μm，平均10.9μm×4.1μm；厚垣孢子球形，生于分生孢子中或菌丝中，单生或串生，直径为8.8μm~17.5μm，平均为12.2μm；产孢细胞为复瓶梗，成多层次不规则分枝。有性阶段未见[3,5]。

寄主：日本菱蝗(*Tetrix japonicus*)若虫。

1.5 砖红镰孢(*F. lateritium* Nees)

培养性状：25~27℃。在PDA上4d菌落直径为43mm，气生菌丝厚絮状，白色至粉红色，到后期呈枣红色；在虫粉培养基上气生菌丝厚绒状，白色至淡藏红色(Safrano Pink)，基物表面橙色(Orange)至深橙色，基物不变色；在米饭培养基上呈宫廷橙色(Mikado)[3,4]。

形态特征：大型分生孢子量大，大多圆筒形，少有镰刀形、纺缍形，顶胞鸟嘴形，基胞楔形或稍有足跟，3~8隔，多数3~5隔，大小：25.7~60.2μm×2.7~7.0μm，平均47.8μm×4.9μm；小型分生孢子量少，呈梭形、椭圆形，弹头形等，0~2隔，大多无隔，大小：8.7~19.8μm×2.5~4.0μm，平均13.5μm×3.2μm；厚垣孢子球形至椭球形，单生或串生于孢子或菌丝中，直径为7.7~11.0μm，平均为8.9μm；产孢细胞为单瓶梗。有性阶段为*Gibberella baccata*(Wallr.)sacc.[3,6]。

寄主：种蝇(*Hylemyia platura*)成虫。

1.6 半裸镰孢(*F. semitectum* Brek. ex. Rav.)

培养性状：25~27℃在PSA上4d菌落直径52mm；气生菌丝棉絮状，白色至浅橙红色(Salmon-Buff)，后期变为粟棕色，基物表面浅褐色，基物无色；在虫粉培养基上气生菌丝羊毛状至棉絮状，形成许多白色棉球状物，衰老菌丝微发黄，基物表面、基物均不变色；在米饭培养基上呈宫庭橙色(Mikado Orange)[3,4]。

形态特征：大型分生孢子量极少，纺缍形，少数美丽形，顶胞、基胞均为楔形，体形大而分隔较多，3~7隔，大多3~5隔，大小：24.8~59.9μm×2.9~5.5μm，平均41.8μm×4.4μm；小型分生孢子量少，呈纺缍形，0~2隔，大多无隔，大小：4.1~21.0μm×1.3~3.6μm，平均9.2μm×2.0μm；厚垣孢子球形，串生于大型分生孢子上或菌丝中，直径为5~10μm，产孢细胞为单、复瓶梗。有性阶段未见(如图1)[3,5]。

寄主：黑蚁(*Lasius niger*)成虫。

2 讨论

(1)本文所描述的镰刀菌种类，不但能从昆虫体上分离出，而且能从土壤中，腐败的动植物残体和食品中分离到，其中许多是重要的植物病原菌，致病性菌株和非致病性菌株没有一个严格的界限，所以这些已鉴定的菌株对昆虫的致病性还需进一步确证试验。

(2)据报道，不少镰刀菌能产生对昆虫有毒的单端孢霉烯类物质，如木霉素，T-2毒素和二乙酸草镰刀菌烯醇等，它们多数可引起人畜的过敏反应和中毒反应，故其防虫的实用性尚待进一步研究和中试[2]。

山西省虫生真菌种类资源概貌*

戴建青[1]　李文英[2]　张仙红[3]　贺运春[2]　刘贤谦[2]
（1. 中国科学院上海生命科学院植物生理生态研究所，上海，200032；
2. 山西农业大学农学院，山西太谷，030801）

摘　要：对山西省虫生真菌的种类资源概貌进行了总结。从1996—2000年期间，从全省各地采到1500余份罹病昆虫标本，从中分离出近450个菌株，已鉴定的种类涉及4目19属67种，所有菌种均保藏于山西农业大学真菌标本室(MHSAU)。由于地理环境、气候条件和植被条件的不同，各地区的种类分布有显著的区系分布特点。

关键词：虫生真菌；种类资源

山西省地处黄河中游，属山地性高原，山地丘陵占全省总面积的80%以上，位于东经110°14′~114°33′4″，北纬34°34′8″~40°43′4″之间，东侧太行山、西侧吕梁山为主体山区，其间为狭长山间盆地。南北长670公里，东西宽370公里。山脉走向由东北向西南延伸。海拔高度在245~3058m。全省由于地势高，气候较寒冷、干燥，地理位置处于东部季风区和西北部蒙新高原气候区的过渡地带，所以省内有显著的南北差别和垂直地带性差异，以水热条件尤为突出。全省土壤植被类型南北差异较大。山西省地形复杂，山峦交错，气候适宜，山区丘陵面积广阔，为野生动植物繁衍提供良好的生存环境，也蕴藏了丰富的虫生真菌资源。据统计资料，全省共有陆栖野生动物439种，种子植物134科628属1694种。

目前，全省共建保护区(站)11处，面积108216hm²，约占全省土地面积的0.7%。从保护类型看，有以保护省鸟褐马鸡为主的保护区3处，以保护猕猴为主的保护区2处，以保护猕猴桃、青檀、油松等珍贵植物的保护区4处，有天鹅、灰鹤越冬地保护区2处。从分布情况看，北部有芦芽山、灵丘青檀保护区，中部有天龙山保护区，吕梁山有庞泉沟、五鹿山保护区，中条山有历山、蟒河保护区，太岳山有绵山、灵空山保护区，南部有运城天鹅、河津灰鹤越冬地保护区，基本上形成了类型齐全、分布合理、功能完备的自然保护区网络[1]。本文就采自山西省保护区等生态环境中的虫生真菌资源做一总结。

1　材料与方法

1.1　标本的采集

依据蒲蛰龙[2]的采集方法，在山西省庞泉沟国家级自然保护区、历山国家级自然保护区、芦芽山自然保护区、蟒河自然保护区以及太谷、太原等地进行采集。本文所选择的采集生境为保护区内为溪流两岸阔叶林下的植株叶面、树干、枯枝落叶层以及土表和水体，太谷主要在农田果园，太原主要在近郊保护地内。

依据昆虫群体的发生时间及发生量的不同，以及山西省各保护区降水量的季节差异，选择每年的6月下旬~8月下旬为集中采集期。

1.2　真菌分离与鉴定

标本分离采用常规组织分离技术[2]、平板稀释分离法和分生苞子划线分离法[3]，真菌种类的鉴定

* 本文原载于《山西农业大学学报》，2005，25(4)：413-415.

采用 Ainasworth[4] 分类系统，参照戴芳澜[5]、魏景超[6]、耶夫拉霍娃[7]、Samson[8]、Shimizu[9]、Raper[10]等的描述和检索表进行鉴定。寄主昆虫的鉴定依照黄其林[11]、中国科学院动物研究所[12]、中国林业科学院[13]等的描述进行。

2 结果与分析

2.1 虫生真菌种类组成

本研究经过对采自四个保护区和两个地区的1500余份昆虫标本的分离培养，结果统计，所分离的真菌菌株初步整理得450株，已鉴定出的菌株涉及4目19属67种。除毛霉和虫霉分别为接合菌亚门(Zygomycotina)接合菌纲(Zygomycetes)毛霉目(Mucoralcs)和虫霉目(Entomophthorales)真菌外，其余15属均为半知菌亚门(Deutcromycotfna)丝孢纲(Hyphomyceres)丝孢目(Hyphomycetales)和瘤座菌目(Tuberlulariales)真菌。具体各地区的虫生真菌类群分布见于表1。

表1　山西省虫生真菌种类资源概况

Table 1　Survey on the Species Resources of Entomogenous Fungiin Shanxi Province

属名 Genus	代表种 Type Specie	种类 No. of species	已发表种类数 No. of published species	不同地区分布情况 Distribution of entomogenous fungi in different sites					
				芦芽山 Luya Mountain	庞泉沟 Pang quangou	历山 Li Mountain	蟒河 Manghe	晋中 Jinzhong	太原 Taiyuan
白僵菌属 *Beauveria*	球孢白僵菌 *B. bassiana*	4	4	2	2	3	2	1	
绿僵菌属 *Metarhizium*	金龟子绿僵菌 *M. Anisopliae*	4	3	2	1	2	2		1
曲霉属 *Aspergillus*	黄曲霉 *A. flavus*	6	3	4	3	3	2	3	1
青霉属 *Penicillium*	白酪青霉 *P. caseicolum*	7	7	3	3	3	2	3	2
拟青霉属 *Paecilomyces*	玫烟色拟青霉 *Fumosoroseus*	8	7	3	2	3	2	2	1
镰孢菌属 *Fusarium*	束梗镰孢 *Fusariumstiboides*	15	5	4	3	5	7	3	2
野村菌属 *Nomuraea*	紫色野村菌 *N. atypicola*	2	1			1	1	1	
轮枝菌属 *Verticillium*	蜡蚧轮枝菌 *V. Iecanii3*	2	2	1	2	2	1		
头孢霉属 *Cephalosporium*	蚧头孢霉 *C. coccorum*	2	0				1	1	
帚霉属 *Scopulariopsis*	短柄帚霉 *S. frevicaulis*	2	1		1				
侧孢霉属 *Sporotrichum*	马丁内克侧孢霉 *S. Martinekii*	2	2	1	1	1	2		
枝孢属 *Cladosporium*	芽枝状枝孢 *C. cladosporioides*	1	1	1			1	1	
单端孢属 *Trichothecium*	粉红单端孢 *T. roseum*	1	0	1	1	1	1		

（续）

属名 Genus	代表种 Type Specie	种类 No. of species	已发表种类数 No. of published species	不同地区分布情况 Distribution of entomogenous fungi in different sites					
				芦芽山 Luya Mountain	庞泉沟 Pang quangou	历山 Li Mountain	蟒河 Manghe	晋中 Jinzhong	太原 Taiyuan
链格孢属 *Alternaria*	细链格孢 *A. tenuis*	1	1	1	1	1	1	1	1
虫霉属 *Entomophthora*	刺孢虫霉 *E. echinospora*	4	1			2			
毛霉属 *Mucor*	易脆毛霉 *M. fragilis*	2	0	1	1	1	1		1
拟口霉属 *Chantransiopsis*	外倾拟口霉 *C. decumbens*	1	0				1		
噬虫霉属 *Entomophaga*	—	1	0		1				
虫疠霉属 *Pandora*	新蚜虫疠霉 *P. neoaphidis*	1	0			1			
属合计 Total of genus		19	13	12	12	14	16	10	7
种类合计 Total of species		67	38	25	20	29	29	17	9

从总体情况来看，白僵菌属（*Beauveyia*）、绿僵菌属（*Metarhizium*）、曲霉属（*Aspergillus*）、青霉属（*Peniciblium*）、拟青霉属（*Paecilemyces*）、镰霉属（*Fusarinin*）等6属真菌为优势类群，每个属包含种类在4种以上。而且分布区域广泛，在不同的地区均有分布。

2.2 虫生真菌分布特点

山西省虫生真菌物种资源丰富，广泛分布在不同的地区，但虫生真菌在各地的类群和数量上却有显著的差异。种类最为丰富的为历山和蟒河自然保护区，包括14属29种和16属29种，占到总种类数43.3%。种类最单一的是太原地区，仅有7属9种，仅占13.4%，它的分布与周围环境有着密切的关系。环境中腐殖质的有机成分越复杂，生物类群组成越丰富，虫生真菌物种多样性越丰富。

从表1中可以看出，自然保护区的虫生真菌类群明显比其他地区丰富，四个保护区的种类分布均在29.9%以上，而其他两个地区分别占到25.4%和13.4%，这可能与保护区内气候温和，植被丰富，人为干扰少有很大的关系。从总体情况来看，南部地区的种类明显多于北部地区，海拔低的地区比海拔高的地区种类丰富，历山和蟒河自然保护区的种类明显多于芦芽山和庞泉沟，这可能与南部地区无霜期长，雨水充足，空气湿度大有关；农村比城市的种类丰富，晋中地区的种类明显多于太原地区，高出12个百分点，这可能与晋中的种类大多来自丰富的农田生态系统，而太原地区的种类大多来源于使用农药多、污染严重的近郊保护区的菜园有很大的关系。

3 结论与讨论

山西省境内，南北差异明显，地形、地势复杂，垂直高度差异显著，形成了各种各样的小生境类型，使得虫生真菌种群的组成不同，特别是自然保护区内，自然环境复杂，气候温和，相对湿度大，人为干扰少，植被资源丰富，保存完好，适宜各类昆虫及其虫生真菌的繁衍与栖息，是虫生真菌资源的天然宝库，已鉴定菌株共计4目19属67种，以白僵菌属（*Beauveria*）、绿僵菌属（*Metarhizium*）、曲霉属（*Aspergillus*）、青霉属（*Penicillium*）、拟青霉属（*Paecilzmyces*）、镰霉属（*Fusarium*）等6属的种类占绝对优势。

由于地理环境、气候条件和人为干扰情况的不同，各地区的种类分布有显著的差异。虫生真菌喜欢生活在气候温和、雨水充足、生物类群丰富、郁闭度大、阴暗潮湿、人为干扰少、植被保存完好的地区，要想进一步挖掘虫生真菌资源，须把重点放在自然保护区内，为进一步在防治害虫、保护益虫和开发药用真菌资源方面提供依据。

炭角菌科埋座属的一个中国新记录种*

路炳声[1,3]** 康瑞娇[2] 岳松涛[2] 梁 晨[1] 李新凤[3]
（1. 山东青岛农业大学植物保护学院，青岛，266109；2. 许昌职业技术学院，许昌，461000；
3. 山西农业大学农学院，太谷，030801）

摘　要：对在山西蟒河自然保护区采集的子囊菌进行鉴定，发现1个中国新记录种豹埋座菌 *Anthostoma decipiens*，并描述和图示了该菌的形态特征。

关键词：子囊菌；中国新记录种；分类；蟒河自然保护区

蟒河自然保护区是山西省省级保护区之一，位于山西省阳城县桑林乡境内，总面积57.8km²。年平均气温14℃，无霜期180d，年降水量600~900mm，属暖温带向亚热带过渡气候，雨量充沛，气候湿润，水源丰富，地形复杂。森林覆盖率在80%以上，地貌特征多以深涧、峡谷、奇峰、瀑潭为主，沟壑纵横复杂壮观，是目前中国发现较晚、保护最好的一块原始的自然风景富集区。

蟒河的生物资源十分丰富，区系成分复杂。据初步调查，高等植物有882种，脊椎动物有70科、285种，昆虫有600余种。这里原始植被为落叶阔叶、常绿阔叶混交林，得天独厚的自然条件，使多种生物在这里繁衍生息，享有"山西植物资源宝库"的美称[1]。然而对蟒河菌物多样性的研究却极少有报道，因此选择该保护区进行了子囊菌的初步调查和采集鉴定。现对炭角菌科埋座属的1个中国新记录种报道如下。

1　材料与方法

2004—2005年的5~10月间，在山西省蟒河自然保护区，每隔20d左右进行1次子囊菌标本采集，共采集标本150余份(保存于青岛农业大学真菌实验室)。主要根据有性态子囊壳、子囊以及子囊孢子的形态特征进行形态描述和鉴定[2-7]。子囊顶环用碘试剂(Melzer's reagent)染色[7-8]。

2　结果与讨论

豹埋座菌 *Anthostoma decipiens*(Lam & DC. : Fc) Nitschke, Pyrenorrycetes Germanici 1: 111. 1867(图1)。

≡*Sphaeria decipiens* Lam. & DC. : Fi., Flore Francaise 2: 285. 1895.

≡*Cryptosphaeria decipiens*(Lam & DC. : Fu) Laessφe & Spooner, Kew Bulletin 49: 56. 1994.

≡*Diatrype decipiens*(Lam. & DC. : Fr.) Fr., Summa Vegetabilium Scandinaviae 2: 385. 1849.

≡*Eutypa decipiens*(Lam. & DC. : Fr.) Tul. & C. Tul., Selecta Fungorum Carpologia 2: 60. 1863.

≡*Lopadostoma decipiens* (Lam. & DC. : Fr.) P. M. D. Martin, Journal of South African Botany 42: 75. 1976.

子囊壳深埋于子座中，子座突起寄主表面，垫状，顶部较平且有绒毛，黑色，基部多个腔室且埋生至木质部，各个腔室顶部聚生于1个孔口，孔口向外延伸，孔口内侧有缘丝。子囊间有丰富侧丝，线状，有隔，无色。子囊长棒状，单囊壁，带柄长88.06~116.99μm($\bar{x}$=102.2μm，n=30)，不带柄长

* 本文原载于《菌物研究》，2007，5(4)：193-194，197.

(55.4~)62.9~88.1(~95.6)μm($\bar{x}$=76.2μm，n=30)，宽3.8~7.6μm($\bar{x}$=5.5μm，n=30)，内有8个子囊孢子，子囊顶部简单，无明显顶端结构。子囊孢子单孢，圆柱状、卵圆形或长椭圆形，多数对称，两端圆或略尖，褐色至暗褐色，(5.0~12.6)μm×(2.5~5.0)μm($\bar{x}$=9.3μm×3.8μm，n=30)，无发芽孔。

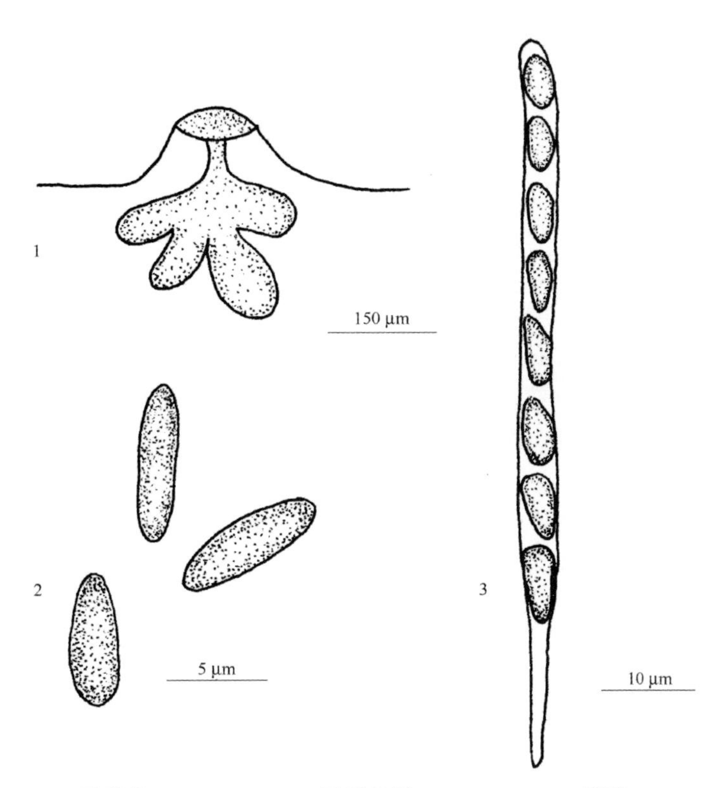

1. 子囊壳 Perithecium；2. 子囊孢子 Ascospores；3. 子囊 Ascus

图1　豹埋座菌

Fig. 1. *Anthostoma decipiens*(Lam. & DC.：Fr.)Nitschke

寄主：栎树(*Quercus* sp.)，楝树(*Melina azedarach* L.)。

标本采集：采于山西阳城蟒河自然保护区栎树(*Quercus* sp.)枝条(2005-06-17，岳松涛，029)和楝树(*Melina azedarach* L.)枝条(2005-07-16，康瑞姣，082)。

埋座属(*Anthostoma*)由Nitschke于1867年建立，豹埋座菌*Anthostoma decipiens*(Lam & DC.：Fr.) Nitschke是其模式种，该属包括了大约126个种名，其中的许多种类后来陆续被转移到其他的属[7-9]。埋座属的归属一直存在争议，目前认为其隶属于炭角菌科(Xylariaceae)[7,10-11]。

从蟒河自然保护区2种寄主上采集的豹埋座菌为致病菌，引起枝条皮层深度病斑，但在保护区内发生轻微，尚不造成重要危害。由于在试验中子囊孢子未萌发，其无性态没有观察到，有待今后进一步研究。

3　讨论

凤尾蕨根、茎、叶等不同部位的内生真菌在数量、种群分布和优势种群方面都存在较大差异，反映了凤尾蕨内生真菌存在的数量和种群多样性的特点[1]。同种植物不同部位内生真菌种类差异的原因，可能是由于不同部位的微环境，如通气状况、酶和其他化学成分存在差异，因而适合不同内生真菌类群的侵入和定殖。

从植物中寻找抗菌、抗肿瘤天然活性物质是长期以来新型药物研究的重要内容，人们已成功地从红豆杉植物中分离出内生真菌，并将之开发出抗癌新药[15-16]。目前已报道的植物内生真菌的次生代谢产物涉及到抗菌、杀虫、促进植物生长等多个方面[17-19]。在风尾蕨植物内生真菌中，某些属种真菌具有潜在的应用价值，如广布类群青霉属(*Perlicillum*)。关于风尾蕨其他内生真菌的潜在应用价值，还有待于进一步研究。

山西省虫生真菌种类及分布特点研究*

王宏民[1]　王曙光[2]　张仙红[2**]　郝　赤[2]
（1. 山西农业大学经济贸易学院，太谷，030801；2. 山西农业大学农学院，太谷，030801）

摘要：为了解山西省虫生真菌的种类及地域分布特点，于1996—2005年采集山西省各地罹病虫体并进行真菌的分离、培养和鉴定。结果表明，山西省虫生真菌资源十分丰富，10年共采集分离到虫生真菌17属72种，在山西省的四大国家级自然保护区、六大林区及太原等县市分别分离到虫生真菌63种、12种和22种，分别占分离到的山西省虫生真菌的64.9%、12.4%和22.7%。其中以庞泉沟、历山和蟒河三大自然保护区分布的虫生真菌种类最多。分离鉴定的虫生真菌中，曲霉属(*Aspergillus* Micheliex Fries)、青霉属(*Penicillium* Link ex Fries)、拟青霉属(*Paecilomyces* Bainier)和镰孢霉属(*Fusarium* Link ex Fries)为山西省虫生真菌的优势类群，4属种类共占山西省虫生真菌种类的59.7%。

关键词：山西省；虫生真菌；种类；地理分布

虫生真菌作为病原微生物的一大类群，在害虫生物防治中起着非常重要的作用。邓庄[1]在野外调查越冬昆虫时发现，由真菌致病死亡的昆虫最多，约占全部致病微生物的60%，可见虫生真菌在害虫防治中的重要作用。目前全世界已知的虫生真菌约100属800多种[2]，近年来国外先后有50多种真菌杀虫剂的商品注册[3]。我国的虫生真菌资源极为丰富，已记载的虫生真菌涉及40多个属的430多种[4]，但我国虫生真菌资源的研究很不平衡，主要集中于安徽、福建、广西、浙江等南方各省[5-7]，且起步较早，北方仅山东、山西等部分省市进行了初步研究[8,9]。此外我国对虫生真菌的开发应用与国外相比有很大差距，目前仅白僵菌、绿僵菌等少数几种虫生真菌应用于生产。

山西省位于华北平原西侧，黄土高原东部，地形复杂，植被多样，属中纬度大陆性温带、暖温带季风气候，境内自然保护区数量多，林区面积大，植被完好，雨量集中，温度时空差异大，动植物资源丰富，蕴藏着较丰富的虫生真菌资源。系统调查山西省的虫生真菌，对丰富我国的虫生真菌资源和开发生物农药都具有非常重要的作用。李文英等和宋东辉等[8,9]对山西省自然保护区庞泉沟和历山的虫生真菌资源进行了调查，至2000年6月，共发现山西省虫生真菌9属41种[10]。为了解山西省虫生真菌资源和分布特点，作者选择山西省南部、东南部、中西部、北部的自然保护区和林区及中部部分县、市等相对湿度较大的地区，进行了虫生真菌资源的系统采集和研究。

1　调查区概况及调查方法

1.1　调查区概况

山西省自然保护区数量多，面积大，从南到北共有38个保护区。本研究选择其中的国家级自然保护区庞泉沟、蟒河、历山、芦芽山，及相对湿度较大的老顶山林场、真武山林场、云顶山林场、灵空山林场、交口林场及黄崖洞森林公园，太原及附近县，太谷县等进行了虫生真菌的采集，采集地自然概况见表1。

1.2　调查方法

于1996—2005年每年7~9月雨量较为集中的时期，在上述所选择的采集地靠近水源或相对湿度较大的树上、植株上、地表层、枯枝落叶层及灌木层等不同生境采集罹病虫体，带回室内进行分离培养，同时记录采集时间、地点、植物种类及海拔高度。

* 本文原载于《中国生态农业学报》，2009，17(3)：545-548.

1.3 虫生真菌的培养、鉴定

将采集回的罹病虫体用100%酒精表面消毒后，接种到PDA或SDA或蛋黄培养基上，培养7~10d后，进行分离、纯化(纯化后的菌株再转接到昆虫寄主上以确定是否为虫生真菌)，然后采用乳酸酚或棉蓝染色法进行染色，Ainasworth分类系统进行菌种鉴定[11-13]，对已鉴定的菌种根据采集地、分离次数等进行分析，以确定地域分布特点及优势菌种。

表1 虫生真菌采集样地自然概况

Tabl. 1 Natural conditions of collecting sites of entomogenous fungus in Shanxi Province

采集地 Collecting site	年降水 Annual precipitation (mm)	平均海拔 Elevation (m)	植物种类 Plant species
庞泉沟国家自然保护区 Pangquangou National Nature Reserve	600~700	1900	油松(*Pinus tabulaeformis*)、白桦(*Betulaplatyphylla*)、山杨(*Populus davidiana*)、华北落叶松(*Larix principis-rupprechtii*)、辽东栎(*Quercus liaotungensis*)、白栎(*Quercus* sp.)、沙棘(*Hippophae rhamnoides*)、莎草(*Cyperus* sp.)
历山国家自然保护区 Lishan National Nature Reserve	600~700	2300	辽东栎(*Q. liaotungensis*)、油松(*P. tabulaeformis*)、华山松(*P. armandii*)、侧柏(*Platycladus orientalis*)、黄栌(*Cotinus coggygria*)、荆条(*Vitex cannabifolia*)
芦芽山自然保护区 Luyashan National Nature Reserve	500	2000	油松(*P. tabulaeformis*)、落叶松(*Larix* sp.)、云杉(*Picea asperata*)、山杨(*P. davidiana*)、沙棘(*H. rhamnoides*)、薹草(*Carex* sp.)
蟒河自然保护区 Manghe National Nature Reserve	650	1400	栓皮栎(*Q. variabilis* Bl)、橿子栎(*Q. baronif*)、油松(*P. tabulaeformis*)、侧柏(*P. orientalis*)、胡枝子(*Lespedeza bicolor*)
黄崖洞森林公园 Huangyadong Forestry Center	600	1500	油松(*P. tabulaeformis*)、侧柏(*P. orientalis*)、胡枝子(*L. bicolor*)、白草(*Radix ampelopsis*)
老顶山林场 Laodingshan Forestry Farm	600	1 360	油松(*P. tabulaeformis*)、侧柏(*P. orientalis*)、刺槐(*Robinia pseudoacacia*)、黄刺玫(*Rosa xanthina*)、白草(*R. ampelopsis*)
真武山林场 Zhenwushan Forestry Center	500~550	1600	山杨(*P. davidiana*)、油松(*P. tabulaeformis*)、辽东栎(*Q. liaotungensis*)、白桦(*B. platyphylla*)、沙棘(*H. rhamnoides*)、薹草(*Carex* sp.)
云顶山林场 Yundingshan Forestry Center	600	1800	华北落叶松(*L. principis-rupprechtii*)、油松(*P. tabulaeformis*)、白桦(*B. platyphylla*)、山杨(*P. davidiana*)、黄刺玫(*R. xanthina*)
灵空山林杨 Lingkongshan Forestry Center	600~650	1500	油松(*P. tabulaeformis*)、辽东栎(*Q. liaotungensis*)、虎榛子(*Ostriopsis davidiana*)、莎草(*Cyperus* sp.)
交口林杨 Jiaokou Forestry Center	500~550	1600	辽东栎(*Q. liaotungensis*)、白桦(*B. platyphylla*)、山杨(*P. davidiana*)、油松(*P. tabulaeformis*)、落叶松(*Larix* sp.)、沙棘(*H. rhamnoides*)、羊胡子草(*C. rigescens*)
太原及附近县 Taiyuan City and around	495~520	800	山杨(*P. davidiana*)、玉米(*Zea mays*)、马铃薯(*Solanum tuberosum*)、棉花(*Gossypium* sp.)、结球甘蓝(*Brassica deracea*)、番茄(*Solanum lycopersicum*)、黄瓜(*Cucumis sativus*)
太谷县等 Taigu County etc.	540~560	1000	山杨(*P. davidiana*)、玉米(*Z. mays*)、马铃薯(*S. tuberosum*)、棉花(*Gossypium* sp.)、结球甘蓝(*B. deracea*)、番茄(*S. lycopersicum*)、黄瓜(*C. sativus*)

2 结果与分析

2.1 山西省虫生真菌的种类及地域分布特点

对山西省庞泉沟、历山、蟒河、芦芽山四大国家级自然保护区及真武山林场、灵空山林场、老顶山林场、交口林场、黄崖洞森林公园、云顶山林场和太谷、榆社、祁县、太原等部分县市采集的罹病昆虫进行分离、培养，几年来共分离出白僵菌属(*Beauveria* Vuillenmin)、绿僵菌属(*Metarhizium* Sorokin)、镰孢属(*Fusarium* Link ex Fries)等虫生真菌17属72种(表2)。可见，山西省蕴藏着较为丰富的虫生真菌资源。

因地理位置、气候和植被不同，山西省虫生真菌分布及类群存在很大差异。其中芦芽山自然保护区地处山西北部，无霜期较短，年平均降水量较少，因此分离到虫生真菌仅7种，占全部虫生真菌种数的9.7%；庞泉沟自然保护区地处山西中部地区，植被较好，水资源非常丰富，年降水量也较充沛，因此微生物资源比较丰富，共分离到虫生真菌19种；蟒河地处亚热带和温带交界处，水分热量充足，共分离到虫生真菌19种；历山地处山西省东南部，夏季雨量集中，相对湿度高达85%，共采集分离到虫生真菌19种。六大林区共分离获得虫生真菌12种，与保护区相比，由于植被覆盖率以及空气湿度相对较低，因此虫生真菌分布的种类和数量也比较少；此外太原、太谷、榆社等县市植被覆盖率以及空气湿度相对更低，因此虫生真菌分布的种类和数量也很少，几年来采集分离的虫生真菌仅22种。

表2 山西省虫生真菌种类、寄主及地域分布

Tab. 2 Type, host and distribution area of entomogenous fungus in Shanxi Province

属名 Genera	菌种数 Species number	分离寄主 Host	分布地区 Distribution area
白僵菌属 *Beauveria* Vuillenmin	4	笨蝗(*Haplotropis brunneriana*)、小麻皮蝽(*Erthesina fullo*)、马铃薯瓢虫(*Henosepilachna vigintioctomaculata*)、粟长蝽(*Blissus pallipes*)、杨梢叶甲(*Pamops glasunowi*)、玉米螟(*Ostrinia furnacalis*)	庞泉沟、历山、蟒河、芦芽山、太谷、太原等地
绿僵菌属 *Metarhizium* Sorokin	4	玉米螟(*O. furnacalis*)、小地老虎(*Agrotis ypsilon*)、褐蚁(*Lasius niger*)、异色瓢虫(*Harmonia axyridis*)	庞泉沟、芦芽山、真武山、太谷、太原等地
野村菌属 *Nomuraea* Maublanc	2	白毒蛾(*Arctornis lnigrum*)、黄褐天幕毛虫(*Malacosoma neustria testacea*)、黑尾叶蝉(*Nephotettix nigropictus*)、大青叶蝉(*Tettigoniella biridis*)	蟒河、太谷、太原等地
曲霉属 *Aspergillus* Micheli ex Fries	9	日本锤角叶蜂(*Cimbexjaponica*)、种蝇(*Hylemyiaplatura*)、马铃薯瓢虫(*H. vigintioctomaculata*)、日本菱蝗(*Acrydium japonicum*)、棉蚜(*Aphis gossypii*)、双斑黄虻(*Atylotus bivittateinus*)等	历山、蟒河、芦芽山、真武山、灵空山、云顶山、太谷等地
青霉属 *Penicillium* Link ex Fries	9	棉蚜(*A. gossypii*)、小猿叶甲(*Phaedon brassicae*)、黑蚁(*L. niger*)、落叶松花绳(*Lymantria doheryi*)、斑须(*Popcoris baccarum*)、落叶松八齿小蠹(*Tos subilongatus*)等	历山、芦芽山、真武山、太谷、太原等地
拟青霉属 *Paecilomyces* Bainier	8	粘虫(*Leucania siparata*)、大青象甲(*Chlorophanus grandis*)、棉三点盲蝽(*Adelphocoris taeniophorus*)、油松毛虫(*Dendrdimus tabulaeformis*)、红长蝽(*Lymantria doheryi*)、桑梢角蝉(*Gargcoragenistae*)等	庞泉沟、历山、蟒河、芦芽山、老顶山、交口、黄崖洞、云顶山

（续）

属名 Genera	菌种数 Species number	分离寄主 Host	分布地区 Distribution area
头孢霉属 *Cephalosporium* Corda	2	星天牛(*Anoplophora malasiaca*)、鳞翅目(*Lepidoptera*)昆虫	太谷、太原等地
轮枝菌属 *Verticillium* Nees ex Link	2	蚜虫(*Aphis SP.*)、星天牛(*A. malasiaca*)、杨树叶甲(*Chrysomela populi*)	庞泉沟、历山、蟒河、芦芽山
聚端孢属 *Trichothecium* Link ex Fries	1	大灰象甲(*Synpiezomias velatus*)、碧蝽(*Palomica viridissima*)	真武山
链格孢属 *Alternaria* Nees ex Wallr.	1	大青叶蝉(*T. biridis*)、细胸叩头甲(*Agriotes fuscicollis*)、三点盲蝽（*Adelphocoris*)、黑尾大叶蝉(*Boghrogoniaferuginea*)	历山、太谷、太原等地
镰孢属 *Fusarium* Link ex Fries	17	华北蝼蛄(*Gryllotalpa unispina*)、麻天牛(*Thyestilla gebleri*)、甘兰夜蛾(*Barathra brassicae*)、日本菱蝗(*Acrydium japonicum*)、黑蚁(*L. niger*)、象甲科(*Curculionidae*)昆虫等	庞泉沟、历山、蟒河、真武山、灵空山、老顶山、交口、黄崖洞
毛霉属 *Mucor* Micheli ex Fries	2	异色瓢虫(*Harmonia axyridis*)、马铃薯瓢虫(*H. vigintioctomaculata*)、鳞翅目(*Lepidoptera*)昆虫	蟒河、太谷、太原等地
虫霉属 *Entomophthora* Fresenius	2	长翅缟蝇(*Spromyza longipennis*)、格氏丽蝇(*Aldrichina grohami*)、家蝇(*Musca domestica*)	历山
帚霉属 *Scopulariopsis frevicaulis*	3	菱斑巧瓢虫(*Oenopia conglohata*)、枥毒蛾(*Lymantria mathura*)、长蝽科(*Lygaeidae*)成虫	庞泉沟、历山、黄崖洞
侧孢霉属 *Sporotrichum* Line	4	大灰象甲(*Synpiezomias velatus*)、落叶松球果花蝇(*Lasiomma laricicola*)、杨二尾舟蛾(*Cerura menciana*)、大青叶蝉(*Tettigoniella riridis*)	庞泉沟、蟒河、真武山、老顶山
虫疠霉属 *Pandora* Humber	1	粉大尾蚜(*Hualopterus amygdali*)、麦长管蚜(*Macrosiphum avenae*)	历山
虫草属 *Cordyceps* Fr.	1	暗黑鳃金龟(*Holotrichia parallela*)	历山

从山西省虫生真菌的地域分布看，以中部及中西部地区、南部及东南部地区采集分离到的虫生真菌数量及种类较多，分别为 41 种和 36 种；山西北部地区采集分离到虫生真菌数量较少且种类单一，几年来共采集分离到虫生真菌 10 种。

此外对不同采集地虫生真菌物种资源的分析可知，不同地区虫生真菌的种属分布情况不同。从采集的罹病虫体数量看，昆虫标本的真菌寄生率由高到低依次为蟒河保护区>历山保护区>庞泉沟保护区>芦芽山保护区；从属的数量看，历山保护区多于其他 3 个保护区；从属内种类多样性看，蟒河保护区明显多于其他 3 个保护区。六大林区虫生真菌种类单一，太原、太谷等地真菌寄生率较保护区和林区低。

2.2 山西省虫生真菌小生境分布特点

从山西省不同生境罹病昆虫标本的分离结果可知，生境类型、气候、植被及生态区系不同，虫生真菌种类及数量存在很大差异。混交林、阔叶林和溪边灌木林中，植被相对丰富，虫生真菌区系组成复杂，种属分布多；而其他各类生境中虫生真菌类群相对单一，种属分布不均匀。对白僵菌(*Beauveria*)、绿僵菌(*Metarhizium*)和拟青霉(*Paecilomyces*)等重要类群进行对比分析可知，生境类型严重影响了菌株数量和菌种分布。白僵菌(*Beauveria*)和绿僵菌(*Metarhizium*)分布比较广泛，可生存于 4~5 种生境内；而拟青霉(*Paecilomyces*)对单一生境的依赖性较强，主要分布于溪边灌木丛和阔叶林。从所含菌株数量和菌种类群看，混交林中菌株最多，共23株，占37%，种类也最丰富，包含8种；溪边灌木丛和阔叶林的生境次之；高山草甸中虫生真菌种类较少，平川地区种类单一。

2.3 山西省虫生真菌的优势类群

山西省虫生真菌资源丰富，几年来共采集分离到虫生真菌17属72种。其中镰孢霉属(*Fusarium* Link ex Fries)、曲霉属(*Aspergillus* Micheli ex Fries)、青霉属(*Penicillium* Link ex Fries)、拟青霉属(*Paecilomyces* Bainier)分别包含17种、9种、9种、8种虫生真菌，明显高于其他属所包含的菌种数，各占全部虫生真菌的23.6%、12.5%、12.5%、11.1%，4属种类共占山西省虫生真菌的59.7%；其次为白僵菌属(*Beauveria* Vuillenmin)、绿僵菌属(*Metarhizium* Sorokin)，分别占山西省全部虫生真菌的5.6%和5.6%，其他12属仅占山西省全部虫生真菌种类的29.1%。可见镰孢霉属、曲霉属、青霉属、拟青霉属为山西省虫生真菌的优势类群。

3 结论和讨论

在山西省虫生真菌的采集和分离过程中发现，有些真菌为虫体寄生菌，有些为腐生菌，故分离的菌株须转接到虫体以确定是否为虫生真菌；此外，有些菌株在常规PDA或SDA培养基即可生长，而有些菌株需蛋黄培养基才能生长产孢。

据报道山西省虫生真菌共9属41种[10]。本研究表明，至2005年，山西省共采集分离到虫生真菌17属72种，可见山西省蕴藏着丰富的虫生真菌资源。在山西省中部及中西部地区、南部及东南部地区采集分离到的虫生真菌数量及种类较多，北部地区数量较少且种类单一，这可能与北部地区雨量少、无霜期短有关。

虫生真菌易引发昆虫的流行病，在害虫的生物防治中有非常重要的作用，因此系统采集和分离虫生真菌对开发生物农药具有重要意义。本试验仅选取山西省有代表性的地区进行了虫生真菌的采集分离，大量的虫生真菌尚未被发现，因此这方面的研究需进一步加强。此外本研究仅对山西省虫生真菌种类进行分离、鉴定，有关虫生真菌的致病力及与天敌、环境的相容性还有待深入研究。

野生动物研究

山西省突眼隐翅虫属 *Stenus* 名录*

王志超[1,2]　侯　毅[1]　李晓红[1]　郝　赤[1]
（1. 山西农业大学农学院，山西太谷，030801；2. 山西大同大学农学院，山西大同，037009）

摘　要：通过多年的山西省范围隐翅虫资源调查，共采得突眼隐翅虫标本 300 余头。采用比较形态学的研究方法，鉴定出 *Stenus* 属的 4 亚属、共 20 种，其中包括 2 个中国新记录种、11 个山西新纪录种。本文首次综合记述了山西突眼隐翅虫属种类、采集时间、地点和分布。

关键词：山西省；突眼隐翅虫属；名录

突眼隐翅虫属 *Stenus* 是隐翅虫科 Staphylinidae 突眼眼隐翅虫亚科 Steninae 的一个大属，该属由 Latreille(1797)建立，但当时没有指定模式种，也没有包含 *Stenus* 属的具体种类。随后，Paykull(1800)将 *Staphylinusjuno* Paykull 指定为该属的模式种。据统计，*Stenus* 分 5 亚属，全世界已知 2159 种，其中在我国 140 种已有记载。*Stenus* 是一类广泛分布于农田、森林和草原的鞘翅目昆虫，主要取食蚜虫、菜青虫、蝽类、蓟马、粉虱等，具有一定的经济意义。

山西省位于黄河中游地区黄土高原的东部，介于北纬 34°35′~40°43′，东经 110°15′~114°33′之间，地处中纬度地区，属温带大陆性季风气候，冬寒夏暖，四季分明，南北差异较大，因此山西省隐翅虫资源非常丰富。本课题旨在摸清山西省隐翅虫资源，为进一步保护和利用隐翅虫提供依据。在参阅大量与 *Stenus* 有关资料的基础上，经过采集、整理和鉴定后，记录了山西省突眼隐翅虫属 *Stenus* 的 20 个种的采集时间、地点和分布，其中包括 2 个中国新记录种、11 个山西新纪录种。

1　突眼隐翅虫亚属 *Stenus* Latreille，1791

(1)异突眼隐翅虫 *Stenus*(*Stenus*) *alienus* Sharp，1874(山西新纪录种)

检视标本：12♂♂1♀♀，西峡，历山自然保护区，沁水县，山西省，9~11—VI—2006，王志超采；26♂♂23♀♀，蟒河自然保护区，阳城县，山西省，16~19—IX—1—2006，王志超采。

分布：中国(陕西，山西<交城县、阳城县、沁水县>，北京，台湾)；俄罗斯；蒙古；韩国；日本。

(2)大黑突眼隐翅虫 *Stenus*(*Stenus*)*anthracinus* Sharp，1889

检视标本：2♂♂2♀♀，太谷县，山西省，11-VIII—2—1987，李利珍采。

分布：中国(山西<太谷县>，辽宁)；日本。

(3)斑突眼隐翅虫 *Stenus*(*Stenus*)*comma* LeConte，1863

检视标本：5♂♂5♀♀，庞泉沟自然保护区，交城县，山西省，29-V-1987，李利珍采。

分布：中国(新疆，山西<交城县>)；欧洲；俄罗斯；乔治亚共和国；蒙古；韩国；日本；加拿大；美国。

---

* 本文原载于《山西农业大学学报》，2003，23(3)：224-226.

(4)离突眼隐翅虫 *Stenus*(*Stenus*)*distans* Sharp，1889(山西新纪录种)

检视标本：2♀♀，蟒河自然保护区，阳城县，山西省，3-VI-2006，王志超采；1♂，西峡，历山自然保护区，沁水县，山西省，9—VI—2006，王志超采。

分布：中国(陕西，山西<阳城县、沁水县>，河南，北京)；日本；韩国。

(5)华北突眼隐翅虫 *Stenus*(*Stenus*)*huabeiensis* Rougemont，2001 检视标本：1♂，庞庄水库，太谷县，山西省，11-VIII—2000，刘志萍采。

分布：中国(陕西，山西<太谷县>，湖北，北京)。

(6)阑氏突眼隐翅虫 *Stenus*(*Stenus*)*lewisius* Sharp，1874(山西新纪录种)

检视标本：1♂，西峡，历山自然保护区，沁水县，山西省，9-VI-2006，王志超采；1♂1♀，蟒河自然保护区，阳城县，山西省，18~19—IX—2006，王志超采。

分布：中国(上海，新疆，山西<沁水县、阳城县>，北京，辽宁)；日本；韩国。

(7)朱诺突眼隐翅虫 *Stenus*(*Stenus*)*juno* Paykull，1789

检视标本：1♂，庞泉沟自然保护区，交城县，山西省，29—V—1987，李利珍采。

分布：中国(山西<交城县>，北京，黑龙江)；阿尔及利亚；欧洲；俄罗斯；阿塞拜疆；日本；加拿大；美国。

(8)小黑突眼隐翅虫 *Stenus*(*Stenus*)*melanarius* Stephens，1833

检视标本：1♂，运城市，山西省，29-IV-1987，李利珍采；1♂，临汾市，山西省，2—V—1987，李利珍采；1♂2♀♀，文水县，山西省，27—V—1987，李利珍采；1♂2♀♀，太谷县，山西省，11—VIII—1987，李利珍采。

分布：中国(浙江，上海，黑龙江，云南，台湾，香港，山西<运城市、临汾市、文水县、太谷县>)；欧洲；俄罗斯；前苏联高加索南部；阿塞拜疆；土耳其；伊朗；蒙古；韩国；日本；菲律宾；印度尼西亚；越南；缅甸；尼泊尔；印度；加拿大；美国；斯里兰卡。

(9)微毛突眼隐翅虫 *Stenus*(*Stenus*)*puberulus* Sharp，1874(山西新纪录种)

检视标本：4♂♂，郭堡水库，太谷县，山西省，10-18-V-2005，王志超采；7♂♂1♀，西峡，历山自然保护区，沁水县，山西省，9~11—VI—2006，王志超采；1♂4♀♀，大同森林公园，大同市，山西省，13~20—VIII—2006，王志超采。

分布：中国(上海，山西<太谷县、阳城县、沁水县、大同市、交城县>、山东，福建，台湾，云南，浙江，新疆，吉林)；日本；韩国；越南。

(10)秘突眼隐翅虫 *Stenus*(*Stenus*)*secretin* Bemhauer，1915(山西新纪录种)

检视标本：1♂，果树所，太谷县，山西省，9—IX—2006，王志超采；2♀♀，册田水库，大同县，山西省，14-20-VIII-2006，王志超采。

分布：中国(山西<太谷县、大同县>，北京，黑龙江)；朝鲜；俄罗斯。

(11)性突眼隐翅虫 *Stenus*(*Stenus*)*sexualis* Sharp，1874(山西新纪录种)

检视标本：2♂♂1♀，蟒河自然保护区，阳城县，山西省，17-IX-2006，王志超采。

分布：中国(山西<阳城县>，河北，北京)；日本。

(12)糙背突眼隐翅虫 *Stenus*(*Stenus*)*expugnator* Ryvkin，1987(中国新纪录种)

检视标本：1♀，郝家沟，庞泉沟保护区，交城县，山西省，10-VI-2005，王志超采。

分布：中国(山西<交城县>)；俄罗斯，日本。

(13)瘦突眼隐翅虫 *Stenus*(*Stenus*)*tenuipes* Sharp，1758

检视标本：1♂，庞庄水库，太谷县，山西省，11-VIII—2000，刘志萍采。

分布：中国(上海、湖南、山西<太谷县>、东北)；日本；韩国。

2 小突眼隐翅虫亚属 Tesnus Rey，1884

(14)多毛突眼隐翅虫 *Stenus*(*Tesnns*)*pilosiiventris* Bemhauer，1915(山西新纪录种)

检视标本：1♂4♀♀，下川，历山自然保护区，沁水县，山西省，11—VI—2006，王志超采；2♂♂，御河公园，大同市，山西省，8-VII-2006，王志超采。

分布：中国(北京、上海、山西<沁水县、太谷县、大同市>)；韩国；蒙古；俄罗斯。

(15)合缘突眼隐翅虫 *Stenus*(*Tesnus*)*immarginatus* Maklin，1853(中国新纪录种)

检视标本：1♂1♀，大同森林公园，大同市，山西省，20-VIII-2006，王志超采。

分布：中国(山西<大同市>)；日本；俄罗斯；加拿大；美国。

3 筒腹突眼隐翅虫亚属 Hypostenus Rey，1884

(16)虎突眼隐翅虫 *Stenus*(*Hypostenus*)*cicindeloides* Schaller，1783(山西新纪录种)

检视标本：1♀，庞泉沟自然保护区，交城县，山西省，11-VI-2006，王志超采。

分布：中国(黑龙江，山西<交城县>，上海，浙江，江苏，福建，广西，云南)；欧洲；俄罗斯；蒙古；韩国；日本。

(17)异尾突眼隐翅虫 *Stenus*(*Hypostenus*)*dissimilis* Sharp，1874(山西新纪录种)

检视标本：1♂，蟒河自然保护区，阳城县，山西省，5-VI-2006，王志超采；1♂，蟒河自然保护区，阳城县，山西省，19-IX-2006，王志超采。

分布：中国(浙江，福建，山西<阳城县>)；日本。

4 缘突眼隐翅虫亚属 Hcmistcnus Motschulsky，1860

(18)西伯利亚突眼隐翅虫 *Stenus*(*Hemistenus*)*sibiricus* J. Sahiberg，1880(山西新纪录种)

检视标本：3♀♀，八道沟，庞泉沟保护区，交城县，山西省，11-VI-2005，王志超采。

分布：中国(山西<交城县>，新疆)；欧洲；俄罗斯；蒙古；加拿大；美国。

(19)冠突眼隐翅虫 *Stenus*(*Hemistenus*)*coronatus* Benick，1928(山西新纪录种)

检视标本：1♀，八道沟，庞泉沟保护区，交城县，山西省，11-VI-2005，王志超采。

分布：中国(云南，山西<交城县>，河南，河北，北京，吉林)；韩国；日本。

(20)皱背突眼隐翅虫 *Stenus*(*Hemistenus*)*rugipennis* Sharp，1874

检视标本：1♀，垣曲县，山西省，29—VII—1987，李利珍采。

分布：中国(台湾，浙江，四川，山西<垣曲县>)；日本；韩国；俄罗斯。

中条山蚜虫种类资源初步研究*

魏明峰
（山西农业大学农学院，山西太谷，030801）

摘 要：从分类阶元、寄主植物、寄主部位、分布地域等诸方面对中条山蚜虫种类进行了初步研究。采用比较形态学的研究方法，对采于中条山区不同地段的蚜虫进行了显微鉴定，共计103个采样，现已定名43种，隶属7科27个属。寄主植物多样，以菊科种类居多，占35%；寄主部位多样化，以叶片和嫩枝梢为主要为害部位；分布地域以蟒河、历山两大自然保护区种类较为丰富。

关键词：中条山；蚜虫；分类

蚜虫类是同翅目中一个较大的类群，世界已知4400余种，中国有1000余种[1,2]。蚜虫类昆虫地域分布显著，是研究昆虫地理分布和昆虫区系演化的理想类群；而且蚜虫类中有许多种类是世界性的农、林害虫，如棉蚜、麦二叉蚜、桃蚜、禾谷缢管蚜、苹果绵蚜等，常常造成严重危害[3]，而且传播多种植物病毒。因此，开展蚜虫类区系研究具有潜在的经济价值[1]。

中条山独特的地形、气候、海拔高度、土壤、坡向的差异以及植被的多样性为蚜虫多样性提供了条件。其中包括历山、蟒河2个自然保护区和大面积原始森林，植株茂密，温湿度适宜，蕴藏着丰富的蚜虫资源，有可能是蚜虫分布的一个重要区系[4]。

由于寄主植物是提供取食、栖息、繁殖的主要场所，不论寄主植物的范围广泛与否，它们都构成蚜虫的主要生存环境，蚜虫的物种形成与演化必然与寄主植物存在密切的关系。首先表现在蚜虫一定的类群常与植物的一定类群相关联。另外生活周期型的演变在蚜虫的物种形成过程中可能也起着非常重要的作用。蚜虫能否在优势植物类群上不断获得取食机会很可能是蚜虫物种形成及进化过程所面临的主要问题。蚜虫由同寄主全周期型演变为异寄主全周期型，再由优势次生寄主上的异寄主全周期型转变为"新"寄主植物上的同寄主全周期型可能是蚜虫物种进化的主要方式。通过该研究力争为蚜虫的进化与植物寄主的关系研究提供一定依据[5]。

蚜虫又是为害农林作物的重要害虫。它不仅直接取食植物汁液，影响植物正常生长，更严重的是作为许多重要病毒病的传播介体对植物造成间接伤害。此外蚜群密度大，其排泄蜜露常覆盖植物表面，不仅影响植物光合作用，而且容易引起霉菌孳生，诱发植物黑霉病。以往蚜虫种类研究侧重于经济作物上直接为害的种群，对具有潜在为害能力植物上的蚜虫种类研究甚少，因此搞清此类蚜虫的种类和来源，为发现一般植物与经济作物间蚜虫危害的规律，及时提出防治策略，从而指导农业生产的顺利进行[5]。

1 试验材料与方法

1.1 试验材料

本论文研究的实物标本主要是作者本人深入中条山区采集获得，少量标本为课题组成员提供。

1.2 试验方法

1.2.1 寄主植物

主要根据野外采集记录，对中条山分布的蚜虫寄主植物进行统计，寄主植物大都记录到属，部分

* 本文原载于《山西农业大学学报》，2007，27(4)：351-353.

种类寄主植物来源于相关文献。

1.2.2 寄主部位

根据野外采集记录，对蚜虫寄生在寄主植物上的寄生部位进行统计，蚜虫记录到属级分类阶元，寄生部位包括叶片、叶柄、茎、花、根部，分别统计寄生在不同部位的蚜虫种类。

1.3 试验步骤

1.3.1 野外采集

于5月至10月份，重点在春夏之交和夏秋之交，到植物分布广、种类丰富的地方，特别是不受人为活动干涉的原始森林进行蚜虫的采集。将其直接浸入75%的酒精瓶中，也可将蚜虫连同部分寄主植物一同浸入酒精瓶中，做好标签，并将寄主植物制成植物标本。

1.3.2 玻片制作

将水浴加热过的蚜虫标本放入10%的KOH中，水浴加热1~5min，时间长短取决于虫体颜色、标本大小及腊粉多少，然后将虫体移入水合三氯乙醛酚溶液(1∶1)中水浴加热3~5min，即可透明。将透明的标本摆好姿势，封闭在阿拉伯胶混合液中(阿拉伯胶配方：阿拉伯胶30g，蒸馏水50mL，甘油20mL，水合三氯乙醛200g)。

1.3.3 显微鉴定

标本颜色、体型、各部分形状、斑纹、体毛等，以目镜测微尺测量各部分长度，各量度采用平均值；绘形态图。根据标本特征与有关参考文献或模式标本反复核实，鉴定种类。

2 结果与分析

通过作者2年多的实际调查研究，在山西省南端的中条山区的150多种植物寄主上，获得103个蚜虫采样，经室内显微鉴定，初步确定为70余种，最终定名有43个种，隶属7个科，27个属。其结果见表1。

表1 中条山蚜虫种类

Table 1 Aphid ategory of the Zhongtiao Mountain

蚜虫种类 Aphid category	分类地位 Classification	寄主 Host	为害部位 Damages spot	采集地 Gathering place
菜豆根蚜 *Smynthurodes betae* Westwood	瘿绵蚜科、斯绵蚜属	锦葵科	根部	永济、历山
A leurod aphis sp. n	扁蚜科、粉虱蚜属	菊科	叶背	历山自然保护区
Ceratovacuna Mollugo sp. n	扁蚜科、粉角蚜属	番杏科	幼嫩叶部	蟒河自然保护区
Schouteden Quercus sp. n	毛管蚜属	壳斗科	叶部	蟒河自然保护区
山茱萸伪短痣蚜 *Aiceona*	短痣蚜科、伪短痣蚜属	山茱萸科	叶背、嫩梢	蟒河自然保护区
痣斑大蚜 *Maculolachnus rubi* Ghosh & Raychaudhuri	大蚜科、斑大蚜属	唇形科	靠根部茎上	蟒河自然保护区
柏大蚜 *Cinara tuiafilina* del Guercio	大蚜科、长足大蚜属	柏科	整株	浮山、五老峰
栎大蚜 *Lachnus roboris* Linnaeus	大蚜科、大蚜属	壳斗科	幼嫩叶、枝部	浮山、蟒河自然保护区
辽栎大蚜 *Lachnus sinipuercus* Zhang	大蚜科、大蚜属	壳斗科	叶部、枝梢	历山、蟒河自然保护区
板栗大蚜 *Lachnus troliclis* Van der Goot	大蚜科、大蚜属	壳斗科	叶、花、枝梢	历山
stomaphis Acer sp. n	大蚜科、长喙大蚜属	槭树科	树皮内	历山自然保护区
钉侧棘斑蚜 *Tuberculatus capitatus* Essig et Kuwana	斑蚜科、侧棘斑蚜属	辽东栎 壳斗科	叶面、叶柄	蟒河自然保护区
豆蚜 *Aphis craccivora* Koch	蚜科、蚜属	旋花科	花	五老峰、闻喜
绣线菊蚜 *Aphis citricola* van der Goot	蚜科、蚜属	菊科	幼芽、幼枝	蟒河自然保护区
大戟蚜 *Aphis euphorbiae* Kaltinbach	蚜科、蚜属	玄参科	顶梢	闻喜、垣曲

（续）

蚜虫种类 Aphid category	分类地位 Classification	寄主 Host	为害部位 Damages spot	采集地 Gathering place
棉蚜 *Aphis gossypii* Glover	蚜科、蚜属	锦葵科	幼叶、顶梢	闻喜、绛县
艾蚜 *Aphis kurosawai* Takahashi	蚜科、蚜属	菊科	叶部	蟒河自然保护区、绛县、运城
杠柳蚜 *Aphis per ip iocohila*, zhang	蚜科、蚜属	萝藦科	嫩梢	蟒河自然保护区
毛水苏蚜 *Aphis stachyphage*, zhang	蚜科、蚜属	唇形科	叶背	蟒河自然保护区
夏蚜 *Aphis sumire* Moritsu	蚜科、蚜属	堇菜科	根基部	蟒河自然保护区
堇菜蚜 *Aphis violae* Schouteden	蚜科、蚜属	堇菜科	根基部	蟒河自然保护区、运城
桃粉大尾蚜 *Hyalopterus pruni* Geoffroy	蚜科、大尾蚜属	蔷薇科	叶背	运城、闻喜、绛县
猫眼无网蚜 *Acyrthosiphon pareuphorbiae*, Zhang	蚜科、无网长管蚜属	菊科	嫩梢	蟒河自然保护区
李短尾蚜 *Brachycaudus hilichrysi* Kaltenbach	蚜科、短尾蚜属	蔷薇科	幼枝、嫩叶背面	五老峰、历山
河北蓟钉毛蚜 *Capitophorus evelaeagni* Zhang	蚜科、钉毛蚜属	菊科	叶正面	蟒河自然保护区
万氏钉毛蚜 *Capitophorus vandergooti* Hille Ris Lambers	蚜科、钉毛蚜属	胡颓子科	叶背	历山自然保护区
蒿卡蚜 *Coloradoa artemisicola* Takahashi	蚜科、卡蚜属	毛茛科	嫩枝	蟒河自然保护区、历山、运城
临安艾蒿隐管蚜 *Cryptosiphum atemisiae linanense*	蚜科、隐管蚜属	菊科	嫩叶背面	垣曲
苦苣超瘤蚜 *Hyperomyzus carduellinus* Theobald	蚜科、超瘤蚜属	菊科	花、花柄	蟒河自然保护区、绛县
印度修尾蚜 *Indomegoura indica* Van et Goot	蚜科、印度修尾蚜属	百合科	花梗端部	历山自然保护区
萝卜蚜 *Lipaphis erysimi* Kaltenbach	蚜科、十蚜属	十字花科	叶背、嫩梢、花序	蟒河自然保护区、运城、垣曲
月季长尾蚜山西亚种 *Longicaudus trirhodus shansiensis* Zhang	蚜科、长尾蚜属	毛茛科	整株	历山自然保护区
丽蒿小长管蚜 *Macrosiphomella formosartemisiae* Takahashi	蚜科、小长管蚜属	菊科	嫩枝	蟒河自然保护区、闻喜
怀德小长管蚜 *Macrosiphomella huaidensis* Zhang	蚜科、小长管蚜属	毛茛科	整株	蟒河自然保护区
水蒿小长管蚜 *Macrosiphomella kuwayami* Takahashi	蚜科、小长管蚜属	菊科	嫩茎	蟒河自然保护区、浮山
伪蒿小长管蚜 *Macrosiphomella pseudoartemisiae* Shinji	蚜科、小长管蚜属	菊科	叶部	蟒河自然保护区
麦长管蚜 *Macrosiphum avenae* Fabricius	蚜科、长管蚜属	禾本科	叶部、穗	绛县、闻喜
大戟长管蚜 *Macrosiphum euphorbiae* Thomas	蚜科、长管蚜属	菊科	嫩茎	五老峰、垣曲
荨麻小无网蚜 *Microlophium carosum* Buckton	蚜科、小微网蚜属	荨麻科	叶背	历山自然保护区
桃蚜 *Myzus persicae* Sulzer	蚜科、瘤蚜属	十字花科	叶部	运城、绛县、浮山
紫薇瘤蚜 *Myzus lagerstroemiae*	蚜科、瘤蚜属	大戟科	叶背	蟒河自然保护区
山楂圆瘤蚜 *Oatus crateagarius* Walker	蚜科、圆瘤蚜属	蓼科	叶背	蟒河自然保护区
红花指管蚜 *Uroleucon gobonis* Matsumura	蚜科、指网管蚜属	菊科	幼叶、嫩枝	运城、垣曲

从蚜虫种类来看，主要是进化程度较高的蚜科 *Aphididae* 和大蚜科 *Lachnidae* 种类，分别有 31 和 6 种，占已定名种数的 72%、14%。其中，蚜属 *Aphis* 种类最多，占所定名蚜虫种类的 21%；其次为小长管蚜属 *Macrosiphomella*、大蚜属 *Lachnus*；除蚜科、大蚜科种类外，瘿绵蚜科 *Pemphigidae*、扁蚜科 *Hormaphididae*、毛管蚜科 *Greenideidae*、短痣蚜科 *Anoeciidae*、斑蚜科 *Drepanosiphidae* 在中条山一带也有分布。可见该地区蚜虫种类多且隶属分散。

从蚜虫寄主植物的丰富度来看，在中条山区所采的蚜虫寄主主要是菊科 *Asteraceae* 植物，占所采植物总量的 35%以上；其次毛茛科 *Ranunculaceae*、禾本科 *Gramineae*、蔷薇科 *Rosaceae*，分别占到 10%左右；此外中条山的蚜虫还广泛存在于蓼科 *Polygoaceae*、十字花科 *Brassicaceae*、豆科 Fabaceae、大戟科 *Euphorbiaceae*、壳斗科 *Fagaceae*、旋花科 *Convolvulaceae*、唇形科 *Labiatae*、槭树科 *Aceraceae*、堇菜科 *Violaceae* 等植物上。本论文所涉及到的蚜虫新分类单元分别采自菊科、番杏科 *Ficoidaceae*、壳斗科 *Fagaceae* 和槭树科 *Aceraceae*。在草本植物上所采集到的蚜虫种类明显多于木本植物上所采集到的种类。

从采集地域来看，采自阳城附近蟒河自然保护区的蚜虫种类较为丰富，占所定名种类的 56%；其次是沁水的历山自然保护区、运城周边山区一带，分别占到 21%、14%。其他地区种类较少。这种种类分布的差异有两方面因素造成：一是由于各地域植被种类和覆盖度不同以及小生境的差异；二是人为的主观因素。

3 讨论

在蚜虫的采集过程中，容易受到人为因素，采集时间和气候条件的限制，鉴于此原因，应该针对性地安排不同季节进行采集，尽量减少某些种或型的遗漏；另一方面还应在一些受人为干扰少的小生境进行采集。

通过对中条山区蚜虫种类的调查研究发现，中条山地区植物上蚜虫分布广泛且种类极为丰富，具有较高的物种多样性和蚜虫区域性研究价值，尤其在海拔较高的地带以及人迹罕至的山地与河道旁，可以作为进一步深入调查研究的重点区域。

现阶段昆虫分类学与系统发育的研究还是以经典的形态学分类为主，因为形态学方法具有直观、简单、快捷、经济等优点。由于这种方法主要依靠经验的积累，加上蚜虫个体较小、种类繁多、数量巨大，有些种类、近缘种不易鉴定[6]。RAPD 标记技术、DNA 条形编码、同工酶电泳等现代技术则具有更准确、更客观的优点，能够鉴定出用形态学方法难以区分的种类[7~9]。今后有必要应用生物学技术以完善本领域的研究工作。昆虫分类学是一门综合性学科，如何将各种分类方法的优点相结合、完善与发展将是今后研究工作的重点。

山西省隐翅虫 Staphylinidae 名录*

郝　赤[1]　刘志萍[2]　李会仙[1]
（1. 山西农业大学农学院，山西太谷，030801；2. 西南农业大学植保学院，重庆北陪，400716）

摘　要：通过多年的山西省范围隐翅虫资源调查，共采得隐翅虫标本 500 余号。采用比较形态学的研究方法，鉴定出 7 亚科、14 属、26 种，其中有一个中国新记录属 *Mycetoporus*，三个新种，仅定属名的三个科类。本文首次具体记述了山西省隐翅虫种类、采集时间、地点及生境。

关键词：山西；隐翅虫；名录

隐翅虫科(Staphylinidae)隶属于鞘翅目(Coleoptera)、隐翅虫总科(Staphyloidea)，全世界近 1500 个属，47000 个种，为整个动物界最大目——鞘翅目的 20%。几乎为世界性分布。因此，隐翅虫科是一个较大的科，种类多、数量大、分布广。

隐翅虫栖居在铺垫物、腐烂的植物残渣、真菌、粪便、尸体、腐木、潮湿的石块下、植物的花与叶、草丛下以及社会昆虫的巢、脊椎动物的洞穴与窝中(某些热带型甚至出现寄生)。有关资料表明：仅在蚁巢和白蚁巢中生活的隐翅虫就有 300 多个种类。隐翅虫基本上属于食肉性，但有的种群发展成食菌性，食粪性，食果性，食花粉性等。隐翅虫有趋湿性，趋粪性，趋光性，趋阴暗性及自残性。

我国在隐翅虫分类学的研究方面起步较晚，且研究力量比较薄弱，研究水平仍处于 α 级分类水平。胡经甫于 1937 年为中国隐翅虫作了名录。目前研究人员主要有四川师范学院的郑发科，上海师范大学的李利珍和中国科学院动物所的周红章等，采集地主要集中在四川、黑龙江、浙江和上海等地。我国所记录隐翅虫的仅有 1200 余种，山西省在这方面的工作至今仍是空白。

1　巨须隐翅虫亚科 Oxyporina

(1)巨须隐翅虫属 *Oxyporus* Fabricius，1775

①*Oxyporus japonicus* Sharp，1874

采集地：宁武管涔山。采集时间：2000 年 8 月 20 日。生境：真菌上。

2　异形隐翅虫亚科 Oxytelinae

(2)布里隐翅虫属 *Bledius* Leach，1819

②中华布里隐翅虫 *Bledius chinensis* Bernhauer，1928

采集地：太谷。采集时间：2000 年 8 月 17 日。采集方式：灯诱。

3　毒隐翅虫亚科 Paederinae

(3)毒隐翅虫属 *Paederus* Fabricius，1775

③青翅蚁形隐翅虫 *Paederus fuscipes* Curtis，1823

采集地：太谷。采集时间：2000 年 8 月 11 日。生境：水库边。

* 本文原载于《山西农业大学学报》，2007，27(4)：353-354，399.

④大黄足隐翅虫 *Paederus parallelus* Weise, 1877
采集地：太谷。采集时间：2000 年 8 月 11 日。生境：小河边。
⑤*Paederus powcri* Sharp, 1874
采集地：蟒河自然保护区。采集时间：2000 年 5 月 20 日。生境：小河边。
⑥黑足蚁形隐翅虫 *Paederus tamulus* Erichson, 1839—1840
采集地：太谷。采集时间：2000 年 8 月 11 日。生境：水库边。
(4)*Rugilus* Leach, 1819
⑦细颈隐翅虫 *Rugilus refescens* Sharp, 1874
采集地：太谷。采集时间：2000 年 8 月 17 日。生境：粪堆下。

4 隐翅虫亚科 Staphylininae

(5)菲隐翅虫属 *Philonthus* Curtis, 1829
⑧大赤隐翅虫 *Philonthus spinipes* Sharp, 1874
采集地：北阳、太谷、孝义。采集时间：1996 年 8 月 12 日、2000 年 8 月 20 日、2000 年 9 月 9 日。生境：粪堆里、枯草下。
(6)隐翅虫属 *Staphylinus* Linne, 1758
⑨*Staphlinus* sp_1
采集地：太谷、大同、长治、原平。采集时间：2000 年 8 月 20 日、1999 年 8 月 3 日、1996 年 8 月 12 日。生境：潮湿的砖块下。
⑩*Staphylinus* sp_2
采集地：历山。采集时间：2000 年 5 月 20 日。生境：潮湿的砖块下。
⑪*Staphylinus* sp_3
采集地：庞泉沟自然保护区。采集时间：2000 年 8 月 23 日。生境：潮湿的石块下。

5 大眼隐翅虫亚科 Steninae

(7)束毛隐翅虫属 *Dianous* Leach, 1819
⑫*Dianousyangae* Volker PUTHZ 2000
采集地：太谷。采集时间：2000 年 8 月 11 日。生境：水库边。
(8)大眼隐翅虫属 *Stenus Latreills*1796
⑬*Stenus a lien us* Sharp, 1874
采集地：太谷。采集时间：2000 年 8 月 11 日。生境：水库边。
⑭小黄足突眼隐翅虫 *Stenus dissimilis* Sharp, 1874
采集地：太谷。采集时间：2000 年 8 月 11 日。生境：水库边。
⑮*Stenus lewisius* Sharp, 1874
采集地：太谷。采集时间：2000 年 8 月 11 日。生境：小河边。
⑯峨眉背点隐翅虫 *Stenus notaculipennis emerensis* Zheng, 1994
采集地：太谷。采集时间：2000 年 8 月 11 日。生境：水库边。
⑰锐尖缘隐翅虫 *Stenus spiculus* Zheng, 1993
采集地：历山自然保护区。采集时间：2000 年 5 月 20 日。生境：水库边。
⑱太谷突眼隐翅虫 * *Stenus taigus* sp. n. 新种
采集地：太谷。采集时间：2000 年 8 月 11 日。生境：水库边。
⑲*Stenus tenuipes* Sharp, 1758

采集地：太谷。采集时间：2000 年 8 月 11 日。生境：小河边。

⑳小黑足突眼隐翅虫 *Stenus verecundus* Sharp，1874

采集地：太谷。采集时间：2000 年 8 月 11 日。生境：水库边。

6 尖腹隐翅虫亚科 Tachyporinae

(9) *Ischnosoma* Stephens，1829

㉑*Ischnosoma rosti* Bernhaue，1922

采集地：历山自然保护区。采集时间：2000 年 5 月 21 日。生境：枯枝落叶下。

(10) *Lordithon* Thomson，1859

㉒*Lordithon simplex* Sharp，1888

采集地：历山自然保护区。采集时间：2000 年 5 月 22 日。生境：枯枝落叶下。

(11) * *Mycetoporus* Mannerheim，1831，中国新记录属

㉓庞泉隐翅虫 *Mycetoporus Pangquanus* sp. nov. 新种

采集地：庞泉沟自然保护区。采集时间：2001 年 8 月 23 日。生境：枯枝落叶下。

(12) *Nitidotachinus* Campbell，1993

㉔历山无脊隐翅虫 * *Nitidotachinus lishanus* sp. nov. 新种

采集地：历山自然保护区。采集时间：2000 年 5 月 23 日。生境：枯枝落叶下。

(13) 圆胸隐翅虫属 *Tachinus* Gravenhorst，1802

㉕*Tachinus elongatus* Gyllenhal，1810

采集地：芦芽山自然保护区。采集时间：2001 年 7 月 13 日。生境：枯枝落叶下

㉖*Tachinus jacuticus* Poppius，1903—1904

采集地：芦芽山自然保护区。采集时间：2001 年 7 月 17 日。生境：枯枝落叶下。

㉗*Tachinus maginatus* Gyllenhal，1810

采集地：庞泉沟自然保护区。采集时间：2000 年 8 月 23 日。生境：枯枝落叶下。

㉘*Tachinus sibiricus* Sharp，1888

采集地：庞泉沟自然保护区。采集时间：2001 年 7 月 12—13 日。生境：枯枝落叶下。

7 黄臀隐翅虫亚科 Xanthopiginae

(14) *Creophilus* Samouelle，1758

㉙大隐翅虫 *Creophilus maxillosus* Linnaeus，1758

采集地：太谷、天镇、大同、北阳、朔州、原平。采集时间：1994 年 7 月 28 日、1999 年 8 月 20 日、2000 年 8 月 19 日。生境：粪堆里、枯草下。

山西蟒河猕猴国家级自然保护区蛾类多样性*

侯沁文[1]　铁　军[1,2]　白海艳[1,2,*]

（1. 长治学院生物科学与技术系，长治，046011；2. 太行山生态与环境研究所，长治，046011）

摘　要： 选择山西蟒河猕猴国家级自然保护区针阔叶混交林、阔叶落叶林、杂木林和灌木林 4 种植被类型为调查样地来初步了解蛾类群落结构及多样性。共采集蛾类标本 4709 只，隶属 24 科 184 种，其中螟蛾科种类和个体数量最多。在 4 种植被类型中，灌木林的蛾类种数最多，有 20 科 132 种，灌木林中螟蛾科为优势科；阔叶落叶林中最少，14 科 74 种，尺蛾科为优势科；针阔叶混交林和杂木林居中，其中前者优势科不明显，后者以草螟科占优势。对 4 种植被类型中蛾类物种丰富度、多度、多样性和均匀度指数进行了计算和分析，结果表明：蛾类的多度指数在阔叶落叶林中显著低于其余 3 种植被类型；蛾类的丰富度、多样性和均匀度指数在灌木林中均最高，在针阔叶混交林和杂木林中则相近。蛾类种-多度曲线在针阔叶混交林、杂木林和灌木林中符合对数正态分布模型，而在阔叶落叶林中不符合对数正态分布模型。

关键词： 植被类型；蛾类多样性；群落结构；蟒河猕猴自然保护区；山西

生物多样性是生物及其与环境形成的生态复合体以及与此相关的各种生态过程的总和，包括动物、植物、微生物和它们所拥有的基因以及它们与其生存环境形成的复杂生态系统，它随地理位置、气候条件、地理历史过程和人为活动等会发生明显的变化[1]。由于人类不断采伐和多种方式的干扰，对生物多样性产生了深刻的影响，导致物种数减少、物种丰富度变化和特有种濒危[2-3]。生态环境的变化是蛾类群落减少的主要原因，蛾类生存所需要的寄主植物大量减少，加之人为滥用农药，使得生境进一步破坏，更缩小了蛾类的生存空间。同时蛾类对生境的变化也很敏感，具有广谱生物地理学和生态学探针功能[4]，蛾类种类和数量可以预示温带森林的环境质量。因此，蛾类有望成为温带森林中指示鳞翅目物种多样性和森林植被组成变化的指示类群[5]。除此之外，蛾类也是重要的自然资源，在自然保护区中生活着种类众多、数量巨大的蛾类昆虫，它们是保护区生态系统中物种多样性的重要组成部分，在保护区环境的物质和能量流动与转化中起着不可忽视的作用。因此，掌握自然保护区蛾类的动态规律，及其与自然保护区环境变化的关系，及时应用于自然保护区的保护和监测中，在合理利用和保护国家自然保护区资源方面发挥着积极的作用。

山西蟒河猕猴国家级自然保护区是地处中条山东端，以保护猕猴和亚热带植被为主的森林和野生动物类型自然保护区。多年来，对保护区内植物的研究较多，主要集中在植物区系、植物资源、植物生态(包括重要经济植物以及国家重点保护的植物)等方面[6-7]，对动物的研究主要针对猕猴以及鸟类[8]，对昆虫的研究尤其是对蛾类昆虫资源及其生态学等方面的研究少之又少。

鉴于此，对山西蟒河猕猴国家级自然保护区蛾类昆虫资源开展调查，在此基础上对不同生境的蛾类群落结构及其多样性特征进行分析，旨在通过探讨蛾类多样性对生境类型的生态响应，从蛾类群落结构及其多样性变化等角度，为评估保护区森林生态系统的健康状况提供科学依据，为保护区的长期发展规划和保护区内物种多样性保护提供一定的理论基础。

1　研究地概况

蟒河猕猴国家级自然保护区，位于山西省的东南部，中条山东端，距晋城阳城县 30km。东经 112°22′10″~112°31′35″，北纬 35°12′50″~37°17′20″。东起三盘山，西至指柱山，南至河南济源省界，北至

* 本文原载于《生态学报》，2014，34(23)：6954-6961.

花园岭。海拔最高达1572m，最低520m，总面积约5600hm²。蟒河一带冬季温和，夏季凉爽，年平均气温为14℃，无霜期180d，年降水量500~800mm，空气湿润，受季风影响不大，适宜各种动植物生存。

保护区四周环山，中间谷地，境内沟壑纵横，地形复杂，气候多样，植物种类较丰富。据报道，蟒河猕猴国家级保护区种子植物有882种，隶属102科391属，分别占山西省种子植物总科数的75.9%，总属数的62.3%，总种数的52.4%[9]。在本区的区系成分中，属种数量较多的科有(以属数多少为序)菊科(Compositae)、禾本科(Gramineae)、唇形科(Labiatae)、蔷薇科(Rosaceae)、豆科(Leguminosae)、毛茛科(Ranunculaceae)、十字花科(Cruciferae)和百合科(Liliaceae)等。它们在该地区的区系组成中占有重要作用。

2 研究方法

2.1 调查方法

选择山西蟒河自然保护区针阔叶混交林、阔叶落叶林、杂木林和灌木林4种植被类型为样地进行研究，4个样地的植物组成见表1。

表1 样地植被类型及植物组成

Table 1 The vegetation types and the plant composition of the sample plots

植被类型 Vegetation types	植物组成 Plant composition	
	木本植物 Woody plants	草本植物 Herb plants
针阔叶混交林 Mixed coniferous and broad-leaved forest	油松 *Pinus tabuliformis* 红桦 *Betula albo-sinensis* 槲栎 *Quercus aliena* 鹅耳枥 *Carpinus turczaninowii* 小叶鹅耳枥 *Carpinus stipulata* 橿子栎 *Quercus baronii* 黄栌 *Cotinus coggygria* 接骨木 *Sambucus williamsii* 石生悬钩子 *Rubus saxatilis* 等	石竹 *Dianthus chinensis* 紫菀 *Aster tataricus* 地榆 *Sanguisorba officinalis* 披针叶薹草 *Carex lanceolata* 轮叶黄精 *Polygonatum verticillatum* 鹿药 *Maianthemum japonicum* 等
阔叶落叶林 Broad-leaved deciduous forest	鹅耳枥、槲栎、栓皮栎 *Quercus variabilis* 构树 *Broussonetia papyrifera* 稠李 *Padus avium* 黄栌、黄刺玫 *Rosa xanthina* 杭子梢 *Campylotropis macrocarpa* 五味子 *Schisandra chinensis* 等	风毛菊 *Saussurea japonica* 三脉紫菀 *Aster ageratoides* 贝加尔唐松草 *Thalictrum baicalense* 华北耧斗菜 *Aquilegia yabeana* 等
杂木林 Miscellaneous wood forest	野核桃 *Juglans cathayensis* 旱柳 *Salix matsudana* 金银忍冬 *Lonicera maackii* 小叶鼠李 *Rhamnus parvifolia* 山茱萸 *Cornus officinalis* 南蛇藤 *Celastrus orbiculatus* 陕西荚蒾 *Viburnum schensianum* 三裂绣线菊 *Spiraea trilobata* 杠柳 *Periploca sepium* 等	博落回 *Macleaya cordata* 糙苏 *Phlomis umbrosa* 唐松草 *Thalictrum aquilegiifolium* var. *sibiricum* 川续断 *Dipsacus asper* 白屈菜 *Chelidonium majus* 旋覆花 *Inula japonica* 等

（续）

植被类型 Vegetation types	植物组成 Plant composition	
	木本植物 Woody plants	草本植物 Herb plants
灌木林 Shrubbery	连翘 *Forsythia suspensa*、黄栌 灰栒子 *Cotoneaster acutifolius* 胡枝子 *Lespedeza bicolor* 荆条 *Vitex negundo* var. *heterophylla* 接骨木、白刺花 *Sophora davidii* 土庄绣线菊 *Spiraea pubescens* 等	毛茛 *Ranunculus japonicus* 夏至草 *Lagopsis supina* 毛地黄 *Digitalis purpurea* 委陵菜 *Potentilla chinensis* 茜草 *Rubia cordifolia* 蒲公英 *Taraxacum mongolicum* 酸模 *Rumex acetosa* 鹅绒藤 *Cynanchum chinense* 等

2012 年 6—8 月对蛾类进行诱捕采集。每两日调查 1 次，遇天气不良，则顺延一日。每种植被类型各设 3 个样点，样点间距离>50m，调查方法为灯诱，变频汽油发电机(HS1000IS)发电，诱集灯为白色 250W 高压汞灯，幕布选用 210cm×150cm 的白化纤布，灯诱时间为 20：00~24：00。用竹竿把幕布挂于诱集灯后方 15cm 处，清除幕布四周 4~5m 范围内的杂草，采集所有落于幕布前后面的蛾类。为鉴定方便，大小蛾类分开采集，大型蛾类使用毒瓶，小型蛾类使用指形管，用乙酸乙酯作为毒杀剂，杀死的蛾类放于储虫瓶(管)中，尽量避免摇动，并注明采集时间、地点及采集人。每天早上将收回的虫体针插、干燥，放置于昆虫盒内。继而按科分类整理后，带回实验室进一步鉴定。

分类鉴定到种，鉴定主要依据《中国动物志 · 舟蛾科》[10]、《中国动物志 · 夜蛾科》[11]、《中国经济昆虫志 · 夜蛾科(二)》[12]、《中国经济昆虫志 · 夜蛾科(四)》[13]、《中国动物志 · 毒蛾科》[14]、《中国动物志 · 枯叶蛾科》[15]、《河南昆虫志 · 刺蛾科、枯叶蛾科、舟蛾科、灯蛾科、毒蛾科、鹿蛾科》[16]、《中国动物志 · 尺蛾科、尺蛾亚科》[17]、《中国动物志 · 灯蛾科》[18]等。所有采集的蛾类标本均保存在长治学院昆虫标本室内。

2.2 数据分析

2.2.1 多样性分析

物种丰富度(S)：每个样地中出现的物种数。多度(N)：个体总数。多样性指数分别采用 Simpson 指数(D)、Shannon-Wiener 指数(H')、Brillouin 指数(H)和 McIntosh 指数(D_{Mc})。

Simpson 指数公式：

$$D = 1 - \sum_{i=1}^{s}\left[\frac{n_i(n_i - 1)}{N(N - 1)}\right] \tag{1}$$

式中，n_i 为抽样中第 i 个物种的个体数量，N 为抽样中所有物种的个体总和，s 为物种总数[19]。

Shannon-Wiener 指数公式：

$$H' = -\sum_{i=1}^{s} P_i \ln(P_i) \tag{2}$$

式中，P_i 是第 i 种的个体比例，即 $P_i = \frac{N_i}{N}$，N_i=第 i 种的个体数，N=全部物种的个体总数[19]。

Brillouin 指数公式：

$$H = \frac{1}{N}\ln\left(\frac{N!}{n_1!\ n_2!\ \cdots n_i!}\right) \tag{3}$$

式中，n_1 为抽样中第 1 个物种的个体数量，n_2 为抽样中第 2 个物种的个体数量，n_3 为抽样中第 3 个物种的个体数量，如此类推，N 为抽样中所有物种的个体总和[19]。

McIntosh 指数公式：

$$D_{Mc} = \left(N - \sqrt{\sum_{i=1}^{s}}\right) / (N - \sqrt{N}) \tag{4}$$

式中，n_i 为抽样中第 i 个物种个体数量，N 为抽样中所有物种个体总和，S 为物种数。

均匀度(J')采用 Pielou 公式：

$$J' = H'/\ln S \tag{5}$$

式中，H'为 Shannon-Wiener 多样性指数，S 为群落中物种数[19]。

2.2.2 对数正态模型参数估计

对数正态分布模型为：

$$S_{(R)} = S_0 \exp(-\alpha^2 R^2) \tag{6}$$

式中，$S_{(R)}$是第 R 倍频程中的物种数量，S_0 是对数正态分布的众数倍频程物种数，α 是与分布有关的参数[19]。

2.2.3 群落相似性指标

卡方距离(d_{ij})：

$$d_{ij} = \sum \left\{ (x_{ik} - e_{ijk})^2/e_{ijk} + (x_{jk} - e_{jik})^2/e_{jik} \right\} \tag{7}$$

式中，$e_{ijk} = (x_{ik} - e_{jk}) T_i/T_{ij}$，$T_i = \sum_{k=1}^{m} e_{ik}$，$T_{ij} = T_i + T_j (k = 1, 2, \cdots, m; j = 1, 2, \cdots, n) \cdots\cdots$[19]。

欧氏距离(d_{ij})：

$$d_{ij} = SQRT[\sum (X_{ik} - X_{jk})^2] \tag{8}$$

式中，d_{ij} 为 i 群落与 j 群落之间的欧氏距离；X_{ik} 为 i 群落第 k 个指标的值；X_{jk} 为 j 群落第 k 个指标的值[20]。

3 结果

3.1 蛾类群落物种组成

在 4 种植被类型样地中共捕获蛾类 4709 只，隶属 24 科 184 种，其中螟蛾科物种数和个体数最多，有 26 种 950 只，分别占总种数和总个体数的 14.1%和 20.2%。其次是尺蛾科，有 25 种 698 只，所占比例分别为 13.6%和 14.8%。草螟科物种数仅次于尺蛾科，为 22 种，个体数量却高于前者，为 739 只，占全部个体总量的 15.7%。部分科只有 1 种，如网蛾科、斑蛾科、鞘蛾科和木蠹蛾科等。

从不同林型的蛾类群落组成来看，针阔叶混交林中有 20 科 100 种，优势种群不明显；阔叶落叶林中有 14 科 74 种，其中尺蛾科(20.3%)占优势地位，其次是夜蛾科 13.5%；杂木林中有 18 科 102 种，其中草螟科(17.6%)和夜蛾科(15.7%)二者占绝对优势，其次是螟蛾科(13.7%)；灌木林中有 20 科 132 种，其中螟蛾科(25.2%)数量占绝对优势，其次是夜蛾科(15.5%)，尺蛾科(13.6%)次之。

从蛾类各科水平来看，螟蛾科在 4 种植被类型中物种数和个体数都最高。其中，灌木林的物种数和个体数皆最多，有 22 种 357 只；阔叶落叶林的螟蛾科种数最少，有 9 种；针阔叶混交林个体数量最少，有 145 只。仅次于螟蛾科的是尺蛾科，在灌木林的种数最多，有 16 种，在杂木林中种数最少，有 10 种。第三为草螟科，在杂木林中种数及个体数都最多，有 18 种 232 只。还有部分科的蛾类种类很少，如木蠹蛾科只出现在针阔叶混交林中，鞘蛾科和斑蛾科只出现在灌木林中，均为 1 种。刺蛾科和枯叶蛾科除了阔叶落叶林之外，在其他植被类型中都有出现，但不超过 3 种。羽蛾科和展足蛾科在针阔叶混交林和杂木林中出现，不超过 3 种。鹿蛾科除了杂木林，在其他植被类型中均出现。麦蛾科在 4 种植被类型中均为 1 种，其他蛾类在不同植被中种数大致相当。

表 2　4 种植被类型中各科蛾类物种丰富度与多度

Table 2　Richness and abundance of moth of different families in four vegetation types

科名 Families	A		B		C		D		合计 Total		比例 Proportion/%	
	S	N	S	N	S	N	S	N	S	N	S	N
舟蛾科 Notodontidae	11	110	8	171	8	65	13	128	17	474	9.2	10.1
夜蛾科 Noctuidae	12	150	10	255	16	130	14	219	18	754	9.8	16.0
灯蛾科 Arctiidae	7	40	6	48	7	47	10	64	12	199	6.5	4.2
卷蛾科 Tortricoidae	10	84	7	50	10	42	13	78	16	254	8.7	5.4
毒蛾科 Lymantriidae	2	20	1	30	2	32	5	54	4	136	2.2	2.9
尺蛾科 Geometridae	12	94	15	289	9	122	16	193	25	698	13.6	14.8
螟蛾科 Pyralidae	13	145	9	232	14	256	22	357	26	950	14.1	20.2
草螟科 Crambidae	9	98	8	223	18	232	11	146	22	739	12.0	15.7
天蛾科 Sphingidae	4	33	3	78	5	56	6	89	12	256	6.5	5.4
刺蛾科 Limacodidae	2	17	0	0	2	21	3	29	4	67	2.2	1.4
鹿蛾科 Ctenuchidae	1	2	1	1	0	0	2	4	2	7	1.1	0.1
蚕蛾科 Bombycidae	2	5	3	12	1	6	3	11	2	34	1.1	0.7
大蚕蛾科 Saturniidae	2	12	1	23	1	8	2	15	2	58	1.1	1.2
细蛾科 Gracilariidae	1	2	0	0	0	0	3	12	5	14	2.7	0.3
网蛾科 Thyrididae	1	1	0	0	0	0	1	2	1	3	0.5	0.1
斑蛾科 Zygaenidae	0	0	0	0	0	0	1	1	1	1	0.5	0.0
枯叶蛾科 Lasiocampidae	2	5	0	0	1	10	1	1	2	16	1.1	0.3
羽蛾科 Pterophoridae	3	6	0	0	1	7	0	0	2	13	1.1	0.3
木蠹蛾科 Cossidae	1	2	0	0	0	0	0	0	1	2	0.5	0.0
潜蛾科 Lyonetiidae	0	0	0	0	2	3	1	1	2	4	1.1	0.1
展足蛾科 Heliodinidae	2	3	0	0	2	3	0	0	2	6	1.1	0.1
麦蛾科 Gelechiidae	1	1	1	2	1	1	1	1	2	5	1.1	0.1
菜蛾科 Plutellidae	2	4	1	1	2	5	3	7	3	17	1.6	0.4
鞘蛾科 Coleophoridea	0	0	0	0	0	0	1	2	1	2	0.5	0.0
总计	100	834	74	1415	102	1046	132	1414	184	4709	100.0	100.0

A：针阔叶混交林 Mixed coniferous broad-leaved forest；B：阔叶落叶林 Broad-leaved deciduous forest；C：杂木林 Miscellaneous wood forest；D：灌木林 Shrubbery；S：种数 Species number；N：个体数 Individuals number

3.2　种-多度关系

分别对 4 个植物群落中的蛾类多度进行对数正态分布模型拟合及参数估计，结果见表 3 和图 1。由表 3 可知，针阔叶混交林群落($P=0.517$)、灌木林群落($P=0.939$)和杂木林群落($P=0.613$)均表现为对数正态模型，其中灌木林群落是最优符合，说明这三类群落均环境条件优越、物种丰富度高。其中，灌木林群落环境条件最优越，蛾类丰富度最大，而优势种却最少，处于中间物种较多，说明灌木林群落中蛾类寄主资源总量最大，优势种和稀有种较少。针阔叶混交林群落类似于杂木林群落，蛾类种数较少，说明这两种植被中蛾类寄主资源总量较小。阔叶落叶林蛾类多度不符合对数正态模型($P<0.05$)，物种数量最少。从图 1 可以看出，阔叶落叶林中处于中间的物种在逐步消亡，而优势种数量在增加，这种现象除了和该植被类型中植物种类少有关系外，还和其环境条件变化有一定关系。

经拟合得出针阔叶混交林、杂木林和灌木林蛾类种与多度曲线公式分别为 $S_{(R)}=25\exp(-0.64^2R^2)$，物种估计为 103 种；$S_{(R)}=31\exp(-0.76^2R^2)$，物种估计为 102 种；$S_{(R)}=27\exp(-0.63^2R^2)$，物种估计为 133 种。

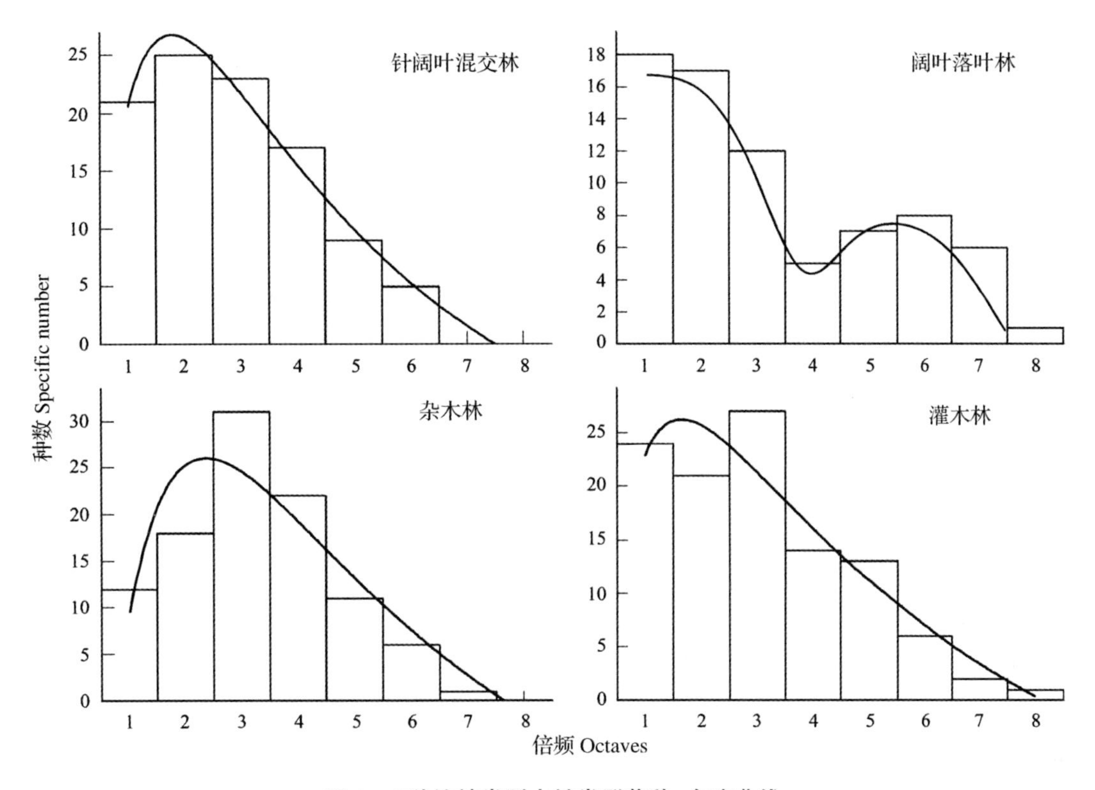

图 1　4 种植被类型中蛾类群落种-多度曲线

Fig. 1　Species-abundance curves for moths in four vegetation types

表 3　4 种植被类型中蛾类多度对数正态分布模型参数估计

Table 3　Parameter estimation of the moth abundance lognormal distribution model in four vegetation types

植被类型 Vegetation type	种数 Species number	个数 Number	α	物种估计 Species estimate	χ^2	df	p
针阔叶混交林 Mixed coniferous and broad-leaved forest	100±12	830±25	0.637	103	3.253	4	0.517
阔叶落叶林 Broad-leaved deciduous forest	74±8	1415±34	0.786	79	13.217	6	0.039
杂木林 Miscellaneous wood forest	101±13	991±27	0.763	102	1.257	5	0.939
灌木林 Shrubbery	132±18	1272±26	0.634	133	3.572	5	0.613

3.3　蛾类群落的多样性和均匀度

多样性指数分别采用 Simpson 指数(D)、Shannon-Wiener 指数(H')、Brillouin 指数(H)和 McIntosh 指数(D_{Mc})，计算结果见表 4。

从总体来看，4 种不同植被类型蛾类群落多样性与均匀度是一致的，但 H' 和 H 的区分度较好，D 和 D_{Mc} 的区分度较差，可见用 Shannon-Wiener 指数和 Brillouin 指数来描述蛾类群落的多样性更为合适。相比而言，灌木林的蛾类多样性指数和均匀度最高，而阔叶落叶林的蛾类多样性指数和均匀度指数最低，说明灌木林中蛾类的寄主植物种类最丰富、数量多，而阔叶落叶林中蛾类的寄主植物种类少，环境条件比较单一。总的来说，在相同气候条件下，蛾类群落多样性受到植被种类的影响。同时也表明蛾类对环境具有敏感性，蛾类群落的变化表明蛾类所处环境的变迁。

表 4　4 种植物类型中蛾类多样性和均匀度

Table 4　Moth diversity and evenness in four vegetation types

植被类型 Vegetation type	种数 Species number	个体数 Number	多样性 diversity				均匀度 Evenness
			D	H'	H	D_{Mc}	
针阔叶混交林 Mixed coniferous and broad-leaved forest	100±12b	830±25d	0.9727a	5.7463b	5.4612b	0.8712ab	0.8649b
阔叶落叶林 Broad-leaved deciduous forest	74±8c	1415±34a	0.9525b	4.9144c	4.7791c	0.8017c	0.6914d
杂木林 Miscellaneous wood forest	101±13b	991±27c	0.9784a	5.5838b	5.3636b	0.8273b	0.8113c
灌木林 Shrubbery	132±18a	1272±26b	0.9728a	5.9646a	5.7032a	0.8774a	0.8958a

D：Simpson 指数；H'：Shannon-Wiener 指数；H：Brillouin 指数；D_{Mc}：McIntosh 指数

3.4　蛾类群落聚类分析

采用欧氏距离和卡方距离两种方式，用最短距离法进行聚类，结果见图 2。从欧氏距离聚类结果来看，杂木林和灌木林首先聚为一类，然后与针阔叶混交林聚在一起，最后再与阔叶落叶林聚类；而从卡方距离聚类结果来看，杂木林、灌木林和针阔叶混交林聚在一起，最后再与阔叶落叶林聚类。说明杂木林、灌木林和针阔叶混交林的蛾类群落组成相似，而与阔叶落叶林的蛾类群落相似性较低。可见，杂木林、灌木林和针阔叶混交林的蛾类群落所处环境条件相近，环境保护得相对较好，群落结构稳定。相反，由于植被类型单一且受外界因素的影响，阔叶落叶林的蛾类群落所处环境条件正在不断变化，群落结构也变得不稳定，其中一些物种已经消亡[21-22]。

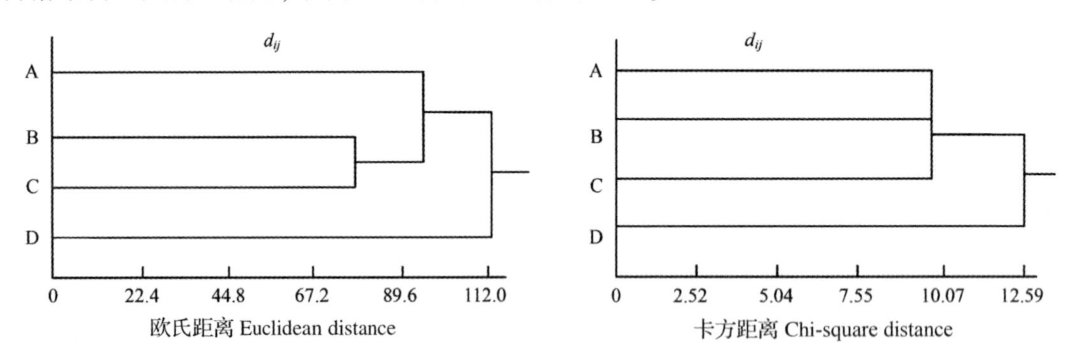

图 2　蛾类群落欧氏距离和卡方距离聚类图

Fig. 2　Clustering graph of euclidean distance and chi-square distance for moth community

A：针阔叶混交林；B：阔叶落叶林；C：杂木林；D：灌木林

4　分析与讨论

4.1　不同植被类型蛾类群落物种组成

蛾类各科在 4 种不同植被类型中的比例分配有所不同。在针阔叶混交林中优势种群不明显，螟蛾、夜蛾、尺蛾、舟蛾、卷蛾和草螟蛾的种数在 10～13 种；在阔叶落叶林中尺蛾占绝对优势，相对前者，螟蛾种数减少，而草螟蛾种数增加；在杂木林中草螟蛾占绝对优势，其次是夜蛾；在灌木林中螟蛾数量占绝对优势，其次是尺蛾，再其次是夜蛾。在这 4 种植被类型中，阔叶落叶林蛾类种类最少，只有 74 种，而数量最多，尤其是尺蛾数量明显多于其他 3 个群落。这种现象除了可能和植被类型有关外，还可能是受到外界因素的影响，植物群落结构受到干扰而逐步演化，其内的昆虫群落也与植物群落共同演化发展，优势类群明显，而其他类群则可能受抑，其中一部分物种灭亡[22]。各植被类型蛾类群落结构差异较大，分类阶元越低，蛾的种类、数量、优势种类及优势个体比例受环境影响越大。植物种类与蛾类种类、数量呈正相关，即植物群落越复杂，则蛾类群落越复杂，但是优势种数及优势个体比例却越低。

4.2 蛾类群落的种-多度关系

群落指标主要包括种类数、种群数量、多样性指数、均匀度等衡量群落稳定性的重要指标。在判定森林生态系统的健康状态时，多数学者认为，在健康的生态系统中，多样性-多度关系常呈对数正态分布；而在恶劣条件下，多样性-多度格局常常有所变化且不再表现为这种情况；多样性和丰度分布偏离对数正态分布越远，群落或其所在的生态系统就越不健康[23]。在多样性-多度关系的基础上，再结合昆虫群落的种类数、种群数量、多样性指数和均匀度等指标，往往能够提供生态系统偏离健康状态程度的依据。本文也认为阔叶落叶林中蛾类多样性指数受均匀度影响，是由于种-多度关系趋向于生态位优先占领假说，个体数量不呈对数正态分布。表明了阔叶落叶林环境条件不稳定，群落结构变化大，生态系统偏离健康状态。而针阔叶混交林、杂木林和灌木林群落的种-多度曲线呈对数正态分布时，一般情况下多样性指数与均匀度一致。说明针阔叶混交林、杂木林和灌木林群落环境比较好，生态系统健康状态良好，未出现退化的趋势。认为平衡稳定的群落多度曲线通常服从对数正态分布[24]。符合对数正态分布的群落多属于环境条件优越，物种丰富度高的群落[20]。种-多度关系对于检测无脊椎动物对森林干扰的反应比多样性指数能提供更多的信息[25]。

4.3 蛾类群落的多样性

均匀度和丰富度(物种数)是与多样性指数密切相关的两个参数。荒漠草原昆虫群落的多样性指数与均匀度是一致的，表明群落结构是稳定的[26]。稻田昆虫群落则在不同季节多样性指数与均匀度不一致[27]。相同气候条件下，蛾类群落多样性受到植被多样性的影响，同时也表明蛾类昆虫对环境的敏感性，相反，蛾类群落的变化表明蛾类昆虫所处环境的变迁[20,28]。在美国选取保护较好的山林及破坏较为严重，植被较为混杂的地区进行调查，发现尺蛾科多样性在受干扰地区明显增加，分析认为毗邻生境中昆虫的扩散活动是造成这种现象的部分原因，而且结果中较高的单个数量的物种数也预示着那些路过物种的比例较高[29]。蟒河猕猴国家级自然保护区不同植被类型中蛾类的多样性指数与均匀度表现为正相关或弱的正相关，但是落叶阔叶林中蛾类种类最少，数量最多且均匀指数最低，其中尺蛾科种类和数量也是最多的，说明该生态环境受到的干扰最严重，生态环境正趋于恶化。

4.4 植被与蛾类的相关性

植被是反映保护区生态环境的重要标志，是保护区蛾类生存的重要依据。植被种类越丰富，则蛾类种就越多；植被资源越丰富，种的个体数就越多。不同林型蛾类群落组成的变化主要是蛾类各科在不同林型间的变化所导致[30]。说明蛾类群落种类与数量和植被有相关性。从蛾类总物种丰富度和蛾类个体总数上看，灌木林中蛾类种类数量明显高于其他植被类型，针阔叶混交林和杂木林则蛾类种类相差无几，但个体数量后者明显多于前者，可能是由于这两种植被类型植物丰富度相似，而植物资源量后者远多于前者造成的[22,31]。不同的植被状况和气候条件的各种组成产生了各林带间多样性参数的较大差异，表明了蛾类对微环境的敏感性，这与尤平等人的结论相一致，说明把蛾类作为环境变化的指示物是可行的[19]。有关蟒河猕猴国家级保护区植被与蛾类群落定量的相关性，有待进一步研究。

蟒河猕猴国家级自然保护区蛾类群落生态位特征*

侯沁文[1]　白海艳[1,2]**　铁　军[1,2]

([1] 长治学院生物科学与技术系，山西长治，046011；[2] 太行山生态与环境研究所，山西长治，046011)

摘　要：为了解山西蟒河猕猴国家级自然保护区蛾类群落与环境资源的相互关系，采用 Levins 生态位宽度和 Pianka 生态位重叠指数对山西蟒河猕猴国家级自然保护区蛾类群落结构和生态位进行分析。结果表明：在本保护区内采集蛾类标本隶属 24 科，其中螟蛾科、夜蛾科、卷蛾科和尺蛾科为优势类群；该保护区内主要蛾类的时间生态位宽度高于空间生态位宽度，各类群间存在程度不同的生态位重叠现象，其中尺蛾科和螟蛾科的时间生态位重叠指数(0.913)和空间生态位重叠指数(0.852)均高于其他类群；天蛾科和舟蛾科时间生态位重叠指数(0.772)也较高，但其空间生态位重叠指数(0.218)却较低；除天蛾科与毒蛾科时间生态位相似性系数(0.247)、天蛾科与大蚕蛾科(0.258)和舟蛾科与天蛾科(0.226)空间生态位相似性系数较小外，大多蛾类类群间生态位相似性系数均较大。说明蟒河猕猴国家级自然保护区主要蛾类群落之间生态位竞争较激烈。

关键词：蛾类；生态位宽度；生态位重叠；时空变化；群落结构

生态位是反映一个种群在生态系统中，在时间、空间上所占据的位置及其和相关种群之间的功能关系与作用。每一个物种都拥有区别于其他物种的独特生态位。由于种类众多、数量巨大，昆虫已经成为不同生态系统中一个不可缺少的重要组成部分，其种群数量变动和行为变化与生态系统健康状况密切相关(Koivula et al.，2002；Fiedler et al.，2004；Waltz，2004；张红玉等，2006；Edgar et al.，2006)。在昆虫群落中，鳞翅目昆虫对环境变化的敏感性高，与生态环境中寄主植物以及其他小动物之间的关系密切，已被用作反映其所处生境受干扰程度和生境内相关物种多样性变化的指示物种(Kitching et al.，2000；高光彩等，2009)。自然生态系统中的物种或种群只有生活在适宜的微环境中才能得以延续，随着环境变迁或有机体的发育，它们能改变生态位。生态位现象对所有生命现象都具有普适性，生态位理论被认为是生态学的重要理论工具(李德志等，2006)，其在实际应用中也得到了迅速发展(宗世祥等，2005；李德志等，2006；Belskaya et al.，2011；马玲等，2012)。尽管国内外学者对昆虫生态位的研究已做了不少工作(刘新民等，2002；黄保宏等，2005；王有年等，2009；曹丹丹等，2013)，但有关蛾类昆虫的生态位研究则较少(马骏等，2003)。蛾类群落生态位是蛾类取食、栖息、繁殖等具有特定意义的场所，它反映蛾类群落内物种对资源的利用情况。蛾类生态位宽度和生态位重叠程度能够定量反映蛾类群落中各物种对时间、空间、食物等环境资源的利用程度与关系，同时也为深入了解不同蛾类之间的竞争关系提供了参考(师光禄等，2003；王有年等，2009)。

山西蟒河猕猴国家级自然保护区具有丰富的物种多样性，素有“山西动植物资源宝库”之美称。该地区森林植被保存较完整，是开展蛾类群落生态位特征研究，揭示各蛾类类群间的联系和竞争共存机制最理想的区域之一。本研究对保护区内不同生境蛾类类群的生态位宽度和生态位重叠特性进行了分析，旨在了解不同蛾类在群落内的地位、作用和对资源的利用能力，为该保护区内生物资源的保护与合理利用及蛾类昆虫的生态调控提供科学依据。

1　研究地区与研究方法

1.1　研究区概况

蟒河猕猴国家级自然保护区位于山西省东南部、中条山东端晋城市阳城县境内(112°22′10″E—

* 本文原载于《生态学杂志》，2015，34(4)：1038-1045.

112°31′35″E，35°12′50″N—37°17′20″N）。保护区总面积约 5600hm²，四周环山，中间谷地，最高与最低海拔相差 1000m。土壤主要为山地褐土，山麓河谷为冲积土，海拔 1500m 以上为山地棕壤。气候夏季凉爽，冬季温和，年平均气温为 14℃，年降水量 500~900mm。温暖湿润的气候和充沛的降雨，使这里的生物物种多样性较为丰富(张桂萍等，2003)。据报道，保护区内有种子植物 102 科 391 属 882 种，占山西省种子植物总科数的 75.9%，总属数的 62.3%，总种数的 52.4%。保护区内的优势植被类型有栓皮栎(*Quercus variabilis*)林、鹅耳枥(*Carpinus turczaninowii*)林、蒙古栎(*Q. mongolica*)林、橿子栎(*Q. baronii*)林，此外还有山茱萸(*Cornus officinalis*)灌丛，荆条(*Vitex negundo* var. *heterophylla*)灌丛、黄栌(*Cotinus coggygria*)灌丛和连翘(*Forsythia suspensa*)灌丛等(田随味等，2012；王璐等，2013)。在植物组成中，属种数量较多的科为十字花科(Cruciferae)、百合科(Liliaceae)、菊科(Compositae)、禾本科(Gramineae)、蔷薇科(Rosaceae)、毛茛科(Ranunculaceae)、豆科(Leguminosae)和唇形科(Labiatae)等(茹文明等，2002；铁军等，2014)。

1.2 样地设置

在保护区内，根据植被类型设置 5 类调查样地(A~E)，样地的植物组成见表 1。

1.3 调查方法

2013 年 6—8 月，每个月集中 10~15d 开展调查和统计各类样地内蛾类的种类、数量等。每 2 日进行 1 次调查，若遇不良天气，则顺延 1 日。调查方法为灯诱结合扫网法。

灯诱：在各样地中分别设置 3 块 15m×15m 的样方，样方间距>200m。在每个样方内分别安装诱虫灯，样方到林缘的距离至少 100m 以上，以保证各点之间的独立以及其他林型的干扰。采集时间为 20：00~23：00。灯诱时，用变频汽油发电机(HS1000IS)发电，光源为白色 160W 高压汞灯，把幕布挂于诱集灯后方 15cm 处，采集所有落于幕布上的蛾类(侯沁文等，2014)。

网捕：把样地划分成 5 条 20m×100m 的样带，用捕虫网对每个样带的草本层和灌木层的昆虫进行网捕，捕虫网直径 40cm，深度为 75cm，柄长 120cm。用扫网法采集样方内没有落在幕布上的蛾类，扫网路径为平行线，1 个往返为 1 次，每次往返呈 180°，每个样方取 50 网，凡视野范围内的昆虫全部采集、记录(贾玉珍等，2009)。

表 1　样地内植物组成

Table1　Plant composition of the sample plots

样地代码	海拔(m)	坡向	木本植物	草本植物
A(鹅耳枥+蒙古栎)	1100~1200	阴坡	鹅耳枥 *Carpinus turczaninowii*、蒙古栎 *Quercus mongolica*、小叶鹅耳枥 *Carpinus stipulata*、胡枝子 *Lespedeza bicolor*、连翘 *Forsythia suspensa*、接骨木 *Sambucus williamsii* 等	唐松草 *Thalictrum aquilegiifolium* var. *sibiricum*、地榆 *Sanguisorba officinalis*、披针叶薹草 *Carex lanceolata*、博落回 *Macleaya cordata* 等
B(栓皮栎+槲栎)	800~1000	半阳坡	栓皮栎 *Quercus variabilis*、槲栎 *Quercus aliena*、黄栌 *Cotinus coggygria*、连翘、荆条 *Vitex negundo* var. *heterophylla*、黄刺玫 *Rosa xanthina*、杭子梢 *Campylotropis macrocarpa*、五味子 *Schisandra chinensis*、旱柳 *Salix matsudana* 等	茜草 *Rubia cordifolia*、夏至草 *Lagopsis supina*、轮叶黄精 *Polygonatum verticillatum*、鹿药 *Maianthemum japonicum*、石竹 *Dianthus chinensis* 紫菀 *Aster tataricus*、风毛菊 *Saussurea japonica*、贝加尔唐松草 *Thalictrum baicalense*、委陵菜 *Potentilla chinensis* 等
C(野核桃+槲栎)	1100~1300	阴坡	野核桃 *Juglans cathayensis*、槲栎、橿子栎 *Quercus baronii*、鹅耳枥、红桦 *Betula albo-inensis*、荆条、构树 *Broussonetia papyrifera*、稠李 *Padus avium*、山茱萸 *Cornus officinalis*、南蛇藤 *Celastrus orbiculatus*、陕西荚蒾 *Viburnum schensianum*、石生悬钩子 *Rubus saxatili*、三裂绣线菊 *Spiraea trilobata* 等	天南星 *Arisaema heterophyllum*、白羊草 *Bothriochloa ischaemum*、糙苏 *Phlomis umbrosa*、川续断 *Dipsacus asper*、白屈菜 *Chelidonium majus*、旋覆花 *Inula japonica* 等

（续）

样地代码	海拔(m)	坡向	木本植物	草本植物
D(鹅耳枥+五角枫+脱皮榆)	900~1200	阴坡	鹅耳枥、五角枫 *Acer pictum* subsp. *mono*、脱皮榆 *Ulmus lamellosa*、金银忍冬 *Lonicera maackii*、千金榆 *Carpinus cordata*、小叶鼠李 *Rhamnus parvifolia*、三裂绣线菊、陕西荚蒾、忍冬 *Lonicera japonica*、三叶木通 *Akebia trifoliata*、灰栒子 *Cotoneaster acutifolius*、土庄绣线菊 *Spiraea pubescens* 等	羊胡子草 *Eriophorum scheuchzeri*、华北耧斗菜 *Aquilegia yabeana*、糙苏、三脉紫菀 *Aster ageratoides*、毛茛 *Ranunculus japonicus*、蒲公英 *Taraxacum mongolicum*、鹅绒藤 *Cynanchum chinense* 等
E(栓皮栎+青檀)	800~1000	阳坡	栓皮栎、青檀 *Pteroceltis tatarinowii*、千金榆、君迁子 *Diospyros lotus*、灰栒子、荆条、冻绿 *Rhamnus utilis*、接骨木、白刺花 *Sophora davidii*、杠柳 *Periploca sepium*	羊胡子草、北柴胡 *Bupleurum chinense*、酸模 *Rumex acetosa*、毛地黄 *Digitalis purpurea*、披针叶薹草、旋覆花等

采集时，按个体大小分开保存，个体较大的放入三角纸袋，个体较小的放入塑料小瓶(每瓶 1~3 头，以保证标本的质量)。采集的标本用乙酸乙酯熏杀，然后制成针插标本，带回实验室鉴定种类。标本的鉴定主要依据蛾类外部形态特征及雌雄外生殖器的解剖特点，并依据相关参考文献(朱弘复等，1964；陈一心，1985，1999；韩红香等，1999；方承莱，2000；刘友樵等，2006；武春生等，2003，2010；赵仲苓，2003)对昆虫种类进行分类鉴定。

1.4 数据处理

蛾类群落生态位特征参数分析采用相对优势度(曹丹丹等，2013)、Levins 生态位宽度(黄琼瑶等，2009)、Pianka 生态位重叠指数(高江勇等，2010)和时空相似性系数(马玲等，2012)。

数据处理利用 Excel 2003 和 DPS 7.05 软件(唐启义等，2006)，差异显著检验采用单因素方差分析(ANOVA)法，并进行了 Duncan 多重比较，$a=0.05$。

2 结果与分析

2.1 蛾类群落分布概况

经调查，在 5 种生境中共采集蛾类标本 10242 头，各生境蛾类个体数和相对优势度分布见表 2。蛾类优势类群在生境 A 中为夜蛾科、卷蛾科和舟蛾科，占该生境个体总数的 63.88%；生境 B 中为夜蛾科、螟蛾科、尺蛾科和灯蛾科，占 78.17%；生境 C 中为卷蛾科、螟蛾科、尺蛾科和灯蛾科，占 61.85%；生境 D 中为夜蛾科、螟蛾科、尺蛾科和草螟科，占 61.90%；生境 E 中为螟蛾科、尺蛾科和舟蛾科，占 58.84%。其中，螟蛾科和尺蛾科在 4 类生境中均占有较大的优势，以各生境资源为轴，各蛾类群落水平空间分布差异显著($P<0.05$)。

2.2 主要蛾类群落的生态位宽度

从表 3 可知，蟒河猕猴国家级自然保护区各蛾类类群的时空生态位宽度指数变化较大。主要蛾类种群空间生态位宽度从大到小依次为：螟蛾科(0.826)、尺蛾科(0.758)、夜蛾科(0.729)、灯蛾科(0.680)、卷蛾科(0.638)、草螟科(0.627)、毒蛾科(0.600)、舟蛾科(0.567)、天蛾科(0.418)、大蚕蛾科(0.413)，表明螟蛾科利用空间资源能力最强，尺蛾科次之，大蚕蛾科最差；时间生态位宽度从大到小依次为：尺蛾科(0.896)、草螟科(0.803)、卷蛾科(0.787)、螟蛾科(0.775)、夜蛾科(0.740)、舟蛾科(0.654)、灯蛾科(0.613)、天蛾科(0.540)、大蚕蛾科(0.508)、毒蛾科(0.384)，表明在这 5 种生境中，螟蛾科和尺蛾科生活周期长、分布较均匀，天蛾科、大蚕蛾科和毒蛾科生活周期较短、分布不均匀。在时间和空间两资源轴上建立二维生态位表明，尺蛾科(0.679)最大，螟蛾科(0.640)次之，大蚕蛾科(0.210)最小。

表2 5种植被类型中的蛾类各类群相对优势度

Table2 Relative dominance of moths in five vegetation types

科名	A	B	C	D	E	合计
尺蛾科 Geometridae	7.69	19.83	12.78	10.62	29.77	15.95
卷蛾科 Tortricoidae	25.86	5.17	15.68	8.63	5.65	11.85
夜蛾科 Noctuidae	27.76	26.90	7.74	11.10	9.89	16.03
螟蛾科 Pyralidae	5.02	21.10	16.26	20.53	11.71	15.35
舟蛾科 Notodontidae	10.26	6.43	3.39	1.44	17.36	7.38
灯蛾科 Arctiidae	2.01	10.34	17.13	8.31	5.55	8.83
草螟科 Crambidae	6.47	1.37	9.49	19.65	8.58	9.76
毒蛾科 Lymantriidae	5.24	0.53	7.45	1.12	6.66	4.08
天蛾科 Sphingidae	1.45	0	5.42	9.98	0.40	3.87
刺蛾科 Limacodidae	1.90	0	1.06	3.91	1.01	1.25
大蚕蛾科 Saturniidae	1.34	3.69	0.77	0.24	0.61	1.70
麦蛾科 Gelechiidae	2.12	0.84	0.48	0.24	0.61	0.80
蚕蛾科 Bombycidae	0.56	1.79	0	1.36	0.30	0.82
枯叶蛾科 Lasiocampid	e0.56	1.05	0.97	0.08	0.20	0.55
菜蛾科 Plutellidae	0.45	0.32	0.48	0.56	1.21	0.61
展足蛾科 Heliodinidae	0.11	0	0.48	0	0.20	0.16
鹿蛾科 Ctenuchidae	0.22	0.11	0	0.96	0	0.29
细蛾科 Gracilariidae	0.22	0	0	0.80	0	0.23
羽蛾科 Pterophoridae	0.22	0	0.10	0	0	0.06
木蠹蛾科 Cossidae	0.22	0	0	0.08	0.10	0.08
网蛾科 Thyrididae	0.11	0.53	0	0.16	0	0.16
斑蛾科 Zygaenidae	0	0	0	0.08	0	0.02
潜蛾科 Lyonetiidae	0	0	0.48	0.08	0.20	0.16
鞘蛾科 Coleophoridea	0	0	0	0.08	0	0.02

A：鹅耳枥+蒙古栎林；B：栓皮栎+槲栎林；C：野核桃+槲栎林；D：鹅耳枥+五角枫+脱皮榆林；E：栓皮栎+青檀林。

2.3 主要蛾类类群的生态位重叠

从空间生态位重叠指数来看(表4)，草螟科与天蛾科的生态位重叠值最高(0.932)，其次为螟蛾科与灯蛾科(0.920)、尺蛾科和舟蛾科(0.905)，最小的为天蛾科与大蚕蛾科(0.181)。说明草螟科与天蛾科、螟蛾科与灯蛾科、尺蛾科与舟蛾科在空间水平上相遇机率较大，空间伴随关系最近；而天蛾科和大蚕蛾科一般不同时出现于同一生境，即使它们在一个生境样地出现，它们的分布比例也明显不同。从时间生态位重叠指数来看(表5)，灯蛾科与大蚕蛾科最高(0.966)，而卷蛾科与螟蛾科(0.962)、尺蛾科与螟蛾科(0.913)次之，毒蛾科与大蚕蛾科的时间生态位重叠值最小(0.354)。这表明灯蛾科和大蚕蛾科在时间水平上相遇机率最大，伴随关系最近；毒蛾科和大蚕蛾科相遇机率最小，伴随关系最远。

从蛾类种群时-空生态位重叠来看，在蟒河猕猴国家级自然保护区整个夏季，尺蛾科和螟蛾科的个体数量消长规律相似度高，伴随关系紧密；天蛾科和舟蛾科空间生态位重叠指数为0.218，而时间生态位重叠指数为0.772，说明天蛾科和舟蛾科的个体数量消长规律相似度较高，但在空间上二者伴随关系不紧密。

表 3　蟒河猕猴国家级自然保护区主要蛾类类群生态位宽度

Table3　Niche breadth of main moth groups in Manghe National Nature Reserve

生态位类型	尺蛾科	卷蛾科	夜蛾科	螟蛾科	舟蛾科	灯蛾科	草螟科	毒蛾科	天蛾科	大蚕蛾科
空间生态位	0.758	0.638	0.729	0.826	0.567	0.680	0.627	0.600	0.418	0.413
时间生态位	0.896	0.787	0.740	0.775	0.654	0.613	0.803	0.384	0.540	0.508
时-空生态位	0.679	0.502	0.539	0.640	0.370	0.417	0.504	0.230	0.226	0.210

表 4　蟒河猕猴国家级自然保护区主要蛾类类群的空间生态位重叠指数

Table 4　Spatial niche overlaps of main moth groups in Manghe National Nature Reserve

	尺蛾科	卷蛾科	夜蛾科	螟蛾科	舟蛾科	灯蛾科	草螟科	毒蛾科	天蛾科
卷蛾科	0.587								
夜蛾科	0.742	0.829							
螟蛾科	0.852	0.633	0.776						
舟蛾科	0.905	0.666	0.741	0.613					
灯蛾科	0.767	0.656	0.647	0.920	0.523				
草螟科	0.678	0.687	0.579	0.822	0.545	0.733			
毒蛾科	0.781	0.820	0.613	0.634	0.818	0.744	0.667		
天蛾科	0.430	0.564	0.405	0.740	0.218	0.703	0.932	0.471	
大蚕蛾科	0.697	0.538	0.878	0.746	0.579	0.654	0.307	0.409	0.181

表 5　蟒河猕猴国家级自然保护区主要蛾类类群的时间生态位重叠指数

Table 5　Temporal niche overlaps of main moth groups in Manghe National Nature Reserve

	尺蛾科	卷蛾科	夜蛾科	螟蛾科	舟蛾科	灯蛾科	草螟科	毒蛾科	天蛾科
卷蛾科	0.850								
夜蛾科	0.738	0.764							
螟蛾科	0.913	0.962	0.650						
舟蛾科	0.850	0.602	0.749	0.624					
灯蛾科	0.811	0.653	0.668	0.681	0.877				
草螟科	0.897	0.830	0.783	0.868	0.641	0.611			
毒蛾科	0.541	0.639	0.662	0.602	0.536	0.538	0.625		
天蛾科	0.772	0.533	0.799	0.549	0.772	0.514	0.820	0.505	
大蚕蛾科	0.804	0.621	0.590	0.656	0.879	0.966	0.525	0.354	0.464

2.4　主要蛾类类群的生态位宽度相似性比例

从表 6 可知，灯蛾科与螟蛾科的空间生态位相似性系数最高(0.822)，尺蛾科与螟蛾科、舟蛾科、灯蛾科、夜蛾科的空间生态位相似性系数分别为 0.759、0.747、0.703 和 0.694，卷蛾科与夜蛾科为 0.743，螟蛾科与草螟科为 0.754，夜蛾科与螟蛾科、大蚕蛾科的空间生态位相似性系数分别为 0.698 和 0.736，舟蛾科与毒蛾科为 0.705，草螟科与天蛾科为 0.774。说明这些蛾类类群个体数量在这 5 种生境的分布规律相似，且生态位宽度均较大。而天蛾科与大蚕蛾科(0.258)、舟蛾科与天蛾科(0.226)的空间生态位相似性系数较小，这可能是天蛾科的分布生境不同于大蚕蛾科和舟蛾科蛾类分布生境或它们种群个体数量差异所致，故生态位重叠指数较小。

从表 7 可知，灯蛾科与大蚕蛾科的时间生态位相似性系数最高(0.921)，其次为螟蛾科与卷蛾科(0.815)和尺蛾科(0.797)、舟蛾科与灯蛾科(0.799)、尺蛾科与草螟科(0.781)，表明这些类群在时间资源轴上的数量消长规律较为相似。而天蛾科与毒蛾科的时间生态位相似性系数最低(0.247)，这是由于在整个夏季天蛾科和毒蛾科个体数量的消长规律不一致所造成的。

表6 蟒河猕猴国家级自然保护区主要蛾类类群空间生态位相似性系数

Table 6 Spatial niche similarity coefficient of main moth groups in Manghe National Nature Reserve

	卷蛾科	夜蛾科	螟蛾科	舟蛾科	灯蛾科	草螟科	毒蛾科	天蛾科	大蚕蛾科
尺蛾科	0.582	0.694	0.759	0.747	0.703	0.605	0.653	0.410	0.580
卷蛾科		0.743	0.622	0.557	0.658	0.608	0.675	0.531	0.532
夜蛾科			0.698	0.664	0.643	0.528	0.533	0.353	0.736
螟蛾科				0.506	0.822	0.754	0.509	0.618	0.577
舟蛾科					0.463	0.452	0.705	0.226	0.582
灯蛾科						0.614	0.621	0.573	0.522
草螟科							0.573	0.774	0.408
毒蛾科								0.436	0.477
天蛾科									0.258

表7 蟒河猕猴国家级自然保护区主要蛾类类群时间生态位相似性系数

Table 7 Temporal niche similarity coefficient of main moth groups in Manghe National Nature Reserve

	卷蛾科	夜蛾科	螟蛾科	舟蛾科	灯蛾科	草螟科	毒蛾科	天蛾科	大蚕蛾科
尺蛾科	0.688	0.563	0.797	0.644	0.662	0.781	0.416	0.680	0.695
卷蛾科		0.537	0.815	0.425	0.510	0.667	0.402	0.537	0.516
夜蛾科			0.527	0.523	0.483	0.538	0.521	0.539	0.468
螟蛾科				0.457	0.539	0.741	0.433	0.542	0.545
舟蛾科					0.799	0.497	0.442	0.361	0.705
灯蛾科						0.549	0.337	0.583	0.921
草螟科							0.298	0.650	0.556
毒蛾科								0.247	0.355
天蛾科									0.542

3 讨论

3.1 不同生境蛾类群落分布

昆虫分布与森林植被类型密切相关，植被群落类型越丰富，则昆虫群落结构越复杂。森林植被因随环境变化而改变，从而导致昆虫种类也发生变化(黎璇等，2009；居峰等，2011；王珍等，2012)。蟒河猕猴国家级自然保护区适合多种野生植物的生长发育，植物资源较为丰富，为蛾类的生长发育创造了良好的条件。实地考察发现，在鹅耳枥(*Carpinus turczaninowii*)和蒙古栎(*Quercus mongolica*)为主要建群种的林型中，蛾类的优势类群为夜蛾科、卷蛾科和舟蛾科；在栓皮栎(*Q. variabilis*)和槲栎(*Q. aliena*)为主要建群种的林型中，蛾类的优势类群为夜蛾科、螟蛾科、尺蛾科和灯蛾科；在野核桃(*Juglans cathayensis*)和槲栎为主要建群种的林型中，蛾类的优势类群为卷蛾科、螟蛾科、尺蛾科和灯蛾科；在鹅耳枥、五角枫(*Acer pictum*)和脱皮榆(*Ulmus lamellosa*)为主要建群种的林型中，蛾类的优势类群为夜蛾科、螟蛾科、尺蛾科和草螟科；在栓皮栎和青檀(*Pteroceltis tatarinowii*)为主要建群种的林型中，蛾类的优势类群为螟蛾科、尺蛾科和舟蛾科。

3.2 蛾类群落生态位宽度

生态位宽度反映物种对环境资源利用状况，生态位宽度越大表明物种对环境的适应能力越强，对其所处环境资源的利用越充分，在群落中优势地位越明显(张峰等，2004；铁军等，2009)。本研究表明，大多数蛾类类群生态位宽度均较大，从空间生态位宽度来看，螟蛾科(0.826)利用空间资源能力最强，尺蛾科(0.758)次之，大蚕蛾科(0.413)最差，从时间生态位宽度来看，该保护区夏季尺蛾科(0.896)和草螟科(0.803)在不同时间段的个体数量分布比例较均匀，而毒蛾科(0.384)则相反。

据报道，在时间和空间上均利用较多资源的物种，随着时间的变化，其类群在时间和空间上的分化均不明显(马玲等，2012)。本研究表明，在时-空生态位宽度上，舟蛾科和灯蛾科的空间生态位宽度和时间生态位宽度均较大，但时-空生态位均较小，说明它们在时间空间上的分化均不明显。比较时间生态位指数与空间生态位指数可知，该保护区内除了灯蛾科和毒蛾科外，其他类群的时间生态位宽度均大于空间生态位宽度，这可能是因为6~8月生长季节的气候条件适合绝大多数蛾类生长发育，而在空间上，由于生境的不同，尤其是某些蛾类寄主植物分布很少或没有，造成它们在这样的环境下个体数非常少或无法生存。

3.3 蛾类群落生态位重叠

生态位宽度和生态位重叠之间有着较大的关系(陈俊华等，2010；柴宗政等，2012)。生态位宽度都较大的种类间存在较大的生态位重叠，且生态位相似性比例值较高；但是，高生态位宽度种群与低生态位宽度的种群也可能有较高的重叠值(刘金福等，1999)。生态位宽度较窄的种对间本身的生物学特性可能会相同，对环境资源的要求可能会较为相近，从而导致生态位宽度较窄的种对间具有较高的生态位重叠(赵永华等，2004；刘巍等，2011)。本研究表明，保护区内蛾类生态位重叠值较高者生态位宽度表现为“宽-宽”型，如尺蛾科与螟蛾科的空间生态位(0.758，0.826)和时间生态位(0.896，0.775)均较大；“宽-窄”型，如草螟科与天蛾科的空间生态位分别为0.627、0.418，时间生态位分别为0.803、0.384。

两物种间生态位重叠指数越高，表明这两物种间相遇机率就越大，伴随关系越紧密(曹丹丹等，2013)。本研究结果表明，尺蛾科和螟蛾科的时间和空间生态位重叠指数均较高，说明蟒河猕猴国家级自然保护区的尺蛾和螟蛾伴随关系较紧密。与此不同，天蛾科与舟蛾科时间生态位重叠指数也较高，但空间生态位重叠指数却较低，说明天蛾科和舟蛾科的个体数量在时间轴上消长规律相似度较高，但同一生境中这两者发生差异较大。从各类群空间生态位相似性系数来看，螟蛾科与灯蛾科较高，且空间生态位重叠指数也较高，而其时间生态位相似性系数和重叠指数均不高。造成这种现象的原因可能是2种类群间竞争较为激烈，在物种间竞争压力下，彼此占领不同的空间，或者占领不同的时间觅食(Chesson，2000)。从各类群时间生态位相似性系数来看，该保护区绝大多数蛾类的时间生态位相似性比例变化与时间生态位重叠指数变化一致，蛾类优势类群都具有较宽的食物资源谱，取食资源具有一致性；而舟蛾科与天蛾科的时间生态位重叠指数较高，但时间生态位相似性系数很低，说明两者在时间资源的利用上趋于分离。

3.4 蛾类生态位与植物之间的关系

植食性昆虫的分布与植物种群分布关系密切，这主要是通过食物关系使两者发生联系的。一般来说，森林群落植物组成较复杂，则昆虫种类数量也较多，反之，则较少(覃勇荣，1995；宋文军，2007；王斌等，2007)。本研究发现，尺蛾科和螟蛾科在“栓皮栎+槲栎林”“野核桃+槲栎林”“鹅耳枥+五角枫+脱皮榆林”“栓皮栎+青檀林”4个林型中分布广且优势度较高(>10%)，它们的空间生态位宽度较大(0.758，0.826)，说明在这4个林型中尺蛾科和螟蛾科的寄主植物资源较丰富。而天蛾科和大蚕蛾科的空间生态位宽度较小(0.418，0.413)，除了天蛾科在“鹅耳枥+五角枫+脱皮榆林”中优势度较高(9.98%)外，其他林型中优势度均较低，这可能是其他林型中寄主植物资源相对较少导致的。值得一提的是，在某些林型中未发现部分科的蛾类，如“栓皮栎+槲栎林”中没有发现天蛾科和刺蛾科，这可能与这些林型中部分科的蛾类分布较少有关。

一般而言，在同一生境中相同食物资源可能会使生态位重叠的不同种类昆虫之间产生较大竞争或不产生竞争关系(Laibold，1995；Chesson，2000)，这取决于昆虫的生活环境、取食部位及取食方式等。如苹果害虫银纹潜蛾、苹小卷叶蛾、蓟马和小绿叶蝉均喜食嫩叶，但由于后两者与前两者的口器类型、取食行为不同，所以并不会引起竞争(郑方强等，2008)。又如，苍耳螟和豚草卷蛾在只有单一的相同食物资源存在时，发生竞争的可能性却较大(马骏，2003)。本研究表明，蛾类不同科空间生态位重叠指数均较高，大多数物种间竞争程度激烈，这可能是由物种间取食植物资源相同，加之资源量不足而导致的；而部分蛾类可能由于取食植物资源或危害时间不同，所以它们之间竞争不激烈，如，时间生态位重叠值和空间生态位重叠值较小的分别有天蛾科与毒蛾科(0.354)和天蛾科与大蚕蛾科(0.181)。

人为干扰对山西蟒河国家级自然保护区蛾类多样性的影响*

侯沁文[1]　铁　军[1,2]　白海艳[1,2]
（1. 长治学院生物科学与技术系，山西长治，046011；2. 太行山生态与环境研究所，山西长治，046011）

摘　要：为了揭示山西蟒河国家级自然保护区成熟林、次生林、中等干扰人工林、强干扰人工林 4 种不同干扰强度林型和撂荒地内蛾类多样性及群落结构特征，在保护区内 4 种林型和撂荒地中分别设置 3 块样地，每块样地到林缘的距离≥100m。于 2012 年 6~8 月采用灯诱法采集蛾类标本，共计 24 科 191 种 10201 头，其中成熟林 22 科 139 种，次生林 23 科 143 种，中等干扰人工林 21 科 106 种，强干扰人工林 17 科 75 种，撂荒地 16 科 48 种。不同干扰强度下，除次生林外，蛾类丰富度和多样性随着干扰强度升高而降低。通过对影响蛾类多样性的因子分析表明，干扰强度(0.931)、盖度(0.925)和坡向(0.808)为影响蟒河蛾类多样性的主要因子。研究结果显示，在山西蟒河国家级自然保护区不同干扰强度的样地内，常见种均出现，而稀有种和优势种数量差异显著。适度干扰会增加蛾类多样性，强度干扰则会降低蛾类多样性。

关键词：蛾类；物种多样性；群落结构；扰动；主成分分析

不同干扰程度及景观破碎会对人类赖以生存的物质基础——生物多样性产生不同程度的影响。据研究报道，干扰使局部地区形成复杂的植被格局和多种森林类型，连续的天然林景观正在被由原始林、次生林和人工林组成的斑块化景观所代替，森林生态系统中物种数减少、物种丰富度下降、特有种濒危甚至灭绝等也随之而来(Beck 等，2002；Choi 等，2009；王珍等，2012)。昆虫作为生态系统中一个重要组成部分，其种群数量变动和行为变化与生态系统健康状况密切相关(Brown and Freitas，2002；Edgar and Burk，2006；张红玉和欧晓红，2006)。一些昆虫，尤其是鳞翅目昆虫，因其对环境变化的敏感性高、与生境中寄主植物以及其他小动物之间的关系密切(取食、传粉、被鸟类及小型动物取食)等因素，已被用作反映其所处生境受干扰程度和生境内相关物种多样性变化的指示物种。对其指示作用的研究，近些年已经成为热点(Hill and Hamer，1998；Kitching et al.，2000；高光彩和付必谦，2009)。

人类对森林的干扰包括生境破坏、过渡利用、气候变化等多种形式。干扰在改变森林中植物群落组成的同时也改变了生态系统中食物链的组成结构(Hedlund et al.，2004)。人为干扰导致森林生态系统破坏，森林会自我修复其生态系统，在这一恢复进程中，不同物种会有不同的改变，如，附生植物地衣的物种丰富度并不会随着森林变更而改变，而森林恢复过程中昆虫的物种丰富度却明显高于成熟森林和开放的栖息地(Nicole et al.，2008)。在人为干扰下，森林恢复后的一系列梯度林型内，调查灯蛾科昆虫发现，在演替晚期森林内灯蛾科丰富度和多样性最高，其次是演替早期森林，最低为成熟森林，但在灌木层仍较高。稀有物种的比例显示相反的模式(Hilt and Fiedler，2005)。诸多学者研究认为，灯蛾科可作为蛾类物种丰富度最好的指标，而舟蛾科可作为粗尺度扰动表现最好的指标。说明特定蛾类物种丰富度的变化与其所处生境受干扰程度有一定的相关性(Summerville et al.，2004；Hilt and Fiedler，2005)。

本文在山西蟒河国家级自然保护区内选择了 5 种不同干扰强度的样地，统计和分析了样地内蛾类的群落组成、物种多样性指数、丰富度、均匀度、优势度等指标的变化，试图为人为干扰对生物多样性的影响和森林害虫的生态控制提供科学依据，并为蟒河国家级自然保护区内生物资源的保护与合理利用及保护区的长期发展规划提供基础资料和理论依据。

---

* 本文原载于《环境昆虫学报》，2015，37(1)：20-29.

1 材料与方法

1.1 研究地概况

蟒河国家级自然保护区(112°22′11″~112°31′35″E, 35°12′30″~37°17′20″N),位于山西省晋城市阳城县境内,总面积约5573hm^2。保护区四周环山,中间谷地,最高海拔为1572.6m,最低为300m。主要土壤类型为山地褐土,山麓河谷为冲积土,山顶为山地棕壤。气候冬季温和,夏季凉爽,年平均气温为14℃,无霜期180~240d,年降水量600~800mm,空气湿润,受季风影响不大,植物物种多样性较为丰富(铁军等,2014)。据报道,蟒河国家级自然保护区内有种子植物102科391属882种,占山西省种子植物总科数的75.9%,总属数的62.3%,总种数的52.4%(田随味等,2012)。保护区内的优势植被类型有:橿子栎林 *Quercus baronii*、栓皮栎林 *Q. variabilis*、鹅耳枥林 *Carpinus turczaninowii*、山茱萸林 *Cornus officinalis*,黄栌灌丛 *Cotinus coggygria*、荆条灌丛 *Vitex negundo* var. *heterophylla*、连翘灌丛 *Forsythia suspensa* 等(王璐等,2013)。在本区的植物区系组成中,属种数量较多的科有百合科 Liliaceae、禾本科 Gramineae、菊科 Compositae、毛茛科 Ranunculaceae、蔷薇科 Rosaceae、唇形科 Labiatae、十字花科 Cruciferae 和豆科 Leguminosae 等(茹文明和张桂萍,2002)。

1.2 样地选取

在保护区内选择5种不同干扰强度的样地:①成熟林,干扰强度最小;②次生林,干扰强度次之;③中等干扰人工林(远离村庄),人工种植的油松林,干扰强度中等;④强干扰人工林(村庄附近),人工种植的油松林,干扰强度大;⑤撂荒地,伐后的林地,干扰强度最大(见表1)。

表1 样地概况

Table 1 General descriptions of five plots

样地类型 Plot type	样地代码 Plot code	海拔(m) Altitude	坡向 Aspect	盖度(%) Coverage	植物组成 Plant composition	
					木本植物 Woody plants	草本植物 Herb plants
成熟林 Mature forest	MF	900	阳坡 Sunny slope	90	栓皮栎 *Quercus variabilis*、槲栎 *Q. aliena*、槲树 *Q. dentata Thunb*、黄栌 *Cotinus coggygria*、接骨木 *Sambucus williamsii*、石生悬钩子 *Rubus saxatilis* 等	风毛菊 *Saussureajaponica*、三脉紫菀 *Asterageratoides*、华北耧斗菜 *Aquilegia yabeana*、五味子 *Schisandra chinensis*、夏至草 *Lagopsis supina* 等
次生林 Secondaryforest	SF	860	半阳坡 Half-sunny slope	85	鹅耳枥 *Carpinus turczaninowii*、槲栎、橿子栎 *Q. baronii*、油松 *Pinus tabuliformis*、黄栌、接骨木、石生悬钩子、五角枫 *Acer pictum* subsp. Mono 等	博落回 *Macleaya cordata*、糙苏 *Phlomis umbrosa*、唐松草 *Thalictrum aquilegiifolium* var. *sibiricum*、川续断 *Dipsacus asper*、白羊草 *Bothriochloa ischaemum*、旋覆花 *Inula japonica* 等
中等干扰人工林 Moderately disturbed plantation	MDP	1200	半阳坡 Half-sunny slope	80	合欢 *Albizia julibrissin*、胡枝子 *Lespedeza bicolor*、连翘 *Forsythia suspensa*、绣线菊 *Spiraea salicifolia*、荆条 *Vitex negundo* var. *heterophylla*、黄栌等	油松、侧柏 *Platycladusorientalis*、鹅耳枥、槲栎、风毛菊、唐松草、薹草 *Carex siderosticta* Hance、旋覆花、铁杆蒿 *Artemisia vestita*、黄背草 *Themeda japonica*、毛茛 *Ranunculus japonicus*、白羊草等

（续）

样地类型 Plot type	样地代码 Plot code	海拔(m) Altitude	坡向 Aspect	盖度(%) Coverage	植物组成 Plant composition	
					木本植物 Woody plants	草本植物 Herb plants
强干扰人工林 Heavily disturbed plantation	HDP	1020	阳坡 Sunny slope	75	油松、侧柏、山楂 *Fructus crataegi*、槲栎、合欢、胡枝子、连翘、绣线菊、荆条、杠柳 *Periploca sepium* 等	蒲公英 *Taraxacum mongolicum*、酸模 *Rumex acetosa*、委陵菜 *Potentilla chinensis*、唐松草、薹草、旋覆花、铁杆蒿、白羊草等
撂荒地 Abandoned land	AL	850	阳坡 Sunny slope	70	旱柳 *Salixmatsudana*、胡枝子、连翘、绣线菊、荆条、杠柳等	薹草、旋覆花、铁杆蒿、黄背草、委陵菜、茜草 *Rubia cordifolia*、蒲公英、酸模、鹅绒藤 *Cynan chumchinense*、风毛菊等

1.3 调查方法

利用灯诱法于 2012 年 6～8 月对样地蛾类进行调查，每两日一次，每次采集时间为 20：00～24：00。使用 HS1000IS 变频汽油发电机、160W 高压汞灯、210cm×150cm 幕布(白化纤布)。在 4 种不同林型和撂荒地内各设置 3 块样地，每块样地到林缘的距离≥100m，在每块样地中再设 3 个样点。蛾类采集方法参考侯沁文等(2014)。标本种类鉴定主要参考朱弘复和杨集昆(1964)、陈一心(1985，1999)、韩红香和薛大勇(1999)、方承莱(2000)、赵仲苓(2003)、武春生和方承莱(2003，2010)、刘友樵和武春生(2006)等。所有标本保存在长治学院昆虫标本室。

1.4 数据处理

利用 Excel 2003 和 DPS 7.5 软件对数据进行统计分析，并计算下列指数：

(1)多度(N)：个体数。

(2)相对多度(RA)：第 i 个类群个体数占总个体数的百分比例。

(3)丰富度指数(S)：每个样地内的物种个数。

(4)Shannon-Wiener 指数(H')：

$H'=-P_i\ln(P_i)$，式中 P_i 为第 i 种的个体比例，即，N=全部物种的个体总数，N_i=第 i 种的个体数(Krebs，1999)。

(5)均匀度(J')采用 Pielou 公式：$J'=H'/\ln S$(Pielou，1988)。

(6)对数正态分布模型：$S(R)=S_0\exp(-a^2R^2)$，式中 $S(R)$ 指第 R 倍频程中物种数，S_0 为众数倍频程物种数，a 是与分布有关的参数(May，1975)。

(7)主成分分析：对影响蛾类多样性的干扰强度、海拔、坡向和盖度 4 项环境因子进行主成分分析(Sun，2001)。

2 结果与分析

2.1 不同干扰强度下蛾类物种组成

2012 年 6～8 月，在 5 类样地中共采集蛾类样本 10201 只，隶属 24 科 191 种，各样地中蛾类种数如下：成熟林 22 科 139 种，次生林 23 科 143 种，中等干扰人工林 21 科 106 种，强干扰人工林 17 科 75 种，撂荒地 16 科 48 种。5 类样地内不同月份蛾类群落的物种丰富度(S)和相对多度见表 2。

从表 2 可以看出，不同干扰林地内蛾类相对多度>10%的科有 6 个：夜蛾科、卷蛾科、尺蛾科、螟蛾科、草螟科、灯蛾科，在成熟林中为夜蛾科、尺蛾科、螟蛾科和草螟科，次生林内为尺蛾科、螟蛾科和草螟科，中等干扰人工林中为尺蛾科和草螟科，强干扰人工林中为尺蛾科、草螟科和卷蛾科，撂荒地中为夜蛾科、尺蛾科、卷蛾科和草螟科。

从蛾类受干扰水平来看，尺蛾科在5类样地中物种数均最多。将这5类样地中的尺蛾科物种数进行比较，成熟林最多(24种)，撂荒地最少(9种)。其次是草螟科，成熟林和次生林最多(18种)，撂荒地最少(7种)。仅次于草螟科的是螟蛾科，次生林最多(19种)，撂荒地最少(5种)。部分科仅出现在某一或部分样地内，如细蛾科、网蛾科和斑蛾科只出现在成熟林和次生林内；大蚕蛾科和羽蛾科出现于成熟林、次生林和中度干扰人工林内；鞘蛾科仅出现在次生林内。

表2　不同干扰强度下蛾类物种组成

Table 2　Mothspecies composition under different disturbance levels

科名 Families	成熟林 Matureforest		次生林 Secondary forest		中等干扰人工林 Moderately disturbed plantation		强干扰人工林 Heavily disturbed plantation		撂荒地 Abandoned land	
	S	*RA*(%)	S	*RA*(%)	S	*RA*(%)	S	*RA*(%)	S	*RA*(%)
舟蛾科 Notodontidae	11	7.6	11	7.4	7	6.9	5	6.6	4	8.9
夜蛾科 Noctuidae	10	10.2	12	9.5	9	8.1	9	8.9	6	11.4
灯蛾科 Arctiidae	6	6.2	8	5.5	7	6.6	5	7.1	4	9.0
卷蛾科 Tortricidae	14	9.6	11	7.6	10	9.2	7	10.0	5	10.5
毒蛾科 Lymantriidae	3	2.2	4	2.8	2	1.9	0	0.4	0	0
尺蛾科 Geometridae	24	14.8	22	15.1	18	17.5	15	21.7	9	19.4
螟蛾科 Pyralidae	16	11.4	19	12.8	10	9.3	7	9.3	5	9.9
草螟科 Crambidae	18	12.7	18	13.0	14	13.4	9	11.5	7	14.8
刺蛾科 Limacodidae	1	1.0	2	1.4	1	1.0	0	0	0	0
鹿蛾科 Ctenuchidae	2	1.2	2	1.4	2	1.9	3	3.5	2	3.6
蚕蛾科 Bombycidae	5	3.3	4	3.0	5	4.4	4	5.6	2	3.6
大蚕蛾科 Saturniidae	2	1.2	2	1.4	2	1.6	0	0	0	0
细蛾科 Graci1lariidae	2	1.2	1	1.0	0	0	0	0	0	0
网蛾科 Thyrididae	0	0	0	0.3	0	0	0	0	0	0
斑蛾科 Zygaenidae	1	0.7	1	0.5	0	0	0	0	0	0
枯叶蛾科 Lasiocampidae	4	2.7	4	2.5	3	3.2	2	2.2	0	0.6
羽蛾科 Pterophoridae	1	0.9	2	1.1	1	1.0	0	0	0	0
木蠹蛾科 Cossidae	2	1.2	1	1.4	1	0.8	0	0.4	0	0.7
潜蛾科 Lyonetiidae	2	1.3	2	1.2	2	1.6	1	1.4	0	0.8
展足蛾科 Heliodinidae	2	1.2	2	1.2	1	1.2	1	0.9	0	0
麦蛾科 Gelechiidae	5	3.4	5	3.7	5	4.4	3	4.4	2	4.2
菜蛾科 Plutellidae	4	2.9	4	2.8	2	1.9	2	3	1	1.3
鞘蛾科 Coleophoridae	0	0	1	0.2	0	0	0	0	0	0
合计 Total	139	100	143	100	106	100	75	100	48	100

2.2　不同干扰强度下蛾类多样性和均匀度的变化

由表3可知，蛾类多样性指数次生林最大(3.876)，成熟林次之(3.825)，撂荒地最小(3.304)；蛾类均匀度指数撂荒地最大(0.937)，成熟林最小(0.855)。从总体变化趋势可以看出，除次生林外，干扰强度与蛾类多样性指数成反比；蛾类均匀度指数与干扰强度成正比。蛾类的多样性指数与均匀度指数表现不一致。

以干扰强度为单因素进行方差分析结果显示，不同干扰强度下蛾类多样性($F=21.720$，$df=4$，$P=0.001$)和均匀度指数($F=6.787$，$df=4$，$P=0.007$)均差异显著。Duncan多重比较结果表明，蛾类多样性指数、均匀度指数在成熟林、次生林、中等干扰人工林三者之间差异均不显著；在撂荒地与上述三种林型之间，蛾类多样性指数、均匀度指数差异均显著；然而，在强干扰人工林与上述3种林型之间，蛾类多样性指数差异显著，均匀度指数差异不显著。

表 3　不同干扰强度下蛾类种多样性和均匀度

Table 3　Moth diversity and evenness under different disturbance levels

样地类型 Plottype	种数 Species number	多样性 Diversity	均匀度 Evenness
成熟林 Mature forest	139	3. 825±0. 117a	0. 855±0. 013bc
次生林 Secondary forest	143	3. 876±0. 081a	0. 861±0. 004b
中等干扰人工林 Moderately disturbed plantation	106	3. 797±0. 042a	0. 868±0. 014b
强干扰人工林 Heavily disturbed plantation	75	3. 533±0. 121b	0. 894±0. 011b
撂荒地 Abandoned land	48	3. 304±0. 064c	0. 937±0. 022a

2. 3　不同干扰强度下蛾类群落种-多度曲线

分别对 5 类样地中蛾类多度进行对数正态分布模型拟合，结果见图 1。

由图 1 可知，成熟林蛾类群落(P=0. 717)、次生林蛾类群落(P=0. 739)和中等干扰人工林蛾类群落(P=0. 153)均表现为对数正态模型，说明这 3 种林型中蛾类群落所处环境条件优越、物种丰富度高，其中，成熟林和次生林群落环境条件最优越，蛾类丰富度最高，中间物种较多，而优势种较少；中等干扰人工林蛾类群落也符合对数正态分布模型，说明远离村庄封山育林的中等干扰人工林环境条件正在良性健康发展，但其蛾类群落稳定性仍然较成熟林群落和次生林群落差。强干扰人工林和撂荒地蛾类多度不符合对数正态模型(P<0. 05)，说明这两种林型受到的干扰程度最大，部分物种消亡，物种数量最少，群落结构不稳定。

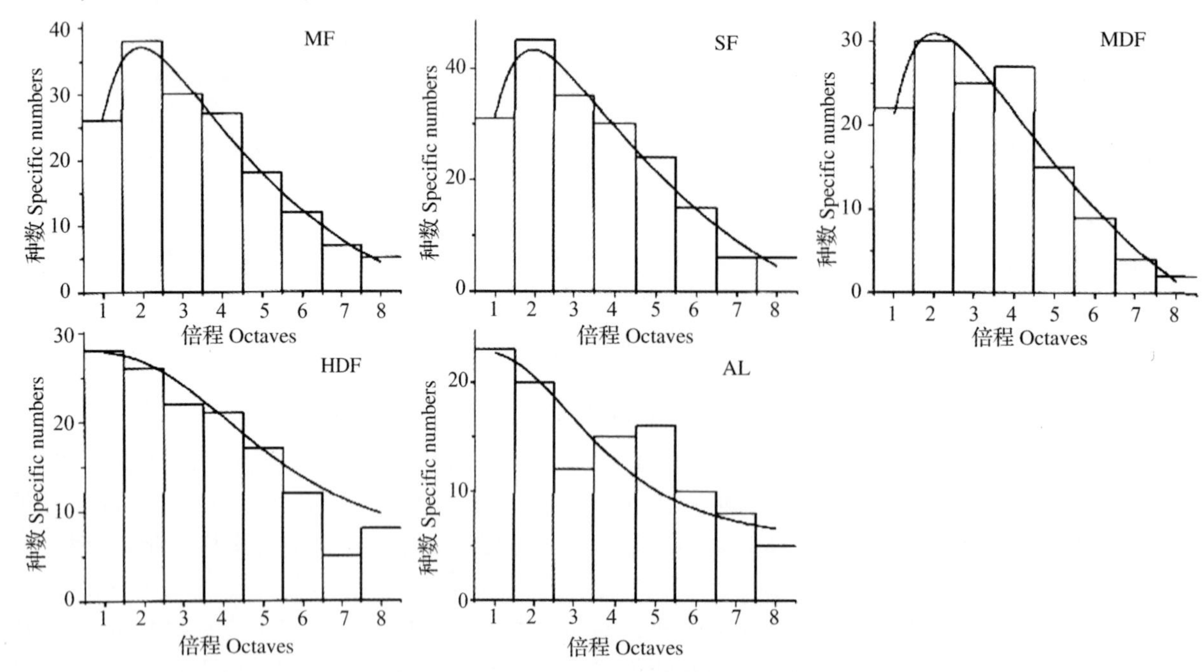

图 1　不同干扰强度下蛾类群落种—多度曲线

Fig. 1　Species-abundan cecurves for moths under different disturbance levels

2.4 影响蛾类多样性环境因子的主成分分析

对4项环境因子(干扰强度、海拔、坡向和盖度)进行了主成分分析可知，特征值>1的主成分有2个，累计贡献率达86.2%(见表4)。表明前2个主成分包含了影响蛾类多样性的干扰强度、海拔、坡向和盖度4个变量的大部分信息，其余2个成分对方差影响很小。因此，取前2个主成分进行进一步分析计算出其相应的特征向量，找出影响蛾类多样性的主要因子(见表5)。从表4和表5可以看出，第一主成分的贡献率较高(58.7%)，特征向量中干扰强度和盖度的相关系数绝对值大，分别为0.931和0.925，表明干扰强度和盖度因子对蛾类多样性有较大影响；第二主成分的贡献率为27.5%，特征向量中坡向的相关系数绝对值大，为0.808，反映了坡向对蛾类多样性的影响。

主成分分析中的主因子载荷系数表示各主导因子与变量之间的相互关系，能够反映各变量在此主导得分值中变量的系数。某变量的系数越大，表示在此因子中此变量的权重就越大。综合2个主成分的载荷系数值来看，载荷系数值从大到小依次为干扰强度(0.931)、盖度(0.925)、坡向(0.808)。表明干扰强度、盖度和坡向是影响蟒河蛾类多样性的主要因子。

表4 影响蛾类多样性环境因子的特征向量

Table 4 Principal eigenvectors of environmental factors on affecting moth diversity

主成分 Principalcomponent	特征值 Eigenvalue	贡献率(%) Contributionrate	累积贡献率(%) Cumulativecontributionrate
1	2.349	58.7	58.7
2	1.093	27.5	86.2
3	0.546	13.6	99.8
4	0.008	0.2	100.0

表5 影响蛾类多样性环境因子的主成分

Table 5 Principal component of environmental factors on affecting moth diversity

因子 Factor	主成分1 Principal component 1	主成分2 Principal component 2
干扰强度 Disturbance intensity	0.931	0.340
盖度 Coverage	0.925	0.353
海拔 Altitude	-0.474	-0.459
坡向 Aspect	-0.405	0.808

3 结论与讨论

3.1 不同干扰强度下蛾类群落结构组成

干扰改变了森林中植物群落组成，同时植物群落演化也改变了生态系统中昆虫群落的组成结构，一部分类群优势明显，而其他类群则可能受抑制(Hedlund et al.，2004；王珍等，2012)。人为干扰导致森林生态系统破坏，森林会自我修复其生态系统，恢复进程中的昆虫种类数却明显高于成熟森林和开放的栖息地(Nicole et al.，2008)。本研究表明，蛾类各科在5种不同干扰强度的林型内的优势类群有所不同。尺蛾科在5类样地中物种数均为最多，其次为草螟科和螟蛾科，尺蛾科物种数随干扰程度增大而呈逐渐下降趋势，尺蛾科优势度则为上升趋势；草螟科优势度变化与干扰程度之间没有线性关系；值得一提的是，随干扰程度增大螟蛾科优势度先上升后下降。说明森林受到人为干扰后，尺蛾科优势地位明显增强，草螟科受抑制不明显；在适度干扰下，螟蛾科种数及优势度均高于成熟林，随干扰强度进一步增加其种数及优势度均显著降低。

3.2 不同干扰强度下蛾类丰富度和相对多度的变化

近年来，蟒河国家级自然保护区因旅游开发、林木砍伐和工厂污染等人为因素，以及植被、火灾和酸雨等自然因素，生态环境遭到了不同程度的破坏。中度干扰假说指出，只有中等程度的干扰使多样性维持较高水平，它允许更多的物种入侵和定居(Connell，1978；Huston，1979)。本研究表明，蛾类物种数总体是随着干扰程度加强而下降；但是有例外，次生林蛾类物种数(143)高于成熟林(139)，二者共有的蛾类物种较少，仅76种。原因可能是次生林为天然原始森林受干扰后所形成，其所受的干扰强度高于成熟林，受干扰后，植物群落结构等因素的改变会导致次生林内原有的一部分蛾类物种消亡，但是随着植被的恢复，植物物种数的增加，中等程度的干扰维持较高水平，它允许更多的物种入侵和定居即可能出现新的种类(Knops *et al.*，1999；Haddad *et al.*，2001)。与次生林、成熟林相比，中等干扰人工林物种数仅有106，说明其干扰程度明显高于次生林、成熟林，但随着干扰强度降低并维持在一定水平，中等干扰人工林的干扰也可能会符合中度干扰假说，那时会有更多种类植物不断进入，蛾类物种数量也会逐渐增加。

蛾类丰富度和相对多度除了与植被类型有关外，还与诸多外界干扰因素有关。据报道，植物群落结构由于受到各种因素干扰逐步发生演化，植物群落演化的同时昆虫群落也不断演化发展，部分物种受到抑制甚至灭亡，而某些优势类群却更加显著(王珍等，2012)。森林受到人为干扰后，在不同恢复阶段，演替晚期的灯蛾科丰度和多样性最高，其次是演替早期森林，最低为成熟期森林(Hilt and Fiedler，2005)。本研究表明，人为干扰为影响蟒河国家级自然保护区蛾类的丰富度和相对多度变化的主要因素之一；此外，蛾类丰富度与多样性也受坡向和盖度因子的影响。

3.3 不同干扰强度下蛾类多样性和均匀度的变化

多样性和均匀度指数与群落结构稳定性密切相关。生境破坏、环境污染、外来种入侵以及生物资源的过度开发等均直接影响到部分物种种群的大小和绝灭率，从而影响森林生态系统中物种的多样性和均匀性(Wilcove *et al.*，1986；Niemela，1997)。多样性指数与均匀度一致，则表明群落结构是稳定的(贺答汉等，1988)。乌宁等(2002)研究表明，随着放牧强度的增加，研究区蛴螬群落密度、群落多样性、均匀性、种类丰富度指数，以及成虫和幼虫密度比值呈下降趋势。诸多学者研究表明，在植被较为混杂的地区进行调查，发现尺蛾科多样性在受干扰地区明显增加，分析认为毗邻生境中昆虫的扩散活动是造成这种现象的原因之一(Brehm and Fiedler，2005)。本研究表明，成熟林和次生林的多样性指数与均匀度表现一致，种-多度曲线呈对数正态分布，说明这2类样地蛾类群落结构稳定。中等干扰人工林、强干扰人工林和撂荒地中蛾类的多样性指数与均匀度表现不一致，其中强干扰人工林和撂荒地不符合对数正态分布，而中等干扰人工林种-多度曲线符合，说明强干扰人工林中和撂荒地蛾类群落结构不稳定；而中等干扰人工林相对较稳定，这可能是由于中等干扰人工林群落中优势种减少和稀有种有增多所造成的，虽然中等干扰人工林的环境现在比较稳定，但随干扰强度加大和干扰时间增加，种-多度关系将有可能趋向对数级数模型，其环境将出现退化的趋势。但是Li等(2011)的研究表明不同的森林经营方式下，蝴蝶物种数量的变化幅度波动较大。关于蟒河国家级自然保护区森林经营方式对蛾类多样性的影响还有待进一步研究。

3.4 不同干扰强度下蛾类群落种-多度曲线

在判定森林生态系统的健康状态时，多数学者认为，如果生态系统未受外界因素干扰或受到一定干扰且程度非常有限时，多样性-多度关系常呈对数正态分布；然而，若受到严重干扰而环境恶劣时，多样性-多度格局常常有所变化且不再表现为这种情况，多样性和丰度分布偏离对数正态分布越远(张红玉和欧晓红，2006)。在多样性和多度关系的基础上，结合昆虫群落的种群数量、种类数、均匀度和多样性指数等指标，可提供生态系统受到外界因素干扰程度的依据。若生态系统未受干扰，则健康状态良好，一般不会出现退化趋势。总的来说，平衡稳定的群落多度曲线通常服从对数正态分布，相反，符合对数正态分布的群落多属于环境条件优越，受干扰程度较低，物种丰富度高的群落(May *et al.*，1981；尤平和李后魂，2006)。本文也认为强干扰人工林和撂荒地受到的干扰程度最大，是由于种-多度关系趋向于生态位优先占领假说，个体数量不呈对数正态分布。从而表明强干扰人工林和撂荒地受干扰程度严重，环境条件不稳定，群落结构变化大，生态系统偏离健康状态。而成熟林、次生林和中等干扰人工林群落的种-多度曲线呈对数正态分布，说明成熟林、次生林和中等干扰人工林受干扰程度相对较轻，蛾类群落环境较好。

蟒河自然保护区两栖爬行动物*

白海艳　铁　军
（长治学院生化系，山西长治，046011）

摘　要：文章记述了分布于蟒河国家自然保护区内的两栖爬行动物。两栖动物有 2 目 3 科 4 属 4 种；爬行动物有 3 目 3 科 4 属 4 种。其中蓝尾石龙子（*Eumeces elegans* Boulenger）为蟒河自然保护区新纪录。

关键词：蟒河自然保护区；两栖爬行动物

蟒河国家自然保护区位于山西省的东南部，中条山东端，距阳城县 30km。东经 112°22′10″～112°31′35″，北纬 35°12′50″～35°17′20″，东起三盘山，西至指柱山，南至河南济源省界，北至花园岭。海拔最高 1572m，最低 520m，总面积约 5600hm^2。蟒河一带冬季温和，夏季凉爽，年平均气温 14℃，无霜期 180d，年降水量 530mm～800mm，空气湿润，受季风影响不大，适合各种动植物生存。

近些年，对蟒河自然保护区内鸟类、猕猴的研究报道较多，本文作者通过查阅资料和实地调查（2002 年、2005 年暑期），统计了分布于该区的两栖爬行动物，旨在为保护和研究该区两栖爬行动物提供基础资料。

1　统计结果

1.1　两栖类

分布于蟒河自然保护区的两栖爬行动物有 2 目，3 科，4 属，4 种。见表 1。

表 1　蟒河自然保护区内的两栖动物统计结果

种名	目	科	属
大鲵 *Andrias davidianus*	有尾目 Caudata	隐鳃鲵科 Cryptobranchidae	大鲵属 *Andrias*
中华蟾蜍 *Bufo gargarizans*	无尾目 Anura	蟾蜍科 Bufonidae	蟾蜍属 *Bufo*
无指盘臭蛙 *Odorrana grahami*	无尾目 Anura	蛙科 Ranidae	臭蛙属 *Odorrana*
棘腹蛙 *Paa boulengeri*	无尾目 Anura	蛙科 Ranidae	棘蛙属 *Paa*

1.1.1　大鲵 *Andrias davidianus*（Blanchard）

Sieboldia dauidiana Blanchard 1871 Compt. Rend. Acad. Sci. Paris 73：79

Megalobatrachus sligoi Boulenger 1924 Proc. Zool. Soc. London 173

Megalobatrachus japonicus dauidi Chang 1935 Bull. Soc. Zool. 60；374

别名：娃娃鱼，国家Ⅱ级保护动物。

鉴别特征：体呈鲶鱼形，体大，全长一般在 1m 左右。头、躯干扁平；尾侧扁，游离端圆钝，眼甚小，无眼睑，头部背腹面皆有成对疣粒。

分布：山西仅分布于垣曲县及阳城县。国内分布于河北、河南、陕西、甘肃、青海、四川、贵州、湖北、安徽、江苏、浙江、江西、湖南、福建、广东、广西。

经济价值：肉可食，皮可制革，全身可入药，治疗灼伤、小儿嗝食之类的胃病、解热明目、防治贫血和经血失调等症。

* 本文原载于《长治学院学报》，2005，22（5）：8-10.

1.1.2 中华蟾蜍 *Bufo gargarizans* Gantor

Bufo gargarizans Gantor 1842 Ann. Mag. Nat. Hist. 9：483

别名：大疥蟾蜍、癞蛤蟆、疥毒。

鉴别特征：个体较大，皮肤极粗糙，背面密布大小不等的圆形瘰粒，有耳后腺。头宽大于头长，吻端圆而高，鼻尖距小于眼间距，鼓膜显著。腹面黑斑极显著。

分布：在山西右玉、大同、阳高、广灵、灵丘、河曲、朔州、代县、兴县、原平、五台、静乐、临县、孟县、阳泉、太原、交城、文水、离石、平定、和顺、榆社、武乡、介休、大宁、蒲县、吉县、乡宁、沁源、安泽、长治、河津、侯马、陵川、晋城、临猗、运城、垣曲、阳城等地有分布。另外，在山西灵丘县三楼自然保护站、芦芽山自然保护区、庞泉沟国家自然保护区、历山国家自然保护区也有分布。国内分布于黑龙江、吉林、辽宁、内蒙古、甘肃、河北、山东、陕西、河南、四川、湖北、安徽、江苏、浙江、江西、湖南、福建、广西和台湾等地。

经济价值：干蟾、蟾酥有解毒、消肿、止痛之功效。

1.1.3 无指盘臭蛙 *Odorrana gra/iami*(Boulenger)

Rana grahami Boulenger 1917 Ann. Mag. Nat. Hist. (8)20：415

Odorrana grahami Fei，Ye et Huang1990 Key Chinese Amph. 147-149

Rana andersonii Pope & Boring 1940 Pek. Nat. Hist. Bull. 15(1)：49-50

别名：青鸡。

鉴别特征：体型较大而扁平，指端浑圆无横沟，趾末端无沟，趾间全蹼；体背皮肤光滑。雄性胸腹部满布分散小白刺；有一对咽侧内声囊。

分布：在山西分布于夏县、绛县、永济、垣曲、沁水、阳城、晋城。在国内分布于四川、云南、贵州。

经济价值：森林害虫天敌；肉可食用。

1.1.4 棘腹蛙 *Paa boulengeri*(Guenther)

Rana boulengeri Guenther 1889 Ann Mag. Nat. Hist. (6)4：222.

Paa(*Paa*)*boulengeri* Fei，Ye et Huang 1990 Key Chinese Amph. 153-156

别名：刺蛤蟆、石蛙。

鉴别特征：体大而肥壮；皮肤较粗糙，背面有若干成行排列的窄长疣；趾间全蹼。雄性前肢特别粗壮，胸腹部满布大小黑刺疣。

分布：山西仅见于永济、运城、垣曲、沁水、阳城、陵川。国内分布于陕西、甘肃、四川、贵州、湖北、湖南、广西等地。

经济价值：为害虫天敌；可食用；可入药治疗小儿虚瘦、疳积、病后及产后虚弱等症。

1.2 爬行类

蟒河自然保护区分布的爬行动物有3目，3科，4属，4种，见表2。

表2 蟒河自然保护区内的爬行动物

种名	目	科	属
中华鳖 *Trionyx sinensis*	龟鳖目 Testudinata	鳖科 Trionychidae	鳖属 *Trionyx*
蓝尾石龙子 *Eumeces elegans*	蜥蜴目 Lacertiformes	石龙子科 Scincidae	石龙子属 *Eumeces*
白条锦蛇 *Elaphe dione*	蛇目 Sperpentiformes	游蛇科 Colubridae	锦蛇属 *Elaphe*
虎斑游蛇大陆亚种 *Rhobdophis tigrina lateralis*	蛇目 Sperpentiformes	游蛇科 Colubridae	颈槽蛇属 *Rhobdophis*

1.2.1 中华鳖 *Trionyx sinensis* Wiegmann

Trionyx(*aspidonectes*) *sinensis* Wiegmann 1835 Nova Acta Acad. leop. Carol. XVII：189.

Pelodiscus sinensis Fitzinger 1835 Ann. Wien Mus. 1：127
Tyrse perocellata Gray 1844 Cat. Tort Croc. Amphisb. Brit. Mus. 48
Dogania subplana Gray 1862 Pros. Zool. Soc London. 265
Landemania irrorata Gray 1869 Pros. Zool. Soc London. 216，Fig. 18
Gymnopus perocellatus David 1872 Nouv. Arch. Mus. Hist. Nat. Paris VI，Bill. 37
Oscaria swinhoei Gray 1873 Ann. Mag. Nal. Hist.（4）XII：157
Yuen leprosus Heude 1880 Mem. Hist. Nat. Emp. Chinois. 1：20
Amyda sinnesis Stejneger 1907 Herp. Japan. 524

别名：团鱼、甲鱼、王八。

鉴别特征：头部具吻，形成吻突，吻突较长；背、腹甲没有角质盾片，表面被革质皮肤；颈基部两侧与背甲前缘齐平；皮肤有许多小疣，头部有黑色纵线，体背橄榄色。

分布：在山西分布于灵丘、临县、交城、文水、太谷、武乡、左权、蒲县、沁源、沁水、阳城和垣曲县等。另外，灵丘县三楼自然保护站、历山国家级自然保护区也有分布。国内分布于黑龙江、吉林、辽宁、河北、内蒙古、山东、河南、陕西、四川、云南、贵州、湖北、安徽、江苏、浙江、江西、湖南、福建、台湾、广东、广西和海南等地。

经济价值：肉可食，营养价值高，为滋补品。可入药和作为科研材料。

1.2.2 蓝尾石龙子 *Eumeces elegans* Boulenger

Eumeces elegans Boulenger 1887 Cat. Liz. Bnt. Mus. III：371
Eumeces zanlh Barbour 1912 Mem. Mus. Comp. Zool. XI：134
Plestiondon elegans Sun 1926 Cont. Biollab. Sci. Soe. China. II（2）：5

别名：山龙子。

鉴别特征：体型较小，幼体背面黑色，有5条清晰的金黄色纵线，成体此纵线仍隐约可见，尾部蓝色：后颏鳞单数．具后鼻鳞；雄体肛侧有大棱鳞。

分布：山西分布于垣曲县、蟒河自然保护区．为蟒河自然保护区的新纪录种。国内分布于河南、四川、云南、贵州、湖北、安徽、江苏、浙江、江西、湖南、福建、台湾、广东和广西。

经济价值：捕食作物害虫，为作物除害；可入药。

1.2.3 白条锦蛇 *Elaphe dione*（Pallas）

Coluber dione Pallas 1773 Reise Russ. Reichs II：717
Elaphe dione Stejneger 1907 Herpet. Japan. 315

别名：枕纹锦蛇、麻蛇

鉴别特征：体细长。头小，呈椭圆形。上颌骨前端没有毒牙。头背面有深褐色的钟形斑，体背面有4条深棕色纵纹。吻鳞显露于头背，体鳞微起棱；背鳞25-23-19行：

分布：是山西的广布种，北至大同地区、忻州地区，中部的晋中地区，南至运城地区及晋东地区。另外，山西芦芽山、庞泉沟、历山、五台山、绵山等地区也有分布。国内分布于黑龙江、吉林、辽宁、河北、山东、河南、陕西、内蒙古、甘肃、青海、新疆、安徽和江苏。

经济价值：肉可入药、可食；以农、林、牧业的害鼠为食，有益于农、林、牧业。

1.2.4 虎斑游蛇大陆亚种 *Rhobdophis tigrina lateralis*（Berthold）

Tropidonotus ligrina Guenther 1858 Cat. Colubr. Snakes. Brit. Mus.
Natrix tigrina laterslis Stejneger 1907 Herp. Japan. 278

别名：虎斑颈槽蛇、花蛇、红颈蛇、雉鸡脖、野鸡脖子。

鉴别特征：颈部正中有颈沟，背面橄榄绿色，自颈部至体中部两侧有橘红色与黑色斑块交替排列。枕部两侧有较大的"八"字形黑斑，间以红斑。

分布：在山西分布广泛，数量较多，11个自然保护区（山西历山国家级自然保护区、山西庞泉沟国家级自然保护区、芦芽山自然保护区、天龙山自然保护区、五鹿山自然保护区、运城天鹅越冬自然保护区、灵空山自然保护区、绵山自然保护区、河津灰鹤越冬自然保护区、蟒河自然保护区、灵丘青檀自然保护区等)皆有活动踪迹。在国内分布于黑龙江、吉林、辽宁、河北、山东、河南、陕西、内蒙古、甘肃、西藏、四川、贵州、湖北、安徽、江苏、浙江、福建、湖南和广西。

经济价值：肉可食，蛇蜕可入药。能捕食小型啮齿类和一些鞘翅目农业害虫。

2 结束语

两栖爬行动物是自然历史长期发展中形成的，是大自然生态系统中不可缺少的组成部分，对于维持自然生态系统的相对稳定和发展起着重要作用。人类应在不影响其相对平衡，使其向良好的方向发展并促进两栖爬行动物资源增长的前提下，对其资源进行合理利用。两栖爬行动物的适应能力比其他脊椎动物差，种类和数量较少，尤其是近些年，随着经济发展，旅游资源的开发及日益恶化的自然环境条件，使两栖爬行动物的数量锐减。据资料报道，自 1980 年以来，已有 122 种两栖动物永远离开了我们，更有近 1/3 的两栖动物物种陷入了灭绝境地。

通过本研究可知，在蟒河自然保护区分布的两栖爬行动物种类和数量都很少。因具有一定的经济价值，在经济利益的驱动下，滥捕滥杀，加之近些年蟒河旅游业的发展，使这些动物的栖息环境在不同程度上受到破坏。这些都会影响两栖爬行动物的生存与繁衍。因此，应加强对蟒河自然保护区两栖爬行动物的保护。

山地麻蜥的生态观察*

薛之东[1]　张青霞[2]　王金燕[2]
（1. 中条山森林经营管理局，山西侯马，043003；2. 山西蟒河猕猴国家级自然保护区管理局）

摘要：2003—2005 年，在蟒河保护区对山地麻蜥的生态进行了观察研究。观察表明，山地麻蜥在本区的繁殖期为 5~7 月，5 月为交尾盛期，经过 25~28 天挖洞产卵，孵化时间为 50 天。在该区的遇见率为 2.6 只/km。9 月下旬入蛰，翌年的 3 月底出蛰。

关键词：山地麻蜥；生态；蟒河保护区

山地麻蜥(*Eremias breuchleyi*)，别名蛇蜥、麻蛇子、华北麻蜥，在国内分布于河北、山东、河南、内蒙古、山西、安徽和江苏等地区[1]，安徽灵璧县是目前已知该种在我国东部分布区的南界[2]。在山西分布于五台山、恒山、系舟山、中条山和太行山等地区。多见于裸岩山地、灌草丛边缘地段及路边杂草丛中。有关其生态的系统研究报道尚不多见，作者于 2003—2005 年在山西阳城蟒河猕猴国家级自然保护区对该蜥的生态习性进行了观察研究，现整理如下。

1　研究地点及方法

山西阳城蟒河猕猴国家级自然保护区位于山西省南部的阳城县蟒河镇和东冶镇境内。该区地处东经 112°22′10″~112°31′35″，北纬 35°12′30″~35°17′20″，总面积 5573hm^2，主峰指柱山海拔 1572.6m，属暖温带季风型大陆性气候，是东南亚季风的边缘地带。保护区境内山高坡陡，峡谷纵横，断裂显著，剥蚀明显，山涧溪流常年不断。全区植被属暖温带落叶阔叶混交林带，植被覆盖率在 80%以上。

2003—2005 年的 6 月采用徒步行走路线统计法，选定山地人行路 3km 的路段，每小时行程 2km，统计山地麻蜥的遇见数，并详细观察记录该蜥的活动情况规律。3 月和 9 月观察其出入蛰情况。

2　繁殖习性

2.1　繁殖行为

观察表明，山地麻蜥在本区的繁殖期为 5~7 月。5 月中旬，在裸岩山地林稀草少的生境中，可见到雌雄蜥交尾。繁殖期雄性似乎没有定居点，活动范围较大，会一直向前走 200 余米仍不回头。而雌性活动范围相对较小，多在有空隙的大石块周围活动，一有动静，立即钻入石块下。

2.1.1　繁殖期雌雄外形的区别　雄性的颜色较雌性鲜艳，尾基部明显粗于雌性，但腹部不及雌性膨大，此结果同邹寿昌等[3]。

2.1.2　交配　2005 年 5 月 16 日曾在野外观察到 1 例交配行为，记述如下：8：40 到达观察点，恰巧见到 1 雄 1 雌，相距约 8cm，由于听到走路声，呈现出高度警惕的静止状态，推断可能要进行交配，便在一旁凝声静气认真观察。9：15 见雌蜥用爪抓地，然后奔跑，雄蜥追上，从侧面一下咬住雌蜥跨部前面，雌蜥拖着雄蜥走了约 2 分钟，然后于原地转了 3 圈，雄蜥猛力翻倒雌蜥，将尾横扫过去，开始交配。为了加强交配时的牢固性，雌蜥侧身咬住雄蜥的颈部。此时，它们均腹部朝上躺在地上，处于对周围环境刺激的极度抑制状态，除呼吸外一动不动。9：38 雌蜥松口，9：50 雄蜥将微卷曲的尾

* 本文原载于《四川动物》，2006，25(2)：367-368.

放下，雌雄瞬间用力分开，整个交尾时间持续35分钟。

2.1.3 产卵及孵化 据观察，交尾后，大约经过25～28天，雌体产卵。多选择大石块下的松土中挖洞产卵，挖土时，雌体用嘴及前肢挖土，后肢向后推土，洞深约10cm，状如“T”形。卵呈椭圆形，白色革质。据对4窝16枚卵的测量，重约0.6(0.4～0.8)g，大小约1.35(1.20～1.49)×0.85(0.7～1.04)cm。窝卵数3～5枚。

产卵时间约在每天的19点左右。自然孵化时间为50天，刚孵化的小麻蜥尾端为蓝绿色，有金属光泽，1个月后逐渐消失[3]。

2.2 遇见率

3年对山地麻蜥调查时的遇见情况统计如表。

表　山地麻蜥的数量统计(遇见只数和遇见率)

年	猴山	只/km	树皮沟	只/km	全区(均值)	只/km
2003	7	2.3	9	3.0	8.0	2.6
2004	6	2.0	8	2.7	7.0	2.4
2005	7	2.3	10	3.3	8.5	2.8
均值	6.6	2.2	9	3.0	7.8	2.6

结果表明，该蜥在猴山的遇见率为2.2只/km，树皮沟为3.0只/km，全区平均2.6只/km。

3 食性

该蜥的食物组成，主要有昆虫纲、甲壳纲、蛛形纲、多足纲等，捕食种类与季节有一定的关系。在盛夏季节，多以蜂、蝇、蚊、虻等为主；秋季又多见捕食叶蝉、粘虫、蝼蛄、金针虫、瓢虫、蚂蚁等。其捕食活动范围一般不超过栖息地半径10m。

4 日活动规律

山地麻蜥属昼行性动物，多在天气晴朗、阳光照射强烈的时间外出活动，阴天而刮大风时少见，阴雨连绵则很少外出活动。行动迅速，爬行方式为时行时止，间歇急行，对周围环境的动静极为敏感，反应敏捷，警惕性高，一遇险情，迅速逃入洞穴躲藏或钻入草丛中隐蔽片刻。在行进中转弯变向十分迅速。被追赶的个体，如无藏身之处，可在高速爬行中突然停止，调转方向再继续迅速爬行。被捕捉时，只要触动其尾部，尾部便会自动切断，离体的尾巴不停地左右弯曲摆动，摆的时间和断尾长短成比例。

7月和9月，选择晴朗风小的天气对山地麻蜥的日活动规律进行了观察记录，结果如图所示。

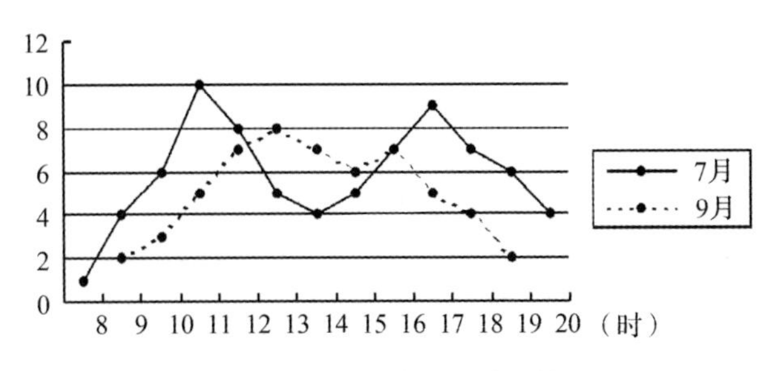

图　山地麻蜥的日活动规律

由上图可以看出，它在夏季天气炎热时，活动开始得早，结束得晚，有两个高峰，一个低谷，呈

“M”形。随着季节的变化，日照渐短，全日活动开始的时间逐渐推迟而结束的时间日趋提前，高峰与低谷的差别缩小。

5 冬眠习性

秋末冬初气温降低，食物缺乏时本区山地麻蜥进入冬眠，通常在9月下旬入蛰。解除冬眠的时间是在翌年的3月下旬末。越冬地点一般选在向阳背风的山地缓坡地段自然形成的土穴、小洞或岩石缝隙处。

该蜥以多种农林害虫为食，对农林业有益，其干制品又可能入药，应加强保护，合理地利用。

山西阳城发现刘氏链蛇*

张建军
（山西阳城蟒河猕猴国家级自然保护区，阳城，048100）

2018年8月8日，在山西阳城蟒河猕猴国家级自然保护区内树皮沟管护站的前庄(35°17′16.45″N，112°25′24.10″E，970m)采到1蛇类标本。经鉴定，该蛇隶属于游蛇科(Colubridae)链蛇属(*Lycodon*)，为刘氏链蛇(*L. liuchengchaoi*)，为山西省爬行动物分布新记录种。标本现保存于山西阳城蟒河猕猴国家级自然保护区标本馆，标本编号MHLP2018008。该标本(图1)为雌性个体，体全长389mm，尾长80mm，体中段粗20.2mm，尾长与体长之比0.206。头长10.8mm，头宽7.5mm。头略大而扁平，与颈区分明显；吻鳞宽2.0mm，吻端宽钝。鼻鳞二分，颊鳞1枚，矩形，入眶，但与鼻间鳞不相接。前额鳞接颊鳞，不入眶。额鳞近三角形，长宽相等；眶前鳞1枚，眶后鳞2枚。颞鳞2+2；颔片2。背鳞17-17-15，中央几行略起棱；腹鳞200；肛鳞二分。身体近圆柱形；瞳孔椭圆形。头背黑色，枕部有黄色横斑。背腹黑色，体部和尾部具黄色环纹，亦环围腹面。

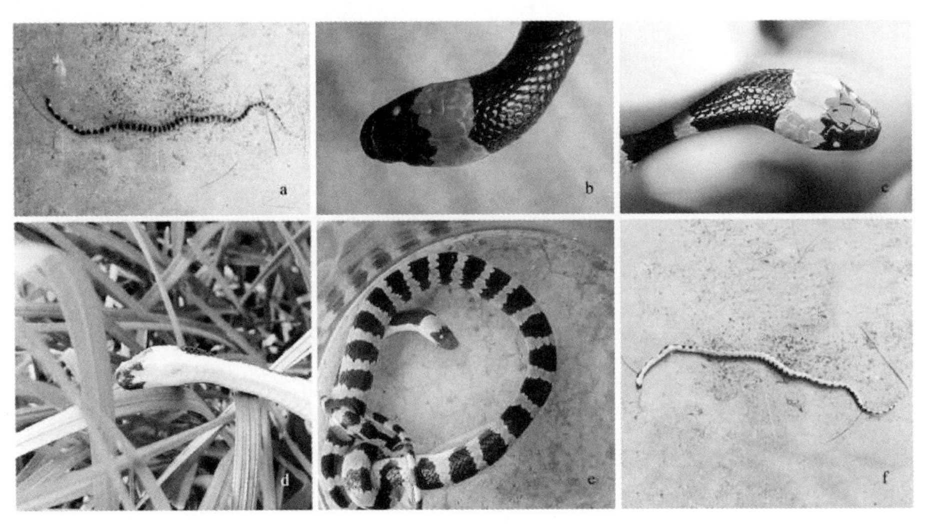

图1　刘氏链蛇

Fig. 1　*Lycodonliuchengchaoi*

a. 活体背面；b. 活体头部；c. 活体头侧面；d. 活体头腹面；e. 浸泡标本背面；f. 浸泡标本腹面。

a. Dorsal viewin life；b. Dorsal head view of head in life；c. Lateral head view in life；d. Ventral head in life；e. Dorsal view in preservative；f. Ventral head view in preservative.

刘氏链蛇是Zhang等，于2011年依据我国四川省青川唐家河标本发表的蛇类新种。已有学者分别在陕西省宁陕县(彭丽芳等，2014)、浙江省凤阳山自然保护区(彭丽芳等，2017)和广东省车八岭国家级自然保护区(彭丽芳等，2018)采集到刘氏链蛇雌性标本。2016年，在湖南壶瓶山国家级自然保护区采集到雄性成体蛇类标本(白林壮等，2018)。

本次标本采集地位于山西省东南部的阳城蟒河猕猴国家级自然保护区(35°12′30″~35°17′20″N，112°22′10″~112°31′35″E)，该保护区在地理位置上东倚太行山，西接中条山，北屏太岳山，南瞰王屋山，是以保护猕猴和暖温带森林生态系统为主的自然保护区。山西阳城蟒河猕猴国家级自然保护区在

* 本文原载于《动物学杂志》，2019，54(2)：164，188.

植物区系上处亚热带和暖温带的过渡地带，动物区系上属东洋界和古北界的交汇区，区内属于暖温带季风型气候，气候温暖，四季分明，年均温 14℃，年降水量 600~800mm。独特的地理位置和自然条件，造就了丰富的生物多样性。近年来，在山西阳城蟒河猕猴国家级自然保护区内已发现了多种山西省动植物新记录种。

山西阳城蟒河猕猴国家级自然保护区两栖爬行动物多样性及保护*

张建军
(山西阳城蟒河猕猴国家级自然保护区，山西阳城，048100)

摘要：为了进一步了解山西阳城蟒河猕猴国家级自然保护区两栖爬行类资源现状，于 2018 年 4～10 月对蟒河保护区两栖爬行类资源进行了专项调查。通过对 18 条样线、7 个样点的实际调查，并参考相关文献，共记录两栖爬行动物 40 种，其中两栖动物 13 种，隶属于 2 目 5 科 10 属；爬行动物 27 种，隶属于 3 目 7 科 13 属。两栖动物生态类型以陆栖-静水型最为多，穴居型最少。分布型和区系分析表明，蟒河保护区两栖爬行动物以古北界物种为主，东洋界物种有较多渗透。经统计和 G-F 指数计算结果表明，蟒河保护区两栖爬行动物种数在山西省内处较高水平。鉴于保护区两栖爬行动物的丰富度和多样性，应采用建设生境廊道，开展自然教育等方法，加强对蟒河保护区两栖爬行动物的保护工作。

关键词：蟒河猕猴国家级自然保护区；两栖动物；爬行动物；资源；保护

山西阳城蟒河猕猴国家级自然保护区(以下简称蟒河保护区)是以保护猕猴(*Macaca maluta*)种群栖息地和暖温带栎类森林生态系统为主要目的自然保护区。保护区辖区位于山西高原边缘，东倚太行，西接中条，北屏太岳，南瞰王屋，是山西高原和河南中原的咽喉通衢，是中原大地通往秦岭山麓的东入口，是太行山脉和太岳山脉生境廊道的联结点，是山西省规划建设的首批国家公园的重要组成部分。受第四季冰川的影响，区内山势陡峻，沟深崖高，成为野生动植物的避难场所。由于蟒河保护区独特的地理位置，该区域成为晋东南部的生态屏障，是山西省重要的物种基因库，对保护区开展两栖爬行动物的多样性研究具有积极意义。

2000 年以来，蟒河保护区两栖爬行动物调查相继开展。2005 年记录到两栖动物 4 种，爬行动物 4 种[10]；2014 年山西省生物多样性中心组织开展的蟒河保护区科学考察，编制了蟒河保护区两栖爬行动物名录，共记录两栖爬行动物 28 种，其中，两栖动物 2 目 5 科 11 种；爬行动物 3 目 6 科 17 种[11]。由于气侯环境变化和严格的保护管理，野外调查不断深入，一些新物种被发现[9]。2018 年 4～10 月，在中央财政林业国家级自然保护区补助资金项目的支持下，对保护区内的两栖爬行动物资源进行专项调查。

1 保护区概况

蟒河保护区于 1983 年经山西省人民政府批准成立，1998 年经国务院批准晋升为国家级自然保护区。保护区地处山西东南部阳城县境内，地理坐标 112°22′10″～112°31′35″E，北纬 35°12′30″～35°17′20″N，总面积 5573. 00hm^2。保护区属暖温带季风型大陆性气候，是东南亚季风的边缘地带，年平均气温 15℃，最高气温 38℃，年降水量 750～800mm。区内的河流均属黄河水系，主要有后大河、阳庄河两条河流，在黄龙庙汇集后称蟒河，蟒河源头出水洞，年出水量 760 万 m^3，沿线形成湖、泉、潭、瀑、穴景观。区内植被区划上属于暖温带落叶阔叶林带，处亚热带向暖温带的过渡地带，植被保存着以栓皮栎、橿子栎为主的栎类落叶阔叶林群落，结构完整，具有很高的科研价值。区内有种子植物 103 科 390 属 874 种。保护区得天独厚的自然环境，孕育出丰富的生物多样性，被誉为“山西省动植物资源基因库”。

* 本文原载于《野生动物学报》，2019，40(4)：969-978.

2 研究方法

2.1 调查方法

2.1.1 调查样线和样方设置

样线、样方的设计参照全国第二次陆生野生动物资源调查技术细则[23]。对两栖动物的调查样线主要沿河流及周边的农田、灌丛、草地等设置，样方布设在符合两栖动物生活习性的栖息地内，特别针对枯枝落叶、石洞、雨水潭、水洼等两栖爬行类易隐藏的小生境，设置样方大小为8m×8m。对爬行动物的调查样线分层设置在森林、灌丛、湿地、农田等生境，充分利用林间小道，样线间隔不少于2km,。设置每条样线长度1~3km，左右视距根据视野范围而定。

根据蟒河保护区自然环境特征，结合日常巡护调查和文献资料记录的两栖爬行动物的分布区域、生活习性和生境特点，在保护区内设置18条样线，7个样方。调查范围约3200hm^2，占保护区总面积的57.4%。调查地点主要在保护区内树皮沟、西洼、阳庄河、黄龙庙、后大河、前河、窟窿山、拐庄、三盘山的主要河流、湖泊、森林、灌丛、农田等各类生境(图1，附录1，附录2)。

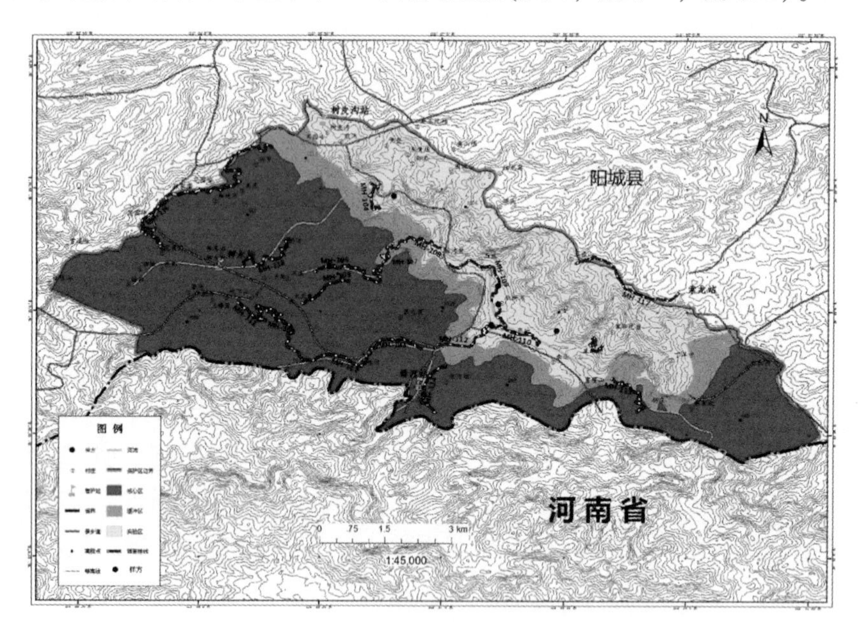

图1 蟒河保护区两栖爬行动物资源调查样线和样方

Fig. 1 Survey of Line Transects and Quad in Manghe National Nature Reserve

2.1.2 野外调查时间及方法

野外调查时间为2018年4月中旬至2018年10月底。由于两栖动物的活动高峰为夜间，而爬行动物的活动频繁时段多在白天温度较高时，因此调查时间分为日间和夜间两个时段，其中，日间时段为8：00~12：00，14：00~17：00，夜间时段为20：00~24：00。夜间调查两栖动物时，沿样线行走，利用强光灯，对视距1.5m范围内区域进行细致调查，或以物种的独特鸣声进行辨认，发现实体后地拍照进行鉴定。

2.2 物种鉴定

调查中对所采集到或调查到的物种，根据《中国蛇类》[1]、《山西两栖爬行类》[2]、《中国两栖动物图鉴》[3]、《中国爬行动物图鉴》[4]、《中国两栖动物及其分布彩色图鉴》[5]对物种种类进行鉴定。两栖动物分类系统参考“中国两栖类”信息系统[6]。所有两栖爬行动物的红色名录等级，根据环境保护部，中国科学院发布的《中国生物多样性红色名录——脊椎动物卷》[7-8]；国家保护等级参考《国家重点保护野生动物名录》；濒危野生动植物种国际贸易公约(CITES)附录的收录情况，参考2016年12月发布的《CITES：附录Ⅰ、附录Ⅱ和附录Ⅲ》。两栖爬行动物的分布和动物区系、中国特有种和准特有种的划定参照《中国动物地理》[12]进行确定。

2.3 分析方法

2.3.1 两栖动物生态类型划分

根据两栖动物成体栖息环境不同，其生态类型划分为水栖型、陆栖型和树栖型[5]。本文结合蟒河保护区河流分布状况和有大鲵分布的实际，将生态类型中的水栖型分为流水型和静水型，将陆栖型分为陆栖-流水型、陆栖-静水型，并增加穴居型，共5类。本文两栖动物生态类型划分主要依据野外调查和查阅资料[2,10,11]。两栖动物列出生态类型，爬行动物列出栖息地类型，详情见附录3。

2.3.2 物种资源量等级划分

根据调查期间采集到或观察到的物种个体总数，两栖动物5只以下、6~15只、16只以上，爬行动物2只(条)以下、3~5只(条)、6只(条)以上，分别被划分为稀少(+)、一般(++)和丰富(+++)等级，与杨道德等(2009)[14]、任金龙等(2018)[18]采取的方法一致。

2.3.3 物种多样性指数统计

蒋志刚等(1999)[17]提出G-F指数，该指数是将属间的多样性(G指数)和科间的多样性(F指数)进行计算后得到的标准化指数，可应用于进行不同地区间生物多样性度量。本文采用与潘涛等(2014)[15]和李仕泽等(2015)[16]相同的方法，用G-F指数公式计算蟒河保护区两栖爬行动物物种多样性。

(1)特定科K的F指数计算方法：

$D_{FK}=-\sum_{i=1}^{n}p_i\ln p_i$，其中，$P_i=S_{ki}/S_k$，$S_k$为名录中$K$科中的物种数，$S_k$为名录中$K$科$i$属中的物种数，$n$为$K$科中的属数。一个保护区的$F$指数计算公式为：$D_F=-\sum_{k=1}^{m}D_{FK}$，其中，$m$为名录中的科数。

(2)属间多样性G指数计算方法：

$D_G=-\sum_{j=1}^{p}D_{Gi}=-\sum_{j=1}^{p}\ln q_i$，其中：$q_i=S_j/S$，$S$为名录中的物种数，$S_j$为$j$属中物种数，$p$为总属数。

(3)一个保护区两栖爬行动物的G-F指数：

$D_{G-F}=1-\dfrac{D_G}{D_F}$。

3 结果

3.1 调查结果

本期调查，共记录采集或拍照到两栖爬行动物个体28种，通过查阅文献和走访社区群众等，确定蟒河保护区共有两栖爬行动物40种，隶属于2纲5目12科27属(附录3)。其中，两栖动物13种，隶属于2目5科10属，单型科3个，单型属8个，蛙科Ranidae种类最多，计7属8种，占保护区两栖动物物种总数的61.54%；爬行动物27种，隶属于3目7科17属，以游蛇科Colubridae种类最多，有6属15种，占保护区爬行动物总数的55.56%。本期调查两栖爬行动物种类比白海艳等(2005)和朱军等(2014)的调查结果，总计增加了13种，其中两栖动物没有发现新种记录种，爬行动物新种记录9种，分别为增加了铜蜓蜥 *S. indicus*、黄纹石龙子 *E. capito*、南滑蜥 *S. reevesii*、王锦蛇 *E. carinata*、黑眉锦蛇 *E. taeniura*、双斑锦蛇 *E. bimaculata*、刘氏链蛇 *L. liuchengchaoi*、乌梢蛇 *Z. dhumnades*、大眼斜

鳞蛇 *P. macrops*。山西省新记录种为刘氏链蛇 *L. liuchengchaoi*[9] 和黄纹石龙子 *E. capito*。

保护区内常见种有中华蟾蜍 *B. gargarizans*、中国林蛙 *R. chensinensis*、太行隆肛蛙 *N. taihangnica*、无蹼壁虎 *G. swinhonis*、丽斑麻蜥 *E. argus*、*E. brenchleyi*、兰尾石龙子 *E. elegans*、草绿攀蜥 *J. flaviceps*、王锦蛇 *E. carinata*、黑眉锦蛇 *E. taeniura*、赤链蛇 *D. rufozonatum*、乌梢蛇 *Z. dhumnades* 等，种群数量较多，为保护区的优势种。

3.2 物种多样性 G-F 指数

G-F 指数是基于物种数目的研究方法，用于研究科、属水平上的物种多样性，度量科级阶元多样性的 F 指数和属级阶元多样性的 G 指数，可以反映较长时间尺度上的物种多样性[13]。G-F 指数的计算结果越高，说明科级指数下降或属级指数上升。保护区内两栖爬行动物多样性 G-F 指数计算结果见表 1。由表 1 可见，两栖动物的 F 指数、G 指数和 G-F 指数均较爬行动物略小，说明蟒河保护区爬行动物的科属多样性水平比爬行动物略高。

表 1 蟒河保护区两栖爬行动物 F 指数、G 指数与 G-F 指数

Table 1 F index, G index and G-F index of amphibians and reptiles in Manghe National Nature Reserve

纲 Class	目数 Order	科数 Family number	属数 Genus number	单型科数 Monotype family number	单型属数 Simple type genus number	F 指数 F index	G 指数 G index	G-F 指数 G-F index
两栖纲 Amphibians	2	5	10	3(60%)	8(80%)	2.62	2.06	0.21
爬行纲 eptiles	3	7	17	4(57.14%)	13(76.47%)	3.33	2.53	0.24

注：数值后括号代表单型科(属)的数目占总科(属)数目的百分比

Notes: The bracketed percentage represents the ratio of monotypic families or genera to the corresponding total number

3.3 两栖动物的生态类型和爬行动物栖息类型

两栖动物按照生态环境的类型划分，流水型、静水型、陆栖-流水型、陆栖-静水型、穴居型分别有和 3 种、2 种、2 种、5 种和 1 种。太行隆肛蛙 *N. taihangnica*、棘腹蛙 *Q. boulengeri* 和无指臭盘蛙 *O. grahami* 生活在水流湍急的河流、瀑布，为典型的流水型两栖动物，多在夜间活动，常栖居于小溪水面上的岩石或岩壁上，生存环境阴暗潮湿；黑斑侧褶蛙 *P. nigromaculatus* 和金线侧褶蛙 *P. plancyi* 主要生活在沟渠、路边或临时水坑及附近；淡肩角蟾 *M. boettgeri* 和中国林蛙 *R. chensinensis* 生活在小溪、河流区域，也在水边陆地生活，中国林蛙 *R. chensinensis* 在繁殖期生活于水域环境，在夏末秋初时，常迁移到河流两侧的山间森林和灌丛环境中；中华蟾蜍 *B. gargarizans*、花背蟾蜍 *B. raddei*、西藏蟾蜍 *B. tibetanus*、饰纹姬蛙 *M. ornata* 和北方狭口蛙 *K. borealis* 主要生活于河水缓流的区域，或在水坑周围的草丛中；大鲵 *A. davidianus* 生活于水流比较湍急的洞穴或大石块下，其生活环境与流水型有一定的联系。

爬行动物是真正适应陆栖生活的变温脊椎动物，其不仅在成体结构上进一步适应陆地生活，其繁殖也脱离了水的束缚。蟒河保护区内中华鳖 *P. sinensis* 生活在蟒湖区域；多疣壁虎 *G. japonicus*、无蹼壁虎 *G. swinhonis*、铜蜓蜥 *S. indicus*、兰尾石龙子 *E. elegans*、黄纹石龙子 *E. capito* 多生活在居民区，或靠近居民区的林区道路两旁、灌木较多的区域；丽斑麻蜥 *E. argus*、山地麻蜥 *E. brenchleyi*、南滑蜥 *S. reevesii*、草绿攀蜥 *J. flaviceps* 多生活在森林、灌丛环境、林道开阔地段；蛇类多生活在湿度较高的区域，乌梢蛇 *Z. dhumnades* 生活在静水溪流区域，王锦蛇 *E. carinata*、黑眉锦蛇 *E. taeniura* 等分布在森林灌丛区域，且可以在灌木上游荡；虎斑颈槽蛇 *R. tigrina* 喜在后大河、蟒湖区域活动。蟒河保护区内分布的蛇类在夏日三伏天有朝露时，喜欢爬到公路边躲避草间露水。

3.4 分布型和区系特征

蟒河保护区地处山西省东南部，动物区划属于古北界、华北区、黄土高原亚区，秦岭—渭河—伏牛动物地理省[12]。分布型和区系统计结果见表2。

表2 蟒河保护区两栖爬行动物分布型和动物区系统计表

Table 2 The summary of species, distribution pattern and fauna specification of Amphibian and Reptile in Manghe National Nature Reserve

		物种数 Species number		
		两栖动物 Amphibian	爬行动物 Reptile	合计(占总物种数百分比) Total(Percentage)
	物种数 Species number	13	27	40
分布型 Disrtibution pattern	古北型 Palaearctic pattern		2	2(5%)
	东北—华北型 Northeast-North China pattern	3	2	5(12.5%)
	华北型 North China pattern	0	4	4(10%)
	喜马拉雅—横断山脉型 Himalaya-Hengduan Mountain pattern	3	1	4(10%)
	季风型 Monsoon pattern	4	5	9(22.5%)
	南中国型 South China pattern	2	7	9(22.5%)
	东洋型 Oriental pattern	1	6	7(17.5%)
动物区系 Fauna	东北区 Northeast Distract	5	11	16(40%)
	华北区 North China Distract	10	20	30(75%)
	蒙新区 Mongolia-Xinjiang Distract	4	7	11(27.5%)
	青藏区 Tibet Distract	4	1	5(12.5%)
	西南区 Southwest Distract	8	14	22(55%)
	华中区 Central Chian Distract	10	18	28(70%)
	华南区 South Chian Distract	5	13	18(45%)

按分布型分析，蟒河保护区两栖爬行动物古北界物种比例占60%，东洋界物种比例占40%。按动物区系分析，华北区占75%，华中区占70%，西南区占55%，华南区占45%，东北区占40%，蒙新区、青藏区占的成分比较少。通过表2可知，保护区内的两栖爬行动物以古北界物种为主，东洋界物种有较多渗透的动物分布区系格局，与张荣祖(2011)[12]划分结果一致。

3.5 珍稀濒危物种情况

两栖动物中，大鲵为极危(EN)1种，列入CITES附录1和中国生物多样性红色名录[7](环保部办公厅，2016)，同时也是国家Ⅱ级重点保护野生动物。在中国生物多样性红色名录中，中华鳖、王锦蛇等2种被列为濒危(EN)物种；棘腹蛙、太行隆肛蛙、无蹼壁虎、玉斑锦蛇、团花锦蛇、红点锦蛇、棕黑锦蛇、乌梢蛇等8种被列为易危(VU)物种。

4 讨论

4.1 蟒河保护区两栖爬行动物的多样性

蟒河保护区地处晋豫两省交界处，四周环山，自然条件优越，野生动植物资源丰富。经查阅文献，对本区域的两栖爬行类研究尚不够充分，2005年以来，对该区域的研究结果仅发现两栖爬行动物28种。本文进行的两栖爬行类调查项目为年度调查，与已有文献相比，物种数增加了12种，总种数增加到40种。考虑物种数增加的主要原因是：气候变暖，更加有利于东洋界物种的渗透；自然保护区及周围地带的严格管理，使物种扩散阻碍减少；自然生态环境的改善，更有利于两栖爬行动物的生存和繁衍。

4.2 两栖爬行动物多样性比较

蟒河保护区比山西历山国家级自然保护区两栖爬行动物35种[2,20-21]较高，比山西庞泉沟国家级自然保护区两栖爬行动物17种[22]高。分析其原因，庞泉沟保护区地理纬度较蟒河保护区高，且地处暖温带北界、寒温带南缘，按动物地理分布规律看，其生物多样性也较蟒河保护区为低；历山保护区与蟒河保护区基本处于同一纬度，物种分布型和区系基本一致，本文查阅的历山保护区的调查数据均为2000年左右的数据，未见其新发布数据。蟒河保护区的两栖爬行动物种数居山西省区域分布的前列。

5 建议

蟒河保护区总面积5573.00hm^2，其中，核心区面积3397.50hm^2，占全区总面积的60.96%。核心区为保护区物种分布程度较高的地区，而核心区内尚有押水村和蟒河村的南河、洪水等自然庄的298户居民居住，人类活动对两栖爬行类的栖息还有一定程度的影响，特别是花园岭至蟒河的公路通过核心区，在夏日伏天，常在路边见到两栖爬行动物被车辆碾压致死的尸体。建议在条件成熟时，对核心区居民进行生态搬迁，对区内公路设置生物廊道辅助扩散两栖爬行动物通道，减少物种活动的障碍。由于两栖动物依靠水域环境生活，不少爬行动物也距水域较近栖息，建立加强对水资源环境的保护，开展水域环境监测，科学调整保护对策，增强保护的针对性和有效性。

同时，建议加强自然教育工作，开展覆盖广泛的公众宣传教育活动，加强对自然保护区管理、科技人员和社区群众的培训教育，提高全民保护生态环境和自然资源的意识，发挥保护区已建立的4个保护管理站的巡护、监测、管理职能，在保护区周边地带、人类活动较多的上辉泉、黄瓜掌设立保护管理点，加强对区内野生动植物资源的保护和管理。

致谢：感谢郝珏、郭立青、王茂、吕小兵、邢凯协助采集标本，焦慧芳帮助整理资料。

附录 1　蟒河保护区两栖爬行动物调查样线

Appendix 1　List of Line Transects in Manghe National Nature Reserve

样线编号 Line transects number	起点经纬度 Begin longitude and latitude		终点经纬度 End longitude and latitude		样线长度(m) Line transect length(m)	主要生境类型 Major habitat type
	经度 longitude	纬度 latitude	经度 longitude	纬度 latitude		
MH-101	112°24′49. 69″	35°15′00. 82″	112°25′10. 09″	35°14′32. 06″	1700	河流湿地
MH-102	112°25′10. 78″	35°14′30. 77″	112°26′00. 56″	35°14′19. 88″	1700	河流湿地
MH-103	112°26′00. 80″	35°14′20. 22″	112°26′47. 20″	35°14′32. 58″	1800	河流湿地
MH-104	112°26′08. 15″	35°16′32. 73″	112°26′14. 21″	35°16′16. 91″	1800	河流湿地
MH-105	112°25′15. 85″	35°15′06. 33″	112°25′51. 50″	35°15′22. 17″	1200	落叶阔叶林
MH-106	112°25′26. 83″	35°15′28. 31″	112°26′14. 93″	35°15′24. 04″	2000	河流湿地
MH-107	112°26′14. 93″	35°15′24. 04″	112°26′24. 21″	35°15′47. 20″	3000	河流湿地
MH-108	112°26′23. 74″	35°15′46. 63″	112°26′59. 88″	35°15′46. 20″	1600	落叶阔叶林
MH-109	112°27′04. 10″	35°15′36. 64″	112°27′36. 67″	35°15′07. 40″	2000	河流湿地
MH-110	112°27′41. 61″	35°15′04. 29″	112°28′09. 45″	35°14′35. 02″	2100	河流湿地
MH-111	112°24′28. 46″	35°15′06. 55″	112°25′02. 65″	35°14′56. 86″	2100	落叶阔叶林
MH-112	112°26′56. 46″	35°14′34. 98″	112°27′46. 68″	35°14′48. 10″	3400	河流湿地
MH-113	112°29′06. 00″	35°14′10. 93″	112°29′24. 47″	35°13′47. 61″	2000	落叶阔叶林
MH-114	112°26′54. 32″	35°13′46. 30″	112°27′01. 50″	35°14′20. 68″	1600	河流湿地
MH-115	112°28′47. 80″	35°14′35. 73″	112°28′58. 93″	35°14′36. 81″	1100	落叶阔叶林
MH-116	112°23′29. 75″	35°15′48. 18″	112°24′30. 00″	35°16′43. 66″	4400	落叶阔叶林
MH-117	112°29′54. 30″	35°15′14. 35″	112°28′37. 20″	35°15′34. 96″	2700	落叶阔叶林
MH-118	112°24′03. 05″	35°15′33. 82″	112°25′07. 85″	35°15′53. 28″	2100	农田

附录 2　蟒河保护区两栖爬行动物调查样方

Appendix 2　List of Quad in Manghe National Nature Reserve

样方编号 Quad nuber	坐标 Coordinate		海拔(m) height(m)	生境 habitat	面积 Area
	经度 longitude	纬度 latitude			
MH-201	112°25′36. 94″	35°15′33. 10″	824	河流湿地	8m×8m
MH-202	112°27′36. 49″	35°14′50. 54″	570	河流湿地	8m×8m
MH-203	112°27′41. 57″	35°15′18. 84″	562	农田	8m×8m
MH-204	112°27′41. 41″	35°15′05. 70″	550	河流湿地	8m×8m
MH-205	112°26′47. 59″	35°13′59. 31″	618	河流湿地	8m×8m
MH-206	112°28′24. 52″	35°14′46. 06″	615	河流湿地	8m×8m
MH-207	112°26′25. 14″	35°16′24. 42″	689	河流湿地	8m×8m

附录3 蟒河保护区两栖爬行动物名录

Appendix 3 List of amphibians and reptiles in Manghe National Nature Reserve

分类阶元 Taxa	分布型 Distribution pattern	动物区系 Fauna	IUCN濒危物种红皮书 IUCN Red List	中国生物多样性红色名录 Redlist of China's Biodiversity	中国特有种 Distributed only in China	中国准特有种 Quasi-specific in China	生态类型和栖息地类型 Habitattypes	资源量 Resources grade	收录依据 Recorded basis
Ⅰ两栖纲 Amphibia									
一 有尾目 Urodela									
(二)隐鳃鲵科 Cryptobranchidae									
1 大鲵属 Andrias									
(1)大鲵 *A. davidianus*	E	N, QZ, SW, C, S	CR	CR	√		D	+	C
二 无尾目 Anura									
(二)蟾蜍科 Bufonidae									
2 蟾蜍属 Bufo									
(2)中华蟾蜍 *B. gargarizans*	E	NE, N, MX, SW, C	LC	LC		√	TQ	+++	C
(3)花背蟾蜍 *B. raddei*	X	NE, N, MX, QZ	LC	LC		√	TQ	++	C
(4)西藏蟾蜍 *B. tibetanus*	H	QZ	LC	LC	√		TQ	+	F
(三)角蟾科 Megophryidae									
3 角蟾属 Megophrys									
(5)淡肩角蟾 *M. boettgeri*	S	SW, C	LC	LC		√	TR	++	W
(四)蛙科 Ranidae									
4 棘胸蛙属 Quasipaa									
(6)棘腹蛙 *Q. boulengeri*	H	N, SW, C, S	VU	VU			R	++	W
5 林蛙属 Rana									
(7)中国林蛙 *R. chensinensis*	X	NE, N, MX, QZ, SW, C	VU	LC			TR	+++	C
6 臭蛙属 Odorrana									
(8)无指臭盘蛙 *O. grahami*	H	SW	VU	NT	√		R	+	W
7 侧褶蛙属 Pelophylax									
(9)黑斑侧褶蛙 *P. nigromaculatus*	E	NE, N, MX, SW, C, S	NT	NT		√	Q	++	C
(10)金线侧褶蛙 *P. plancyi*	E	N, C, S	LC	LC	√		Q	+	C
8 倭蛙属 Nanorana									
(11)太行隆肛蛙 *N. taihangnica*	S	N, C	VU	VU	√		R	+++	C
(五)姬蛙科 Microhylidae									
9 姬蛙属 Microhyla									
(12)饰纹姬蛙 *M. ornata*	W	N, SW, C, S	LC	LC			TQ	++	W
10 狭口蛙属 Kaloula									
(13)北方狭口蛙 *K. borealis*	X	NE, N, C	LC	LC		√	TQ	+	F
Ⅱ爬行纲									
一 龟鳖目 Testudoformes									

（续）

分类阶元 Taxa	分布型 Distribution pattern	动物区系 Fauna	IUCN 濒危物种红皮书 IUCN Red List	中国生物多样性红色名录 Redlist of China's Biodiversity	中国特有种 Distributed only in China	中国准特有种 Quasi-specific in China	生态类型和栖息地类型 Habitattypes	资源量 Resources grade	收录依据 Recorded basis
(一)鳖科 Trionychidae									
1 鳖属 Pelodiscus									
(1)中华鳖 *P. sinensis*	E	NE, N, MX, SW, C, S	VU	EN		√	h	+++	C
二 有鳞目 Squamata									
(二)壁虎科 Gekkonidae									
2 壁虎属 Gekko									
(2)多疣壁虎 *G. japonicus*	S	C, S	VU	LC		√	j	+	W
(3)无蹼壁虎 *G. swinhonis*	B	NE, N, MX, C	VU	VU	√		j	+++	C
(三)石龙子科 Scincidae									
3 蜓蜥属 Sphenomorphus									
(4)铜蜓蜥 *S. indicus*	W	N, SW, C, S	LC	LC			d	++	C
4 石龙子属 Eumeces									
(5)兰尾石龙子 *E. elegans*	S	N, C, S	LC	LC	√		S, j	+++	C
(6)黄纹石龙子 *E. capito*	B	NE, N, C	LC	LC	√		s	+	C
5 滑蜥属 Scincella									
(7)南滑蜥 *S. reevesii*	W	SW, S	LC	LC			j, d	+	C
(四)蜥蜴科 Lacertidae									
6 麻蜥属 Eremias									
(8)丽斑麻蜥 *E. argus*	X	NE, N, MX	LC	LC		√	d, s	+++	C
(9)山地麻蜥 *E. brenchleyi*	X	N	LC	LC		√	d, s	+++	C
(五)鬣蜥科 Agamidae									
7 龙蜥属 Japalura									
(10)草绿攀蜥 *J. flaviceps*	S	SW, C	LC	LC	√		s, q	+++	C
三 蛇目 Serpentiformes									
(六)游蛇科 Colubridae									
8 游蛇属 Coluber									
(11)黄脊游蛇 *C. spinalis*	U	NE, N, MX	LC	LC			h, q	++	C
9 锦蛇属 Elaphe									
(12)王锦蛇 *E. carinata*	S	N, SW, C, S	LC	EN		√	j	+++	C
(13)玉斑锦蛇 *E. mandarina*	S	N, SW, C, S	VU	VU		√	j, q	+++	C
(14)黑眉锦蛇 *E. taeniura*	W	NE, SW, C, S	VU	EN			j, s, q	+++	C
(15)双斑锦蛇 *E. bimaculata*	S	N, C	LC	LC	√		s, q	+	C
(16)白条锦蛇 *E. dione*	U	NE, N, MX, QZ, SW	LC	LC			s, q	+	W
(17)团花锦蛇 *E. davidi*	B	NE, N	LC	VU		√	s, q	+	W
(18)红点锦蛇 *E. rufodorsata*	E	NE, N, MX, C, S	LC	VU		√	s	+	W
(19)棕黑锦蛇 *E. schrenckii*	E	NE, N	EN	VU		√		++	W

（续）

分类阶元 Taxa	分布型 Distribution pattern	动物区系 Fauna	IUCN 濒危物种红皮书 IUCN Red List	中国生物多样性红色名录 Redlist of China's Biodiversity	中国特有种 Distributed only in China	中国准特有种 Quasi-specific in China	生态类型和栖息地类型 Habitattypes	资源量 Resources grade	收录依据 Recorded basis
10 白环蛇属 Lycodon									
(20)刘氏链蛇 *L. liuchengchaoi*	W	N, SW, C, S	NE	LC	√		j, q	+	C
11 链蛇属 Dinodon									
(21)赤链蛇 *D. rufozonatum*	E	NE, N, MX, SW, C, S	LC	LC		√	j, d, q	+++	C
12 颈槽蛇属 Rhobdophis									
(22)虎斑颈槽蛇 *R. tigrina*	E	NE, N, MX, SW, C, S	LC	LC		√	h	+	C
13 乌梢蛇属 Zaocys									
(23)乌梢蛇 *Z. dhumnades*	W	SW, C, S	VU	VU	√		h	+++	C
14 腹链蛇属 Amphiesma									
(24)锈链腹链蛇 *A. craspedogaster*	S	N, SW, C, S	LC	LC	√		s	+	W
15 斜鳞蛇属 Pseudoxenodon									
(25)大眼斜鳞蛇 *P. macrops*	W	SW, C, S	LC	LC			j, s	+	C
(七)蝰科 Viperidae									
16 原矛头蝮属 Protoborhrops									
(26)菜花原矛头蝮 *P. jerdonii*	H	N, SW, C	LC	LC		√	s, q	++	C
17 亚洲蝮属 Gloydius									
(27)华北蝮 *G. stejnegeri*	B	N	VU	NT	√		s, q	+	C

分布型：U. 古北型；X. 东北-华北型；B. 华北型；H. 喜马拉雅-横断山区型；E. 季风型；S. 南中国型；W. 东洋型。动物区系：NE. 东北区；N. 华北区；MX. 蒙新区；QZ. 青藏区；SW. 西南区；C. 华中区；S. 华南区。资源量：稀少(+)、少见(++)、丰富(+++)。中国生物多样性红色名录等级：CR. 极危、EN. 濒危、VU. 易危、NT. 近危、LC. 无危、NE. 未评估。生态类型：R. 流水型、Q. 静水型、TR. 陆栖-流水型、TQ. 陆栖-静水型、D. 穴居型。栖息地类型：h. 湖泊及永久性河流；j. 居民区附近、耕地农田；d. 林区道路旁；s. 森林地带和灌丛；q. 山区林中。收录依据：C. 采集或观察到实体；W. 查阅文献得到；F. 访问调查得到。

Distribution pattern: U. Palaearctic pattern; X. Northeast-North China pattern; B. North China pattern; H: Himalaya-Hengduan Mountain pattern; M. Monsoon pattern; S. South china pattern; W. Oriental pattern. Fauna: NE. Northeast Distract; N. North China Distract; MX. Mongolia-xinjiang Disrtact; QZ. Tibet Distract; SW. Southwest Distract; C. Central China Distract; S. South China Distract. Resources grade: few(+), more(++), abundant(+++). China Species Red List: CR. critieally eddangered, EN. endangered, VU. vulnerable, NT. near threatened, LC. least concern, NE. not evaluated. Ecological type : R. running water type, Q. quiet water type, TR. terrestrial-running water type, TQ. terrestrial-quiet water type, ; D. Caves, underground hatitats. Hatitat types : h. Permanent rivers and reservoirs; j. Aroundresidential areas and arable lan ; d. forest road; s. forest areas and shrubs; q. Mountain forest. Recorded basis: C. Species collected or watched; W. From literature; F. Species reported by local people.

蟒河自然保护区金雕数量及其保护研究*

田德雨

金雕(Aquila chrysaetos)是一种性情凶猛、体形高大、神态雄威，资源价值较高的猛禽，俗称黑翅雕、洁白雕、红头雕、老雕等，已被国家列入一级重点保护野生动物。鉴于金雕在野生动物中的重要保护地位，我们于1994年3月至1996年10月在蟒河自然保护区对金雕数量进行了调查，以便更好地科学保护和合理利用，现将调查结果报道如下：

1 工作区概况

蟒河自然保护区位于山西省阳城县境内，东经112°22′10″~112°31′35″，北纬35°12′50″~35°17′20″，主峰指柱山海拔1572.6m，全区总面积5573hm^2，境内山势险峻，坡陡沟深，悬崖绝壁比比皆是，灌丛密集，植被茂盛，山涧溪流四季不断，山茱萸是本区特产，猕猴为主要保护对象，珍稀树种红豆杉和常绿阔叶树匙叶栎有重要的保护地位。全区属暖带季风型大陆性气候，年平均气温14℃，无霜期180~240天，年降水量约600mm~800mm，主要农作物为小麦、玉米。

2 工作方法

在工作方法上，根据金雕的生活习性和生物学特征，参考海拔高度及其特定的栖息地生境，我们选定本区的3个区样，即树皮沟、押水庙和黄龙庙，调查统计金雕的数量。

2.1 空中飞翔统计法

金雕日常生活多在高空采用直线、盘旋、斜垂3种飞翔姿态。由于其体形较大，展翅度高，飞翔时间长，目标暴露明显，很容易发现。工作人员每日下午5时左右，按照选定的调查路线，均可统计到金雕的数量。

2.2 着地统计法

在风和日丽的日间，金雕时有在悬崖峭壁顶端，山地高山巨石，高压电杆、山脊线枯树上、高大独立的建筑物上停息，借此机会统计金雕(包括成体、亚成体、老、弱、病、残者)的种群数量。

2.3 繁殖地调查法

金雕的繁殖地通常选定在深山悬崖悄壁地段和石质山地高山峻岭的平台、凹处或缝隙间，有时也见密林深处高大树冠上营巢，其生境偏僻，难以寻找。主要靠采访当地猎户、牧工、投递员、采药老公、中草药种植人员、护林员、森林干警、林业科技干部等。

2.4 标图法

在野外实际调查金雕的营巢地、种群数量、分布区域等内容，凡能肯定的相地、分布区和数量级(只数)均标定在保护区的平面地形图上，以便统一归纳、全面分析、确定本区金雕相对稳定的分布区、种群数量和资源现状。

* 本文原载于《山西林业》，1998，133(3)：20-21.

3　结果与分析

3.1　营巢地

不同的物种需要不同的生存条件，这些生存条件的优劣直接影响着它们的生存。金雕的营巢地均选在深山老林生境中的悬崖峭壁地带筑巢，其自然条件特征为地势高峻、垂直陡峭、向阳背风、阳光充足、具有防雨、防敌、防干扰的条件，环境偏僻，人畜干扰极少，觅食方便等。

3.2　觅食地

觅食地相距营巢地少则几公里，多达几十公里，其生境特征为林灌稀疏、覆盖率低、取食方便、开阔畅通的环境。

3.3　短暂停息地

金雕日间活动具有短暂停息地，其中包括高大树顶、悬崖峭壁顶部、山涧巨石上、山脊制高点、高大电杆顶端。此外，还有路边、田头、干枯树干、木材堆上、独立建筑物，但更多的则是各种高大的树冠上。

3.3　夜宿地

调查表明，金雕的夜宿地选在营巢地的附近悬崖陡壁的平台或凹处，有时夜宿在深山老林向阳缓坡背风的高大树冠侧枝，通常距居民区较远，环境安静，久栖无险，长栖无害，繁殖期与非繁殖期皆如此。

4. 种群数

蟒河自然保护区金雕数量密度调查

调查路线	调查项目	调查年份		总计
		1995	1996	
树皮沟	调查公里数	5	5	10
	遇见个体只数	4	2	6
	只/km	0. 80	0. 40	0. 60
押水庙	调查公里数	5	5	10
	遇见个体只数	3	4	7
	只/km	0. 60	0. 80	0. 70
黄龙庙	调查公里数	5	5	10
	遇见个体只数	1	4	5
	只/km	0. 20	0. 80	0. 50
合计	调查公里数	15	15	30
	遇见个体只数	8	10	18
	只/km	0. 533	0. 66	0. 60

由表中看出，通过两年(1995—1996 年)调查发现，本区现有金雕 19 只，每公里可遇见数 0. 60 只。

5　保护措施

5.1　以法保护

进一步深入金雕分布区，对当地居民积极宣传贯彻执行《森林法》《野生动物保护法》《环境保护法》，做到家喻户晓，人人皆知，提高山区人民的法律观念，增强保护金雕的全民意识。此外，对乱捕滥猎金雕的不法分子绳之以法。

5.2　保护营巢地

由于该鸟营巢于悬崖峭壁的平台或凹处，巢材堆积高大，巢边排泄的白色粪便明显，很容易被猎人、牧工、儿童、樵夫、药农等发现和破坏。因此对这些特定环境的保护，责成森林派出所、护林员和本单位的技术人员组成联合保护组，专门在金雕繁殖地巡行查护，保证金雕繁殖免受危害。

5.3　繁殖保护

观察表明，金雕雏鸟如 1 窝孵出 3 只者，则有 1 只或有 2 只在育雏期间总要被残害，这是食物严重短缺所致。在金雕孵出 1 周后，每隔 5 天向巢内投食(1 只雏鸡)既解决了同胞相残，又加快了雏鸟生长发育，雏鸟会提早离巢，飞向大自然。

5.4　饲养保护

调查表明，金雕雏鸟出壳至离巢需 110 天，在这样长的育雏时间里，如春天风多，夏天多雨，均影响亲鸟外出觅食活动，有时形成幼鸟营养匮乏，生长发育缓慢，身体瘦弱，羽毛蓬松，降落地面后，无从飞起。如在野外工作遇到这样的幼雕，捕获后人工饲养 1 个月，恢复健康，脚上戴环，放还自然，效果可佳。

山噪鹛繁殖习性初步观察*

田德雨[1]　全　英[2]
(1)山西省蟒河自然保护区，048100，阳城；(2)山西省自然保护区管理站

摘　要：1996—1997 年在山西省蟒河自然保护区对山噪鹛的繁殖习性进行了初步观察。其繁殖期为每年的 5~8 月，巢址多选择在阳坡灌木枝杈上，巢外径 127~141mm，内径 79~99mm，高 70~85mm，深 49~63mm，每巢有卵 3~5 枚，卵的长径为 29~31mm，短径为 18~21mm，育雏期 15d。

关键词：蟒河自然保护区；山噪鹛；繁殖

山噪鹛(*Garrulax davidi*)为我国特产鸟，在森林害虫的自然控制中发挥着不可低估的作用。1996—1997 年 5~8 月，我们在山西省蟒河自然保护区对山噪鹛的繁殖习性进行了初步观察。

1　栖息地自然概况

蟒河自然保护区位于山西省阳城县，东经 112°22′10″~112°31′35″，北纬 35°12′50″~35°17′20″，境内山高坡陡，主峰指柱山海拔 1572.6m。区内生境多样，灌木丛生，水资源充沛，森林茂密，是以保护猕猴(*Macaca mulatto*)为主的生物多样性综合自然保护区。

山噪鹛为该地留鸟，主要栖息在阳坡的阔叶小乔木及灌丛上，也见在沟谷草丛中跳跃觅食。是栖息地常见的种类。除繁殖季节成对活动外，一般多 3~5 只成群活动。

2　繁殖

山噪鹛的繁殖期为每年的 5~8 月份。巢址多选择在阳坡的荆条、小叶锦鸡儿、黄刺梅等灌木的枝杈上。雌雄共同营巢，巢材一般取自巢址四周 15~150m 的范围内，多以隐蔽的短距离飞行方式衔运巢材。选用早熟禾(*Poannua* sp.)、鹅冠草(*Roegneria kamoji*)等的茎叶在灌丛的枝条上筑成巢底，再用纤维状的树皮铺垫筑成窝，巢呈浅杯状。

据对 6 个巢的调查测定：其外径为 127~141mm，内径为 79~99mm，高 70~85mm，深 49~63mm。巢距地面 1.5~2.6m。开始营巢时间最早为 5 月 28 日，最晚为 7 月 25 日，筑好一个巢需 6~9d。筑好巢即开始产卵，每日产卵 1 枚，多在早晨 6 点前产卵。每巢有卵 3~5 枚，卵椭圆形，蓝绿色，无斑纹，卵的长径为 29~31mm，短径为 18~21mm。

卵由雌鸟孵化，雄鸟仅履行警戒守护之职。该鸟领域行为比较强，即便是同种的其他个体，只要接近到距巢址 3~6m 处，雄鸟必定奋力驱赶。雌鸟孵卵持续时间为 14~15d，孵卵期间若无太大的惊扰雌鸟一般不会离开巢。

3　育雏及雏鸟的生长、活动情况

卵经 14d~15d 孵化后雏鸟破壳而出。雌雄亲鸟开始轮流衔食育雏，育雏食物与亲鸟食物一致，主要以鳞翅目幼虫为主，兼有半翅目和鞘翅目的昆虫。刚出壳的雏鸟头大颈细，勉强摇头，腹部如球，

* 本文原载于《山西林业科技》，1998，(1)：32-33.

皮肤肉红，一般侧身躺卧于巢内，上体羽区有白色发黄的细绒羽。2 日龄雏鸟上体羽区显露出褐色羽芽基。3 日龄翅羽区长出灰色梳状羽。5 日龄翅羽放缨，身体各羽区均被羽鞘。6 日龄~7 日龄眼睁开，各羽区放缨呈灰褐色，受干扰后出现惊恐状。9 日龄全身羽毛覆盖满。10 日龄体形大小似成体。雏鸟各器官的生长情况列于表 1：

表 1　山噪鹛雏鸟各器官生长情况　　mm

日龄	翅长	尾长	嘴峰	跗跖	日龄	翅长	尾长	嘴峰	跗跖
1	6.5	0	9.5	10.6	9	55.6	11.0	13.9	26.0
3	17.2	0	11.2	14.7	11	59.3	15.5	15.0	27.7
5	30.4	0	11.8	21.8	13	64.7	20.0	16.7	27.7
7	44.5	3.0	13.4	24.6	15	69.8	29.0	18.5	29.0

由表 1 看出，雏鸟在 9 日龄之前翅和附跖生长较快，9 日龄后相对增长较慢；嘴峰 9 日龄之前生长较慢，而后生长较快；尾 7 日龄以后逐日以较大的增长率生长直至离巢。

亲鸟育雏 15d 后雏鸟离巢，离巢后的雏鸟扩散在巢址四周 5~27m 处的灌丛间，等待亲鸟衔来喂食。巢外继续育雏 9~11d，幼鸟方可自理生活，但防敌、觅食和飞翔力均不及亲鸟。

本文经张龙胜高级工程师修改完成，特此致谢。

蟒河保护区夜间鸟类调查初探*

关永社[1]　张青霞[1]　田随味[2]
（1. 中条山国有林管理局十河林场，山西翼城，043500；
2. 山西蟒河国家级自然保护区管理局，山西阳城，048100）

摘　要：对山西省蟒河自然保护区的夜间活动鸟类进行了调查，并对其叫声进行了初步模仿记录。知该区有夜间活动鸟类 11 种，隶属于 4 目 4 科，其中四声杜鹃为该区的新纪录。

关键词：蟒河保护区；夜间鸟类；调查

山西阳城蟒河国家级自然保护区鸟类资源丰富，在种类和居留类型等方面基本已摸清，但在夜间善于鸣叫和昼伏夜出的种类方面尚缺少调查资料。于是 2002—2005 年每年 4~7 月对本区的夜间活动鸟类进行了调查，以期为该区鸟类资源管理保护和环境监测提供科学依据。

1　工作区自然概况

该区位于山西省阳城县蟒河镇和东冶镇境内，东经 112°22′10″~112°31′35″，北纬 35°12′50″~35°17′20″，总面积 5573hm^2。区内山陡沟深，泉水溪流四季不涸，有“华北小桂林”之称，地势高差变化不大，最高海拔仅 1572m。植被以灌木为主，无明显垂直带，有刺梨（*Ribesburejense*）、黄刺玫（*Rosa xanthina*）、鼠李（*Rhamnus* spp.）、沙棘（*Hippophae rhamnoides*）等，并掺杂有少许油松（*Pinus tabulaeformis*）、白桦（*Betula platyphylla*）、辽东栎（*Quercuslia*）、山杨（*Populus davidiana*）等。本区气候温和，年均气温 12℃，1 月-3℃，7 月 25℃，年降水量 535mm，无霜期达 180d 以上。农作物有小麦、棉花、玉米、谷子等。鸟类区划属古北界华北区黄土高原亚区。

2　工作方法

于每年的 4~7 月，选定本区的树皮沟、押水、蟒河三个样点。在风和日丽的傍晚八点钟进入样点，依据夜间活动鸟类的不同栖息环境、海拔和发情盛期善鸣爱叫，且鸣叫声高亢宏亮，有的种类甚至通宵达旦鸣叫的主要特征，每平方公里静听 1h 而准确无误地区别出种名和种群密度（如表 1）；对于鸣声差别不大，不容易确定的种类，结合采集标本进行鉴定。标本的鉴定依据《中国鸟类图鉴》[1] 和《中国鸟类手册》[2]。

工作中，还对这些鸟类的生境特征和食性进行了初步观察。

3　结果分析

3.1　调查名录

4a 的调查表明，本区夜间善于鸣叫的和昼伏夜出活动的鸟类共有 11 种，隶属于 4 目 4 科，结果如表 1。四声杜鹃为本区鸟类调查的新纪录，叫声独特，节奏明显，确有分布。

* 本文原载于《山西林业科技》，2006，（4）：40-41.

3.2 结果统计

3.2.1 保护级别

由表 1 知，该区的夜间活动鸟类中，属国家二级重点保护的有 4 种(以“II”表示的)，山西省重点保护的有 4 种(以“X”表示的)，中国和日本两国政府协议共同保护的有 5 种(以“△”表示的)，中国和澳大利亚两国政府协议共同保护的有 1 种(以○表示的)。

3.2.2 区系特征

在这 11 种夜间鸟类调查中，仅四声杜鹃为东洋界种类；古北界种类有 1 鸮形目的 4 种和金眶鸻共 5 种；其余 5 种均为广布种类。

3.3.3 生态位

生态位相近的物种是具有一定排斥行为的(高斯假说)，由于都是夜间段活动，它们的生态位是相近的，那么生境的描述和食性的分析是很有必要的。将调查结果列入表 2。

表 1 历山自然保护区夜间活动鸟类调查名录

目	科	种	保护级别	种群密度/(只·km^{-2})	识别特征		土名
					叫声	标本	
鸻形目(Charadrii-formes)	鸻科(Charadri-idae)	金眶鸻(*Charadrius dubius*)	X	0.5	“di-di-di-di”		
鹃形目(Cuculiformes)	杜鹃科(Cuculidae)	鹰头杜鹃(*Cuculus sparverioides*)		1.5	“da-kuai-16”		大快乐
		四声杜鹃(*Cuculus micropterus*)	X	1.0	“wei-can-da-sao”		喂蚕大嫂
		大杜鹃(*Cuculus canorus*)	△	0.8	“bu-gu，bu-gu”		布谷鸟
		中杜鹃(*Cuculus saturatus*)	△O	0.5	“gong-，gong-”		
		小杜鹃(*Cuculus poliocephalus*)	X△	0.5	“kuai-kuai-da-jiu-he-he”		快快打酒喝喝
鸮形目(Strigifbrmes)	鸱鸮科(Strigidae)	红角鸮(*Otus scops*)	II			体长约 190cm，后颈基部无显著翎羽	夜猫子，猫头鹰
		鸮(*Bubo bubo*)	II	1.0	“wu-，wu-”		信呼，老信呼
		纵纹腹小鸮(*Athene noctua*)	II	0.10	“ga，ga，ga，a-wu”		猫头鹰，秃丝叫
		长耳鸮(*Asio otus*)	II△	1.0	“hu-hu-hu-”	耳羽簇长，黑褐色	
夜鹰目(Caprimulgi-formes)	夜鹰科(Caprimul-gidae)	普通夜鹰(*Caprimulgus indicus*)	X△	0.5	“da，da，da，da，da-”		鬼鸟，贴树皮

说明：此表结果仅代表本区 4~7 月的夜间善于鸣叫和昼伏夜出活动的鸟类情况

表 2 蟒河保护区夜间活动鸟类的生态位分析

种类	生境描述	营巢环境	食性
金眶鸻	河滩	河滩或卵石堆上地面凹坑	昆虫、软体动物、甲壳类
鹰头杜鹃	林间疏林带	将卵产于鹟类、鸫类等小鸟巢中，让它鸟代为孵化	毛虫，偶食浆果
四声杜鹃	林间疏林带		毛虫
大杜鹃	林间疏林带		毛虫
中杜鹃	沟谷、河边等处		毛虫
小杜鹃	林间疏林带		毛虫
红角鸮	山地疏林	树洞营巢	蝗虫、金龟子及小型鼠类
雕鸮	山地疏林	悬崖峭壁石崖下	鼠类
纵纹腹力鸮	丘陵或村落附近树林	天然树洞或鸠鸽旧巢	鼠类
长耳鸮	山地森林，平地树林	沼泽地面弃巢	鼠、甲虫、蝼蛄
普通夜鹰	山地疏林或草坡	林中地面或直接产卵于地面	夜蛾、金龟子、蚊蚋等

夜间活动的鸟类是一个特殊的类群，它们均为农林益鸟，主食鼠类和害虫，在生物链和生态平衡中均起着重要的作用，应对之加强保护。

山西蟒河自然保护区雉类调查*

赵益善[1]　田德雨[1]

（山西省蟒河自然保护区管理所，阳城，048100）

摘　要：1996—1997 年每年的 1～10 月，对山西省蟒河自然保护区的雉类进行了调查，结果为该区计有雉类 5 种，其中石鸡（*Alectoris graeca*）、勺鸡（*Pucrasia macrolopha*）、雉鸡（*Phasianus colchicus*）为当地留鸟，每年 4～7 月繁殖；鹌鹑（*Coturnix coturnix*）和斑翅山鹑（*Perdix dauuricae*）为该地区冬候鸟。

关键词：雉类；调查；山西蟒河

雉类多为狩猎和观赏鸟类，有着极高的经济价值，也是人类饲养驯化的对象。区域性雉类资源的调查，对资源的保护管理和合理利用有十分重要的作用。关于山西省境内雉类的调查研究曾有过不少报道[1~3]。但由于蟒河自然保护区地理位置、地势、气候及植被类型的特殊性，这些调查结果还不能完全作为该保护区的保护管理依据。为此，于 1996 和 1997 年每年的 1～10 月，对山西省蟒河自然保护区的雉类进行了调查。

1　自然概况

蟒河自然保护区位于山西省阳城县桑林乡境内，东经 112°22’10″～112°31′35″，北纬 35°12′50″～35°17′20″，总面积 5600hm²。境内山陡沟深，泉水溪流四季不涸，有华北“小桂林”之称，地势高差变化不大，最高海拔仅 1572m。植被以灌木为主，无明显垂直带，有刺梨（*Ribes burejense*）、黄刺梅（*Rosa xamthina*）、鼠李（*Rhamnus* spp.）、沙棘（*Hippophae shamnoides*）等，并杂有少许油松（*Pinus tabulaeformis*）、白桦（*Betula platyphylla*）、辽东栎（*Quercus liaotungensis*）、山杨（*Populus davidiana*）等。本区气候温和，年均气温 12℃，1 月-3℃，7 月 25℃，年降水量 535mm，无霜期达 180d 以上。农作物有小麦、棉花、玉米、谷子等。

2　调查方法

2.1　访问调查

选定树皮沟、押水庙、前庄、洪水及拐庄 5 个自然村，每个季节向各老猎户、上山采药人及放羊倌访问一次，了解雉类的种类数量、分布、觅食、繁殖和迁徙等情况。

2.2　路线调查

根据雉类的生物学特性，在访问的 5 个村庄附近各选定一条 6km 长的调查统计线路，共计 30km，以每小时行进 2km，左右视区各 50m，统计两侧遇到的雉类种类和数量。夏季统计时间为 7 时～10 时，冬季为 10 时～12 时。

2.3　食性调查

每年的 4，6，8，12 月份各采集雉类 5 只，即每年 20 只，进行解剖，分析其食物组成。

---

* 本文原载于《山西林业科技》，1998，（3）：10-11，16.

2.4 迁徙观察

对于在该区属候鸟类型的雉类，每年3月和10月分别在选定的5个村庄和路线上观察记录其最早迁来和最晚迁离的时间。

3 结果

3.1 雉科鸟类组成

通过采访、野外实地观察得知，本区有雉科鸟类5种，即石鸡、斑翅山鹑、鹌鹑、勺鸡、雉鸡，除斑翅山鹑和鹌鹑为冬候鸟外，其他均为留鸟。其中勺鸡为国家重点保护野生动物，鹌鹑为中日两国政府协定共同保护的候鸟。

3.2 种群密度调查

通过5条样带20次调查，可知该区雉科鸟类的种群密度(见表1)。

表1 蟒河自然保护区雉类种群密度调查(1996—1997年)

种名	调查时数(h)	调查里程(km)	遇见总数(只)	每公里遇见数(只/km)	种群密度(只/hm²)
石鸡	60	120	30	0.25	0.025
斑翅山鹑	60	120	3	0.03	0.003
鹌鹑	60	120	21	0.18	0.018
勺鸡	60	120	49	0.41	0.041
雉鸡	60	120	44	0.37	0.037
合计	300	600	147	1.24	0.124
均值	60	120	29.4	0.25	0.025

由表1看出，本区雉科鸟类勺鸡的种群密度最高，为0.041只/hm²，其次是雉鸡0.037只/hm²；斑翅山鹑种群密度最低，为0.003只/hm²。

3.3 雉科鸟类的繁殖特性

在本区繁殖的雉类有3种，即石鸡、勺鸡和雉鸡，繁殖期为4~7月，持续时间112~122d，巢形呈浅盘状或浅大碗状。营巢生境和取食环境见表2，繁殖参数见表3。

表2 蟒河自然保护区雉类繁殖特性(1996—1997年)

种名	营巢生境	巢形	种群繁殖期起止及持续时间			取食环境
			开始	终止	持续(d)	
石鸡	灌丛、岩石山地	浅盘	4月	7月	122	山地、田野、疏林、灌丛、草滩
勺鸡	针阔混交林及疏林高乔木	浅大碗	4月	7月	122	针阔混交林、疏林、灌丛
雉鸡	针阔混交林及灌丛草地	浅大碗	4月	7月	112	疏林、灌丛、草原、农田

表3 蟒河自然保护区雉类繁殖参数(1996—1997年)

种名	营巢天数(d)	产卵始期	窝卵数(枚)	卵的测定			孵化期(d)	孵化率(%)	繁殖力(只/对)	巢外育雏(d)
				卵重(g)	长径(mm)	短径(mm)				
石鸡	2~5	4月中旬	6~12	25~31	35~40	26~31	18	94	7	21
勺鸡	3~7	4月下旬	6~13	30~35	42~50	30~37	22	96	8	20
雉鸡	4~8	5月上旬	6~17	25~32	40~48	32~36	22	97	9.2	22

3.4 食物分析

通过对采集的40只标本进行解剖分析，认为该区雉类的食物组成有野生植物、农作物、昆虫和真菌类，见第12页表4。

表4 蟒河自然保护区雉类食性分析(1996—1997年)

食物类别	食物组成	啄食部位					石鸡	斑翅山鹑	鹌鹑	勺鸡	雉鸡
		茎根	叶花	果实	种子	树皮					
植物	油松(*Pinus tabulae formis*)	—	—	√	√	√	—	—	—	√	√
	辽东栎(*Quercus liaotungensis*)	—	√	√	—	—	—	—	—	√	√
	蒙古栎(*Quercus mongolica*)	—	√	√	—	√	—	—	—	√	√
	桦树(*Betula* spp.)	—	√	—	—	√	—	—	—	√	√
	山柳(*Salix* spp.)	√	√	√	—	√	—	—	—	√	√
	黄刺梅(*Rosa x anthina*)	—	√	√	—	—	√	√	—	√	√
	沙棘(*Hippophaer hamnoides*)	√	√	√	√	√	√	√	√	√	√
	苣荬菜(*Sonch hisbrachyotus*)	√	√	—	—	—	√	√	√	√	√
	蒲公英(*Tarax acum mongolicum*)	√	√	—	—	—	√	√	√	√	√
	野苜蓿(*Medicago falcata*)	√	√	—	—	—	√	√	√	√	√
	草莓(*Fragaria orientalis*)	√	√	√	—	—	√	√	√	√	√
	草木犀(*Melilotus suaveolens*)	√	√	—	√	—	√	√	√	—	√
农作物	蚕豆(*Vicia faba*)	√	√	√	√	—	√	√	—	—	√
	豌豆(*Pisum sativum*)	√	√	√	√	—	√	√	—	—	√
	小麦(*Triticum* spp.)	√	√	√	√	—	√	√	√	—	√
	谷子(*Pauicum* spp.)	√	√	√	√	—	√	√	√	—	√
动物	蚁类(*Formicidae*)						√	√	√	√	√
	蜂类(*Vespidae*)						√	√	—	√	√
	蜗牛类(*Tabanidae*)						√	—	—	√	√
	甲虫类(*Coleoptera*)						√	—	—	√	√
	蝗虫类(*Acridiidae*)						√	—	—	√	√
	蝶类(*Rhopalocera*)						√	√	√	√	√
	蛾类(*Heteroneura*)						√	√	√	√	√
真菌类	马勃(*White* spp.)						√	—	—	√	√
	香菇(*Champignon* spp.)						√	—	—	√	√
	顶土(*Chinese* spp.)						√	—	—	√	√

注：表中“√”表示啄食，“—”表示不啄食

4 管理保护措施

在该区栖息的5种雉类除勺鸡外均较相邻不远的历山自然保护区种群数量小，主要是由于该区植被绝大部分为高大的灌木，而成形的森林和农田面积较小，这种景观单一的环境不是雉类栖息的最佳场所。此外，近年来，该区内休闲旅游活动频繁对雉类的生存也有一定的影响。在今后的保护管理中，应严格控制旅游活动对雉类栖息环境的影响，加大宣传力度，不断提高全民的保护意识。还应进一步开展对该区雉类种群动态和栖息环境的监测。

蟒河自然保护区猛禽初步调查*

田德雨　田随味

（山西省蟒河自然保护区，山西阳城，048100）

摘　要：1995—1997 年对蟒河自然保护区猛禽的种类、密度及迁徙情况进行了调查，发现该区有猛禽 15 种，并收集了部分猛禽繁殖资料。

关键词：猛禽；种类；种群密度；蟒河自然保护区

猛禽包括鹰、鵟、鹞、雕、鹫及鸮类。在生态系统中属于顶极类群，均属于我国重点保护野生动物。鉴于国家重点保护动物的重要意义，我们于 1995—1997 年在蟒河自然保护区对猛禽进行了初步调查。

1　自然概况及工作方法

蟒河自然保护区位于山西省阳城县境内。东经 112°22′30″~112°31′35″，北纬 35°12’50″~35°17′20″，境内山高坡陡，主峰指柱山海拔 1572.6m，总面积 5600hm^2，是以保护猕猴为主的生物多样性综合自然保护区，其地形、地貌、地质、森林、植被、土壤、气候等概况参见《山西林业科技》1998 年第 3 期第 10 页[1]，本文不另赘述。

工作中采用以下方法：

选定调查样区：根据猛禽的活动规律、分布现状和生物学特性，以及植被类型、海拔高度，选定四个调查样区，即台头、树皮沟、洪水、拐庄，全面调查猛禽种类、季节迁徙、栖息环境、种群密度、居留类型及繁殖情况等。

季节迁徙调查：在 3 月和 9 月调查夏候鸟迁来和迁离的时间。在 10 月和翌年的 3 月调查冬候鸟迁来和迁离的时间。同时统计迁来后的居留期和迁离后的间隔期。

种群密度调查：白天调查白昼活动的猛禽，拂晓前调查夜间活动的鸮类。工作人员每小时行程 2km，能听到鸣声和看到形影为止。每次调查时间、路线、人员基本一致，以免产生误差。

标图法：在野外种群密度调查中，凡能肯定在本区营巢繁殖的猛禽和多次遇见者，均标入本区平面图上，以便统一归纳分析区域分布和确定种群密度，提出保护猛禽的依据。

定位生态调查：在选定的四个调查点，每年逐月观察猛禽的生态及繁殖生物学，以便重点开展猛禽的科研和环境监测工作。

2　调查结果

通过三年野外调查、查阅文献及鉴定标本，发现本区有猛禽 15 种，其种类、居留类型、保护级别、采集日期列入表 1。

* 本文原载于《山西林业科技》，1999，(4)：16-18.

表 1　蟒河保护区猛禽调查名录

编号	中名及学名	采集年月	地点	居留类型	保护级别
1	苍鹰 *Accipiter gentilis*	1995. 11	树皮沟	旅	II
2	雀鹰 *Accipiter nisus*	1996. 4	台头	留	II
3	松雀鹰 *Accipiter vivgatus*	1996. 3	洪水	旅	II
4	大鵟 *Buteo bemilasius*	1997. 4	桑林	冬候	II
5	普通鵟 *Buteo buteo*	1996. 10	台头	冬候	II
6	毛脚鵟 *Buteo lagopus*	1997. 11	南辿	冬候	II
7	金雕 *Aquila chrysaetos*	1997. 10	洪水	留	I
8	乌雕 *Aquila clanga*	1996. 10	拐庄	冬候	II
9	白尾鹞 *Circus cyaneus*	1995. 11	台头	冬候	II
10	鹊鹞 *Circus melanoleucos*	1996. 10	桑林	旅	II
11	燕隼 *Falco subbuteo*	1997. 7	树皮沟	夏候	II
12	红隼 *Falco tinnunculus*	1996. 8	台头	留	II
13	红角鸮 *Otus scopus*	1997. 5	黄龙庙	夏候	II
14	雕鸮 *Bubo bubo*	1996. 4	拐庄	留	II
15	纵纹腹小鸮 *Athene boctua*	1995. 5	黄龙庙	留	II

由表 1 可知，本区分布的 15 种猛禽中有留鸟 5 种、夏候鸟 2 种、冬候鸟 5 种、旅鸟 3 种，有 I 级重点保护动物 1 种、II 级重点保护动物 14 种，均为食肉性鸟类。

留鸟：冬春季节多在低山居民区活动，有时遭杀害，如雀鹰等。夏秋季节，这些留鸟则迁飞到适宜它们繁殖后代的深山老林。

夏候鸟：每年 4~5 月迁来，9~10 月迁走，如燕隼等。迁来后急忙选择巢区，占领巢穴，进行一年一度的繁殖活动当幼鸟能独立生活时，它们就迁回越冬地。迁离后的间隔期为 210d 左右。

冬候鸟：通常是 10 月迁来本区越冬，翌年 3 月迁走，季节迁徙十分稳定，如大鵟、白尾鹞。它们多在山麓、林缘、山谷、河谷等地带活动，有时飞翔于居民区觅食。在寒冬发现有老弱病残饿死、病死、冻死者。

旅鸟：仅有松雀鹰、鹊鹞。每年 3~4 月北迁，10~11 月南迁，途经本区短暂停息几天。

栖息地及种群密度：猛禽的栖息地环境多种多样，归纳起来有营巢繁殖地、寻觅食物地、短暂停息地、夜间栖宿地。种群密度在生态和生物学调查中是值得注意的特征，它关系着种群数量动态。三年的调查表明，无论是留鸟、夏候鸟，还是冬候鸟和旅鸟，其种群数量均在下降，下降最高者为雀鹰和金雕，下降率为 11%~18%。

猛禽密度下降的原因有：①有些高大的树木被砍伐，破坏了猛禽的栖息繁衍场所。②在保护区辖区以外，有投放农药毒杀野鸡、兔的现象，猛禽吃到被毒死的野鸡、兔，二次中毒死亡。因此，应加大保护力度，全面彻底地禁止用农药毒杀野生动物。

3　繁殖资料

猛禽的繁殖资料很不容易收集，现将 7 种繁殖鸟的繁殖资料列入表 2。

表 2 蟒河自然保护区猛禽繁殖参数

种名	观察窝数	产卵日期（月·日）	窝卵数（枚）	产卵总数（枚）	孵卵天数（d）	无精卵（枚）	孵出雏鸟（只）	巢内育雏（d）	巢外育雏（d）	幼鸟成活数（只）	成活率（%）
雀鹰	3	5.3~5.8	3~4	11	22	1	10	21	11	9	90.00
金雕	2	3.9~3.17	2~3	5	29	1	4	80	18	4	100.00
燕隼	3	6.2~6.9	3~4	11	22	2	9	20	7	8	88.90
红角鸮	2	5.19~5.27	4~5	8	20	1	7	18	11	7	100.00
雕鸮	2	4.23~4.28	2~3	5	32	1	4	30	12	4	100.00
红隼	3	4.3~4.18	2~5	9	22	1	8	21	8	7	87.50
纵纹腹小鸮	2	4.15~4.23	3~5	9	18	2	7	18	10	6	85.70
总计	2~3	3.9~6.9	2~5	—	18~29	1~2	—	18~80	10~18	—	85.7~100

由表 2 看出，蟒河猛禽的产卵日期在 3 月 9 日—6 月 9 日，孵卵期为 18~29d，巢内育雏期为 18~80d，巢外育雏期为 10~18d，成活率为 85.7%~100%。

山西省生物研究所刘焕金先生审阅本文，并提供部分资料，特此感谢。

大山雀生态的初步观察*

杨潞潞　茹李军
（山西省蟒河自然保护区，山西阳城，048100）

摘　要：1997—1999 年，在蟒河自然保护区对大山雀的生态进行了观察。该鸟为林息鸟类，筑巢于树洞、墙洞或石缝电每年 3~8 月繁殖，窝卵数 7~13 枚，多为 8~9 枚。卵的大小约 11. 9mm×15. 8mm，重约 13. 9g，孵化期 12~14d，巢内育雏期 14d。以有害昆虫为食，是农林益鸟。

关键词：蟒河自然保护区；大山雀；生态观察

大山雀(*Parus major*)在蟒河自然保护区为留鸟，嗜食多种农林害虫，对控制农林虫害有着重要的作用，鉴于此，我们对其生态进行了观察。

1　工作区概况及工作方法

1.1　工作区概况

蟒河自然保护区位于山西省东南部，太行山东侧，东经 112°22′10″~112°31′35″，北纬 35°12′50″~35°17′20″，总面积 5600hm^2。为全国第三大山茱萸产地。独特的气候和优越的环境给野生动物的栖息和繁殖创造了良好的生存条件。

本区水文、植被、气候参见本刊 1998 年第 2 期。

1.2　工作方法

结合全区生境中特点，以押水—黄龙庙—后大河为主线，做栖息环境调查和路线统计调查；选择特定的繁殖生境做定位观察，记录繁殖参数；用半导体温度计测量大山雀深部体温；每年繁殖前、繁殖期、繁殖后各做两次食性分析。

2　观察结果

2.1　栖息环境

大山雀的栖息环境主要分为营巢繁殖地、寻觅食物地、短暂停歇地和夜宿地，详见表 1。从表 1 可知，大山雀的巢筑于洞穴或墙缝之中，停息于山林间，主要在耕作区及果园中觅食，对农林业有益无害。

2.2　生活习性与繁殖

2.2.1　生活习性　大山雀在繁殖期成对活动，而平常结小群。其动作灵活，常攀附在树枝上觅食害虫及

2.2.2　繁殖　每年进入 3 月，大山雀开始占区、鸣叫、求偶，随后雌雄鸟共同营巢，最早发现于 3 月 12 日。巢筑于树洞、石缝之中，呈杯状，外壁以苔藓、草茎、地衣等铺垫，内衬羊毛、棉絮、羽毛等物，窝卵数 7~13 枚，以 8~9 枚居多，卵色为略带粉红的白色，并密布红褐色斑点，钝端较多。卵的大小平均为 12. 1mm×15. 8mm，重约 13. 8g。

---

* 本文原载于《山西林业科技》，2000，（1）：41-43.

大山雀孵化以雌鸟为主，孵化期12~14d。哺育雏鸟则以雄鸟为主，育雏期约13d。巢外育雏期约2~3d。

表1 大山雀栖息生境调查

编号	营巢生境	植物群落	生境利用	利用时间
1	树洞	桐树等	筑巢、繁殖期夜宿	3~8月
2	农田石缝	杂草类	筑巢、繁殖期夜宿	3~8月
3	山区阔叶林或针叶林	栓皮栎等	停歇、觅食	全年
4	疏林灌丛	沙棘、荆条	非繁殖期夜宿、觅食	全年
5	耕作区、果园	山茱萸及果树类	觅食	全年

2.2.3 繁殖成效 据1997—1999年观察统计，繁殖成效比较见表2。

表2 大山雀繁殖成效比较

项目		1997年8月		1998年5~7月		1999年4月
		黄龙庙	后大河	押水	拐庄	小河
观察巢数	(个)	1	1	2	3	2
成功巢数	(个)	1	1	1	1	2
营巢成功率	(%)	100.0	100.0	50.0	33.3	100.0
观察卵数	(枚)	6	7	12	10	15
出壳雏数	(只)	6	6	10	9	13
孵化率	(%)	100.0	85.7	83.3	90.0	86.7
观察巢数	(只)	6	6	10	9	13
离巢幼鸟数	(只)	5	4	7	8	12
雏鸟成活率	(%)	83.3	66.7	70.0	88.9	92.3
观察离巢幼鸟数	(只)	5	4	7	8	12
损失幼鸟数	(只)	2	1	3	2	4
幼鸟损失率	(%)	40.0	25.0	42.9	25.0	33.3

由表2可知，大山雀在4月和8月所产卵数较5~7月为少。

2.3 深部体温

在静息状态和适中温度下，用半导体温度计测得大山雀的深部体温为40.1℃；繁殖期体温随环境变化的波动幅度较平时明显。

2.4 种群密度

1997—1999年繁殖后的种群密度指数为8.21，8.04，8.74只/km。

2.5 食物组成

大山雀嗜吃梨象甲、天牛幼虫等多种农林害虫，且食量大，昼夜所吃的害虫重量几乎等于它的体重，育雏期食量更大。其食物组成见表3。

表 3　大山雀的食物组成

食物成分	所占百分比(%)	食物成分	所占百分比(%)
梨象甲	20. 1	天社蛾	0. 7
叶甲	5. 2	天牛幼虫	13. 8
金龟甲	10. 4	松毛虫	1&7
枯叶蛾	1. 3	金花虫	1. 8
青刺蛾	6. 7	蜻　象	21. 3

调查表明，大山雀在控制农林虫害方面作用显著，因此应加以保护，尤其在繁殖期，可采取悬挂鸟巢的办法进行保护和招引。

大山雀是自然生态系统的一个重要因子，在控制虫害方面发挥一定的作用，因此要保护该鸟及其栖息、繁衍生境。

此项工作得到蟒河自然保护区张所荣的大力支持，特此致谢。

蟒河自然保护区金翅雀的繁殖生态学研究*

赵益善　田随味　田德雨　茹李军
（山西省蟒河自然保护区，山西阳城，048100）

摘　要：1998 年 4~8 月在山西蟒河自然保护区对金翅雀的繁殖生态进行了考察，并应用回归分析研究了体重、体长、嘴峰、尾长、跗蹠、翼长与时间的关系，结果表明：金翅雀主要栖息在松柏和公路两侧的杨树林。每窝卵数 3~5 枚，7 月以前每窝卵数可达 4~5 枚，7 月以后每窝卵数以 3 枚居多。平均卵重 1.5g，卵孵化期 10d，孵化率 75%。巢内育雏期 13d，育雏成活率 85.71%。巢外育雏期 6d，育雏成活率 83.33%。食物以杂草种子为主。金翅雀雏鸟体重、体长、嘴峰、尾长、跗蹠，翼长与时间的回归方程分别为 $Y_{weight}=-0.602+1.355t$，$Y_{length}=28.982+4.554t$，$Y_{beak}=0.384+0.670t$，$Y_{tall}=0.0168t^{3.240}$，$Y_{tarsal}=5.75+0.821t$ 和 $Y_{wing}=1.852t^{0.129}$。

关键词：蟒河自然保护区；金翅雀；繁殖生态；回归分析；山西

金翅雀(*Carduelis sinica*)在山西蟒河自然保护区广泛分布，有关金翅雀的个体生态研究已有报道[1,3]，但对于其产卵、孵化、巢外育雏等繁殖生态学研究尚未见报道。为此，于 1998 年 4~8 月对蟒河自然保护区分布的金翅雀繁殖生态学进行了研究，以期为金翅雀的保护生物学提供理论依据。

1　自然地理环境

蟒河自然保护区位于中条山东端，行政区划属于山西省阳城县，约 112°22′10″~112°31′35″E，35°12′50″~35°17′20″N，总面积 5573hm²。最高峰指柱山海拔 1572m，最低点拐庄海拔 520m。蟒河自然保护区属于暖温带季风气候区，年平均温度 14℃，7 月平均温度 24℃，1 月平均温度-1.2℃，≥10℃的年积温 3400℃~3900℃，年降水量 600mm~800mm。

由于水热条件良好，蟒河自然保护区内植物种类丰富，区系成分复杂，并有少量的亚热带区系成分分布，如三叶木通(*Akebia trifoliata*)、南蛇藤(*Celastrus articulatus*)、匙叶栎(*Quercus spathulata*)、异叶榕(*Ficus heteromorpha*)等。植被区划属于暖温带落叶阔叶林地带，森林植被以栎林为主，主要植被类型有槲栎(*Q. denttata*)林、栓皮栎(*Q. variabilis*)林、橿子栎(*Q. baronii*)林以及鹅耳枥(*Carpinus turczaninowii*)杂木林等，灌丛常见的有连翘(*Forsythia suspensa*)灌丛、黄栌(*Cotinus coggygria* var. *vinerea*)灌丛、荆条(*Vifex negundo* var. *heterophylla*)灌丛等[4]。

2　研究方法

根据蟒河自然保护区的生态环境特点和金翅雀的生态和生活习性，选择黄龙庙作为观测点。对金翅雀的种群密度调查分别在 1998 年 4~8 月，沿黄龙庙—后大河、黄龙庙—杨庄河进行，各长 4km，采用路线统计法，每次上午 7 时~10 时进行，速度 2km/h，左右视区 50m，观察 5 月至 7 月金翅雀繁殖期的密度，结果用每公里遇见数表示，即只/km。

对金翅雀繁殖生态的调查，沿黄龙庙—后大河、黄龙庙—杨庄河一线，在 5~7 月间，每月进行 1 次环境栖息地调查，每次猎获 5 只成鸟，并鉴定食性及害益关系。繁殖生态的调查项目包括：①交尾、营巢、产卵、孵卵、育雏，②雏鸟的体重、体长、嘴峰、尾长、跗蹠、翼长等指标[5]。

为了探讨金翅雀雏鸟的体重、体长、嘴峰、尾长、跗蹠、翼长等指标随时间变化的趋势，应用回

* 本文原载于《山西大学学报(自然科学版)》，2000，23(2)：168，171.

归分析[6]研究上述指标与时间(d)的关系。

3 结果与讨论

3.1 栖息环境和种群密度

金翅雀的栖息地包括营巢、休息、觅食3类。营巢主要在油松(*Pinus tabulaeformis*)、栓皮栎、杨(*Popolus* sp.)、柳(*Salix* sp.)等乔木上。休息除了营巢栖息地外，还有沙棘(*Hippophaer homnoides*)、荆条等灌木，以及农田、菜田和撂荒地觅食主要集中于油松、栓皮栎、杨、柳、沙棘荆条等植物。

金翅雀5月、6月和7月的种群密度分别为6.17只/km，8.17只/km，8.92只/km。这些数字反映了随着时间增加，种群密度亦随着增加，主要原因是金翅雀从5月上旬开始产卵、孵化，使一些雏鸟不断补充到金翅雀种群中，因而金翅雀密度呈增加趋势。

3.2 巢前活动与交配

在3月末，金翅雀开始寻偶，4月上旬进入发情期。交配是雌雄鸟在同一枯树枝上，连续3~5次，每次3se~5sec。交配完毕后，确定巢址。

3.3 营巢与产卵

金翅雀的巢多数筑于树冠中部，隐蔽性良好，向阳避风，距地面最高10m，最低2.5m，巢深平均31mm，平均外径80mm×71mm，平均内径52mm×54mm，平均重9g，巢呈浅杯，外部结构疏松，由艾蒿(*Artemisia argyi*)、杨树叶、杨树花絮、粗植物须根、蓖麻皮层纤维等组成；中层以纤细植物须根为主，并用金翅雀的口腔粘液粘牢，内层有鸟羽毛、兽毛、猪鬃、羊毛、杨树花絮等组成。

金翅雀5月上旬开始产卵，时间为早5时~7时，日产1枚，年产1窝，每窝卵数3~5枚。受气候因素以及繁殖机制和换羽习性的影响，7月以前发现的以4枚居多，7月以后则皆为3枚。卵平均重1.5g，长径平均19mm，短径13mm。

3.4 孵卵与育雏

产完卵后，雌鸟开始卧巢孵卵，雄鸟在附近巡视警戒，并每天向雌鸟提供食物2~3次。除雄鸟提供食物外，雌鸟的主要食物是在凉巢时自己觅食。据6月28日5时-20时在黄龙庙1号巢的观测，雌鸟孵卵的时间累计为813min，而凉巢时间累计为87min，凉巢次数为5次，最长为35min，最短为4min。在黄龙庙1号巢，金翅雀6月19日开始产卵，6月22日产下第4枚卵。6月24日开始孵卵，7月3日4枚卵全部孵化。

雏鸟出壳后，当日并不育雏，雌鸟长时间卧巢抱雏保温。从次日开始喂食，每天喂食有两个高峰：6时~8时和14时~20时。随着雏鸟日龄的增加，喂食次数迅速增加，如在第4日，平均每只雏鸟喂食3次；第8日，平均每只雏鸟喂食6次；而第12日，平均每只雏鸟喂食7次。巢内育雏期为13d，此时雏鸟体长为成鸟体长的70.83%.

3.5 雏鸟体重、体长、嘴峰、尾长、跗蹠、翼长生长量与时间(d)的关系

黄龙庙1号巢育雏期内，金翅雀雏鸟的体重、体长、嘴峰、尾长、跗蹠、翼长等指标(平均表)见表1。

表1 蟒河自然保护区黄龙庙金翅雀雏鸟的体重、体长、嘴峰、尾长、跗蹠、翼长的动态

日龄(d)	体重(g)	体长(mm)	嘴峰(mm)	尾长(mm)	跗蹠(mm)	翼长(mm)
1	1.6	30	1.5	—	5.0	—
3	2.5	39	2.5	—	9.0	2.0
5	4.8	55	4.5	1.0	10.0	4.0

（续）

日龄(d)	体重(g)	体长(mm)	嘴峰(mm)	尾长(mm)	跗蹠(mm)	翼长(mm)
7	9.8	69	6.0	2.5	12.5	12.3
9	12.5	73	7.0	10.0	14.0	23.0
11	15	75	7.0	14.0	15.0	28.0
13	16	85	8.5	18.4	15.0	35.0

根据表1的数据，应用回归分析的方法，建立了金翅雀的雏鸟体重、体长及有关器官生长量与时间的回归方程(表2)。

表2　金翅雀雏鸟体重、体长、嘴峰、尾长、跗蹠、翼长生长量与时间(d)的回归方程

	回归方程	相关系数/相关指数	显著性
体重	$Y_t=-0.602+1.355t$	0.984	$P<0.001$
体长	$Y_t=28.982+4.554t$	0.971	$P<0.001$
嘴峰	$Y_t=0.384+0.670t$	0.945	$P<0.01$
尾长	$Y_t=0.0168t^{3.240}$	0.982	$P<0.01$
跗蹠	$Y_t=5.75+0.821t$	0.984	$P<0.001$
翼长	$Y_t=1.852t^{0.129}$	0.960	$P<0.01$

由表2可以看到，金翅雀体重、体长、嘴峰、跗蹠生长量与时间(d)的回归方程皆为线形方程，而且$P<0.001$。这表明随着时间增加，金翅雀体重、体长、嘴峰、跗蹠也在不断增长，但它们的增长速率(回归方程的斜率)有明显差异，其中体长的增长速率最大(4.554)，嘴峰增长速率最小(0.670)。尾长、翼长生长量与时间的回归方程为幂函数形式，但尾长的增长速率要高于翼长。

3.6　巢外育雏

离巢雏鸟并不能独立生活，而是进入幼鸟巢外锻炼阶段。起初幼鸟仅能在巢区附近活动，学习适应生存的各种技能，如飞翔、捕食等。由于跗蹠、爪等发育尚不完全，雏鸟在灌木或树枝并不能牢固抓紧，有时会掉到地上。此时，最易遭到天敌的攻击，因此刚离巢的雏鸟遭天敌捕食等危害的可能性较大。离巢3d后，幼鸟便可在6m高的林中自由飞翔。6d后幼鸟远离巢区，开始独立觅食，不需亲鸟喂食，至此巢外育雏期结束。

3.7　繁殖效率

金翅雀的有关繁殖参数见表3。从表3可以看到，在各类破坏因素中，人为因素对金翅雀繁殖构成的威胁最大。

表3　蟒河自然保护区金翅雀繁殖参数统计

	观察数	成功数	成功率(%)	损失数	损失率(%)	损失原因			
						人为	天敌	弃巢	未受精卵
营巢(个)	7	5	71.43	3	28.57			2	
孵卵(枚)	28	21	75.00	7	25.00	2	3		2
巢内育雏(只)	21	18	85.71	3	14.29	3			
巢外育雏(只)	18	15	83.33	3	26.67	1	2		

3.8　食性分析

对5只成鸟进行解剖，结果表明：金翅雀食物以杂草种子为主，包括荆条、胡枝子(*Lespedeza bicolor*)、狗尾草(*Setaria viridis*)、沙棘等。这充分说明金翅雀对农作物丝毫没有危害，因此应予以大力保护。

刘焕金先生提供部分资料并对本文初稿提出了宝贵意见，张峰教授对初稿进行了修改，在此一并致谢！

蟒河保护区山鹡鸰生态观察初报*

田德雨

山鹡鸰是中日两国政府协定共同保护的候鸟。针对保护该鸟的重要意义，1998—1999 年的 4~9 月，笔者在蟒河保护区对该鸟的生态进行了观察，为科学地保护和利用鸟类资源及环境监测提供了可靠的依据。

1　工作区自然概况及调查方法

蟒河保护区位于阳城县桑林乡境内，地处东径 112°22′10″~112°31′35″，北纬 35°17′50″~35°12′20″。保护区内森林茂密，灌木丛生，水源充沛，坡陡沟深，峡谷纵横，主峰指柱山海拔 1572.6m。该区气候属暖温带季风型大陆性气候，年平均气温 14℃，无霜期 180~200 天，年降水量 600mm~800mm，主要农作物为小麦、玉米和谷物等。

依据本区的自然环境和该鸟的生活习性，我们选择黄龙庙-杨庄河、黄龙庙-草坪地、黄龙庙-后大河 3 条固定线路，用常规路线统计法调查该鸟的种群数量和密度指标。

在山鹡鸰的繁殖期，我们采用定位生态观察法，即选一固定地点，离巢远近以不干扰其正常活动为宜，对该鸟的营巢、产卵、孵卵、育雏等繁殖习性进行观察。

2　观察结果

2.1　季节迁徙及数量统计

观察表明，山鹡鸰于每年的 4 月中旬迁来，5 月下旬开始营巢，9 月下旬迁离，在本区的居留期为 160 天左右。通过两年来 3 条固定线路上所做的种群数量统计得知，该鸟在本区的种群密度为 2.2 只/km。

2.2　繁殖

2.2.1　巢期　山鹡鸰最早于 4 月 1 日迁来，5 月上旬该鸟的多数个体已配对，常见成对的雌雄鸟相互嬉戏，追逐于林间、田头。5 月下旬雌雄鸟开始衔材筑巢，营巢期 4~5 天。巢呈浅盘状，常筑于距地面 5m~7m 的杨树等高大乔木的侧平枝上。巢的外壁松散，主要由苔藓、卷柏、白刺花等植物组成，中层结构紧密牢固，做工精细，主要以纤维状树皮和植物须根为主，内壁精细柔软、光滑，多用羊毛、花絮作为辅垫物。我们采集了 5 个巢，测定平均巢重 16.1(14.0~16.5)g，巢高 54(52~57)mm，巢深 29(27~32)mm，巢内径 68(68~74)mm×57(5460)mm，巢外径 99(94~103)mn×90(89~92)mm。

2.2.2　卵期　山鹡鸰筑完巢第 2 天开始产卵，日产 1 枚，窝卵数 5 枚，产卵时间为 6：30~7：30，卵呈灰绿色，杂有不规划的紫褐斑。产完最后 1 枚卵后，雌鸟开始卧巢孵卵，雄鸟常在巢周围的树上活动，很少鸣叫。孵化期为 12~13 天，孵化率为 92%。

2.2.3　雏期　卵经 12~13 天的孵化后，雏鸟破壳而出。1 日龄雏鸟头不能抬起，眼泡黑褐色，基部肉红色；羽区有灰色绒毛，体重均值为 5.5(4.0~6.0)g；7 日龄雏鸟双眼睁开，尾羽长出，各羽区破鞘，体重均值为 10.6(9.9~11.0)g；10 日龄雏鸟体羽丰满，嘴黑褐，眉纹淡黄，体重均值为 14.3(13.0~

* 本文原载于《山西林业》，2000，(6)：28-29.

15.0)g，雏鸟生长变化情况见表1：

表1　山鹡鸰雏鸟生长情况

编号	日龄	体重(g)	全长(mm)	蹠长(mm)	嘴峰长(mm)
1	1	2.1	30.0	6.0	4.0
	4	6.0	51.0	12.0	6.0
	7	11.0	63.0	17.0	8.5
	10	13.0	75.0	20.0	8.5
2	1	1.9	29.0	7.0	5.0
	4	5.7	53.0	11.0	7.0
3	1	2.0	29.0	7.0	6.0
	4	5.8	48.0	13.0	6.0
	7	10.7	69.0	17.0	8.0
	10	13.0	75.0	19.0	8.3
4	1	2.1	28.0	5.0	5.0
	4	5.9	49.0	11.0	7.0
	7	10.8	65.0	15.0	7.0
	10	15.0	72.0	20.0	8.0
5	1	1.8	26.0	4.0	4.0
	4	4.0	44.0	10.0	5.0
	7	9.8	62.0	15.0	7.0
	10	15.0	69.0	18.0	8.0

全日定位观察9801号巢3日龄、7日龄、11日龄雏鸟受亲鸟喂食情况得知，随着雏鸟的生长，日均喂雏次数逐渐增多。3日龄共喂雏83次，平均每日喂雏19.5次/只(雏鸟损失1只)；11日龄雏鸟共喂雏80次，平均每日喂雏20次/只。

雏鸟经过亲鸟13~14天的巢内育雏，其体形增大，巢内出现拥挤，这时雏鸟纷纷散落到巢址四周的灌丛中或空地上。开始时，雏鸟的活动仅能在巢区附近适应生存的技能，如飞翔、捕食等。由于附蹠、爪等发育尚不完全，雏鸟在灌木、树枝上不能牢固抓紧，有时会掉到地上，此时最易遭受天敌的危害，幼鸟最容易损失，离巢后3~4天可由灌丛飞向树林，约经8~9天的巢外锻炼，幼鸟可以远离巢区，开始独立觅食，但预防天敌和飞翔能力等均不及亲鸟。

山西省蟒河自然保护区雀鹰的繁殖*

田德雨[1] 杨潞潞[1] 张宝国[2] 徐珍萍[3]
(1. 蟒河国家级自然保护区，山西阳城，048100；
2. 太原市林场，山西太原，030009；3. 山西林业学校，山西太原，030009)

摘 要：1996—1998 年的 3~9 月，在蟒河自然保护区对雀鹰的繁殖习性进行了观察。结果表明该鸟在本区繁殖前后的种群密度分别为 0.08 只/km² 和 0.10 只/km²，营巢期为 10~13d，窝卵数 3~4 枚，孵卵期 23~25d，孵化率 88.89%，育雏期 21~24d。其食物组成：鸟类占 43.3%、鼠类占 17.7%、蛙类占 14.44%、昆虫占 15.56%、其他占 8.89%。

关键词：雀鹰；繁殖；蟒河自然保护区

雀鹰(*Accipiter nisus*)为国家II级重点保护野生动物。为此我们于 1996—1998 年的 3~9 月，在蟒河保护区对雀鹰的繁殖习性进行了观察，目的在于为科学保护和合理利用鸟类资源及环境监测提供科学的依据。本区地处山西省阳城县境内，东经 112°22′10″~112°31′35″，北纬 35°12′50″~37°17′20″。主峰指柱山海拔 1572.6m，境内森林繁茂，灌木丛生，水资源丰富，是以保护猕猴为主的自然保护区。三年的调查结果如下：

1 种群密度

雀鹰在本区为留鸟。其种群密度调查选定在前庄、拐庄、洪水等四个生境为一体的山地林区进行，每小时行程 2km，左右视区各 50m，结果列入表 1。

表 1 雀鹰的种群密度

年份	繁殖前(3 月)				繁殖后(8 月)				总 计				繁殖后比繁殖前增加(%)
	调查时数(h)	调查里程(km)	遇见数(只)	密度(只/km²)	调查时数(h)	调查里程(km)	遇见数(只)	密度(只/km²)	调查时数(h)	调查里程(km)	遇见数(只)	密度(只/km²)	
1996	12	24	2	0.08	12	24	3	0.13	24	48	5	0.10	
1997	12	24	3	0.13	12	24	2	0.08	24	48	5	0.10	
1998	12	24	1	0.04	12	24	2	0.08	24	48	3	0.06	25.0
合计	36	72	6	0.08	36	72	7	0.10	72	144	13	0.09	
均值	12	24	2	0.08	12	24	2.33	0.10	24	48	4.33	0.09	

由表 1 可知，雀鹰繁殖前后，其种群密度分别为 0.08 只/km² 和 0.10 只/km²，繁殖后比繁殖前的种群密度增长 25.0%。

2 巢前期

进入 3 月，该鸟开始大声鸣叫(雄鸟叫声近似“jiang……”，雌鸟叫声近似“jie-jie”)，活动比较隐蔽，多在林间穿行、嬉戏，常栖息于树冠中、上部，成对活动少。

* 本文原载于《山西林业科技》，2001，(3)：25-26，39.

3 营巢期

据对三个巢的观察，4 月中、下旬雌雄鸟开始衔材筑巢，其中两巢筑于油松上，一巢筑于杨树上，均较隐蔽，不易被发现，筑巢期 10~13d。巢呈盘状、巢底较厚，约 110~160mm，巢材多为白桦、茶条槭、连翘的枝条，长度 310~420mm。筑巢树胸径 20~27cm，树高 17~21m，巢距地面 15~18m。巢外径 320~450mm，内径 180~240mm，巢高 160~190mm，巢深 70n~110mm。

4 产卵及孵卵

雀鹰在本区 4 月下旬产卵，最早 4 月 27 日，日产 1 枚，年产 1 窝，窝卵数 3~4 枚，卵呈椭圆形，浅灰白色，卵重 2.6~3.2g，卵短径 25~31mm，长径 32~36mm，产下第 2 枚卵，雌鸟即卧巢，边产卵边孵卵。孵卵期间，由雄鸟提供食物，并衔细树枝增加巢底铺垫物，雌雄鸟护巢行为明显，当工作人员上树惊动雌鸟时，雌雄鸟有迅速向人抓、撞击、扇打等多种行为，并发出“jiang”的鸣叫声。孵卵期为 23~25d，孵化率 88.89%。卵壳上标记表明，雏鸟出壳先后与产卵的早晚密切相关。刚孵出的雏鸟头大颈细，腹部如球，双目紧闭，勉强摇头，侧身躺卧，伸颈蹬腿。全身胎绒羽白色，眼圈、嘴黑色，上嘴中部有圆点状的白色卵齿。蜡膜淡黄色，附跖肉红色，爪肉黄色，爪尖浅灰色。体重 9~11g；4 日龄雏鸟眼睛睁开，并发出细弱的鸣声；7 日龄雏鸟能爬行和坐立，卵齿尚存，蜡膜变黄，眼睛可视物出现惊恐状；10 日龄雏鸟舌尖灰色，腹部白黄色，爪灰色，飞羽出鞘，胎绒羽尚未脱落，体重 91~109g；16 日龄雏鸟，瞳孔深蓝色，飞羽和尾羽鞘多数放缨；19 日龄雏鸟胎绒羽大量脱落。背、肩、胁部羽毛放缨，卵齿退掉，凶猛习性出现，可啄、抓人的手；22 日龄雏鸟头顶、背、飞羽和尾羽为褐灰色，胸、腹部羽毛黄褐色，贯以黑褐色横斑，全身羽毛丰满，接近离巢。

5 育雏

雀鹰的育雏活动期为 21~24d，雌雄鸟均参与育雏，但以雌鸟为主，雄鸟多承担护雏保卫工作，一旦发现同种个体侵入巢区，立即奋力驱赶。捕捉食物多在巢区附近，将捕捉物捉至巢中，任雏鸟自由啄食。每日捕食 5~9 次。双亲在育雏期间表现出极强的护巢性。

6 食物组成

将亲鸟带回巢内的食物逐次统计，结果有鸟类 39 次，鼠类 16 次，蛙类 13 次，昆虫 14 次，其他种类 8 次，共计 90 次。由此分析，该鸟的食物组成鸟类占 43.3%，鼠类占 17.77%，蛙类占 14.44%，昆虫占 15.56%，其他占 8.89%。

蟒河保护区普通翠鸟繁殖生态观测简报*

田德雨　牛治钰　王金燕

普通翠鸟为有名的食鱼鸟类，当地俗称“钩鱼郎”“小鱼狗”，在生态系统中属于第三消费者。我们于1999—2001年，在蟒河猕猴国家级自然保护区对该鸟的繁殖生态进行了观察，以期为环境监测和鸟类资源保护提供科学的依据，现将观察结果汇报如下。

1　工作区自然概况及调查方法

蟒河猕猴国家级自然保护区位于山西省南部的阳城县蟒河镇境内。该区地处东经112°22′10″~112°31′35″，北纬35°12′30″~35°17′20″，总面积5573hm^2，主峰指柱山海拔1572.6m，属暖温带季风型大陆性气候，是东南亚季风的边缘地带。保护区境内山高坡陡，峡谷纵横，断裂显著，剥蚀明显，山涧溪流常年不断。全区植被属暖温带落叶阔叶林混交林带，植被覆盖率在80%以上。

在调查方法上，根据普通翠鸟的生活习性、活动规律，我们首先在工作点采访当地老猎人，了解和掌握普通翠鸟的栖息环境和种群数量的配置，以备野外实际调查中做可信性的基础资料。我们还根据普通翠鸟的生物学特性，在该鸟典型的栖息环境中，确立调查路线为25km。

调查以每小时2km左右、视区50m为1次，统计该鸟的种群密度，并含河溪上空飞翔、河滩巨石上停息，树冠上停留等能见到的和听到鸣声的。在数量统计和定位生态观察时，凡能肯定其数量和活动范围者，全部标入调查草图上，以便统一分析、归纳，认定其栖息地的生态位，以求得相对准确的巢区、巢域等。

2　结果与分析

2.1　季节迁徙

调查表明，普通翠鸟在本区为夏候鸟，将每年季节迁徙时间列入表1。由表1可知，普通翠鸟每年迁来时间为3月28日~30日，迁来的早与晚时间相差1~2天；迁离的时间为10月25日~30日，迁离的早与晚时间相差2~5天。迁来后的居留期为213~218天；迁离后的时间隔期为147~152天。这一结果表明，该鸟的季节迁徙相对稳定。

表1　普通翠鸟季节迁徙调查

年份	最早迁来日期	最晚迁离日期	迁来后居留期	迁离后时间隔期
1999	3月29日	10月25日	215天	150天
2000	3月30日	10月27日	213天	152天
2001	3月28日	10月30日	218天	147天
总计	3月28~30日	10月25日~30日	213~218天	147~152天

2.2　栖息地与习性

将普通翠鸟的栖息地调查结果列入表3。从表3可以看出，该鸟的主要栖息地有4个类型，分别

* 本文原载于《山西林业》，2002，(6)：22-23.

为：一是繁殖期营巢地；二是觅食时取食地；三是短暂停息地；四是夜间栖宿地。

表 2　普通翠鸟栖息地调查

繁殖期营巢地	觅食时取食地	短暂停息地	夜间栖宿地
1. 水域岸边	1. 林间溪流	1. 河边灌水	在繁殖期间多接近于巢位，秋季食物丰富，不甚稳定，但夜栖于崖上的灌丛中
2. 陡直土坎	2. 平地河谷	2. 溪涧巨石	
3. 沙岩壁上	3. 水库水沟	3. 水沟土坎	
4. 林缘溪涧	4. 水塘池边	4. 河边幼树	

2.3　种群密度

通过 1999—2001 年对普通翠鸟的种群密度进行调查得知，本区该鸟的种群密度为每公里 0.26 (0.21~0.29) 只。

表 3　普通翠鸟种群密度调查

数据　项目 年份	5月			6月			总计		
	调查公里（km）	遇见数（只）	只/km	调查公里（km）	遇见数（只）	只/km	调查公里（km）	遇见数（只）	只/km
1999	12	3	0.25	12	4	0.33	24	7	0.29
2000	12	2	0.17	12	3	0.25	24	5	0.21
2001	12	4	0.33	12	3	0.25	24	7	0.29
总计	26	9	0.25	36	19	0.28	72	19	0.26
均值	12	3.00	0.25	12	3.33	0.28	24	6.33	0.26

2.3.1　繁殖　观察表明，每年的 5~7 月为该鸟在本区的繁殖期。迁来本区后，5 月中旬发现配对，其表现形式为鸣声增多，活动范围扩大，鸣声近似单声“che”或连续不断“che-che-che”，声音抑扬而悠长之后，多见雌雄鸟在溪涧追逐嬉戏，时而飞至溪涧岩峭，时而飞向土坎，更多的则是飞翔于池塘水边的灌木上停息。

2.3.2　掘洞筑巢与产卵　雌雄鸟配对后开始选择巢区，双双确定巢穴位点。最早在 5 月 24 日发现打洞筑巢。常掘洞于田间土坎上或沙土沟壁上等，洞口隐蔽良好，不易发现。掘洞筑巢时用嘴喙土，雌雄鸟轮流交替，据观察 2 个洞穴掘筑得知，掘洞时间 13~15 天。

洞穴筑好隔 1 日开始产卵，巢穴内无任何铺垫物，仅有自身羽毛多枚和砂质虚土形成的低状巢形。产卵最早发现于 6 月 11 日，日产 1 枚，窝卵数 3~5 枚，产卵时间为每天早晨 5 点~6 点，每年繁殖 1 次。卵色纯白而光滑，几近圆形。卵径 21mn×18mm，卵数 7 枚，卵重 3.5g 左右。

2.3.3　孵卵与育雏　孵卵由雌雄鸟共同承担，夜间和早晨为雌鸟负责，白昼由双亲鸟轮流交替孵卵，孵卵时间雌雄鸟为 3∶1。卵经亲鸟孵化 19~20 天后，雏鸟破壳而出，刚出壳的雏鸟全身赤裸无羽，皮肤肉粉色，测定 4 只刚出壳的雏鸟体重为 3~3.2g，头大颈细，双目紧闭，腹部如球，侧身躺卧，用手触摸其体勉强摇头，不能站立。该鸟的孵化率为 85.7%。

雏鸟经亲鸟喂育 26~28 天后，1 天内全部飞出洞穴，抓捕 3 只小鸟测定体重平均 19.5g，平均体长 122mm，平均嘴峰 38mm，平均跗跖为 7mm。

2.3.4　食物　在普通翠鸟繁殖期间，结合其育雏衔回的食物遗留在洞道中或洞口外，我们先后又采集了 6 只(♂2♀4)成体标本，解剖分析其食物组成，可知该鸟的食物主要由鱼、蛙和虾类组成。

蟒河保护区冠鱼狗繁殖生态*

田随味　杨路路
（山西蟒河国家级自然保护区，山西阳城，048100）

摘要：1996—1998 年的 5～10 月，在山西蟒河国家级自然保护区对冠鱼狗的繁殖生态进行了初步观察，其内容包括季节迁徙、栖息环境、种群数量、繁殖生物学、食物组成等。

关键词：冠鱼狗；繁殖生态；山西蟒河

冠鱼狗（*Ceryle lugubris*）为著名的食鱼鸟类，素有“大啄鱼、花鱼狗”之称。研究该鸟的繁殖生态，既有学术价值，又有生产实践意义。我们于 1996—1998 年 5～10 月，对冠鱼狗的繁殖生态进行了初步观察。

1　工作区自然概况及方法

蟒河自然保护区位于山西省阳城县桑林乡，南与河南济源市交界，地处东经 112°22′10″～112°31′35″，北纬 35°12′50″～35°17′20″，总面积为 5573hm^2。主峰指柱山海拔 1572m。境内山高坡陡，峡谷纵深，断裂显著，剥蚀明显，山涧溪流四季不断。

这里是温带植物、暖温带植物和亚热带植物的混合地，大多是阔叶类为主的灌木状林木，植物覆盖度为 80%。

根据冠鱼狗的生活习性、活动规律，在工作点首先采访有经验的猎人，摸底了解和掌握冠鱼狗的栖息环境和种群数量配置，以备作为在野外实际工作中的可信性基础资料。依据冠鱼狗的生物学特征，在该鸟典型的栖息环境中，确立调查路线 25km。

调查以每小时 2km 的速度，统计该鸟的种群数量，包括河漫滩上空飞翔、河滩巨石上停歇、树冠上停留、正在取食和听到其鸣声者，土坎上、陡壁上等处发现者，在数量统计和生态观察时，凡能肯定该鸟的数量和活动范围者，全部标入调查草图上，以便统一分析、归纳，认定其在本栖息地的生态位，力求该鸟相对准确的活动区域。

2　调查结果

2.1　季节迁徙

调查表明，冠鱼狗在本区为夏候鸟，将每年季节迁徙时间记入表 1。

由表 1 看出，冠鱼狗每年迁来的时间为 5 月 4 日—8 日，迁来的早与晚年间相差 1～4d，迁离的时间为 10 月 27 日—31 日，迁离的早与晚年间相差 2～5d；迁来后的居留期为 176～177d，迁离后的间隔期为 188～189d。这一结果表明，冠鱼狗的季节迁徙相对稳定。

* 本文原载于《山西林业科技》，2002，4：22-24.

表 1　冠鱼狗季节迁徙动态

年份	最早迁来日期	最晚迁离日期	迁来后的居留期(d)	迁离后的间隔期(d)
1996	5月5日	10月29日	177	188
1997	5月8日	10月31日	176	189
1998	5月4日	10月27日	176	189
总计	5月4日—8日	10月27日—31日	176~177	188~189

2.2　栖息环境

观察表明，冠鱼狗为典型的山涧溪流鸟类，其栖息地主要包括营巢地、觅食地、短暂停息地和夜间栖宿地。

2.2.1　营巢地　多选定在溪间陡壁、土坎、河边枯木洞穴等地段。

2.2.2　觅食地　含养鱼池、山涧溪流、清泉湖潭、排水渠、水库、水边电灌站和山谷池塘、水沟等地段。

2.2.3　短暂停息地　河边崖峭、石壁、池边浅塘、养鱼池林缘，水边疏林和矮树上，水库附近房顶，抽水站和河边矮枯的木桩及溪间巨石上等。

2.2.4　夜宿地　除孵卵期和雏鸟出壳两天之内雌鸟在巢穴中夜宿外，其余雌鸟多在有选择性的巢穴边缘、向阳背风、隐蔽良好、天敌不易出现、人畜不易践踏的河溪间岩壁上，树叶繁茂的矮树上等。

2.3　种群密度

三年(1996—1998年，下同)在冠鱼狗栖息环境中作了调查，结果见表2。

表 2　冠鱼狗种群数量调查

年份	前庄(5月)			洪水(5月)			拐庄(5月)			总　计		
	调查公里(km)	遇见数(只)	每公里遇见数(只/km)	调查公里(km)	遇见数(只)	每公里遇见数(只/km)	调查公里(km)	遇见数(只)	每公里遇见数(只/km)	调查公里(km)	遇见数(只)	每公里遇见数(只/km)
1996	20	3	0.15	20	4	0.20	20	5	0.25	60	12	0.20
1997	16	4	0.25	16	5	0.31	16	6	0.38	48	15	0.31
1998	18	3	0.17	18	4	0.22	18	5	0.28	54	12	0.22
均值	18	3.33	0.19	18	4.33	0.24	18	5.33	0.30	54	16.33	0.24

计算公式：$D=N/A$，这里的D为冠鱼狗的种群密度，N为栖息实际遇见数量，A为调查的公里数，由表2看出，本区冠鱼狗的种群密度为0.24(0.19，0.24，0.30)只/km。

2.4　繁殖生物学

观察表明，冠鱼狗5~8月为繁殖期。迁来繁殖地后，5月中旬发现配偶，其表现形式为鸣声增多，活动力增强，活动范围扩大，连飞连鸣，近似“speh-speh”，粗涩而清越，嗣后，多见雌雄鸟在溪间追逐、嬉戏，时而飞落于溪涧巨石，时而飞往陡壁，更多的则是飞落于池塘水沟一同觅食。

2.4.1　筑窝与产卵　冠鱼狗配偶后，雌雄鸟形影不离，双双选择巢区，共同确定巢穴位点，最早在5月25日发现打洞筑窝，洞穴巢多建筑于砂质土坎上和岩壁上自然形成的洞穴中，隐蔽良好，不易发现。观察可见，该鸟打洞筑巢时用嘴和爪轮流交替掘土，繁忙不暇。对两个洞穴巢的建筑观察表明，冠鱼狗筑巢需15~17d，洞穴巢测定结果为洞深65cm左右，洞口为圆形，直径13~15cm。

洞穴巢筑好后隔两天产卵，巢穴内无任何铺垫物，仅有自身羽毛和砂质虚土，产孵最早在6月14日，每日产卵一枚，年产一窝，年繁殖一次，产卵时间在每日的5：00—6：00。卵呈椭圆形，白色，每窝产卵3~4枚。据9枚卵的测量，卵长径40(37~42)mm，短径33(31~35)mm，卵重15.5(13.5~

16.5)g。

2.4.2　孵卵与育雏　观察证实，孵卵由雌雄鸟承担，夜间、清早常为雌鸟负责，白天亲鸟轮流交替孵卵，总孵卵时间雌雄之比为3：1。雄鸟在白天警卫巢穴，发现同种个体时奋力驱赶。卵经亲鸟孵化16~18d，雏鸟破壳而出。雏鸟为晚成性，刚出壳的雏鸟全身赤裸无羽，皮肤粉红色。4个刚出壳的雏鸟体重平均11(9~13)g，仅在头顶、背部和肩、尾部着生灰白色绒羽。头大颈细，双目紧闭，侧耳躺卧，不能站立，腹部如球，勉强摇头。三窝10枚卵孵出9只雏鸟，孵化率为90%，雏鸟出壳第一天亲鸟不进行衔食育雏，仍以孵卵方式卧巢保温(雏鸟)，2日龄的雏鸟，先由雌鸟外出衔食喂育。曾于6：00—8：00对96—1号巢穴4日龄的三只雏鸟进行育雏观察，亲鸟共衔食4次，在同一时间对同洞穴8日龄雏鸟进行了同样的观察，亲鸟衔食喂育两次，表明雏鸟日龄增加，食量加大，衔食量提高，但衔食次数减少为每次衔食量增加所致。从3日龄起，亲鸟每次回洞穴时衔雏鸟的粪便扔至洞穴之外15m左右。

雏鸟经亲鸟衔食喂育18~20d，分别飞出坎型巢至河滩草丛，站立在崖壁或土坎上。离巢幼鸟全身羽毛丰满，这时在巢外抓获三只幼鸟进行体尺测定，为：体重91(88~93)g，身长280(260~290)mm，嘴峰58(56~60)mm，翼长148(146~151)mm，尾长93(90~96)mm，跗10(8~11)mm，离巢的幼鸟再经亲鸟携带6~8d，练习飞翔，学捕食物，躲蔽天敌，选定夜宿地等，才能自行取食，但飞翔能力、觅食行为、蔽天敌活动均不及亲鸟。

2.4.3　食物组成　在工作中5~8月，先后共采获五个标本(3雄2雌)，剖检肌胃食性分析，冠鱼狗的食物以鱼类为多，蛙类、蟹类次之。

感谢：田德雨、茹李军参加野外工作，山西省生物研究所刘焕全先生指导工作，张龙胜先生审修文稿，一并致谢。

蟒河保护区野生鸟类的繁殖动态*

张青霞　王金叶　李王斌

2000—2004年的3~10月，我们对在山西蟒河国家级自然保护区内繁衍生息的鸟类进行了观察与记录，以期全面、准确地了解野生鸟类的繁殖动态变化。

三四月份，春暖花开，百花竞放，蜜蜂忙碌，彩蝶飞舞，各种鸟儿也争相飞来，一群群，一伙伙，又叫又唱，载歌载舞。既有南来的，又有北往的，还有东西方向飞的，沸扬扬，闹嚷嚷，此时正值鸟类迁徙的"动荡期"。到了5月份，鸟类的迁徙基本完成，进入"稳定期"，区内鸟类组成相对稳定，剩下了"留鸟"和"夏候鸟"，在这里完成它们生儿育女的大业。

蟒河保护区物种资源丰富，留鸟和夏候鸟分别有52和48种。5年中，我们共观察到30余种鸟类的繁殖过程。其中既有红嘴蓝身亮如翡翠的蓝翡翠，又有全身金黄灿烂的黑枕黄鹂，也有黑衣侠士黑卷尾，还有身披"虎皮"的虎纹伯劳、头戴漂亮羽冠的戴胜、身蓝尾长的"长尾蓝鹊"，更有号称"树木医生"的啄木鸟和"食鼠能手"鸮科鸟类"猫头鹰"……

鸟儿们在求偶方面各有高招，有的"以貌取胜"，在繁殖季节到来之前便换上漂亮的婚羽，打扮得花枝招展，招引异性注目；有的"以歌求凰"，尽情舒展动听的歌喉放声歌唱，博取欢心；有的大打出手，争显"英雄"本色，赢得垂青；有的"笨鸟先行"，提前营巢、找食，大献"殷勤"，求得怜爱；有的则多种方法并用……

你看，为了争偶，两只虎纹伯劳打起来了。它们都憋足了劲，准备拼死一战，分站于两个枝头，怒视对方，之后同时跃起，空中争斗不分胜负，又同时落回原处。如此几次，双方体力消耗都很大，而雌鸟则站在一旁冷眼观看，谁也不帮。两只雄鸟耐不住性子又打了起来，终于一只头上被啄掉一撮毛，得胜的一方高鸣几声，洋洋自得地落于雌鸟身旁，败方只得悻悻离去。

结偶配对之后便开始营巢垒窝，一般是雌雄双方共同进行，但以雌鸟为主。它们的巢址选择各不相同：雀形目的小鸟们选择在墙洞窟窿中营巢，如北红尾鸲、大山雀等，任尔外面风吹雨打，我在窝中其乐融融；有的巢穴极为简易，仅在河滩上找个坑，用身体扑腾扑腾即成，如金眶鸻，真是简陋到了极点！但其成活率也是很高的，因为它们有很好的保护色；大斑啄木鸟更有高招，用自己健壮的嘴巴在树干上凿洞营巢；树麻雀则与世无争，安然在房檐下营巢；相当多的鸟类还是在树冠、灌丛上营巢，这是鸟类长期适应自然进化的结果。它们的巢材也五花八门，由树枝、烂塑料及鸟羽兽毛等组成，有的鸟儿还搜集破棉絮烂袜子，有一位技术员曾观察到一只喜鹊将一农户晾衣绳上的手帕衔走做营巢之用的现象。巢的形状更是千奇百怪，有碟形、碗状、杯状、盘状等各种形状，有的粗糙，有的细密，不一而足。最有意思的当数黑枕黄鹂的巢了，猜猜它是什么形状？——吊篮形的，它先用较柔韧的丝线将位于树冠平杈处的枝条缠绕起来，之后往里垫以各种草杆细茎，再铺上柳絮杨花，如此，一个舒适的窝便做成了。

大多数鸟营巢完毕即产卵。一般体型较大的鸟所产的卵较大，但数量较少，放卵间隔时间长(如珠颈斑鸠，两天产一枚卵，窝卵数为2，28mm×21mm)；雀形目小鸟个体较小，所产的卵也小巧玲珑，一般一天产一枚卵，每窝3~6颗。不同的鸟类所产的卵颜色也不尽相同，有湖蓝色的(如灰椋鸟)，有纯白色的(如珠颈斑鸠)，有白色带斑的(如白鹡鸰)，亦有淡蓝带斑的(如北红尾鸲)。鸟卵的形状多为卵圆形，产卵时间多在清早5：30~6：00。

* 本文原载于《野生动物》，2005(2)：44-45.

产完卵后即进入孵化期，这个时期的亲鸟小心翼翼，生怕有人发现了自己的巢和卵。它们进入巢区不鸣不叫，东张西望，在完全确定没有危险后才迅速回去，一般雌雄亲鸟均参加孵化。经过12~13天(有的时间较长，如珠颈斑鸠需18~19天)的孵化，雏鸟破壳而出。

多数雏鸟刚孵出时全身赤裸无羽，呈肉红色，双目紧闭，勉强摇头。雌雄亲鸟的护雏性明显增强，即使有人走近鸟巢亦不飞走，大声鸣叫，跃跃欲扑。育雏期间，可辛苦了这些“爸爸妈妈”们，每天天不亮就开始张罗起一天的饭菜，直到天黑人静，月亮升起，才敢歇息。据我们观察，黑卷尾一天要往返300多次，而且风雨无阻。每次归来，小家伙们总是伸长脖子，“呀呀”直叫，都想让父母多喂自己一次，然而，做父母的，总是将食物准确喂入最需要得到它的宝贝口中。找到大昆虫，先在自己口中咀嚼将其分成4份，再分给4个儿女。遇到下雨天，找食中间，还要抽空抱雏保温。

经过父母13~14天的精心喂养，小家伙们的羽毛开始丰满起来，可以离巢了。但此时，它们的独立生活能力还很差，还需要亲鸟在巢外喂育7~8天才能自食其力。在此期间，它们需要学的东西还多着呢！首先是捕食本领，黑卷尾最擅长“空中捕食”，它那分叉的尾羽使得它在空中转向的阻力大为减少，能够翻转自如。它常常瞄准一个目标，从下方出击，得手后从上方返回，在空中划出漂亮的“U”形。这段时期，亲鸟不停示范，小家伙们不停地学。于是，这漂亮而潇洒的捕食动作得以代代相传；其次是防御天敌的能力，在历山厕所旁的槐树上，我们曾观察到黑卷尾与豹鼠（别名“三道眉”）的格斗：三道眉对黑卷尾的雏鸟垂涎欲滴，一旦发现总是伺机偷袭。由于黑卷尾擅长飞，而三道眉善跳跃，因此在与三道眉的争斗中，黑卷尾稍嫌吃力，瞄准目标，俯冲下来，三道眉已顺树干呼啦啦窜下一大截，还未喘过气来，三道眉又爬上去了，再次扑啄，狡猾的三道眉又跳到别的树上去了，恼羞成怒的黑卷尾，主动出击，展开凌厉攻势，三道眉见势不妙，赶紧溜走。小家伙们这才明白，今后要面临的艰难险阻还有很多，自己人生的风浪才刚刚开始！观察结果表明，孵化率高的鸟类，离巢率高，离巢率高的成活率亦高。

观察中发现，多数鸟类非常热爱自己的“家园”，不仅不在巢区排便，还将雏鸟的粪球衔出巢区外。在这方面，戴胜显然是个“懒婆娘”，它的巢在1米范围内就能闻到刺鼻的臭味。

自然界中，还有一类鸟，它们是典型的“懒汉鬼”，不仅懒而且心地坏到了极点。它们不仅自己不营巢，将卵寄生于其它鸟(如麻雀、伯劳、北红尾鸲等雀形目小鸟)巢中，由这些鸟代为孵育，而且雏鸟出壳后还要将寄主的卵和雏(孵化期较寄主卵短)挤出巢外摔坏摔死，让寄主亲鸟只喂自己一个，真是恩将仇报！大家一定会问这类鸟是谁，它们便是鹃形目杜鹃科的鸟类。可悲的是这些寄主亲鸟们识别不出这个杀了自己“亲生儿女”的敌人，依然嘘寒问暖，直到它长得比自己还大时，还站到背上去喂。

各种鸟类的食性差别很大。它们中有食素的斑鸠，有专门吃肉的猛禽，也有既吃荤又吃素的杂食者——大多数鸟类均如此。秃鹫是典型的食腐尸者，被称为“自然界的清道夫”。在我国一些少数民族地区，人们相信“人死以后灵魂可以升天”，秃鹫在当地被奉为“神鸟”，不准捕杀。历山保护区曾对秃鹫进行耐饥性观察，发现其最多可饿半个多月，眼睛发绿，瘦骨嶙峋，站立不稳。此时给它投食，它也是吃不了多少的，慢慢的，食量才能恢复，食量达到最大时一顿可以吃掉2只兔子。

鸮形目鸮科鸟类常于晚上出没，是老鼠们的克星，为国家二级重点保护动物，我们通常说的“猫头鹰”指的就是它们。据资料载，一只猫头鹰一年可吃掉一千只老鼠，按一只老鼠每年糟蹋20斤粮食计算，一年保护一只猫头鹰就相当于保护了一吨粮食。由此看来，它们实在是我们人类的朋友，我们应公正地对待它们。

树叶开始飘落，天气逐渐转凉，各种繁殖鸟类也完成了它们一年一度的繁殖生态。这里的“夏天住户”们开始思念它们的南国故乡了，与此同时，大量旅鸟又再次涌入历山，区内鸟类再次进入动荡期，浩浩荡荡，纷纷攘攘，结伙结伴，开始南迁，历时将近两个月。当这种动荡局面停下来的时候，区内又只剩下了长期居留在此的“留鸟”和来到了这里安度寒冬的“冬候鸟”。

北红尾鸲的繁殖习性观察*

张青霞[1]　薛之东[2]　茹李军[1]

（1. 山西蟒河猕猴国家级自然保护区，山西阳城，048100；
2. 中条山森林经营局，山西侯马，043003）

摘　要：2002—2004 年，在蟒河自然保护区对北红尾鸲的繁殖习性进行了观察。结果表明，该鸟每年 3 月上旬迁入该区，10 月下旬迁离，3 月下旬营巢，4 月中旬产卵，窝卵数 36 枚。孵化期 1213 天，孵化率为 90%。巢内育雏期 12 天，巢外育幼期约 10 天，在该区全年的种群密度为 4.41 只/km^2。

关键词：北红尾鸲；繁殖生态；蟒河自然保护区

北红尾鸲(*Phoenicurus aurorens*)，因其飞行时像一团燃起的火焰掠过，当地俗称“火焰鸟”。在山西省为夏候鸟，为食虫益鸟。2002—2004 年，对其繁殖习性进行了观察，以期为环境监测与保护鸟类资源提供科学依据。

1　自然概况

蟒河猕猴国家级自然保护区位于山西省南部的阳城县蟒河镇镜内，该区地处东经 112°22′10″~112°31′35″，北纬 35°12′30″~35°17′20″，总面积 5573hm^2，主峰指柱山海拔 1572.6m，属暖温带季风型大陆性气候，是东南亚季风的边缘地带[1]。保护区境内山高坡陡，峡谷纵横，断裂显著，剥蚀明显，山涧溪流常年不断。全区植被属暖温带落叶阔叶混交林带，植被覆盖率在 80%以上。

2　工作方法

结合全区的生态环境特点和北红尾鸲的生物习性，在确有北红尾鸲分布的树皮沟——猴山一线，选取有代表性的 8km 的路段作为工作区域。每年 3 月份和 10 月份，隔天对空中飞的，水边、巨石和电线上停的，以及灌丛中、树枝上鸣声清晰的北红尾鸲进行观察和记录，确定迁来与迁离时间，并记录栖息环境。

4 月和 8 月中旬，以每小时 2km，左右视区各 50m 的步行路线统计法统计该鸟的种群密度，3 年中调查时间、路线、人员基本一致。

选定其中的 2 窝作定位繁殖生态观察，记录衔材营巢日期、产卵日期、窝卵数、孵化期、出雏日期及出雏数等，直至最后一窝雏鸟离巢，出窝后尽量跟踪观察幼鸟活动，进行巢外育幼观察。

3　结果与分析

3.1　季节迁徙

3 年的观察结果如表 1 所示。

3.2　栖息环境

北红尾鸲的栖息环境主要分为营巢繁殖地、寻觅食物地、短暂停歇地和夜间栖宿地四大类型，如

* 本文原载于《太原师范学院学报(自然科学版)》，2005，4(1)：86-88.

表2。

3.3 种群密度调查

3年的调查结果表明，北红尾鸲繁殖前的4月在该区的种群密度为3.74只/km^2，繁殖后的8月种群密度为5.08只/km^2，合计为4.41只/km^2，繁殖后的8月比繁殖前的4月增长35.8%。

表1 北红尾鸲的季节迁徙调查

Table1 Inspect on season flighting of Daurian redstat

年份	迁来日期	迁离日期	居留天数	迁离后的间隔天数
2002	3月6日	10月23日	231	134
2003	3月7日	10月26日	233	132
2004	3月4日	10月25日	235	130
均值	3月4~7日	10月23~26日	231~235	130~134

由表1可以看出该鸟在该区的居留期为231~235天，年间相差2~4天，季节迁徙相对稳定。

表2 北红尾鸲的栖息地调查

Table 2 Inspect on habitat of Daurian redstat

繁殖期营巢地	觅食时取食地	短暂停息地	夜间栖息地
墙洞、房舍缝隙、砖堆空隙、乱石堆、路边小洞等	灌丛草地、树冠、瓦坡上、林间溪流、平地河谷等	屋脊、树冠、电线、河边灌丛、溪涧巨石、水沟土坎等	雌鸟卧孵于巢中，雄鸟在巢附近的房檐(树冠)、灌丛等地；刚迁来和出巢之后，多落于避风的树冠和灌丛中[2]

3.4 繁殖

3.4.1 巢、卵期

北红尾鸲在该区3月下旬开始营巢，营巢期6~10d. 巢呈碗状。据12个巢的测量，重约15.4(10~19.8)g，巢外径9.7(9.0~10.0)×9.2(8.5~10.0)cm，巢内径7.0(6.0~7.5)×6.6(5.5~7.0)cm，巢高6.2(4.0~9.5)cm，巢深3.2(2.5~3.8)cm，巢距地面120(10~210)cm。巢外壁多以草根、苔藓、树皮纤维等组成，内部垫以头发、羊毛、棉絮等。

巢筑好即开始产卵，日产1枚。4月中旬为产卵高峰，延续至5月底。卵呈椭圆形，色淡蓝，密布红紫色斑。对15枚卵的称量结果：鲜重1.75(1.62~1.86)g，长径1.78(1.74~1.81)cm，短径1.41(1.38~1.45)cm，窝卵数2~7枚，5枚居多。当整窝卵产齐后，雌雄亲鸟除吃食和稍许晾巢外轮流卧孵，以雌鸟为主。

3.4.2 雏、幼期

经过12d~13d的孵化，雏鸟破壳而出，刚出壳的雏鸟全身赤裸无羽，皮肤肉粉色，重约1.9(1.5~2.5)g，头大颈细，双目紧闭，腹部如球，用手触摸其体勉强摇头，不能站立[3]。该鸟在区内的孵化率为90%。

雏鸟经亲鸟类喂育12d后，1d内全部飞出巢穴，进入巢外育幼期。抓捕3只当天出窝的幼鸟测定体重平均约14(13.0~14.8)g。亲鸟开始教幼鸟练飞、捕食、防御天敌等生存本领，之后逐渐远离巢区，活动区域不断扩大。

3.4.3 影响繁殖成功的因素

影响北红尾鸲繁殖成功的因素主要有自然损害和人为损害两个方面。

3.4.3.1 自然损害

北红尾鸲在繁殖过程中，遭受到的自然损害有：红隼、红脚隼、大嘴乌鸦、豹鼠、蛇类等天敌的盗(捕)食(卵、雏、幼期均存在)、车辆辗压(巢外育幼期)、亲鸟遇难(巢、卵、雏、幼期)、无精卵的存在(卵期)、同窝较小个体者夭折(巢内育雏期窝卵数较多的巢中)等。

3.4.3.2　人为损害

北红尾鸲在繁殖过程中，遭受到的人为损害有：儿童毁巢、弹射飞鸟、偷掏卵(雏)、捕幼等。

3年的观察表明，人为因素造成的损害远超过自然损害，达到3∶1以上，人们的保护意识还待加强。

戴胜的繁殖生态观察*

安学军[1]　田德雨[2]
（1. 山西中条山森林经营局台头林场，山西阳城，048118；
2. 山西蟒河国家级自然保护区管理局，山西阳城，048100）

摘　要：2003—2005 年 3～10 月，在蟒河保护区对戴胜的繁殖生态进行了观察。知该鸟每年 3 月上旬迁来该区，10 月上旬迁离．每年繁殖一次。繁殖后比繁殖前遇见率增长 96.7%。窝卵数 5～7 枚，孵化期 18d，巢内育雏期 18d，巢外育幼期 10～18d。

关键词：戴胜；生态；蟒河保护区

戴胜(Upupa epops Linnaous)为食虫益鸟，因繁殖期不爱清理雏鸟巢内粪便，加之在孵化期雌鸟的尾部腺体中又排出一种很臭的棕黑色油状液体，巢周围散发一种恶臭，当地人称“臭姑鸪”[1]。我国分布有三个亚种：普通亚种(U. e. sulurula)、华南亚种(U. e. longirostris)和东方亚种(U. e. orientulis)，分布于我区的为普通亚种[2]。2003—2005 年的 3～10 月，对该鸟的繁殖生态进行了初步观察，现整理如下。

1　自然概况与工作方法

蟒河猕猴国家级自然保护区位于山西省南部的阳城县蟒河镇境和东冶镇境内。该区地处东经 112°22′10″～112°31′35″，北纬 35°12′30″～35°17′20″，总面积 5573hm²，主峰指柱山海拔 1572.6m，属暖温带季风型大陆性气候，是东南亚季风的边缘地带。其余自然概况见田德雨，牛治玉，王金燕等[3]。

选定树皮沟和蟒河两个管护站对该鸟的繁殖生态进行观察，记载季节迁徙(每年的 3 月上旬和 9 月下旬、10 月上旬隔日观察记录该鸟最早迁来和最晚遇见日期)、栖息地类型(野外工作中随时记载)、种群数量(4 月和 8 月，每月 2 次，7～9 点每小时行程 2km，左右跨度 50m，记录所听到和见到的戴胜数)和繁殖习性(对 05003 号巢进行定点观察，并在该巢旁开一 10cm×10cm 小窗，利于亲鸟离巢时测定巢卵)等资料。

2　结果

2.1　季节迁徙

已知该鸟在我省为夏候鸟。3 年中对在我区的季节迁徙情况记录如表 1。

表 1　戴胜的季节迁徙

Table1　The season flighting of Upupa epops Linnaous

年份	首见日期	终见日期	居留天数	迁离后的间隔天数
2003	3 月 15 日	10 月 2 日	202	163
2004	3 月 12 日	10 月 3 日	206	159
2005	3 月 12 日	9 月 30 日	203	162
总计	3 月 9～12 日	9 月 30 日～10 月 3 日	202～206	159～162

* 本文原载于《太原师范学院学报(自然科学版)》，2006，5(4)：134-136.

由表 1 可以看出，该鸟在我区每年的居留天数在 202～206d 之间，迁来时和迁走时年相差 1～3d，季节迁徙情况基本稳定。

2.2 栖息地

栖息地是生态学研究的主要内容之一。观察表明，戴胜在我区主要见于山地、丘陵、森林、林缘、路边、河谷、农田、草地、村落等开阔地方。尤其以林缘耕地生境较为常见。

2.3 种群数量

种群数量在生态学中是最主要的特征，关系对鸟类资源的管理保护和环境监测以及野生动物的保护等方面。在树皮沟和蟒河两个地方对戴胜种群数量调查结果如表 2。

表 2 戴胜繁殖前后遇见率调查

Table2 Inspect on meeting probability around the breeded of Upupa epops Linnaous

繁殖前后	年度	调查次数	调查距离（km）	树皮沟站		蟒河站均		均值
				值遇见只	数只/km	值遇见只	数只/km	
繁殖前（4 月）	2003	2	8	2	0.25	2	0.25	0.25
	2004	2	8	3	0.38	4	0.50	0.44
	2005	2	8	1	0.13	2	0.25	0.19
	均值	2	8	2.00	0.25	2.66	0.34	0.30
繁殖前（9 月）	2003	2	8	4	0.50	4	0.50	0.50
	2004	2	8	5	0.63	6	0.75	0.69
	2005	2	8	4	0.50	5	0.63	0.57
	均值	2	8	4.33	0.54	5.00	0.63	0.59

由表 2 知，戴胜在蟒河保护区繁殖前的 4 月为 0.30 只/km，繁殖后的 8 月为 0.59 只/km，通过公式$(T_2-T_1)/T_1\times100\%$，计算该鸟繁殖后比繁殖前的遇见率增长了 96.7%。

2.4 繁殖习性

观察表明，戴胜迁来蟒河后成对或单个活动，可见到雄体间的争雌现象，雌鸟于一旁观望，最后和得胜者结夫妻。有的在迁徙途中就已结成配偶，到达繁殖地后即开始迁址筑巢。最早见雌鸟于 3 月 16 日衔材营巢。3 年中共找到 4 窝巢，巢址情况及大小测定如表 3。巢材为细树枝、植物茎叶、毛发、羽毛等。

表 3 戴胜巢的测定及巢址记录

Table3 The Upupa epops Linnaous nests size up And take notes them

编号	营巢位置	距离地面高度（m）	洞深（cm）	巢大小（cm×cm）	洞口径（cm）
001	房檐下洞窟	5.0	30（横向）	6.5×6.5	5
002	弃屋墙洞	9.0	—	—	10
003	核桃树干洞	2.8	50（纵向）	8.0×5.4	6
004	房檐下洞窟	10.5	68（纵向）	8.3×7.8	13

该鸟在蟒河营巢期通常为 8d 左右，营巢完毕即产卵，窝卵数 5～10 枚，最少 5 枚，最多达 18 枚。卵呈长卵圆形，颜色为浅鸭蛋色，大小约 27mm×17mm，重约 4.5（3.9g～5.3）g。雌鸟产出第一枚卵后即开始孵化，孵化任务由雌鸟承担，孵化期 18d 左右，雏鸟晚成。刚孵出的雏鸟体重仅 3.5g，体长 45mm，全身肉红色，仅头顶、背中线、股沟、肩和尾有白色绒羽，雌雄亲鸟共同育雏。通过对 3 号巢的亲鸟育雏第 12d 8：00～10：00 观察，知此期亲鸟平均育雏 12 次/h。雏鸟需经亲鸟巢内喂育 18d 后方可离巢，还需经 10～18d 的巢外育幼期才能独立生活。

戴胜繁殖期主要以蝼蛄、金针虫、蝗虫、甲虫等为食，对农林均有益，应加强保护。

蟒河自然保护区鸟类调查初报*

田随味[1]　田德雨[1]　张锁荣[1]

摘　要：1991—1997 年，对山西省蟒河自然保护区的鸟类区系进行了调查。结果为：该区现有鸟类 151 种，其中留鸟 52 种，夏候鸟 48 种，冬候鸟 17 种，旅鸟 34 种。

关键词：鸟类；区系；山西蟒河

蟒河自然保护区是山西省人民政府于 1983 年 12 月批准建立的，由于自然景观独特，动植物资源丰富，吸引了许多人前来考察和旅游，有“山西小桂林”之称。多年来，该保护区的鸟类家底不清，使保护和管理工作很难深入开展。为此，从 1991—1997 年，我们对蟒河自然保护区的鸟类区系进行了调查，现整理报道如下。

1　自然概况

蟒河自然保护区位于阳城县西南 30km 处，南与河南省济源县交界，东经 112°22′10″～112°31′35″，北纬 35°12′50″～35°17′20″，总面积 5573hm^2。主峰指柱山海拔 1572m。境内山势险峻，坡陡沟深，灌丛密集，植被茂盛，大都为阔叶乔木林和灌木林，有温带、暖温带和亚热带植物 500 多种。山涧溪流四季不涸，具有独特的自然景观。

本区气候属暖温带大陆性气候，其特点为夏季炎热多雨，冬季不甚寒冷。年均气温 12℃，1 月均温-3℃，7 月均温 25℃，年降水量 600mm～800mm，无霜期 180～240d。

2　调查方法

采用直接观察记录和采集标本相结合的方法，即在每年的四个季节中抽出 10d，在保护区内按照不同的生境选择多条样带，每 3 人一组记录左右视区内遇到的鸟类种类和数量，每组配有猎枪，发现不认识和难以确定的种类，采集标本，请山西省生物研究所刘焕金先生鉴定。

3　调查结果

通过 7 年调查，知本区现有鸟类 151 种，分属 15 目，36 科。名录见表 1。

就居留类型而言，全区有留鸟 52 种，夏候鸟 48 种，冬候鸟 17 种，旅鸟 34 种，表中分别以“留、夏、冬、旅”表示。其中有国家一级重点保护野生动物 2 种，二级重点保护野生动物 15 种，表中分别以“I、II”表示；此外，还有属于中国和日本两国政府协定共同保护的候鸟 40 种，表中以“○”表示；中国和澳大利亚两国政府协定共同保护的候鸟 8 种，表中以“×”表示；山西省人民政府公布的重点保护野生动物 11 种，表中以“△”表示。

* 本文原载于《山西林业科技》，1998，(2)：9-13.

表1 山西省蟒河自然保护区鸟类调查名录

编号	中名及学名	采集时间（年·月）	居留型	保护级别	从属区系	生境分布
1	小䴙䴘(*Podiceps ruficollis*)	1992. 10	夏		广	水库
2	苍鹭(*Ardea cinerea*)	1991. 9	夏	△	广	村边树林
3	黑鹳(*Ciconia nigra*)	1996. 4	夏	Ⅰ○	古	河边
4	大天鹅(*Cygnus cygnus*)	1996. 10	旅	Ⅱ	古	蟒河水库
5	针尾鸭(*Anas acuta*)	1997. 10	旅	○	古	水库
6	绿翅鸭(*Anas crecca*)	1997. 10	旅	○	古	水库
7	鹊鸭(*Bucephala clangula*)	1996. 10	旅		古	水库
8	斑头秋沙鸭(*Mergus albellus*)	1996. 10	旅	○	古	水库
9	普通秋沙鸭(*Mergus merganser*)	1994. 10	旅	○	古	水库
10	苍鹰(*Accipiter gantilis*)	1994. 11	旅	Ⅱ	古	村落附近
11	雀鹰(*Accipiter nisus*)	1996. 4	留	Ⅱ	古	村落树林
12	松雀鹰(*Accipiter virgatus*)	1992. 4	旅	Ⅱ○	古	村落附近
13	大鵟(*Buteo hemilasius*)	1997. 10	冬	Ⅱ	古	山地林木
14	普通鵟(*Buteo buteo*)	1996. 10	旅	Ⅱ	古	开阔山林
15	毛脚鵟(*Buteo lagopus*)	1997. 10	冬	Ⅱ○	东	村落林木
16	金鹏(*Aquila chrysaetos*)	1994. 3	留	Ⅰ	古	悬崖
17	乌鹏(*Aquila clang a*)	1997. 10	冬	Ⅱ	古	村边行道树
18	白尾鹞(*Circus cyaneus*)	1996. 3	冬	Ⅱ○	古	开阔农田
19	鹊鹞(*Circus melanoleucos*)	1995. 3	冬	Ⅱ	古	开阔农田
20	燕隼(*Falco subbuteo*)	1996. 5	夏	Ⅱ○	古	行道树
21	红隼(*Falco tinnunculus*)	1994. 4	留	Ⅱ	广	林间
22	石鸡(*A lectoris graeca*)	1996. 3	留		古	石岩、农田
23	鹌鹑(*Coturnix coturnix*)	1997. 10	冬	○	古	农田
24	勺鸡(*Pucrasia macrolopha*)	1994. 2	留	Ⅱ	古	山地灌丛
25	雉鸡(*Phasianus colchicus*)	1994. 3	留		古	疏林灌丛
26	黑水鸡(*Gallinula chloropus*)	1992. 7	夏		古	水田、河边
27	白骨顶(*Fulica atra*)	1992. 10	旅		古	水田、沼泽
28	金眶鸻(*Charadrius dubius*)	1997. 5	夏	△×	古	河滩
29	林鹬(*Tringa glareola*)	1992. 4	旅	○×	古	沼泽
30	矶鹬(*Tringa hypoleucos*)	1994. 10	旅	○×	古	沼泽
31	扇尾沙锥(*Capella gallinago*)	1992. 10	旅	○	古	沼泽
32	岩鸽(*Columba rupestris*)	1994. 2	留		古	山岩
33	山斑鸠(*Streptopelia orientalis*)	1994. 5	夏		广	疏林
34	珠颈斑鸠(*Streptopelia chinensis*)	1993. 3	留		东	村边树林
35	鹰鹃(*Cuculus sparverioides*)	1993. 5	夏		广	林间、山林
36	大杜鹃(*Cuculus canorus*)	1994. 6	夏	○	广	村边林间
37	中杜鹃(*Cuculus saturatus*)	1992. 5	夏	○×	广	山脊线林间
38	小杜鹃(*Cuculus poliocephalus*)	1991. 5	夏		广	山地林间
39	红角鸮(*Otus scops*)	1992. 6	夏		古	林间
40	鹏鸮(*Bubo bubo*)	1991. 4	留		古	农田、林间

（续）

编号	中名及学名	采集时间（年·月）	居留型	保护级别	从属区系	生境分布
41	纵纹腹小鸮(*Athene noctua*)	1991. 3	留	Ⅱ○	古	土崖洞穴
42	长耳鸮(*Asio otus*)	1992. 10	冬	Ⅱ○	古	山地林间
43	普通夜鹰(*Caprimulgus indicus*)	1994. 6	夏	△	广	山地岩石
44	楼燕(*Apus apus*)	1992. 6	夏		古	山地高崖
45	翠鸟(*Alcedo atthis*)	1991. 5	夏		广	河滩土壁
46	冠鱼狗(*Ceiyle lugubris*)	1992. 6	夏	△	东	河边树林
47	蓝翡翠(*Halcyon pileata*)	1991. 7	夏	△	东	河滩洞穴
48	戴胜(*Upupa epops*)	1994. 4	留		广	村落房屋
49	姬啄木鸟(*Picumrms innominatus*)	1995. 5	留		东	山林洞穴
50	黑枕绿啄木鸟(*Picus cauns*)	1996. 4	留		广	大树洞穴
51	黑啄木鸟(*Dryocopus martius*)	1996. 2	留		广	大树洞穴
52	斑啄木鸟(*Dendrocopos major*)	1994. 6	留		广	树林洞穴
53	星头啄木鸟(*Dendrocopos canicapillus*)	1995. 8	留	△	东	疏林洞穴
54	云雀(*Alauda arvensis*)	1996. 3	冬		古	农田草丛
55	岩燕(*Ptyonoprogne rupestris*)	1994. 6	留		古	山地悬崖
56	家燕(*Hirundo mstica*)	1996. 6	夏		广	居民房檐
57	金腰燕(*Hirtmdo daurica*)	1994. 7	夏		广	居民房檐
58	山鹡鸰(*Dendronanthus indicus*)	1996. 6	夏	○	古	山地树冠
59	黄鹡鸰(*Motacilla flava*)	1994. 4	旅	×○	古	河边
60	黄头鹡鸰(*Motacilla citreola*)	1992. 4	旅	×	古	山地溪流
61	灰鹡鸰(*Motacilla cinerea*)	1996. 5	夏	×	古	河滩
62	白鹡鸰(*Motacilla alba*)	1997. 4	夏	×	古	河滩
63	树鹨(*Anthus hodgsoni*)	1992. 10	夏	○	古	山地林间
64	水鹨(*Anthus spinoletta*)	1991. 9	旅		古	河边
65	长尾山椒鸟(*Pericrocotus ethologus*)	1991. 7	夏		东	针阔混交林
66	虎纹伯劳(*Lanitis tigrinus*)	1992. 6	夏	○	古	村落树林
67	灰背伯劳(*Lanius tephronotus*)	1996. 10	冬		古	农田林间
68	长尾灰背劳(*Lanius sphenocercus*)	1992. 5	留		古	林间树冠
69	黑枕黄鹂(*Oriolus chinensis*)	1991. 6	夏	△	东	林间树冠
70	黑卷尾(*Dicrurus macrocercus*)	1993. 7	夏		东	高大树林
71	灰卷尾(*Dicrurus leucophaeus*)	1993. 8	夏	△	东	高大树林
72	发冠卷尾(*Dicrurus hottentottus*)	1994. 7	夏	△	东	高大树林
73	灰椋鸟(*Sturnus drieraceus*)	1994. 6	夏		古	高压电杆
74	松鸦(*Camdus glandarius*)	1997. 4	留		古	山地林间
75	红嘴蓝鹊(*Cissa erythrorhyncha*)	1997. 3	留		东	山地林间
76	灰喜鹊(*Cyanopica cyana*)	1994. 5	留		古	农田林间
77	喜鹊(*Pica pica*)	1992. 2	留		广	村落树冠

（续）

编号	中名及学名	采集时间（年·月）	居留型	保护级别	从属区系	生境分布
78	星鸦(*Nucifraga caryocatactes*)	1994. 4	留		古	山地林间
79	红嘴山鸦(*Pyrrhocorax phrrhocorax*)	1992. 5	留		古	裸岩山地
80	大嘴乌鸦(*Corvus macrorhynchus*)	1993. 10	留		广	村落及山林
81	寒鸦(*Corns monedula*)	1991. 2	留	○	古	山地岩石
82	小嘴乌鸦(*Corvus corone*)	1992. 4	留		古	山地林缘
83	褐河乌(*Cinclus pallasii*)	1993. 7	夏	○	广	河心岩石
84	鹪鹩(*Troglodytes troglodytes*}	1994. 8	留		古	疏林灌丛
85	棕眉山岩鹨(*Prunella montcmella*)	1992. 1	冬		古	农田草丛
86	红点颏(*Luscinia calliope*)	1993. 4	旅		古	灌丛草滩
87	蓝点颏(*Luscinia svecica*)	1991. 5	旅		古	灌丛草滩
88	蓝歌鸲(*Luscinia cyane*)	1992. 9	旅	○	古	灌丛草滩
89	红胁蓝歌鸲(*Tarsiger cyanurus*)	1993. 10	旅	○	古	灌丛草滩
90	北红尾鸲(*Phoenicurus auroreus*)	1991. 6	夏	○	古	居民区、村庄
91	红尾水鸲(*Phyacornis fuliginosus*)	1994. 5	夏		广	山涧溪流
92	短翅鸲(*Hodgsonius phoenicuroides*)	1994. 7	夏		古	疏林灌丛
93	黑背燕尾(*Enicimis leschenaulti*)	1991. 8	留		广	山涧谷间
94	黑喉石䳭(*Saxicola torquata*)	1992. 5	夏		古	灌木草丛
95	白顶溪鸲(*Chaimarrornis leucocephalus*)	1993. 6	夏		古	山涧溪流
96	蓝矶鸫(*Monticola solitaria*)	1995. 7	夏		古	悬崖绝壁
97	紫啸鸫(*Myiophonetts caeruleus*)	1995. 8	夏		东	山间河流
98	白腹鸫(*Turdus pallidus*)	1996. 10	旅	○	古	灌木草丛
99	赤颈鸫(*Turdus ruficollis*)	1994. 11	冬		古	疏林灌丛
100	斑鸫(*Turdus naumanni*)	1991. 12	冬	○	古	疏林灌丛
101	锈脸钩嘴鹛(*Pomatorhinus erythrogenys*)	1991. 6	留		东	疏林灌丛
102	黑脸噪鹛(*Garrulax perspicillatus*)	1992. 3	留		东	疏林灌丛
103	山噪鹛(*Carrulax davidi*)	1994. 4	留		古	疏林灌丛
104	橙翅噪鹛(*Garrulax ellioti*)	1997. 5	留		广	疏林灌丛
105	棕头鸦雀(*Paycidoxornis webbianus*)	1997. 4	留		古	疏林灌丛
106	山鹛 (*Rhopophilus pekinensis*)	1994. 3	留		古	灌草丛
107	短翅树莺(*Cettia diphone*)	1992. 6	夏		古	灌草丛
108	棕眉柳莺(*Phylloscopus armandii*)	1991. 6	夏		古	灌草丛
109	大苇莺(*Acrocephalus arundinaceus*)	1992. 5	夏	×	古	芦苇丛
110	褐柳莺(*Phylloscopus fuscatus*)	1993. 6	旅		古	林间
111	黄眉柳莺(*Phylloscopus inornatus*)	1992. 8	夏	○	古	林间
112	极北柳莺(*Physsoscopus borealis*)	1994. 9	旅	×○	古	林间
113	暗绿柳莺(*Phylloscopus trochiloides*)	1992. 10	旅		古	林间
114	冠纹柳莺(*Phylloscopus reguloides*)	1994. 9	旅		东	林间

（续）

编号	中名及学名	采集时间（年·月）	居留型	保护级别	从属区系	生境分布
115	白眉姬鹟（*Ficedula zanthopygia*）	1994. 7	旅	○	古	疏林灌丛
116	黄眉姬鹟（*Ficedula narcissina*）	1997. 7	夏		古	疏林灌丛
117	白胸蓝姬鹟（*Ficedula hodgsonii*）	1997. 6	夏		东	疏林灌丛
118	红喉姬鹟（*Ficedula parva*）	1991. 8	旅		古	疏林灌丛
119	北灰鹟（*Muscicapa latirostris*）	1992. 8	旅	○	古	林间
120	寿带（*Terpsiphone paradisi*）	1994. 7	夏		东	林间树冠
121	大山雀（*Parus major*）	1991. 2	留		广	村落林间
122	黄腹山雀（*Parus venustulus*）	1992. 5	夏		古	疏林灌丛
123	煤山雀（*Parus ater*）	1994. 3	留		古	疏林灌丛
124	沼泽山雀（*Parus palustris*）	1992. 4	留		古	疏林灌丛
125	褐头山雀（*Parus montanus*）	1993. 5	留		古	疏林灌丛
126	银喉长尾山雀（*Aegithalos caudatus*）	1992. 6	留		古	疏林灌丛
127	黑头䴓（*Sitta villosa*）	1994. 7	留		古	针叶林间
128	普通䴓（*Sitta europaea*）	1995. 8	留		古	针阔混交林
129	红翅旋木雀（*Tichodronia muraria*）	1995. 10	冬	△	古	悬崖绝壁
130	普通旋木雀（*Certhia familiaris*）	1994. 7	留		古	针阔混交林
131	暗绿绣眼鸟（*Zosterops japonica*）	1996. 9	夏		东	疏林灌丛
132	红胁锈眼鸟（*Zosterops erythropleura*）	1997. 10	旅		古	疏林灌丛
133	树麻雀（*Passer montanus*）	1997. 4	留		广	村落房院
134	山麻雀（*Passer rutilans*）	1994. 5	夏	○	东	村落屋墙
135	燕雀（*Fringilla montifringilla*）	1991. 11	冬	○	古	林间
136	苍头燕雀（*Fringilla coelebs*）	1992. 11	冬		古	高大林木
137	金翅雀（*Carduelis sinica*）	1992. 1	留		广	疏林灌丛
138	红眉朱雀（*Carpodacus pulcherrimus*）	1994. 5	留	○	广	疏林灌丛
139	普通朱雀（*Carpodacus erythrinus*）	1994. 6	留	○	古	疏林灌丛
140	北朱雀（*Carpodacus roseus*）	1995. 11	冬		古	疏林灌丛
141	长尾雀（*Uragus sibiricus*）	1997. 2	留		古	疏林灌丛
142	赤胸灰雀（*Pytrhula erythaca*）	1994. 5	留		古	疏林灌丛
143	红头灰雀（*Pyrrhula erythrocephala*）	1996. 9	留		东	疏林灌丛
144	锡嘴雀（*Coccothraustes coccothraustes*）	1994. 10	旅	○	古	农田草丛
145	白头鹀（*Emberiza leucocephala*）	1997. 10	旅	○	古	农田草丛
146	栗鹀（*Emberiza rutila*）	1997. 10	旅		古	疏林灌丛
147	黄喉鹀（*Emberiza elegans*）	1992. 10	旅		古	疏林灌丛
148	三道眉草鹀（*Emberiza cioides*）	1992. 4	留		古	灌木草丛
149	灰眉岩鹀（*Emberiza cia*）	1993. 3	留		古	灌木草丛
150	小鹀（*Emberiza pusilia*）	1993. 10	冬	○	古	灌木草丛
151	黄眉鹀（*Emberiza chrysophrys*）	1994. 10	旅	○	古	灌木草丛

鸟类区系组成以古北界种类为主，有 104 种，占全区鸟类组成的 68.77%。此外，有东洋界种类 21 种，占全区鸟类总数的 13.9%。有广布两界的种类 26 种，占全区鸟类总数的 17.33%。

致谢：调查工作在所长赵益善的大力支持下完成，刘焕金、张龙胜先生给予技术指导，并帮助修改文稿，特此致谢。

白鹡鸰的栖息地调查*

张青霞
（山西蟒河猕猴国家级自然保护区，山西阳城，048100）

摘　要：2004—2006年，在山西蟒河自然保护区对白鹡鸰的栖息地进行了调查。结果表明，此鸟在该区为夏候鸟，栖息地主要包括筑巢繁殖地、寻觅食物地、短暂停息地、夜宿地4大类型，各类型所占比例分别为21.6%、25.7%、45.1%和0.06%。

关键词：白鹡鸰；栖息地；蟒河自然保护区

2004—2006年，对白鹡鸰 Motacilla alba leucopsis 在蟒河自然保护区的栖息地进行了调查，以期为环境监测与保护鸟类资源提供科学依据。

1　自然概况

蟒河猕猴国家级自然保护区位于山西省南部的阳城县蟒河镇境内，地处东经112°22′10″~112°31′35″，北纬35°12′30″~35°17′20″，总面积5573hm²，主峰指柱山海拔1572.6m，属暖温带季风型大陆性气候，是东南亚季风的边缘地带。保护区境内山高坡陡，峡谷纵横，断裂显著，剥蚀明显，山涧溪流常年不断。全区植被属暖温带落叶阔叶混交林带，植被覆盖率在80%以上。

2　调查方法

结合全区的生境特点和白鹡鸰的生物学习性（张青霞，1999）在蟒河猴山、饮马泉出水洞两条线上，各选取有代表性的2km的路段作为工作区域，于2004—2006年的4月和8月中旬，采用常规路线统计法，以每小时2km速度，左右视区各50m的步行路线统计法记录所遇见的白鹡鸰，确定该鸟的栖息生境。3年中调查时间、路线、人员基本一致。

3　结果及分析

白鹡鸰的羽色黑白相间，飞翔时呈波浪状，非常显眼，人称“河旦旦”。经观察知，白鹡鸰在该区属夏候鸟，每年3月上旬迁来，10月下旬迁离。栖息地是生态学中研究的主要内容之一。3年中对白鹡鸰的栖息环境记录见表。从表中可以看出，所观察记录到白鹡鸰的栖息地主要有营巢繁殖地、寻觅食物地、短暂停歇地和夜间栖宿地4大类型，各类型白鹡鸰数量所占的比例分别为21.57%、27.45%、45.10%、5.88%。在筑巢繁殖地中，以房屋墙洞所占比例最高，达36.3%（8/22），路边小洞次之，达18.2%（4/22）；寻觅食物地中，以溪流旁所占比例最高，达35.71%（10/28），居民院落、农田次之，各达10.71%（3/28）；短暂停息地中，以居民房顶所占例最高，达30.43%（14/46），其次为溪涧巨石，达21.74%（14/46）。这4种类型的栖息地对白鹡鸰的繁殖和生活均起着不可替代的作用，缺一不可。

3年调查中得知，在白鹡鸰的筑巢繁殖地和夜间栖宿地，由于选址较为隐蔽，受鹰、隼攫捕几率较少，但卵、雏鸟受蛇危害较为严重；而在寻觅食物地和短暂停息地，由于隐蔽性较差，无论亲鸟还

* 本文原载于《四川动物》，2008，27(4)：618-619.

是幼鸟，受鹰、隼攫捕危害均较大，受蛇危害程度亲鸟很小，幼鸟由于防范意识尚差，受危害程度较大。

白鹡鸰为食虫益鸟，系我国政府和日本政府共同保护的候鸟，应当加强保护。本次调查结果显示，在蟒河自然保护区应对白鹡鸰的栖息生境加以保护，这是保护白鹡鸰的一项重要的保护措施。

表　白鹡鸰鸟的栖息地调查结果

Table　Results of investigation on habitat of Motacilla alba leucopsis

栖息地类型 Habitat types		遇见只数 Number of meeting	所占百分比(%) percentage
筑巢繁殖地	房屋墙洞、砖堆空隙、路边小洞、房檐下椽旮旯、乱石堆、木料堆、河滩冲积物等	22	21.57
寻觅食物地	溪流旁边、居民院落、农田、平地河谷、果园、厕所、草坪、仓库、瓦坡上等	28	27.45
短暂停息地	居民房顶、溪涧巨石、电线、田埂、屋脊、水沟土坎、路面等	46	45.10
夜间栖宿地	巢地附近向阳、避风隐蔽良好的乔木侧枝和高大灌丛间(除繁殖期间处于孵化期和育雏初期卧于巢中的雌鸟)	6	5.88
合计		102	100.00

山西省红腹锦鸡资源分布研究*

李丽霞[1]　王建军[2]　蔡立帅[1]

（1. 山西沃成生态环境研究所，山西太原，030012；2. 山西历山国家级自然保护区，山西侯马，043000）

摘　要：通过样线法、红外数码相机法，对山西省红腹锦鸡资源分布情况进行了数据收集，采用兽类资源数量计算方法和 MaxEnt 模型对山西省红腹锦鸡数量及资源分布进行了研究。结果表明，山西省共有红腹锦鸡 2116 只，集中分布在山西省南部太宽河省级自然保护区、历山国家级自然保护区、涑水河源头省级自然保护区、蟒河猕猴国家级自然保护区。MaxEnt 模型用于山西省红腹锦鸡栖息地预测，拟合精度较高。

关键词：山西省；红腹锦鸡；资源分布；MaxEnt 模型

红腹锦鸡(*Chrysolophus pictus*)属中国特有种，是国家Ⅱ级重点保护野生动物。《中国濒危动物红皮书》将其濒危等级列为易危(V)种。2004 年之前，仅分布于青海、甘肃、宁夏、陕西、河南、四川、湖北、湖南、云南、贵州和广西等地。2006 年 11 月 22 日，在山西省中条山国有林管理局泗交林场发现了野生红腹锦鸡，经考证，属于山西省鸟类新纪录。近年来，红腹锦鸡在山西省南部的分布区域和资源数量均有较大增长。然而，对山西省红腹锦鸡种群密度方面的研究迄今未有报道。

红腹锦鸡又名金鸡，中型鸡类，体长 59~110cm. 尾特长，约 38~42cm. 野外特征明显，全身羽毛颜色互相衬托，赤橙黄绿青蓝紫俱全，是驰名中外的观赏鸟类。红腹锦鸡栖息于山地常绿阔叶林、针阔叶混交林和针叶林中，或林缘灌丛、草丛和矮竹林间，冬季到农田附近觅食。极善奔走，但飞翔能力较差。

1　研究区域和研究方法

1.1　研究区域

笔者通过查询背景资料、访问调查，结合实地考察(时间截止到 2013 年 6 月)，确定山西省红腹锦鸡的分布范围主要在山西省南部地区，涉及山西省物种调查 9 个地理单元中的中条山地、晋东南高原、太行山地和晋南盆地 4 个地理单元。山西省红腹锦鸡专项调查区域范围内有 9 个自然保护区和 1 个国有林场，以红腹锦鸡集中分布的太宽河省级自然保护区($239km^2$)、涑水河源头省级自然保护区($231km^2$)、历山国家级自然保护区($242km^2$)、蟒河猕猴国家级自然保护区($56km^2$)和三交林场($145km^2$)为主要研究区域。

1.2　研究方法

1.2.1　数据收集方法

(1)红外数码相机法。在 2010 年春季至 2013 年夏季，利用红外数码相机对山西省红腹锦鸡重点分布区域内的红腹锦鸡进行连续监测。共布设红外自动数码照相机 190 台(太宽河保护区 60 台，涑水河保护区 30 台，历山保护区 60 台，蟒河猕猴保护区 20 台，三交林场 20 台)，每台红外相机工作 1000h 记为 1 台次。调查过程中红外自动数码照相机总计拍摄 1140 台次。

(2)样线调查法。在红腹锦鸡重点分布区域布设样线 199 条。其中，太宽河保护区布设样线 48 条，历山保护区布设样线 48 条，涑水河保护区布设样线 45 条，蟒河猕猴保护区布设样线 20 条，三交林场

* 本文原载于《山西林业科技》，2016，45(2)：29-31，56.

布设样线28条。调查时使用GPS记录样线调查的行进航迹、红腹锦鸡的实体与痕迹，以及周边的坡位、坡向、坡度、海拔等生境信息。

1.2.2 数据分析方法

(1)根据《全国第二次陆生野生动物资源调查技术规程》中关于样线法的资源数量计算方法计算红腹锦鸡资源数量。具体计算方法如下：

$$H = S \times D \tag{1}$$

$$D = (D_1 + D_2 + D_3 + \cdots + D_n)/n \tag{2}$$

$$D_n = N_n/A_n \tag{3}$$

式中：H——某个样区某种动物的资源数量，只；

S——某个样区的面积，km^2；

D——某个样区某种动物实体或某种痕迹的密度，只/km^2；

D_n——第n条样线某种动物实体或某种痕迹的密度，只/km^2；

N_n——第n条样线某种动物实体或某种痕迹的数量，只或km；

A_n——第n条样线的面积，km^2.

(2)Maxent(maximun entropy)模型是基于GIS和最大熵原理编写的用于预测物种潜在地理分布区的软件。模型将已有物种分布点的单元作为样点，根据样点单元的环境变量，寻找约束条件的最大熵可能分布，据此来预测物种在目标区域的分布。Maxent应用线性回归的方法对影响生物分布的主导因子进行分析(即Jackknife功能)。Maxent能自动完成预测图制作、ROC曲线分析、主导环境因子分析，极大地提高了该模型的应用效率。Maxent的运算结果稳定，对计算机配置的要求较低，运算时间较短，操作也较为简便，在样点数据以及环境因子参数较多的情况下更有优势。该模型采用Jackknife检验对环境因子的重要性进行分析，并用ROC曲线下面积(AUC)对Maxent模型的精度进行评价。评价标准为：AUC值为0.50~0.60，失败；0.60~0.70，较差；0.70~0.80，一般；0.80~0.90，好；0.90~1.00，非常好。

2 结果与分析

2.1 红腹锦鸡数量统计

通过对2013年6月之前红腹锦鸡野外调查数据的计算分析得出，山西省共有红腹锦鸡2116只，集中分布在太宽河保护区、历山保护区、涑水河源头保护区和蟒河猕猴保护区。其中，各个重点调查区域的红腹锦鸡调查情况，见表1。

表1 红腹锦鸡资源数量

红腹锦鸡调查区域	面积/km^2	数量/只	密度/(只·km^2)
太宽河保护区	239	753	3.150
涑水河源头保护区	231	150	0.650
历山保护区	242	546	2.260
蟒河猕猴保护区	56	181	3.280
三交林场	145	20	0.140
其他区域	1181	466	0.395
总计	2094	2116	

2.2 山西省红腹锦鸡Maxent生态位模型研究

笔者通过内业调查与野外调查相结合的方式找出影响红腹锦鸡分布的生境变量，再应用Maxent软件对所有变量进行运算，目标在于识别主要生境变量。结果共筛选出海拔(Elevation)、坡度(Slope)、坡向(Aspect)、山体阴影(Hillsha)、人口密度(Population)、栖息地类型(Habitat)、郁闭度(CD)、灌木盖度(SC)、灌木种类(Shrub)、距湖泊的距离(Lake)、植被覆盖率(Vegetation)、距道路的距离(Road)、距居民点的距离(Residential)、距河流的距离(River)、主要树种(Tree)、距耕地的距离(Farmland)、树高(TH)17个红腹锦鸡生境特征变量，并进行主成分分析。

将这些生境变量带入Maxent软件进行运算，通过模型生成了山西省红腹锦鸡潜在栖息地分布图，见图1。

图1　山西省红腹锦鸡潜在栖息地分布图

模型预测精度分析应用ROC曲线的AUC面积大小来进行，其AUC值为0.972，表明模型拟合精度较高。从红腹锦鸡潜在栖息地分布图可以看出，山西省南部局部地区栖息地质量较好，具有一定连通性，但受到生境破碎化的威胁。

山西省红腹锦鸡生境变量特征分析见表2。

表2　山西省红腹锦鸡生境各组分特征值

主成分	贡献率/%	累积贡献率/%
植物覆盖率	44.9	44.9
人口密度	15.4	60.3
灌木种类	10.8	71.1
距河流的距离	6.1	77.2
海拔	6.0	83.2
距湖泊的距离	4.1	87.3
主要树种	3.1	90.4
栖息地类型	2.8	93.2
坡度	1.6	94.8
距居民点的距离	1.4	96.2
距道路的距离	1.0	97.2
距耕地的距离	1.0	98.2
郁闭度	0.5	98.7
灌木盖度	0.5	99.2
坡向	0.3	99.5
山体阴影	0.3	99.8
树高	0.2	100.0

由表2可以看出，山西省红腹锦鸡各生境变量的重要性由高到低依次为：植物覆盖率、人口密度、灌木种类、距河流的距离、海拔、距湖泊的距离、主要树种、栖息地类型、坡度、距居民点的距离、

距道路的距离、距耕地的距离、郁闭度、灌木盖度、坡向、山体阴影、树高。第 1 主成分植物覆盖率的贡献率达到 44.9%，第 2 主成分人口密度的贡献率达到 15.4%，第 3 主成分灌木种类的贡献率达到 10.8%，前 3 个主成分的累积贡献率达到 71.1%. 这说明前 3 个主成分基本包含了 17 个生境因子的大部分信息量，对红腹锦鸡的分布起决定性作用。

2.3 山西省红腹锦鸡的主要分布区域

山西省南部处于暖温带，属大陆性季风气候，四季分明，是山西省红腹锦鸡分布的主要区域。通过实地调查和 MexEnt 软件分析的结果可以看出，红腹锦鸡重点分布区域有以下 4 个。

(1)太宽河红腹锦鸡分布区域。太宽河省级自然保护区位于山西省夏县东南部，中条山脉中段南坡，地理坐标东经 111°20′00″~111°33′00″，北纬 34°57′15″~35°7′00″。保护区属中低山土石山区，地形复杂，西北高、东南低，海拔相对高差 930m。野外调查中太宽河保护区有 10 条样线的 13 个点位及 10 台红外自动数码照相机捕捉到红腹锦鸡信息。通过统计分析得出该区域有红腹锦鸡 753 只。

(2)历山红腹锦鸡分布区域。历山国家级自然保护区位于山西省南部，中条山脉东段，地处运城、晋城、临汾 3 个市的垣曲、阳城、沁水、翼城 4 县毗邻地界，居黄河二曲之中，地理坐标东经 111°51′10″~112°31′35″，北纬 35°16′30″~35°27′20″。保护区属中低山石质山地，地层和岩石组成情况复杂，海拔相对高差约达 2000m。野外调查中历山保护区有 9 条样线的 11 个点位及 4 台红外自动数码照相机捕捉到红腹锦鸡信息。通过统计分析得出该区域有红腹锦鸡 546 只。

(3)蟒河红腹锦鸡分布区域。蟒河猕猴国家级自然保护区位于山西省东南部，中条山东端的阳城县境内，地理坐标东经 112°22′10″~112°31′35″，北纬 35°12′30″~35°17′20″。保护区为石质山区，海拔相对高差 1272.6m。野外调查中蟒河保护区有 6 条样线的 6 个点位及 2 台红外自动数码照相机捕捉到红腹锦鸡信息。通过统计分析得出该区域有红腹锦鸡 181 只。

(4)涑水河源头红腹锦鸡分布区域。涑水河源头省级自然保护区位于中条山西北麓，绛县县城东南部，地理坐标东经 111°34′~111°51′，北纬 35°22′~35°29′，东西长 26.1km，南北宽 13.6km。保护区地势东高西低，海拔相对高差达 988.5m. 野外调查中涑水河保护区有 2 条样线的 3 个点位及 3 台红外自动数码照相机捕捉到红腹锦鸡信息。通过统计分析得出该区域有红腹锦鸡 150 只。

3 结论

红腹锦鸡在山西省主要分布于南部地区，且数量较多。MaxEnt 模型用于山西省红腹锦鸡资源分布研究，模型拟合精度较高。山西省南部局部地区红腹锦鸡的栖息地立地条件较好，具有一定连通性，但受到生境破碎化的威胁。考虑到红腹锦鸡生境分布及种群交流的要求，应对其生物多样性的保护进行系统、综合的规划，使对红腹锦鸡的保护融入到省级生物多样性综合保护规划中。

山西省猕猴调查初报*

朱　军[1]　谢重阳[2]　贾志荣[3]
（1. 山西省自然保护区管理站；2. 山西农业大学；3. 保德县科委）

猕猴(*Macaca mulatta* Eirrimermann)为国家二级重点保护动物，属灵长目、猴科。其在本区的分布早在清康熙26年(1687年)《阳城县志》第三册赋役志、物产中就有记载。解放后曾见有王福麟(1962)，唐蟾珠、马勇等(1964)，文焕然(1981)等涉及山西猕猴的零星资料，但系统的研究尚未见及。我们于1985年的4~6月对蟒河自然保护区的猕猴资源做了实地调查；1986—1987年的5~6月、8~12月又作了补充调查。调查中主要采用定点观察、路线巡查、足迹追踪等方法，对猕猴的自然种群，栖息地、数量、分布和食性等进行了观察，现报道如下：

一、工作区域概况

蟒河自然保护区位于山西省东南部阳城县桑林乡境内，与河南省：济源县相毗邻。位于东经112°22′~112°31′35″，北纬35°12′50″~35°17′20″。总面积56平方千米，主峰指柱山海拔1572米。境内山高坡陡，河谷地带四季流水，气候温暖湿润。年均温11.7℃，最高温度24.8℃，最低温度-3℃，年均降水量535毫米。由于河水长期冲刷浸蚀，河床下切，形成高山峡谷，地形相对垂直高度变化急剧，河床悬崖顶和山沟中生有浓密的灌木丛和小乔木林。主要树种有栎树(*Quercus*. sp)、千金榆(*Carpinus cordata* BI.)、侧柏(*Biota orientalis* Endl.)、郁香忍冬(*L. fragrantissnia* Iindl.)等乔木；还有三叶木通(*Akebia trifoliato*(Thunb)Decne)、五味子(*Schizandra chinensis* Baill)、猴猴桃(*Actinidia*. sp.)、山白树(*Sinowi Isonia henryi* Hemsl.)等猕猴喜食植物。另外山中还有许多岩洞可供猕猴繁殖产仔。以上这些环境因子都为猕猴提供了必要的生存条件。

二、猕猴的栖息地及分布

猕猴为树栖动物，其大部分活动如迁移、栖息、取食都在树上进行，主要栖息于海拔650~1100米的林内。本区大部分地区山高林密，水源充沛，为猕猴生存提供了场所。据野外观察与室内粪便分析可知：猕猴在本区的食物主要由25种植物组成(见表1)。

表1　猕猴食性分析表

中名	学名	土名	食用部分	取食季节
黄连木	*Pistasia chinensis Bge*	黄连籽	果	秋
酸枣	*Zizyphus jujuba Mill*	红圪针	果	秋
多花钩儿茶	*Berchemia florburda (Wall) Bronga*	青世条	果	秋
皱皮鼠李	*Rhamnus rugulosa Hemsl*	水流木	果	秋
三叶木通	*Akebia trifoliata (Thunb) Decne*	仙瓜	果	夏、秋
山桃	*Pruntts davidiana Franch*	山桃	果	夏、秋
郁香忍冬	*Ljragrantissma Lirich*	四月红	果	春、夏
栓皮栎	*Quercus variabilis Bl*		种子	秋、冬、春

* 本文原载于《野生动物》，1989，(2)：35-37.

（续）

中名	学名	土名	食用部分	取食季节
杜梨	*Pyrus bettdaefolia Bunge*	杜梨	果	秋
甘肃山楂	*Crataegus kansuensis Wils*	野山楂	果	秋
侧柏	*Biota orientalis Endl*		种子	冬、春
猕猴桃	*Actinidia. sp*		果	秋
五味子	*Schizandra chinensis Baill*	北五味子	果、叶	夏、秋
连翘	*Forsythia suspensa Vahl*		叶、芽	春、夏
山白树	*Sinowilsonia henryi Hemsl*	毛钩树	叶、芽枝	春、夏、秋
毛叶樱桃	*Prunus tomentosa Thunb*	析桃	果	春、夏
青麸杨	*Rhus potanmii Maxim*	五倍子树	叶	春、夏
千金榆	*Carpinus cordata Bl*	粉贝金	叶、树皮	四季
槲树	*Quercus dentata Thunb*	胡树	种子	秋
青皮椴	*Tilia sp*	牛拉稀	叶	夏
山葡萄	*Vitis amurensis Rupr*	野葡萄	果	秋
黑枣	*Diospyros lotus L*	软枣	种子、果	秋、冬
匙叶栎	*Quercus spathulata Seem*		种子	秋、冬
粗皮桦	*Betula utilis D. Don*	贝筋	叶、树皮	夏、秋、冬

表 2　猕猴种群数量统计表

地点	海拔	种群数	个体总数	生境
后大河	710m~810m	2	30 只~40 只	崖、河谷、灌丛、乔木
小河	710m~800m	1	10 只~20 只	同上
麻山沟	700m~820m	1	30 只~40 只	同上
南河	720m~1000m	1	50 只~60 只	崖、河谷、密林
拐庄	680m	1	20 只~30 只	崖、河谷、小乔木

由表 1 可见：猕猴在本区有较丰富的食物来源，特别是多种栎树的种子，是猕猴冬季的主要食物。

猕猴是唯一分布到华北地区的灵长类动物，对其地理分布北限，曾有过争议。Allen(1938)认为：华北猕猴是从南方引进的，自然分布只限于秦岭以南。王福麟(1962)、文焕然(1981)则认为：华北猕猴是历史上固有物种。我们认为栖息环境、食物等自然地理因素是决定猕猴分布的必要条件，并且猕猴属的化石在山西的垣曲、翼城，北京的周口店等地皆有发现，说明历史上和现在华北的自然条件都适于猕猴生存。

根据我们实地观察和调查访问，初步估计山西阳城蟒河分布区现有猕猴 4~6 群，约 150~180 只，主要分布于后大河、南河、麻山沟、拐庄几个区段(见表 2)。

猕猴的活动范围与季节有密切关系，其中分布于后大河区域的种群在山西境内活动，而另外 3 个分布区段与河南相邻并伸入河南省境内(见图 1)。

这几群猕猴中，后大河种群活动范围较小，主要以河床为中心，往返于两侧的山峰、山沟、峡谷之间。并常下到河谷中饮水。其原因除数量较少外，栖息地自然环境优越、食物资源丰富更为重要；南河种群数量大，活动范围也大，常往返于山西境内的南河、驼沟与河南境内的园大寨、沙沟之间。另外猕猴的分布范围也随季节而变化：秋季农作物成熟和冬季食物缺乏时，猕猴常进行必要的“远征”以获得食物，故其活动范围较大。而在春夏两季，树叶嫩枝繁密，食物充足，猕猴活动范围相对较少。猕猴的垂直迁移主要与食物、温度变化关系密切。冬季猕猴常在河谷两侧海拔较低的背风向阳的崖上栖息活动；而夏季则到阴凉的山谷、海拔较高的山坡以及河谷中觅食、饮水、嬉戏。

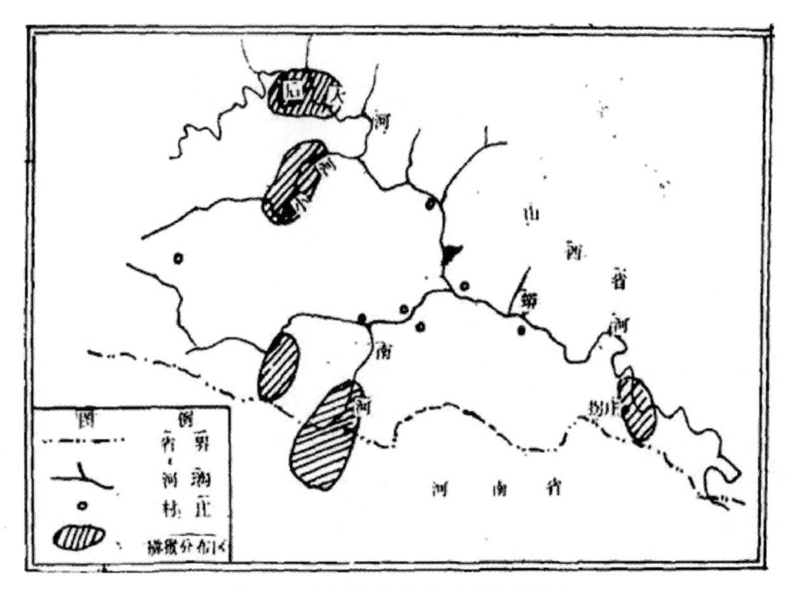

图 1　山西省猕猴分布区示意图

四、保护现状

调查表明：由于猕猴在秋季危害柿子、玉米、红薯等农作物，因此一度曾把猕猴当作害兽进行捕打。在拐庄，1979 年家狗把 60 余只猕猴围在 4 棵柿树上，被人们用土枪打死打伤 10 余只；1978 年一农民打死一只重约 30~40 斤的孤猴；后庄村一农民也曾用铁矛夹捕到一只猕猴；南路上村 1978 年曾有人诱捕猕猴 2 只并卖给长治动物园。另外河南省南阳捕猴队从 1977—1979 年三次从拐庄、麻山沟等地捕猴共计 80 余只。总之从 1975—1979 年总计捕杀猕猴百余只，严重破坏了猕猴资源，致使猕猴数量锐减。1981 年蟒河自然保护区成立后，猕猴开始“安居乐业”，生存繁衍得到保护，数量也有所回升。据当地群众介绍，麻山沟种群从 1977 年捕后剩余的 9 只已恢复到近 40 只。保护区 1987 年冬在后大河开展的猕猴人工招引驯化工作初见成效，已招引驯化猕猴 46 只。加强管理，认真保护，尽快恢复发展猕猴的自然种群数量，是现阶段的当务之急。

四、保护建议

依据本次对猕猴资源调查结果，提出如下保护建议：

1. 当前猕猴资源较缺乏，特别是在我省猕猴地理分布狭窄，种群数量有限的情况下，对猕猴资源要重点保护。首先是广泛宣传，使当地群众真正懂得保护猕猴及其栖息地的重要性，做到家喻户晓，人人皆知。

2. 猕猴是国家二级重点保护动物。保护的目的是使猕猴的数量在典型的分布区域尽快恢复壮大，加强驯化工作，使之成为我国猕猴资源基地之一，从而达到资源的开发利用。

3. 猕猴对生存环境具有很高的要求，特别是要有森林和温和的气候，这是猕猴在自然界生存的基本条件。因而，保护猕猴资源，不仅是不捕猎猕猴，更主要的是保护好森林环境，防止森林破坏、水源干涸、山岩风化、气候变坏等情况发生。尽量使猕猴的种群数量和质量得到较好的发展。

4. 对于往返于山西与河南两省的猕猴种群，应由两省林业部门共同商订行之有效的保护措施，这样有利于猕猴资源的发展。

5. 严格遵守《野生动物保护法》，依法办事。对保护猕猴有功者必奖、破坏猕猴资源严重者必罚。

野生猕猴生物学特性观察*

李鹏飞
(山西省自然保护区管理站)

蟒河自然保护区，位于山西省阳城县西南 30km 处，1983 年经山西省人民政府批准建立。下设桑林、蟒河两个保护站。总面积 $5600hm^2$，洪水河横贯全区汇入蟒河往河南注入黄河，水流湍急，源远流长，终年不断。年均气温 14℃，无霜期 180d，年降水量 530~800mm。

蟒河自然保护区，风景秀丽，气候宜人，山险、谷幽、林郁、水清、石怪，自然景观奇特，以胜产猕猴和名贵药材山萸肉闻名遐迩。

这里地处暖温带的南缘，是由暖温带向亚热带过渡地带，因此它将两种截然不同的南北植物成分熔于一炉，形成了自身别具一格的特点。生长有温带、暖温带和亚热带植物共 560 余种。国家重点保护植物有山白树、青檀、领春木；我省稀有的植物有匙叶栎、木姜子、玉玲花等，还有多种经济植物和漆树、盐肤木、栓皮栎、黑椋子、连翘、三叶木通、五味子、山茱萸；野生果树资源有山楂、山桃、山杏、猕猴桃等；药用草本植物有七叶一枝花、玉竹、黄精、麦冬、柴胡、远志、地黄、半夏等。

野生动物有金钱豹、猕猴、麝、山猪、狍、獾、野兔、环颈雉、勺鸡、啄木鸟、乌鸦、红嘴鸦、沙百灵等，属于国家重点保护动物为金钱豹、猕猴、麝、勺鸡，分布最多的猕猴，经调查有 5 群 200 多只。

1987 年开始在蟒河保护站开展猕猴的生态生物学特性的调查研究，首先查清了该区猕猴的分布及活动范围、种群数量、喜食的植物种类及食物丰富程度以及栖息环境，往常出没的地点、时间；选择冬季食物匮缺的节令，采取人工投食招引的办法进行驯化，固定专职喂养人员定时投食，一般日投两次(上午 11~13 时；下午 16~18 时)。

1 猕猴及其社群结构

猕猴(*Mogca mulatla*)又名恒河猴，它属灵长目猴科动物，从自然分布看，只限于陕西秦岭以南，但山西分布为最北限。阳城、陵川、垣曲等县的深山老林中栖息生存有成群的野生猕猴，对这些资源保护开发利用有待我们做大量的工作。猕猴不仅是很好的观赏动物，而且科研价值更高，由于它的身体结构和生理性能与人类相近，可以代替人供做实验，特别是在医学、脑科学和心理学研究方面尤为重要。医学科学家用猴子的肾脏研制成功小儿麻痹疫苗，使亿万儿童免遭夭折或终身残废之苦。因此，保护开发利用这项资源为人类做出贡献是十分有益的。

猕猴的生存栖息与自然环境条件有着密切的关系，适宜的气候条件和完好的栖身隐蔽场所，丰富的水源和食物来源以及人为干扰小的局部地域，才是它们长期生存繁衍以至传宗接代的有利地形，一旦生存环境遭受破坏导至“树倒猢狲散的残局”，因此说，自然保护区的设立是更好地保护这一物种资源的有效方法。

蟒河自然保护区生存的猕猴过着典型的社群生活，每群 10~50 只不等，每个社群由老、中、青、幼各龄组成。每群中由一只躯体强壮，凶猛的猴为统帅，惯称“猴王”。此外，还有 1~2 只雄猴协助猴王维持秩序，称“副王”，每群中成年母猴约 6~20 只，这是一个社群的基础与主体，母猴的数量既决定着社群个体数量的大小，又是社群分化的主要因素，在整个社群中，未成年猴约占 70%左右，这是

* 本文原载于《山西林业科技》，1994(3)：28-30.

社群发展的潜力，但未成年中的雄猴一般长到2~4岁，就会被迫离群，离群后经过几年的流浪生活，到身强体壮时，又回到原社群中参加猴王的竞争，胜利者即可做猴王。虽然自然界基本的生存机制之一是集群的本能，但置身于大自然中的猕猴随时都会遭到天敌袭击及意外事故，如果聚集一起，不仅得到互相保护，互相协作，更重要的是彼此间给对方提供了安全感，使它们生活得更踏实。如果处于分散状态，警戒、抵御力量都十分软弱、被动。除此外，它们的集群仍需要友爱和社交，增加其社群的内聚力。如休息时，表现出的亲昵行为、互相拥抱、吻同伴的嘴唇、伏在同伴身上休息以及相互间梳理毛发等，通过这些活动以保持相互间和睦友好关系。一般所见到的梳理毛发活动，大都由雄猴承担，雌猴有时也会做一些象征性的表示，但只会应付小会儿，又懒洋洋地转过身去让雄猴继续给它梳理。

2 猕猴生活习性

猕猴是一种树栖动物，一般都在悬崖陡壁的石龛上和高大的树枝上栖息，每当东方刚刚破晓，猴王即醒来开始在高大的树枝上张望一会，然后四肢紧抓树干拼力摇晃，随后朝远处“瞎”“瞎”呼叫，随即群猴都起来，这样整个猴群则开始了一天的生活。醒来的母猴开始梳梳理理，幼猴紧集在大猴的身边，东奔西跳，打打闹闹。约半个多小时，群猴便开始进行采食，因季节的变化采食时间不等，一般上午8~11时，下午4~5时这个范围，采食时猴群始终聚集于猴王的周围，每隔10多分钟猴王和大雄猴跳到高处观察群猴及周围动静，并发出“瞎”“瞎”声，母猴也不时发出“噫”“噫”叫声，招呼小猴们小心不要掉队。

猴子主要采食树叶、果实，有时也啃食树皮，但进食很慢，进食半小时便停下来稍加休息，这时小猴开始玩耍，母猴进行“社交”，大雄猴在群猴休息地巡逻放哨。

猴群采食地点一般是交替进行，每个山坡每条山沟的食物可采食2~3d，随后逐步转移，过一段时间后又返回到原处。

猴群活动时，往往具有一定的阵容和节奏，前面是猴王和雄猴带队，母猴及小猴居队伍中间，最后的是一些个体较大的公猴和母猴。

每群猕猴都有固定的家区，这是它们长期觅食、休息、栖息等活动的地方。家区的形式主要是在觅食中，猴子留下的粪便，尿液以及采食的痕迹、爬行、跳跃所折断的枝梢等，这些都可做猴子来回活动的标记，另一方面也给其他群猴提出警告，这里已有其他猴群，打消占领这块地盘的念头，家区形成后，猴子对这一区域内的食物、水源分布以及栖息环境比较熟悉，就成为它们最适生存和避敌侵袭的境界，这一传统习惯，使群猴从小形成的条件反射和对未知周围环境的畏惧心理，使它们在成长过程中感受到，只有在熟悉的有限环境中生活，才能得到最安全的保证。

3 猕猴的传宗接代

猕猴社群中，大都为一雄多雌制，社群中的母猴一般都属猴王所霸占作为“妻妾”，有的多达20余只，当雌猴长到2.5岁时则具备了产仔能力，每当11月份到翌年的3月份为雌猴发情时期，一般发情高峰期为12月中旬，这时交配的雌雄猴常是行影不离，一般要重复交配2~3期，每期间隔6~7d，每期交配2~3d，交配期间频率很高，每天可达2~30次。

受孕母猴经过6个月的妊娠期(产仔期一般从4月中旬到8月中旬，高峰期在6月下旬)，在气候凉爽，食物丰富的夏秋季节产下婴猴，婴猴产下后，母猴把它抱在怀中用体温温暖仔猴，并让它容易找到奶头，学会用四肢牢牢抓住母猴身体，否则母猴在日后的攀、爬、行、走、觅食、跟随猴群辗转迁徙时，容易将婴猴摔伤或跌落。

产仔后的前10多天，母猴几乎整天地抱着仔猴，在攀、爬、行进中都小心谨慎，半个月后小猴开始下地行走锻炼，东倒西歪，步履不稳，但遇有惊动时，母猴立即抱起小猴跃入高的树梢，如果受其他动物逼身侵袭时，母猴即发出“瞎、瞎”声救援。当小猴学会爬行时，就会离开母猴和别的幼猴玩耍，而母猴在一边观坐，约十几分钟后，母猴各自抱回小猴进行喂奶。给小猴梳理毛发，更有趣的是母猴在领回小猴时，不论多少小猴混在一起但绝不发生差错，这也是一种特殊的本能。

小猴长到1个月之后，就再不完全依赖于母猴，越来越喜欢自由，开始自己觅食。先学食固体食物，品偿母猴吃的东西。小猴在离开母猴和其他小猴玩要时，母猴总是常惦记看小猴，经常发出“噫、噫”声来招呼小猴不要远离，这种情况一直延伸到母猴产下下一胎为止。

幼猴活泼喜玩耍。日渐学会谋生的本领。并跟母猴学习品偿、鉴别食物。

当母猴产下下一胎后，小猴就将自理生活了，这一时期，少年猴的雌雄之间渐渐分离，一般雌猴喜欢靠近母猴，尤其愿和带婴的母猴在一起，时常搂抱婴猴，仿照母猴给小弟妹梳理毛发，在母猴离开时帮助照料弟妹，为自己将来取得做母亲的经验。而雄猴常忙于上窜下跳，几乎全部精力用于奔跑、爬树、追逐、玩耍和格斗，逐步长大成熟。

4 猴王的竞选

当成熟的雄猴在2~4岁时，它们的性情非常狂热，活动力很强，对整个猕猴社团是一种威胁，常遭到猴王和母猴的敌视，陷入这种不幸遭遇的雄猴要受到排斥、威逼和驱赶，在无法忍受社群生活的情况下，最后被迫离群。离群后的雄猴一般由一到数只集聚一起，过着“单身汉”的独居生活，统称“散猴”，它们无固定地盘，到处流窜。它们中身体最壮、最有威信的当选猴王，一般活动于其他猴群的周围，随着年龄增大，需要寻找异性的爱。

离群的雄猴，经过几年的流浪生活后，到壮年期，它们已具备足够的能力和体力，当母猴进入发情期时，流窜的雄猴王带着同伴来到群猴边，避开群里的公猴开始向母猴求爱，这时将会引起一场残酷的争斗，此时群内的雄猴将全力保护本来属于他的雌猴，而体力强壮的雄猴毫不示弱，双方因争夺配偶将大打出手，结果彼此间都受伤、残，或撕断前肢，咬掉指头，或失去耳朵，伤了鼻子和嘴巴破裂以及皮肉受伤，经过几个回合，只有获胜者才能占有群猴中的雌猴，孺弱者连一个配偶也找不到，即为“胜者为王，败者为寇”。这样新选出的猴王则开始重新组织它的社群，这种情况循环往复。原来群体里年老体弱的雄猴逐渐被淘汰，并将它们驱赶出群，它们将渡过这老年孤独流浪的生活。

5 社群间的关系

每个猕猴社群，基本上都在自己固定的家区活动，但由于环境、气候以及食物、水源等情况的变化，往往群与群之间也会发生争夺地盘的纠纷，种群势力强大的欺辱群体势力弱小者，以强凌弱、弱肉强食，在人的社会中又何尝不存在这种愚昧的意识，但出现这一事态时都要发生激烈的格斗，首当其冲的是雄猴，格斗时全力绷紧，嚎叫。若双方力量悬殊时，弱群将被威胁恐吓节节败退，如果双方势均力敌，互不相让，接踵而来的是互相撕杀，这时兵对兵，将对将，猴王对猴王，公猴对公猴，母猴对母猴，当猴王战败，该群整个解体，失败后的猴群随猴王逃窜，胜利了的猴群将占领这块领域。

在猕猴群体中，母猴只是战利品，一般情况下不那么表现活跃，只有在发情期的高潮中，最受成年雄猴的宠爱，经常有一只雄猴陪伴左右当其保镖。这时的母猴将会利用陪同它的雄猴地位来支配、欺负别的母猴，因此相互间也发生一些纠葛，如果纠葛得不到和解，猴群内部就会产生分化而形成几股力量，其中弱者就避开对方优势，较强者则摆脱对方控制，这样就会从原群体中分离而出，各自另选山头，另立王国。

一个猕猴社群要保持稳定，主要靠猴王的权势，一则，在同辈中有威信，不仅身强体壮，其他方面也要出类拔萃，在一个个社群中，猴王不仅能抵挡入侵的外敌，而且还得有平息内乱的本领。

6 雄猴之间发生格斗前的几种姿态

(1)全力紧绷，双目圆瞪对方，为轻度的威胁。

(2)张嘴嚎叫，露出牙齿，是强度威胁。

(3)上述两种威胁不奏效时，则上下点动头部，两目直瞪，耳朵紧贴后脑，发出“哼哼”狂叫，以动作和声音加强威胁，达到其威胁高峰，紧接着就是一场激烈的撕杀，直到一方失败逃去。

山西省蟒河自然保护区兽类区系调查*

赵益善　田德雨　田随味
（山西省娣河自然保护区，阳城，048100）

摘　要：1995—1997 年在各个季节选定 4 个垂直带，对本区兽类的垂直分布进行了调查。结果为本区现有兽类 7 个目，16 个科，40 个种。它们分布在各森林植被垂直带间。其中有国家一级重点保护动物金钱豹，二级保护动物猕猴，黄喉貂，水獭。猕猴的种群数量经调查得知，本区现有 350 余只。

关键词：山西蟒河自然保护区；兽类；区系调查

1　工作区概况及调查方法

山西省蟒河自然保护区位于本省阳城县东南，东经 112°22′10″～112°31′35″，北纬 35°12′50″～3517′20″，地跨桑林乡、三窑乡、东冶镇，总面积约 5573hm^2，主峰指柱山海拔 1572. 6m，境内山势险峻，坡陡沟深，灌木丛生，植被茂盛，山涧溪流，四季淙淙，连年不涸，具有独特的自然景观。本区属暖温带季风型大陆性气候，夏季炎热多雨，降水量集中在 7、8 月；冬季寒冷，盛行西北风，平均气温 12℃～14℃，无霜期长达 180～200 天。主要保护对象为猕猴 *Macaca mulatta*，高层植被有油松 *Pinas tabulaeformis*，栓皮栎 *Quercus varia bilis*，橿子栎 *Qbaronii shan* 等，还有许多诸如南方红豆杉 *Taxus chinensis*，匙叶栎 *Q. spatulata seem*、连香树 *Cercidiphyllum japomcum* 等保护树种；中层灌木有荆条 *Vitexn egundol.*，黄刺玫 *Rosa xanthina*，绣线菊 *Spiraea* spp.，胡枝子 *Lespedeza bicolor*，荚蒾 *Viburnum dilatatum thunb* 等，草本植物有蓝花棘豆 *Oxytropis coerulea*，褐穗薹草 *Carex* spp.；在两栖爬行动物方面有虎斑游蛇 *Natrix tigrinalateralis*，黑斑蛙 *Rana nigromaculata*，北方狭口蛙 *Kaloula borealis*，隆肛蛙 *Rana quadranus* 等，有二级重点保护鸟类雕鸮 *Bubo bubo*、纵纹腹小鸮 *Athene noctua* 等。

在工作方法上，根据各种兽类的垂直分布，生活习性，海拔高度及植被，将本区划分为 3 个垂直带，即平原谷区（海拔 300m），丘陵带（海拔 300～1000m），低山带（海拔 1000～1572m）。每年各季各点调查一次，3 年共计调查 48 次，调查里程 64km。以肉眼配合望远镜（8×30 和 15×50）直接观察大中型兽类的栖息地和活动范围等，通常根据其粪便，活动蹄印及明显的足迹来判断。

对小型啮齿动物调查，在各带放置夹子和枪击及压箭法捕获等。对白昼活动的鼠类，采用 1 小时 3km 进行统计其数量。

2　结果与分析

在 3 年（1995—1997）的工作中。实施调查 48 次，调查里程 128km，放置鼠夹 1200 个，经鉴定分类，本区兽类共有 7 目、16 科、40 种（见表 1）。在区系组成上，可归纳为 4 个类型：

表 1　蟒河保护区兽类垂直分布*

中名和学名	保护级别	平原谷区	丘陵带	低山带
普通刺猬 *Erinaceus eurofiaeus*		√	√	
短棘猬 *Hemiechinus dauricus*			√	

* 本文原载于《中国动物科学研究——中国动物学会第十四届会员代表大会及中国动物学会 65 周年年会论文集》，1999，291-294.

（续）

中名和学名	保护级别	平原谷区	丘陵带	低山带
麝鼹 *Scaptochirus moschatus*		√	√	
小麝鼩 *Crocidura suaveolens*		√	√	
水麝鼩 *Chimarrogale platycephala*		√	√	
伏翼 *Pipistrellus abramus*		√		
棕蝠 *Eptesicus serotinus*		√		
普通蝙蝠 *Vespertilio murinus superans*		√		
须鼠耳蝠 *Myotis mystacinus*		√		
猕猴 *Macaca mulatto*	Ⅱ		√	√
狼 *Canis lupus*		√	√	
赤狐 *Vulpes vulpes*		√	√	
黄喉貂 *Martes flavigula*	Ⅱ	√	√	
黄鼬 *Mustela sibirica*		√	√	
艾虎 *Mustela putorius*		√	√	
狗獾 *Meles meles*		√	√	
鼬獾 *Melogale moschata*		√	√	
猪獾 *Arctonyxcollaris*		√	√	
水獭 *Lutra lutra*	Ⅱ	√		
香鼬 *Mustela altaica*		√	√	
花面狸 *Paguma larvata*			√	
豹猫 *Felis bengalensis*		√	√	
金钱豹 *Panthera pardus*	Ⅰ		√	√
野猪 *Sus scrofa*		√	√	√
林麝 *Moschus berezovskii*	Ⅱ		√	√
狍子 *Capreolus capreolus*			√	√
草兔 *Lepus tolai*		√	√	
岩松鼠 *Sciurotamias davidianus*		√	√	√
豹鼠 *Tamipos swinhoei*			√	√
花鼠 *Tamias sibiricus*		√	√	√
复齿鼯鼠 *Trogopterus xanthipes*			√	√
大仓鼠 *Cricetulus triton*		√	√	
棕背䶄 *Clethrionomys rufocanus*			√	√
长尾仓鼠 *Cricetulus longicandatus*		√	√	
中华鼢鼠 *Myospalax fontanieri*		√	√	
大林姬鼠 *Apodemus peuinsulae*			√	√
社鼠 *Rattu confucianus*		√	√	
褐家鼠 *Rattus norvegicus*		√		
黑线姬鼠 *Apodemus agrarius*		√		
小家鼠 Mus musculus		√		

*表内Ⅰ、Ⅱ分别表示国家重点保护动物Ⅰ级和Ⅱ级。

(1)北方型有花鼠、大林姬鼠、林麝、香鼬、狍、艾虎、狗獾、棕背䶄、黑线姬鼠等。

(2)华北区特有或主要分布在此区种类计有中华鼢鼠、麝鼹、长尾仓鼠、大仓鼠、草兔和岩松鼠等。

(3)南方型有小麝鼩、猪獾、果子狸、猕猴、社鼠、豹鼠等。

(4)广布种：小家鼠、褐家鼠、狼、野猪、青鼬、黄鼬、豹猫、蝙蝠、赤狐、金钱豹等。其中有国家一级重点保护动物金钱豹；二级保护动物猕猴、青鼬、水獭。

3 兽类垂直分布特征

3.1 垂直分布带的划分

兽类垂直带的划分是一个复杂的问题。在任何一个带内都会遇见不少兽类。在划带时不能把所遇见的兽类都视为划带的依据。本次划带是通过多次调查大、中型兽类的白昼栖息的主要生境及其繁殖生崽的环境，基于景观学，结合植被垂直分布，参考海拔高度等所决定的。啮齿动物是通过“夹夜法”和抢击法的地段作为依据，种类和数量调查同步进行。

3.2 各垂直带的基本特征及其代表种类

兽类具有“狭”垂直地带性和“泛”垂直地带性分布的特征。前者仅出现1~2个垂直带。因此，在考虑各垂直带内的兽类基本特征，尚须根据其繁殖地的高度下结论，否则违背兽类自身严格的生物学特征和生态适应性规律。现由低至高将各带兽类的基本特征简述如下：

(1)平原谷区兽类带。本带海拔300m左右，包括拐庄、南辿、朝阳、洪水、草坪地、前庄及蟒河下游流域。在山涧河谷见有零星的杨、柳、柿等树种。由于本带气候温和，土层覆盖厚，生境多样，海拔较低，多为耕作地段，故分布于本带的兽类较多，共有30种，占全区兽类总种数的41.67%。常见种类有松鼠科、仓鼠科、鼠科和食肉动物鼬科、犬科等动物。野猪、猕猴等动物的主要栖息地不在本带，但在觅食中常来常往，成为该区的大害。

(2)丘陵兽类带。本带海拔300~1000m，海拔偏高，包括蟒河上、中游地段及不同的沟向和坡面等。高层树种有辽东栎、蒙古栎、青冈等。油松、侧柏等树种普遍增多，植被生长茂盛，郁闭度大，隐蔽性良好，活动在该带的兽类，计有32种，占全区兽类总种数的43.88%，大型兽类有野猪、狍子、金钱豹；中型兽类有豹猫、獾类等；岩松鼠、花鼠、豹鼠屡见不鲜，猕猴群体白天也能遇见。

(3)低山兽类带。本带海拔1000~1572m。山势陡峭，群峰低劣，高层树种有油松、侧柏显著增多。本带兽类分布较少，仅有11种，占本区兽类总种数的15.82%。

由此可见，蟒河保护区现有兽类40种，其中泛垂直分布的仅有两种，如岩松鼠、花鼠。亚垂直分布3个带有16种，如普通刺猬、麝鼹、獾类等，狭垂直分布(仅见一个带)的9种，如水鼩鼱、水獭、蝙蝠等。跨越2带的较多，如花面狸、金钱豹、大仓鼠等。

蟒河保护区兽类垂直分布性，不论是种类还是垂直分布，均为由低到高递减。在这一程度上反映了兽类本身对生态环境的选择，以及影响兽类垂直分布的各种因素，诸如气候、植被、海拔、高度、食物、竞争和某些种类自身的严格的生物学特征等，都在不同程度上影响着它们的分布。实际上是兽类的一种生态适应性。

致谢 本文经樊龙锁先生审改，特此谢忱。

蟒河保护区猕猴生态观察与种群监测*

田随味[1]　张龙胜[2]
(1. 山西蟒河国家级自然保护区，山西阳城，048100；2. 山西省保护区管理站，山西太原，030012)

摘　要：1988—1999 年在蟒河自然保护区对猕猴进行了比较系统的调查和观察。结果表明，猕猴分布面积占保护区面积的 40% ，种群密度为 6.8 只/km^2，发情期 11 月上旬至中旬，产仔期 4 月下旬至 5 月上旬，哺乳期 3 个月，有明显的领域行为和较特殊的社群结构。

关键词：猕猴；繁殖；生活习性；蟒河

蟒河自然保护区是我国猕猴自然地理分布的最北限，有关该区猕猴的报道仅见朱军等(1986)对种群数量的调查。研究其繁殖习性及社群动态对保护该区域猕猴具有十分重要的意义。

1　工作区概况及方法

蟒河自然保护区位于山西省阳城县境内，东经 112°22′10″~112°31′35″，北纬 35°12′50″~35°17′20″。区内山峰陡峭，沟谷溪水长流，植被以橿子栎(*Quercus baronii*)、栓皮栎(*Quercusv ariabilis*)及暖温带亚热带树种为主，乔灌相间，灌丛密集，植物盖度 80%。

蟒河自然保护区从 1988 年开始对野外猕猴进行招引驯化，种群数量监测主要针对招引驯化的一群猕猴。从 1988 年开始，每年统计猕猴的怀孕、产仔、自然减员，并对其繁殖过程、社群动态、生活习性进行观察，根据各种数据加以分析。

2　全区种群数量

根据 1998 年和 1999 年全区猕猴资源调查结果(表 1 和图 1)，可计算出猕猴分布区域占全区总面积的 40%，1998 年区内猕猴种群密度为 6.3 只/km^2，1999 年为 6.8 只/km^2，呈上升趋势。

表 1　蟒河猕猴数量与分布

地　点	猕猴群数与只数(群/只)	
	1998 年	1999 年
猴　山	1 /110	1/127，1/11
出水口	1/53	1 /54
杨庄河	1/(35~40)	1/ (35~40)
窟窿山	1/(70~80)	1/(70~ 80)
小　河	1/ (30~35)	1/(30~35)
南垛沟	1/(20~ 25)	1/(20~ 25)
大小门沟	1/25	1/(25~30)
合　计	7/ (343~368)	8/(366~396)

* 本文原载于《山西林业科技》，2003，(4)：16-18，32.

3 猴山种群观察结果

3.1 种群数量

据 1988—1999 年统计(见表 2)可知，该群猕猴数量连年增长，又出现分群现象，说明单个猕猴种群的数量不易太大或有极限性，尚需进一步观察。

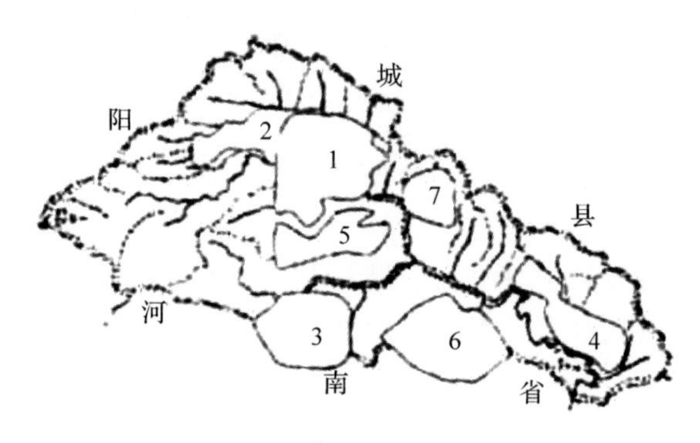

图 2 蟒河猕猴分部示意

3.2 雌雄猴数量分析

根据表 2 绘制猕猴雌雄年度增长曲线图(图 2)。由图 2 可知，雄猴的数量增长与种群数量增长的幅度基本一致；雌猴数量增长虽然缓慢，但增长曲线几乎为一直线，说明雌猴的增长数量稳定在一个适宜的范围内，与种群数量的增长基本成正比，该群猕猴的数量呈稳步递增的趋势。

表 2 猴山猕猴逐年统计

年度		1988		1989		1990		1991		1992		1993		1994		1995		1996		1997		1998		1999	
		雄	雌	雄	雌	雄	雌	雄	雌	雄	雌	雄	雌	雄	雌	雄	雌	雄	雌	雄	雌	雄	雌	雄	雌
年初个体数(只)		19	17	21	17	22	19	23	21	27	24	33	28	39	31	46	33	50	35	58	36	64	40	68	42
生产仔猴数(只)		4		4	2	3	3	5	3	6	4	8	3	9	3	6	4	10	3	10	4	5	3		
死亡仔猴数(只)		2		1			1	1				2					2		2	2		1	1		
自然减员(只)				2		2								2	1	2		2		2					
年度净增(只)		2		1	2	1	2	4	3	6	4	6	3	7	2	4	2	8	1	6	4	4	2		
年末个体数(只)			38		41		44		51		61		70		79		85		94		104		110		
年增长率(%)			5.6		7.9		7.3		15.9		19.6		16.4		12.9		7.6		10.6		10.6		5.8		
年龄结构	≥20a		2		2		4		4		5		5		7		7		6		6		6		
	10a~19 a		16		18		17		22		25		30		36		36		35		37		47		
	5a~ 9a		12		11		11		10		8		6		3		10		22		29		28		
	1a~ 4a		18		10		12		15		23		29		33		32		31		32		29		

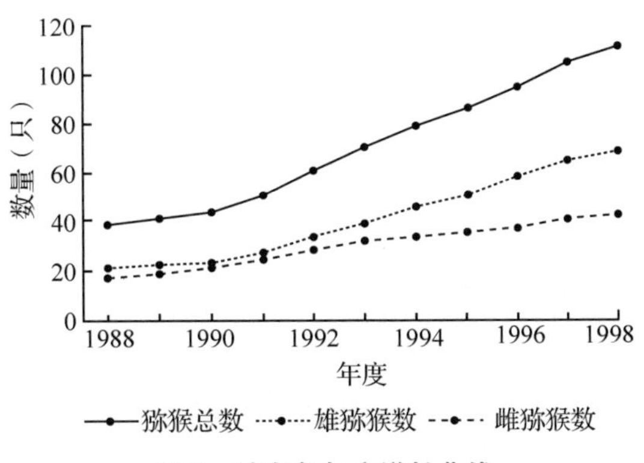

图 2　猕猴各年度增长曲线

3.3　繁殖习性

3.3.1　性成熟

猕猴的性成熟，一般为雌性 4 岁，雄性 5 岁。4 岁雌猴乳头突出，出现月经，第二性征明显，标志着其具备了产仔能力。5 岁雄猴开始有交配行为。

3.3.2　发情、交配

猕猴的发情始于 11 月上旬，到中旬为发情高峰期，此时雌猴尾部性皮肤肿胀、发红，外阴道口湿润，标志着交配季节的到来。交配时除猴王任选对象外，一般是雌猴挑选雄猴，交配的雌雄猴常形影不离，交配频率很高，每天达 50~60 次，最高为每隔 1 min 交配一次，交配时雌猴发出“哼哼”叫声，雄猴闭眼咂嘴，抽动十余次后结束。至 11 月下旬，交配结束。

3.3.3　怀孕、产仔

雌猴受孕后，阴部出现白色分泌物，经过 5 个月的妊娠期，到 4 月中旬开始产仔。产仔时，由群内雌猴围成一圆圈，将产仔雌猴围在中间，雄猴则在四周警戒。仔猴产下后，母猴咬断脐带将其抱在怀中，仔猴则用四肢牢牢抓住母体，即可随群活动。

3.3.4　育幼

仔猴在出生的头一个月，一般是靠雌猴的乳汁生活，轻易不下地，一个月以后，开始下地行走锻炼，东倒西歪，步履不稳，并品尝母猴吃的东西。此时如有惊动，母猴立即抱起小猴跃上高枝。小猴满三个月时哺乳结束，仔猴正式下地自己活动、觅食，但在远距离、大范围活动时，仍靠母猴背或抱，这种情况一直持续到半岁。

3.4　生活习性

3.4.1　食性

猕猴喜集群活动，在采食所过之处，均留下明显痕迹。根据观察，猕猴为杂食性，主要采食树叶、果实、芽，有时也啃树皮、刨草根，但进食较慢。喉囊可以保存食物，在休息时慢慢咀嚼。猴群的采食地一般交替变换，在一条山沟或一面山坡采食 2~3 d，随后逐步转移，过一段时间后又返回原址采食。

3.4.2　语言行为

猕猴有独特的语言，在遇到惊吓时，会发出“瞎瞎”的尖叫；而互相嬉戏、争伴时则是“呼呼”的叫声；在与其他动物对峙时发出“可可”的威胁声音；温柔的声音则是平时发出的“无无”叫声。观察还发现，猕猴喜欢饮水，但绝不轻易洗澡，凡遇它们洗澡，第二天绝对有雨。

3.5　社群动态

3.5.1　领域

猕猴都有自己的活动范围即固定的家区，这是它们长期觅食、休息的地方，家区的形成主要靠留下的粪便、尿液及爬行、跳跃时折断的枝梢等。一旦家区形成，其他种群便轻易不能介入，如果双方相遇，则要发生激烈的打斗，胜者占领，败者退出。

3.5.2 猴王

猴王是猴群中个体最大、身体最壮的一个，享有挑食、挑配偶的“特权”和冲锋陷阵打斗的“义务”。猴王的产生是打斗的结果，猴群中的雄猴长到7岁以上，身体强壮，在猴群中打斗出地位后就可以向猴王挑战，通常是挑战者不自量力，被猴王打得伤痕累累、逐出群外，如果挑战成功，则荣登新猴王位置，享有“特权”和承担“义务”。

3.5.3 分工

猕猴有较强的等级观念和等级制度，猴王是其中最有威信的，猴王根据其爱好选择“妃子”，在猴群中，猴王妃也具有较高的地位。此外还发现有专司放哨的哨猴，一般为年轻雄猴。在种群间的打斗中，仍然是猴王对猴王，公猴对公猴，母猴对母猴，绝不乱打，猴王被打败标志着整个群体失败。

观察中，我们还发现，猕猴也有近视眼等现象，有关其生态、生物学特性的更多内容及与人类相近的关系，尚需进一步观察、讨论。

4 结论及建议

蟒河自然保护区从1998年开始对野外猕猴进行招引、投食，至1999年，该群猕猴数量增加，这无疑是保护区发展猕猴种群的一种有效办法。但也存在种群过大、猴群因野外取食困难而产生依赖性的隐患，建议对招引投食的种群采取一定办法，予以利用，以保证其容量的合理性和野外生活的习性不至改变。

感谢：时旺成、原有功二位同志提供部分野外调查的数据，特此致谢。

Complete mitochondrial genome of *Prionailurus bengalensis* (Carnivora: Felidae), a protected species in China*

Jian-Jun Zhanga, Yu-Kang Liangb and Zhu-Mei Renb

[a] Shanxi Yangcheng Manghe Rhesus Monkey National Nature Reserve, Yangcheng, China;

[b] School of Life Science, Shanxi University, Taiyuan, China

ABSTRACT: The complete mitochondrial genome (mitogenome) of the leopard cat Prionailurus bengalensis in China was sequenced using the shotgun genome-skimming method. The mitogenome of P. bengalensis is totally 17, 006bp in length with a higher A T content of 60.4% than that of G C and consists of 13 protein-coding genes (PCGs), two rRNAs, 22 tRNAs, and one non-coding control region. All the PCGsinitiate with a typical ATN codon and terminate with a TAA codon except for the four PCGs (COX1, ND2, ND3, and ND4) terminating with a single T—and one gene CYT B with AGA as stop codon. Most of the tRNA genes have a clover-leaf secondary structure except for tRNAS (AGN), which loses a dihy- drouridine (DHU) arm. The ML phylogenetic tree showed that P. viverrinus nested in the group of P. bengalensis individuals, which is close to the clade clustered by the two genera Otocolobus and Felis.

ARTICLE HISTORY
Received 23 July 2019
Accepted 3 August 2019

KEYWORDS
Prionailurus bengalensis; Felinae; mitochondrial genome; phylogeny

Prionailurus bengalensis (Carnivora: Felidae: Felinae), commonly called leopard cat, is a widespread species, and the distribution range extends throughout Southern, Eastern, and Southeast Asia, which reflects its adaptation to a broad habitat niche (Hemmer 1978; Ross et al. 2015). This species has been listed in CITES Appendix II, endangered species of the Red List of Chinese Species, and also designated as "Least Concern" ver 3.1 by IUCN (Ross et al. 2015). To date, seven complete mitochondrial genomes (mitogenomes) of P. benga lensis from South Korea, West China, and Southeast Asia were reported (Park 2011; Tan et al. 2016; Li et al. 2016). We, here, sequenced the complete mitogenome of P. bengalensis from north China and constructed its relationship with other Felinae species combined with the data from GenBank.

The muscle material was obtained from a dead adult indi vidual of P. bengalensis that was killed by poachers and captured by the forest police at the Manghe National Nature Reserve (1123803700E, 352502100N), at the animal herbarium of which the specimen was stored (Voucher No. MB2018M02). We sequenced the mitogenome of P. bengalensis by the shotgun genome-skimming method on an Illumina HiSeq 4000 platform (Zimmer and Wen 2015) and assembled and annotated within Geneious v11.0.3 using the complete mitogenomes of P. bengalensis from GenBank as the references. We also performed de novo assembly using SPAdes v. 3.7.1 (Bankevich et al. 2012).

The complete mitogenome of *P. bengalensis* is a circularclosed molecule with 17, 006 bp in length (GenBank Accession No. MN121632) and consists of 13 protein-coding genes (PCGs; *COX*1-3, *ND*1-6, *ND4L*, *ATP*6, *ATP*8, and *CYT B*), two rRNAs (12S and 16S rRNA), 22 tRNAs, and one non-coding region. Most of the mitochondrial genes are encoded on the H-strand except for one PCG (*ND*6) and eight tRNA genes (tRNA-Gln, tRNA-Asn, *tRNA-Ser*, *tRNA-Glu*, *tRNA-Ala*, *tRNA-Pro*, *tRNA-Tyr*, and *tRNA-Cys*) on L-strand. The nucleotide composition of the whole mitogenome is 33.0% A, 26.0% C, 13.6% G, and 27.4% T

* 本文原载于 Mitochondrial DNA Part B, ISSN: (Print)2380-2359(Online) Journal, 2019, homepage: https://www.tandfonline.com/loi/tmdn20 Resources.

with a higher A+ T content (60. 4%) than that of G C (39. 6%). All the PCGs initiate with a typical ATG codon expect for ND2 stating with ATC, and both ND3 and ND5 with ATA. Eight PCGs have a typical TAA termination codon, whereas others terminate with a single T—(*COX* 3, and *ND*2, *ND*4), TA- (*ND*3), or AGA (*CYT B*), respectively. We predicted the secondary structure of tRNAs using tRNAscan-SE (Lowe and Chan 2016) and found that 21 tRNA genes had a clover-leaf secondary structure, whereas tRNAS (AGN) lost a dihydrouridine (DHU) arm.

We constructed the phylogenetic relationship of leopard cat with other Felinae species using RAxML program with GTRGAMMA model and 1000 bootstrap replicates (Stamatakis 2014). The phylogenetic tree showed that the species Prionailurus viverrinus nested in the group of P. bengalensis individuals, which is close to the clade clustered by the two genera Otocolobus and Felis (Figure 1). It is necessary to further examine the monophyly of P. bengalensis and taxonomy of the species P. viverrinus using more samples and/or morphological and molecular data.

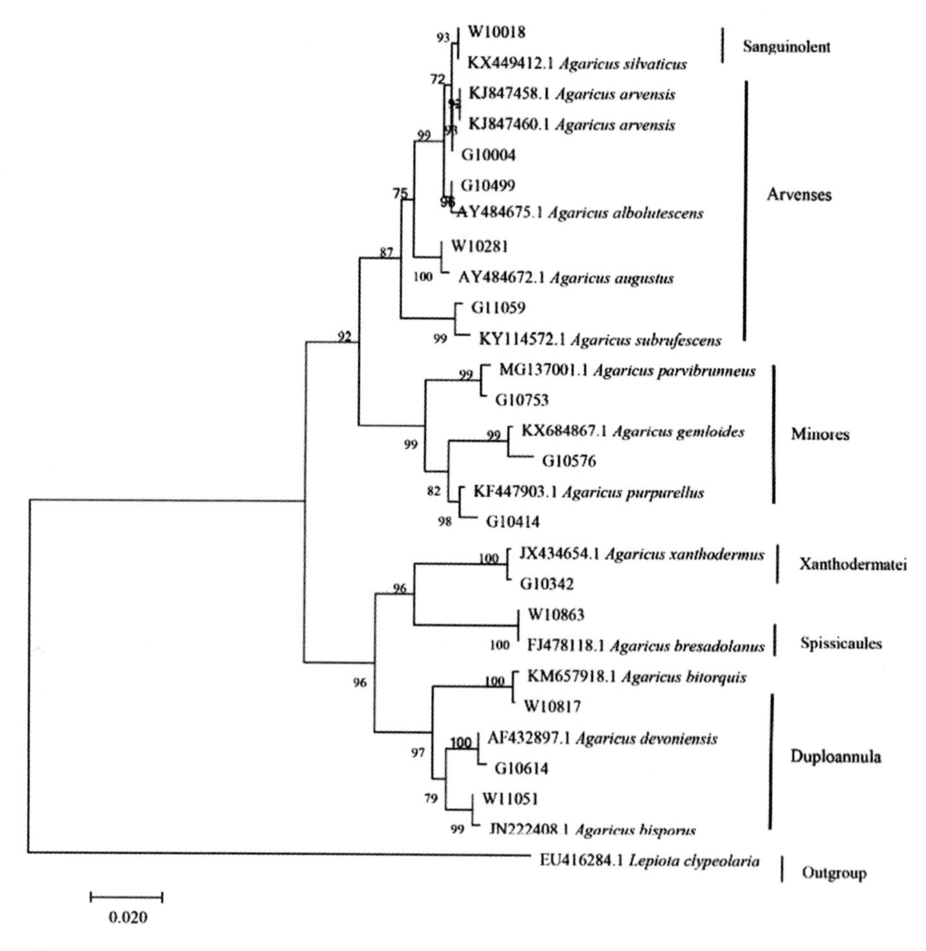

Figure 1. Phylogenetic tree of Prionailurus bengalensis and other Felinae species based on 13 protein-coding genes using RAxML program with Panthera tigris and Neofelis nebulosi as outgroups. Numbers associated with branches are BS >70% and "*" represents nodes with 100% BS.

Disclosure statement

The authors report no conflicts of interest. The authors alone are responsible for the content and writing of the article.

Funding

This study was partially supported by the National Natural Science Foundation of China [31870366, 31170359], Shanxi International Scienceand Technology Cooperation Project [2018], the Hundred-Talent Projectin Shanxi Province, Shanxi Scholarship Council of China [2013-020].

山西阳城蟒河猕猴国家级自然保护区野猪种群调查*

焦慧芳　靳　潇[2]　张建军
（1. 山西阳城蟒河猕猴国家级自然保护区，山西阳城，048100；
2. 山西省生物多样性研究中心，山西太原，030012）

摘要：2019 年 2 月~11 月，在山西阳城蟒河猕猴国家级自然保护区布设 30 台红外相机，对野猪种群进行了调查研究，结果表明，红外相机野猪点位出现率为 73.3%，相对多度指数 RAI 为 5.24。根据监测视频分析，保护区内的野猪种群是较为稳定型种群，7~9 月份野猪种群活动明显高于其他季节。

关键词：野猪；红外相机；种群；调查

野猪(*Sus scrofa*)属脊椎动物门哺乳纲偶蹄目猪科猪属，是家猪的祖先[1]。野猪是重要的具有生态、经济和科学研究价值的物种，山西阳城蟒河猕猴国家级自然保护区(以下简称蟒河保护区)分布的野猪是珍稀濒危野生动物华北豹(*Panthera pardus fontanierii*)等食肉动物的食物，是大型濒危肉食动物种群恢复的基础，在维护生态系统结构稳定、功能完整和生物多样性保护中具有重要意义。对于蟒河保护区内的野猪的种群生态学的研究未见报道。本研究利用红外相机对蟒河保护区野猪种群进行了系统监测，以期为野猪资源的有效保护、非洲猪瘟监测工作和华北豹等大型食肉动物的种群恢复提供理论和指导。

1　研究区概况

蟒河保护区(112°22′10″~112°31′35″E，35°12′30″~35°17′20″N)位于山西省东南部阳城县境内，南界与河南太行山猕猴国家级保护区接壤，属太行山脉南端与中条山脉的交汇，地貌强烈切割，地形变化明显，境内最高峰指柱山，海拔 1572.6m，拐庄为最低点海拔仅有 300m，相对高度差 1272.6m。保护区总面积 5573.00hm^2，主要保护对象为猕猴和暖温带栎类森林植被。保护区属暖温带季风型大陆性气候，是东南亚季风的边缘地带，年平均气温 15℃，最高气温 38℃，年降水量 750~800mm。区内的河流均属黄河水系，主要有后大河、阳庄河两条河流，在黄龙庙汇集后称蟒河，蟒河源头出水洞，年出水量 760 万 m^3。区内植被区划分属于暖温带落叶阔叶林带，处亚热带向暖温带的过渡地带，植被保存着以栓皮栎、橿子栎为主的栎类落叶阔叶林群落，结构完整，具有很高的科研价值[2]。区内有种子植物 103 科 390 属 874 种，为野生动物提供了丰富的食物资源，特别是栎类植物的种实为野猪提供了大量的食源，使野猪得以生存繁殖。

2　研究方法

2.1　红外相机调查

2.1.1　红外相机设置

本研究采用 LTl-6210MC 红外相机，为相机配备南孚高能量碱性电池。设置照片尺寸为 1200MP，录像尺寸为 1280×720。把蟒河保护区整体作为一个调查单元，下设的 4 个管理站辖区分别设定为 4 个调查样区，对布设的红外相机进行编号，如：MH-01-01 表示：蟒河保护区第一调查样区(蟒河管理

* 本文原载于《山西林业科技》，2020，49(4)：34-35，66.

站)第01号红外相机。相机安装前，对相机进行参数设定，输入时区、日期与时间，时区设置为“+8”，确定拍摄模式为“照片+录像”，照片编号设置为记录编号，连拍数量设置为“3张”，或“10s”的录像，触发灵敏度设置为“中”，为每台相机配置16G的存储卡。相机拍摄的照片用于物种鉴定，录像用于野猪行为学的研究及物种鉴定。

2.1.2 红外相机布设

在Arcgis10.5中把蟒河保护区辖区划分为21个2km×2km的公里网格，每个网格内布设1~2台，根据实际情况进行调整后共布设红外相机32台。蟒河保护区野猪调查网格示意见图1。

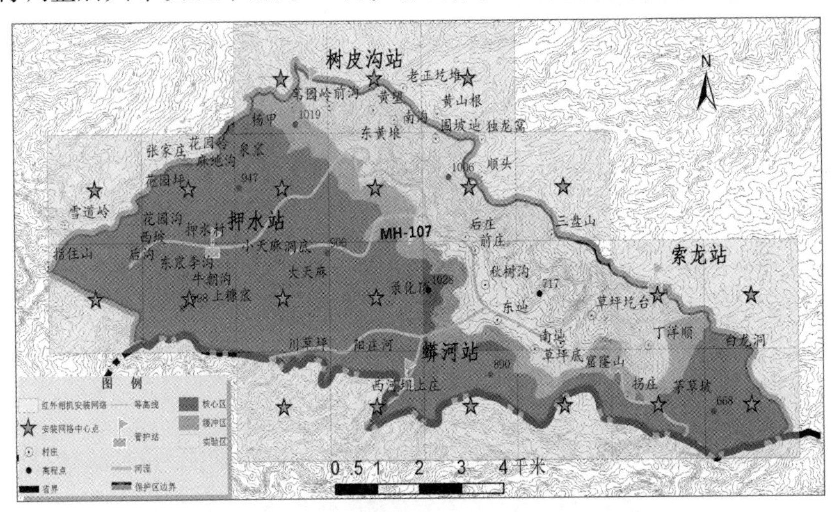

图1 蟒河保护区野猪调查红外相机安装网格示意图

红外相机布设在兽道、水源地、集群地、求偶地、排粪地处，安装与所要拍摄的野猪通道中心点相距3~5m，相机前面一般应具有相对较大的空间，如垭口处、通道交汇处，相机固定在坚固的附着物上，安放高度为0.3~0.8m。用8号铁丝绑定、固定相机后，对相机前面的树叶、枝条、灌丛等进行必要的清理，以免遮挡镜头或拍摄空片，避开阳光直射相机镜头，相机安放时不使用诱饵或嗅味剂。红外相机安装完成后，记录相机编号、GPS点、布设时间、布设人，以及生境调查表。红外相机每隔3个月，更换一次电池和数据储存卡。

2.2 数据整理和分析

完成相机监测数据回收后，对每一台红外相机图片或录像进行筛选，删除非动物触发造成误拍的影像。相机日为每个点每台红外相机拍摄1d，对同一台相机在同一地点拍摄的同一物种照片或时间间隔小于30min的连续照片视作1张独立有效照片。采用相机点位数中野猪出现位点估算野猪出现率，用独立有效照片和相机日总和计算野猪的相对多度指数。

(1)野猪位点出现率

$$P=S/N\times100\%$$

式中S为调查区内野猪被拍到的相机位点数；N为调查区内所有正常工作的相机位点。

(2)相对多度指数

$$RAI=N\times100/D$$

式中N为调查区内，野猪在所有相机位点所拍摄的独立有效照片数；D为调查区内，所有相机位点每个相机连续工作的相机日总和[3]。

2.3 野猪种群结构研究

在红外相机中，根据野猪体形大小、毛色、是否具獠牙等特征把野猪分为成雄、成雌、亚成体和幼体4个年龄组。具体划分标准为，成年雄体：体形大、犬牙发达呈獠牙状，极易区别，常离群单独活动；成年雌体：比成年雄体略小，犬牙没有成年雄体的发达，不具獠牙状，常有幼仔跟随；亚成体：体形大小在成体和幼体之间，獠牙不可见、体背纵条形花纹消失；幼体：体背有淡黄与褐色相间的纵条纹，常跟随母体，体形最小，易辨认[4]。

3　结果

3.1　位点出现率和相对多度(RAI)

于2019年2月~11月，利用红外相机对蟒河保护区内野猪资源进行了调查，共布设红外相机32台，期间丢失2台，布设相机有效点位数按30台计算，22台红外相机拍摄到野猪。累计监测3358个相机捕获日，拍摄独立有效照片2646张，拍摄野猪独立有效照片176张。利用公式，计算得野猪位点出现率为73.3%，相对多度指数RAI为5.24。

3.2　种群数量与结构

在获取的监测视频中，对可辨识的137头野猪进行分析，幼体34头，占24.8%；亚成体24头，占17.5%；成年雄体46头，占33.6%，雌年成体33头，占24.1%；雌雄成体共占57.7%，成年雌雄之比为1：1.39，雄比雌略高；母仔比为1：0.97，说明蟒河保护区的野猪是一个较为稳定的种群。

3.3　拍摄视频数的季节比较

野猪在不同的季节活动规律不同，蟒河保护区内野猪在一年四季拍到的视频数见表1。

表1　蟒河保护区分野猪视频分季节统计表

月份	2~3	4~6	7~9	10~11
视频数(个)	64	109	289	87

由统计结果可知，蟒河保护区内的野猪在4~6月均有繁殖，且集中在4、5月份，多见2成体3幼体或1母2~3仔。10~11月的视频中也有幼仔，表明保护区内的野猪一年可繁殖2次。

4　讨论

野猪作为生态系统的重要组成部分，其繁衍生息对于调节生态系统的能量流动和动态平衡具有重要意义。近年来，非洲猪瘟的发生，使野猪种群的繁殖受到威胁，加强对非洲猪瘟疫情的防控，消除传染源、切断传播途径是重中之重，掌握野猪的种群结构和动态分布，可以预测蟒河保护区内华北豹的生态行为。在传统的样线调查的基础上，开展红外相机调查，可以更加科学地掌握保护区内野猪的分布和迁移动态，为有效防范非洲猪瘟提供决策依据。野猪种群数量增长且保持稳定的因素，一方面是保护区的有效保护管理，改善了生态环境，为野生动物提供了良好的栖息环境，野猪的食物来源丰富；另一方面是由于保护区内华北豹数量少，野猪的天敌少，限制性因子少，使得其种群得到增长并保持稳定趋势。

Caley认为野猪种群密度变动主要由食物丰富度决定[5]，本研究结果也表明了这一点。保护区内的主要树种栓皮栎、橿子栎可为野猪提供丰富的基础食物。野猪喜食庄稼，庄稼成熟季节，野猪向人居区迁移活动取食，对庄稼造成较为严重的、大面积的破坏，蟒河保护区核心区内的押水村的小麦、玉米等农作物遭受野猪侵害严重，有时甚至使整块地绝收，使当地群众生产生活受到较大影响[6]。应尽快出台《野生动物保护法》配套的具体补偿办法，明确补偿标准和类别，使群众的利益得到保障，同时，各级政府应按照中办、国办《关于建立以国家公园为主体的自然保护地的指导意见》，对于保护区核心区内的居民有序搬迁，对暂时不能搬迁的，设立过渡期，给予必要的扶持，妥善安置群众的生产生活。

红外相机视频显示，在7~8月份，猪獾首先出现，在栎类果实和腐殖质丰富、泥土松软的地方刨食，形成逐渐扩大的泥坑，雨后积水较多，野猪即成群进入泥坑中洗澡，使坑面进一步扩大，洗澡后的野猪在坑周围的树干上摩擦身体。野猪离开后，大嘴乌鸦成群随后进入泥坑边喝水、取食。初步分析是猪獾的取食为野猪洗澡创造了条件，也使泥坑边的栎类果实更容易被野猪发现，从而使野猪聚集。野猪洗澡后，身体上的寄生虫和植物性草籽等为大嘴乌鸦提供了食物，乌鸦的天然的捕食能力使其聚焦到泥坑周围。由于本期调查时间短，对于野猪对海拔梯度的适应性研究还比较浅，仍需做进一步的深入研究，以明确野猪迁徙的地带性规律，为进一步制定科学合理的保护管理措施提供科学依据。

致谢：对蟒河保护区参加野外工作的管护员表示衷心的感谢。

蟒河保护区人兽冲突现状研究*

焦慧芳　张建军
（山西阳城蟒河猕猴国家级自然保护区管理局，山西阳城，048100）

摘要：采用现地访谈法和问卷调查法，对蟒河保护区内人兽冲突问题进行了调查研究，分析了保护区内人与华北豹、猕猴、野猪等野生动物冲突发生的原因，从加强宣传教育、健全生态补偿机制、建立食物源基地等方面，提出了解决人与野生动物冲突的建议。

关键词：蟒河保护区；人兽冲突；调查；研究

人兽冲突是自然保护区保护管理中客观存在的问题，科学合理地解决好这一问题，是推动自然保护事业稳步发展，践行人与自然和谐共生理念的重要内容。21 世纪以来，有关人与野生动物冲突管理的相关研究越来越多，整理分析相关文献发现，对相关问题的研究多集中在我国的吉林、云南、青海、西藏等省区，研究对象多为人与东北虎、亚洲象、熊等大型兽类之间的冲突。目前，山西省内对人兽冲突的研究报道还比较少，本文介绍了蟒河保护区自然经济状况，整理了近年保护区内人与猕猴、野猪、华北豹等冲突事件，分析了冲突事件发生的原因，从加强宣传教育、建立补偿机制、落实生态移民等方面提出了解决问题的建议，以期为有效缓解人兽冲突，推进自然保护地事业发展提供参考。

1　研究区概况

蟒河保护区始建于 1983 年 12 月，1998 年 8 月经国务院批准，晋升为国家级自然保护区。蟒河保护区（112°22′10″~112°31′35″E，35°12′30″~35°17′20″N）位于山西省东南部阳城县境内，南界与河南太行山猕猴国家级保护区管理局济源分局接壤，属太行山脉南端与中条、王屋山脉的交汇，地貌强烈切割，境内最高峰指柱山，海拔 1572. 6m，拐庄为最低点海拔仅有 300m，相对高度差 1272. 6m。保护区总面积 5573. 00hm^2，是以保护猕猴和暖温带栎类森林植被为主的保护区。保护区内林地总面积 4983hm^2，非林地总面积 590 hm^2，区内栖息着大鲵、红腹锦鸡、勺鸡、华北豹、猕猴、豹猫、野猪等 285 种野生动物。

蟒河保护区范围涉及阳城县蟒河镇的桑林村、押水村、辉泉村、蟒河村 4 个行政村，和东冶镇的窑头村、西冶村 2 个行政村。保护区内的居民集中居住在押水村和蟒河村，桑林村的树皮沟自然庄有少量居住在保护区西北部边缘地带。当地经济主要以农业和生态旅游服务业为主，农业主要种植小麦、玉米、谷子、薯类，养殖牛羊，采集连翘、五味子等药材为主，保护区实验区内开展生态旅游促进了蟒河村居民的增收，保护区内山茱萸有较大面积的分布，加上人工栽培，年产量达 50t，山茱萸采收是当地群众的主要收入来源之一。

2　研究方法

2. 1　现地访谈法

为了深入了解保护区社会经济情况，2020 年 7 月在辖区内 6 个行政村对户籍人口进行了统计，并对每个自然庄内人口居住情况进行现地调查，与统计的户籍人口进行了对照，准确了解了区内人口和

* 本文原载于《山西林业科技》，2021，50(1)：55-56.

经济增收状况。

2.2 问卷调查法

2020年8月，针对人兽冲突设计调查问卷，问卷内容包括受调查者的基本情况：性别、年龄、民族、文化程度、家庭人口数、家庭劳动力数量、种植农田亩数、养殖家畜数量、年采收药材的种类数量和收入等。采用里克特量表调查设置群众对保护区的界限、保护区的规定、人兽冲突的了解和态度、社区参与程度、野生动物生存的重要性、资源损害、后代福利、健康环境、旅游收入、改善环境、毁坏庄稼等15个指标。问卷的发放采用随机发放的方式，但对于养殖牛羊户全部发放。

2.3 数据处理方法

现地访谈的结果采用EXCEL 2019进行数据统计，问卷调查结果使用SPSS 26统计数据软件，采用非参数检验的Kruskal-Wallis检验来比较不同影响因素下辖区群众对人与野生动物冲突的态度。

3 结论

3.1 保护区内人口分布状况

据调查统计，保护区内6个行政村，共有632户1707口人，仅有3个行政村在保护区内有群众居住，分别是蟒河村381户1090口人，押水村210户528口人，桑林村41户89口人，辉泉村、窑头村、西冶村在保护区内仅有集体林地和废弃的自然村落。保护区内蟒河村的1000余亩土地已于2006年委托生态旅游公司集中管理，因此蟒河村居民主要依靠服务生态旅游增收，押水村居民主要依靠种植、养殖、采集药材增收。蟒河村有近200人、押水村有近350余人长年在外务工，桑林村的树皮沟户籍人口89人，日常留在树皮沟的仅有9名70岁以上的老年人。2019年保护区所涉及行政区域生产总值6900万元，第一、第三产业生产总值分别是2980万元、3920万元，分别占生产总值的43%、57%。蟒河保护区人口情况统计表见表1。

表1 蟒河保护区人口情况统计表

乡镇	行政村	自然庄	保护区		核心区		缓冲区		实验区	
			户数	总人口	户数	人口	户数	人口	户数	人口
	合　计		632	1707	298	777			334	930
		小计	381	1090	88	249			294	842
蟒河镇	蟒河村	洪水	61	172	61	172				
		南河	27	77	27	77				
		朝阳	25	72					25	72
		庙坪	25	70					25	70
		前庄	23	67					23	67
		后庄	32	92					32	92
		楸树沟	33	108					33	108
		东占	61	157					61	157
		草坪地	14	43					14	43
		南占	80	232					80	232
	押水村	小计	210	528	210	528				
		押水	40	106	40	106				
		西坡	8	20	8	20				

（续）

乡镇	行政村	自然庄	保护区		核心区		缓冲区		实验区	
			户数	总人口	户数	人口	户数	人口	户数	人口
		东洼	18	53	18	53				
		李沟	15	40	15	40				
		上康洼	24	64	24	64				
		下康洼	20	50	20	50				
		大天麻	43	103	43	103				
		小天麻	23	62	23	62				
		前河	19	30	19	30				
	桑林村	小计	41	89					41	89
		前沟	23	53					23	53
		后沟	18	36					18	36

3.2 人兽冲突情况

据问卷调查，保护区内近年来发生的华北豹猎食牛羊事件有 4 起，对于猕猴和野猪的冲突统计时间为 2017—2019 年，猕猴损害庄稼、入户抢食的事件 60 余起，野猪毁坏庄稼 100 余起，人兽冲突情况统计见表 2。

表 2　蟒河保护区人兽冲突情况统计表

野生动物种类	冲突时间	冲突区域	表现形式	冲突原因
华北豹	2007 年 6 月	苇园岭	华北豹咬死 1 头牛	栖息地破碎、阻碍野生动物迁徙和正常活动
	2011 年 8 月	拐庄	华北豹咬死 7 只羊	
	2012 年 5 月	胡板岭	华北豹咬死 3 只羊	
	2019 年 8 月	雪道岭	华北豹咬死 2 头牛犊	
猕猴	2017—2019 年	蟒河	猕猴抢食蔬菜 60 余户，进入居民家中造成 30 余户居民受损	人类活动影响，猕猴食性改变
野猪	2017—2019 年	押水	野猪损害庄稼 100 余户	环境容量不足，野猪与人类生存环境重叠

3.3 社区群众对人兽冲突的态度

根据调查问卷统计分析，对于保护区和居民区的界限，清楚界限的群众占 85%；关于社区发展对保护区的依赖，60.1%群众表示生活不依赖保护区，明确表示依赖保护区的群众只占 15%；关于保护区内的资源是否允许使用，40%的群众认为应该允许使用；关于人与野生动物的冲突问题，73%的群众表示最近发生过人兽冲突问题；关于是否应该禁止动物进入，80%的群众表示野生动物与人应共同生存，20%的群众表示应该采取一些措施保护庄稼；对于当地群众参与保护的重要性，78.6%表示当地人需要参与保护工作；关于保护区对动物物种生存重要性，75%表示很重要；对于持续利用自然资源是否会损害栖息地，40%表示不会损害，而 30%表示会损害；关于自然资源和自然环境对子孙后代重要性，60%持肯定态度；对于保护区及自然资源带来的收入，90.3%认同自然资源能吸引游客而带来旅游业收入；对于动物过多是否会影响庄稼收成，53.6%的人认为动物太多会影响庄稼收成。

4 讨论

4.1 开展公众宣教活动，突出人与野生动物的和谐

生态环境的改变，导致人与野生动物生存空间重叠，是造成人兽冲突的根本原因。在处理人与野生动物冲突时，要摒弃人主宰万物的传统观念，要强调生态系统的原真性和生态过程的完整性，把保护野生动物栖息地与保障人类生存权利结合起来，公众宣教活动中，重点要围绕人与动物关系、人与环境关系、生物多样性保护的重要性等开展专题宣教，通过人类自身的努力去最大限度地避免冲突。

4.2 健全生态补偿机制，缓减社区保护压力

《野生动物保护法》规定“因本法规定保护的野生动物，造成人员伤亡、农作物或者其他财产损失的，由当地人民政府给予补偿”。云南、吉林、贵州、山西等省均从省级层面出台了实施野生动物保护法的相关办法，提出了补偿办法由省人民政府制定、向当地人民政府野生动物保护主管部门提出补偿要求等内容，但具体的野生动物肇事补偿的主体、补偿标准、补偿范围的界定、补偿的方式方法等还缺乏可操作性措施。建议出台野生动物肇事补偿办法，从省级层面予以明确，以利于缓解群众对野生动物保护的消极态度，推动野生动物保护事业的发展。

4.2 顺应猕猴自然行为，还猕猴野生家园

在野生状态下，猕猴的取食行为占日活动时间的一半以上，除了维持生存，猕猴的自然取食行为对稳定社会组成、维持社会结构和保持行为多样性方面有着重要的作用，而人工投食改变了猕猴的自然取食行为，也会影响其社会行为。蟒河保护区近年来在猴山对 1 群猕猴进行了招引投食，猴群数量增长较快，由 2015 年的 240 余只，至 2018 年时增长至 327 只(2019 年停止投食)。人工投食将猕猴吸引到了狭小的投食区内，猕猴个体间争斗频繁，据观察猴群内雄性间等级关系更加严格，猴王和较大个体的母猴接受理毛的时间增多，猕猴中喝饮料、玩石块的行为，抢游客背包、行李、食品已成为习惯，而且部分猴子在路边等待游客进入时抱着游客抢食。在停止投食时，猕猴会进入投食地附近村庄，进入农田抢蔬菜、从窗户自行进入抢食物、在村民屋顶揭瓦玩要，对于村民采取的威吓、放鞭炮驱赶等很快适应并习以为常。调查了解到，猕猴对于各种犬类比较顾忌，但养犬又会引发与宠物相关的新问题。对于猕猴对居民的损害，当地群众“又爱又恨”，社区居民都清楚是猕猴引来了游客，为他们服务生态旅游带来了商机，拓宽了增收渠道，但猕猴扒门窗、抢食物等又对居民的生产生活造成了干扰。保护区内的人与猕猴冲突主要原因是生态旅游、投食等对猕猴行为的改变，通过合理监管、正确引导，还猕猴野生家园是解决这个问题的科学途径。

4.3 建立食物源基地，拓宽野猪生存空间

蟒河保护区 2019 年野猪红外相机专项调查发现，野猪在区内的网格状布设的红外相机中出现的点位超过 70%，相对多度指数 RAI 达到 5.24。本次调查中，野猪对群众庄稼的损害次数多，损害面积大，与 2019 年野猪专项调查结果相一致。保护区内野猪种群数量的增加，一方面体现了野生动植物保护管理的成效，另一方面又反映出野猪种群数量增多后，栖息地与种群活动范围已不相适应，保护区核心区内的押水村已需要生态搬迁、“猪进人退”。中办、国办发布的《关于建立以国家公园为主体的自然保护地体系的指导意见》中提出“结合精准扶贫、生态扶贫，核心保护区内原住居民应实施有序搬迁，对暂时不能搬迁的，可以设立过渡期，允许开展必要的、基本的生产活动，但不能再扩大”。按照这一要求，建议对押水村的生态搬迁进行调研，采取合理的办法解决居民的生计问题。现阶段可以通过政府主导，多方筹集资金，在野猪活动区域的自然庄边种植玉米、萝卜、瓜菜等作为野猪的食物源基地，为野猪提供充足的食物。同时，对于易受野猪损害的区域村民，可通过提供公益岗位、改变传统种植方式、转产服务业等方式，缓解人与野猪的冲突。

基于红外相机技术对蟒河保护区鸟兽多样性的调查*

张建军　焦慧芳

（山西阳城蟒河猕猴国家级自然保护区管理局，山西阳城，048100）

摘要：2018 年 11 月至 2019 年 10 月，在蟒河保护区设置了 38 个 1.5km×1.5km 网格，布设了 38 台红外相机，对区内兽类和鸟类多样性进行了调查。累计相机工作日 5028 天，拍摄到野生动物独立有效照片 3136 张，其中兽类独立有效照片 1173 张，鸟类独立有效照片 1151 张；拍摄人类活动和家畜照片 812 张。经鉴定，共记录到野生兽类和鸟类共 15 目 29 科 65 种，其中兽类 6 目 12 科 18 种，鸟类 9 目 17 科 47 种。

关键词：蟒河国家级自然保护区；红外相机技术；兽类；鸟类；生物多样性

山西阳城蟒河猕猴国家级自然保护区(以下简称蟒河保护区)位于山西省东南部阳城县境内、南界与河南太行山猕猴国家级自然保护区接壤，地理坐标为 112°22′10″~112°31′35″E，35°12′30″~35°17′20″N，1983 年 12 月经山西省人民政府批准始建，1998 年 8 月经国务院批准晋升为国家级自然保护区，是以保护猕猴和森林生态系统为主的国家级自然保护区，是山西高原向太行山区过渡，太行山脉与中条山脉交汇的区域，区内地貌强烈切割，地形变化明显，境内最高峰指柱山，海拔 1572.6m，拐庄为最低点海拔仅有 300m，相对高度差 1272.6m。保护区总面积 5573.00hm^2，森林覆盖率 90%，属暖温带季风型大陆性气候，是东南亚季风的边缘地带，年平均气温 15℃，最高气温 38℃，年降水量 750~800mm。区内的河流均属黄河水系，主要有后大河、阳庄河两条河流，在黄龙庙汇集后称蟒河，蟒河源头出水洞，年出水量 760 万 m^3。保护区内设蟒河、东山、树皮沟、索龙 4 个保护站，其中东山保护站和蟒河、树皮沟管辖的部分片区为保护区的核心区。

蟒河保护区为山西动植物资源的富集区，区内有种子植物 103 科 390 属 874 种，区内植被区划分属于暖温带落叶阔叶林带，处亚热带向暖温带的过渡地带，以栓皮栎(*Quercus variabilis*)、橿子栎(*Quercus baronii*)为主的栎类落叶阔叶林群落，结构完整，具有很高的科研价值[1]。保护区成立以来，陆续开展了野生动物资源调查，记录兽类 7 目 16 科 40 种，鸟类 15 目 36 科 151 种[2,3]。近年来，受地方经济转型发展的影响和生态旅游的开展，保护区内部分区域自然生态环境也受到不同程度的干扰，以往传统的调查方法，无法全面反映保护区内现有野生动物的分布状况和保护现状。

红外相机技术通过自动相机系统获取野生动物照片、视频等图像数据，在自然保护区监测和自然保护区物种资源编目中具有广泛的应用前景[4]。近年来，红外相机技术已作为一种调查自然保护区兽类和鸟类多样性的有效方法，应用于大中型地栖兽类和鸟类调查，获取了许多野生动物行为、种群和群落的相关信息[5-8]。对于蟒河保护区内利用红外相机对野生动物多样性调查的研究还未见有报道。为了填补这一空白，在蟒河保护区全区范围内布设被动触发式红外相机，对兽类和鸟类资源进行全面调查，旨在掌握区内野生动物的最新种群状况，为保护区野生动物资源保护和长期监测积累基础资料。

1　研究方法

1.1　红外相机布设

2018 年 11 月至 2019 年 12 月，根据保护区功能区域划分，结合保护区地形地貌、海拔梯度、植被林分等特征，借助地理信息系统(Arcgis10.5)将蟒河保护区划分为 38 个 1.5km×1.5km 的网格(图 1)，

* 本文原载于《太原师范学院学报(自然科学版)》，2021，20(2)：79-85.

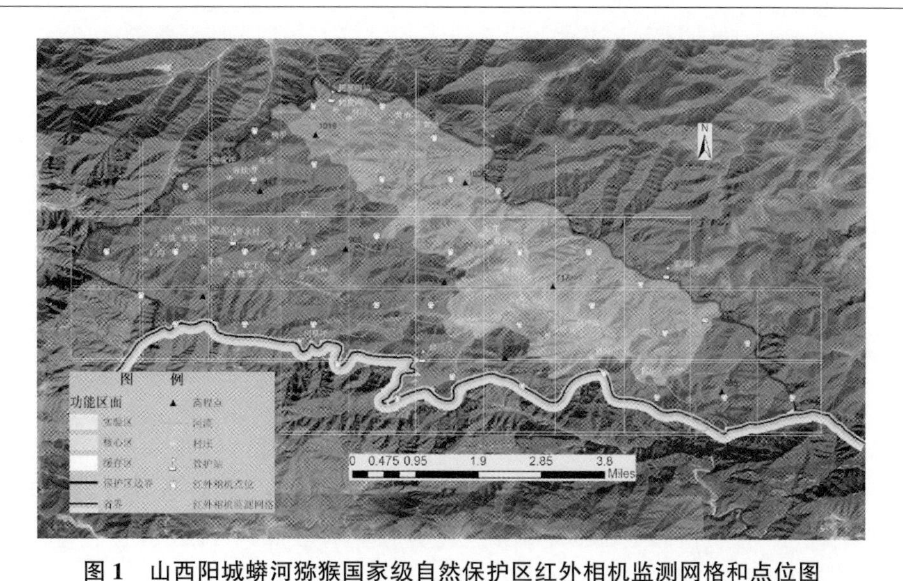

图 1　山西阳城蟒河猕猴国家级自然保护区红外相机监测网格和点位图

Fig 1　Locations and point map of infrarea cameras in Shanxi Yangcheng Manghe Rhesus Monkey National Natuer Reserve

每个网格内布设 1～2 台红外相机，同一网格内以及网格间的所有位点之间间隔距离大于 300m，以增加相机调查覆盖区域，并减少不同相机之间对相同个体的重复拍摄，全区共布设红外相机 38 台(型号为 Ltl-6210MC)。相机安装海拔范围为 400～1350m，位点附近小生境以栓皮栎(*Quercus variabilis*)、连翘(*Forsythia suspensa*)、胡枝子(*Lespedeza bicolor*)、荆条(*Vitex negundo* var. *heterophylla*)、白草(*Pennisetum centrasiaticum*)为主。相机布设和设置参考相应监测规范[9]，并根据布设地点具体情况做适当调整。相机主要布设在动物活动的兽径岔道、山脊处、水源点等附近，安装在离地面 30～60cm 的树干上，相机安装好后，记录安放的日期、GPS 位点、海拔、植被类型和特征及其他环境因子参数。

相机设置为照片+视频模式，照片用于物种鉴定，视频一起用来进行动物行为学研究和物种鉴定。照片规格为 12MP(1200 万像素)，视频规格为 1440×1280，传感器灵敏度中等，触发间隔 1s，每次触发连续拍摄 3 张照片和一段 10s 长度的视频，两侧辅助感应器打开，记录正确日期及时间。红外相机使用 32GB Sandisk SDHC(读取速度 80 /s)记忆卡存储照片/视频数据，使用 12 节南孚 AA 碱性电池供电。监测期内通常每 3～4 个月进行一次相机检查，更换记忆卡和电池。

1.2　数据处理和分析

1.2.1　物种识别与分类

对完成监测回收到的数据下载到计算机，对每一台相机图片或视频进行筛选，删除非动物触发造成误拍的影像。利用 Photoshop CC 2019 对曝光不足的图像进行对比度、色彩、饱和度等操作处理，对所有照片和视频进行仔细鉴别，兽类物种的鉴定参考《中国兽类野外手册》[10]《中国哺乳动物多样性(第 2 版)》[11]，鸟类物种的鉴定参考《中国鸟类野外手册》[12]，兽类和鸟类物种的分类参考《中国动物地理》《中国鸟类分类与分布名录(第 3 版)》[13,14]。国家重点保护等级参考《国家重点保护野生动物名录》[15]，国际自然保护联盟(IUCN)濒危等级参考 IUCN 红色名录，中国生物多样性红色名录参考中国脊椎动物红色名录[16]。

1.2.2　独立有效照片

相机日为单台红外相机持续工作 24h 记为 1 个相机日。对同一台相机在同一地点拍摄的同一物种照片或时间间隔小于 30min 的连续照片算作 1 张独立有效照片，无论单张照片中出现的同种个体数量多少均记为一个独立有效照片数据[17]。利用 Excel 2019 对兽类和鸟类物种有效捕获照片数量进行统计分析。

1.2.3　物种相对多度指数

通过计算每个物种的相对多度指数(Relative abundance index，RAI)来衡量保护区内兽类和鸟类的相对种群数量[18]，计算公式如下：

$$RAI=Ai/N\times100$$

其中，Ai 代表第 i 种($i=1-i$)动物出现的独立有效照片；N 为总相机工作日。对于同一相机位点拍摄的照片，将时间间隔小于 30min 的同种个体的相邻有效照片确定为 1 张独立有效照片，总相机的工作日为所有相机位点正常工作累计的捕获日。Ai/N 即每天拍摄目标物种的独立有效照片数量，100 表示以每 100d 为单位，即每 100 个相机工作日所拍摄的目标物种的独立有效照片数[19,20]。

2 研究结果

2.1 监测情况

数据来自 38 台正常工作的红外相机。在累计 5028 个捕获日中，共收集独立有效照片 3136 张，其中兽类独立有效照片 1173 张，占总数的 37.40%；鸟类独立有效照片 1151 张，占总数的 36.71%；人类活动和家畜独立有效照片 812 张，占总数的 25.89%。见表 1。

2.2 物种组成

2.2.1 兽类

兽类共鉴定出 6 目 12 科 18 种，其中华北豹(*Panthera pardus fontanierii*)、原麝(*Moschus moschiferus*)、林麝(*Moschus berezovskii*)3 种国家Ⅰ级保护野生动物，猕猴(*Macaca mulatta*)、黄喉貂(*Martes flavigula*)2 种国家Ⅱ级保护野生动物，普通刺猬(*Erinaceus europaeus*)为山西省重点保护野生动物。原麝(*Moschus moschiferus*)为保护区新记录种。

在 IUCN 红色名录中，华北豹(*Panthera pardus fontanierii*)被列为“近危(NT)”保护等级，原麝(*Moschus moschiferus*)、林麝(*Moschus berezovskii*)被列为“濒危(EN)”保护等级。其余 15 个物种都被评为“无危(LC)”。在中国生物多样性红色名录中，华北豹(*Panthera pardus fontanierii*)被列为“濒危(EN)”保护等级，原麝(*Moschus moschiferus*)、林麝(*Moschus berezovskii*)被列为“极危(CR)”保护等级，豹猫(*Prionailurus bengalensis*)被列为“易危(VU)”保护等级，花面狸(*Paguma larvata*)、赤狐(*Vulpes vulpes*)、猪獾(*Meles leucurus*)、亚洲狗獾(*Meles leucurus*)、黄喉貂(*Martes flavigula*)、狍(*Capreolus pygargus*)列为“近危(NT)”保护等级。

兽类相对多度指数较高的前 5 位依次为：野猪(*Sus scrofa*，RAI=7.08)、猪獾(*Meles leucurus*，RAI=4.43)、猕猴(*Macaca mulatta*，RAI=2.74)、草兔(*Lepus capensis*，RAI=2.31)、岩松鼠(*Sciurotamias advidianus*，RAI=2.09)。

2.2.2 鸟类

鸟类鉴定出 9 目 17 科 47 种，，其中黑鹳(*Ciconia nigra*)为国家Ⅰ级保护野生动物，普通鵟(*Buteo buteo*)、雕鸮(*Bubo Bubo*)、苍鹰(*Accipiter gentilis*)、灰林鸮(*Strix aluco*)、灰脸鵟鹰(*Butastur indicus*)、红脚隼(*Falco vespertinus*)、红隼(*Falco tinnunculus*)、勺鸡(Pucrasia macrolopha)、红腹锦鸡(*Chrysolophus pictus*)9 种为国家Ⅱ级保护野生动物，冠鱼狗(*Ceryle lugubris*)、星头啄木鸟(*Dendrocopos canicapillus*)2 种为山西省重点保护野生鸟类。红头长尾山雀(*Aegithalos concinnus*)、噪鹃(*Eudynamys scolopaceus*)等 2 种为山西省新记录种，与保护区鸟类名录相比，分别是雕鸮(*Bubo Bubo*)、苍鹰(*Accipiter gentilis*)、灰林鸮(*Strix aluco*)、灰脸鵟鹰(*Butastur indicus*)、红脚隼(*Falco vespertinus*)、红腹锦鸡(*Chrysolophus pictus*)、火斑鸠(*Oenopopelia tyanquebarica*)、普通翠鸟(*Alcedo hercules*)、大斑啄木鸟(*Dendrocopos major*)、灰头绿啄木鸟(*Picus canus*)、红喉歌鸲(*Luscinis auroreus*)、宝兴歌鸫(*Turdus mupinensis*)、虎斑地鸫(*Zoothera dauma*)、斑胸钩嘴鹛(*Pomatorhinus gravivox*)、红头长尾山雀(*Aegithalos concinnus*)等 15 种鸟类为保护区新记录种。

在中国生物多样性红色名录中，黑鹳(*Ciconia nigra*)被列为“易危(VU)”保护等级，红腹锦鸡

(*Chrysolophus pictus*)、普通䴓(*Sitta europaea*)被列为"近危(NT)"保护等级。

鸟类相对多度指数较高的前5位依次为：红腹锦鸡(*Chrysolophus pictus*，RAI=7.52)、大嘴乌鸦(*Corvus macrorhynchos*，RAI=2.74)、勺鸡(*Pucrasia macrolopha*，RAI=2.55)、红嘴蓝鹊(*Urocissa erythrorhyncha*，RAI=1.95)、喜鹊(*Pica pica*，RAI=1.51)。

3 讨论

在红外相机调查中，相对多度指数被广泛应用于评估动物的种群相对大小，但在红外相机调查中采用相对多度指数来评估野生动物的种群数量还需谨慎[17]。本次调查结果显示保护区内野猪、猪獾、猕猴、草兔、岩松鼠等种群数量较高外，其余兽类的种群密度均较低，比较保护区原有兽类名录[2]艾虎(*Mustela putorius*)、复齿鼯鼠(*Trogotppterus xanthipes*)均未被调查到，推断这些物种在保护区的种群密度极低或者已经消失，人为活动的干扰和自然环境的变化可能是影响这些物种种群密度降低的主要原因，建议进一步扩大大红外相机布设的空间范围，并结合访问法，对物种分布的重点区域开展重点监测，以证实这些物种是否存在的依据。本次调查记录到的兽类主要为大中型兽类，小型兽类较少，主要原因是小型兽类中的鼠类多为夜行性种类，红外相机所捕获的照片无法鉴定到种，这是使用红外相机进行调查需要慎重对待的一个问题[6,8,21]，对于啮齿类动物的调查还需要结合布设捕鼠夹等方法，开展有针对性的专项调查，以完成对保护区兽类的全面调查工作。

本次调查只在8个网格内拍摄到36张华北豹的独立有效照片，且发现华北豹的网格点位集中在保护区东南部的捉驴驮、拐庄，并且在保护区北界的豹榆树至三盘山、花园岭均有独立有效照片，故推测蟒河保护区是华北豹迁徙活动的主要廊道。本次调查在保护区的核心区东山区域和北界的实验区辉泉区域的14个红外相机点位拍摄到当地群众放牧、采药的照片，表明保护区内人类活动仍比较频繁。近年来，这两个区域均有群众反映自家放牧的牛羊被华北豹捕食的情况。这与红外相机调查显示的华北豹与家畜活动区域相重叠的实际吻合，可以作为野生动物造成群众损失的补充依据。赵益善等在蟒河保护区调查报告中记录了狼(Canis lupus)的存在，但目前在保护区及周边已经消失了[7]。

本次记录的44种鸟类中，除红腹锦鸡、大嘴乌鸦、勺鸡、红嘴蓝鹊、喜鹊外，其余鸟类的相对多度指数均较低。本次调查没有发现国家Ⅰ级保护鸟类金雕，可能原因是金雕在地面活动很少。相对于个体较大的地栖性鸟类，一些个体小、飞行速度快和活动区域离地面较远的鸟类，也难以被红外相机拍到。本次调查记录到的鸟类新记录种比1998年调查[3]增加了15种鸟类新记录种，表明红外相机本身的优势和安装方式，对地栖鸟类的调查是适用的，把传统的样线法与红外相机调查技术相结合，可以有效地完成保护区内鸟类资源的调查。

本次调查初步反映了保护区内大中型兽类和林下活动的鸟类的基本情况，蟒河保护区兽类和鸟类较多，但华北豹、黄喉貂等顶级捕食者相对多度较低，保护区面积较小，核心区内还有村庄，对野生动物的栖息、迁移、活动造成了一定的影响，与张建军等所做的社会调查结果一致[1]。通过建立红外相机监测网络，保护区可以全面地掌握区内野生动物组成及分布区域状况，从而制定有针对性的保护措施，建议进一步加强对保护区内野生动物的保护和监测，减少重点区域的人为干扰，加大对野生动物栖息地的保护力度。

表1 山西阳城蟒河猕猴国家级自然保护区红外相机监测所获得的兽类和鸟类记录

种名 Species	保护等级 Protection category	IUCN级别 IUCN Red List	中国生物多样性红色名录 Redlist of China's Biodiversity	保护区新纪录 New record in reserve	网格数(%) No. of grids (%)	独立有效照片 No. of photos	相对多度指数 Relative abundance index
兽类 Mammals							
(一)灵长目 Primates							

（续）

种名 Species	保护等级 Protection category	IUCN 级别 IUCN Red List	中国生物多样性红色名录 Redlist of China's Biodiversity	保护区新纪录 New record in reserve	网格数(%) No. of grids (%)	独立有效照片 No. of photos	相对多度指数 Relative abundance index
Ⅰ猴科 Cercopithecidae							
1. 猕猴 *Macaca mulatta*	国家Ⅱ	LC	LC		26(68.42)	138	2.74
(二)啮齿目 Rodentia							
Ⅱ松鼠科 Sciuridae							
2. 岩松鼠 *Sciurotamias advidianus*		LC	LC		9(23.68)	105	2.09
3. 花鼠 *Tamias sibiricus*		LC	LC		2(5.26)	3	0.06
Ⅲ仓鼠科 Circetidae							
4. 大仓鼠 *Cricetulus triton*		LC	LC		6(15.79)	9	0.18
(三)兔形目 Lagomorpha							
Ⅳ兔科 Leporidae							
5. 草兔 *Lepus capensis*		LC	LC		8(20.05)	116	2.31
(四)猬形目 Erinaceomorpha							
Ⅴ猬科 Erinaceidae							
6. 普通刺猬 *Erinaceus europaeus*	省级	LC	LC		4(10.53)	6	0.12
(五)食肉目 Camivora							
Ⅵ猫科 Felidae							
7. 豹猫 *Prionailurus bengalensis*		LC	VU		22(57.89)	69	1.37
8. 华北豹 *Panthera pardus fontanierii*	国家Ⅰ	NT	EN		8(21.05)	36	0.72
Ⅶ灵猫科 Viverridae							
9. 花面狸 *Paguma larvata*		LC	NT		3(7.89)	8	0.16
Ⅷ犬科 Canidae							
10. 赤狐 *Vulpes vulpes*		LC	NT		1(2.63)	2	0.04
Ⅸ鼬科 Mustelidae							
11. 猪獾 *Meles leucurus*		LC	NT		34(89.47)	223	4.43
12. 亚洲狗獾 *Meles leucurus*		LC	NT		6(15.79)	13	0.26
13. 黄喉貂 *Martes flavigula*	国家Ⅱ	LC	NT		3(7.89)	7	0.14
14. 黄鼬 *Mustela sibirica*		LC	LC		6(15.79)	11	0.22
(六)偶蹄目 Artiodactyla							
Ⅹ猪科 Suidae							
15. 野猪 *Sus scrofa*		LC	LC		36(94.74)	356	7.08
Ⅺ麝科 Moschidae							
16. 原麝 *Moschus moschiferus*	国家Ⅰ	EN	CR	√	1(2.63)	2	0.04
17. 林麝 *Moschus berezovskii*	国家Ⅰ	EN	CR		3(7.89)	21	0.42
Ⅻ鹿科 Cervidae							
18. 狍 *Capreolus pygargus*		LC	NT		16(42.11)	48	0.95
鸟类 Birds							
(一)鹳形目 Ciconiiformes							
Ⅰ鹳科 Ciconiidae							

（续）

种名 Species	保护等级 Protection category	IUCN 级别 IUCN Red List	中国生物多样性红色名录 Redlist of China's Biodiversity	保护区新纪录 New record in reserve	网格数(%) No. of grids (%)	独立有效照片 No. of photos	相对多度指数 Relative abundance index
1. 黑鹳 *Ciconia nigra*	国家Ⅰ	LC	VU		2(5.26)	3	0.06
(二)隼形目 Falconiformes							
Ⅱ鹰科 Accipitridae							
2. 普通鵟 *Buteo buteo*	国家Ⅱ	LC	LC		2(5.26)	4	0.08
3. 苍鹰 *Accipiter gentilis*	国家Ⅱ	LC	LC		1(2.63)	2	0.03
4. 灰脸鵟鹰 *Butastur indicus*	国家Ⅱ	LC	LC		2(5.26)	3	0.06
Ⅲ隼科 Falconidae							
5. 红脚隼 *Falco vespertinus*	国家Ⅱ	LC	LC	√	1(2.63)	1	0.02
6. 红隼 *Falco tinnunculus*	国家Ⅱ	LC	LC		1(2.63)	1	0.02
(三)鸡形目 Gslliformes							
Ⅳ雉科 Phasianidae							
7. 勺鸡 *Pucrasia macrolopha*	国家Ⅱ	LC	LC		7(18.42)	128	2.55
8. 雉鸡 *Phasianus colchicus*		LC	LC		4(10.53)	56	1.11
9. 红腹锦鸡 *Chrysolophus pictus*	国家Ⅱ	LC	NT	√	19(50.00)	378	7.52
(四)鸽形目 Columbiformes							
Ⅴ鸠鸽科 Columbidae							
10. 岩鸽 *Columba rupestris*		LC	LC		2(5.26)	3	0.06
11. 山斑鸠 *Streptopelia orientalis*		LC	LC		3(7.89)	7	0.14
12. 珠颈斑鸠 *Spilopelia chinensis*		LC	LC		3(7.89)	4	0.08
13. 火斑鸠 *Oenopopelia tyanquebarica*		LC	LC	√	4(10.53)	6	0.12
(五)鹃形目 Cuculiformes							
Ⅵ杜鹃科 Cuculidae							
14. 噪鹃 *Eudynamys scolopaceus*		LC	LC		1(2.63)	1	0.02
(六)鸮形目 Strtgiformes							
Ⅶ鸱鸮科 Strigidae							
15. 雕鸮 *Bubo bubo*	国家Ⅱ	LC	LC	√	2(5.26)	3	0.06
16. 灰林鸮 *Strix aluco*	国家Ⅱ	LC	LC		2(5.26)	2	0.06
(七)佛法僧目 Coraciiformes							
Ⅷ翠鸟科 Alcedinidae							
17. 冠鱼狗 *Ceryle lugubris*	省级	LC	LC		1(2.63)	2	0.04
18. 普通翠鸟 *Alcedo hercules*		LC	LC	√	1(2.63)	1	0.02
Ⅸ戴胜科 Upupidae							
19. 戴胜 *Upupa epops*		LC	LC		3(7.89)	7	0.14
(八)鴷形目 Piciformes							
Ⅹ啄木鸟科 Picidae							
20. 大斑啄木鸟 *Dendrocopos major*		LC	LC	√	2(5.26)	3	0.06
21. 星头啄木鸟 *Dendrocopos canicapillus*	省级	LC	LC		1(2.63)	4	0.08

（续）

种名 Species	保护等级 Protection category	IUCN 级别 IUCN Red List	中国生物多样性红色名录 Redlist of China's Biodiversity	保护区新纪录 New record in reserve	网格数(%) No. of grids (%)	独立有效照片 No. of photos	相对多度指数 Relative abundance index
22. 灰头绿啄木鸟 *Picus canus*		LC	LC	√	1(2.63)	3	0.06
(九)雀形目 Passs							
Ⅺ鹡鸰科 Motacillidae							
23. 白鹡鸰 *Motacilla alba*		LC	LC		3(7.89)	16	0.32
24. 灰鹡鸰 *Motacilla cinerea*		LC	LC		1(2.63)	5	0.10
25. 黄鹡鸰 *Motacilla flava*		LC	LC		2(5.26)	9	0.18
Ⅻ椋鸟科 Sturnidae							
26. 灰椋鸟 *Sturnus cineraceus*		LC	LC		2(5.26)	5	0.10
XIII 鸦科 Corvidae							
27. 红嘴蓝鹊 *Urocissa erythrorhyncha*		LC	LC		10(26.32)	98	1.95
28. 灰喜鹊 *Cyanopica cyana*		LC	LC		3(7.89)	29	0.58
29. 喜鹊 *Pica pica*		LC	LC		15(39.47)	76	1.51
30. 松鸦 *Garrulus glandarius*		LC	LC		4(10.53)	7	0.14
31. 大嘴乌鸦 *Corvus macrorhynchos*		LC	LC		17(44.74)	138	2.74
XIV 鹟科 Muscicapidae							
32. 宝兴歌鸫 *Turdus mupinensis*		LC	LC	√	3(7.89)	12	0.24
33. 北红尾鸲 *Phoenicurus auroreus*		LC	LC		4(10.53)	7	0.14
34. 红喉歌鸲 *Luscinia auroreus*		LC	LC	√	2(5.26)	3	0.06
35. 虎斑地鸫 *Zoothera dauma*		LC	LC	√	1(2.63)	5	0.10
36. 紫啸鸫 *Myophonus caeruleus*		LC	LC		2(5.26)	3	0.06
37. 红胁蓝尾鸲 *Tarsiger cyanurus*		LC	LC		2(5.26)	15	0.30
38. 斑胸钩嘴鹛 *Pomatorhinus gravivox*		LC	LC	√	2(5.26)	13	0.26
39. 山噪鹛 *Garrulax davidi*		LC	LC		3(7.89)	14	0.28
XV 山雀科 Paridae							
40. 红头长尾山雀 *Aegithalos concinnus*		LC	LC	√	1(2.63)	3	0.06
41. 大山雀 *Parus major*		LC	LC		2(5.26)	26	0.52
42. 黄腹山雀 *Parus venustulus*		LC	LC		2(5.26)	5	0.10
XVI 䴓科 Sittidae							
43. 普通䴓 *Sitta europaea*		LC	NT		1(2.63)	3	0.06
XVII 雀科 Fringillidae							
44. 燕雀 *Fringilla montifringilla*		LC	LC		3(7.89)	20	0.40
45. 灰眉岩鹀 *Emberiza godlewskii*		LC	LC		2(5.26)	8	0.16
46. 三道眉草鹀 *Emberiza cioides*		LC	LC		2(5.26)	11	0.22
47. 黄喉鹀 *Emberiza elegans*		LC	LC		1(2.63)	5	0.10
其他 Others							
人 *Homo spiens*					14(36.84)	240	4.77
狗 *Canis lupus familiaris*					14(36.84)	240	4.77
羊 *Caprinae*					16(42.11)	256	5.02
牛 *Bos taurus*					13(34.21)	76	1.51

野生植物研究

山西省轮藻植物新资料*

张　猛，冯　佳，谢树莲*
（山西大学生命科学与技术学院，山西太原，030006）

摘　要：报道了山西省新记录的轮藻属植物 3 个种，它们是不连续轮藻 *Chara inconnexa* Allen，卡尔文轮藻 *C. calveraensis*（Wood）Ling，Deng et Li 和尖刺轮藻 *C. aculeolata* Kü tz.，三种均属于双轮托叶组、被茎亚组、二列系。其中，不连续轮藻采于平定娘子关，卡尔文轮藻采于阳城蟒河，尖刺轮藻采于宁武公海。目前山西省已发现的轮藻植物共有 4 属，22 种，8 变种。

关键词：轮藻属；新记录；山西

山西省目前已报道的轮藻植物有 4 属，19 种，8 变种[1-3]。作者在 2005—2007 年对山西省的轮藻植物资源进行采集和鉴定的过程中，发现 3 种轮藻属植物为山西省新记录，现报道如下。凭证标本保存于山西大学生命科学与技术学院植物标本馆（SXU）。

1　不连续轮藻（图 1~2）

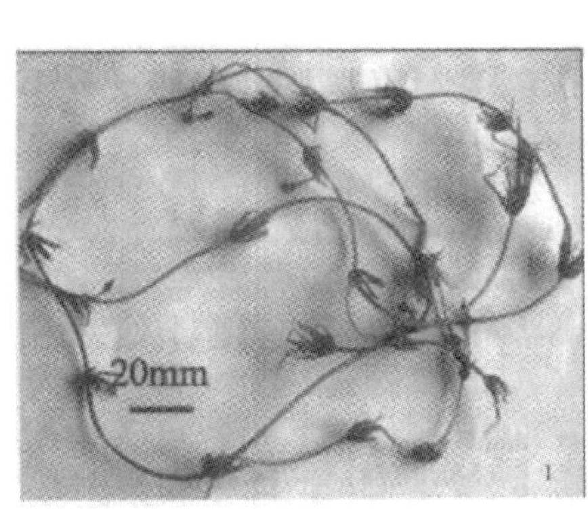

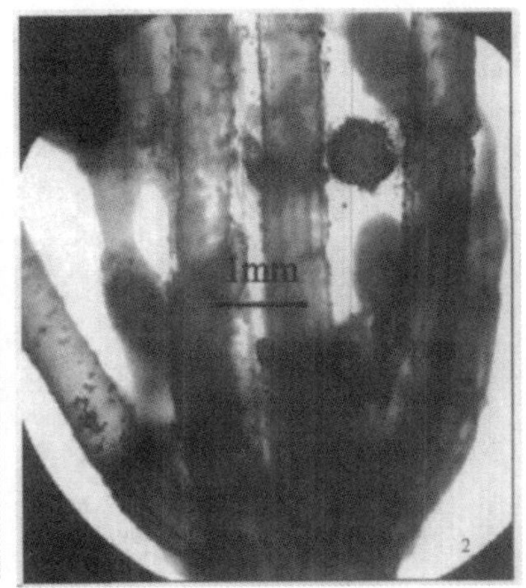

图 1~2　不连续轮藻

Fig. 1~2　*Chara inconnexa* Allen

*Chara inconnexa*Allen，Bull. Torrey Bo t. Club 9：40，1882；韩福山，李尧英，中国淡水藻志（第三卷— 轮藻门），p. 205，fig. 156，1994.

Chara arrudensis Mendes，Po rtugaliae Acta Biol. ser. B 2：286，1947.

雌雄同株，被钙质，绿色，高 12~15cm. 茎中等粗壮，直径 500~600μm；节间为小枝全长的 1~2

* 本文原载于《山西大学学报（自然科学版）》，2008，（4）：594-598.

倍。茎具规则的二列式皮层，次生列强或次生列和原生列相似；刺细胞单生，退化成瘤状或乳头状。托叶双轮，每二组对生于小枝，短小，长 120~150μm。小枝 7~8 枚一轮，长 15~19mm，具有 5~6(~7)个节片；部分小枝或有的小枝轮无皮层；不具皮层的基节特别长，一般在 3800~4200μm；具皮层的基节长 600~1200μm，顶端 4~5 个节片无皮层，末端节片短小，渐尖。苞片细胞 5~7 枚，仅生于具皮层的节上，外侧者退化，内侧者大都发育良好，长 2800~4000μm；小苞片 2 枚，长 500~1600μm。

雌雄配子囊混生于小枝下部具皮层的节上。藏卵器单生，长 650~700μm(不包括冠)，宽 420~450μm；具有 12~14 个螺旋环；冠高 100~120μm，基宽 170~220μm。受精卵棕黄色，长 550μm，宽 350μm；具有 11 个螺旋脊；外膜黄棕色，具颗粒状突起。藏精器单生，直径 250~380μm。

标本采于平定娘子关，水上人家泉水中，SAS06039，采集人张猛、石瑛，2006. 04. 09。

本种分布于葡萄牙、美国和加拿大。我国的河北和湖南有过报道。

本种属双轮托叶组、被茎亚组、二列系，1882 年为 Allen 首次发表，其产地为美国爱荷华州的斯托姆莱和加拿大安大略省的尼皮贡湖[4]。属于这一类群的主要有 *Chara pistianensis* Vilh. 和 *C. hippelliana* Vilh.，前者具膨大的节片和收缢的节部，后者的托叶排列不规则，易与本种区别。Mendes 于 1947 年把在地中海沿岸葡萄牙里斯本的阿鲁达采到的标本命名为 *C. arrudensis* M endes，虽然该种内侧苞片和小苞片短于藏卵器，但其特点随地理因素变化很大，通常不作为分种主要依据，因此将其并到本种[5]。1990 年宿文瞳等将在河北平山采到的标本定名为 *C . arrudensis* Mendes，应属本种[6]。1988 年陈星球将在湖南新晃采到的标本命名为 *C . pistianensis* Vilh.，但特征与本种更符合，也应属本种[7]。

2　卡尔文轮藻（图 3~4）

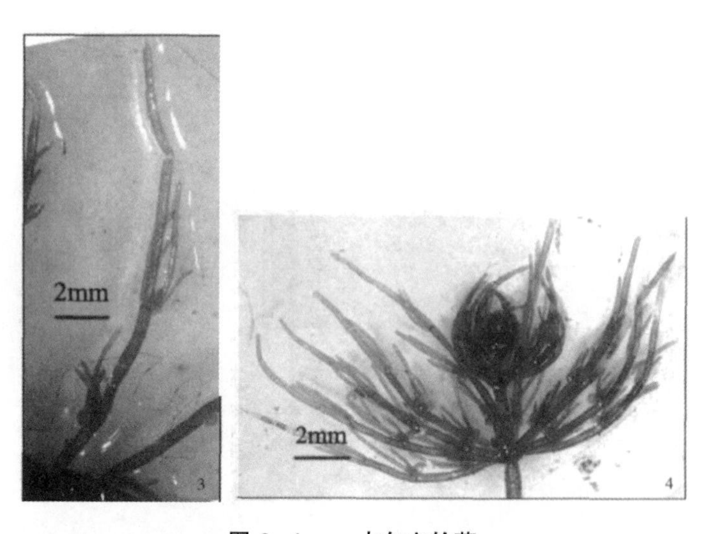

图 3~4　　卡尔文轮藻

Fig. 3~4　*Chara calveraensis*（Wood）Ling，Deng et Li

Chara calveraensis(Wood) Ling，Deng et Li，Journ. Shanxi Univ. 12：225，1989；韩福山，李尧英，中国淡水藻志(第三卷— 轮藻门)，p. 207，fig . 158，1994.

Chara vulgaris f. *calveraensis* Wood，Taxon 11：8，1962.

雌雄同株，被钙质，鲜绿色，高 8~15cm。茎中等粗壮，直径 650~700μm；节间短于小枝长。茎具规则的二列式皮层，次生列较原生列细胞略强；刺细胞单生，退化成乳头状。托叶双轮，尖端钝圆形，长短不一，甚至长者超过小枝基节长，上轮长 200~1000μm，下轮长 100~530μm。小枝 9~10 枚一轮，略内曲，具有 4~6 个节片；顶端 3~ 4 个节片无皮层，无皮层节片较长。苞片细胞 3~ 5 枚，外侧者不发达，内侧者一对特别长，可达 12000μm，超过相邻节片长；小苞片发达，长 2800~4200μm。

雌雄配子囊生于小枝下部的 2~3 个节上。藏卵器单生，长 480~550μm(不包括冠)，宽 350~400μm；具有 7~9 个螺旋环；冠高 60~65μm，基宽 140~150μm。受精卵未成熟。藏精器单生，直径 410~450μm。

标本采于阳城蟒河自然保护区，后大河河流中，SAS06057，采集人谢树莲等，2006. 05. 06. 本种分布于智利，我国的广西有过报道。

本种属双轮托叶组、被茎亚组、二列系。近似的种类有 *Chara excelsa* Allen，但其原生列强，刺细胞发达，托叶长者不超过小枝基节，小苞片和内侧苞片不甚发达等与本种不同。本种 1962 年由 Wood 命名为 *Chara vulgaris* f. *calveraensis*，其产地为智利科尔科瓦多弯的蒙特阿马古[8]。1989 年凌元洁等将在广西百色采到的标本鉴定为本种，并以传统小种概念，把 *C. vulgaris* f. *calveraensis* Wood 修订升格为种，成为新组合[9]。

3 尖刺轮藻（图 5~6）

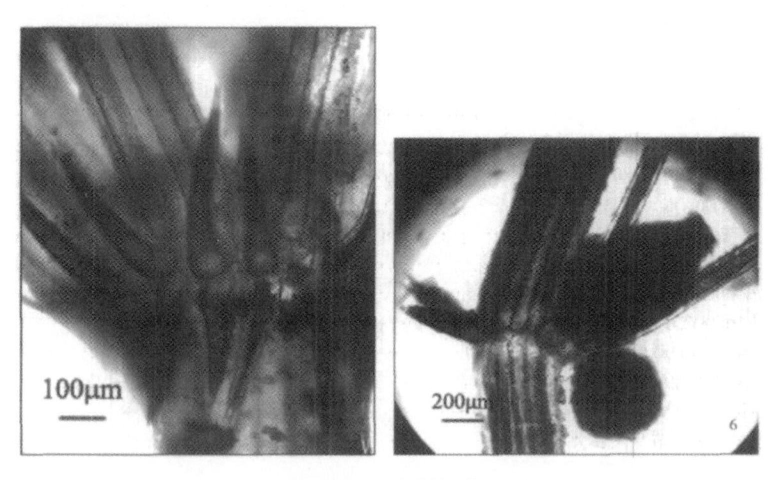

图 5~6 尖刺轮藻

Fig. 5~6 *Chara aculeolata* Kü tz

Charaaculeolata Kü t zing, in Reichenbach, Fl. Germ. Excurs. , p. 147, 1832; Groves et Bullock-Webster, Brit. Charoph. 2, p. 47, 1924; Verdam , Blumea 3: 10, 1938; 韩福山，李尧英，中国淡水藻志（第三卷— 轮藻门）, p. 197, fig. 150, 1994.

雌雄同株，被钙质，灰绿色，高 7~8cm. 茎中等粗壮，直径 680~720μm；节间为小枝全长的 1~3 倍。茎具规则的二列式皮层，原生列略强；刺细胞单生，长 100~180μm。托叶双轮，发育良好，长 330~410μm。小枝 7~9 枚一轮，具有 5~7 个节片；顶端 2~4 个节片无皮层。苞片 3~5 枚，外侧者长 120~ 160μm，内侧者发达，长 350~730μm；小苞片 2 枚，与藏卵器等长或超过藏卵器。

雌雄配子囊混生于小枝下部的 2~4 个节上。藏卵器单生或双生，长 460~600μm(不包括冠)，宽 320~470μm；具有 10~11 个螺旋环；冠高 90~100μm，基宽 160~180μm。受精卵黑褐色，长 430~485μm，宽 305~380μm；具有 8~10 个螺旋脊。藏精器单生或双生，直径 380~500μm。

标本采于宁武公海湖边，SAS07061，采集人李强、李博，2007. 08. 22.

本种分布于瑞典、丹麦、德国、瑞士、匈牙利、法国、意大利和英国。我国的内蒙古有过报道。

本种属双轮托叶组、被茎亚组、二列系。近似种有波罗的轮藻 *Chara baltica* Bruzelius，但其托叶不整齐，与本种有明显区别。1832 年 Kü tzing 最先报道本种产于德国[10]，之后在其他一些国家陆续有报道[11]。1988 年凌元洁等报道在我国内蒙古的临河采到本种[12]。至此，山西省已发现的轮藻植物总计 4 属，22 种，8 变种。全部种类的检索表见表 1。

表 1 山西省轮藻门植物检索表

Table1 Key of the species of Charphyta from Shanxi Province

1\. 冠细胞 10 个，两层，每层 5 个(丽藻族 Nitelleae) …… 2

1\. 冠细胞 5 个，一层(轮藻族 Chareae) …… 3

2\. 小枝一或多次分叉，藏精器顶生于小枝分叉处(丽藻属 *Nitella*) …… 阴暗丽藻 *N. opaca*

2\. 小枝不分叉或单轴分叉，藏精器侧生于小枝分叉处(鸟巢藻属 *Tolypella*) …… 育枝鸟巢藻 *T. prolifera*

3\. 无托叶(拟丽藻属 *Nitellopsis*) …… 钝节拟丽藻 *N. obtusa*

3\. 有托叶(轮藻属 *Chara*) …… 4

4\. 托叶单轮(单轮托叶组 *Haplostephanae*) …… 5

4\. 托叶双轮(双轮托叶组 *Diplostephanae*) …… 7

5\. 茎无皮层(无皮亚组 *Ecorticatae*) …… 6

5\. 茎具皮层(有皮亚组 *Corticatae*，裸枝系 *Gymnoclemae*) …… 裸枝轮藻 *C. gymnopit ys*

6\. 托叶与小枝互生 …… 布氏轮藻 *C. braunii*

6\. 托叶与小枝对生 …… 运城轮藻 *C. yunchengensis*

7\. 茎具单列式皮层(单列系 *Haplostichae*) …… 8

7\. 茎具二列式或三列式皮层 …… 12

8\. 雌雄同株 …… 9

8\. 雌雄异株 …… 10

9\. 苞片和小苞片的长度超过相邻节片 …… 丛刺轮藻 *C . evoluta*

9\. 苞片和小苞片的长度短于相邻节片 …… 阿尔泰轮藻 *C. altaica*

10\. 藏精器和藏卵器生于小枝轮基部 …… 拟灰色轮藻 *C. pseudocanescens*

10\. 藏精器和藏卵器不生于小枝轮基部 …… 11

11\. 小枝次末端节片膨大 …… 山西轮藻 *C . shanxiensis*

11\. 小枝次末端节片不膨大 …… 灰色轮藻 *C. canescens*

12\. 茎具二列式皮层(二列系 *Diplostichae*) …… 13

12\. 茎具三列式皮层(三列系 *Triplostichae*) …… 19

13\. 外侧苞片发育 …… 14

13\. 外侧苞片退化成瘤状 …… 15

14\. 托叶长短均匀 …… 尖刺轮藻 *C. aculeolata*

14\. 托叶长短不均匀 …… 波罗的轮藻 *C. baltica*
（山西有北方变种 var. *borealis* ）

15\. 小枝节片为不完全皮层 …… 豪威轮藻 *C. howeana*

15\. 小枝节片为完全皮层 …… 16

16\. 小枝下部 1~2 个节片具皮层，有的具裸枝 …… 不连续轮藻 *C. inconnexa*

16\. 小枝下部 3~6 个节片具皮层，无裸枝 …… 17

17\. 托叶不规则 …… 卡尔文轮藻 *C. calveraensis*

17\. 托叶规则 …… 18

18\. 原生列强 …… 对枝轮藻 *C. contraria*

18\. 次生列强 …… 普生轮藻 *C. vulgaris*

19\. 雌雄同株 …… 20

19\. 雌雄异株 …… 22

20\. 刺细胞发达 …… 纤刺轮藻 *C. tenuispina*

20\. 刺细胞退化 …… 21

21\. 托叶发达 …… 味美轮藻 *C. delicatula*

21\. 托叶退化 …… 球状轮藻 *C. globularis*

22\. 茎具不规则三列式皮层 …… 小雄轮藻 *C. leptosperma*

22\. 茎具规则三列式皮层 …… 弧枝轮藻 *C. connivens*

山西蟒河自然保护区苔藓植物研究*

王桂花[1]　谢树莲[1*]　张　峰[1]　赵益善[2]　刘晓玲[1]
（1. 山西大学生命科学与技术学院，山西太原，030006；2. 山西省蟒河自然保护区，山西阳城，048100）

摘　要：山西省国家级蟒河自然保护区的苔藓植物共有14科23属37种及2变种（苔类5科5属5种，藓类10科18属32种2变种），其中10种及2变种为山西省新记录，包括兜叶细鳞苔，无纹紫背苔，叉钱苔，中华缩叶藓，卵叶真藓，皱叶牛舌藓，羊角藓，牛角藓曲茎变种，沼生湿柳藓，湿生柳叶藓刺叶变种，斜萌青藓和溪边青藓。

关键词：苔藓植物；蟒河自然保护区；山西

1　蟒河自然保护区自然概况

蟒河国家级自然保护区是以保护猕猴为主的自然保护区，位于山西省中条山脉东端阳城县境内，112°22′11″~112°31′35″ E，35°12′30″~35°17′20″N，总面积约5573 hm²。中间有蟒河流过，最高峰指柱山海拔1572.6 m，最低点拐庄海拔300 m。

蟒河自然保护区属暖温带季风性大陆性气候，年平均气温14℃，一月均温-4.5℃~-3.0℃，七月均温24.0~25.0℃。≥10℃的年积温4020℃，无霜期180~240d，年降水量600~800 mm。蟒河自然保护区属石质山区，主要组成为结晶岩和变质岩系。土壤类型从山麓到山顶依次为冲积土、山地褐土、山地棕壤土。植被区划上属于暖温带落叶阔叶林地带[1]。

蟒河自然保护区内的种子植物，据报道共有866种（包括亚种和变种），隶属于435属103科，其中裸子植物6种5属3科，被子植物860种430属100科（双子叶植物748种364属90科，单子叶植物112种66属10科）[2]。但该保护区的苔藓植物尚未见报道。笔者于2006年5月考察了蟒河自然保护区，采集苔藓植物标本约120号，经初步鉴定并参阅有关文献[3~22]，共得苔类5科5属5种，藓类9科18属32种2变种，共14科23属37种2变种，其中10种及2变种为山西省新记录。全部标本保存于山西大学生命科学与技术学院植物标本馆。

2　蟒河自然保护区苔藓植物种类

细鳞苔科 Lejeuneaceae

细鳞苔属 *Lejeunea* Libery

**2.1　兜叶细鳞苔 *L. cavi folia* (Rhrh.) Lindb., Acta Soc. Sc. Fenn. 1043, 1871. — *Jungermannia cavi folia* Ehrh., Beitr. z. Naturk. 4: 45, 1780.

06050038（王桂花），2006-05-07。

生于林下或林边湿地，湿石或树干基部或腐木上。采自小叶鹅耳枥（*Carpinus turczaninowwii*）林下小叶鹅耳枥树干基部。坡向：西北坡，海拔671 m。分布：中国，日本，俄罗斯（西伯利亚），尼泊尔，印度，欧洲，北美洲。

蛇苔科 Conocephalaceae

* 本文原载于《山西大学学报（自然科学版）》，2007，30（4）：532-537.

蛇苔属 *Conocephalum* Weber.

2.2　蛇苔 *C. conicum*(L.) Dum., Comn. Bot. 115, 1822. — *Marchantia conica* L., Sp. pl. 1138, 1753.

后大河边湿土生，可药用。06050036(王桂花)，2006-05-06。

地钱科 Marchantiaceae

地钱属 *Marchantia* L.

2.3　地钱 *M. polymorpha* L., Sp. pl. 1137, 1753.

后大河路边土坡生，可药用。06050037(王桂花)，2006-05-06。

瘤冠苔科 Grimaldiaceae

紫背苔属 *Plagiochasma* Lehm.

*2.4　无纹紫背苔 *P. intermedium* Lindb. t Gott., in Gott., Lindb. et Ness, Syn. Hep. 513, 1846.

06050039(王桂花)，2006-05-06。

生于林边或石磴子基部的岩缝薄土上。采自后大河路边干燥土坡。坡向：西坡。海拔：625 m。分布：中国，日本，墨西哥。

钱苔科 Riccineae

钱苔属 *Riccia* L.

*2.5　叉钱苔 *R. fluitans* L., Sp. pl. 1139, 1753.

06050040(王桂花)，2006-05-06。

生于水泡或水沟的沉水中，河边湿地，采自后大河水中。海拔：610 m。分布：中国朝鲜，日本，俄罗斯西伯利亚地区，欧洲，北美洲。

凤尾藓科 Fissidentaceae

凤尾藓属 *Fissidens* Hedw.

2.6　粗柄凤尾藓 *F. crassipes* Wils, ex B. S. G, Bryol. Eur. 1: 100, 197, 1489.

黄龙瀑布水流中岩石生。06050012(王桂花)，2005-05-07。

丛藓科 Pottiaceae

小石藓属 *Weisia* Hedw.

2.7　小石藓 *W. controversa* Hew., Sp. Muse, 67, 1801.

后大河路边干燥土坡生。06050033(王桂花)，2006-05-06。

2.8　短叶小石藓 *W. semipallida* C. Mül., Nuov. Gorn. Bot. Ital. n. ser. 5: 185. 1898.

后大河路边干燥土坡生。06050034(王桂花)，2005-05-06。

2.9　阔叶小石藓 *W. planifolia* Dix., Rev. Bryol. n. ser, 1: 179. 1928.

后大河路边干燥土坡生。06050035(王桂花)，2006-05-06。

湿地藓属 *Hyophila* Brid.

2.10　卷叶湿地藓 *H. involuta*(Hook.) Jaeg., Ber. S. Gall. Naturw. Ges. 1871-1872: 354. 1873.

土坡生。06050016(王桂花)，2006-05-07。

扭口藓属 *Barbula* Hedw.

2.11　土生扭口藓 *B. vinealis* Brid. B. vinealis Bird., Bryol. Univ, 1: 830. 1827.

干燥土坡生。06050017(王桂花)，2006-05-07。

2.12 短叶扭口藓 *B. tectorum* C. Muell.，Nuov. Giorn. Bot. Ital. n. ser. 3：101. 1896. — *B. defossa* C. Muell.，Nuov. Giorn. Bot. Ital. n. ser. 4：256. 1897.

干燥土坡生。06050028(王桂花)，2006-05-07。

2.13 硬叶扭口藓 *B. rigidula*(Hedw.) Mild.，Bryol. Siles. 118. 1969. — *Diaymondon rigidulus* Hedw.，Spec. Mesc. 104. 1801.

干燥土坡生。06050029(王桂花)，2006-05-07。

小扭口藓属 *Semibarbula* Herz ex Hilp.

2.14 小扭口藓 *S. orientalis* (*Web.*) Wijk et Marg.，Taxon 8：75. 1959. — *Trichostomum orientate* Web.，Arch. Syst. Naturgesch.

干燥土坡生。06050015(王桂花)，2006-05-07。

石灰藓属 *Hydrogonium*(C. Mül.) Jaeg.

2.15 石灰藓 *H. ehrenbergii* (Lor.) Jaeg.，Ber. S. Gall. Naturw. Ges. 1877-1878：405. 1880. — *Trichostomum ehrenbergii* Lor.，Abh. Ak. Wiss. Berlin 1867：25. 4f 1-6，5f. 7-19. 1868.

后大河河边潮湿岩面生。06050001(王桂花)，2006-05-06。

2.16 拟石灰藓 *H. pseudo-ehrenbergii*(Fleisch.) Chen，Hedwigia 80：242. 47f 2-5. 1941. — *Barbula pseudo-ehrenbergii* Fleisch.，Music F1.

后大河河边潮湿岩面生。06050002(王桂花)，2006-05-06。

缩叶藓科 Ptychomitriaceae

缩叶藓属 *Ptychomitrium* Fuernr.

2.17 狭叶缩叶藓 *P. linearifolium* Reim.，in Reim. et Sak. Jahrb. 64：539. 1931.

干燥岩面生。06050032(王桂花)，2006-05-07。

*2.18 中华缩叶藓 *P. sinense* (*Mitt.*) Jaeg.，Ber. s. Gall. Naturw. Ges. 1872-1873：104. 1874. — *Glyphomit- rium sinense* Mitt.，Journ. Linn. Soc. Bot. 8：149. 1865.

06050031(王桂花)，2006-05-07。

生于花岗石岩面。采自小叶鹅耳枥林边干燥岩石。坡向：西北坡。海拔：620 m。分布：中国，朝鲜，日本。为东亚特有种。

壶藓科 Splachnaceae

小壶藓属 *Tayloria* Hook.

2.19 尖叶小壶藓 *T. acuminata* Hornsch.，Flora 8(1)：78，1825.

后大河边岩面薄土生。06050008(王桂花)，2006-05-06。

真藓科 Bryaceae

真藓属 *Bryum* Hedw.

2.20 真藓 *B. argenteum* Hedw.，Spec. Muse. 181. 1801.

土坡生，可药用。06050030(王桂花)，2006-05-07。

*2.21 卵叶真藓 *B. calophyllum R.. Brown*，*in* C. Muell.，Syn. I. 286. 1984.

06050009(王桂花)，2006-05-06。

生于河岸、沼泽、涧流的高处，土生、砂石质、土生或湿石生。采自大河河边湿地。海拔：

610m。分布：中国，俄罗斯远东地区，欧洲，北美洲。

2.22　黄色真藓 *B. pallescens* Schleich. ex Schwagr.，Spec. Suppl. I，2，107，fig. 75. 1816.

后大河河边湿地生。06050010(王桂花)，2006-05-06。

2.23　丛生真藓 *B. casepiticium* Hedw.，Spec. Muse. 180. 1801.

干燥土坡生。06050026(王桂花)，2006-05-07。

2.24　垂葫真藓 *B. uliginosum*(Brid.) B. S. G.，Bryol. Eur. fasc. 6-9，t. 339. 1839. — *Cladodium uliginosum* Brid.，Bryol. Univ. I. 841. 1827.

干燥土坡生。06050014(王桂花)，2006-05-07。

提灯藓科 Mniaceae

提灯藓属 *Mnium* Hedw.

2.25　钝叶提灯藓 *M. rostra turn* Schrad.，Bot. Zeit. Regensburg. 79. 1802

林下土表生。06050024(王桂花)，2006-05-07。

羽藓科 Thuidiaceae

牛舌藓属 *Anomodon* Hook，et Tayl.

2.26　小牛舌藓 *A. minor*（Hedw.）Fuernr. Flira 12(2) Erg. 49. 1829. — *Neckera viticulosa* var. *minor* Hedw.，Spec. Muse. 210. 1801.

林下岩面薄土生。06050021(王桂花)，2006-05-07。

*2.27　皱叶牛舌藓 *rugelii*(C. Mül.) Keissl.，Snn. Naturh. Hofmus. Wien 15：214. 1900. — *Hypnum rugelii* C. Muell.，Syn. 2：473. 1851.

06050022(王桂花)，2006-05-07。

生于岩石及树干上。采自栓皮栎(*Quercus variabilis*)林下岩面薄土。坡向：阴坡。海拔：623m。分布：中国，印度，越南，朝鲜，日本，俄罗斯(西伯利亚，高加索)，欧洲，北美洲。

羊角藓属 *Herpetineuron*(C. Mull.) Card.

*2.28　羊角藓 *H. toccoae*（Sull，et Lesq.）Card.，1. c. 128. 1905. — *Anomodon toccae* Sull，et Lesq.，Muse. Bor. Am. ed 1. 240. 1856.

06050023(王桂花)，2006-05-07。

生于树干或岩石上。采自小叶鹅耳枥林下，岩面薄土生。坡向：西北坡。海拔 652 m。分布：中国，朝鲜，俄罗斯，巴基斯坦，斯里兰卡，印度，尼泊尔，菲律宾，柬埔寨，泰国，越南，印度尼西亚，欧洲，南北美洲，非洲，澳大利亚，新西兰。

柳叶藓科 Amblystegiaceae

牛角藓属 *Cratoneuron*(Sull.) Sprue.

*2.29　牛角藓曲茎变种 C. *filicinum* var. *curvicaule*(Jur.) Moenk.，Hedwigia 1：267. 1911. — *Hypnum curvicaule* Jur.，Verh. Zool. Bot. Ges. Wien XIC. 103. 1864.

06050004(王桂花)，2006-05-06。

生于湿草甸高出地段或碎石地上。采自后大河边潮湿岩面。海拔：610m。分布：中国，俄罗斯远东地区及西伯利亚地区。

湿柳藓属 *Hygroamblystegium* Loesk.

*2.30　沼生湿柳藓 *H. noterophilum*（Sull，et Lesq.）Warnst.，Kryptog. F1. Brandenburg II. 884.

1906. — *Hypum noterophilum* Sull, et Lesq. , Muse. Bor. Am. 76. 1856.

06050005(王桂花), 2006-05-06。

生于水中石上、树根上或树根和石头集聚的岸边。采自后大河边潮湿岩面。海拔 610 m。分布：中国，俄罗斯远东地区，欧洲，北美洲。

柳叶藓属 *Amblystegium* B. S. G.

2.31 柳叶藓 *serpens* (Hedw.) B. S. G. , Bryol. Eur. , f asc. 55-56, t. 564. 1853. — *Htpnum serpens* Hedw. , Spec. Muse. 268. 1801.

后大河边潮湿岩石生。06050006(王桂花), 2006-05-06。

2.32 多姿柳叶藓 *A. varium* (Hedw.) Lindb. , Muse. Scand. 32. 1879. — *Leskea varia* Hedw. , Sp. Muse. 216. 1801.

后大河边潮湿岩石生。06050013(王桂花), 2006-05-06。

* * 2.33 湿生柳叶藓刺叶变种 *A. tenax* (Hedw.) C. Jens. var. *spinifolium* (Schimp.) Crum. , Moss. East. N. Am. 2 929. 1981. —*A. irriguum* var. *spinifolium* Schimp. , Sync. Muse. Eur. ed. 2: 713. 1876.

06050007(王桂花), 2006-05-06。

生于林下水沟岩面。采自后大河边潮湿岩面。海拔：610 m。分布：中国，欧洲(高加索)，北美洲。

青藓科 Brachytheciaceae

青藓属 *Brachythecium* B. S. G.

2.34 纤细青藓 *B. rhynchostegielloides* Card. , Bull. Soc. Bot. Geneve ser. 2, 3: 292. 1911.

林下土生。06050027(王桂花), 2006-05-07。

* * 2.35 斜蒴青藓 *B. camptothecioides* Takaki, Journ. Hattori Bot. Lat. 15: 4. 1955.

06050025(王桂花), 2006-05-07。

生于沟谷河边阔叶林下石上。采自栓皮栎林下土表。坡向：阴坡。海拔：625 m。分布：中国，日本。

* * 2.36 溪边青藓 *B. rivulare* B. S. G. , Bryol. Eur. 6 17. t. 546. 1853.

06050011(王桂花), 2006-05-06。

生于岩面、西溪边石上。采自后大河边潮湿岩面。海拔：610 m。分布：中国及亚洲其他国家，俄罗斯(高加索)，欧洲，南北美洲。

灰藓科 Hyonaceae

金灰藓属 *Pylaisiella* B. S. G.

2.37 金灰藓 *P. polyantha* (Hedw.) Grout, Bull. Torrey Bot. Club. 23: 229. 1896. — *Leskea polyantha* Hedw. , Sp. Muse. 229. 1801.

林下地表土生。06050019(王桂花), 2006-05-07。

2.38 东亚金灰藓 *P. brotheri* (Besch.) Iwats. et Nog. , Journ. Jap. Bot. 48: 217. 1973. — *Pylaisia brotheri* Besch. , Ann. Sc. Nat. Bot. ser. 7m17: 369. 1893.

林下地表土生。06050020(王桂花), 2006-05-07。

鳞叶藓属 *Taxiphyllum* Fleisch.

2.39 鳞叶藓 *T. taxirameum* (Mitt.) Fleisch. Fl. Buitenzorg 4: 1435: 1923. — *Stereodon taxirameum* Mitt. , Journ. Linn. Sec. Bot. Suppl. 1: 105. 1859.

林下地表土生，可药用。06050018(王桂花)，2006-05-07。
(＊＊为山西省新记录)

3 蟒河自然保护区苔藓植物的群落类型

陈邦杰根据在国内考察结果及前人的研究资料，参照加姆斯(Gams)生态的群落分类系统，结合我国实际情况将苔藓植物划分为五大群落类型：水生群落(生于水湿或沼泽地的环境条件)，石生群落(生于岩石或石质基质上)，土生群落(生于土地或土壁上)，木生群落(指紧贴、浮蔽、悬垂、基干、腐木等树生类型)，叶附生群落(附生于叶片上，多见于热带雨林)。

根据上述观点，结合蟒河自然保护区的苔藓植物生境，该区苔藓植物的群落类型可分为：

3.1 土生群落

分布于林下裸露土表的苔藓植物群落即林地群落，是该区苔藓植物的主要群落类型。这些群落分布广泛，但分布面积较小，有鳞叶藓群落、东亚金灰藓群落、纤细青藓群落、斜蒴青藓群落、丛生真藓群落、垂蒴真藓群落、钝叶提灯藓群落、小石藓群落、土生扭口藓群落、小扭口藓群落等。

3.2 石生群落

该区该类型群落主要有狭叶缩叶藓群落、中华缩叶藓群落、小牛舌藓群落、皱叶牛舌藓群落等。

3.3 木生群落

该类型群落有紧贴树生的兜叶细鳞苔群落和金灰藓群落、浮蔽树生的羊角藓群落。

3.4 水生群落

该类型群落主要有蛇苔群落、粗柄凤尾藓群落、石灰藓群落、拟石灰藓群落、尖叶小壶藓群落、黄色真藓群落、沼生湿柳藓群落、柳叶藓群落等，多见于区内后大河与后小河潮湿岩石上和河边湿地上，叉钱苔群落则采自后大河水中。

4 讨论

苔藓植物是高等植物中的原始类型，在植物学研究、医药、农业、园艺、工业、环境监测等方面都有重要的经济价值。但其生存竞争力较弱，在有其他高等植物存在时很难占优势地位，且多数种类属林下地被层植被，其生存环境极易受乔木、灌木以及其他草本植物的影响。

蟒河自然保护区由于其独特的地理条件，分布着许多特殊苔藓植物种类，其中不少种类有药用价值。如蛇苔有清热解毒、消肿止痛等功能，用于治毒蛇咬伤、疔疮背痈、烧伤烫伤、无名肿痛等症。地钱有清热、拔毒、生肌等功能，用于治疮痈肿毒、烧伤烫伤、骨折刀伤、毒蛇咬伤以及肝炎、结核病等。真藓有清热解毒的功能，用于治细菌性痢疾。鳞叶藓可止血、消炎，治外伤出血。此外，还有其他资源类型的种类，如用于园艺景观的真藓类、青藓类，能进行环境监测的金灰藓类，工业上能提取有效成分(有经济利用价值)的提灯藓类等。

近年来，虽然在蟒河自然保所区森林已禁止砍伐，但放牧仍常见，尤其是旅游业的发展，随游人的大幅增加，已经影响到了保护区内一些苔藓植物的生长和分布，如土生类的鳞叶藓、纤细青藓、垂蒴真藓、丛生真藓，水边湿地生长的蛇苔、卵叶真藓、黄色真藓等。在游人容易到达的地方和难到的地方相比，分布少、长势差，更难以形成群落。旅游中的徒步旅行、骑马和野营等活动会导致植被不同程度的践踏破坏，轻则会影响植物生长、覆盖面积，重则会使植物群落退化、种类组成改变。Liddle在研究全世界各地 14 种植物群的抵抗力中发现，周围环境破坏对植物影响远远超过它们的恢复力。还发现对一部分植物所做的恢复计划是毫无意义的，因为使它们恢复到接近自然状态的恢复过程十分缓慢，需要 5 a 或更长时间[24]。因此如不及时采取有效措施对该区的苔藓植物加以保护，就会使某些种类大幅减少甚至灭绝，苔藓植物物种多样性受到破坏，造成难以挽回的损失。

为此应该采取如下措施对该区的苔藓植物资源加以保护。首先，应加强环境保护意识，减少对环境的破坏，保证苔藓植物足够的生存环境和质量。其次，要广泛深入地开展科学研究工作，对苔藓植物资源进行细致而全面的调查，编写相关名录和苔藓植物志，从形态与生态学特征、细胞和遗传学特性、植物化学及生理等各方面进行多学科研究，尤其要加强对珍稀、渐危物种的研究，制订合理的保护措施，加强人力和财力的投入。最后，还应该加强人工培养研究，这对于保护珍稀及濒危苔藓，保持生态系统的平衡是极为重要的，同时也是扩大资源量，以便进一步合理利用的基础。

山西蕨类植物新资料*

谢树莲[1]　王　芳[1]　刘晓铃[1]　张　峰[1]　赵益善[2]
（1 山西大学生命科学与技术学院，太原，030006；2 山西省蟒河自然保护区，山西阳城，048100）

摘　要：报道了山西省新记录的蕨类植物 6 种 1 变种，隶属 6 科、7 属，它们是井栏边草、东方狗脊、贵阳铁角蕨、雅致针毛蕨、沼泽蕨、毛轴假蹄盖蕨和高大耳蕨。

关键词：蕨类植物；新记录；山西

山西省地处我国的华北地区，是蕨类植物区系较贫乏的省份之一，目前已报道的种类不到 100 种[1-5]。作者在对山西省蟒河自然保护区的蕨类植物进行调查采集中，发现 6 种 1 变种为山西省新记录，现报道如下。凭证标本保存于山西大学生命科学与技术学院植物标本馆。

1　凤尾蕨科(Pteridaceae)

1.1　井栏边草(图版 I，1)

Pteris multifida Poir.，Lam. Encycl. Méth. Bot. 5：714. 1804；Fl. Reip. Pop. Sin. 3（1）：41，pl. 12，fig. 9~13，1990.

产山西阳城县蟒河，饮马泉，生于水流边岩缝中，海拔 670m，谢树莲等(MH2006004)，2006 年 5 月 6 日。

分布：河北、山东、河南、陕西、四川、贵州、广西、广东、福建、台湾、浙江、江苏、安徽、江西、湖南和湖北 。越南、菲律宾和日本也有分布[6-8]。为山西省新记录。

2　乌毛蕨科(Blechnaceae)

2.1　东方狗脊(图版 I，2)

Woodwardia orientalis Sw.，Schrad. Journ. Bot. 1800（2）：76. 1801；Fl. Reip. Pop. Sin. 4（2）：202，pl. 35，fig. 1~4，1999.

产山西阳城县蟒河，后大河，生于路边山坡，海拔 800m，谢树莲等(MH2006008)，2006 年 5 月 6 日。

分布：台湾、浙江、江西、福建和广东。菲律宾和日本也有分布[9]。为山西省新记录。

3　铁角蕨科(Aspleniaceae)

3.1　贵阳铁角蕨(图版 I，3)

Asplenium interjectum Christ，Bull. Acad. Gèogr. Bot. Mans1902：241. 1902；Fl. Reip. Pop. Sin. 4（2）：113，1999.

产山西阳城县蟒河，后大河，生于路边岩石缝，海拔 800m，谢树莲等(MH2006013)，2006 年 5 月

* 本文原载于《西北植物学报》，2007，(4)：4827-3830.

6日。

分布：贵州和云南。越南也有分布[9]。为山西省新记录。

4 金星蕨科(Thelypteridaceae)

4.1 雅致针毛蕨(图版Ⅰ，4)

Macrothelypteris oligophlebia (Bak.) Ching var. *elegans* (Koidz.) Ching, ActaPhytotax. Sinica 8: 309. 1963; Fl. Reip. Pop. Sin. 4(1): 78, 1999. —*Dryopteriselegans* Koidz, Bot. Mag. Tokyo38: 108. 1924.

产山西阳城县蟒河，水帘洞，生于水边地上，海拔700m，谢树莲等(MH2006014)，2006年5月7日。

分布：陕西、甘肃、河南、安徽、江苏、浙江、福建、贵州和广西等。日本、越南、印度和斯里兰卡也有分布[10]。为山西省新记录。

4.2 沼泽蕨(图版Ⅰ，5)

Thelypteris palustris (L.) Schott, Gen. Fil. Adnot. t. 10. 1834; Fl. Reip. Pop. Sin. 4(1): 22, 1999. ——*Acrostichumthelypteris* L., Sp. Pl. 1071, 1753.

产山西阳城县蟒河，水帘洞，生于水边林下阴湿处，海拔700m，谢树莲等(MH2006015)，2006年5月7日。

分布：北京、黑龙江、吉林、内蒙古、河北、河南、山东、新疆和四川。广泛分布于北温带地区[10，11]。为山西省新记录。

5 蹄盖蕨科(Athyriaceae)

5.1 毛轴假蹄盖蕨(图版Ⅰ，6)

Athyriopsis petersenii (Kunze) Ching, Acta Phytotax. Sinica9: 66. 1964; Fl. Reip. Pop. Sin. 3 (2): 340, pl. 77, fig. 1~8, 1999. ——*Aspleniumpe-tersenii*Kunze, Anal. Pterid. 24, 1837.

产山西阳城县蟒河，出水洞，生于水边林下，海拔750m，谢树莲等(MH2006018)，2006年5月7日。

分布：河南、陕西、甘肃、江苏、安徽、浙江、江西、福建、台湾、湖北、湖南、广东、海南、香港、广西、四川、重庆、贵州、云南和西藏[12]。韩国、日本、东南亚、南亚及大洋洲也有分布。为山西省新记录。

6 鳞毛蕨科(Dryopteridaceae)

6.1 高大耳蕨(图版Ⅰ，7)

Polystichum altum Chingex L. B. Zhanget H. S. Kung, Acta Phtotax. Sinica36: 465. 1998; Fl. Reip. Pop. Sin. 5(2): 54, pl. 15, fig. 6~8, 2001。

产山西阳城县蟒河，后大河，生于路边林下，海拔800m，谢树莲等(MH2006006)，2006年5月6日。

分布：四川和云南[13]。为山西省新记录。

图版 I　山西 6 种 1 变种蕨类新记录植物

1. 井栏边草；2. 东方狗脊；3. 贵阳铁角蕨；4. 雅致针毛蕨；5. 沼泽蕨；
6. 毛轴假蹄盖蕨；7. 高大耳蕨 .

山西蕨类的新记录——凤丫蕨属*

朱莉香　孙克勤　崔文举　朱东泽　梁林峰*
（山西省林业调查规划院，山西太原，030012）

摘要：2017年8月在山西省阳城蟒河猕猴自然保护区发现了裸子蕨科(Hemionitidaceae)、凤丫蕨属(*Coniogramme* Fée)、太白山凤丫蕨(*Coniogramme taipaishanensis* Ching et Y. T. Hsieh)的野生分布。凤丫蕨属在我国分布于长江以南和西南亚热带地区，北至我国秦岭，此前在山西并未见报道，为新记录属。至此，山西裸子蕨科为分布有2属4种，阳城蟒河可能是我国太白山凤丫蕨天然分布的最北界。

关键词：凤丫蕨属；新记录；山西省；最北界

裸子蕨科(Hemionitidaceae)是蕨类植物门水龙骨目下的一个科，均属陆生中小型植物。本科约有17属，分布于世界热带和亚热带，少数达北半球温带，我国分布有5属[1]：泽泻蕨属(*Hemionitis* L.)、粉叶蕨属(*Pityrogramma* Link)、金毛裸蕨属(*Gymnopteris* Bernh.)、翠蕨属(*Anogramma* Link)、凤丫蕨属(*Coniogramme* Fee)。迄今为止，山西共记录1属[2]，为金毛裸蕨属(*Gymnopteris* Bernh.)。

2017年8月3日，作者在进行山西省第二次重点野生植物调查时，在山西阳城蟒河猕猴自然保护区新发现了凤丫蕨属(*Coniogramme* Fée)的分布，该属种在山西省首次发现，为山西省裸子蕨科新记录属。此前，山西省已记录有裸子蕨科植物1属，至此，山西已发现的该科植物为2属4种。现将裸子蕨科(Hemionitidaceae)新发现凤丫蕨属(*Coniogramme* Fée)及太白山凤丫蕨(*Coniogramme taipaishanensis* Ching et Y. T. Hsieh)记录报道如下：

1　新记录属——凤丫蕨属(*Coniogramme* Fée)[1]

Fée, Gen. Fil. 167, t. 14, f. 1, 2. 1850-1852; Cop. Gen. Fil. 63. 1947. —Diciyogramme Fée, op. cic 170. ——Notogramm Presl, Epim. Bot. 263. 1849.

形态特征：中等大的陆生喜阴植物。根状茎粗短，横卧，有管状中柱，连同叶柄基部疏被鳞片；鳞片褐棕色，披针形，有格子形网眼，全缘，基部着生。叶远生或近生，有长柄；柄为禾秆色或饰有棕色，或栗棕色，基部以上光滑，维管束断面呈U字形；叶片大，卵状长圆形、卵状三角形或卵形，一至二回奇数羽状，罕为三出或三回羽状；侧生羽片一般5对左右(少则3对，多则10对以上)，对生或互生，有柄，如为一回羽状则顶生羽片和其下侧生羽片同形，如为二回羽状，则仅下部1~3(4)对羽片为一回奇数羽状或三出，向上的羽片单一，并且顶生羽片和下部侧生羽片上的顶生小羽片同形；小羽片(或单一羽片)大，披针形至长圆披针形，先端渐尖或尾尖，基部圆形至圆楔形，罕为略不对称的心形或楔形，边缘往往为半透明的软骨质，有锯齿或全缘。主脉明显，上面有纵沟，下面圆形，侧脉一至二回分叉，分离，少有在主脉两侧形成1~3行六角形网眼，网眼内无小脉，网眼以外的小脉分离，小脉的顶端有或多或少膨大的线形、纺锤形或卵形水囊，远离锯齿或伸入锯齿，或直达齿顶与软骨质的叶边汇合。叶草质至纸质，少有近革质，两面光滑或下面(有时上面)疏被淡灰色有节的短柔毛，或基部具乳头的短刚毛。孢子囊群沿侧脉着生，线形或网状，不到叶边，无盖，有短小隔丝(毛)混生；孢子囊为水龙骨型，环带由14~28个加厚细胞组成，有短柄；孢子四面型，透明，表面光滑，无周壁。染色体 $x=15$，(30)。

---

* 本文原载于《山西大学学报(自然科学版)》，2018，41(4)：857-860.

国内分布与生境[1]：中国已知有 39 种。主产中国长江以南和西南亚热带温凉山地阴湿处，北至我国秦岭，西至喜马拉雅山西部，东到我国东北。

山西分布地点与生境：山西省阳城蟒河猕猴国家级自然保护区后河，海拔 400~420m，位于谷底，悬崖下，小溪旁等潮湿环境。

保护价值[1,7]：凤丫蕨属各种形态优美，颜色嫩绿，是夏秋季节优良的观赏蕨类。适宜于盆栽室内或作瓶插陪衬观赏，也适宜于庭园中栽培。本属各种的嫩叶可作蔬菜，根茎可提取淀粉。根状茎与全草入药，味甘、性凉，有清热解毒、消肿凉血、活血止痛、祛风除湿、止咳、强筋骨的功效。主治风湿关节痛；瘀血腹痛；闭经；跌打损伤；目赤肿痛；乳痈；各种肿毒初起。中药化学成分有含蕨素(pterosin)D，表蕨素(epipterosin)L 和蕨素 X、Y。根茎含 β-谷甾醇(β-sitosterol)，棕榈酸 β-谷甾醇酯(β-sitosterylpalmitate)，β-谷甾醇-D-葡萄糖甙(β-sitosteryl-β-D-glucoside)，环鸦片甾烯醇(cyclolaudenol)，叶含辛苯酮(octabenzone)。

采收和储藏：全年或秋季采收，洗净，鲜用或晒干。

山西省裸子蕨科分属检索表[1,2]

1. 叶一至二回羽状，软革质，下面密被黄棕色、有粗筛孔的覆瓦状鳞片或长绢毛。 ……… 1. 金毛裸蕨属 *Gymnopteris* Bernh.

1. 叶一至三回羽状，草质或纸质，下面光滑或稍被多细胞柔毛；大型植物，高达 1m 左右；叶片羽状片裂，单羽片或小羽片通常长超过 10cm，宽 1cm 以上，披针形。 ………………………………… 2. 凤丫蕨属 *Coniogramme* Fée

2 新记录种——太白山凤丫蕨(*Coniogramme taipaishanensis* Ching et Y. T. Hsieh)[1]

太白山凤丫蕨图版：1~5

植株高约 50cm。叶柄长 25cm，粗 2.5mm 左右，枯禾秆色或紫红色，光滑；叶片和叶柄近等长，宽约 22cm，阔卵形，基部二回羽状，向上为一回羽状；侧生羽片 3 对，斜上，基部一对最大，对生，长达 17cm，宽约 14cm，阔卵形，柄长 2cm，奇数羽状，侧生小羽片 3~4 片，长 6~10cm，宽 2~3cm，阔披针形，渐尖头，基部阔圆形而略下延，有短柄，顶生小羽片最大，长 11~13cm，宽 3.5~4cm，渐

1. Habitat; 2. Habit; 3. Abaxial veins of leaves;
4. Microscopic surface of the leaf; 5. Microscopic microsporangium
Fig. 1 Coniogramme taipaishanensis
1. 生境；2. 植株；3. 叶背面；4. 显微镜下叶表面 10×1；5. 显微镜下孢子囊 10×1
图 1 太白山凤丫蕨

尖头，基部不对称，阔圆楔形，略下延，有长柄或基部下侧仅裂出1片小羽片；第二对羽片互生，和基部羽片上的顶羽片同形同大；第三对羽片略小，顶生羽片最大；羽片边缘有三角形矮锯齿，多少不规则。叶脉二回分叉，顶端的水囊伸达锯齿基部。叶草质，干后上面暗绿色，有一二粗短毛，下面灰绿色，有细柔毛。囊群线形，伸达离叶边6mm处。

山西分布与生境：山西省阳城蟒河猕猴国家级自然保护区后河，地理位置：35°02′07.43″N，111°46′45.19″E，海拔400~420m，盖度80%，位于谷底，悬崖下，小溪旁等潮湿环境。伴生植物有：海州常山(*Clerodendrum trichotomum*)，鹅耳枥(*Carpinus turczaninowii*)，领春木(*Euptelea pleiospermum*)，建始槭(*Acer henryi*)，榆树(*Ulmus pumila*)，接骨木(*Sambucus williamsii*)，木姜子(*Litsea pungens*)，连翘(*Forsythia suspensa*)，苎麻(*Boehmeria nivea*)，水芹(*Oenanthe javanica*)，荩草(*Arthraxon hispidus*)，葎草(*Humulus scandens*)，小叶朴(*Celtis sinensis*)，秋海棠(*Begonia grandis*)，益母草(*Leonurus artemisia*)，蝎子草(*Girardinia suborbiculata*)，透茎冷水花(*Pilea pumila*)等。

国内分布与生境[1]：产自陕西(太白山)、河南(篙县、伊阳、西峡)、四川(青城山、城口、洪溪)、贵州(毕节)、云南。生长于海拔1200~1950m的林下或灌丛。从目前已有的文献记载[1,4-6]看，太白山凤丫蕨多分布在我国亚热带(四川、贵州、云南等)和毗邻亚热带的暖温带南部(秦岭太白山和河南的篙县、伊阳、西峡)。从分布区和生境看，太白山凤丫蕨无疑为喜暖的植物。阳城蟒河位于山西省南部，地理位置优越，水热条件良好，冬无严寒，为太白山凤丫蕨的生存提供了良好的条件。阳城蟒河极有可能是我国太白山凤丫蕨天然分布的最北界，这对研究阳城蟒河乃至山西省中条山地区特殊地理环境下的植物演替及生物多样性保护等都有极其重要的科学价值。

结合形态观察，完成了山西省裸子蕨科的检索表，共包括4个种。

山西省裸子蕨科分种检索表[1-2]

1. 小型旱生植物；叶一至二回羽状，软革质，下面密被黄棕色、有粗筛孔的覆瓦状鳞片或长绢毛。
  2. 叶片下面密被覆瓦状的阔披针形鳞片；叶柄被纤维状鳞片；羽轴上面疏被鳞片。…………………… 1. 欧洲金毛裸蕨 *Gymnopteris marantae*
  2. 叶片下面密被长绢毛。
    3. 叶片一回羽状；羽片基部圆形(或偶尔下部的稍呈心形)。………………… 2. 金毛裸 蕨 *Gymnopteris vestita*
    3. 叶片二回羽状或一回羽状，羽片或小羽片基部深心脏形或有一、二小耳片。…………………… 3. 耳叶金毛裸蕨 *Gymnopteris bipinnata* var. *auriculata*
1. 大型阴生植物，高达1m左右；叶一至三回羽状，草质或纸质，下面光滑或稍被多细胞柔毛。…………………… 4. 太白山凤丫蕨 *Coniogramme taipaishanensis*

致谢：中国科学研究院植物研究所李振宇研究员、北京林业大学张钢民博士和山西大学张峰教授在标本鉴定和文章审核中提供了诸多帮助，谨致谢意！

山西蟒河自然保护区鹅耳枥林的聚类和排序*

米湘成　张金屯　上官铁梁　杜雪亮　李学风
（山西大学生命科学系）　　（运城会计学校）（运城农校）

摘　要：用等级聚类、极点排序和主成分分析等多元分析法，对蟒河自然保护区的鹅耳枥林进行分类和排序。等级聚类法将保护区的鹅耳枥林划分为四个群丛。极点排序和主成分分析较好地反映了群丛所在地的温度、土壤水肥状况的梯度变化，及植被的连续性变化。分析的结果表明，鹅耳枥林是原生植被破坏后形成的次生林，它在蟒河自然保护区的地带性分布是种群本身特性和生态环境综合作用的结果。

关键词：蟒河自然保护区；鹅耳枥；聚类分析；排序；植被

鹅耳枥（*Carpinus turczaninowii*）林在我国分布于辽宁、山东、河北、河南、陕西、山西等地[1]。在山西省东南的蟒河自然保护区内较为集中。本文利用数量生态方法对蟒河自然保护区内的鹅耳枥林进行分析，以利于揭示群落的特征，并对造林中种群的配置，以及森林的合理开发利用等，也具有实际意义。

1　生态地理环境

蟒河自然保护区属于山西省最南部的中条山脉，位于山西省阳城县境内，112°22′~ 112° 31′E，35°2′N，最高峰指柱山海拔 1572m，山势险峻。蟒河自然保护区位于暖温带季风区，气温 24. 0 ~ 25. 0℃，一月平均气温为-4. 5 ~ -3. 0℃，极端最低气温-24. 0℃ ~ -18℃，>10℃的积温 3400 ~ 3900℃，年降水量 600 ~ 650mm。

蟒河自然保护区温暖湿润，雨量充沛，植物种类丰富，并有少量亚热带种类和稀有保护植物南方红豆杉（*Taxus chinensis*）、匙叶栎（*Quercus spathukita*）等，以及中药材山茱萸（*Cornus officinalis*）。蟒河自然保护区植被区划上属于暖温带落叶阔叶林地带。保护区内以栎林为主，主要类型有槲栎（*Quercus dentatd*）林，栓皮栎（*Quercus variabilis*）林，橿子栎（*Quercus baronii*）林，及鹅耳枥（*Carpinus turczaninowii*）杂木林；灌丛常见的有连翘（*Forsythia suspensa*）灌丛，黄栌（*Cotinus coggygria* var. *cinerea*）灌丛，荆条（*Vitex negundo* var. *heterophylla*）灌丛等。

鹅耳枥林主要分布在蟒河自然保护区 600 ~ 1000m 地段，呈地带性分布。保护区森林的主要类型，鹅耳枥多长在基岩缝里，其生境特点：坡度大，土壤为山地褐土或碳酸盐褐土，发育较差，营养贫瘠，透水性强，土壤较干土壤腐殖质层 1 ~ 2cm，枯枝落叶层 2 ~ 3cm，土层厚 10 ~ 20cm。

2　研究方法

2.1　取样

采用样方取样法分层取样，共取样方 11 个（$10\times20m^2$），在样方内共记录乔木植物 15 种，灌木植物 22 种，草本植物 16 种，同时记载了样方的环境及数量性状；另用小样方法在样方内分别选取一有代表性的小样方对灌木和草本植物作了统计：灌木层样方面积为 $4\times4m^2$、草本层样方面积为 $1\times1m^2$。原始数据经过简缩去掉偶见种后，分层计算了 11 个样方中 30 个种的重要值，列成重要值数据矩阵。

* 本文原载于《山西大学学报（自然科学版）》，1994，17（3）：330-335.

2.2 聚类

以欧氏距离 $d_{jk}=\sqrt{\sum_{i=1}^{n}(X_{ij}-X_{ik})^2}$ 计算群落间的相异系数，n 为样方数，X_{ij} 和 X_{ik} 分别是第 i 个种在样方 j 和 k 中的重要值。以 d_{jk} 为指标，按最远邻体法和可变法[2]对样方进行聚类。

2.3 排序

2.3.1 极点排序

以 Bray - Curtis 距离公式：$B_{ik}=\sum_{i=1}^{n}|X_{ij}-X_{ik}|/\sum_{i=1}^{n}(X_{ij}+X_{ik})$ 计算群丛间的相异系数，然后进行排序。

2.3.2 主成分分析(*PCA*)主成分分析方法见[2]。

3 结果与分析

3.1 聚类结果与分析

对 11 个样地用最远邻体法和可变法进行聚类，结果用树状图表示（图 1）。

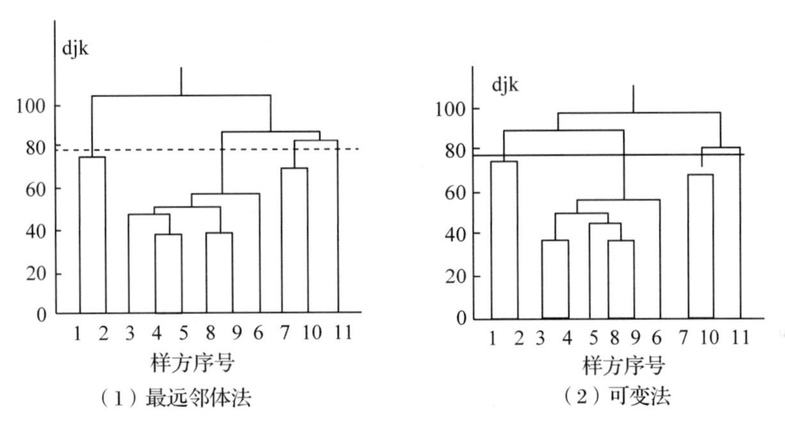

图 1 鹅耳枥林 11 个样方的聚类图

图 1 表明，两种方法具有大致相同的聚合过程和结果，与根据《中国植被》分类系统原则，对群丛的生态学定性分析结果一致，蟒河自然保护区鹅耳枥群系可划分为 4 个群丛：

Ⅰ. 鹅耳枥+橿子栎—连翘—披针薹草群丛(Ass)(*Carpinus turczaninowii* + *Quercus baronii*—*Forsythia suspensa*—*Carex laceolata*)(包括样方 1，2)。

Ⅱ. 鹅耳枥+栾树—连翘—披针薹草群丛(Ass. *Carpinus turczaninowii*+*Koelreutma paniculata*—*Forsythia suspensa*-*Carex lanceolata*)(包括样方 10，7)。

Ⅲ. 鹅耳枥 +盐肤木—连翘—披针薹草群丛(Ass.)(*Carpinus turczaniowii*+*Rhus chinensis* — *Forsythia suspensa*— *Carex lanceolata*)(包括样方 11)。

Ⅳ. 鹅耳枥+橿子栎—连翘+陕西荚蒾—披针薹草群丛(Ass. *Carpinus turczaninowii* + *Quercus baronii*—*Forsythia suspensa* + *Viburnum schensianum*—*Carex lanceolata*)(包括样方 3，4，6，8，9)。

各群丛的群落学特征见表 1，其中群丛 IV 在保护区内分布最广。从表中可以看出保护区内鹅耳枥林集中分布在海拔 700~760m 左右的阴坡或半阴坡，760m 以上多为零散分布，林木较稀，700m 以下为茂密的栎林所替代。鹅耳枥林带上部往往与橿子栎混生，下部常有栓皮栎伴生，而且在中段，鹅耳枥林中还有朴树(*Celtis sinensis*)、盐肤木(*Rhus chinensis*)、槭树(*Acer campbellii*)、桑树(*Moms alba*)、黑枣(*Diosprros lotus*)等乔木树种，群落结构较为复杂，纯林几乎没有，在较高海拔处鹅耳枥高一般为 5~

8m，海拔较低处高度一般为5~11m，而且树干弯曲分枝。灌木层主要优势种类有连翘(*Forsythia suspensa*)、陕西荚蒾(*Viburnum schensianum*)、忍冬(*Lonicera japonica*)等。

表1　4个鹅耳枥群丛特征表

序号	群落类型	坡向	坡度	海拔(m)	土壤类型	总盖度(%)	乔木层盖度(%)	灌木层盖度(%)	草木层盖度(%)	总种数	主要伴生种
1	鹅耳枥+橿子栎-连翘-披针薹草群丛	半阴坡	15°~20°	750~760	碳酸盐褐土或山地褐土	70~80	70~75	15	15	24	黑枣、盐肤木，五味子，忍冬，毛叶，荩草等
2	鹅耳枥+栾树-连翘-披针薹草群丛	阴坡	25°~35°	700~710	山地褐土	85	70~80	20	20	32	勾儿茶，孩儿拳头，山梅花，荆条，淫羊藿，小叶菊等
3	鹅耳枥+盐肤木-连翘-披针薹草群丛	阴坡	25°~35°	700~710	碳酸盐褐土	90	85	22.5	25	44	橿子栎，黑枣，陕西荚蒾，枸子木，荆条，荩草，茜草等
4	鹅耳枥+橿子栎-连翘+陕西荚蒾-披针薹草群丛	阳坡、半阴坡	20°	700~740	碳酸盐褐土或山地褐土	90	85	25	35	50	黑枣，盐肤木，土庄绣线菊，荆条，冻绿，茜草，淫羊藿等

3.2　排序结果及分析

排序的目的在于通过降维以较少的空间维数揭示植被变化的连续性或环境的梯度变化，以反映它们之间的相互关系。

3.2.1　极点排序

Bray-Curtis提出的极点排序，方法简单，意义明了，形象直观，目前仍在广泛应用。

蟒河自然保护区鹅耳枥林11个样方30个种的二维极点排序结果示于图2。排序效果检验表明，相关系数r=0.8569(P<0.01)，较好地反映了群丛间的相互关系。

从图2可以看出排序的结果同等级聚类结果基本一致，较好地反映了植被变化的连续 性和环境变化的梯度。

(1)Y轴反映了温度和土壤中水份变化，从上到下，随着海拔高度的增加，温度逐渐降低，岩石裸露程度增加，土层变薄，土壤保水能力降低而湿度变小。鹅耳枥林一般分布在阴坡和半阴坡，温度更易受海拔高度的影响。样方11比样方1、2海拔高度小，却排在Y轴最下端 是因为样方1、2在半阴坡，而样方11在阴坡，所以坡向差抵消了海拔高度的差异。

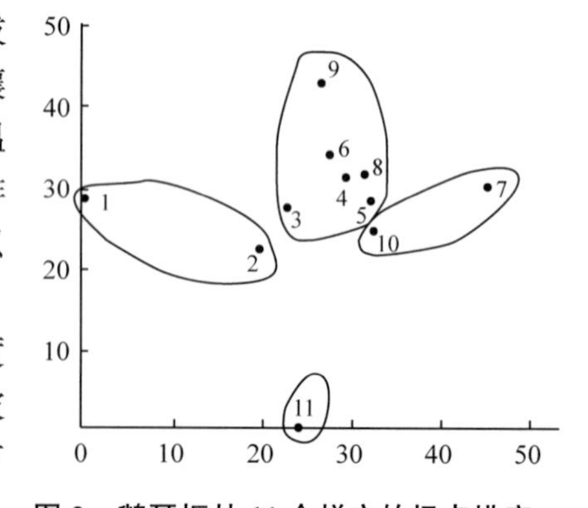

图2　鹅耳枥林11个样方的极点排序

(2)X轴反映了土壤水、肥状况的变化。随X轴的延长，坡度增加，径流量增加，土层变薄，土壤变得干旱、贫瘠。样方7的坡度最大，达35°，被排在X轴的最右端；而且海拔高度最小，只有700m，却被排在Y轴中部。

上述水、肥及温度的变化梯度表现在植被的连续性变化：由于鹅耳枥和橿子栎耐低温、干旱和贫瘠，随海拔高度的增加，栾树、盐肤木等伴生种减少，鹅耳枥和橿子栎反而因竞争减少而使盖度、频度等都相应增加了，因而乔木层的总盖度由下到上递减幅度小。随海拔高度降低，栾树、盐肤木等因环境条件的改善而繁茂，与鹅耳枥成为共建种，到海拔 760m 以下，鹅耳枥林已被栓皮栎林所取代。

3.2.2 主成分分析(*PCA*)

PCA 由于数学基础严格，目前应用最广泛。

PCA 的结果表明，前三个主成分分别占总信息量的 21.9%，16.7%，14.1%(见表2)，共占信息量 52.6%，我们用主成分 I 和主成分 Ⅱ 构成排序图(如图 3)。

表 2　鹅耳枥林 9 个主要种的重要值在前三个主分量上的负荷值

种名	鹅耳枥	橿子栎	栾树	黑枣	盐肤木	连翘	陕西荚蒾	土庄绣线菊	忍冬	特征根	信息百分比
第一主分量	−0.711	0.619	−0.397	0.367	−0.281	0.362	0.108	0.226	0.897	6.126	21.9%
第二主分量	0.435	0.087	−0.186	−0.698	−0.430	0.581	0.594	0.604	0.169	4663	16.7%
第三主分量	−0.186	−0389	−0.549	−0.473	0.101	−0.473	0.302	−0.282	−0.033	3.951	14.1%
h^2	0.723	0.542	0.494	0.846	0.481	0.846	0.456	0.495	0.834	14.740	52.6%

从图 3 可以看出从右上到左下，温度、土壤的水肥梯度与极点排序的结果基本一致。从表 2 中可看出对第一主分量贡献最大的是忍冬和鹅耳枥，忍冬与第一主分量成正相关，鹅耳枥与第一主分量成负相关，因此由于第一主分量的作用，群丛 I 被排在 X 轴的右方，而其他群丛则被排在 X 轴的左方；对第二主分量贡献最大是黑枣和土庄绣线菊(*Spiraea pubescens*)，黑枣与第二主分量成负相关，土庄绣线菊与第二主分量成正相关，第二主分量使群丛 I、IV 靠 Y 轴上方，群丛 II、III 靠 Y 轴下方。

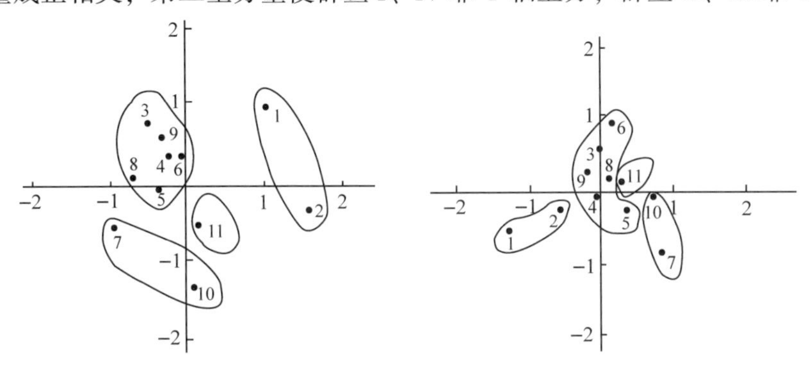

图 3　11 个样方的 PCA 二维排序图　　　图 4　灌木层的 PCA 二维排序图

为了进一步探讨乔木层、灌木层与环境之间的关系，用 11 个样方乔木层 7 个种和灌木层 12 个种的重要值分别进行 PCA 排序，乔木层排序结果表明前两个主分量的累积贡 献率达 64.6%，能较好地反映样方间的生态关系，其排序图与图 3 基本一致(图略)，表明了乔木层的生态梯度能代表整个植物群落的生态梯度。

灌木层的排序结果中前三个主分量分别为总信息量的 32.5%，22.4% 和 15.6%(见表 3)，说明灌木层种的 PCA 排序降维是有效的。从图 4 可以看出，灌木层与乔木层及鹅耳枥群系的排序轴所代表的生态梯度方向恰巧相反，是因为鹅耳枥和橿子栎耐干旱、贫瘠和低温，随海拔高度的增加，环境的变化，其他种类逐渐不能适应，鹅耳枥与橿子栎却因与其他种的竞争减少而繁茂；随海拔高度的降低，土壤和温度条件的改善，其他乔木种与鹅耳枥竞争逐渐激烈，林下灌木层盖度增大，与鹅耳枥幼苗争夺空间和水肥等资源，到海拔 700m 以下或阳坡鹅耳枥林已完全被栎林所取代。

表 3 鹅耳枥林的灌木层主要种在前三个主分量的负荷值

种名	连翘	陕西荚蒾	土庄绣线菊	忍冬	勾儿茶	枸子木	孩儿拳头	荆条	山梅花	特征根	信息百分比
第一主分量	0.466	−0.455	−0.671	−0.778	0.776	0.019	0.526	0.330	0.668	3.577	32.5%
第二主分扯	0.607	0.651	−0.175	−0.400	−0.376	0.781	−0.535	0.268	−0.450	2.468	22.4%
第三主分量	−0.462	−0.446	0.002	0.174	0.258	0.167	−0.216	0.847	0.498	1.717	15.6%
h^2	0.799	0.829	0.481	0.796	0.810	0.638	0.608	0.898	0.897	7.762	70.6%

对比表 2 和表 3 的主分量负荷值，可看出主要种的负荷值恰好相反，使得它们的排序轴所代表的生态梯度也恰好相反。忍冬和土庄绣线菊在两次 PCA 排序中都起着区分群丛的作用。

4 小结

（1）综合分类和排序的结果来看，鹅耳枥林在保护区的地带性分布是鹅耳枥种群本身特性和保护区特定的自然环境综合作用的结果。

（2）鹅耳枥林中鹅耳枥幼苗占一定比例，而且它在各群丛中的重要值均在 135 以上，表明鹅耳枥林处在中生或幼龄阶段，可是它又是较古老的树种。随着时间推移和环境变迁，鹅耳枥林群落结构会发生一定变化，但群落类型仍将保持相对稳定。

山西蟒河自然保护区栓皮栎林的聚类和排序*

米湘成　张金屯　张　峰　上官铁梁

摘　要：本文用等级聚类、极点排序、主成分分析和对应分析等多元分析法，对蟒河自然保护区的栓皮栎(*Quercus variabilis*)林进行了聚类和排序。等级聚类法将蟒河自然保护区的栓皮栎林划分为五个群丛，极点排序、主成分分析和对应分析三种方法得出一致的结论，并较好地反映了环境变化的梯度及植被变化的连续性，综合分析表明栓皮栎林是保护区内稳定的群落类型。

关键词：栓皮栎林；聚类分析；排序

栓皮栎林(*Quercus wiabilis*)广泛分布在我国N25°— 40°围内的冀、辽、鲁、豫、晋、陕，甘、鄂，湘、川、云、贵等省，其中以暖温带阔叶林区域分布为多，在亚热带北部、中部也有较大面积的分布。从栓皮栎林分布区的水热条件看，其年平均气温约10~16℃，年平均降水量500~1200mm。栓皮栎林主要见于海拔700m左右的低山丘陵阳坡，林下多为山地褐土，砂壤质，土壤发育不好，土层内多砾石。

近年来，关于北京[6]、山东[6]等地的栓皮栎林研究已有专门报道，但对山西栓皮栎林除了王孟本做过山西高原栓皮栎林的初步研究以外，像中条山东段等地，至今尚未有专门的报道。本文利用数量生态方法对山西蟒河自然保护区内的栓皮栎林进行了分类和排序。

一、群落生态地理特点

栓皮栎林在山西主要分布在中条山南坡，吕梁山南段海拔1000m左右的山地，在太行山南段的陵川和中部西麓的平定盆地，以及太岳山主峰霍山西麓亦有分布。

蟒河自然保护区属于山西省最南部的中条山东段，位于山西省阳城县境内，112°22 ′~112°31E；35 °02′~35 °17′N，最高峰指柱山海拔1572m，山势险峻。蟒河自然保护区位于暖温带季风气侯区内，年平均气温9.0~12.0℃。七月平均气温24.0~25.0℃，一月平均气温-4.5~-3.0℃，极端最低气温-24.0~-18℃。>10℃积温3400~3900℃，年降水量600~650mm。

蟒河自然保护区温暖湿润，雨量充沛，植物种类丰富，并有少量亚热带植物，如三叶木通(*Akebia trifoliata*)，南蛇藤(*Celastrus articulatus*)等，稀有保护植物南方红豆杉（*Taxus chinensis* var. *mairei*）、匙叶栎(*Quercus spathulata*)等，以及中药材山茱萸（*Cornus officinalis*），年产3000~3500kg，品质优良。植被区划属于暖温带阔叶林地带。保护区以栎林为主，主要类型有槲栎(*Quercus dentata*)、栓皮栎林、橿子栎(*Quercus baronii*)林，及鹅耳枥(*Carpinus turczaninowii*)杂木林；灌丛常见的有连翘(*Forsylhia suspensa*)灌丛，黄栌（*Cotinus coggygria* var. *cinerea*)灌丛，荆条（*Vitex negundo* var. *heterophylla*)灌丛等。

保护区内栓皮栎林下均为山地褐土，土壤发育较差，常见砾石，营养贫瘠，透水性强，土壤水分含量少；土壤表层腐殖层1~2cm，枯枝落叶层2~3cm，土层厚10~20cm。

二、研究方法

1. 取样：采用样方取样法分层取样。首先取13个大样方(10×20m^2)，记录乔木层植物的数量性

* 本文原载于《植物研究》，1995，15(3)：397-402.

状，并记录样方的环境条件；再在大样方内分别选取有代表性的小样方对灌木和草本植物进行统计；灌木层样方面积为 $4\times4m^2$，草本层样方面积 $1\times1m^2$。

2. 数据处理。原始数据经过简缩去掉偶见种后，分层计算了 13 个样方 57 种中的 30 个种的重要值，列成重要值数据矩阵，分别用系统聚类，极点排序、主成分分析、对应分析等多元分析法进行分析。

三、研究结果及分析

1. 聚类结果及分析

以等级聚类法中的离差平方和法及可变法对 13 个样方进行聚类分析，结果用树状图表示，如图 1。

图 1 表明，两种方法具有大致相同的聚合过程和结果，并且与传统的定性分析结果相吻合，依《中国植被》分类命名原则[3]，将蟒河自然保护区栓皮栎群系划分为 5 个群丛：

Ⅰ. 栓皮栎–黄栌–披针薹草群丛(Ass. *Quercus variabilis–Cotinus coggygria* var. *cinerea–Carex lanceolata*)(样方 9、12) 。

Ⅱ. 栓皮栎–荆条+陕西荚蒾–披针薹草群丛(Ass. *Quercus variabilis–Vitex negundo* var. *heterophylla* + *Viburnum schensianum– Carex lanceolata*)(样方 1、2、10、13)

Ⅲ. 栓皮栎–荆条–披针薹草群丛(Ass. *Quercus variabilis–vitex negundo* var. *heterophylla–Carex lanceolata*)(样方 4、8、3、11)

Ⅳ. 栓皮栎–陕西荚蒾+连翘–披针薹草群丛(Ass. *Quercus variabilis–Viburnum sthensianum* + *Forsythia suspensa–Carex Ianceolatd*)(样方 6)

Ⅴ. 栓皮栎+鹅耳枥–连翘–披针薹草(Ass. *Quercus variabilis* + *Capinus turczaninomi– Forsythia suspensa –Carex lanceolatd*)(样方 5、7)

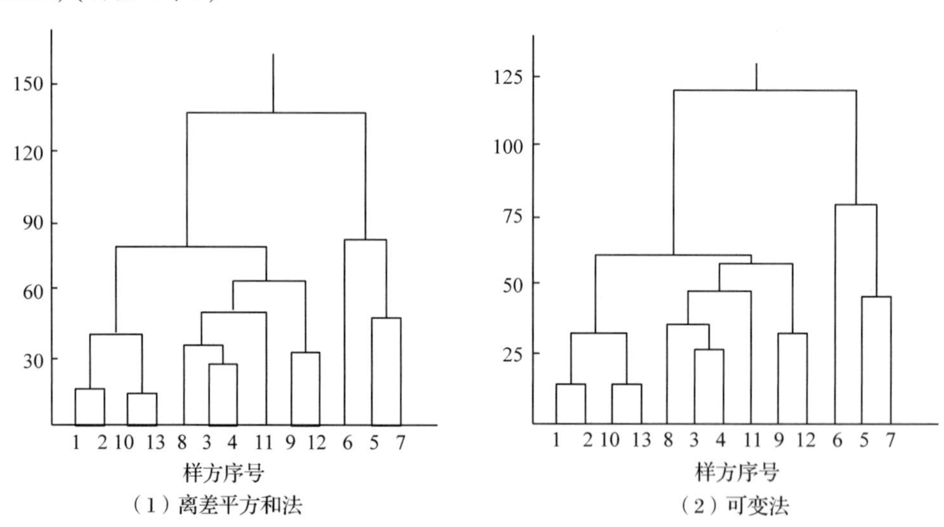

图 1 13 个栓皮栎林样方的聚类图

Fig. 1 Clustering diagrams of 13 samples of Quercus viriabilis forest with two methods

蟒河自然保护区内的栓皮栎林集中分布在海拔 500~700m 之间。群丛 I 分布于沟谷旁，由于保护区内降雨充沛，栓皮栎生长良好，乔木层的郁闭度都在 0. 6~0. 7 之间，主要伴生种有槲栎、黑枣(*Diospyms lotus*)林下灌木层由黄栌、荆条等组成；群丛Ⅱ、Ⅲ、Ⅳ是蟒河自然保护区分布最广、最具代表性的群丛，分布于山坡的中部，乔木层郁闭度在 0. 5~0. 6 之间，伴生种有山茱萸、鹅耳枥等，林下灌木层主要由陕西荚蒾、荆条、连翘等组成；群丛 V 位于海拔 700m 左右的山坡中上部，由于基岩裸露增多，土层变薄，土壤持水能力减弱，中旱生种类增多，乔木层中鹅耳枥已和栓皮栎成共建种，乔木层伴生种也主要由中旱生橿子栎组成，700m 以上或阴坡多被生长在基岩缝隙的鹅耳枥林取代。

2. 极点排序结果及分析

蟒河自然保护区栓皮栎林 13 个样方的二维极点排序结果示于图 2。排序效果的相关系数 r=0.8873（$P<0.01$），表明了极点排序结果与群丛的空间分布相关性极显著。

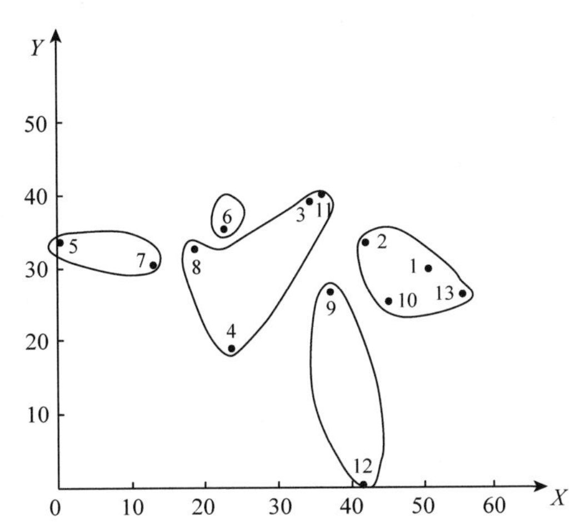

图 2　13 个栓皮栎林样方的极点排序

Fig. 2　The polar ordination of 13 samples of Quercus variabilis forest

从图 2 可以看出排序结果与等级聚类的结果基本一致，较好地反映了植被变化的梯度及环境变化的连续性：

（1）X 轴反映了样方生境的热量梯度和土壤水分含量的变化。沿 X 轴从右到左，随海拔高度逐渐增加，群落生境温度降低，土壤基岩裸露增加，土层变薄，土壤的含水量减少。群丛 V 所在的海拔最高（710m），被排在 X 轴的最左端。

（2）Y 轴反映了土壤水、肥状况的变化。排序图从下向上，随坡度的增加，径流量增加，土层变薄，土壤的持水保肥能力减弱。样方 12 所在地坡度最小（15°），被排在 Y 轴下端，因为大部分样方所在地的坡度在 25°～35°间，因此大部分样方都集中在 Y 轴的同一水平位置。

上述水、肥及温度的变化梯度也表明植被变化的连续性：随海拔高度的增加，土壤含水量的减少，生境温度降低，群丛过渡顺序依次是：群丛Ⅰ—群丛Ⅲ-群丛Ⅱ—群丛Ⅳ—群丛Ⅴ，乔木层的主要伴生种由槲栎、黑枣等变为鹅耳枥、橿子栎，到山坡中上部鹅耳枥已和栓皮栎成为共建种，海拔 700m 以上或阴坡，栓皮栎林已被鹅耳枥林所取代；灌木层也由黄栌、荆条等过渡到陕西荚蒾、连翘等。

3. 主成分分析（PCA）和对应分析（CA）结果及分析

从几何意义来看，PCA 和 CA 的意图一致，都是将一个多维点群有效地投影到低维空间上。从图 3、图 4 可看出，PCA、CA 与 PO 的分析结果基本一致。但 PCA、CA 的数学基础严格，排序效果也优于极点排序。

表 1　栓皮栎林 7 个主要种在前三个主分量上的负荷值

Table1　Loading of 7 species to the first three principal components

种类	栓皮栎	鹅耳枥	荆条	陕西荚蒾	黄栌	连翘	菰子梢	特征根	所占信息百分比
第一主分量	-0.545	0.596	-0.691	0.145	-0.400	0.588	0.362	6.366	26.5%
第二主分量	0.617	-0.552	-0.237	0.677	0.582	-0.149	0.110	4.316	18.0%
第三主分量	0.171	-0.126	0.163	-0.169	0.242	-0.480	-0.423	2.983	12.4%

对保护区栓皮栎林 13 个样方的主成分分析结果表明：13 个样方中 30 个彼此相关的变量可以用彼此独立的 11 个新变量表示，从而达到了降维的目的。前三个主分量分别占总信息量的 26.5%、18.0% 和 12.4%，共占总信息量的 56.9%(表 1）。选用前两个主分量构成的排序图具有明确的生态学意义(如图 3)。

图 3 表明，从右下到左上 PCA 所反映的生态梯度与极点排序结果基本一致。

由表 1 可以看出，对第一主分量贡献最大的是鹅耳枥(0.596)和荆条(-0.691)，由于第一主分量的作用使群丛Ⅳ、Ⅴ被排在 X 轴的右端，群丛Ⅰ、Ⅱ、Ⅲ排在 X 轴的左端，鹅耳枥是中生植物，荆条喜温性强，表明 X 轴反映了群落生境的温度变化梯度；对第二主分量贡献最大的是鹅耳枥(-0.55)和陕西荚蒾(0.677)，由于第二主分量的作用使群Ⅳ、Ⅱ 排在 Y 轴上方，Ⅰ、Ⅲ、Ⅴ排在 Y 轴下方。可见非建群种在群落低级单位的分类和排序中起着重要的作用。

CA 处理非线性数据的能力强，其分析结果一般优于 PO 和 PCA。比较图 2、图 3 和 图 4 就可以看出。CA 排序图样方间的关系界线和群丛间的生态关系都较明显。

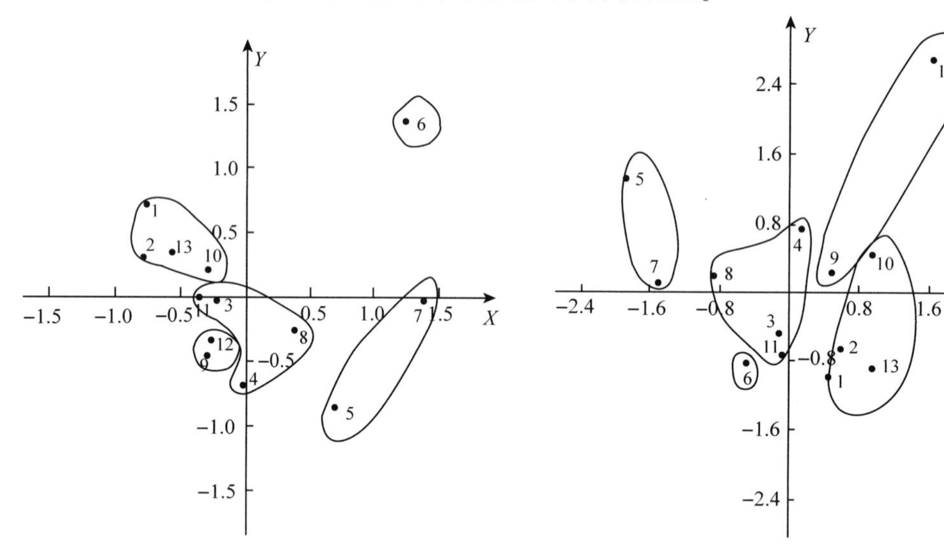

图 3　13 个样方的 PCA 二维排序图

Fig. 3　Two-dimensional diagram of PCA ordination for 13 samples

图 4　13 个样方的二维 CA 二维排序图

Fig. 4　Two-dimensional diagram of CA ordination for 13 samples

四、结语

1. 结合传统的定性分析，用等级聚合中的离差平方和法及可变法将蟒河自然保护区的栓皮栎林划分为 5 个群丛，与实际情况基本相符，具有明确的生态学意义。

2. 对 PO，PCA，CA 的排序图可以看出，三种排序方法得到的排序图都明显地反映了群丛间的生态关系，图与图之间可以相互旋转而成，说明它们反映的样方空间关系是一致的，即生态关系是一致的。

3. 蟒河自然保护区内栓皮栎林各群丛中栓皮栎的重要值都在 180 以上，林下栓皮栎幼苗占一定比例，表明栓皮栎林是保护区内稳定的群落类型。它地处晋东南，纬度较低，比北京山区的栎林[6]群落更为复杂，林下种类也较多一些，如前所述，还出现了一些亚热带植物种类。

4. 栓皮栎林是保护区内重要的群落类型，它的稳定对保护珍贵的常绿树种南方红豆杉、匙叶栎等，对保护蟒河自然保护区内珍贵的猕猴(阳城猴)有着重要的意义，而且对保持水土，涵养水源也有着重要作用。因此应加强人工抚育和管理，增加其生态效益和社会、经济效益。

蟒河自然保护区珍稀树木的数量与分布*

田随味

蟒河自然保护区植物种类繁多，资源丰富，其中许多植物在山西乃至华北均属珍稀树种，对其种类与生境的调查对研究自然演替规律及今后的经营保护均具有比较重要的价值。本文综合了多年来的调查统计资料，对列入国家保护名录及山西省稀有珍贵的8种树木数量与分布作了初步阐述。

1. 领春木(Euptelea pleiosperma Hook. f. et. Thoms, f. francheti(Yan Tiegh)P. C. Kuo)

生于海拔600~900米谷地、河边或林缘与漆树、五角枫等混生，国家三级保护植物，数量较少，其分布状况见下表：

地名	数量	海拔 m	坡向	坡度	坡位	土壤 厚度	生长 状况	优势度
后大河	+	700~800	北东		河谷	中	中	×
杨庄河	+	700~900	北	40	下	中	差	×
拐　庄	+	600~700	南东	45	下	中	中	×

注：+表示5株以下，++ 50~100株，+++ 100株以上，土壤厚度有薄、中、厚，生长状况优、良、中、差。优势度√表示局部优势种，×表示非优势种(以下相同)。

2. 山白树(Sinowilsonia henryi Hemsl)

生于海拔600~700米，沟谷或阴坡灌丛中，国家三级保护植物，与南方红豆杉、山茱萸等混生，数量稀少，其分布状况见下表：

地名	数量	海拔 m	坡向	坡度	坡位	土壤 厚度	生长 状况	优势度
后大河	+	650			河谷	中	中	×
滴水盘	+	700	东	30	中下	中	中	×

3. 青檀(Pteroceltis tatarinowii Maxim)

生于海拔600~800米石灰岩裸露石缝中或花茬岩上，国家三级保护植物，在本区分布见下表：

地名	数量	海拔 m	坡向	坡度	坡位	土壤 厚度	生长 状况	优势度
后大河	+	650~700	西东	岩边	中	薄	良	×
南河	+++	700~800	北	岩边	中	薄	薄	×
拐庄	++	600~650	东南	岩边	中	薄	中	×
后小河	++	700~800	南	岩边	中	薄	中	×
仙人洞	+	700~800	南北	岩边	中	薄	中	×

4. 南方红豆杉(Taxus mairei(Lemee et Levl)S. Y. Hu et Liu)

生于海拔600~700米沟谷、林绣或路边，与匙叶栎、山白树等混生于灌丛中，省级保护植物，其分布状况见下表：

* 本文原载于《山西林业》，1997，(4)：22.

地名	数量	海拔 m	坡向	坡度	坡位	土壤厚度	生长状况	优势度
后大河	+++	650~700			沟谷	中	中	×
杨庄河	+	650~700	南	30	下	中	中	×
拐庄	+++	600	东	40	下	中	中	×
洞底河	++	680~720	南		河谷	中	中	×

5. 匙叶栎(Quercus spathulata Seem)

生于海拔650~700米沟谷山坡，省级保护植物，仅见于后大河，数量稀少，其分布状况见下表：

地名	数量	海拔 m	坡向	坡度	坡位	土壤厚度	生长状况	优势度
后大河	+	650~700	东	40	中	中	差	×

6. 异叶榕(Ficus heteromorpha Hemsl)

地名	数量	海拔 m	坡向	坡度	坡位	土壤厚度	生长状况	优势度
后大河	+	650~700	东	40	中	中	差	×
南河	++	650~700	北	40	下	中	中	×

7. 刺楸(Kalopanax pictus(Thunb) Nakai)

生于海拔800米左右的山麓，省级保护植物，在本区分布几近绝迹，总数不超过10株，其分布状况 见下表：

地名	数量	海拔 m	坡向	坡度	坡位	土壤厚度	生长状况	优势度
东沺	+	780	西	10	村边	中	良	×
石人山	+	800	东	15	岩头	中	中	×

8. 猬实(Kolkwitxia amabilis Graebn)

生于海拔800米以下的山坡、林下和灌丛中，国家三级保护植物，其分布状况见下表：

地名	数量	海拔 m	坡向	坡度	坡位	土壤厚度	生长状况	优势度
圪节沟	++	800	东	40	沟心	薄	差	×
石人山	+	800	东	15	中	薄	差	×
南河	++	700	北	30	上中下	薄	良	×

由统计结果可以发现，本区的珍稀树木均系热带、亚热带区系成分的树种，除南方红豆杉、青檀两种尚有一定数量分布外，其余的分布已几近绝迹，且分布仅局限于该区的某一条沟内的某一部位，脆弱性很强，许多植物在该区分布已达其自然分布的最北限，亟待加强保护。

（作者单位：山西省蟒河自然保护区管理所）

山西植物一新纪录属和四个新纪录种*

岳建英　刘天慰　关芳玲
(《山西植物志》编委会，太原，030006)

摘　要：文中报道在编写《山西植物志》过程中发现整理的一新纪录属及种—— 蜂斗菜属 *Petasites* Mill.（菊科 Compositae），毛裂蜂斗菜 *P. tricholobus* Franch，产宁武、沁源；另 3 个新纪录种为：柳叶旋覆花（*Inula salicina* L.（菊科），产夏县；千年不烂心 *Solanum cathayanum* C. Y. Wuet S. C. Huang(茄科 Solanaceae)，产阳城、晋城；婆婆纳 *Veronica didyma* Tenore（玄参科 Scroph ulariaceae），产永济。

关键词：新纪录；蜂斗菜属；毛裂蜂斗菜；柳叶旋覆花；千年不烂心；婆婆纳

在研究编著《山西植物志》(1～ 5 卷)过程中，我们发现了一些未被发表的新纪录属和新纪录种，将陆续发表。

山西新纪录属

蜂斗菜属 *Petasites* Mill.（菊科 Compositae）

多年生草本，被毛。花茎于早春先叶抽出。茎部叶互生，多数，退化成苞片状；基生叶后出，具长柄，叶片通常宽心形或肾状心形。头状花序多数 ，在茎顶端排列成总状或圆锥状聚伞花序；总苞钟状，总苞片 1～ 3 层，花序托平，无毛；花近雌雄异株，雌花细筒状，能育；柱头 2 裂；雄花或两性花高脚杯状，不育，花药基部全缘或钝，或稀短箭状，柱头棒状、锥状。瘦果圆柱形，无毛，具助；冠毛白色。

本属有 18 种，分布于欧洲、亚洲及北美洲，我国产 6 种，原仅分布于东北、华东及西南部，现山西新发现该属，本属目前在我省只发现 1 种，也为山西新纪录。

山西新纪录种

毛裂蜂斗菜(菊科)（见图 1）

Petasites tricholobus Franch. in Nouv. Arch. Mus. Hist. Nat. Paris 2, 6：52. 1883； S. Y. Hu in Quart. Journ. Taiw. Mus. 20：297. 1967；中国高等植物图鉴 4：548. 图 6509. 1975；秦岭植物志 1(5)：281. 1985.

产地：宁武管涔山秋千沟，刘天慰，曾昭玢 1344，1985-05-30；沁源县瓦窑山南沟。生海拔 1900m 山坡路旁、水边潮湿地。

分布：陕西、甘肃、四川、贵州、云南、西藏。

用途：全草入药，具消肿、解毒、散瘀之功效，治毒蛇咬伤，痈节肿毒，跌打损伤等症。

柳叶旋覆花(菊科)（见图 2）

Inula salicina L. Sp. Pl. ed. 1：822. 1753；Hemsl. in Journ. Linn. Soc. Bot. 23：430. 1888；S. Y. Hu in Quart. Journ. Taiw . Mus. 19，3— 4：299，1996；中国植物志 75：258. 1979.

产地：夏县泗交支家川，刘天慰 660，1962-07-25，生海拔 1260m 山坡。

分布：内蒙古、黑龙江、吉林、辽宁、山东、河南西部。欧洲、原苏联及朝鲜都有广泛分布。

千年不烂心(茄科 Solanaceae)（见图 3）

---

* 本文原载于《山西大学学报(自然科学版)》，1998，21(1)：86-89.

Solanum cathayanum C. Y. Wu et S. C. Huang 中国植物志 67(1): 84. 图版 20: 5－7. 1978. —*S. dulcamara* L. va r. *chinense* Dunal

产地：晋城东大河，包士英，严生俊 1621，1959-08-18；阳城桑林—蟒河，生山谷阴处。

分布：陕西、甘肃、河南、山东、江苏、安徽、浙江、福建、江西、湖南、湖北、四川、贵州、云南、广西、广东诸省(或自治区)。

用途：茎入药，可治小儿惊风；枝叶有清血之效。

婆婆纳(玄参科 Scrophulariaceae)(见图 4)

Veronica didyma Tenore, Fl. Napol. Prodr. 6. 1811；中国植物志 67(2): 284. 图 76. 1979；秦岭植物志 1(4): 332. 图 274. 1983。

产地：永济伍姓湖南滩，李才贵 157，1964-04-28，生海拔 360m 荒草地。

分布：华东、华中、华南、西北及北京，广布于欧亚大陆。

用途：茎叶味甜，可食。

图 1　毛裂蜂斗菜 *Petasites tricholobus* Franch.　　**图 2　柳叶旋覆花 *Inula Salicina* L.**

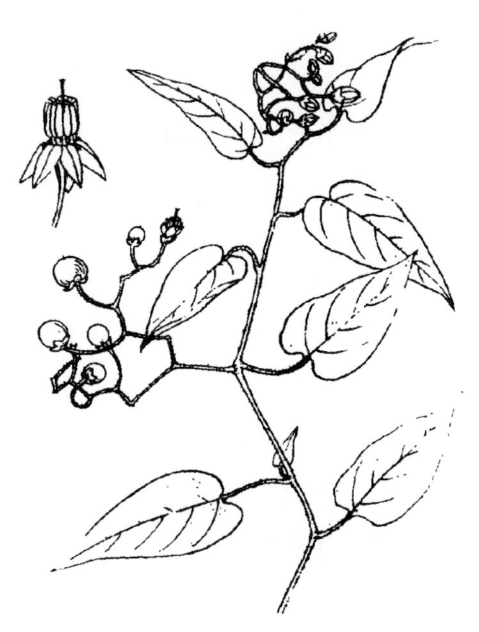

图 3　千年不烂心 *Solanum cathayanum* C. Y. Wu et S. C. Huang

图 4　婆婆纳 *Veronica didyma* Tenore
（关芳玲绘图）

山西蟒河自然保护区野生植物资源*

茹文明
（晋东南师专生物系，长治，046011）

摘　要：调查了蟒河自然保护区野生植物种类及属种区系成分，对野生经济植物资源进行了评价，并提出了利用和保护的对策。

关键词：蟒河自然保护区；野生植物资源；山西；中图法分类号：Q948

蟒河自然保护区位于山西省南部，自然条件优越，植物资源丰富，有许多珍稀濒危植物和亚热带成分。研究蟒河自然保护区的野生植物资源，对该区科学利用、保护植物资源，保护生物多样性以及国民经济建设具有重要意义。

1　自然地理概况

蟒河自然保护区位于山西南部阳城县境内，地处蟒山脚下，约 112°22′—112°31′35″E，35°2′50″—35°17′20″N，境内山峰陡峭，岩壁林立，沟壑纵横，地貌复杂，最高峰指柱山，海拔 1572.6m，最低处 300m。土壤在山地以褐土为主，土层较薄，山麓河谷则为冲积土，土层较厚。

本区属暖温半湿润大陆性季风气候。年均温 14℃，一月均温-3℃，七月均温 25℃，无霜期 220 天，年平均降水量 530~980mm。

植被区划上属暖温落叶林地带，优势植被类型有辽东栎（*Quercus Liaotungensis*）林、栓皮栎（*Q. Variabilis*）林、鹅耳枥（*Carpinus cardata*）林，山茱萸（*Comus officinalis*）林、南方红豆杉（*Taxus mairei*）林、油松（*Pinus tabulaeformis*）林，荆条（*Vitec negundo* var. *heterophylla*）灌丛、黄栌（*Cotinus coggygria*）灌丛，连翘（*Forsythia suspensa*）灌丛，白羊草（*Bothmochloa ischaemum*）草丛等。

2　植物区系组成

蟒河四周环山，中间谷地，境内沟壑纵横，地形复杂，气候多样，植物种类较为丰富。据初步调查，该地共有维管束植物 108 科，323 属 567 种，其中蕨类植物 8 科，10 属，12 种；裸子植物 4 科，4 属，5 种；被子植物 96 科，299 属 550 种。

在本区的区系成分中，属种数量较多的科有（以属数多少为序）菊科、禾本科、唇形科、蔷薇科、豆科、毛茛科、十字花科，百合科等。它们占种子植物总属数的 44.18%，占种子植物总数的 44.16%。在该地区的区系组成中占有重要作用。（详见表 1）

在蟒河植物区系中含有单型属和小型属 44 属，占总属数的 14%。单型属有文冠果（*Xantho ceras*）、青檀（*Pteroceltis*）、蚂蚱腿子（*Mgripnois*）、泥胡菜〈*Hemistepta*）、防风（*Ledebouriella*）、款冬（*Tuddilsho*）、知母（*Anemarrhena*）、白蘚（*Diclamnus*）、刺楸（*Kalopanax*）、侧柏（*Platycladus*）、白屈菜（*Chelidonium*）等，小型属有木通（*Arebia*）、黄栌（*Cotinus*）、博落迴（*Macleaya*）、山茱萸（*Comus*）、阴行草（*Siphonostegia*）、栾树（*Koelreuteria*）、地榆（*Sanguisorba*）、领春木（*Euptelea*）、枳椇（*Hovenia*）、双盾木（*Dipelta*）、盾果草（*Jyrocarpus*）、苦木（*Picrasma*）、芦苇（*Phragmites*）、沙棘（*Hippophae*）、射干（*Belancan-*

* 本文原载于《晋东南师专学报》，1999，（3）：30-34.

da)、虎榛子(*Ostrypsis*)等。

表1　蟒河种子植物的主要科属组成

	科名	属数	占总属数的%	种数	占总种数的%
菊科	Asteraceae	32	10.22	61	10.99
禾本科	Ciramineae	21	6.7	25	4.50
唇形科	Lemiaceae	18	5.75	20	3.78
蔷薇科	Rosaceae	16	5.11	47	8.46
豆科	Fosaceae	16	5.11	32	5.78
毛茛科	Ranuncalaceae	13	4.15	17	3.07
十字花科	Cruci ferae	12	3.83	16	2.88
百合科	Liliaceae	11	3.51	26	4.68
合计	8	139	44.38	244	44.16

在本区的区系成分中，木本植物共有50科104属、146种，分别占有种子植物总科数的50%，占总属数的33%，占总种数的26.30%，它们是组成温性针叶林、落叶阔叶林及落叶阔叶灌丛的建群 种、共建种或优势种，明显反映了温带植物区系所具有的基本特征。

3. 植物区系的分布区类型

根据吴征镒先生关于中国种子植物科属分布区类型的划分[3,5]，蟒河种子植物100科313属的分布区类型见表2。

表2　蟒河自然保护区种子植物属的分布区类型

分布区类型	属数	占总属数%
1、世界分布	27	
2、泛热带分布	42	14.69
3、热带亚洲和热带美洲间断分布	8	2.80
4、归世界热带分布	5	1.25
5、热带亚洲至热带分布	6	2.10
6、热带亚洲至热带非洲分布	10	3.50
7、热带亚洲分布	7	2.45
8、北温带分布	93	32.51
9、东亚和北美间断分布	18	6.29
10、归世界温带分布	37	12.94
11、温带亚洲分布	10	3.50
12、地中海区、西亚至中亚分布	6	2.10
13、中亚分布	7	2.45
14、东亚分布	29	10.14
15、中国特有分布	8	2.80
合计	313	100

从表2可以看出蟒河自然保护区种子植物属的区系成分复杂多样，但以温带成分占优势(共147

属，占总数属数的51.19%）；热带成分次之（78属，占总属数的27.27%）。该区种子植物种的区系成分中，中国特有种占绝对优势，达224种，占总数的38.82%。这与其所处的南暖温带的自然地理环境是相吻合的。

4　蟒河自然保护区经济植物资源概况

在蟒河自然保护区612种维管束植物中，有不少是经济价值较高或有重要用途的种类，按资源植物利用性质主要划分为以下12类：

4.1　纤维植物资源

据调查，该区纤维植物资源有68种，适于纺织的优良纤维植物有南蛇藤、胡枝子、杭子梢、榆（*ulmus pumila*）、大麻（*Cancnabis sativa*）、律草（*Humulusscandens*）、欣麻（*Urtica Cannabina*）、杠柳（*Periplicp sepium*）等。供造纸用的青檀、芦苇、白 桦、山杨、白羊草、黄背草（*Themeeda tradra Forsk Var japonica*）等。供大量农用纺织材料的荆条、柳、桑、椴等。

4.2　油脂植物资源

油脂是重要的生活资料，也是重要的工业原料，蟒河自然保护区油脂资源约有98种。含油量在30%以上的有油松、黄连木、漆树（*Rhusvermiciflua*）、紫苏（*Perilla furtescens*）、山桃、南蛇藤（*Celastrus articulatus*）、卫茅、毛榛子、虎榛子、马蔺、霍香、元宝槭（*Acer truncatum*）、榛子等。

4.3　芳香植物资源

蟒河自然保护区有41种，其中分布广、产量大、经济价值高的有荆条、草木樨、百里香、霍香、薄荷、北京丁香、木本香薰（*Elsholtzia stauntoni*）、油松、侧柏、黄花蒿（*Aretemisia annua*）、荆芥、花淑牡蒿（*A. japonica*）、细叶百合（*Lilium pumilum*）等。

4.4　鞣料植物资源

鞣料植物是提取烤胶的原料。烤胶又是制革、洗矿、印染、软化用水等的化工用品。本区可提取烤胶的植物有42种，其中贮藏量比较大、优质的资源有辽东栎、栓皮栎、蒙古栎、油松、山杨、山柳、桦、黄栌（*Cotinus coggygris*）、黄连木（*Pistacia dhiporzys*）、三裂绣线菊、地榆等。除此，常见的还有山桃、沙棘、牻牛儿苗、龙牙草等。

4.5　淀粉植物资源

本区有淀粉植物资源63种，如辽东栎、槲栎、板栗、榛子、榆的种子含丰富的淀粉。百合的鳞茎、知母、黄精、玉竹、穿山龙的根状茎及何首乌的根等也都含有大量的淀粉。

4.6　果类植物资源

本区有鲜果类植物82种，如桑、猕猴桃（*Actinidia* spp）、山楂（*Crataeguspinnatifida*）、山荆子、杜梨（*Pyrus betulaefolia*）、野葡萄（*Vitis amurensis*）。复叶葡萄、苹果、梨、柿、君迁子、胡颓子（*Elaeagnuspungens*）、沙棘、悬钩子、山桃（*Prunus davidiana*）、山杏、山樱桃、复盆子（*Rubus idaens*）等。

4.7　蜜源植物资源

蟒河自然保护区有蜜源植物59余种，为养蜂提供了优良资源，野生蜜源植物主要有荆条（*viex negundo L* var *thterophylla*）、酸枣、油松、蒲公英、百里香（*Thymusmongoliens*）、悬钩子、樱桃、美蔷薇、山桃、山杏、胡枝子（*Lespedsa bicolor*）、木本香薷（*Elsholteia ciliata*）、香薷、白桦、椴、刺儿菜（*Cophalanopolssegeteni*）、忍冬、大花溲疏、山梅花、荞麦（*Fagopyrum esewlentum*）、杜梨、连翘、丁香、鼠李、野山楂、槭树、漆树等。

4.8 饲料植物资源

蟒河自然保护区可用以饲料的植物和牧草资源十分丰富，约有130余种。主要有紫穗槐、胡枝子、刺槐、国槐、合欢、构树、香椿、榆、桑、楸树、漆树、君迁子、杏、红花锦鸡儿、小叶锦鸡儿等。饲用价值较高的牧草有苜蓿(*Medicago caliva*)、达乌里黄芪、草木樨状黄芪，杭子梢(*Campylotropis macrocarpa*)、早熟禾、鸡眼草（*Kummerowisslipulacea*）、白羊草、狗尾草(*Setaria vividiv*)、稗(*Echinochloa crusgalli*)、虎尾草(*Chloris virgataswartz*)、野豌豆(*Vicia bungeis*)，歪头菜、兰花棘豆、扁蓄、荠菜等。

4.9 药用植物资源

蟒河自然保护区药用植物资源十分丰富，约有312种，著名的药用植物有党参(*Codonopsis Pilosula*)、五味子(*Schisandra spp*)、天麻(*Gastrodia elata*)、何首乌(*Polygonum multiuflorum*)、连翘（*Forsythiasuspensa*)、黄芪(*Astragalus spp*)、柴胡（*Bupleurum spp*)、远志(*Polygala lenuijokia*)、南蛇藤、霍香、九节菖蒲(*Anemone altica*)、侧金盏花（*Adonis amurensis*)、华山参、独角莲(*Typhonium gigantenum*)、川贝母(*Fritillaria roylei*)、麦门冬（*Liriope spicata*)等。

4.10 农药植物资源

本区有农药植物46种，如大戟(*Euphorbia pekinnensis*)、龙牙草、艾蒿、黄花蒿、菌陈蒿、商陆、扁蓄、丁香、半夏(*Pineilia temata*)、天南星（*Arisaema consanguineum*)、博落迴(*Macleaya microcarapa*)、猫眼草、白屈菜(*Chelidorium majus*)、泽泻(*Euphorbia helioscopia*)、蓖麻(*Ricinus communis*)、苦参(*Sophora flarescens*)、槐树（*Sophora japonica*)、皂荚(*Gleditsia siensis*)、白头翁（*Pulsatilla chinensis*)、毛莨（*Halarpestes ruthenica*)、香椿、盐肤水、海州常山、车前、苍耳等。

4.11 野菜植物资源

本区有野菜植物56余种，常见的优良野菜如荠菜(*Cpdlla burepastoria*)、马齿苋(*Portulca oleracea*)、扁蓄(*Polygonum cwiculare*)、独行菜（*Lepidiumapetalum*)、藜(*Chenopodium albus*)、葛蓝菜(*Thlaspi arueuse*)、反枝苋(*Amaranthus rethroicexus*)、女娄菜(*Melandrum tatarimavill*)、苦买菜(*Sonchsus brachytous*)、酸模(*Kumexacetosa*)、车前(*Plantage asiatica*)等。深受人们喜爱的食用菌达10种，如松蘑、猴头木耳、羊肚菌等。

4.12 观赏植物资源

蟒河自然保护区有观赏植物资源159种，其中藤本植物5种，草木花卉78种，观赏灌木35种，观 赏乔木21种，观赏蕨类植物20种，分布数量多，观赏价值高的观赏植物非常丰富，如石竹(*Dianthus chinersis*)、桔梗、紫斑凤玲草、翠雀、山楼斗菜、柳叶菜(*Epilobium hirsutum*)、千屈菜、蒙古山萝卜、土庄绣线菊、三裂绣线菊(*Spiraea trilobata*)、美蔷薇、山杏、山桃、照山白、黄栌、女贞、胡枝子、山梅花、小花溲疏(*Deuteia parrijore*)、金花忍冬(*Lonicera chrysantha*)、五台忍冬、栓翅卫茅(*Euonymus phelomames*)、栾树、南方红豆杉、白皮松、黄连木、青皮槭、五味子、软枣猕猴桃等。

5 野生植物资源的开发、利用和保护

5.1 加强对野生植物资源的保护与管理

野生植物资源属再生资源。对它的开发利用必须首先遵循自然生态规律。因此对野生植物资源的开发利用要有长远的观点，要把开发利用和保护管理结合起来，把经济效益与生态效益结合起来，实现资源的持续利用。在蟒河自然保护区首先应保护那些珍贵而罕见的种类，这类植物种群数量小，分布区比较狭窄，生态环境比较独态或分布范围虽广但比较零星。如山白树、青檀、黄檗、连香树、领

春木、核桃楸、翅果油树、猬实等，为我国特有的罕见树种，已列为国家保护对象，要妥善保护。可制定法规，挂牌编号，加强管理和保护。同时可组织专门机构或责成专人进行人工繁殖。并在垣曲、沁水、阳城、晋城、陵川等县进行驯化或试栽。

对新近发现的亚热带树种，如：南方红豆杉、匙叶榕、异叶榕、野茉莉、郁香野茉莉、老鸹铃、三椏乌药、山檀、山胡椒、络石、紫珠、狭叶紫珠等宝贵的种质资源更应加强管理，注意保护。可选择适当地点(如：蟒河、历山等处)建立以保护亚热带树种为主要目的的保护特区，制定相应法规条例，切实加以保护与管理。对其他的野生植物资源要进行有组织、有计划、有步骤的合理开发利用，严禁破坏性、掠夺性的开发方式，要使利用量小于自然更生的生长繁衍量，这样才能保护生态平衡和资源的持续利用。

5.2 开展野生植物资源的综合利用，走产业化之路

对野生植物的开发利用要放眼全局，统筹安排，研究野生植物资源开发潜力要全面考虑资源物种的每一个部位，甚至每种化学成分，如壳斗科栎类植物，不仅树干是特种用材，坚果里含有淀粉，树皮、壳斗、根皮里又含有鞣质；油松的树干是建筑用材，同时针叶、枝干又可提取松脂，种子内含油脂等，充分发挥资源的效能，使野生植物得到合理开发，同时，要不断引入新技术新工艺，摸索开发利用的新途径与新措施，根据市场的需要，从粗加工到精加工，对边角料进行再加工，尽量做到产品加工过程中的系列化、多样化，适应市场的变化，提高该区野生植物资源开发利用的产值。

5.3 因地制宜绿化荒山荒坡，不断增加植物资源

蟒河自然保护区山多坡广，地形复杂，自然条件优越，植被覆盖率较高，但目前仍有相当面积的荒山荒坡，应积极实行绿化，除发展现有的松栎林外，在中低山尚应着重营造一些生长快、产量高的速生丰产的树种，如椴树、楸树、椿树、楝树等，对一些经济价值大的树种，应建立栽培基地，如山桐子、山茱萸、椋子木、水杉、杜仲、漆树等。在中低山或平原地带应扩大果树的栽培面积，大力发展猕猴桃等销路广、效益高、多用途的贵重果树。在一些丘陵或山地应着重栽植翅果油树、白刺花、牛奶子等喜阴耐旱的木本油料和密源植物等，这样既可提高植被覆盖率，增加植物资源的现存量，又可发展山区经济，致富山区人民。

5.4 发展自然保护区的旅游业

蟒河自然保护区地形复杂，自然条件优越，生物资源丰富，既有珍稀濒危树种和千姿百态的观赏植物，还有猕猴、麝香、刺猬、娃娃鱼等名贵的动物。境内有些地方古木参天，林荫蔽日，树密叶茂，郁郁葱葱，有的地段，险峰笔立，景色奇特，素有“山西天然公园”的美称，著名的国家自然保护区，历山自然保护区和蟒河自然保护区也都位于该地。因此，要充分利用这一自然资源，发展本地的旅游业。但在自然保护区里，开展旅游文化，才会有持久的生命力，同时，旅游业与服务业要同步、协调、配套发展，这样既能扩大对外经济技术、文化交流，又能增加贸易收入，从而加速自然景观资源的开发利用，推进当地经济发展。

山西蟒河自然保护区药用植物资源研究*

茹文明

摘　要：蟒河自然保护区位于山西南部，计有药用植物366种，按疗效可将它们分为11类，解表类66种；泻下类10种；清热类280种；祛湿类88种；祛痰止咳类28种；理血类86种；补益类27种；安神、平肝熄 风类13种；健胃、舒气、降压类24种；止泻止痢类18种；驱虫类3种。并对蟒河山区药用植物的开发利用 及保护提出建议。

关键词：蟒河自然保护区；药用植物；山西

1　自然地理概况

蟒河自然保护区位于山西南部阳城县境内，地处蟒山脚下，约112°22～112°31′35″E，35°2′50″～35°17′20″N。境内山峰陡峭，岩壁林立，地貌复杂，最高峰指柱山，海拔为1572.6m，最低处300m。成土母质以奥陶纪石灰岩和沙质石灰岩为主，土壤类型从低往高依次为山地褐土，山地淋溶褐土、山地棕 壤、亚高山草甸土。年均温14 ℃，最冷月(1月)均温-3℃，最热月(7月)均温25 ℃，≥10℃的年积温3170℃，年蒸发量1618.8mm，年降水量623.4mm，无霜期220d，气侯区划属暖温带半湿润大陆性季风气侯[1,4]。

2　药用植物资源概况

据调查该区野生维管束植物108科，323属，567种，其中药用植物366种，具有较大的开发利用潜力和可观的开发前景，依据它们对人体的作用可将其分成如下11类[2,3]。

2.1　解表类

该类植物在蟒河山区有66种。凡具有发汗作用，解除表症的药统称解表药。该类药有温与凉之分。故可分为辛温解表类与辛凉解表类。辛温解表药在该区主要有香蕾 Elsholtzia ciliata、白芷 Angelica dahurica、紫苏 Derilla frutescens、防风 Saposhnikovia divaricata 等；辛凉解表药主要有牛茅子 Arctium lappa、类叶升麻 Aclaea asiatica、薄荷 Mentha haplocalyx、柴胡 Bupleurum spp 等。

2.2　泻下类

本类型在蟒河山区有10种。凡能够引起腹泻或润肠促进排便或排除胸腹积水的药叫泻下药。该区主要有小叶鼠李 Rhamuns parivifolia、打豌花 Culystegia hederacea、皱叶酸模 Rumex cripsus、葶苈 Draba nemorosa、园叶牵牛 Ipcmoea hispida 等。

2.3　清热药

该类植物在蟒河山区有280种。清热药多系寒凉的药，具有清热的作用，主要用于热性病，但其中有泻火、解毒、凉血、清湿热等不同功效。在该区常见的有紫花地丁 Viola yedoensis、地黄 Renmannia glutionsa、马齿苋 Portulaca oleracea、蒲公英 Taraxacum mongolicum、连翘 Forsythia suspensa、白头翁

* 本文原载于《长治医学院学报》，2000，14(1)：13-14.

Pulsatilla chinensis 等。

2.4 祛湿药

该类植物在蟒河山区有 88 种。该类药能祛除湿邪，其中祛风湿药有兔儿伞 Syneilesis acomilifolia、侧柏 Plalyclaclus orientalist、菝葜 Smilax chinat 等；利湿药有瓣蕊唐松草 Thalictrum petaloideum、苍术 Atraclylodes lancea、异叶败酱 Patrinia rupestris 等。

2.5 祛痰止咳平喘药

该类植物在蟒河山区有 28 种。凡能祛除痰涎及减轻或止咳、气喘的药叫祛痰止咳平喘药。该区常见的有半夏 Arisaema consanguinenum、旋覆花 Inual japonica、天南星 Pineilia ternate、照山白 Rhododendnon micranthum、山丹 Lilium pumidam、紫苏等。

2.6 理血药

该类植物在蟒河山区有 86 种。该类药是调理血分的药，有活血、止血、补血和凉血之功效。该区常见的有桃 Anygdalus persica、仙鹤草 Agrimonia pilosa、小蓟 Cephalanopolos segetem、茜草 Rubia cordifolia、地榆 Sanguisorba officinalis、益母草 Leonurus helerophyllus、艾蒿 Artemisia argyi 等。

2.7 补益药

该类植物在蟒河山区有 27 种。该类药具有补气、补血、补阴、补阳的作用。在该区常见的有党参 Codonopsis pilosula、地黄桑 Moms Alba、槲寄生 Viscum coloratum、黄精 Polygonatum sibiricum、玉竹 Pocloratum、枸杞 lycium chinesis 等。

2.8 安神平肝熄风药

该类植物在蟒河山区有 13 种。凡具有安神定志，平肝潜阳及镇痉熄风作用的药都叫安神平肝熄风药。在该区常见的有桑、侧柏、猪毛菜 Tribulis terrestris、曼陀罗 Datura slraminium、白屈菜 Cheldo－niummajus、酸枣、藁木、缬草、天仙子桑等。

2.9 健胃、舒气、降压药

该类植物在蟒河山区有 24 种。该类药有消食化积健脾开胃降压之功效。该区常见的有豨莶 Siegesbeckia pubescens、当归 Swertia diluta、猪毛菜、甘肃山楂 Crataegus kansnuensis、罗布麻 Apocynum renetum、刺五加 Acanthoopanax senticosus 等。

2.10 止泻、止痢、收敛药

该类植物在蟒河山区有 18 种。凡能止泻、止痢及收敛固湿作用的药都叫止泻止痢收敛药。该区常见的有藜 Chenopodium album、野韭 Allium ramosum、反枝苋 Amarathus retroflexus、水蓼 Potygonum hydropiper、大叶小蘗 Berbens amurensis、龙牙草、菟丝子、香薷、扁蓄、地榆、大叶小蘗等。

2.11 杀虫驱虫药

该类植物在蟒河山区有 3 种。该类药具杀虫或驱虫之功效。在该区有黎芦 Veratrum migrum、苦参 Sophora flavescens Ait、山杨 Populus davldiana。

3 药用植物资源的开发利用

3.1 树立持续利用观念

综上所述蟒河山区蕴藏着相当丰富的药用植物资源，有较大的利用价值及可观的开发前景，但目前该区仅有党参、柴胡、黄芩等少数药用植物被开发利用，而其他大多数药用植物尚处于自生自灭状态，因此，应积极组织山区群众开采，但同时还要避免采取掠夺性的开采方式，使药用植物资源得以永续利用。

3.2 开展野生药用植物的移植、引种、驯化、组织培养等研究试验工作

对药用植物开发利用除需进行开采方式外，对一些药用价值高，经济效益好但又分布零散，产量低的药用植物，可充分利用当地有利的自然条件，就地种植，实行集约化生产以建立永续利用的自然群落，条件好的还可进行组织培养以扩大生产，提高产量，这样既可保证药用植物的供应，还可为振兴山区经济服务。

山西蟒河自然保护区南方红豆杉林的调查研究*

茹文明
（晋东南师专生化系，长治，046011）

摘要：研究了南方红豆杉的分布与生境，群落组成及特征，并建议对其加强保护和发展。
关键词：南方红豆杉；群落；山西

南方红豆杉（*Taxus mairei*）为第三纪孑遗植物，是山西省分布的珍稀树种。1983 年 8 月 16 日笔者等人在中条山东部实地调查时，在阳城县蟒河林区发现了南方红豆杉（标本采集号 83—314，现存于晋东南师专生化系植物标本室）。1988 年、1994 年、1997 年、1998 年笔者又先后四次对这一地区南方红豆杉林进行了调查，本文系在四次调查的基础上写成。

1 分布与生境

蟒河位于山西阳城县南部，与河南北部的济源市接壤，约为 112°22′～112°31′35E、35°2′50″～35°17′20N，为中条山脉的一部分。中间有蟒河流过，最高峰（指柱山）海拔为 1572.6m，河谷最低处约为 300m。该地区断层地貌发育，河流切割作用明显，深谷曲折幽长，河谷两岸崖壁陡峭，相对高差在 300～400m，呈现悬岩、绝壁、险峰的地貌景观，南方红豆杉主要分布在河床两侧（560m）。

蟒河自然保护区南方红豆杉的出现，证明该区具备了南方红豆杉林这一古老树种能一直保存到现代的生态因素及生境条件。该地区有大量奥陶纪至震旦纪石灰岩出露，成土母质以奥陶纪石灰岩和沙质石灰岩为主，土壤主要为山地褐土与棕色森林林土。

区内无气象台、站，今以阳城县气象记录作为蟒河地区的参考，年均温 11.7 ℃。一月均温-3 ℃，七月均温 24.9 ℃，年较差约为 27.9 ℃，≥10 ℃的年积温 3170 ℃，无霜期 165 天，年均降水量 627.4mm。

由于地形的影响，蟒河地区与此相比，则具有气温偏高，降水量较多，湿度较大的特点，气候区划上，属暖温带半湿润大陆性季风气候。植被区划上属暖温带落叶阔叶林地带，优势植被类型有槲栎林（Quercusdentata）、栓皮栎林（Q. variabilis）、橿子栎林（Q. baronii）及鹅耳枥杂木林（Carpinus turczaninowii）；灌丛常见的有连翘灌丛（Forsy thia suspensa），黄栌灌丛（Cotinus coggygria var. cinerea），荆条灌丛（Vitex negundo var. heterophylla）等[2-4]。

2 南方红豆杉林群落特征分析

2.1 区系组成

南方红豆杉大都分布在海拔 500～600m 沟谷和河旁，水热条件比较稳定，植物组成比较丰富。在阳城蟒河和 12 个 100m²的样方中就有种子植物 39 种，分属 39 属。现按照这 39 属，应用吴征镒教授的植物分布区类型[5]和王荷生等关于华北地区种子植物种的区系地理成分划分方法[6-8]作统计（表 1）。

* 本文原载于《植物研究》，2001，21（1）：42-46.

表 1　山西南方红豆杉林植物区系组成统计表

Table 1　Floristic elements of Taxus mairei forest in Shanxi province

	属数	占总属数/%	种数	占总种数的/%
1. 世界分布	2	–	0	
2. 泛热带分布	10	27%	0	
3. 热带亚洲和热带美洲间断分布	0	0	0	
4. 旧世界热带分布	2	5.4%	0	
5. 热带亚洲至热带分布	0	0	0	
6. 热带亚洲至热带非洲分布	2	5.4%	0	
7. 热带亚洲分布	0	0	0	
8. 北温带分布	10	27%	0	
9. 东亚和北美间断分布	3	8.1%	1	2.6%
10. 旧世界温带分布	1	2.7%	1	2.6%
11. 温带亚洲分布	0	0	8	20.5%
12. 地中海、西亚至中亚分布	1	2.7%	0	0
13. 中亚分布	0	0	0	0
14. 东亚公布	7	18.9%	15	38.5%
15. 中国特有分布	1	2.7%	14	35.9%
合计	39	100%	39	100%

从表 1 可以看出，山西南方红豆杉混交林种子植物属的区系成分以温带成分占优势(共 23 属，占总属数的 62.1 %)；热带成分次之(有 14 属，占 37.8 %)。种子植物种的区系成分以东亚和中国特有种占优势，分别为 15 种和 14 种，占总种数的 38.5 %和 35.9 %。这与该群落所处的暖温带南部的生态地理环境是一致的，把该群落归属于暖温带森林类型是恰当的。

2.2　种类组成

从全部植物在各样地中出现的机率作统计，按 41 种植物分析，在 12 个样地中都出现者 10 种，占 24.4 %；其中 8 个样地中出现者 12 种，占 29.3 %；仅在其中某 5 个样地中出现者 14 种，而且个体数量不大，多为林下矮小的种类。从而显示出南方红豆杉林主要植物种类组成是比较一致的。

从群落种类组成分析表看，本群落的优势种是相当明显的。若以群落乔木层的 11 种植物来看，显然是落叶阔叶树占优势，但从种群个体数重要值或群落中的功能作用和地位来看，把它作为南方红豆杉林是很有根据的(见表 2)。

从表 2 中可看到在 11 种乔木树中，南方红豆杉的重要值最高达 112.66，超过其他任何树种，占有绝对的优势，其余 10 种植物的重要值在 30 以上的仅有 2 种，占种数的 18.18%，重要值在 20 以下的 6 种，占种数的 54.54%，其中重要值在 10 以下的种数就占了 36.36%。这样的一个重要值分布状况(图 1)反映该群落的优势种显著，群落的种类组成也比较丰富。

再以多度和优势度去分析，南方红豆杉的平均相对多度占 41.6 %，平均相对优势度占 51.69 %，这些数据也充分说明南方红豆杉在群落中占有主要地位。

2.3　生活型及外貌特征

生活型是植物长期适应外界环境表现出来的形态特征，组成群落的植物生活型是决定群落外貌的主要参数，外貌的属性主要是通过植物的生活型谱和叶级谱的性状反映出来的。南方红豆杉样地中的 41 种维管植物，据 C. Raunkiaer 的生活型系统和叶型系统分析(表 4、图 2)，本群落的生活型是以高位芽植物占优势，计 24 种占 58.5%(包括藤本高位芽植物的 9.3%)，其中尤以中高位芽植物为优，计 11 种，占 26.8%，小高位芽植物 3 种，占 7.3 %，矮高位芽植物计 6 种，占 14.6 %。如果按针阔叶的类型来划分，针叶树只有 1 种，占高位芽中的 4.2%，阔叶植物 23 种占 95.8%，地上芽植物 1 种占 2.4 %；地面芽植物

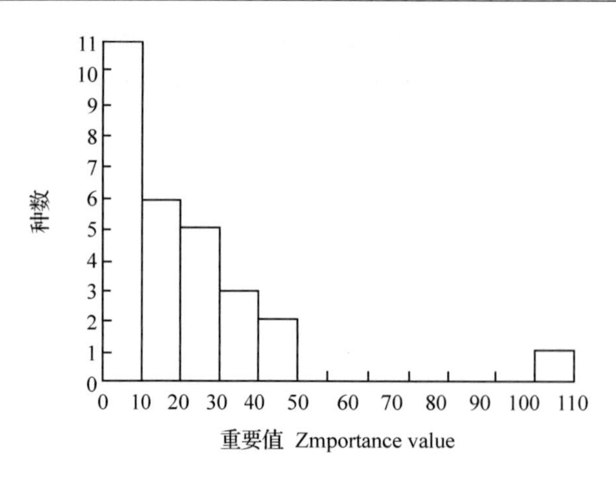

图 1 南方红豆杉群落的重要值与种数相关图

Fig. 1 The correlation between imporlance value and species number of Taxus mairei Community

也为 1 种占 2. 4%；地下芽植物 13 种占 31. 7%；一年生植物 2 种占总数的 4. 9%。

从上述植物种类生活型数量和百分率的数据描述中，可看出它类似暖温带常绿针叶林生活型的性质。

表 2 南方红豆杉群落物种重要值

Table 2 species importance value of Taxus mairei

序号 No.	种名 Species name	株数 individua lnumber	频度 Frequency	总胸面积/cm2 Total areas of breast height	相对频度/% Relative frequence	相对多度 Relative abundance	相对显著度/% Relative prominence	重要值 importance value
1	南方红豆杉 Taxus mairei	60	1. 00	16160. 4	19. 4	41. 66	51. 66	112. 66
2	青檀 Pteroceltistatarinowii	18	0. 75	2668. 52	14. 29	14. 1	13. 2	41. 59
3	拐枣 Hovenia dulcis	12	0. 50	1433. 86	9. 52	9. 07	16. 39	34. 88
4	鹅耳枥 Carpinusturczaninwii	15	0. 75	1712. 66	14. 29	11. 8	3. 22	29. 31
5	栾树 Koelreuteriapaniculata	9	0. 75	681. 22	14. 29	6. 5	6. 2	26. 99
6	君迁子 Diospyros lotus	6	0. 50	186. 35	9 . 52	4. 58	1 . 62	15 . 72
7	卫矛 Evonym usalatus	6	0. 25	168. 65	4. 76	4. 2	0. 52	9. 48
8	楸树 Catalpa bungei	3	0. 25	248. 78	4 . 76	2. 3	1. 64	8. 70
9	华瓜木 Alangium platanifolium	3	0. 25	236. 56	4. 76	2. 3	1. 45	8. 51
10	白蜡树 Fraxinus buungeana	3	0. 25	156. 66	4. 76	2. 3	0. 30	7. 45
11	黄连木 Pistacia chinensis	3	0. 25	486. 44	4. 76	2. 3	4. 12	11. 08

表 3　南方红豆杉林生活型的区系成分统计表

Table 3　Horistic elements on life tape of Taxus mcirei forest

植物名称	区系成分[4]	生活型	叶等级	聚生多度
乔木层				
南方红豆杉 Taxus mairei	西南-华南-华北	A Me PH	N	cop^2
青檀 Pteroceltis tatar inowii	西南-华南-华北	D M PH	Mi	cop^1
小叶鹅耳枥 Carpinus turcz aninowii	中国-日本	D M PH	Mi	cop^1
拐枣 Hovenia dulcis	中国-日本	D M PH	Me	cop^1
栾树 Koelrenteria paniculata	西南-华南-华北	D M PH	Ma	sp
君迁子 Diospyros lotus	西南-华南-华北	D M PH	Me	sp
卫矛 Evonymus alatus	中国-日本	D M PH	Mi	sol
楸树 Catalpa bungei	西南-华南-华北	D M PH	Me	sol
华瓜木 Alangium platanifolium	华中-华北	D M PH	Me	sol
白蜡树 Fraxinus bungeana	中国-日本	CH	Ma	un
黄连木 Pistacia chinensis	东亚	D M PH	Me	un
灌木层				
薄皮木 Leptodermis oblonga	西南-西北-华北	D N PH	Mi	sp
荆条 Vitex negundo var. heterophylla	中国-日本	D Mi PH	Mi	cop^1
三裂绣线菊 Spiraea trilobata	亚洲温带	D N PH	Mi	cop^1
臭梧桐 Clerodend rontrichotomum	中国-日本	D M PH	Me	cop^1
窄叶紫珠 Callicarpa japonica var. angustata	西南-华南-华北	D N PH	Mi	sp
扁担木 Grewia biloba	西南-华南-华北	D N PH	Mi	sol
黄栌 Cotinus coggygria	旧大陆温带	D Mi PH	Mi	sol
蒙古莸 Caryopteris mongolica	西南-华南-华北	D N PH	Mi	sp
胡枝子 Lespedeza bicolor	亚洲温带	D N PH	Mi	un
草本层				
薹草 Carex spp.	中国-日本	G	Mi	cop^2
展枝唐松草 Thalictrum sguarrosum	亚洲温带	G	Mi	sp
矛叶荩草 Arthraxon lanceolatus	亚洲温带	TH	Mi	cop^1
紫苏 Perilla frutescens	西南-华南-华北	G	Me	sp
博落回 Macleaya microcarpa	中国-日本	G	Me	sp
粘鱼须拔萁 Smilax scobinicaulis	西南-西北，华南，华北	CH	Mi	sp
班叶堇菜 Viola varietata		G	Mi	cop^1
牛膝 Achyranthes bidentata	旧大陆温带	G	Mi	cop^1
野艾 Artemisia argyi	亚洲温带	H	Mi	sol
仙鹤草 Agrimonia pilosa	中国-喜马拉雅	G	Mi	sol
豨签草 Siegesbeckia pubescens	亚洲温带	TH	Mi	sol
歪头菜 Vicia unijuga	亚洲温带	G	Mi	sp
蝎子草 Girar dinia euspidata	中国-日本	G	Me	sp
重楼 Parisver ticillala	中国-日本	G	Mi	cop^1
贯众 Cyrtomium fortunei		G	Me	cop^1
鞭叶耳蕨 Polystichnm craspedosorum		G	N	sp
层间植物				
三叶木通 Akebia trifoliata	中国-日本	D L PH	Me	sp
山葡萄 Vitisamur nesis	华北	D L PH	Me	sol
北五味子 Schisan drachinensis	东北-华北	D L PH	Me	sol
南蛇藤 Celastrus articulatus	中国-日本	D L PH	Mi	sol
穿山龙 Dioscorea nipponica	中国-日本	G	Me	sp

D L PH 落叶藤本高位芽；A Me PH 针叶常绿中高位芽；D M PH 落叶阔叶中高位芽；D Mi PH 落叶阔叶小高位芽；D N PH 落叶矮高位芽；H 地面芽植物；CH 地上芽植物；G 地下芽植物；TH 一年生植物；Ma 大叶；Me 中叶；Mi 小叶；N 微叶；L 鳞叶。

就叶级谱(按 C. Raunkiaer 的划分)来说，以小型叶为主，计 24 种，占 58.5%，中型次之，计 13 种，占 31.7%；微型叶和大型叶各占 4.9%；巨型叶缺乏。很明显本群落的叶型类似于暖温带针叶林。

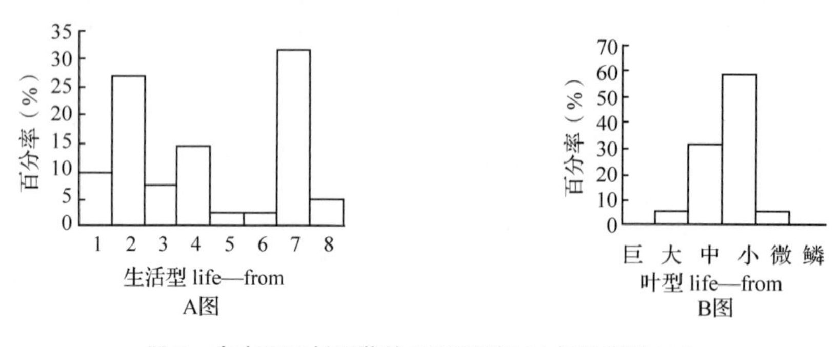

图 2　南方红豆杉群落的生活型谱(A)与叶型谱(B)

Fig. 2　The life-form spectrum(A) and the leaf-form spectrum(B) o f Tax us mairei community

A　1. 藤本植物 Epiphanerophytes；2. 中高位芽植物 Middlephanerophghtes；3. 小高位芽植物 Microphanerophytes；4. 矮高位芽植物 Nanophanerophytes；5. 地上芽植物 Chamaephytes；6. 地面芽植物 Hemicryptophytes；7. 地下芽植物 Geohytes；8. 一年生植物 Therophytes。

B　1. 巨叶 Megaphyll；2. 大叶 Macrophyll；3. 中叶 Mesophyll；4. 小叶 Micorphyll；5. 微叶 Manophyll；6. 鳞叶 Leptophyll。

2.4　群落的垂直结构

本群落的垂直结构分化明显，一般可分为乔木层、灌木层和草本层，并富有层间植物。

乔木层一般高度在 5 ~ 6m，优势种为南方红豆杉，由于长期的人为干扰，南方红豆杉长势不良，高度仅 3~5m，胸径 9~15cm，最粗达 20cm 左右，平均每 $100m^2$内有 3 ~ 6 株，郁闭度约 0.6，形成纯林或与青檀、拐枣、鹅耳枥形成混交林，青檀高 4~6m，胸径 5~10cm，拐枣高 4~7m，胸径 5~10m，鹅耳枥高 2~4m，胸径 4~7m，常见种类还有君迁子、栾树、白蜡树、华瓜木、卫矛、黄连木等。

灌木层高 1~3m，主要有荆条、三裂绣线菊、海州常山、扁担木、狭叶紫珠、胡枝子，并常见有薄皮木，蒙古荚、黄栌等种类，以及上层乔木的幼龄植株。

草木层主要有薹草(*carex* spp.)，展枝唐松草(*Thalictrum sguarrosuum*)。茅叶荩草(*Arthraxonlanceolatus*)、班叶堇菜、牛膝、紫苏等，并常见有野艾、仙鹤草、签草、歪头菜、博落回、蝎子草等。

层间植物有 5 种，常见的木质藤本植物有南蛇藤、山葡萄(*Vitis amurnesis*)、三叶木通(*Akebia trifoliata*)、北五味子(*schisandra chinensis*)等常盘旋于阔叶林冠上，对增加盖度也起到一定作用。附生植物较为贫乏，仅有一些附生在树干上的苔藓植物。

3　南方红豆杉的保护及合理开发

南方红豆杉林是在特定的自然环境条件下形成的一种森林植被类型。在山西省现存种群个体数量不多，特别是胸径 20cm 以上的大树的和成林者更少，而且它的竞争性能弱，繁殖能力差，自然更新困难，又是我国特有的、第三纪古老的孑遗植物，也是一种珍贵的造林树种和理想的庭园绿化植物，具有一定的科研价值和经济意义。但如今在交通方便或距村庄较近地方的南方红豆杉林都遭到严重砍伐，即便是在偏僻遥远地方的一些南方红豆杉林地中，我们也发现了不少的倒伐木，这是当地群众为了取用少许美观的木材而有意砍倒的，可以想象，长期下去，这些珍贵的南方红豆杉林将被毁灭。为此，笔者建议对现在残存的小片南方红豆杉林及其环境划出一定面积加以保护，严禁砍伐，从而逐步发掘内存的物种资源和固有的生态经济效益，使之更好地为科学研究和当地经济的发展服务。

南方红豆杉具有边材、心材分明特点，其中边材淡黄褐色，心材桔红色，其木材纹理直，结构细致而均匀，比重大(0.55~0.76)，坚实耐用，干后不开裂，是一种美观、耐腐、不易遭虫蛀的优质木材，但由于其天生更新能力差，应保护好现有种质资源的前提下，尽快栽培发展才是上策。

山西蟒河自然保护区植物区系的初步研究*

茹文明　张桂萍

（晋东南师专，山西长治，046011）

摘　要：蟒河自然保护区植物种属相对丰富，有维管束植物567种，隶属于323属108科。研究结果表明：该区植物区系的地理成分复杂多样，以温带成分占优势(158属，占总属数的55.24%)，具有典型的暖温带落叶阔叶林的性质；热带成分次之(有78属，占总属数的27.27%)。与相邻地区的植物区系相比，该地区与秦岭植物区系有密切关系，反映了蟒河自然保护区植物区系具有某些暖温带向亚热带过渡的特点。

关键词：蟒河自然保护区；植物区系；地理成分

1　引言

植物区系的研究对于探索一个地区植物及其植被的起源和发展，对于研究一个地区和其他地区植物的相关关系具有重要意义。鉴于蟒河自然保护区植物区系的深入研究未见报导，为此笔者从1983年起对该区系进行了初步分析研究。旨在为蟒河自然保护区植物及植被资源的开发利用和保护提供参考。

2　自然地理概况

蟒河自然保护区位于山西南部阳城县境内，地处蟒河山脚下，约112°22′－112°31′35″E，35°12′50″－35°17′20″N，境内山峰陡峭，岩壁林立，沟壑纵横，地貌复杂，最高峰指柱山，海拔为1572.6m，最低处300m。土壤在山地以褐土为主，土层较薄；山麓河谷则为冲积土，土层较厚。

本区属暖温带半湿润大陆性季风气候。年均温14℃，一月均温－3℃，七月均温25℃，无霜期220天，年平均降水量530～980mm。

植被区划上属暖温带落叶林地带，优势植被类型有辽东栎（*Quercus liaotungensis*）林、栓皮栎（*Q. variabilis*）林、鹅耳枥（*Carpinus cardata*）林、山茱萸(*Cornus officinalis*)林、南方红豆杉（*Taxus mairei*）林、油松（*Pinus tabulaeformis*）林，荆条(*Vitec negundo* var. *heterophylla*)灌丛、黄栌(*Cotinus coggygria*)灌丛、连翘(*Forsythia suspensa*)灌丛，白羊草(*Bothriochloa ischaemum*)草丛等[1,2]。

3　植物区系组成

蟒河四周环山，中间谷地，境内沟壑纵横，地形复杂，气候多样，植物种类较为丰富。据初步调查，该地共有维管束植物108科，323属，567种，其中蕨类植物8科，10属，12种；裸子植物4科，4属，5种；裸子植物96科，299属，550种。

在本区的区系成分中，属种数量较多的科有(以属数多少为序)菊科、禾本科、唇形科、蔷薇科、豆科、毛茛科、十字花科，百合科等。它们占种子植物总属数的44.18%，占种子植物总数的44.16%。在该地区的区系组成中占有重要作用(详见表1)。

* 本文原载于《晋东南师范专科学校学报》，2002，19(5)：22-24.

表1　蟒河种子植物的主要科属组成

科	名	属数	占总属数的%	种数	占总种数的%
菊科	Asteraceae	32	10.22	61	10.99
禾本科	Gramineae	21	6.7	25	4.50
唇形科	Lemiaceae	18	5.75	20	3.78
蔷薇科	Rosaceae	16	5.11	47	8.46
豆科	Fosaceae	16	5.11	32	5.78
毛茛科	Ranuncalaceae	13	4.15	17	3.07
十字花科	Cruciferae	12	3.83	16	2.88
百合科	Liliaceae	11	3.51	26	4.68
合计	8	139	44.38	244	44.16

在蟒河植物区系中含有单型属和少型属44属，占总属数的14%。单型属有文冠果(*Xanthoceras*)、青檀（*Pteroceltis*)、蚂蚱腿子(*Mgripnois*)、泥胡菜(*Hemistepta*)、防风(*Saposhnikovia*)、款冬(*Tussilago*)、知母(*AnemarThena*)、白蘚(*Dictamnus*)、刺楸(*Kalopanax*)、侧柏(*Platycladus*)、白屈菜(*Chelidonium*)等。少型属有木通(*Akebia*)、黄栌(*Cotinus*)、博落迴(*Macleaya*)、山茱萸(*Cornus*)、阴行草(*Siphonostegia*)、栾树(*Koelreuteria*)、地榆(*Sanguisorba*)、领春木（*Euptelea*)、枳椇(*Hovenia*)、双盾木(*Dipelta*)、盾果草(*Thyrocarpus*)、苦木(*Picrasma*)、芦苇(*Phragmites*)、沙棘（*Hippophae*)、射干(*Belamcanda*)、虎榛子(*Ostryopsis*)等。

在本区的区系成分中，木本植物共有50科104属、146种，分别占种子植物总科数的50%，占总属数的33%，占总种数的26.30%，它们是组成温性针叶林、落叶阔叶林及落叶阔叶灌丛的建群种、共建种或优势种，明显发映了暖温带植物区系所具有的基本特征。

4　植物区系的分布区类型

根据吴征镒先生关于中国种子植物科属分布区类型的划分[3,4]，蟒河种子植物100科313属的分布区类型见表2。

表2　蟒河自然保护区种子植物属的分布区类型

分布区类型	蟒河		太行山		太岳山	
	属数	占总属数的%	属数	占总属数的%	属数	占总属数的%
1、世界分布	27		50		60	
2、泛热带分布	42	14.69	39	13.31	60	12.6
3、热带亚洲和热带美洲间断分布	8	2.80	5	1.71	12	2.5
4、归世界热带分布	5	1.25	1	0.34	8	1.7
5、热带亚洲至热带分布	6	2.10	5	1.71	6	1.3
6、热带亚洲至热带非洲分 布	10	3.50	11	3.75	7	1.5
7、热带亚洲分布	7	2.45	5	1.71	5	1.0
8、北温带分布	93	32.51	97	33.11	172	36
9、东亚和北美间断分布	18	6.29	22	7.5	36	7.5
10、归世界温带分布	37	12.94	50	17.06	66	13.8
11、温带亚洲分布	10	3.50	10	3.14	23	4.8
12、地中海区、西亚至中亚分布	6	2.10	8	2.73	21	4.4
13、中亚分布	7	2.45	3	1.02	9	1.9
14、东亚分布	29	10.14	29	9.9	40	8.3
15、中国特有分布	8	2.80	8	2.73	13	2.7
合计	313	99.52	343	100	538	

从表2可以看出，蟒河植物区系中以各种温带成份占绝对优势，共158属(表2中的8、9、10、11)占总属数的55.24%。在各种温带成分中以北温带成分最多，有93属，占总属数的32.51 %，其中的很多成分是群落的建群种或优势种，如松(Pinus)、红豆杉(Taxus)等是山地针叶林的建群成分；槭(Acer)、栎(Quercus)、鹅耳枥(Carpinus)、杨 (Populus)、柳(Salix)等是该区落叶林的建群成分；荚蒾 (Viburnum)、胡枝子(Elaeagnus)、栒子(Cotoneaster)、绣线菊 (Spiraea)、忍冬(Lonicera)、黄栌(Cotinus)、蔷薇(Rosa)等属种类较多，是构成山地落叶阔叶灌丛的主要成分，同时亦是森林群落下木层的优势成分；草本成分有火绒草 (Leontopodium)、委陵菜(Potentilla)、羊胡子草(Eriophorum)、地榆、紫苑(Aster)、蒿(Artemisia)、针茅(Stipa)等，它们大都 是草丛或森林、灌草丛草本层的重要成分。

本区的热带分布区类型(表2 2~7)共78属，占总属数的27.27%，比山西同类型属所占比例高2.76%，比太行山系中段的霍山高8.44%，比吕梁山脉中段的云顶山[5]高13.26%，比太行山南段[7]高4.74%，这与该区所处的暖温带南部的生态地理环境是一致。木本属较少，除臭椿 (Ailanthus)、柿(Diospyros)、香椿(Toona)、木姜子、山胡椒 (Lindera)外，八角枫 (Alangium)、荆条、构 (Broussonetia)、朴(Celtis)、卫矛(Euonymus)、扁担干、榕 (Ficus)、叶底珠(Securinega)、雀梅藤(Sageretia)、杠柳 (Periploca)、雀儿舌头(Leptopus)等大多为灌丛或林下灌木层的组成成分。草本层有白羊草(Bothriochloa)、狗尾草、白茅(Imperata)、菟丝子(Cuscuta)、旋花、牛皮消 (Cynanchum)、虎尾草(Chloris)、马兜玲(Aristolochia)、银线草 (hloranthus)等属；其次为热带亚洲至热带非洲分布，有大丁草(Gerbera)、旋覆花(Inula)、葫芦(Lagenaria)、蓖麻 (Ricinus)、萱草(Themeda)、荩草(Arthraxon)、蝎子草 (Girardinia)等。其他分布区类型所占比例较少。在区系组成中已不具重要意义。

东亚和北美间断分布，地中海、西亚至中亚分布和东亚分布的属53个，占总数的18.53%，这些成分尽管在蟒河植物区系组成中已不占重要地位，但这表明该区的区系组成与这些地区有着一定的联系。

在蟒河植物区系中，我国特有成分8种，它们是：青檀、杜仲(Eucommia)、虎榛子、地构叶(Speranskia)、文冠果、山白树、蚂蚱腿子等。

5　与有关山地植物区系的比较

5.1　与秦岭植物区系[6]的关系

秦岭山脉横贯陕西中部偏南，在我国中、西部起着南北屏障的作用。蟒河与秦岭距离较近，在地貌、气候等方面有一定的相似。二者共有种较多，如朴(*C. bungeana*)、榆 (*Ulmuspumila*)、皂荚(*Gledisia sinensis*)、黄连木 *QPistacia chinensis*)、宽叶荨麻(*Urtica laeteviress*)、文冠果(*X. sorbifolia*)、栾树(*K .paniculata*)、拐枣(*Hovenia dulcis*)、盐肤木(*Rhus chinensis*)、青麸杨(*R .potaninii*)、八角枫(*A. chinensis*)、瓜木(*A. platamifoliun*)、山白树、柿(*D. kaki*)、领春木、青榨槭(*A. davidii*)、鸡树条荚蒾(*V. sargentii*)、臭檀(*Euodia danielli*)等。二者的共有种不仅多而且在分布上的特点极为相近，如低中山的松栎林，松属以油松为主，而栎属都以栓皮栎、辽东栎、槲树、橿子栎、麻栎为主。低中山阳坡均以侧柏林为主。由此看来蟒河植物区系与秦岭植物区系有着极为密切的关系。

5.2　与太行山南部植物区系的关系[7]

蟒河与太行山南部地理位置相近，地貌类型、气侯、水热条件较为一致，主要植被类型也较为相似，它们共有的属达306余属，共有的种达51余种，共同的特征是温带成分占优势，分别为51.19%和54.64%，热带成分次之，分别为27.72%和22.53%。它们共有的温带属有松、红豆杉、栎、杨、漆、柳、桦木、槭、鹅耳枥、椴、桑、胡桃、蔷薇、绣线菊、六道木、荚蒾、忍冬、胡枝子、小蘖、山梅花、栒子、锦鸡儿、杭子梢等木本属，草本属有委陵菜、唐松草、蒿、地榆、黄精、楼斗菜、天南星、茜草等。共有种温带分布的有白皮松、油松、侧柏、青檀、多种槭和数种猕猴桃、辽东栎、核桃楸、山楂、盐肤木、土庄绣线菊、灰栒子、毛黄栌、耧斗菜、羊胡子草等。共有种热带分布的有朴树(*C. tetrandra* subsp. *sinensis*)、卫矛(*Euonymus alatus*)、丝棉木、短梗南蛇藤(*Celastrus rosthornianus*)、构树(*Broussonetia papyrifera*)、异叶榕(*Ficus heteromorpha*)、酸枣(*Ziziphus jujuba*)、枣、云南勾儿茶(*Berchemia polyphylla*)、柿、络石(*Trachelospermum jasminoides*)、瓜木(*Alangium platanifblium*)、少脉雀梅藤、臭椿、苦木(*Picrasma quassioides*)、蛇莓、鬼针草、铁苋菜、菟丝子(*Cuscuta chinensis*)、杠柳(*Periploca sepium*)、隔山消(*Cynanchum wilfordii*)、地梢瓜、牛皮消、旋覆花、黄背草(*Themeda triandra* var. *japonica*)、兰刺头、鬼针草等，由此可看出，蟒河与太行山南部植物区系的联系极为密切。

5.3 与太岳山植物区系[8]的关系

太岳山与蟒河相似的是温带成分优势地位突出，温带成分占总属数的56.5%(表2)，共有属142余属，共有种362种，共有的温带属有松、栎、杨、槭、胡颓子、荚蒾、锦鸡儿、绣线菊、杭子梢、唐松草、黄栌、黎芦、苍术、薹草、蒿草等，常见的共有种有油松、辽东栎、栓皮栎、槲栎、侧柏、榆、虎榛子、山桃、山梅花、数种荚蒾、荆条、北京丁香、锦鸡儿、少脉雀梅藤、各种忍冬(*Lonicera* spp)、灰栒子、绣线菊等，说明二者间关系密切。

山西蟒河南方红豆杉群落和种群结构研究*

张桂萍　张建国　茹文明

（晋东南师专生化系，山西长治，046011）

摘　要：研究了山西蟒河自然保护区内南方红豆杉(*Taxus mairei*)群落和种群结构。结果显示：在1200 m² 的样地内共有维管植物40科、51属、60种，其中蕨类植物3科、5属、5种；裸子植物1科、1属、1种；被子植物36科、46属、54种；群落垂直结构明显，可分为乔木层、灌木层、草本层。南方红豆杉为该群落的显著优势种群。从年龄结构来看，该种群的幼龄个体十分匮乏，已处于退化的早期阶段，应对该物种加强保护。

关键词：南方红豆杉；年龄结构；群落；种群；蟒河

南方红豆杉(*Taxus mairei* (Lemee et Levl.) S. Y. Hu ex Liu)又名美丽红豆杉，是红豆杉属中分布最广、生长最快的一物种，广布于我国浙江、台湾、福建、江西、广东北部、广西北部及东北部、河南、湖北及湖南西部、甘肃南部、四川、贵州及云南东北部等地600~1200 m的山地[1~2]，山西是该植物生长的北限。

20世纪80年代末至90年代初，发现南方红豆杉植物的叶片及树皮细胞中含有的紫杉醇(*taxol*)，是当时唯一能促进微管蛋白凝聚并不可逆解聚的天然抗肿瘤特效药，是目前世界上最好的抗癌药物之一。近几十年来对南方红豆杉的抗肿瘤药效研究取得了重大的突破，使它作为资源植物的地位更加突出[3]。1999年8月4日国务院批准的《国家重点保护野生植物名录》将红豆杉属的所有种类列为国家一级保护植物[4]。有关南方红豆杉的研究国内外已有不少报道，但主要集中在生理学[3, 5, 6, 7]、药理学[8]等方面，关于它的生态学研究虽有报道[9~10]，但对该物种群落及种群结构的研究未见报道。本文对山西蟒河南方红豆杉的群落及种群结构等进行研究，旨在探讨该物种的种群动态和原因，为该物种的保护生物学提供科学依据。

1　材料与方法

1.1　样地的地貌特征

蟒河自然保护区属国家级自然保护区，位于山西阳城县与河南济源市的交界处，约为112°22′~112°31′35″E、35°2′50″~ 35°17′20″N，属中条山脉的一部分。中间有蟒河流过，最高峰(指柱山)海拔1572.6 m，河谷最低处约为300 m，年均温11.7℃，一月均温-3℃，七月均温24.9℃，年较差约为27.9℃，≥ 10℃的年积温3170 ℃，无霜期165 d，年均降水量627.4 mm。南方红豆杉主要分布于河床两侧，海拔约650~750 m处[9]。

1.2　野外调查与研究方法

选取阳城蟒河桑林树皮沟后大河为野外调查样地。鉴于南方红豆杉在蟒河自然保护区的分布范围有限，设置南方红豆杉分布比较集中的1200 m² 的区域作为样地(包括4个小样方，每个样方为15 m×20 m)。

分别于2001年10月、2002年5月和10月对南方红豆杉林进行了调查。记录群落的总盖度，乔木的种类、株数，每一乔木的株高、胸围、盖度等；灌木的种类、株数、盖度；草本的种类、盖度；藤

* 本文原载于《山西大学学报(自然科学版)》，2003，26(2)：169-172.

本植物只记录种类。

利用立木级结构分析法研究种群和群落的结构及动态。种群的年龄结构以立木的大小级(离地 30 cm 处的胸径)来衡量，其径级基本按比例划分为 6 个等级[11]。设立木胸径 D<5 cm 的幼龄苗木为一级立木(Ⅰ级)；立木胸径 5 cm<D≤10 cm 的树木为二级立木(Ⅱ级)；立木胸径 10 cm<D≤15 cm 的树木为三级立木(Ⅲ级)；立木胸径 15 cm<D≤20 cm 的树木为四级立木(Ⅳ级)；立木胸径 20 cm<D≤25 cm 的树木为五级立木(Ⅴ级)；立木胸径 D≥25 cm 的树木为六级立木(Ⅵ级)。

2 结果与分析

2.1 南方红豆杉群落的物种组成

在 4 个样方内，南方红豆杉林共有维管植物 60 种，分属于 40 科、51 属。其中蕨类植物 3 科、5 属、5 种，分别占总数的 7.5%、9.62%、8.33%；裸子植物 1 科、1 属、1 种，分别占总数的 2.5%、1.92%、1.67%；被子植物 36 科、46 属、54 种，分别占总数的 90%、88.64%、90%（见表 1）。

南方红豆杉林群落的郁闭度约为 85%，可明显分为乔木层、灌木层、草本层，其间还有层间植物。其中乔木层 14 科、15 属、18 种，分别占总数的 35%、28.85%、30%；灌木层 5 科、6 属、8 种，分别占总数的 12.5%、11.54%、13.33%；草本植物 16 科、26 属、29 种，分别占总数的 40%、50%、48.33%；层间植物 5 科、5 属、5 种，分别占总数的 12.5%、9.62%、8.33%。其中 2 种以上(含 2 种)的科有菊科 Asteraceae(5 种)、蔷薇科 Roseceae(3 种)、唇形科 Lemiaceae(3 种)、马鞭草科 Verbenaceae(3 种)、毛茛科 Ranunculaceae(3 种)、豆科 Fabaceae(3 种)、鳞毛蕨科 Dryopteriaceae(3 种)、山茱萸科 Cornaceae(2 种)、堇菜科 Violaceae(2 种)、桦木科 Betulaceae(2 种)、卫矛科 Celastraceae(2 种)等。林内物种丰富，除建群种南方红豆杉外，其他伴生种主要有鹅耳枥(*Carpinus turczaninowii*)、青檀(*Pteroceltis tatarinowii*)、栾树(*Koelreuteria paniculata*)、黑椋子(*Cornus walteri*)、元宝槭(*Acer truncatum*)和海州常山(*Clerodendron trichotomum*)等。

表 1 山西蟒河南方红豆杉群落物种组成

植物类型	科数	属数	种数				
			总数	乔木	灌木	草本	藤本
蕨类植物	3	5	5	0	0	5	0
%	7.5	9.62	8.33	0	0	17.24	0
裸子植物	1	1	1	1	0	0	0
%	2.5	1.92	1.67	5.56	0	0	0
被子植物	36	46	54	17	8	24	5
%	90	88.46	90	94.44	100	82.76	100
合计	40	52	60	18	8	29	5
%	100	100	100	100	100	100	100

2.2 南方红豆杉种群的年龄结构

种群结构是一个种群的重要特征，对种群结构的分析，可预测一个种群的变化趋势。对于寿命长的物种可采用立木级结构分析法来研究种群的结构和动态。

群落内南方红豆杉个体数量总数是 92 株，其中 1 号样方中该植物有 12 株，2 号样方有 10 株，3 号样方有 17 株，4 号样方有 52 株。4 个样方中个体胸径最大的为 40.76 cm，胸径最小的为 3.82 cm，胸径< 3.82 cm 的幼苗尚未发现。

表 2　山西蟒河南方红豆杉种群的立木等级划分

立木等级		D≤5 cm	5 cm<D≤10 cm	10 cm<D≤15 cm	15 cm<D≤20 cm	20 cm<D≤25 cm	D>25 cm	总计
种群		Ⅰ	Ⅱ	Ⅲ	Ⅳ	Ⅴ	Ⅵ	
1	个体数	0	2	2	4	3	2	13
	%	0	15.38	15.38	30.77	23.08	15.38	100
2	个体数	1	3	4	1	0	1	10
	%	10	30	40	10	0	10	100
3	个体数	0	3	8	3	3	0	17
	%	0	17.65	47.06	17.65	17.65	0	100
4	个体数	3	9	12	13	10	5	52
	%	5.77	17.31	23.08	25	19.23	9.62	100
总计	个体数	4	17	26	21	16	8	92
	%	4.35	18.48	28.26	22.83	17.39	8.70	100

由表 2 可以看出：1 号样方中缺乏Ⅰ级立木——幼龄个体，Ⅳ级立木的个体数量最多，占到该样地个体总数的 30.77%；其次是Ⅴ级立木，占个体总数的 23.08%。2 号样方中缺乏Ⅴ级立木，Ⅲ级立木的个体数量最多，占到该样地个体总数的 40%；其次是Ⅱ级立木，占个体总数的 30%。3 号样方中缺乏 2 个立木级，即Ⅰ级立木——幼龄个体、Ⅵ级立木，Ⅲ级立木的个体数量最多，占到该样地个体总数的 47.06%，其余 3 个立木级的个体数相等。4 号样方中 6 个立木级的个体均有，Ⅳ级立木的个体数量最多，占到该样地个体总数的 25%；其次是Ⅲ级立木的个体，占个体总数的 23.08%。南方红豆杉总群落内 6 个立木级的个体均有，Ⅲ级立木的个体数量最多，共 26 株，占总数的 28.26%；其次是Ⅳ级立木，共 21 株，占总数的 22.83%；Ⅰ级立木——幼龄个体最少，仅有 4 株，占总数的 4.35%。

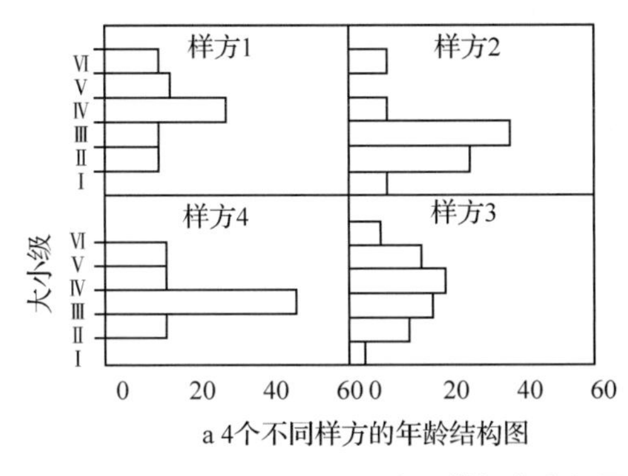

a 4个不同样方的年龄结构图

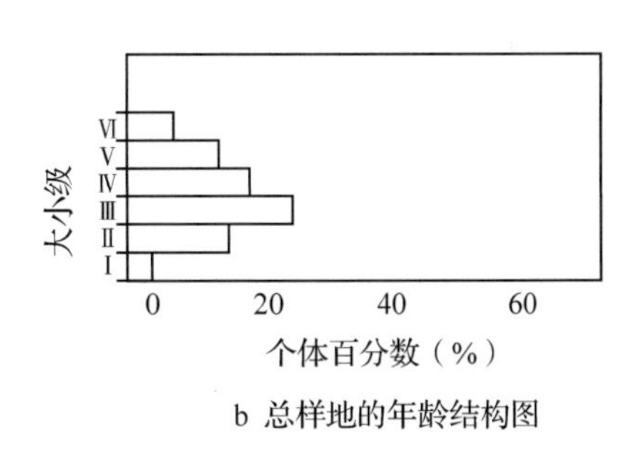

b 总样地的年龄结构图

图 1　山西蟒河南方红豆杉群落的年龄结构图

从 4 个样方的大小级分布图(图 1a)来看，1 号、2 号及 3 号样方的年龄结构均不完整，其中，1 号样地缺乏Ⅰ级立木，2 号样方缺乏Ⅴ级立木，3 号地缺乏Ⅰ级、Ⅵ级立木，3 个样方的大小级结构呈倒金字塔形，均属衰退型种群。4 号样方虽然各立木级的个体都有，年龄结构完整，但其大小级结构也呈倒金字塔形，属衰退型种群。从图 1 b 也同样可以看出，南方红豆杉群落的大小级结构呈倒金字塔形，属衰退型种群。由此可知，南方红豆杉 4 个样方及总样地的年龄结构均反映出该种群相似的发展趋势，即由于它的幼龄个体十分匮乏，从而使该种群的更新十分困难，目前已处于衰退的早期阶段。

3　讨论

在南方红豆杉群落中，由于当地的水热条件较为优越，物种种类较为丰富，森林郁闭度较高，群落垂直分布明显分为乔木层、灌木层、草本层，南方红豆杉为该群落的建群种(这与文献[9]的结论相符)。但令人担扰的是，南方红豆杉的幼龄苗木十分匮乏，特别是调查中没有发现胸径在3.82 cm以下的幼苗。从种群内不同龄级个体的组配状况来看，由于该种群的Ⅲ级、Ⅳ级立木株数较多，明显多于Ⅴ级、Ⅵ级立木株数，因而在短时期内较为稳定，但这种稳定状态只是暂时的。从它的动态演化趋势来看，该种群已明显处于衰退的早期阶段，如不尽快加强保护，前景令人堪忧。

南方红豆杉是一种珍贵的裸子植物，它是集观赏、材用、药用于一身的重要的资源植物，特别是它的抗肿瘤疗效十分明显，已日益引起广大学者的重视[12]。但鉴于该物种自然分布范围十分窄小，其自然繁殖力较低，加之长期以来被严重砍伐，目前该种已处于濒危状态，并已被列为国家一级保护植物。因此，对该物种进行生物学特性的研究具重要意义。建议采取如下保护措施。

①就地保护

各级政府应制定相应的政策、法规，对其栖息地进行保护，减少周围的环境污染。正确处理经济发展(特别是旅游业发展)与物种保护之间的矛盾，眼前利益与长远利益之间的矛盾。减少人为破坏、严禁乱砍乱伐，保证资源的永续利用。

研究机构应对该物种进行深入的研究，特别是在生殖生物学、育种学、生理学、生态学等方面的研究，尽早恢复其幼龄个体的种群数量，从而保证该种群的稳定发展趋势。

②迁地保护

结合生殖生物学，在条件许可的情况下，建立人工栽培基地。由于南方红豆杉具有很高的开发利用价值，而目前野生状态下的个体数量十分贫乏，因而，人工种植南方红豆杉成为解决这一问题的最有效、最迅速、最经济的途径。通过人工育苗(扦插、籽繁、组织培养等)，增加种群个体数量，这样既满足了经济发展的需要，又使该物种得到了有效保护。

山西蟒河自然保护区种子植物区系研究*

张殷波[1]　张　峰[1**]　赵益善[2]　樊敏霞[3]
(1. 山西大学生命科学与技术学院，太原，030006)(2. 山西省蟒河自然保护区，阳城，048100)
(3. 山西省历山自然保护区，沁水，048211)

摘　要：蟒河自然保护区位于山西省中条山脉东端的阳城县境内，112°22′11″~112°31′35″ E，35°12′30″~35°17′20″N，面积 5573 hm^2。蟒河自然保护区有种子植物 866 种，隶属于 435 属 103 科，其中裸子植物 3 科 5 属 6 种，被子植物 100 科 430 属 860 种(双子叶植物 90 科 364 属 748 种；单子叶植物 10 科 66 属 112 种)。蟒河自然保护区种子植物科属种的区系地理成分复杂多样。科的分布区类型以热带亚热带温带分布占优势(共 45 科，占总科数的 43.69%)，其次是温带分布(共 29 科，占 28.16%)。属的分布区类型以温带成分占优势(共 264 属，占总属数的 60.69%)，其中北温带分布型优势明显(136 属，占总属数的 31.26%)，反映出该区系明显的暖温带性质。种的分布区类型中国特有分布占有绝对优势(305 种，占总种数的 35.22%)，作为群落建群种或优势种的有油松、白皮松、青杨、红桦、橿子栎、青檀、锐齿槲栎、虎榛子、陕西荚蒾等，其次是温带亚洲分布(190 种，35.22%)、东亚分布(154 种，17.78%)。保护区内有国家级保护的珍惜濒危野生植物 8 种，如南方红豆杉、连香树、无喙兰和天麻等。

关键词：蟒河自然保护区；种子植物；植物区系；地理成分；山西

1　自然地理概况

蟒河自然保护区(国家级自然保护区)是以保护猕猴为主的自然保护区，位于山西省东南部，中条山脉东端的阳城县境内。112°22′11″~112°31′35″E，35°12′30″~35°17′20″N，总面积约 5573hm^2。中间有蟒河流过，最高峰指柱山海拔 1572.6m，最低点拐庄海拔 300m。该保护区内有国家一级保护动物金雕、黑鹳、金钱豹 3 种，二级保护的有猕猴、青鼬、水獭、林麝、大鲵等 29 种。

蟒河自然保护区属暖温带季风性大陆性气候。年平均气温 14℃，一月平均气温为-4.5~-3.0℃，七月平均气温为 24.0~25.0℃，≥10℃的积温 4020℃，无霜期 180~240d，年降水量 600~800mm。蟒河自然保护区属石质山区，主要组成是结晶岩和变质岩系。土壤类型从山麓到山顶依次为：冲积土、山地褐土、山地棕壤[1~3]。

蟒河自然保护区植被区划上属于暖温带落叶阔叶林地带。地带性植被有槲栎(*Quercus aliena*)、栓皮栎(*Quercus variabilis*)和橿子栎(*Quercus baronii*)组成的栎林和鹅耳枥(*Carpinus turczaninowii*)杂木林。灌丛常见的有连翘(*Forsythia suspensa*)灌丛，黄栌(*Continns coggygria* var. *cinerea*)灌丛和荆条(*Vitex negundo* var. *heterophylla*)灌丛[1~6]等。

2　植物区系的基本组成

据调查和参考有关资料，蟒河自然保护区内的种子植物共有 866 种(包括亚种和变种)，隶属于 435 属 103 科，其中裸子植物 6 种 5 属 3 科，被子植物 860 种 430 属 100 科(双子叶植物 748 种 364 属 90 科，单子叶植物 112 种 66 属 10 科)。

2.1　科内属、种的组成

蟒河自然保护区种子植物科内属种的组成见表 1。

---

* 本文原载于《植物研究》，2003，23(4)：500-506.

表1 山西蟒河自然保护区种子植物科内属、种的组成

Table 1 The compositions of genera, species within families of seed plants in Manghe Nature Reserve, Shanxi

科内含种数 Number of species within the families	科数 Number of families	属数 Number of genera	占总属数的百分数 Percentage in total genera	种数 Number of species	占总种数的百分数 Percentage in total specie
>30	4	123	28.28	274	31.64
21~30	4	55	12.64	108	12.47
11~20	14	93	21.38	197	22.75
6~10	21	73	16.78	163	18.82
2~5	36	67	15.40	100	11.55
1	24	24	5.52	24	2.77
合计 Total	103	435	100	866	100

蟒河自然保护区植物各科所含属数、种数差异较大。在103个科中，含10种以上的科共有22个，共计271属579种，虽只占总科数的21.36%，但占总属、种数的62.30%和66.86%，其中较大的科有菊科(Compositae 109种，下同)，豆科(Leguminosae 61)，蔷薇科(Rosaceae 56)，禾本科(Gramineae 48)，百合科(Liliaceae 30)，毛茛科(Ranunculaceae 28)，唇形科(Labiatae 26)和玄参科(Scrophulariaceae 24)等8科。由此可见，它们具有明显优势，在该区系中占有主导地位，对本地区植被的形成、发展和区系组成具有重要的作用和意义。其余含2~10种的科有57个，占总科数的55.34%，但是属、种数分别为140和263，仅占总属、种数的32.18%和30.37%。本地区植物只含1属的科较多，为41科，占总科数的39.81%，其中1属1种的科为24科，占23.30%，在这41科中含77种，仅占总种数的8.89%，在本地区植被组成中占从属地位。此外，本地区还有单型科4个，分别是连香树科(Cerceiphyllaceae)、石榴科(Punicaceae)、八角枫科(Alangiaceae)和透骨草科(Phrymataceae)。

2.2 种子植物属内种的组成

蟒河自然保护区种子植物属内种的组成见表2。

含10种以上的属有3属，占总属数的0.69%，包括堇菜(*Viola* 10种 下同)、蓼(*Polygonum* 12)和艾蒿(*Artemisia* 14)。含5~9种的有34属，占总属数的7.82%，主要有忍冬(*Lonicera* 9)、大戟(*Euphorbia* 9)、马先蒿(*Pedicularis* 9)、紫云英(*Astragalus* 9)、栎(*Quercus* 8)、委陵菜(*Potentilla* 8)、野豌豆(*Vida* 8)和槭(*Acer* 8)等。含2~4种的属有143属，占总属数的32.87%，如松属(*Pinus* 2)、杨属(*Populus* 5)、胡桃属(*Juglans* 2)、鹅耳枥(*Carpinus* 3)和朴属(*Celtis* 2)等。仅1种的属有255属，占该区系总属数的58.62%，其中单型属就有14属，如侧柏(*Platycladus*)、虎榛子(*Ostryopsis*)、白屈菜(*Chelidonium*)、山桐子(*Idesia*)、山拐枣(*Poliothyrsis*)、猬实(*Kolkwitzia*)和连香树(*Cercidiphyllum*)等。由此表明，单少种属在本区系中占有绝对优势。

表2 山西蟒河自然保护区种子植物属内种的组成

Table 2 The compositions of species within genera of seed plants in Manghe Nature Reserve, Shanxi

属内含种数 Number of species in the genera	属数 Number of genera	占总属数的百分数 Percentage in total genera	种数 Number of species	占总种数的百分数 Percentage in total species
≥10	3	0.69	36	4.16
5~9	34	7.82	216	24.94
2~4	143	32.87	359	41.45
1	255	58.62	255	29.45
合计 Total	435	100	866	100

3 科的分布区类型

根据李锡文关于中国种子植物区系统计分析[7]和王荷生等关于华北地区种子植物区系的研究方法[8]，蟒河自然保护区种子植物科的分布区类型划分结果见表3。

表3 山西蟒河自然保护区种子植物科的分布区类型

Table 3 The areal-types of families of seed plants in Manghe Nature Reserve, Shanxi

分布区类型 Areal- types	科数 Number of families	占总科数的百分数 Percentage in total families	属：种 Number of genera：species
世界分布 Cosmopolitan	24	23.30	213：461
热带—亚热带—温带分布 Trop. subtrop. temp.	45	43.69	116：186
温带分布 Temp.	29	28.16	100：213
东亚北美间断分布 E. Asia &N. Amer.	2	1.94	3：3
东亚分布 E. Asia	3	4.85	3：3
中国特有分布 Endemic to China	0	0	0：0
合计 Total	103	100	435：866

从科的成分分析看，热带亚热带温带分布类型所占的比例最大，有45科，含116属186种，占总科数的43.69%，其中一些科是在中国自然分布的北限，如大风子科(Flacourtiaceae)、夹竹桃科（Apocynaceae)、野茉莉科(Styracaceae)、省沽油科（Staphyleaceae)、樟科(Lauraceae)和清风藤科（Sabiaceae)等，表明蟒河自然保护区种子植物区系的热带渊源。其次，温带分布也有一定的优势，共有29科，占总科数的28.16%，表现了该区系中科的温带性质。

4 属的分布区类型

根据吴征镒关于中国种子植物属的分布区类型[9]，蟒河自然保护区种子植物属的分布区类型划分如表4：

表4 蟒河自然保护区种子植物属、种的分布区类型

Table 4 The areal-types of genera and species of seed plants in Manghe Nature Reserve, Shanxi

分布区类型 Areal-types	属数 Number of genera	占总属数的百分数 Percentage in total genara	种数 Number of species	占总种数的百分数 Percentage in total specie
1. 世界分布 Cosmoplitan	46	10.57	15	1.73
2. 泛热带分布 Pantropic	51	11.72	12	1.39
3. 热带亚洲和热带美洲分布 Trop. Asia &Trop. Amer. disjuncted	16	3.68	7	0.81
4. 旧世界热带分布 Old world trop.	9	2.07	2	0.23
5. 热带亚洲至热带大洋洲分布 Trop. Asia &Trop. Australsia	9	2.07	3	0.35
6. 热带亚洲至热带非洲分布 Trop. Asia &Trop. Africa	9	2.07	5	0.58
7. 热带亚洲分布 Trop. Asia	6	1.38	21	2.42

（续）

分布区类型 Areal-types	属数 Number of genera	占总属数的百分数 Percentage in total genara	种数 Number of species	占总种数的百分数 Percentage in total specie
8. 北温带分布 North Temp.	136	31. 26	53	6. 12
9. 东亚和北美洲间断分布 E. Asia & N. Amer, disjuncted	25	5. 75	22	2. 54
10. 旧世界温带分布 Old world Temp	57	13. 10	68	7. 85
11. 温带亚洲分布 Temp. Asia	12	2. 76	190	21. 94
12. 地中海区、西亚至中亚分布 Mediterranean W. Asia &C. Asia	11	2. 53	6	0. 69
13. 中亚分布 C. Asia	5	1. 15	3	0. 35
14. 东亚分布 E. Asia	34	7. 82	154	17. 78
15. 中国特有分布 Endemic to China	9	2. 07	305	35. 22
合计 Total	435	100	866	100

4.1 世界分布

共有 46 属，占总属数的 10. 57%，其中草本 41 属，藤本 2 属，木本 3 属。草本属中大多数为中生草本植物，如蓼、苔草(*Carex*)、千里光（*Senecio*)、老鹳草(*Geranium*)、紫云英、银莲花（*Anemone*)和酸模(*Rumex*)等属。伴生植物有苍耳(*Xanthium*)、鬼针草(*Bidens*)和旋花(*Convolvulus*)等属。藤本植物有铁线莲(*Clematis*)和悬钩子(*Rubus*)。木本有槐(*Sophora*)、鼠李（*Rhamnus*)和金丝桃(*Hypericum*) 3 属。

4.2 热带分布

热带分布属(类型 2~7)共 100 属，占总属数的 22. 99%. 其中以泛热带分布型最多，有 51 属，依次是热带亚洲和热带美洲间断分布(16 属，下同)、旧世界热带分布(9)、热带亚洲至热带大洋洲 分布(9)、热带亚洲至热带非洲分布(9)和热带亚洲分布(6)。它们的共同特点是以草本占多数，如大戟、白前(*Vincetoxicum*)和卫矛(*Euonymus*) 等。泛热带分布和热带亚洲至热带非洲分布属中禾本科植物相当丰富，主要代表有如狗尾草(*Setaris*)、孔颖草(*Bothriochloa*)、荩草(*Arthraxon*)、菅(*Themeda*)等。木本植物的主要代表有朴、榕（*Ficus*)、花椒(*Zanthoxylum*)、木蓝(*Indigofera*)、叶底珠(*Securinega*)、柿(*Diospyros*)、枣(*Zizyphus*)、野茉莉(*Styrax*)、牡荆(*Vitex*)、木姜子（*Litsea*)、苦木（*Picrasma*)、八角枫(*Alangium*)、山胡椒(*Lindera*)和构(*Broussonetia*)等属。藤本有南蛇藤(*Celastrus*)和雀梅藤(*Sageretia*)等属。

4.3 温带分布温带分布属(类型 8~11，14)

有 264 属，占总属数的 60. 69%，是蟒河自然保护区种子植物区系的主要地理成分，也是该区系性质的主要体现者。北温带分布是温带分布属中最大的一类，共有 136 属，占总属数的 31. 26%，是植物区系属的主要组成成分，也是具有重要经济和生态价值的植物资源。如松、圆柏(*Sabina*)、红豆杉(*Taxus*)、杨、柳(*Salix*)、胡桃、桦木(*Betula*)、鹅耳枥(*Carpinus*)、栎、榆(*Ulmus*)和桑(*Mofus*)等属，是构成温带针叶林、落叶阔叶林和针阔叶混交林的建群植物或主要成分。黄栌(*Cotinus*)、胡颓子(*Elaeagnus*)、蔷薇(*Rosa*)、绣线菊（*Spiraea*)、荚蒾(*Viburnum*)、忍冬、栒子(*Cotoneaster*)和山茱萸(*Cornus*)等属是山地落叶灌丛的建群植物或主要成分。草本以多年生草本占优势，常见的有蒿(*Artemisia*)、野豌豆(*Vida*)、蝇子草(*Silene*)、唐松草(*Thalictrum*)、委陵菜(*Potentilla*)、风毛菊（*Saussurea*)和马先蒿(*Pedictdaris*)等属。其次是旧世界温带分布，共有 57 个属，占总属数的 13. 10%，绝大多数是草本。木本主要代表有榉（*Zelkova*)、沙棘(*Hippophae*)、连翘（*Foysythia*)和梨等。草本常见的有石竹

(*Dianthus*)、蓝盆花(*Scabiosa*)、菊(*Dendyanthemci*)和旋覆花(*Inula*)等。

东亚和北美间断分布有25属，占总属数的5.75%。木本中的胡枝子(*Lespedeza*)和珍珠梅(*Sorbaria*)是灌丛植被的建群成分或优势成分。藤本有五味子(*Schisandra*)和蛇葡萄(*Ampelopsis*)等。草本常见的有大丁草(*Leibnitzia*)和透骨草(*Phryma*)等。温带亚洲分布属有12属，占总属数的2.76%。锦鸡儿(*Caragana*)是灌丛植被的建群成分或优势成分。草本主要有大黄(*Rheum*)和米口袋(*Gueldenstaedtia*)等。

东亚分布属有34属，占总属数的7.82%，其中有草本20属，木本13属，藤本仅木通(*Akebia*)1属。木本的主要代表是侧柏、领春木(*Euptelea*)、连香树、溲疏(*Deufzia*)、猕猴桃(*Actinidia*)、刺楸(*Kalopanax*)和五加(*Acanthopanax*)等属，其中侧柏是石灰岩山地低中山广泛分布的植被类型的建群成分。草本有败酱(*Patrinia*)、地黄(*Rehmannia*)和紫苏(*Perilki*)等。

4.4 地中海区、中亚分布(类型12~13)

地中海、西亚至中亚分布的有11属，中亚分布的有5属，它们的主要代表有糖芥(*Erysimum*)、诸葛菜(*Orychophragmus*)、甘草(*Glycyrrhiza*)、黄连木(*Pistacia*)和牻牛儿苗(*Erodium*)等。

4.5 中国特有属分布

蟒河自然保护区是中国特有属分布的较为集中的地区，大多为单种或少种属，共9属，占总属数的2.07%。其中文冠果(*Xanthoceycis*)和蚂蚱腿子(*Myripnois*)等属为华北特有，虎榛子(Osfzy- opszk)等属与云南呈对应分布，猬实(*Kolkwitzia*)与华东间断分布，其他各属主产西南和江南，向北延伸到华北，如青檀(*Pteroceltis*)和山白树(*Sinowilsonia*)等属[7]。5种的区系成分分析蟒河自然保护区共有种子植物866种，可归入15个分布区类型[10~14](表4)。

4.6 世界分布

含15种，常见的有扁蓄(*Polygonum aviculore*)和苘麻(*Abntilon theophrasti*)等。

4.7 热带分布

热带分布类型(类型2~7)共计50种，占5.77%，在其区系和植被组成中不具重要作用。常见的有马齿苋(*Portulaca oleracea*)、鬼针草(*Bidens pilosa*)、牛膝(*Achyranthes bidentata*)、打碗花(*Calystegia hederacea*)、盐肤木(*Rhus chinensis*)和白接骨(*Asystaiella chinensis*)等。

4.8 温带分布

温带分布类型(类型8~11，14)共有487种，占总种数的56.24%。其中北温带分布的约53种，占6.12%，绝大多数是草本和有少数灌木，其代表种类有珠芽蓼(*Polygonum viviparam*)、水杨梅(*Geum aleppicum*)、几种委陵菜(*Potentilla* spp.)、金露梅(*Pentaphylloides fruticosa*)、高山紫菀(*Aster alpinus*)、碱菀(*Tripolium vulgare*)、羊茅(*Festuca ovina*)和沼兰(*Micros tylis monophyllos*)等，在山地草甸和林下等植被中都有指示意义。

东亚至北美洲间断分布有22种，大多数是草本，如铁苋菜(*Acalypha australis*)、舞鹤草(*Maianthermum bifolium*)和野老鹳草(*Geranium carolinianum*)等。

旧世界温带分布的种有68种，绝大多数是草本，有少数乔灌木。常见的灌木有沙棘(*Hippophae rhamnoides*)、枸杞(*Lycium chinensis*)和胡桃(*Juglans regia*)等，草本有白屈菜(*Chelidonium majus*)、地榆(*Sanguisorba officinalis*)和柳叶菜(*Epilobium hirsutum*)等。

温带亚洲分布有190种，占21.94%，具有乔、灌木及草本等各种生活型植物，其中一些是植被中的优势种或建群种，如白桦(*Betula platyphylla*)、大果榆(*Ulmus macrocarpa*)、西伯利亚蓼(*Polygonum sibiricum*)、河北大黄(*Rheum franzenbachii*)、几种唐松草(*Thalictrum* spp.)、多种委陵菜(*Potentilla* spp.)、小叶锦鸡儿(*Caragana microphylla*)、小叶鼠李(*Rhamnus parvifolia*)、升麻(*Cimicifuga foetida*)、翠雀(*Delphinium grandiflorum*)、几种马先蒿(*Pedicularis* spp.)、几种忍冬(*Lonicera* spp.)、多种风毛菊

(*Saussurea* spp.)和多种薹草(*Carex* spp.)等。

东亚分布有154种，占17.78%，在蟒河自然保护区区系组成中占一定优势。许多是植被的建群种或优势种，如山杨(*Populus davidiana*)、小叶朴(*Celtis bungeana*)、黄连木(*Pistacia chinensis*)、山胡椒(*Lindera glauca*)、多种栎(*Quercus* spp.)等，草本代表有石竹(*Dianthus chinensis*)和几种蒿(*Artemisia* spp.)等。此外，还有若干国家级保护植物，如连香树(*Cerdidiphyllum japonicum*)和天麻等(*Gastrodia elata*)。

4.9 地中海区、中亚分布

地中海区至中亚和中亚分布(类型12~13)两个类型只有9种，如腺鳞草(*Anagallidium dichotoma*)和金鱼草(*Antirrhinum majus*)等。

5 中国特有分布

约有305种，占总种数的35.22%，在蟒河自 然保护区种的区系组成中占绝对优势。根据其地 理分布特点划分如下：

5.1 华北分布亚型

共有53种，主要代表植物有白皮松(*Pinus bungeana*)、周至柳(*Salix tangii*)、小叶鹅耳枥(*Carpinus turczaninowii* var. *stipulata*)、华北乌头(*Aconitum soongaricum*)、陕西荚蒾(*Viburnum schensianum*)、中国马先蒿(*Pedicularis chinensis*)、无喙兰(*Archineottia gaudissartii*)、曼陀罗(*Datura stramonium*)、白花前胡(*Peucedanum praeruptorum*)和华北耧斗菜(*Aquilegia yabeana*)等，其中无喙兰是国家二级保护物种。

5.2 西北华北东北分布亚型

共有59种，从甘肃、青海、新疆和内蒙古西部分布到华北并延伸到东北。主要代表有北京杨(*Populus beijineusis*)、旱榆(*Ulmus laucescens*)、北五味子(*Schisandra chinensis*)、大花溲疏(*Deutzia grandiflora*)和山荆子(*Malus baccata*)等。

5.3 西南西北华北分布亚型

共有40种，从西南地区经甘肃、青海和内蒙古到华北，如油松(*Pinus tabulaeformis*)、青杨(*Populus cathayana*)、红桦(*Betula albo-sinenszk*)、虎榛子(*Ostryopsis davidiana*)、几种忍冬(*Lonicera* spp.)和几种鹅观草(*Roegneria* spp.)等。

5.4 西南江南华北分布亚型

共有74种，主要分布于华中、华东或至华南，到达华北，代表植物有南方红豆杉(*Taxus mairei*)、野核桃(*Juglans cathayensis*)、锐齿槲栎(*Pteroceltis tatarinowii*)、橿子栎(*Quercus baronii*)、青檀(*Quercus aliena* var. *acutese*)、异叶榕(*Ficus heteromorpha*)、木姜子(*Lindera pungens*)、蕙兰(*Cymbidium faberi*)、接骨木(*Sambucus williamsii*)等，其中南方红豆杉和蕙兰分别为国家一、二级保护植物。

5.5 其他分布

包括西南西北、江南华北分布亚型、华中华北分布亚型、江南华北、或至东北分布亚型、东北华北分布亚型和东北华东分布亚型等，共有60种。常见的有毛白杨(*Populus tomentosa*)、旱柳(*Salix matsudana*)、红皮柳(*Salix sinopurpurea*)、西北栒子(*Cotoneaster zabelii*)、野蔷薇(*Rosa multiflora*)、杜梨(*Pyrus betuleafolia*)、雀儿舌头(*Andrachna chinensis*)、大黄柳(*Salix raddeana*)、榆叶梅(*Amygdalus triloba*)、多花胡枝子(*Lespedeza floribunda*)、圆叶鼠李(*Rhamnus globosa*)、乌头叶蛇葡萄(*Ampeopsis acontifolia*)、瓜木(*Alangium platanifolium*)、鹅绒藤(*Cyncmchum chinensis*)、白花草木樨(*Meliotus albus*)和

紫茎独活(*Angelica porphyrocaulis*)等。

6 小结

蟒河自然保护区种子植物种类较为丰富，种子植物共有103科435属866种，其中裸子植物3科5属6种；被子植物100科430属860种(双子叶植物90科364属748种；单子叶植物10科66属112种)。

科、属、种的特有现象不平衡。中国特有种非常丰富，共有305种，占总种数的35.72%，处于绝对优势地位。科属的特有现象不明显，没有中国特有科。中国特有属仅9属，占总属数的2.07%。

蟒河自然保护区各科所含属数、种数差异较大。大科占总科数的比例较小，但含有较多的属种数，在区系中占主导地位；小科占总科数的比例较高，但含有的属种数则较少，在区系组成中占从属地位。对属的组成而言，单少种属占有绝对优势，说明区系中属的分化程度较高。

蟒河自然保护区种子植物区系成分复杂多样，科的分布区类型以热带—亚热带—温带分布占优势，其次是温带分布。属的分布区类型以温带成分占优势，其中北温带分布型所占比例最高，反映出该区系的暖温带性质。种的分布区类型中国特有分布的种类最多，作为群落建群种或优势种的有油松、白皮松、青杨、红桦、橿子栎、青檀、锐齿槲栎、虎榛子、陕西荚蒾等，其次是温带亚洲和东亚分布。

蟒河自然保护区内珍惜濒危野生植物较为丰富，有国家一、二级重点保护植物8种，如南方红豆杉、连香树、无喙兰和天麻等，还有省级保护植物26种，如青檀、领春木(*Euptelea pleiospermum*)、猬实(*Kolkwitzia amabilis*)和山白树（*Sinowilsonia henryi*)等，它们都具有非常重要的保护价值[15]。

蟒河自然保护区野生植物资源调查分析*

张　军[1]　田随味[2]　魏清华[3]　张　蕊[4]

(1. 山西省自然保护区管理站，山西太原，030012；2. 山西蟒河国家级自然保护区，山西阳城，048100；3. 山西省林业勘测设计院，山西太原，030012；4. 介休市林业局，山西介休，031200)

摘　要：对山西省蟒河国家级自然保护区的野生植物资源进行了调查，结果表明，该区共有种子植物 98 科，388 属，876 种。该文记述了保护区的植物区系组成、特征植物、中国特有植物，以及按经济用途区分的 10 类植物，并就野生植物资源的开发利用保护提出建议。

关键词：山西省；蟒河自然保护区；野生植物资源

蟒河国家级自然保护区位于山西省东南部、中条山南端的阳城县境内，东经 112°22′10″~112°31′35″，北纬 35°12′30″~35°17′20″，总面积 $5573hm^2$。四面环山，中间为谷地，地形以深涧、峡谷为主，最高的指柱山海拔 1572.6m，最低点拐庄海拔 300m。土壤主要是山地褐土，河谷一带为冲积土。年均气温 14℃，无霜期 180~240d，年降水量 600~900mm，属暖温带季风型大陆性气候，是东南亚季风的边缘地带。气候温暖，雨量充沛，加之区内沟谷纵横，局部范围水热条件得以重新分配，形成了多种多样的小生境，适合多种野生植物的生长发育，植物资源较为丰富，素有“山西植物资源宝库”的美称。该区除有种类繁多的温带、暖温带区系植物外，亚热带区系的植物也有相当数量的分布[1]。

1　植物区系的组成

据调查，蟒河保护区有种子植物 98 科，388 属，876 种。其中裸子植物 3 科，6 属，6 种；被子植物 95 科，382 属，870 种。该区种子植物科、属、种的数目分别占全省种子植物科属种的 57.6%，51.3%，32.8%。保护区种子植物隶属的科、属数目见表 1。

表 1　蟒河保护区种子植物隶属的科、属数量

科内含属数	科数	所占比例%	属数	所占比例%
10 以上	11	11.2	171	44.1
6~9	8	8.2	54	13.9
2~5	38	3.8	31	
1	41	41.8	41	10.6
合计	98	100.0	388	100.0

10 属以上的科有 11 个，如菊科 35 属、禾本科 25 属、豆科 19 属、蔷薇科 17 属、百合科 13 属、毛茛科 12 属、唇形科 11 属等，9 属以下(含 9 属)的科共有 87 个，属少的科与属多的科在区系组成中几乎占有同等重要的位置，这是蟒河保护区植物区系的一大特色。一般地说，多属科代表了该地区的地带性成分，少属科表明了各区系成分的混杂程度，即过渡性。

2　特征植物及中国特有植物分布

由于屡遭人为干扰破坏，蟒河保护区原生植被类型已不复存在，现有植被为各种次生类型。

* 本文原载于《山西林业科技》，2004，(4)：27-29.

保护区位于暖温带落叶阔叶林的边缘地带，植物区系成分南北渗透现象非常明显。

本区属于中国-日本植物亚区，华北地区，黄土高原亚地区。植物区系中黄土高原地区的特征植物有：黄刺玫(*Rose xanthina*)、扁核木(*Prinsedia unifloraq*)、野皂荚(*Geditsia heteophylla*)、元宝枫（*Acer truncatum*)、小果博落回(*Macleava microcarpa*)、白羊草(Bothriochloa ischaemum)等。

华北区系特征植物有：白皮松、油松、侧柏、诸葛菜(Orychophragmus violaceus)、大花溲疏(Deutzia grandiflora)、毛樱桃(Prunus clarofolia)、雀儿舌头(Leptopus chinensis)、猫眼草(Euphorbia lunulata)、薄皮木(Leptodermis oblonga)、槲栎(Quercus aliena)、柞栎(Q. dentata)、短柄抱栎(Q. variabilis)、栓皮栎、合欢、山合欢(A. kalkora)、君迁子(Diospyros lotus)等，这说明蟒河植物区系的基本成分是以华北区系为主的，同时该区又有许多亚热带植物生于其局部的沟谷地带，成为我国古热带植物的避难所之一，如南方红豆杉(Taxus chinensis *var.* mairei)、竹叶椒(Zanthoxylum armatum)、异叶榕(Ficus heteromorpha)、玉铃花(Styraxobassia)、省沽油（Staphylea bumalda)、络石（Trachelospermum armatum)、漆树、三叶木通（Akebia trifoliata)、栗寄生(Korthalsella japonica）等，虽然它们在蟒河植被中仅以伴生或散生状态存在，但却反映了蟒河植物区系具有暖温带与亚热带的双重属性，过渡性特征表现得十分明显。

在蟒河分布的中国特有植物有5科6属6种[1,3]，其中5属为中国特有属，与华北其他地区相比是较丰富的，且这5属均为单种或少种属。从起源上看，它们都是古老的第三纪古热带植物区系的残遗植物，见表2。

表2　蟒河自然保护区分布的中国特有植物

中文名	拉丁名	主要产地	属	科
青檀	*P. tatarinowii* Maxin	华东、华北、华南	青檀属 *Pteroceltis* Maxin	榆科 Ulmaceae
山白树	*S. henryi* Hemsl	华中、华东	山白树属 *Sinowilsonia* Hemsl.	金缕梅科 Hamamelidaceae
弯齿盾果草	*T. glochiatus*Maxim.	秦岭、淮河以南	盾果草属 *Thyrocarpus* Hance	紫草科 Boraginaceae
双盾木	*D. floribunda* Maxim.	西南、华中、华东、秦岭	双盾木属 *Dipelta* Maxim.	忍冬科 Cappifoliaceae
蝟实	*K. amabilis* Graebn.	华北、西北	蝟实属 *Kolkwitzia* Graebn.	忍冬科 Cappifoliaceae
虎榛子	*O. davidiana* Decne.	华北、东北、西北等地	虎榛子属 *Ostryopsis* Decne.	桦木科 Beutlaceae

3　植物资源概述

根据植物的经济用途，可将蟒河保护区的野生植物资源分为以下10类[4,5,6,7]。

3.1　药用植物

主要有山茱萸(*Cornus officinalis*)、五味子（*Schisandra chinensis*)、三叶木通、连翘(*Forsythia suspensa*)、刺五加（*Acanthopanax senticosus*)、拐枣（*Hovenia dulcis*)、黄瑞香(*Daphen giraldii*)、金银忍冬(*Lonicera maackii*)、狼毒大戟(*Euphorbia fischeriana*)、牻牛儿苗(*Erodium stephanianum*)、薄荷(*Mentha-haplocalyx*)、蝙蝠葛(*Menispermum dauricum*)、七叶一枝花(*Paris polylla*)、玉竹（*Polgonatum odora-*

tum)、黄精(*P. sibirircum*)、管花鹿药(*Smilacina henryi*)、麦冬(*Ophiopogon japonicus*)、远志(*Polygala tenuifoia*)、地黄(*Rehmannia glutinosa*)、九节菖蒲(*Anemone altaica*)、天麻(*Gastrodia data*)、半夏(*Pineilia temata*)、海州常山(*Clerodendrum trichotomum*)、油松委陵菜(*Potentilla chinensis*)等。

3.2 油脂植物

主要有黑椋子(*Comus poliophylla*)、黄连木(*Pistacia chinensis*)、山核桃(*Juglans cathayensis*)、榛子、毛榛子、虎榛子、构树(*Broussonetia papyrifera*)、桑、文冠果(*Xanthoceras sorbifolia*)、侧柏、沙棘、刺五加等。

3.3 淀粉植物

主要有榛属的榛子、毛榛子、虎榛子，栎类(*Quercus* spp.)、山荆子(*Malus baccata*)、黄刺玫、花楸(*Sorbus pohuashanensis*)等。

3.4 鞣料植物

主要有油松、合欢、栾树(*Koelreuteria paniculata*)、沙棘、青榨槭(*Acer davidii*)等。

3.5 饲用植物

主要是豆科、禾本科、莎草科、蓼科、藜科等科的植物。有白羊草、稗(*Echinochloa crusgalli*)、马唐(*Digitaria sanguinalis*)、反枝苋(*Amaranthus retroflexus*)、苜蓿属(*Medicago* spp.)、珠芽蓼(*Polygonum viviparum*)、数种薹草(*Carex* spp.)、多种蒲公英(*Taraxacum delbatum*)和多种早熟禾(*Poa* spp.)等。

3.6 纤维植物

主要有白羊草、芨芨草(*Achnatherum splendens*)、荆条、数种忍冬(*Lonicera* spp.)、拂子毛(*Calamagrostis epigegos*)、青榨槭、元宝枫、连翘和多种栒子(*Cotoneaster* spp.)等。

3.7 芳香植物

主要是柏科、菊科、豆科、蔷薇科和唇形科的植物。有侧柏、菊叶香藜(*Chenopodium foetidum*)、黄刺玫、石竹(*Dianthus* chinesis)、多花蔷薇(*Rosa multiflora*)、美蔷薇(*R. bella*)、艾蒿(*Artemisia argyi*)、薄荷、香薷(*Elsholtzia ciliata*)等。

3.8 蜜源植物

主要有山茱萸、荆条、香薷、山桃、山杏、甘肃山楂(*Cotoneaster kansuensis*)、山刺玫(*Rosa davurica*)和菊科及蔷薇科等科的植物。

3.9 蔬菜植物

主要有绿苋(*Amaranthus viridis*)、山葱(*Allium senescens*)、反枝苋、地榆(*Sanguisorba officinalis*、歪头菜(*Uicia unijuga*)、海州常山等。

3.10 观赏植物

主要有栾树、黄栌、刺苞南蛇藤(*Celastms flagellaris*)、连翘、蝟实、黄连木、山桃、山杏、山合欢、石竹、油松、侧柏、数种丁香、胭脂花(*Primula maximowiczii*)、红瑞木(*Cornus alba*)、沙梾(*C. bretschneideri*)、数种蔷薇、照山白(*Rhododendron micranthum*)和蕙兰(*Cymbidium faberi*)等。

4 保护和利用野生植物资源的建议

蟒河自然保护区是以保护猕猴和暖温带、亚热带植物为主的保护区，由于长期以来人为因素的干扰和破坏，区内许多植物面临绝迹的危险，因此需加强保护管理力度，充分发挥保护区的社会、生态和经济三大效益。

4.1 合理利用森林资源，因地制宜绿化荒山

积极引导当地群众荒山造林，治理水土流失，提高森林的生物量，改变当地的生产、生活条件，转变靠山吃山的旧观念。

4.2 指导、扶持当地群众种植药用植物

蟒河保护区药用植物非常丰富，特产山茱萸约有7万余株，年产量3.5万~5万kg。此地的山茱萸果实个大、肉厚，色泽光亮呈紫红色，是一种补肾、补肝的良药，在全国名列前茅。另外有连翘、山桃、山杏、天麻、五味子、菖蒲、黄芩、紫胡等，应积极组织山区人民采收这些植物，同时派技术人员指导群众种植药用植物，以提高群众的收入。

4.3 开展绿色环保旅游

应有计划地开展绿色环保旅游，以减少对森林资源的依赖和破坏。

蟒河自然保护区南方红豆杉种群的数量分布*

张　军[1]　田随味[2]　潼　军[3]
（1. 山西省自然保护区管理站，山西太原，030012；2. 山西蟒河国家级自然保护区，山西阳城，048100；
3. 山西省中条山森林经营局，山西侯马，043000）

摘　要：介绍了南方红豆杉在我国的自然分布区域，蟒河自然保护区在该区域的位置，蟒河自然保护区南方红豆杉种群分布的特点，分析了蟒河自然保护区南方红豆杉的种群数量分布、保护现状及存在问题，提出了其保护建议及对策。

关键词：蟒河；保护区；南方红豆杉；保护对策

南方红 豆杉［*Taxus chinensis* var. *mairei*(Lam.) Cheng et L. K. Fu］属于红豆杉科红豆杉属，是国家Ⅰ级重点保护野生植物。主要分布于安徽、浙江、福建、江西、广东、广西、台湾、湖南、湖北、河南、陕西、甘肃、四川、云南、贵州等地海拔 1000 m 或 1200 m 以下的山林中，山西省是其分布的北界 边缘。主要分布于中条山区的垣曲县、历山、沁水县下川、阳城县蟒河一带；太行山区的陵川县横水、夺火、马屹当、六泉，壶关县小梯河的一些山沟丛林内 亦有零星分布。

1　蟒河保护区自然生态环境

山西蟒河国家级自然保护区位于山西省东南部、中条山南端的阳城县境内。东经 112°22′10″~112°31′35″，北纬 35° 12′30″~ 35° 17′20″。全区东西长 15 km，南北宽 9 km，总面积 5573 hm^2。海拔最高指柱山 1572. 6 m，最低拐庄 300 m，高差 1272. 6 m，区域四面环山，地形以深涧、峡谷为主。土壤主要是山地褐土，山麓河谷一带为冲积土，海拔 1500 m 以上为山地棕壤，机械组成以砂壤为主。年均气温 14℃；无霜期 180 ~240 d；年降水量 600~800 mm，最高可达 900 mm，属暖温带季风型大陆性气候，是东南亚季风的边缘地带。

蟒河保护区气候温暖，雨量充沛，自然条件优越，加上区内沟壑纵横、山峰陡峭，局部范围水热条件得以重新分配，形成了多种多样的小生境，适合多种野生植物的生长发育，植物资源较为丰富。据调查，蟒河保护区有种子植物 98 科 388 属 876 种，其中裸子植物 3 科 6 属 6 种；被子植物 95 科 382 属 870 种，素有“山西植物资源宝库”的美称。该区除有种类繁多的温带、暖温带区系植物外，亚热带区系植物也有分布，如南方红豆杉、山白树、竹叶椒、山胡椒等。

2　研究方法

2.1　调查方法

野外调查采用样方法进行。通过对目的物种南方红豆杉在群落中分布情况的踏查，摸清分布状况，然后根据目的物种的多、中、少的原则进行样方布设，同时在 1 : 5 万的地形图上标出分布范围。

2.2　样方面积与样方数量

共设置样方 10 个，面积为 400 m^2(20m×20m)。

* 本文原载于《山西林业科技》，2006，(3)：9-10，50.

2.3 样方调查数据处理

$V=\pi/4D_{1.3}^2\times F_3(H+3)$，

其中：

V：材积；$D_{1.3}$：胸径；H：树高；F_3：实验形数。

2.4 出现度调查

为了避免调查样方内由于主观因素可能造成的误差，需要用出现度作为总量的修正系数在每一个主样方的四个对角线方向设置 4 个副样方，其开头和大小与主样方相同。主副样方的间距为 20 m。由于南方红豆杉在蟒河自然保护区内个别地段仅分布于某一条沟的沟底，两边是峭壁且无目的物种分布，则副样方的布设平行于主样方，间距大小不变。

2.5 出现度计算

$F= n/(N_i+ N_2)$；

F：目和物种在某一群落中的出现度；

n：在该群落中出现目的物种的主、副样方总数；

N_1：在该群落中所设主样方数；

N_2：在该群落中所设副样方数。

2.6 单位面积物种数量计算

单位面积物种蓄积(株数)= 主样方内蓄积(株数)和/主样方数×400 m^2/10000 m^2

2.7 物种总量计算

$W=F\times X\times S$；

W：目的物种在该群落中的总量(株数、蓄积)；

F：目的物种在该群落中的出现度；

X：目的物种在该群落中单位面积数量(株数、蓄积)；

S：目的物种在该群落中的分布总面积。

3 结论

3.1 蟒河自然保护区南方红豆杉种群分布的特点

蟒河保护区南方红豆杉主要分布在后大河的小出水、蜜蜂岩、西牙后和蟒河沟的紫柏沟，呈小块状分布；在窟窿山、南河、阳庄河等地为零星分布。多分布于海拔 460~680m 的半阳坡或半阴坡，郁闭度 0.8 以上的栎林中，所处地势为深谷的底部及山地两侧。蟒河这一特殊地形在两侧山峰的保护下，受外界影响较小，气候较稳定，喜排水良好的酸性土的南方红豆杉得以幸存。其伴生植物有裂叶榆、小叶榉、领春木、太平花、山白树、北京花楸、毛胡枝子、毛黄栌、八角枫、黑椋子、老鸹铃、海州常山、宽叶重楼等。

南方红豆杉在该群落中长势良好，但不是优势树种，不能形成稳定的群落，只起到伴生树种的作用。同时有许多亚热带区系植物在此分布，如柘树、八角枫、络石、省沽油、四照花、叶底珠等，地带性成份与过渡性成份在此地区系中几乎平分秋色，反映了该区具有暖温带与亚热带的双重性质，体现了强烈的过渡性，即许多种类至此已在其分布范围的边缘。

3.2 蟒河自然保护区南方红豆杉的种群数量分析

蟒河自然保护区南方红豆杉的种群数量见表 1。

表 1　南方红豆杉种群数量分析

分布格局	地点	数量/hm²	面积/hm²	雌雄比例	生长地点
小块分布	小出水	107	2.7	1∶3	阴坡、半阴坡及沟谷的针叶林、针阔叶混交林中
	蜜蜂岩	23	0.7	1∶4	
	西牙后	86	3.3	1∶6	
	紫柏沟	30	0.7	1∶4	
零星分布		20~40		1∶7	
合计		266~286	7.7		

4　保护现状及存在问题

蟒河自然保护区成立以来，就将南方红豆杉的保护作为一项重要任务来抓。通过向区内居民开会、讲课、刷写标语、印传单等方式，提高了当地群众的认识和自觉保护的意识。但是自蟒河保护区森林旅游开展以来，南方红豆杉的保护遇到一些问题，首先南方红豆杉作为珍稀资源被宣传的名声大噪，大河旅游线路上的两处南方红豆杉遭到了游客的破坏，折枝采果现象时有发生，特别是实行挂牌宣传以后，采折南方红豆杉更是普遍；其次，在景区搞餐饮的摊主为了招揽游客，纷纷挖幼苗栽培，摆在门前；近二年来，又出现外地人偷偷购买南方红豆杉幼树现象，这些行为多为当地人利欲熏心偷挖偷卖，极不容易发现。

5　建议及对策

为更好地保护南方红豆杉这一珍稀植物，结合实际情况和可行性，提出以下建议：

(1)修改旅游线路，使现在的旅游线路绕开南方红豆杉分布地，避免游客折枝采果，对挂牌保护的要加设防护栏。

(2)加大巡护执法力度，对采挖南方红豆杉的现象要进行严肃整顿，对折枝采果的游客要进行处罚和教育。

(3)迁地保护，要积极开展科学研究，采用合适的办法进行育苗或扦插，将其移到适合其生长的地方，适当扩大南方红豆杉的种群数量。

蟒河自然保护区林分考察报告*

张青霞[1]　张　军[2]　田随味[1]
（1. 山西蟒河国家级自然保护区管理局，阳城，0481000；
2. 山西省自然保护区管理站，太原，030012）

摘要：蟒河地区森林的演替常见的有栓皮栎、橿子栎与鹅耳枥等树种的演替和五角枫、脱皮榆等树种的林分演替。区内林分尽管单位蓄积量低，但生长状况良好，林相复杂，中幼林占绝对优势。

关键词：蟒河自然保护区；林分；考察报告

山西蟒河猕猴国家级自然保护区(以下简称保护区)建立于 1983 年。2009—2010 年，结合自然保护区二期工程的实施，在区内进行了样地考察，完成全部外业工作。2011 年，笔者进行了外业补充调查和内业整理，在以此次调查为主的基础上，撰写本文。

1　开展考察的必要性

1.1　历史考察情况

保护区成立于 1983 年，除建区初期对区内的林分状况进行过基本考察外，20 多年来未再进行过专项系统考察。

1.2　考察目的

(1)对保护区的林分结构、生长状况、演替情况、生物多样性情况、林地生产力等有一个客观正确的分析。

(2)以此次考察为基础，建立长久的监测体系，使自然保护区森林资源和生物多样性监测有一个长久的连续的可进行比较的稳定数据，为保护区建设提供科学依据。

2　工作区概况及工作方法

2.1　工作区自然地理概况

保护区位于山西省阳城县境内，地理坐标为东经 112°22′10″~112°31′35″，北纬 35°12′30″~35°17′20″，总面积 5573hm²。境内最高峰指柱山海拔为 1572.60m，最低点拐庄 300m，地貌强烈切割，山峦起伏、沟壑纵横，形成险峻的陡峰、深谷景观。其余水文、气候、土壤、岩石等特征见蟒河保护区管理局总体规划。

2.2　工作方法

2.2.1　样地布设

本次考察用 1：10000 地形图在保护区内均匀布设了 30 个固定标地，其中 25 个为测树样地，面积 667m²，5 个为多样性考察样地，面积 400m²。

2.2.2　考察方法

按照“聘请专家→人员培训→查阅资料→实地踏查→样地考察→考察填表→数据处理→考察报告”

* 本文原载于《山西林业》，2012，221(6)：36-37，41.

的方法和顺序进行。对于在地形图上刚好布置在悬崖峭壁等在现地无法完成的样地，按照“大不动、小调整”的原则，在实地踏查环节过程中根据情况及时作出调整。

3 考察结果及分析

3.1 主要考察因子分析

3.1.1 优势树种

通过考察得知，蟒河地区的森林大多是以栓皮栎、橿子栎等为优势种的落叶阔叶林。本次考察立木共计 1573 株，共考察到 39 种树种。

(1)栓皮栎：共 591 株，占总株数的 37.60%，为绝对优势种。25 块测树样地中，在 13 块样地均有分布，其中第 4、6、17、23、24 号样地都占到绝对优势，在 6 号样地中占到了 99.30%。

(2)橿子栎：共 340 株，占总株数的 21.60%，为次优势种，在 3、16 号样地中均占到了 100%。

(3)鹅耳枥、山茱萸、油松、槲栎等树种，分别考察到 114 株、105 株、62 株和 50 株，各占总株树的 7.30%、6.90%、3.90%和 3.20%。

3.1.2 年龄结构

根据径级—年龄相关的分析来看，以栎类为优势的单层林，平均林龄 50a 左右。从年龄株数分布看，优势树种随着林分年龄的增大，株数分布范围变小。平均林龄越大，优势树种的年老树木越多，但并不是同龄林，仍是多世代的异龄林。大多数的林木，因土薄石多，条件所限，未老先枯，未老先倒。

3.1.3 径级结构和树高结构

树木的直径、树高和蓄积增长的快慢，与立地条件有密切的关系，也受年龄的影响。一般来说，年龄大，直径也大，树高也高；反之亦然。从主林层平均直径来看，分布于 6~13cm 之间。林内最大林木直径，一般为平均直径的 2~3 倍，最小林木直径为平均直径的 0.2~0.3 倍。

从径级按株数分布来看，也表明不同年龄林分的林木分布状况不同。如幼林龄，优势树种集中分布在 5~19cm 之间。

各径级树高，在胸径 10cm 以下，也就是 40a 以下，树高生长较快；胸径 40cm 以上的，年龄在 60a 以上的，则显著缓慢。

3.2 主要森林类型及其演替、更新分析

3.2.1 本区主要森林类型

此次考察，依优势树种及其分布的地形、地貌等特征，分为两类：一是以栓皮栎、橿子栎为优势的山地阳性阔叶林，主要分布在坡度大、土层薄、石覆率高、水分条件较差的山坡中上部，其海拔较高，地形高耸，气温偏低，坡度较大，林木高、径比较差，缺乏明显的层次，属于单层林。橿子栎林分分布较栓皮栎相对较窄。二是以鹅耳枥、山茱萸、油松、侧柏为优势种的沟壑坡麓半阴性阔叶林。由于这里自然环境较好，水、热条件相对较好，林木生长茂盛。从低到高，依次为以山茱萸（海拔620m~648m）、鹅耳枥(海拔 755m~1 074. 8m)、侧柏(海拔 913m)、油松(海拔 1 205m)为优势树种林分。

3.2.2 森林演替分析

(1)栓皮栎、橿子栎与鹅耳枥等树种的演替

在栓皮栎、橿子栎与鹅耳枥等树种的混交林中，后者常居于下层。在主林层中，不论从株数或蓄积上看，栓皮栎、橿子栎均占绝对优势。在 6 号样地中栓皮栎占到了 99.30%，在 3 号和 16 号样地中，橿子栎均占到了 100%。这种林分的演替，可分为两种情况：一是在阳坡半阳坡等比较干燥的地方，林下也有五角枫等树种更新，但由于立地条件所限，五角枫显然取代不了栓皮栎；二是在阴湿沟

谷，更新层中五角枫、脱皮榆、千金榆、白蜡等幼树，明显增多。演替层中，栎类虽有一定比重，但已侵入相当数量的五角枫、脱皮榆、千金榆等树种，如无破坏性因素的干扰，五角枫等硬阔叶树无疑会取而代之。不过在此阴湿条件下，以五角枫等树种为优势的林分，仍是比较稳定的类型。

(2)五角枫、脱皮榆等树种的演替

阴湿沟壑以五角枫、脱皮榆等耐阴树种为主。由于林内光照少、湿度大，极度阴暗，只有耐阴树种才能在此生存。五角枫、脱皮榆等不仅耐阴喜湿，可在林冠下庇荫多年，而且更新容易，生长较快。在沟谷等阴湿之地，只要水分条件不改变，是很难被其他树种所更替的。所以说它是比较稳定的群落，也只是在这种条件下而言。

3.2.3 更新情况

蟒河地区，沟深坡陡，有些地方很少有人活动，森林火灾又罕见，这样就为天然更新创造了良好的条件。其次，这里的自然环境条件比较优越，水热条件较好，有利于林下更新。特别是五角枫、脱皮榆等耐阴树种，可以在林冠下庇阴多年，这就为森林的延续、发展起到了很大的作用。

3.3 森林资源特点分析

通过对调查结果的分析，保护区森林资源具有以下特点：

(1)树种资源丰富，林相复杂；

(2)地形陡峭，经营管理难度大；

(3)林龄较小，中幼龄林占绝对优势；

(4)林分质量差，单位面积蓄积量低。

一般说来，落叶阔叶林区土壤比较深厚肥沃。长期以来，早已被辟为农田，原生植被多遭破坏。但在蟒河地区，则由于特异地形影响，土层较薄，岩石裸露，部分地段人为活动极少，因此森林生态系统保存比较完好，虽然蓄积量不高，但在维护生态平衡中发挥着极其重要的生态功能。

本次调查达到了预期的目的，积累了许多宝贵的第一手资料，为以后保护区林分生长状况及演替情况的持续分析奠定了基础。但样地调查、资料积累分析是一个艰苦、连续过程，有待该区科研人员持续坚持和积累。

蟒河自然保护区植被考察报告*

田随味　张　军　张青霞
（山西蟒河国家级自然保护区管理局，山西阳城，048100）

摘　要：结合蟒河保护区二期工程的实施，于2009—2011年对保护区的植被进行了考察。通过考察知该区森林植被良好、植物种类丰富，植物区系古老成分较多、区系成分复杂，植被类型主要有温性针叶林、落叶阔叶林和落叶阔叶灌丛三类。

关键词：蟒河保护区；植被；考察；报告

蟒河保护区素有“山西植物资源宝库”之美称，始建于1983年，建区近三十年来未发生过一起森林火灾。保护区植物种类的丰富程度，是山西省不多见的地区之一，除种类繁多的暖温带地带树种外，一些本省的稀有种和亚热带树种也有分布 2009—2011年，结合自然保护区二期工程的实施，在区内建立了30块固定样地，进行了植被调查分析，以期对区内植被状况有一个客观的认识，为有效保护提供科学依据。

1　自然概况

山西蟒河猕猴国家级自然保护区位于山西省阳城县境内，晋豫两省交界之处，地理座标为东径112°22′10″~112°31′35″，北纬35°12′30″~35°17‘20″，全区东西长约15 km，南北宽约9 km，总面积5573 hm^2。

2　研究方法

2.1　样地布设

本次考察用1：10000地形图在保护区内均匀布设了30个固定标地，其中25个测树样地，面积为666m^2，5个多样性考察样地，面积400 m^2。

2.2　考察方法

按照“聘请专家—人员培训—查阅资料—实地踏查—样地考察—考察填表—数据处理—考察报告”的方法和顺序进行。

对于在地形图上刚好布在悬崖等在现地无法完成的样地，按照“大不动，小调整”的原则，根据实地情况及时做了调整。

3　研究结果及分析

3.1　森林植被良好、植物种类丰富

该地区有种子植物882种，隶属于102科391属，分别占山西省种子植物总科数的75.9%，总属数的62.3%，总种数的52.4%。列为国家Ⅰ级重点保护野生植物有南方红豆杉；国家Ⅱ级重点保护野

* 本文原载于《太原师范学院学报(自然科学报)》，2012，11(4)：142-144.

生植物有蕙兰、天麻、野大豆；省级重点保护野生植物有匙叶栎、脱皮榆、青檀、异叶榕、领春木、蝟实等二十余种。

在蟒河保护区首次发现粟米草科和爵床科植物，两个山西省新纪录为粟米草和白接骨[1]。

我国特有植物分布于蟒河的有青檀、山白树、蝟实等。此外，蟒河保护区还有许多山西省分布极为稀少的植物，如匙叶栎、柘树、异叶榕、中华猕猴桃、竹叶椒、蕙兰等。

3.2 植物区系古老成分较多、区系成分复杂

蟒河保护区的古老成分较多，如五味子、猕猴桃、南蛇藤、构树、鹅耳枥等属的一些种类。古老成分较多与植物区系起源古老是有密切联系的，植物区系成分的复杂程度，亦说明起源的古老。该地区的植物区系成分比较复杂，由于这里地处华北地区南部，所以华北植物区系成分为这里的基本成分，主要建群种槲栎、栓皮栎、橿子栎等均为华北区系成分，此外还含有多处其他植物区系成分。如华中植物区系成分有枳椇[1]、山白树、漆树、三叶木通等；东北植物区系成分有山麻子；西北荒漠植物成分锦鸡儿属在这里也有极少量分布。

该区地处暖温带落叶阔叶林的内部边缘带，其植物区系除具有种类繁多、珍稀植物丰富的特点外，南北渗透现象也非常明显，许多亚热带区系植物在此也安家落户，如南方红豆杉、竹叶椒、异叶榕、山胡椒、八角枫、漆树、络石、省沽油等，地带性成份与过渡性成份在蟒河植物区中几乎平分秋色，反映了该区具有暖温带与亚热带的双重性，体现了强烈的过渡性 。

蟒河植物区系强烈的过渡性影响着该区系的现状与发展，使其具有一定的脆弱性。许多植物种尤其是亚热带成份的分布常局限于山体的某一部分或某一沟内。如南方红豆杉，只局限于海拔 400~680m 的峡谷之中，虽也长势良好，但不是优势树种，不能形成稳定的群落；蕙兰在该区的分布面积更小，只局限于几个地方，其他地区均未发现。许多植物种不仅分布局限，而且数量极少，亟待加强保护。

3.3 蟒河保护区的植被类型

根据植被分类的群落学——生态学原则，蟒河保护区地区植被分为三种植被类型，即温性针叶林、落叶阔叶林和落叶阔叶灌丛。

3.3.1 温性针叶林

3.3.1.1 油松林

油松为我国特有树种。油松林是华北地区温性针叶林的代表类型。在蟒河保护区均为人工林，只有小片 分布。通常油松只零星混交于其他落叶阔叶林中。伴生树种有槲栎、流苏、鹅耳枥、辽东栎、山楂等，灌木有胡枝子、照山白、连翘、绣线菊等，草本植物有唐松草、薹草等。

3.3.1.2 侧柏林

侧柏林为喜阳树种，耐干旱瘠薄，在岩石缝隙中也能生长，生活力强。早期生长缓慢，但寿命长，木材坚硬，有芳香味。在蟒河保护区基本分布于干瘠阳坡，是这一带较为典型的旱生类型群落。伴生树主要为山合欢，灌木主要为黄栌等耐干瘠的树种，林下草本植物有铁杆蒿、黄背草、卷柏等耐干瘠草本。

3.3.2 落叶阔叶林

3.3.2.1 栓皮栎林

栓皮栎林是山西暖温带南部地区的地带性植被类型之一，也是全国栓皮栎林分布的北界。栓皮栎具有明显的喜光、喜温特性。栓皮栎林在蟒河保护区个别地区生长特好，密度较大，林相整齐。乔木层郁闭度在 0.5~0.9 之间，建群种栓皮栎树杆通直，生长旺盛。伴生树种有槲栎、槲树、白蜡等。常见灌木种类有连翘、多花胡枝子、杭子梢、荆条、黄刺玫等；草本层主要有薹草、柴胡等。此外，有的样地还有藤本植物，如大瓣铁线莲、短柄菝葜、五味子、三叶木通、山葡萄、茜草等。

栓皮栎林是比较稳定的植物群落，天然更新能力强，除种子更新外，萌芽力强盛不衰所以，破坏

后，经封山育林很快进行顺向演替，逐渐恢复成林。

栓皮栎林既是用材林，又是经济林。栓皮栎木材纹理通直，强度大，是很好的用材树种；根系发达，萌生力强，皮不易燃烧，是营造水源涵养林、防火林、用材林的优良树种。栓皮可制作木板、保暖材料；壳斗和树皮含单宁可提取栲胶，种子可酿酒作饲料，叶可养柞蚕等，用途多，经济价值高。

3.3.2.2 橿子栎林

橿子栎林为山西省唯一的半常绿阔叶林，是山西省南部暖温带指示植物群落之一。乔木层中混生分布有栓皮栎、槲栎、黄连木、鹅耳枥等，林下灌木主要有黄栌、陕西荚蒾、荆条、三裂绣线菊、照山白、连翘等。草本层主要种类有羊胡子草、蒿类、天南星、白羊草等。

橿子栎木材坚硬，种子、树皮、壳斗有较大的经济价值，耐旱、耐瘠，是很好的水土保持树种。山西省是橿子栎林在我国分布的北界，对我国森林树种分布和植被研究有一定的学术价值。

3.3.2.3 槲栎林

槲栎林是山西典型的落叶阔叶林，也是温暖湿润地区地带性生境的代表类型。在蟒河保护区，以槲栎及其变种锐齿槲栎混生为主，阴坡、半阴坡多为纯林，还混有少量的山核桃、漆树、栓皮栎等。较高处则以锐齿槲栎为主，常混有五角枫、栾树、鹅耳枥等，半阳坡则混有栓皮栎、麻栎等。林下灌木有黄栌、荆条、绣线菊、山桃等，草本植物有白羊草等。

槲栎林为天然次生林，萌芽力很强。槲栎果实可酿酒，壳斗、树皮提取单宁，树叶做饲料、养柞蚕，是一种多用途的经济树种，同时也是上等的薪炭林，木材可作矿柱、枕木。

3.3.2.4 青檀林

青檀为亚热带山地常见树种，在蟒河保护区多为单优势群落。群落中乔木树种还有君迁子、栓皮栎、千金榆等，林下灌木主要是荆条、冻绿等，草本植物有羊胡子草、北柴胡等。

3.3.2.5 鹅耳枥、五角枫、脱皮榆、槭树杂木林

以鹅耳枥、槭属、榆属为主要树种所组成的杂木林，伴生有多种落叶阔叶树种：如漆树、裂叶榆、千金榆等，林下灌木主要有绣线菊、灰枸子、陕西荚蒾、忍冬、三叶木通、连翘、鞘柄菝葜等，草本植物常见有羊胡子草、糙苏、三脉叶紫菀、唐松草、穿山龙等。

3.3.3 落叶阔叶灌丛

连翘林多集中分布于海拔 800~1000m 处，阴坡、土层较厚、坡度较缓处，植株密集，生长较高，但面积不大。

黄栌林通常生于干燥阳坡，植株生长旺盛、茂密。

三种类型相比较，落叶阔叶林为优势类型。

3.4 蟒河保护区森林的垂直分布

海拔 300~800m 为疏林灌丛及林垦带，植物群系主要以山茱萸、栓皮栎林为主，灌木以荆条、杠柳为主；草本以蒿类、黄背草为主；农作物主要以小麦、谷物为主。

海拔 800~1100m 为栓皮栎林带，植物群系以栓皮栎、橿子栎为主，灌木以荆条、杠柳等为主。

海拔 1100m 以上为锐齿槲栎带，植物群落主要以油松、橿子栎、槲栎为主。

通过考察，知该区森林植被良好、植物种类丰富，区系成分复杂，古老成分较多，植被类型分为三类。本次考察为以后保护区植被研究及保护工作的进一步开展打下了坚实的基础。

山西紫草属植物——新记录种*

任保青[1]　周哲峰[2]　陈陆琴[3]
（1. 太原太山植物园筹建处，山西太原，030025；2. 山西省生物多样性研究中心，山西太原，030006；
3. 太原市园林植物研究中心，山西太原，030006）

摘　要：紫草属植物山西记录有2种。2012年4月中旬，笔者在山西蟒河自然保护区进行考察时，采集到紫草科(Boraginaceae)紫草属(*Lithospermum* L.)野生植物梓木草(*L. zollingeri* DC.)，为山西紫草科植物增加了种级水平的新记录，迄今山西省已发现3种紫草属植物。

关键词：紫草属；梓木草；新记录；山西省

紫草属(*Lithospermum* L.)为紫草科1年生或多年生草本。被粗硬毛；单叶互生，无托叶，无柄或近无柄；花单生叶腋或构成有苞片的顶生镰状聚伞花序；花萼5裂，裂片线形，果期稍增大；花冠白色、黄色或蓝紫色漏斗状或高脚碟状，喉部具附属物，若无附属物则在附属物的位置上有5条向筒部延伸的毛带或纵褶，檐部5浅裂，裂片开展或稍开展；雄蕊5，内藏，花丝很短，花药长圆状线形，先端钝，有小尖头；子房4裂，花柱丝形，不伸出花冠筒，柱头头状；雌蕊基平；小坚果卵形，平滑或有疣状突起，着生在腹面基部。

本属约有50种植物，分布于美洲、非洲、欧洲及亚洲，我国分布有5种。此前山西紫草属植物记录有2种，即紫草(*Lithospermum erythrorhizon* Sieb. et Zucc.)和田紫草(*L. arvense* L.)。2012年4月笔者在山西蟒河自然保护区考察时发现了紫草属新植物种梓木草(*L. zollingeri* DC.)，迄今山西紫草属植物共发现有3种。分种检索表，见表1。

表1　分种检索表

1. 直立草本，花冠长1cm以下，白色或淡黄绿色(田紫草有时有蓝色花)。
    2. 多年生草本；根肥厚，富含紫色物质，小坚果卵形，乳白色或稍带淡黄褐色，平滑，有光泽 ……………………………………………… 1. 紫草 *L. erythrorhizon* Sieb. et Zucc.
    2. 一年生草本；根不肥厚，不含紫色物质，小坚果三角状卵形，灰褐色，无光泽，有疣状突起 ………… 2. 田紫草 *L. arvense* L.
1. 匍匐草本，花冠长1.5cm以上，蓝色、蓝紫色或紫红色 ……………… 3. 梓木草 *L. zollingeri* DC.

1　紫草

紫草，紫草科紫草属多年生直立草本植物，拉丁学名为：*Lithospermum erythrorhizon* Sieb. et Zucc. in Abh. Bayer，Akad. Wiss.；中国高等植物图鉴3：551. 图5056. 1974；内蒙古植物志5：138. 图版59：1-5. 1980；中国植物志64（2）：35. 1989；山西植物志3：601. 图版332. 2000. —*L. officinale* L. ssp. *erythrorhizon*(Sieb. et Zucc.)Hand. -Mazz. Symb. Sin. 7：817. 1936.

产于翼城县十河间麻沟、沁源县鱼儿泉庄安石底、五台县耿镇乡马家庄、三岔乡钱沟村、门限石侯家沟禁山，长于海拔1700~2000m山坡沟地。分布于东北、华北、华东、中南及陕西、甘肃、四川、贵州等省区。朝鲜、日本也有分布。

紫草根入药，能清热、凉血、透疹、化斑、解毒，主治发斑、发疹、肝炎、痈肿，烫火伤，湿疹、冻疮、大便燥结；也可作红色染料。

* 本文原载于《山西林业科技》，2013，42(4)：32-33.

2 田紫草

田紫草，紫草科紫草属 1 年生直立草本植物，拉丁学名为：*Lithospermum arvense* L. Sp. P1. 132. 1753. 中国高等植物图鉴 3：552. 图 5058. 1974；中国植物志 64(2)：36. 1989；山西植物志 3：601. 图版 333. 2000. —*Rhyispermum arvense* (L.) Link，Handb. 1：579. 1829. —*Buglossoides arvensis* (L.) Johnst. in Journ. Arn. Arb. 35：42. 1954.

产于沁源县瓦窑沟、郭道乡、永济县马铺头、交城县卦山等地，长于田边。分布于东北及河北、陕西、甘肃、山东、江苏、安徽、浙江、河南、湖北、四川、云南等省。亚洲温带和欧洲也有分布。

3 梓木草

梓木草，紫草科紫草属多年生匍匐草本，拉丁学名为：*Lithospermum zollingeri* DC. Prodr. 10：586. 1846；中国高等植物图鉴 3：552. 图 5057. 1974；中国植物志 64(2)：38. 1989；河南植物志 3：310；安徽植物志 3：202. 1990—*Buglossoides zollingeri*(D C.)Johnst. in journ. Arn. Arb. 35：45. 1954.

多年生匍匐草本。根褐色，稍含紫色物质；匍匐茎长 15~30cm，有开展的糙伏毛；茎直立，高 5~25cm. 基生叶有短柄；叶片倒披针形或匙形，长 3~6cm，宽 7~20mm，两面都有短糙伏毛但下面毛较密，手触之有粗糙感；茎生叶与基生叶同形而较小，近无柄；花序长 2~5cm，有花 1 至数朵，苞片叶状；花有短花梗；花萼长 4~6. 5mm，5 裂至近基部，裂片线状披针形，两面都有毛；花冠蓝色或蓝紫色，长 1~1. 8cm，外面稍有毛，筒部与檐部无明显界限，檐部直径约 1cm，裂片宽倒卵形，近等大，长 4~6mm，全缘，无脉，喉部有 5 条向筒部延伸的纵褶，纵褶长约 4mm，稍肥厚并有乳头；雄蕊 5，着生纵褶之下；花柱长约 4mm，柱头状；小坚果斜卵球形，长 2. 5~3. 5mm，乳白色而略带淡黄褐色，平滑，有光泽，腹面中线凹陷呈纵沟；花期 4 月至 6 月，果期 7 月至 8 月。

产于蟒河自然保护区，长于海拔 1043m 的山坡。标本采集号：任保青 2012041403(N35°16′3. 46″，E112°28′2. 8″)。分布于台湾、浙江、江苏、安徽、贵州、四川、陕西至甘肃东南部。长于丘陵或低山草坡，或灌丛下。朝鲜和日本也有分布。本种为山西新记录种。

可以作为岩石上点缀的观赏植物；全草入药，温中健胃，消肿止痛，止血，治疗胃胀反酸、吐血、跌打损伤、支气管炎等症。

山西蟒河国家级自然保护区
猕猴食源植物区系特征*

铁　军[1,2]　金　山[1,2]　陈艳彬[1]　秦永燕[1]　张桂萍[1,2]　茹文明[1,2]
(1. 长治学院生物科学与技术系，山西长治，046011；2. 太行山生态与环境研究所，山西长治，046011)

摘　要：于2012—2013年，以样带法、样方法和无样地法相结合，分4次对蟒河国家级自然保护区猕猴栖息地食源植物种类进行了实地调查，并分析了其区系特征。研究发现：①蟒河保护区猕猴栖息地内有维管植物659种，隶属102科374属，其中54科126属261种为猕猴的食源植物，占猕猴栖息地植物科、属、种总数的52.94%，33.69%和3961%；蔷薇科是食源植物中包含种类最多的科，有16属39种，其次为豆科，含11属23种。②蟒河保护区内猕猴食源植物区系特征为：食源植物所在科有6个分布型和2个变型，所在属有13个分布型和6个变型；在属的分布类型中，温带性质分布类型的属占优势，有75个，占总属数的66 96%，其中北温带分布类型的属46个，占总属数的41 07%；热带性质分布类型的属有24个，地中海区、中亚、东亚和中国特有分布成分的属共有13个，分别占总属数的21 43%和11 61%，说明蟒河保护区内猕猴食源植物区系为暖温带性质。

关键词：栖息地；植物区系；地理成分；食源植物；猕猴；山西蟒河

植物区系是指一定地区或国家所有植物种类的总和，是植物界在一定的自然地理条件下，特别是在自然历史条件综合作用下发展演化的结果[1]。研究植物的区系组成、分布区类型是划分植物受威胁程度等级的依据[2]，也是发现珍稀濒危野生物种的关键[3]，对植物多样性的保护具有重要意义。

猕猴(*Macacamulatta*)是中国特有的珍稀物种，国家二级野生保护动物[4]。目前在中国陕西、四川、甘肃、湖北、广西、广东、云南、河南及山西等地分布[5]，其中河南省与山西省交界处的太行山及中条山南段为该物种分布的最北界[6]、在山西阳城蟒河国家级自然保护区内有猴群8群，约367只，其中2群约176只属于多年人工招引的种群[7]。作者自2004年就对蟒河国家级自然保护区的植物种类、植被特点等方面进行了较为深入的调查及研究，积累了大量有价值的数据和资料。基于上述研究工作，2012年8月至2013年10月，对保护区猕猴栖息地猕猴食源植物种类及区系特点开展调研，结合相关的文献资料，分析了猕猴栖息地植物群落区系特征，为猕猴栖息地恢复、重建物种的选择及探讨猕猴与植物间的系统进化历史提供重要的基础数据。

1　研究区自然概况

蟒河国家级自然保护区位于山西省东南部，中条山脉东端的阳城县境内，112°22′11″~112°31′35″E，35°12′30″~35°17′20″N，总面积约5573hm²，中间有蟒河流过，最高峰指柱山海拔1572.6m，最低点拐庄海拔300m。保护区内有国家一级保护动物金雕(*Aquila chrysaetos*) 黑鹳(*Ciconia nigra*)、金钱豹(*Panthera pardus*)3种，二级保护动物有猕猴、青鼬(*Mattes flavigula*)、水獭(*Lutralutra*)、林麝(*Moschus berezovskii*)、大鲵(*Andrias davidianu*)等29种。蟒河国家级自然保护区属暖温带季风性大陆性气候，年平均气温14℃，无霜期180~240d，年降水量600~800mm；属石质山区，主要组成是结晶岩和变质岩系；土壤类型从山麓到山顶依次为：冲积土、山地褐土、山地棕壤[8-11]。

蟒河国家级自然保护区植被区划属于暖温带落叶阔叶林地带。地带性植被有由槲栎(*Quercus aliena*)、蒙古栎(*Q. mongolica*)、栓皮栎(*Q. variabilis*)和橿子栎(*Q. baronii*)、组成的栎林和油松(*Pinus tabuli formis*)林、山茱萸(*Comus officinalis*)林和鹅耳枥(*Carpinus turczaninowii*)林等杂木林。常见的有连

* 本文原载于《西北植物学报》，2014，34(7)：1482-1488.

翘(*Forsythia suspensa*)灌丛、黄栌(*Cotinus coggygria*)灌丛、荆条(*Vitex negundo* var. *heterophyla*)灌丛和白羊草(*Bothriochloa ischaemum*)丛等[10,12]。

2 研究方法

2.1 野外调查方法

2012—2013 年，以样带法、样方法和无样地法相结合，分 4 次对蟒河国家级自然保护区猕猴栖息地进行了实地调查，确定了栖息地的分布边界、群落类型、种群密度和地形地貌等特征。在保护区内不同海拔区域选择典型植被的地段设置 20m×20m 的标准样地，每个标准地由 4 个 10m×10m 的大样方组成，在每一大样方内采用系统取样法分别设置 5 个 5m×5m 灌木样方和 1m×1m 草本小样方，分别统计乔木、灌木和草本植物种类。调查过程中，在野外难以鉴定的植物，采集植物标本带回实验室进行鉴定。不宜设置样方的地段采用无样地(Plotless method)中的中点四分法(Pointed-cen-tred quarter method)[13]，间隔 10m，统计所有出现的植物种类，并以最后一条调查路线记录新增加的植物种类不超过本次调查总种数的 1%为止。猕猴食源植物种类依样地痕迹调查记录和文献资料中获得。

2.2 分布型分析方法

食源植物科分布区类型统计分析依据李锡文[14]的方法，属分布区类型统计分析依据吴征镒[15-16]的方法。

3 结果与分析

3.1 猕猴栖息地食源植物区系组成

经调查统计，蟒河国家级自然保护区猕猴栖息地内有维管植物 659 种(包括亚种和变种)，隶属 102 科 374 属，其中裸子植物 6 种 4 属 3 科，被子植物 653 种 370 属 99 科(双子叶植物 557 种 314 属 90 科，单子叶植物 96 种 56 属 9 科)；猕猴食源植物有 261 种，隶属 54 科 126 属，分别占猕猴栖息地植物科、属、种总数的 5294%、3369%和 3961%(表 1)。

3.1.1 食源植物科内属、种的组成

在食源植物所属的 54 个科中，含 10 种以上的科仅 5 个，占总科数的 9.26%，包含 40 属 98 种，占总属、种数的 31.75%和 37.55%。蔷薇科(Rosaceae)含属最多，有 16 属，其次为豆科(Fabaceae)，含 11 个属，另外，榆科(Ulmaceae)、鼠李科(Rhamnaceae)和菊科(Asteraceae)各含 5 个属，忍冬科(Caprifoliaceae)和木犀科(Oleaceae)各含 4 个属，苋科(Amaranthaceae)、毛茛科(Ranunculaceae)、伞形科(Apiaceae)和唇形科(Lamiaceae)各含 3 个属，松科(Pinaceae)、壳斗科(Fagaceae)、葡萄科(Vitaceae)和卫矛科(Celastraceae)等 21 科各含 2 个属，含单属的科有 22 个科，占总科数的 40.74%。

食源植物中，含 10 种以上的 5 个科中，蔷薇科种数最多，有 39 种，其余为豆科(23 种，下同)忍冬科(13)、榆科(12)和木犀科(11)；含 6~10 种的有 9 个科：鼠李科和壳斗科各 8 种，菊科、苋科、藜科(Chenopodiaceae)、葡萄科和百合科(Liliaceae)各 7 种，毛茛科和牻牛儿苗科(Geraniaceae)各 6 种；含 2~5 种的有 27 个科：伞形科、杨柳科(Slcaceae)、槭树科(Aceraceae)和败酱科(Valerianaceae)各 5 种，松科、桑科(Moraceae)、虎耳草科(Saxifragaceae)、卫矛科、胡颓子科(Elaeagnaceae)和茜草科(Rubiaceae)各含 4 种，唇形科、小檗科(Berberidaceae)、椴树科(Tiliaceae)、十字花科(Brassicaceae)、芸香科(Rutaceae)和樟科(Lauraceae)等 9 科各含 3 种；含单种的科最多，有 13 个，占总科数的 24.07%，有红豆杉科(Taxaceae)、马齿苋科(Portulacaceae)、领春木科(Eupteleaceae)和杜鹃花科(Ericaceae)等(表 1)。

表 1　山西蟒河国家级自然保护区猕猴食源植物科内属、种的组成

Table 1　The compositionsofgenera, species withinfamiliesoffood plantsinManghe NationalNatureReserve, Shanxi

科内含种数 No. of species within families	科数 No. of families	占总科数比例 Percentage of total families/%	属数 Noof genera	占总属数比例 Percentage of total genera/%	种数 Noof species	占总种数比例 Percentage of total species/%
>30	1	1.85	16	12.70	39	14.94
21~30	1	1.85	11	8.73	23	8.81
11~20	3	5.56	13	10.32	36	13.79
6~10	9	16.67	26	20.63	63	24.14
2~5	27	50.00	47	37.30	87	33.33
1	13	24.07	13	10.32	13	4.98
合 计 Total	54	100.00	126	100.00	261	100.00

3.1.2　食源植物属内种的组成

食源植物中，含 8 种以上的有胡枝子属(*Lespedeza*，9 种，下同)1 属，占总属数的 079%。含 5~7 种的有 11 属，占总属数的 8.73%，所含种数为 63 种，占总种数的 24.14%，主要有忍冬属(*Lonicera*，7)、栎属(*Qurcus*，6)、藜属（*Chenopodium*，6)、榆属(*Ulmus*，6)、悬钩子属(*Rubus*，6)、丁香属(*Syringa*，6)、葱属(*Auium*，6)和山楂属(*Crataegus*，5)等。含 2~4 种的有 45 属，占总属数的 35.71%，所含种数达到 120 种，占总种数的 45.98%，如苹果属(*Malus*，4)、稠李属（*Padus* 4)、蔷薇属(*Rosa*，4)、葡萄属(*Vttis*，4)、松属(*Pinu*，3)、鹅耳枥属(*Capinus*，3)、桑属(*Morus*，3)、猕猴桃属(*Actinidia*，3)、卫矛属(*Euonymus*，3)、女贞属(*Ligustrum*，3)、桦木属(*Betula*，2)、椴树属(*Tilia*，2)和木姜子属(*Litsea*，2)等。单种属高达 69 个，占总属数的 54.76%，包含的种数占总种数的 26.44%，如红豆杉属(*Taxus*)、领春木属（*Euptelea*)、青檀属(*Pterocellis*)、山梅花属(*Philadelphus*)、苜蓿属（*Medicago*)、盐麸木属（*Rhus*)、南蛇藤属(*Ceastrus*)、勾儿茶属(*Berchemia*)、连翘属（*Forsythia*)和山胡椒属(*Lindera*)等(表 2)。

表 2　山西蟒河国家级自然保护区猕猴食源植物属内种的组成

Table 2　The compositions of species withingenera of food plantsin Manghe National Nature Reserve, Shanxi

属内含种数 No. of species in genera	属数 No. of genera	占总属数比例 Percentage of total genera/%	种数 No of species	占总种数比例 Percentage of total species/%
>8	1	0.79	9	3.45
5~7	11	8.73	63	24.14
2~4	45	35.71	120	45.98
1	69	54.76	69	26.44
合 计 Total	126	100.00	261	100.00

3.2　栖息地食源植物地理成分

3.2.1　所在科地理成分

蟒河国家级自然保护区猕猴栖息地内猕猴食源植物所属的 54 科可以划分为 6 个分布型和 2 个变型(表 3)。

食源植物中温带性质的科占优势，有 21 个，占总科数的 50.00%，其中北温带分布的科有 16 个，北温带和南温带(全温带)间断分布有 4 个科，欧亚和南美温带间断分布有 1 个科，分别占总科数的

38.10%、9.52%和2.38%；其次为热带性质的科，有17个，占总科数的40.48%，其中泛热带分布的科有16个，热带亚洲和热带美洲间断分布的有1个，分别占总科数的38.10%和2.38%；东亚分布性质的科有4个，占总科数的9.52%，其中东亚和北美洲间断分布、东亚(东喜马拉雅-日本)分布的科各有2个，各占总科数的4.76%。

3.2.2 所在属地理成分

蟒河国家级自然保护区猕猴栖息地内猕猴食源植物所属的126属可以划分为13个分布型和6个变型(表4)。在分布类型中，北温带分布的属占优势，有46个，占总属数的41.07%；其次为泛热带分布的属，有16个，占总属数的14.29%；东亚和北美洲间断分布和旧世界温带分布的属，各有7个，均占总属数的6.25%，北温带和南温带(全温带)间断分布和东亚(东喜马拉雅-日本)分布的属，均有5个，各占总属数的4.46%。

表3 山西蟒河国家级自然保护区猕猴食源植物所在科的分布型

Table 3 Distribution patterns of families of food plants of *M. mulatta* in Manghe National Nature Reserve, Shanxi

分布型 Distributionpatern	科数 No of families	占总科数比例 Percentage of total families/%
1. 世界分布 Cosmopolitan	12	—
2. 泛热带分布 Pantropic	16	38.10
3. 热带亚洲和热带美洲间断分布 Tropical Asia and Tropical America disjuncted	1	2.38
8. 北温带分布 NorthTemperate	16	38.10
8-4. 北温带和南温带(全温带)间断分布 North Temperate and South Temperate disjuncted(Pan-temperate)	4	9.52
8-5. 欧亚和南美温带间断分布 Eurasia and South America Temperate	1	2.38
9. 东亚和北美洲间断分布 East Asia and North America disjuncted	2	4.76
14 东亚(东喜马拉雅-日本)分布 East Asia(Himalayan-Japan)	2	4.76
合计 Total	54	100 00

注：计算各分布区类型科占科百分比时不包括世界分布科。

Note: The cosmopolitan families are not included in the percentage of each areal type.

表4 山西蟒河国家级自然保护区猕猴食源植物所在属的分布型

Table4 Distribution paterns of genera of food plants of *M. mulata* in Manghe National Nature Reserve, Shanxi

分布型 Distributionpatern	属数 No of genera	占总属数比 Percentage of total genera/%
1. 世界分布 Cosmopolitan	14	—
2. 泛热带分布 Pantropic	16	14.29
3. 热带亚洲和热带美洲间断分布 Tropical Asiaand Tropical America disjuncted	1	0.89
4. 旧世界热带分布 Old World Tropical	2	1.79
5. 热带亚洲至热带大洋洲分布 Tropical Asiato Tropical Australasia	1	0.89
7. 热带亚洲(印度-马来西亚)分布 Tropical Asia(Indo-Malaysia)	4	3.57
8. 北温带分布 North Temperate	46	41.07
8-4. 北温带和南温带(全温带)间断分布 North Temperate and South Temperate disjuncted(Pan-temperate)	5	4.46
9. 东亚和北美洲间断分布 East Asiaand North America disjuncted	7	6.25
9-1. 东南亚和墨西哥间断 Southeast Asia and Mexico disjuncted	1	0.89

（续）

分布型 Distributionpatern	属数 No of genera	占总属数比 Percentage of total genera/%
10. 旧世界温带分布 Old World Temperate	7	6.25
10-1 地中海区、西亚和东亚间断分布 Mediterranea, West Asiato East Asin disjuncted	4	3.57
10-3. 欧亚和南部非洲(有时也在大洋洲)间断分布 Eurasia and Southern Africa(Sometimes also Australasia) disjuncted	2	1.79
11. 温带亚洲分布 Temperate Asia	3	2 68
12-3. 地中海区至温带-热带亚洲、大洋洲和南美洲间断分布 Mediterranea to Temperate-Tropical Asia, Australasia and South America disjuncted	1	0 89
13. 中亚分布 Central Asia	1	0.89
14. 东亚(东喜马拉雅-日本)分布 East Asia(Himalayan-Japan)	5	4.46
14-2. 中国-日本分布 Sino-Japan	4	3.57
15. 中国特有分布 Endemic to China	2	1.79
合计 Total	126	100.00

注：计算各分布区类型属占属百分比时不包括世界分布属。

Note: The cosmopolitan genera are not included in the percentage of each areal type.

（1）世界分布成分。世界分布类型的属以温带起源的喜湿或中生草本为主，木本植物极少。在山西蟒河国家级自然保护区猕猴栖息地食源植物中，共有14属，其中草本有苋属（*Amaranthus*）、藜属、车前属（*Plantago*）和酸模属（*Rumex*）等10属，藤本有铁线莲属（*Clematis*）和悬钩子属2属，木本有槐属（*Sophora*）和鼠李属（*Rhamnus*）2属。

（2）热带分布成分。热带分布类型的属共有24个，占总属数的21.43%。其中泛热带分布类型的属最多，共有16个，占总属数的14.29%，占热带属的66.67%，是热带分布最主要的2个类型之一。有些属是一定海拔高度森林群落的建群成分或优势成分，如柿树属（*Diospyros*）的如君迁子（*D. lotus*）和卫矛属的卫矛（*Euonymus alatus*）等。

热带亚洲和热带美洲间断分布属：该类型在山西蟒河国家级自然保护区猕猴食源植物中仅含1属，即木姜子属。该属是山西蟒河猕猴栖息地森林植被灌木层的建群种和优势种。

旧世界分布属：该类型含2个属，即合欢属（*Albizia*）和扁担杆属（*Greiia*）。

热带亚洲至热带大洋洲分布属：该类型仅含猫乳属（*Rhamnela*）1属。

热带亚洲（印度-马来西亚）分布属：该分布类型共含4属，分别是葛属（*Pueraria*）、山胡椒属（*Lin-dera*）、构属（*Broussonetia*）和鸡矢藤属（*Paederia*），占总属数的3.57%，占热带属的16.67%，是热带分布最主要的2个类型之一，也是构成山西蟒河猕猴栖息地森林的重要优势物种，同时该分布类型的植物也是猕猴春夏2个季节主要的食物来源，如鸡矢藤（*Paedeia foetida*）、三桠乌药（*Lindera oblusi lo-ba*）、构树（*Broussonetia papyrifera*）和葛（*Pueraria montana*）等。

（3）温带分布成分。温带分布类型的共有75属，占总属数的66.96%。

北温带分布属：共46属，占总属数的41.07%，占温带属的61.33%，是温带分布最主要的类型。该分布型在保护区内常见的有：松属、桦木属、鹅耳枥属、栎属、山楂属、苹果属、花楸属、蔷薇属、盐麸木属、荚蒾属、槭属、榛属、忍冬属、椴属、榆属、杨属（*Populus*）、柳属（*Salicc*）、胡颓子属（*Elaeagmss*）、胡桃属（*Juginns*）等。它们所包含的种类，如：华山松（*Pinuarmandi*）、油松、红桦（*Betu-laalbo inensis*）、白桦（*B. platyphylla*）、千金榆（*Carpinus cotdata*）、鹅耳枥、槲栎、栓皮栎、麻栎（*Q. acutisima*）、蒙古栎（*Q. mongolco*）、甘肃山楂（*Crataegus kansuensis*）、华东山楂（*C. wilsonii*）、河南海棠(*Malus honanensis*)、湖北海棠(*M. hupehensis*)、北京花楸(*Sorbus discolor*)、陕甘花楸(*S. koehneana*)、美蔷薇(*Rosa bella*)、黄刺玫(*R. xanthina*)、盐麸木(*Rhus chinensis*)、陕西荚蒾(*Viburnum schensianum*)、鸡树条(*V. opulus* subsp. *calveseens*)、青榨枫(*Acerdavidii*)、五裂枫(*A. oliverianum*)、榛(*Corylus heterophylla*)、葱皮忍冬(*Lonicera ferdinandi*)、紫椴(*Tilia amurensis*)、旱榆(*Ubnus glaucescens*)、裂叶榆(*U. laciniata*)、牛奶子(*Elaeagnus umbellata*)和胡桃楸(*Juglans mand shurica*)等，不仅是保护区内猕猴栖息地森林群落的主要成分，而且为猕猴提供了丰富的食物来源。

北温带和南温带(全温带)间断分布属：该分布类型有5属：稠李属、接骨木属(*Sambucus*)、地肤属(*Kochia*)、唐松草属(*Thalicirum*)和野豌豆属(*Vicia*)，占总属数的4.46%，占温带属的6.67%。

东亚和北美洲间断分布属：该分布类型有7属，占总属数的6.25%，占温带属的9.33%，是本区森林群落的重要组成成分，包括五味子属(*Schisandra*)、珍珠梅属(*Sorbaria*)、勾儿茶属、胡枝子属、蛇葡萄属(*Ampelopsis*)等。其中胡枝子属的9种和蛇葡萄属的3种为猕猴的食源植物。

东南亚和墨西哥间断分布属：该分布类型仅含六道木属(*Zabelia*)1属。

旧世界温带分布属：该分布类型有7属，占总属数的6.25%，占温带属的9.33%，它们分别为淫羊藿属(*Epimedim*)、梨属(*Pyrus*)、草木樨属(*Melilotus*)、野芝麻属(*Lamium*)、益母草属(*Leonurus*)、沙棘属(*Hippophae*)和丁香属，其中丁香属包含的食源植物种类最多，有紫丁香(*Syringaoblata*)、紫丁香(原亚种)(*S. oblata* subsp. *oblata*)和小叶巧玲花(*S. pubecen* subsp *microphyla*)等6种，梨属次之，有2种。

地中海区、西亚和东亚间断分布属：该分布类型有4属：桃属(*Amygdalus*)、连翘属、榉属(*Zelkova*)和女贞属。榉属和女贞属植物是栖息地森林灌木层的常见种类，同时可以全年为猕猴提供重要的食物来源。

欧亚和南部非洲(有时也在大洋洲)间断分布属：该分布类型有2属：苜蓿属和前胡属(*Peucedanum*)。

温带亚洲分布此分布类型属：该类型包含杏属(*Armeniaca*)、杭子梢属(*Campylotropis*)和粘冠草属(*Myriactis*)3属。

(4)地中海区、中亚分布。地中海区至温带-热带亚洲、大洋洲和南美洲间断分布类型的属仅有1属，即黄连木属(*Pistacia*)；中亚分布的有四数花属(*Tetradium*)1属。

(5)东亚和中国特有分布成分。东亚和中国特有分布成分包括11属，占总属数的9.82%。

东亚(东喜马拉雅-日本)分布属：该类型有5属，是栖息地常绿落叶阔叶混交林的重要组成成分，包括领春木属、猕猴桃属、四照花属、栾树属(*Koelreuteria*)和败酱属(*Patrinia*)。3种猕猴桃属和5种败酱属的植物是春、夏2个季节猕猴的重要食源植物。另外，领春木属的领春木(*Eupteleapleio-sperma*)是国家二级保护植物。

中国-日本分布属：该类型有4属：木通属(*Akebia*)、刺榆属(*Hemiptelea*)、博落回属(*Maclya*)和枳椇属(*Hovenia*)。木通属的三叶木通(*A. trifoliata*)和木通(*A. quinaa*)是猕猴的重要食源植物。

中国特有分布属：该分布类型包含青檀属和山白树属(*Sinoxvilsonia*)2属。

4 讨论

蟒河国家级自然保护区周围环山，拥有复杂多样的自然生境，孕育了丰富的植物资源，据报道，保护区有种子植物866种，隶属435属103科[10]。这些植物不仅为猕猴的生存提供了较好的庇护场所，而且也为它们提供了丰富的食物来源。

4.1 猕猴食源植物特点

经调查统计，蟒河国家级自然保护区猕猴栖息地内有维管植物659种，隶属102科374属，其中54科126属261种为猕猴的食源植物，占猕猴栖息地植物科、属、种总数的52.94%、33.69%和

39.61%，占蟒河国家级自然保护区种子植物科、属、种总数的52.43%、28.97%和30.14%。蔷薇科是猕猴食源植物的优势科，包含的食源植物种类最多，有16属39种，豆科次之，有11属23种，其余各科所含的属、种数均低于10，其中单属科22个，单种科13个，单种属69个。总体来讲，蟒河国家级自然保护区猕猴食源植物各科所含属数、种数差异较大，一些大科(如豆科和蔷薇科等)所占的比例较小，但每个科所含的属、种数较多，在猕猴食源植物区系中占主导地位；一些小科(如红豆杉科和领春木科等)所占的比例较高，但包含的属、种数较少，在猕猴食源植物区系组成中居从属地位。就蟒河猕猴食源植物属的组成而言，含单种的属有69个，在猕猴食物组成中占绝对优势，说明该保护区猕猴食源植物区系中属的分化程度较高。

4.2 猕猴食源植物区系特征

依据吴征镒对中国种子植物属的分布区类型划分标准和李锡文对中国种子植物科分布区类型划分标准，保护区内猕猴食源植物所属的54科可以划分为6个分布型和2个变型，所属的126属可以划分为13个分布型和6个变型，显示了保护区猕猴食源植物区系的多样性与复杂性。就科级阶元而言，以温带性质分布类型为主，包含21科，占总科数的50.00%，其中北温带分布的科最多，有16个，占总科数的38.10%；其次为热带性质的科，有17个，占总科数的40.48%。就属级阶元而言，有75属为温带分布类型，占绝对优势，占总属数的66.96%，其中46属为北温带分布类型，占总属数的41.07%；热带性质分布类型的属共24个，占总属数的21.43%，其中16属为泛热带分布类型，占总属数的14.29%；地中海区、中亚、东亚和中国特有分布成分的属共有13个属，占总属数的11.61%。综上可知，蟒河国家级自然保护区猕猴食源植物区系成分，无论是科的分布区类型还是属的分布区类型均以温带分布类型所占比例最高，其次为热带分布类型，表明猕猴食源植物区系的暖温带性质。实地考察中还发现，蟒河国家级自然保护区猕猴栖息地群落建群种或优势种的油松、白皮松(*Pimts bungeana*)、青杨(*Populus cathayana*)、红桦、槲栎、橿子栎、栓皮栎、卫矛、紫椴、千金榆、陕西荚蒾等热带或温带性质的植物均为猕猴各季节主要食物来源。另外，保护区内猕猴的主要食源植物南方红豆杉(*Taxus waliichiana* var. *mairei*)、青檀(*Pteroceltis tatarinoiwii*)、领春木和山白树(*Sinowilsonia henryi*)也是国家或山西重点保护植物，应对这些植物加以关注，采取合理有效的措施对其进行保护，减少因取食、自然灾害以及人为因素等对这些植物种群数量及健康状况的影响。

山西省地处中国暖温带和温带气候植被的交错区，境内地形复杂，利于多种局部小生境的发育，致使山西植物区系含有许多古老的科属，并保留有不少残遗植物[10]。食源植物中红豆杉科的南方红豆杉是第三纪就已经存在的古老孑遗植物，领春木科和连香树科在系统发育上是完全孤立的古老科；另外，樟科、壳斗科、椴树科和榆科等在白垩纪已经存在和发展，均为原始的残遗植物，金缕梅科(Hamamelidaceae)出现于新生代第三纪初期。此外，还有许多成分是第三纪古热带植物区系的后裔或残遗，如壳斗科的栓皮栎等[17]。这足以说明山西猕猴食源植物区系以温带分布区类型占优势地位，具有一定数量的古老成分[18]；区系地理成分混杂且具有明显的过渡性[19]。

由此可见，猕猴食源植物的区系地理成分与地域性植被的区系地理性质的一致性，显示猕猴食性与栖息地植物的区系地理成分具有内在联系。

山西蟒河国家级自然保护区人工油松林生态位特征*

李燕芬[1]　铁　军[2,3]**　张桂萍[2,3]　郭　华[1]
（1. 山西师范大学生命科学学院，山西临汾，041004；2. 长治学院生物科学与技术系，山西长治，046011；
3. 太行山生态与环境 研究所，山西长治，046011）

摘　要：采用 Levins 生态位宽度、Pianka 生态位重叠及生态位相似性指数，对山西蟒河国家级自然保护区人工油松林群落 8 种乔木、12 种灌木和 10 种草本的种群生态位特征进行 了分析。结果表明：乔木树种中油松(1.673) 的生态位宽度值较大，其次为华山松(0.737) 和侧柏(0.570)；灌木树种中荆条(1.150) 和黄刺玫(1.020) 的生态位宽度值较大；而草本层生态位宽度最大的是薹草(1.520) 和华北米蒿(1.200)。乔木、灌木和草本层各种群间均有不同程度的重叠，重叠指数依乔木、灌木、草本层逐渐增大。在乔木层中有 2 对物种的生态位重叠值>0.5，占总数的 7.14%；灌木层中有 9 对物种的重叠值>0.5，占总数的 13.64%；草本层中重叠值>0.5 的物种对有 7 对，占总数的 15.56%。总体上表现为生态位宽度大的物种，对资源的利用能力较强，与其他物种间的生态位相似性较高，生态位重叠较大。

关键词：油松林；生态位宽度；生态位重叠；生态位相似性

生态位(niche)是生态学中的一个重要概念，主要指物种利用群落中各种资源的总和，以及该物种与群落中其他物种相互关系的总和，它表示物种在群落中的地位、作用和重要性。生态位是现代生态学的重要理论之一，生态位理论有一个形成与发展的过程。美国学者 Grinnell(1917)最早在生态学中使用生态位的概念，用以表示划分环境的空间单位和一个物种在环境中的地位(庞吉林等，2012)。认为生态位是“一个种所占有的再细分了的环境”，实际上，他强调的是空间生态位(spatial niche)的概念(杨持，2008)。英国生态学家 Hutchinson (1957)发展了较为现代的生态位概念，即 n 维生态位(n-dimensional niche)(林开敏和郭玉硕，2001)。其以种在多维空间中的适合性(fitness)确定生态位边界，故对生态位的定义主要是指多维(超体积)生态位(multi-dimensional hypervolume niche)，对如何确定一个物种所需要的生态位变得更清楚明了(杨持，2008)。

生态位理论一直是生态学领域的研究热点，而且随着生态学趋向量化发展，对生态位的理解也更加量化和成熟(牛克昌等，2009)。自生态位概念提出以来，国内外学者对生态位的理论(Westman，1991)、生态位计测公式(李德志等，2006)和生态位具体应用(Weider，1993；陈存及等，2004；魏文超等，2004)等方面做了大量研究。国内对油松群落的研究工作主要集中在油松群落特征(张希彪等，2006)、多样性(李毳等，2005，2006)、分布格局(张赟等，2009)和动态研究(侯琳等，2005)等方面，有关油松种群及其群落组成主要种的生态位研究报道甚少(康永祥等，2008)。生态位研究在理解群落结构和功能、群落演替、群落的物种关系、物种多样性、种群进化、濒危物种评价和森林资源保护与利用等方面有重要作用，对认识自然群落中物种共存和竞争机制具有重大意义。目前生态位的概念同种间竞争密切地联系在一起，而且越来越同资源利用联系在一起(张金屯，2004)。

油松(*Pinustabuliformis*)为我国的特有种，也是北方温性针叶林种分布最广的森林群落(苗艳明等，2008)，是优良的造林树种，其适应性强，根系发达，生长迅速，对保持水土、涵养水源、荒山绿化、保护生物多样性以及林业生产等方面有重要作用(奇凯等，2010)。在蟒河国家级自然保护区油松林为人工栽培的，分布较集中(田随味等，2012)。现有人工林基本上是解放后所植。据 1985 年统计全县人工林面积共 21261hm^2，总面积为 12707hm^2。

森林经营采取如下措施：①人工林抚育。对林龄 5 年左右的针叶林，主要采用锄草、修枝、定苗法；对 10 年左右的，主要采用透光间苗法；对 15 年以上的，采用定株间伐法。②次生林改造。对疏

* 本文原载于《生态学杂志》，2014，33(11)：2905-2912.

密不均、老幼不齐、生长缓慢、木材蓄积量少的次生林，则采用全面更新的办法，砍掉全部非目的的树种，适当保留一些目的树种的幼树或萌芽力很强的伐根，并进行人工造林，使之成为针阔混交林。本文对油松林群落主要种群的生态位进行了研究，以期了解群落中各物种的地位与作用以及对资源环境的利用状况，对于深入了解群落结构与稳定性，开发利用及种间竞争关系有重要作用，为油松林群落的合理经营提供理论基础。

1　研究地区与研究方法

1.1　研究区概况

蟒河国家级自然保护区位于山西省东南部，中条山脉东端的阳城县境内，112°22′11″—112°31′35″E，35°12′30″—35°17′20″N，总面积约5573hm^2，中间有蟒河流过，最高峰指柱山海拔1572.6m，最低点拐庄海拔300m。蟒河国家级自然保护区属暖温带大陆性季风气候，年平均气温14℃，无霜期180~240d，年降水量600~800mm；属石质山区，主要组成是结晶岩和变质岩系；土壤类型从山麓到山顶依次为：冲积土、山地褐土、山地棕壤(米湘成等，1995)。该保护区植被区划属于暖温带落叶阔叶林地带，地带性植被有由槲栎(*Quercus aliena*)、蒙古栎(*Q. mongolica*)、栓皮栎(*Q. variabilis*)和橿子栎(*Q. baronii*)组成的栎林和油松林、山茱萸(*Cornus officinalis*)林和鹅耳枥(*Carpinus turczaninowii*)林等杂木林。常见的灌丛有连翘(*Forsythia suspensa*)灌丛、黄栌(*Cotinus coggygria*)灌丛和荆条(*Vitex negundo* var. *heterophylla*)灌丛，白羊草(*Bothriochloa ischaemum*)丛等(米湘成等，1995；张殷波等，2003)。

1.2　研究方法

1.2.1　样地设置与调查

2013年7—8月在山西蟒河自然保护区调查取样，在研究区内依据海拔、坡向、坡位、坡度等条件选取了8个面积为20m×30m的油松林群落样地，该油松林基本上为幼龄林和中龄林，样地内的具体样方设置方法见图1(方精云等，2009)。每个样地划分为6个10m×10m的乔木小样方(A、B、C、D、E、F)内记录所有乔木树种的种类、株数、胸径、高度、盖度等。在每乔木样方内按照对角线法设2个10m×10m的灌木样方(S1、S2)，在每个乔木样方内设6个1m×1m的草本样方(H1、H2、H3、H4、H5、H6)。共48个乔木样方，16个灌木样方和48个草本样方。分别在灌木和草本样方中记录种类、株数、基径(灌木)、高度、盖度。用GPS测量海拔和经纬度，同时记录坡度、坡向、坡位、土壤状况等环境因子。

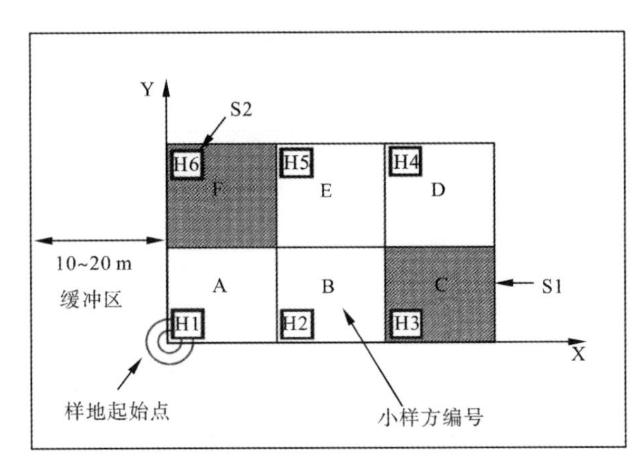

图1　蟒河国家级自然保护区油松林群落样方设置(方精云 等，2009)

Fig. 1　Quadrat setting of Pinus tabuliformis forests in Manghe National Nature Reserve

1.2.2 数据处理与计算

(1)重要值

重要值(importance value)是用来衡量某个种在群落中的地位和作用的综合数量指标，是应用最广泛的特征值。乔木层、灌木层和草本层(草本层计算公式用相对盖度代替相对优势度)均采用相同的计算公式：

$$IV=(\text{相对多度}+\text{相对高度}+\text{相对优势度})/3$$

式中：相对多度为样方内某一物种的个体数占全部物种个体数的百分比；相对高度为样方内某一物种的高度和占全部物种高度之和的百分比；相对优势度为样方内某一树种的胸高断面积之和占所有物种胸高断面积之和的百分比；相对盖度为样方内某一物种的分盖度占所有物种分盖度之和的百分比(柴宗政等，2012；刘晓宁等，2012)。

(2)生态位宽度

生态位宽度主要反映物种对资源的利用程度。生态位宽度常采用 Levins 公式中的 Shannon 指数进行测定(伊力塔等，2012；金俊彦等，2013；张晶晶和许冬梅，2013)。该式计算简单，生物学意义明确，其结果能更好地表达群落优势种生态位宽度对比关系的客观情况。其计算公式如下：

$$B_{(sw)i}=-\sum_{j=1}^{r}P_{ij}\log P_{ij}$$

式中：$B_{(sw)i}$ 为物种 i 的生态位宽度，Pj 为 i 物种对第 j 个资源的利用占其对全部资源利用的频度，即 $P_{ij}=\frac{n_{ij}}{N_i}$，而 $N_i=\sum_{j=1}^{r}n_{ij}$，n_{ij} 为物种 i 在资源 j 上的优势度(文中即物种在样方中的重要值)，r 为资源等级数，上述方程具有值域[0，log$r$](Levins，1968；柴宗政等，2012；毛空等，2013)。

(3)生态位重叠

生态位重叠是指一定资源序列上，两个物种利用同等级资源而相互重叠的情况，其计测公式为 Pianka 生态位重叠公式：

$$NO=\sum_{j=1}^{r}n_{ij}\cdot n_{kj}/\sqrt{\sum_{j=1}^{r}n_{ij}^2\cdot\sum_{j=1}^{r}n_{kj}^2}$$

式中：NO 为生态位重叠值，n_{ij} 和 n_{kj} 为种 i 和 k 在资源位 j 上的优势度(文中为物种重要值)(Pianka，1973；苏鹏飞等，2012)。

(4)生态位相似性比例

生态位相似比例是指两个物种利用资源的相似程度，其计算公式为：

$$C_{ih}=1-\frac{1}{2}\sum_{j=1}^{r}|P_{ij}-P_{hj}|$$

式中：C_{ih} 为物种 i 与物种 h 的相似程度，且有 $C_{ih}=C_{hi}$，P_{ij}、P_{hj} 分别为物种 i 和物种 h 在资源位 j 上的重要值百分率(刘金福和洪伟，1999；苏志尧等，2003；张晶晶和许冬梅，2013)。

2 结果与分析

2.1 重要值特征

从表 1~3 看出，乔木层中重要值最大为油松(45.016)，其次为华山松(*Pinus armandii*)(2.653)、侧柏(*Platycladus orientalis*)(0.127)、山桃(*Amygdalus davidiana*)(0.110)和野核桃(*Juglans cathayensis*)(0.058)等，表明油松、华山松、侧柏、山桃和野核桃为山西蟒河国家级自然保护区油松群落内乔木层的优势树种。在灌木层中重要值最大为荆条(*Vitex negundo* var. *heterophylla*)(9.339)，其次为黄刺玫(*Rosa xanthina*)(4.689)、小叶鼠李(*Rhamnus parvifolia*)(0.634)、达乌里胡枝子(*Lespedeza davurica*)(0.427)、山茱萸(*Cornus officinalis*)(0.206)、灰栒子(*Cotoneaster acutifolius*)(0.202)等，可见，荆条、

黄刺玫、小叶鼠李和达乌里胡枝子在灌木层占有很大优势，为该层的优势物种。草本层中薹草(*Carex chinensis*)的重要值最大(19.616)，在该层中占有重要地位，是草本层的优势种，其次为华北米蒿(*Artemisia giraldii*)(3.865)、胡枝子(*Lespedeza bicolor*)(1.881)、针茅(*Stipa capillata*)(1.821)、茜草(*Rubia cordifolia*)(1.686)、野豌豆(*Vicia sepium*)(1.298)、小红菊(*Chrysanthemum chanetii*)(1.196)、委陵菜(*Potentilla chinensis*)(1.142)、芦苇(*Phragmites australis*)(1.048)等。

表1 油松林主要乔木种群重要值

Table 1 Importance value(IV) of main arbor populations in Pinus tabuliformis forests

物种	样地1	样地2	样地3	样地4	样地5	样地6	样地7	样地8	和
油松 *Pinus tabuliformis*	6.000	6.000	6.000	6.000	5.928	5.831	3.299	5.958	45.016
侧柏 *Platycladus orientalis*	0.000	0.000	0.000	0.000	0.072	0.013	0.000	0.042	0.127
野核桃 *Juglans cathayensis*	0.000	0.000	0.000	0.000	0.000	0.058	0.000	0.000	0.058
山桃 *Amugdalus davidiana*	0.000	0.000	0.000	0.000	0.000	0.062	0.048	0.000	0.110
山荆子 *Malus baccata*	0.000	0.000	0.000	0.000	0.000	0.015	0.000	0.000	0.015
桑 *Morus alba*	0.000	0.000	0.000	0.000	0.000	0.009	0.000	0.000	0.009
君迁子 *Diospyros lotus*	0.000	0.000	0.000	0.000	0.000	0.012	0.000	0.000	0.012
华山松 *Pinus armandii*	0.000	0.000	0.000	0.000	0.000	0.000	2.653	0.000	2.653

表2 油松林主要灌木种群重要值

Table 2 Importance value(IV) of main shrub populations in Pinus tabuliformis forests

物种	样地1	样地2	样地3	样地4	样地5	样地6	样地7	样地8	和
荆条 *Vitex negundo* var. *heterophylla*	1.000	1.533	1.489	1.068	1.513	1.117	0.691	0.928	9.339
黄刺玫 *Rosa xanthina*	1.000	0.467	0.511	0.932	0.378	0.237	0.828	0.337	4.689
三裂绣线菊 *Spiraea trilobata*	0.000	0.000	0.000	0.000	0.108	0.000	0.000	0.000	0.108
石生悬钩子 *Rubus saxatilis*	0.000	0.000	0.000	0.000	0.000	0.081	0.000	0.000	0.081
达乌里胡枝子 *Lespedeza davurica*	0.000	0.000	0.000	0.000	0.000	0.131	0.296	0.000	0.427
山茱萸 *Cornus officinalis*	0.000	0.000	0.000	0.000	0.000	0.206	0.000	0.000	0.206
酸枣 *Ziziphus jujuba* var. *spinosa*	0.000	0.000	0.000	0.000	0.000	0.120	0.028	0.000	0.148
二色胡枝子 *Lespedeza bicolor*	0.000	0.000	0.000	0.000	0.000	0.000	0.155	0.000	0.155
杠柳 *Periploca sepium*	0.000	0.000	0.000	0.000	0.000	0.000	0.003	0.000	0.003
小叶鼠李 *Rhamnus parvifolia*	0.000	0.000	0.000	0.000	0.000	0.108	0.000	0.526	0.634
三叶木通 *Akebia trifoliata*	0.000	0.000	0.000	0.000	0.000	0.000	0.000	0.007	0.007
灰栒子 *Cotoneaster acutifolius*	0.000	0.000	0.000	0.000	0.000	0.000	0.000	0.202	0.202

表3 油松林主要草本种群重要值

Table 3 Importance value(IV) of main herb populations in Pinus tabuliformis forests

物种	样地1	样地2	样地3	样地4	样地5	样地6	样地7	样地8	和
薹草 *Carex chinensis*	2.464	2.140	1.805	2.658	2.779	2.603	2.489	2.678	19.616
华北米蒿 *Artemisia giraldii*	0.392	0.559	0.947	0.688	0.526	0.293	0.189	0.270	3.865
胡枝子 *Lespedeza bicolor*	0.000	0.000	0.000	0.000	0.000	0.000	0.917	0.963	1.881
针茅 *Stipa capillata*	0.404	0.065	0.288	0.259	0.238	0.000	0.202	0.366	1.821

（续）

物种	样地 1	样地 2	样地 3	样地 4	样地 5	样地 6	样地 7	样地 8	和
茜草 *Rubia cordifolia*	0.000	0.000	0.444	0.000	0.448	0.000	0.571	0.222	1.686
野豌豆 *Vicia sepium*	0.250	0.047	0.225	0.280	0.189	0.049	0.259	0.000	1.298
小红菊 *Chrysanthemum chanetii*	0.650	0.147	0.083	0.207	0.056	0.053	0.000	0.000	1.196
委菱菜 *Potentilla chinensis*	0.275	0.072	0.130	0.157	0.131	0.180	0.095	0.102	1.142
芦苇 *Phragmites australis*	0.000	0.000	0.000	0.000	0.109	0.693	0.138	0.109	1.048
尖叶铁扫帚 *Lespedeza juncea*	0.078	0.000	0.198	0.144	0.062	0.223	0.187	0.000	0.892

2.2 生态位宽度

生态位宽度又称生态位广度、生态位大小，是指一个种群(或物种及其他生物单位)在一个群落中所利用的各种不同资源的总和。生态位宽度是反映物种对环境资源利用状况的尺度，也表征了物种的生态适应性和分布幅度。物种的生态位宽度指数越大，说明该物种在群落中的地位越高，分布越广，对资源利用充分且对所在环境有较强的适应力。

从表 4 可以看出，乔木层中油松(1.673)的生态位宽度指数最大，其他种群的生态位宽度大小依次是华山松>侧柏>野核桃>山桃>山荆子(*Malus baccata*)、桑（*Morus alba*）和君迁子（*Diospyros lotus*）。灌木层生态位宽度最大的是荆条(1.150)，其他种群生态位宽度大小依次是黄刺玫>小叶鼠李 > 达乌里胡枝子 >三裂绣线菊(*Spiraea trilobata*) > 二色胡枝子(*Lespedeza bicolor*) >灰栒子>酸枣(*Ziziphus jujuba* var. *spinosa*) >石生悬钩子（*Rubus saxatilis*)、杠柳（ *Periploca sepium*)、山茱萸和三叶木通（*Akebia trifoliata*)。草本层中各主要种群的生态位宽度指数的大小顺序为薹草 >华北米蒿 >野豌豆>委陵菜>针茅>小红菊>胡枝子>尖叶铁扫帚（*Lespedeza juncea*）>茜草>芦苇。油松、荆条和薹草分别是乔木层、灌木层、草本层的优势种，分布范围广，数量多，对资源环境的利用能力强，故它们在各层的生态位宽。山荆子、桑和君迁子只在个别样方中出现，数量少，分布相对集中，最终导致它们的生态位宽度指数最低为 0 . 000。各种群的生态位宽度能比较客观地反映出它们在群落中各自不同的地位和分布程度。

表 4　油松林群落各优势种的生态位宽度

Table 4　Niche breadth of dominant species inPinus tabuli-formis forests

油松林	物种	生态位宽度(*Bi*)
乔木层	油松 *Pinus tabuliformis*	1.673
	华山松 *Pinus armandii*	0.737
	侧柏 *Platycladus orientalis*	0.570
	野核桃 *Juglans cathayensis*	0.467
	山桃 *Amugdalus davidiana*	0.298
	山荆子 *Malus baccata*	0.000
	桑 *Morus alba*	0.000
	君迁子 *Diospyros lotus*	0.000
灌木层	荆条 *Vitex negundo* var. *heterophylla*	1.150
	黄刺玫 *Rosa xanthina*	1.020
	三裂绣线菊 *Spiraea trilobata*	0.294
	石生悬钩子 *Rubus saxatilis*	0.000
	达乌里胡枝子 *Lespedeza davurica*	0.449
	山茱萸 *Cornus officinalis*	0.000

（续）

油松林	物种	生态位宽度(*Bi*)
	酸枣 *Ziziphus jujuba* var. *spinosa*	0. 210
	二色胡枝子 *Lespedeza bicolor*	0. 287
	杠柳 *Periploca sepium*	0. 000
	小叶鼠李 *Rhamnus parvifolia*	0. 496
	三叶木通 *Akebia trifoliata*	0. 000
	灰栒子 *Cotoneaster acutifolius*	0. 275
草本层	薹草 *Carex chinensis*	1. 520
	华北米蒿 *Artemisia giraldii*	1. 200
	胡枝子 *Lespedeza bicolor*	0. 932
	针茅 *Stipa capillata*	1. 066
	茜草 *Rubia cordifolia*	0. 775
	野豌豆 *Vicia sepium*	1. 150
	小红菊 *Chrysanthemum chanetii*	0. 952
	委陵菜 *Potentilla chinensis*	1. 129
	芦苇 *Phragmites australis*	0. 741
	尖叶铁扫帚 *Lespedeza juncea*	0. 918

2. 3 生态位重叠

生态位重叠是指一定资源序列上，2 个物种利用同级资源而相互重叠的情况。表 5~7 生态位重叠的结果表明，乔木层、灌木层和草本层的物种间均有不重叠的现象。乔木层中有 17 对不重叠的物种对，占总数的 60. 71%，说明乔木层物种间生态位重叠较少，竞争不是十分激烈；生态位重叠值>0. 2 的物种对有 5 对，占总数的 17. 86%，有 2 对物种对的生态位重叠值>0. 5，占总数的 7. 14%，表明这两对物种重叠较明显，对资源需求及生物学特性方面有较高的相似性。灌木层中不重叠的物种对有 29 对，占总数的 43. 94%；有 19 对物种的重叠值>0. 2，占总数的 28. 79%；有 9 对物种的重叠值>0. 5，占总数的 13. 64%。草本层中有 5 对不重叠的物种对，占总数的 11. 11%，草本层的物种间有不同程度的生态位重叠，有 24 对物种的重叠值>0. 2，占总数的 53. 33%，重叠值>0. 5 的物种对有 7 对，占总数的 15. 56%。说明草本层种群间相互重叠普遍，竞争较激烈。由此可以看出，各物种的生态位重叠指数依乔木、灌木、草本层依次增大，草本层各种群间生态位重叠值>0. 5 所占的比例较高，达 15. 56%，表明草本层各种群对资源的共享趋势较明显，更容易发生种间竞争。

从表 5~7 还可以看出，生态位宽度与生态位重叠之间有一定的联系，但并不存在绝对的正相关。生态位宽度大的物种，生态位重叠值一般较大。如生态位宽的荆条与其他物种的生态位重叠值在 0. 123~0. 472，其中荆条与生态位较宽的黄刺玫的生态位重叠值较大，为 0. 472。这是因为生态位宽度越大，物种分布幅度就越广，彼此间相遇对资源产生竞争的机会多，故生态位宽度大的物种间容易发生较大的生态位重叠。而生态位宽度小的物种间一般不易发生大的重叠，甚至会出现不重叠的现象，如生态位宽度窄的石生悬钩子、杠柳、三叶木通相互之间的重叠基本为 0. 000，而且与其他生态位宽度小的物种之间的重叠一般较低。但是生态位宽度大的物种与生态位宽度小的物种间也会发生大的重叠，如小叶鼠李与三叶木通，其生态位重叠值高达 0. 768。

表 5 油松林主要乔木种群生态位重叠

Table 5 Niche overlap(*NO*) of main arbor populations in *Pinus tabuliformis* forests

种号	1	2	3	4	5	6	7
2	0.275						
3	0.245	0.081					
4	0.156	0.000	0.548				
5	0.148	0.000	0.000	0.000			
6	0.148	0.000	0.000	0.000	1.000		
7	0.150	0.000	0.000	0.000	0.000	0.000	
8	0.160	0.000	0.000	0.237	0.000	0.000	0.000

1. 油松；2. 侧柏；3. 野核桃；4. 山核；5. 山荆子；6. 桑；7. 君迁子；8. 华山松。

表 6 油松林主要灌木种群生态位重叠

Table 6 Niche overlap(*NO*) of main shrub populations in *Pinus tabuliformis* forests

种号	1	2	3	4	5	6	7	8	9	10	11
2	0.472										
3	0.430	0.137									
4	0.186	0.030	0.000								
5	0.240	0.295	0.000	0.501							
6	0.186	0.030	0.000	1.000	0.501						
7	0.272	0.169	0.000	0.000	0.181	0.000					
8	0.181	0.349	0.000	0.000	0.856	0.000	0.194				
9	0.123	0.224	0.000	0.000	0.801	0.000	0.226	0.859			
10	0.312	0.159	0.000	0.155	0.077	0.155	0.124	0.000	0.000		
11	0.189	0.051	0.000	0.000	0.000	0.000	0.000	0.000	0.000	0.768	
12	0.246	0.118	0.000	0.000	0.000	0.000	0.000	0.000	0.000	0.957	0.899

1. 荆条；2. 黄刺玫；3. 三裂绣线菊；4. 石生悬钩子；5. 达乌里胡枝子；6. 山茱萸；7. 酸枣；8. 二色胡枝子；9. 杠柳；10. 小叶鼠李；11. 三叶木通；12. 灰栒子。

表 7 油松林主要草本种群生态位重叠

Table 7 Niche overlap(*NO*) of main herb populations in *Pinus tabuliformis* forests

种号	1	2	3	4	5	6	7	8	9
2	0.251								
3	0.282	0.049							
4	0.149	0.444	0.352						
5	0.326	0.000	0.209	0.029					
6	0.227	0.628	0.100	0.688	0.051				
7	0.254	0.298	0.000	0.189	0.000	0.254			
8	0.236	0.512	0.156	0.554	0.050	0.698	0.270		
9	0.135	0.233	0.120	0.039	0.000	0.071	0.065	0.403	
10	0.140	0.324	0.075	0.418	0.000	0.615	0.168	0.596	0.450

1. 薹草；2. 华北米蒿；3. 胡枝子；4. 针茅；5. 茜草；6. 野豌豆；7. 小红菊；8. 委陵菜；9. 芦苇；10. 尖叶铁扫帚。

此外，由于不同物种本身的生物生态学特性不一定相同，对资源环境的要求也不尽相同，所以导致生态位宽度较大的物种间其重叠值不一定高，如侧柏与野核桃的生态位重叠值较低为 0.081。但是生态位宽度小的物种本身由于生物生态学特性相同，对资源环境的要求一致，也会出现生态位重叠值较高的现象，甚至是完全重叠，如山茱萸与石生悬钩子，其重叠值高达 1.000。这表明生态位宽度与生态位重叠之间没有绝对的正相关。

2.4 生态位相似性

生态位相似性是指2个物种利用资源的相似程度。表8~10列出了该区油松林群落乔、灌、草各层主要种群生态位相似性，在乔木层中生态位相似性比例为0的有17对，占总数的60.71%，说明乔木层中物种利用资源的相似程度不大。油松与其他树种的生态位相似性在0.022~0.086，与生态位宽度大的树种如侧柏、华山松、野核桃的相似程度大，分别为0.086、0.073和0.064；而与生态位窄的树种如山荆子、桑、君迁子的相似程度较小，为0.022。而生态位宽度为0.000的山荆子与桑的生态位相似性为1.000，说明这些树种在不同资源位上对生境的需求有较大的相似性，且与种群生物生态学特性有关。但山荆子、桑与其他树种的相似程度基本为0，仅与油松有较低的生态位相似性，说明这两树种与其他树种相比对环境的需求有较大的差异。

从表8~10可看出，灌木层中共有29对物种的生态位相似性比例为0，占总数的43.94%，生态位相似性比例在0.5以上的有6对，占总数的9.09%，在0.1~0.5之间的有15对，占总数的22.73%，有1对物种的相似性为1。草本层中共有5对物种的生态位相似性为0，占总数的11.11%，相似性在0.5以上的有5对，占总数的11.11%，在0.1~0.5之间的有25对，占总数的55.56%。研究发现，生态位宽的物种之间相似性较大，如野豌豆、针茅、华北米蒿与委陵菜之间的生态位相似性分别为0.641、0.553和0.516。而生态位窄的物种之间相似性较小甚至为0.000，如茜草与芦苇、茜草与尖叶铁扫帚的生态位相似性均为0.000。但是乔木层中生态位宽度为0.000的山荆子与桑和灌木层中生态位宽度为0.000的山茱萸与石生悬钩子的生态位相似性为1.000，产生这种现象主要与种对利用资源位的相似程度有关，且与种群生物生态学特性有关。

表8 乔木层主要种群生态位相似性

Table 8 Niche similarity of main populations in tree layer

种号	1	2	3	4	5	6	7
2	0.086						
3	0.064	0.106					
4	0.031	0.000	0.409				
5	0.022	0.000	0.000	0.000			
6	0.022	0.000	0.000	0.000	1.000		
7	0.022	0.000	0.000	0.000	0.000	0.000	
8	0.073	0.000	0.000	0.171	0.000	0.000	0.000

1. 油松；2. 侧柏；3. 野核桃；4. 山核；5. 山荆子；6. 桑；7. 君迁子；8. 华山松。

表9 灌木层主要种群生态位相似性

Table 9 Niche similarity of main populations in shrub layer

种号	1	2	3	4	5	6	7	8	9	10	11
2	0.512										
3	0.162	0.081									
4	0.051	0.010	0.000								
5	0.125	0.186	0.000	0.307							
6	0.051	0.010	0.000	1.000	0.307						
7	0.102	0.115	0.000	0.000	0.188	0.000					
8	0.074	0.177	0.000	0.000	0.693	0.000	0.188				
9	0.034	0.075	0.000	0.000	0.491	0.000	0.188	0.626			
10	0.219	0.122	0.000	0.093	0.093	0.093	0.077	0.000	0.000		
11	0.052	0.017	0.000	0.000	0.000	0.000	0.000	0.000	0.000	0.463	
12	0.099	0.072	0.000	0.000	0.000	0.000	0.000	0.000	0.000	0.791	0.672

1. 荆条；2. 黄刺玫；3. 三裂绣线菊；4. 石生悬钩子；5. 达乌里胡枝子；6. 山茱萸；7. 酸枣；8. 二色胡枝子；9. 杠柳；10. 小叶

鼠李；11. 三叶木通；12. 灰栒子。

表 10　草本层主要种群生态位相似性

Table 10　Niche similarity of main populations in herb layer

种号	1	2	3	4	5	6	7	8	9
2	0.232								
3	0.162	0.063							
4	0.133	0.467	0.215						
5	0.163	0.000	0.306	0.053					
6	0.188	0.595	0.084	0.732	0.073				
7	0.178	0.463	0.000	0.308	0.000	0.406			
8	0.180	0.516	0.147	0.553	0.073	0.641	0.419		
9	0.077	0.187	0.155	0.052	0.000	0.074	0.044	0.297	
10	0.101	0.242	0.091	0.316	0.000	0.456	0.225	0.440	0.354

1. 薹草；2. 华北米蒿；3. 胡枝子；4. 针茅；5. 茜草；6. 野豌豆；7. 小红菊；8. 委陵菜；9. 芦苇；10. 尖叶铁扫帚。

3　讨论与结论

应用 Levins 生态位宽度公式测度人工油松林主要种群的生态位宽度，结果表明：乔木层中油松(1.673)种群的生态位宽度最大，山荆子、桑和君迁子的生态位宽度最小，均为 0.000；灌木层中荆条(1.150)的生态位宽度最大，石生悬钩子、山茱萸、杠柳和三叶木通的生态位最窄为 0.000；草本层的薹草(1.520)生态位最宽，芦苇(0.741)的生态位最窄。油松、荆条和薹草对资源的利用能力较强，在群落中的地位高，生态适应范围较广，故生态位宽。通常物种生态位宽度的大小取决于对环境的适应与对资源的利用能力(伊力塔等，2012)。

生态位重叠体现了物种对同级资源的利用程度以及空间配置关系。通常生态位宽度大的物种相互间的生态位重叠一般比较大，而生态位窄的物种间重叠比较小。生态位宽的物种与生态位窄的种群也可能有较高的重叠(胡正华等，2004)。在蟒河国家级自然保护区油松林灌木层生态位较宽的荆条与黄刺玫的生态位重叠较大为 0.472，生态位窄的杠柳与山茱萸的重叠值为 0.000，而生态位宽的小叶鼠李与生态位窄的三叶木通的重叠值高达 0.768。这说明，生态位宽的物种之间生态学特性不一定相同，对资源的要求和利用并不完全一致，相反生态位窄的树种由于生物学特性和生态学特性相似而生态位重叠高(史作民等，1999)。本研究也证实了这一点，如生态位宽的侧柏与华山松的生态位重叠就较低为 0.000，生态位较小的山茱萸与石生悬钩子，其重叠值高达 1.000，再次说明了生态位宽度和生态位重叠之间并不存在绝对的正相关关系(史作民等，1999；柴宗政等，2012；刘晓宁等，2012)。

通常生态位宽度较大的物种生态位相似性一般较大，生态位宽度小的物种生态位相似性一般较低(苏志尧等，2003；胡正华等，2004；巨天珍等，2010)。本研究也发现，生态位较宽的野豌豆、针茅、华北米蒿与委陵菜的生态位相似性较高，生态位窄的茜草与芦苇的生态位相似性为 0.000。但是，生态位窄的物种由于生物生态学特性相似有可能产生较高的生态位相似性，如：生态位窄的山茱萸与石生悬钩子、山荆子与桑的生态位相似性高达 1.000。这与苏志尧等(2003)对粤北天然林优势种群生态位的研究和刘金福和洪伟(1999)对格氏栲群落主要种群生态位的研究结果一致。

山西兰科植物新资料*

任保青
(太原太山植物园筹建处，山西太原，030025)

摘　要：笔者在查阅文献和野外科学考察的基础上，对山西兰科(Orchidaceae)植物记录现状进行了概述，兰科植物在山西植物志记载有23属31种。报道了山西植物新记录蕙兰(*Cymbidium faberi* Rolfe.)和地理新记录无喙兰[*Holopogon gaudissartii*(Hand.-Mazz.)S. C. Chen]的分布情况。

关键词：蕙兰；无喙兰；兰科；新记录；山西省

1　山西兰科植物记载概述

兰科(Orchidaceae)作为被子植物的几个大家族之一，全科约有800属25000种(有人估算可达约30000种)[1,2,4,8]，产于全球热带和亚热带地区，少数种类见于温带地区。我国有194属1388种，其中，491种为中国特有种。山西植物志记载有23属31种[3]，见表1。

由表1可以看出，山西省兰科植物有24种陆生，7种腐生。其中，无喙兰(*Holopogon gaudissartii*)和山西杓兰(*Cypripedium shanxiense*)模式标本均采自山西省。有7种为中国特有种，如，孔唇兰(*Porolabium biporosum*)、无喙兰、山西杓兰、毛杓兰(*Cypripedium franchetii*)、粗距舌喙兰(*Hemipilia crassicalcarata*)、河北红门兰(*Orchis tschiliensis*)、裂瓣角盘兰(*Herminium alaschanicum*)。多数为珍稀濒危物种，无喙兰为国家三级稀有保护植物。大唇羊耳蒜(*Liparis dunnii*)在山西省的分布存在疑问。孔唇兰间断分布于青海省和山西省五台山地区，其在五台山分布较稀少，多次考察均未果。

2　山西兰科植物新资料

近年来，我们在对山西省雁门关以北、太岳山、中条山等地的野生植物资源进行考查时，采集到山西植物志未收录的兰科植物1种，地理新分布1种。凭证标本存于太原市太山植物园筹建处植物标本室，现报道如下。

2.1　蕙兰

蕙兰(兰属)(*Cymbidium faberi* Rolfe in Kew Bull.) 198. 1896；中国高等植物图鉴5：745. 图8320. 1976；——*Cymbidium oiwakensis* Hayata, Icon. Pl. Formos. 6：80. fig. 14. 1916. ——*Cymbidium crinum* Schltr. in Fedde Repert. Sp. Nov. Beih. 12：350. 1922. ——*Cymbidium fukienense* T. K. Yen, Icon. Cymbid. Amoyens. A. 4. 10figs. 1964. ——*Cymbidium faberi* Rolfe f. *viridiflorum* S. S. Ying in Mem. Coll. Agric. Nat. Taiwan Univ. 30(1)：41. 1990. 见图1。

* 本文原载于《山西林业科技》，2015，44(3)：1-3.

表 1　山西兰科植物概况

序号	名称	学名	属名	特性	中国特有	分布海拔／m	在山西省的分布情况	花期	备注
1	凹舌兰	*Coeloglossum viride*	凹舌兰属	陆生		1000~ 2400	五台山、舜王坪	7~9 月	
2	小斑叶兰	*Goodyera repens*	斑叶兰属	陆生		800~2200	五台县、垣曲	7 月	
3	山西杓兰	*Cypripedium shanxiense*	杓兰属	陆生	是	950~2300	交城、灵石、霍山、沁县等地	5~6 月	
4	毛杓兰	*Cypripedium franchetii*	杓兰属	陆生	是	2100~2500	洪洞、灵石	6~7 月	
5	大花杓兰	*Cypripedium macranthum*	杓兰属	陆生		1000~2400	五台、交城、灵石、霍山、垣曲	6~7 月	
6	紫点杓兰	*Cypripedium guttatum*	杓兰属	陆生		1800~2400	交城、灵石、霍山、垣曲	6~7 月	
7	二叶兜被兰	*Neottianthe cucullata*	兜被兰属	陆生		1000~2200	阳高、五台、交城等地	6~8 月	
8	杜鹃兰	*Cremastra appendiculata*	杜鹃兰属	陆生		800~2000	阳高、介休、夏县等地	4~7 月	
9	对叶兰	*Listera puberula*	对叶兰属	陆生		1500~2600	浑源、交城、灵石等地	6~8 月	
10	河北红门兰	*Orchis tschiliensis*	红门兰属	陆生	是	2100~2400	五台山、灵石	7~8 月	
11	小花火烧兰	*Epipactis helleborine*	火烧兰属	陆生		800~2000	交城、左权、霍山、沁源、陵川等地	6~8 月	
12	角盘兰	*Herminium monorchis*	角盘兰属	陆生		900~2400	各山区均有分布	6~7 月	
13	裂瓣角盘兰	*Herminium alaschanicum*	角盘兰属	陆生	是	1500~2200	宁武、五台、交城、垣曲等地	7~8 月	
14	孔唇兰	*Porolabium biporosum*	孔唇兰属	陆生	是	3000 左右	五台山北台	7 月很长时间未采到	
15	蕙 兰	*Cymbidium faberi*	兰属	陆生		700~2200	蟒河、太宽河	4~5 月	新记录
16	蜻蜓兰	*Tulotis fuscescens*	蜻蜓兰属	陆生		1000~1800	浑源、交城、灵石、沁源等地	7~8 月	
17	细距舌唇兰	*Platanthera metabifolia*	舌唇兰属	陆生		1400~2200	阳高、交城、灵石	7~8 月	
18	二叶舌唇兰	*Platanthera chlorantha*	舌唇兰属	陆生		1500~2100	皇姑幔	6~7 月	
19	粗距舌喙兰	*Hemipilia crassicalcarata*	舌喙兰属	陆生	是	1000~1600	垣曲、陵川	6~7 月	
20	手 参	*Gymnadenia conopsea*	手参属	陆生		1500~2600	阳高、五台、交城等地	6~8 月	
21	绶 草	*Spiranthes sinensis*	绶草属	陆生		900~1800	各山区均有分布	8~9 月	
22	长叶头蕊兰	*Cephalanthera longifolia*	头蕊兰属	陆生		1200 左右	垣曲同善乡	4~5 月	
23	大唇羊耳蒜	*Liparis dunnii*	羊耳蒜属	陆生			仅是文献记载		存疑
24	羊耳蒜	*Liparis japonica*	羊耳蒜属	陆生		1900	文水、垣曲	6~8 月	
25	沼 兰	*Malaxis monophyllos*	沼兰属	陆生		1500~2400	浑源、五台、霍山等地	6~7 月	
26	无喙兰	*Holopogon gaudissartii*	无喙兰属	腐生	是	1300~1900	左权孟信垴、太岳山	9 月	地理新分布
27	裂唇虎舌兰	*Epipogium aphyllum*	虎舌兰属	腐生		2200	五台山二茄兰	7~8 月	
28	勘察加鸟巢兰	*Neottia camtschatea*	鸟巢兰属	腐生		1800~2200	宁武、灵石	6~7 月	又名北方鸟巢兰
29	高山鸟巢兰	*Neottia listeroides*	鸟巢兰属	腐生		2000~2500	宁武	7~8 月	
30	尖唇鸟巢兰	*Neottia acuminata*	鸟巢兰属	腐生		2000	介休绵山	8~9 月	
31	珊瑚兰	*Corallorhiza trifida*	珊瑚兰属	腐生		2000	交城庞泉沟	6~7 月	
32	天 麻	*Gastrodia elata*	天麻属	腐生		400~2200	陵川	6~7 月	

地生，假鳞茎不明显。叶 5~9 枚，带形，直立性强，长 25~80cm，宽(4mm~) 7mm~12mm，基部常对折呈 V 形，叶脉透亮，边缘常有粗锯齿。花葶从叶丛基部最外面的叶腋抽出，近直立或稍外弯，绿白色或紫褐色，高 30cm~50cm(~80cm)，被多枚长鞘；总状花序具 5~12 朵或更多的花；花苞片线状披针形，最下面的 1 枚长于子房，中上部的长 1~2cm；花梗和子房长 2. 0~4. 116cm；花常为浅黄绿色，唇瓣有紫红色斑，有香气；萼片近披针状长圆形或狭倒卵形，长 2. 5~4. 0cm，宽 6~8mm；花瓣与

萼片相似，略小于萼片，短而宽；唇瓣长圆状卵形，长 2.0~2.5cm，不明显 3 裂；侧裂片直立，具小乳突或细毛；中裂片较长，强烈外弯，有明显、发亮的乳突，边缘常皱波状；唇盘上 2 条纵褶片从基部上方延伸至中裂片基部，上端向内倾斜并汇合，多少形成短管；蕊柱长 1.2~1.6cm，稍向前弯曲，两侧有狭翅；花粉团 4 个，成 2 对，宽卵形。蒴果近狭椭圆形，长 5.0~5.5cm，宽约 2cm。花期 3~5 月。

产于阳城蟒河国家级自然保护区和夏县太宽河自然保护区，凭证标本分别为任保青等 20120415003(蟒河，alt. 718m)和任保青等 20130414008(太宽河，alt. 878m)。本种和其所在属均为山西省新记录。

分布于华东、中南、西南、陕西，野生于林下荫湿处或湿润但排水良好的透光处，海拔 700~3000m。尼泊尔、印度北部也有分布，模式标本采自中国浙江省。

2.2 无喙兰

无喙兰(无喙兰属)[5,7][*Holopogon gaudissartii* (Hand. -Mazz.)S. C. Chen]inActaPhytotax. Sin. 35(2): 179. 1997. ——NeottiagaudisartiiHand. -Mazz. in Oesterr. Bot. Zeitschr. 86: 302. 1937. ——Archineottia gaudissartii(Hand. -Mazz.)S. C. CheninActaPhytotax. Sin. 17(2): 13. fig. 1(1~2). 1979. 见图 2.

腐生植物，植株高 19~24cm，具短的根状茎和成簇的肉质纤维根。茎直立，无绿叶，中部以下具 3~5 枚鞘；鞘膜质，圆筒状，长 1.8~3.0cm，最上面的 1 枚苞片状。总状花序顶生，花近辐射对称，直立；萼片近直立，狭长圆形，具 1 脉，背面略被毛；花瓣 3 枚相似，狭长圆形，无特化的唇瓣；蕊柱直立，背侧有明显的龙骨状脊；花丝明显，但较短；花粉团近椭圆形，松散；顶生柱头略肥厚。花期 9 月。

产于左权孟信垴自然保护区辽东栎林下，海拔 1865m，凭证标本为任保青 2013090711(PE)。

图 1　蕙兰

图 2　无喙兰

分布于辽宁省、山西省中南部(太岳山)和河南省西部(嵩县)，生于海拔 1300~1900m 的林下，模式标本采自山西省。

本物种为国家三级珍稀濒危植物，濒临灭绝。据报道此物种 1935 年由奥地利植物学家韩马迪(Hand. -Mazz.)根据 Licent 采自山西省南部岳山（可能为太岳山）的模式标本(模式标本存于天津自然博物馆)发表。此后相关专家多次到太岳山考察均未发现野生的活体植株，仅有河南学者于 1989 年在河南省西部登封市的嵩山采集到此种[6]。山西植物志编纂时，野外考察依旧没有采集到活体植株。笔者于 2013 年 9 月 7 日对山西省左权县孟信垴自然保护区的植被进行考察时发现一丛腐生兰花，经中国科学院植物研究所兰科专家金效华老师鉴定，确定是无喙兰，凭证标本保存于中国科学院植物研究所标本馆(PE)。此次采集说明了无喙兰的新地理分布，并刷新了多年没有凭证标本的记录。

无喙兰是较独特的、原始的兰科植物类群，此次发现对研究兰科植物起源和系统发育有着重要的科学价值。蕙兰作为重要的观赏花卉，野生资源遭到严重采挖。因此，建议相关部门加强保护。

蟒河自然保护区极小植物调查报告*

张青霞
（山西阳城蟒河猕猴国家级自然保护区管理局，山西阳城，048100）

摘　要：2013 年 10 月—2015 年 7 月，对蟒河保护区的匙叶栎、山胡椒、木姜子、山白树、血皮槭、山桐子极小植物进行了调查，初步摸清了分布范围及数量，以期为保护区制定极小植物种群保护措施提供依据。

关键词：蟒河自然保护区；极小植物

继山西阳城蟒河猕猴国家级自然保护区管理局 2013 年对裸子植物门极小植物南方红豆杉进行调查之后，2013 年 10 月—2015 年 7 月又对被子植物门樟科山胡椒属的山胡椒、木姜子属的木姜子、壳斗科栎属的匙叶栎、金缕梅科山白树属的山白树、槭树科槭树属的血皮槭、大风子科山桐子属的山桐子等 6 种极小植物种群进行了调查，主要调查其自然分布范围、数量，记录 GPS 点位，以期为保护区制定区内极小植物种群保护措施提供科学依据，其中山白树和匙叶栎属省级保护植物。不同的资料树种分类有所不同，本次调查树种分类地位参照《中条山树木志》。

1　调查区自然地理概况

山西阳城蟒河猕猴国家级自然保护区位于山西东南部、中条山东端的阳城县境内，东至三盘山，西至指柱山，北至花园岭，南至省界，全区东西长约 15km，南北宽约 9km，总面积 5573hm^2，地理坐标东经 112°22′10″~112°31′35″，北纬 35°12′30″~35°17′20″。保护区辖区为石质山区，岩石多系太古界和元古界产物，主要组成是结晶岩和变质岩系，最高峰指柱山海拔 1572. 60m，最低点拐庄海拔 300m，高度相差 1272. 60m。地貌强烈切割，多以深涧、峡谷、奇峰、瀑潭为主，整个地形是四周环山，中为谷地。区内有四道主沟，即后大河沟、杨庄河沟、南河沟、拐庄蟒河沟，沟沟相通；主要山峰有石人山、孔雀山、棋盘山、指柱山、窟窿山、三盘山等，形状多样，各具特点。总的特点是山峦起伏、沟壑纵横、奇峰林立，形成险峻的陡峰、深谷景观。区内的河流属黄河流域，主要有后大河、洪水河两条河流，河水清澈见底，源远流长，终年不断，两条河流在黄龙庙汇集后称蟒河，全长 30km，经河南省注入黄河。气候属暖温带季风型大陆性气候，是东南亚季风的边缘地带，其特点是夏季炎热多雨，多为东南风；冬季不甚寒冷，盛行西北风。由于受季风的影响，一年四季分明，光热资源丰富。年平均气温 14℃，最高气温 39. 70℃，极端最低气温-10℃，大于 10℃的积温 4020℃、无霜期 180~240d，年降水量 600~800mm，最多可达 900mm。

该区植被地处暖温带落叶阔叶林的内部边缘带，其植物区系除具有种类繁多、珍稀植物丰富的特点外，南北渗透现象非常明显，许多亚热带区系植物在此安家落户。如南方红豆杉、竹叶椒、异味榕、玉铃花、山胡椒、柘、八角枫、漆、络石、省沽油、粟寄生、四照花、叶底珠等。地带性植物与过渡性植物在蟒河区系中几乎平分秋色，反映了该区具有暖温带与亚热带的双重性质，表现出了强烈的过渡性，即许多种类的分布至此已达其分布范围的边缘。蟒河植物强烈的过渡性影响着该区系的现状与发展，使其具有一定的脆弱性，许多植物种类尤其是亚热带常绿植被成分的分布，常局限于某一部分或某一沟内。

很多亚热带植物种不仅分布局限，而且数量极少，亟待加强保护，本次极小植物调查对保护其野

* 本文原载于《山西林业》，2015，239(6)：22-23.

生资源具有重要意义。

2 调查目的与工作方法

2.1 调查目的

本次重点对保护区境内的匙叶栎、山胡椒、木姜子、山白树、血皮槭、山桐子6种极小种群野生植物进行调查，查清这些极小种群野生植物的分布、数量、生境及生长状况，关注人类活动对保护区内极小物种的影响，以期对保护区中上述物种的生长状况进行监测，为科学保护珍稀野生资源奠定基础。

2.2 工作方法

通过访问调查及查阅相关历史资料，确定上述6种极小种群植物的分布地点和踏查线路，有针对性地对它们的分布、数量进行调查，记录这些极小种群植物发现区域的GPS点位、生境类型等。

3 调查结果

表1 6种极小植物调查结果

树种(别名)	分布地点	数量(株)	合计(株)
血皮槭(纸皮槭)	西崖后	100	292
	白岩辿至后大洼	50	
	双疙通顶至三盘山	80	
	老鼠梯	10	
	后小河	35	
	蟒源	5	
	前河河道	10	
	花园岭隧道顶梁	2	
山白树	后大河吊桥一带	4	18
	白岩辿岩顶	5	
	大门汉岩上	4	
	阳庄河	5	
匙叶栎	后大河	130	280
	拐庄沟河道两边	150	
木姜子	三盘山	560	1320
	大门汉岩上	230	
	后大河东、西崖	260	
	录化顶岩下	270	
山胡椒	草坪圪台	40	90
	水帘洞	15	
	白岩辿前后坡	20	
	石人山后大洼	15	

（续）

树种(别名)	分布地点	数量(株)	合计(株)
山桐子 (山梧桐)	后大河千佛岩下	5	10
	蟒源出水口	5	

调查知，蟒河保护区血皮槭现有8处分布，共292株；山胡椒有4处分布，共90株；木姜子有4处分布，共1320株；山桐子有2处分布，共10株。此4种树具体分布数量均为首次调查报道。田随味在1997年对山白树和匙叶栎曾做过简单的调查，根据本次调查情况均加以对比分析：15年前匙叶栎在蟒河保护区内仅发现后大河有分布，数量稀少，本次调查匙叶栎有2处分布，数量均在百株以上，共280株，较15年调查数量显著增加，但分布还是较狭窄；而山白树上次调查也仅记载“后大河、滴水盘有分布，数量稀少”，本次调查发现山白树有4处分布，共18株，幼苗天然更新状况也较好，以后大河吊桥一带发现百余株，较15年前资料更加详实准确。

4 保护现状及建议

4.1 保护现状

保护区建区以来已做了大量工作，多措并举，保护珍稀野生植物资源：

(1)通过向区内居民开会、讲课、刷写标语、印传单等多种方式加强了宣传，提高了当地群众的认识和自觉保护的意识。

(2)对位于路边的珍稀植物资源进行了挂牌及围栏保护，使入区人员受到教育。

(3)加强了巡护力度，经历了标签巡护到GPS巡护的转变。

(4)加大案件查处力度，发现一起查处一起。

4.2 保护建议

(1)保护区已建起了珍稀植物繁育圃，并对南方红豆杉和连香树进行了成功繁育。以后可考虑对其他珍稀树种亦进行繁育，以期扩大分布，保护珍稀野生极小植物资源。

(2)引入“组织培养”等先进技术，扩大繁育成效。

(3)积极争取专项资金，研制安装无线红外自拍传输报警系统，进行实时数据传输，实现从人防到技防的转变。但案件查处仍是坚强后盾，不可松懈，发现违法犯罪行为必须严惩。

致谢：本次调查得到项目法人张增元局长的大力支持，分管副局长田随味全面组织协调，有效保障了调查工作的顺利完成。山西沃成生态环境研究所的徐晋松、王晓军及本单位的邢凯等同志参加了外业调查，时旺成担任向导，在此一并表示感谢。

蟒河自然保护区野生南方红豆杉资源调查*

张青霞

（山西阳城蟒河猕猴国家级自然保护区管理局，山西阳城，048100）

摘　要：2013 年 8～10 月，对蟒河自然保护区内的南方红豆杉资源进行了详细的调查，2014 年 11 月至翌年 6 月又进行了补充调查。调查结果表明：该地区南方红豆杉资源分布较为集中，主要分布于后大河河谷、东西丫后、黄连树圪通等地；胸径 3 cm 以上的野生南方红豆杉资源 654 株，5cm 以上的野生南方红豆杉资源有 585 株；株高 1 m 以上，胸径不足 3 cm 的幼树 83 株。并针对保护现状，提出了相应的保护对策。

关键词：蟒河自然保护区；野生南方红豆杉；资源调查

南方红豆杉 *Taxus mairei*（Lemee et Levl）S. Y. Hu et Liu］隶属被子植物门红豆杉科，为国家一级保护植物。其植株可提取紫杉醇，对癌症有特殊疗效。受其巨大的经济价值影响，红豆杉科植物在我国很多地区遭到破坏。因此，调查红豆杉科植物野生资源状况，进行有针对性的保护迫在 眉睫。2013 年 8～10 月，对蟒河自然保护区内的南方红豆杉资源进行了详细调查，2014 年 11 月至翌年 6 月又进行了补充调查，以期为科学保护南方红豆杉资源提供详实的依据。

1　调查区自然概况

山西阳城蟒河猕猴国家级自然保护区位于山西省阳城县境内，地理坐标东经 112° 22′ 10″～ 112°31′ 35″，北纬 35°12′30″～35°17′20″。全区东西长约 15 km，南北宽约 9 km，总面积 5573 hm^2。境内最高峰指柱山海拔 1572. 6 m，最低点拐庄海拔 300 m，高差 1273. 6 m。年均温 14 ℃，最高月均温 24 ℃，最低月均温-10 ℃。大于 10 ℃积温 4020 ℃，无霜期 180～240 d。年降雨量 600～800 mm，最高可达 900 mm。土壤主要是山地褐土，山麓河谷一带为冲积土，海拔 1500 m 以上为山地 棕壤，机械组成以砂壤为主。

2　调查方法

2. 1　外业调查

前期通过访问确定白岩栈、东西丫后、紫柏背、黄连树圪通、后大河等地为调查地点，于 2013 年 8 月至 10 月对以上地点进行了调查，又根据实际情况增加了黄龙洞沟、东丫正沟、小出水、麻地沟等调查地。主要调查了具体分布地点、海拔、分布面积、种群数量、生长密度等，并详细记录了周围的伴生树种、盖度等。为了保证调查结果的全面客观性，2014 年 11 月至 2015 年 6 月又进行了补充调查。

2. 2　内业整理

在外业调查的同时完成内业录入。以 1∶2500 的比例，将野生南方红豆杉资源情况逐株、逐片、逐沟在地形图上全部标识出来。并对由于天气及山大沟深等原因造成卫星信号不好而使定位与现地产生偏移的现象，根据实地情况进行了修正，绘制出了资源分布图，为保护区该树种的分布状况建立了珍贵的资源档案。

* 本文原载于《山西林业科技》，2015，44(4)：50-51.

3 调查结果

3.1 分布情况

对胸径 3 cm 以上的个体全部进行了测量记录。根据调查先后顺序，共标记 A 至 T 20 个小片区，调查面积约 60 hm^2。其中，D、E、F 3 个小片，由于坡度太陡、分布较密，为便于现地操作，分开进行调查。分布区位于同一坡面上的可以合并，实际标记 654 株，见表 1。

表 1 南方红豆杉分布情况

编号	地点	数量/株	分布面积/hm^2	生长密度/(株·hm^{-2})	坡度/°	坡位	坡向	海拔/m
A 片	东丫正沟(白岩圵西)	37	1.20	30.83	50	中	东	705~790
B 片	东丫沿河滩(吊桥东至小出水沿河滩)	60	3.34	17.94	20	谷底	无	663~818
C 片	白岩圵回头(河滩左边厕所东)	45	1.90	23.68	35	脊	北	667~815
D 片	东丫后正沟(沟顶小路片)	44			45	脊	西	771~835
E 片	东丫后Ⅰ(沟顶小路至河滩坡)	52	1.88	23.47	45	中	西	774~846
F 片	东丫后Ⅱ(靠后小河左边坡)	48			40	中	西	758~840
G 片	西丫后	15	1.01	14.91	40	中	西	798~815
H 片	西丫对面	30	0.69	43.64	10	中	东北	744~872
I 片	后小河(紫柏背)	19	1.51	12.61	30	中	西北	615~659
J 片	白岩圵丫口前(打包厕所后)	29	1.20	24.17	30	中	北	741~780
K 片	白岩圵丫口后(岩顶)	54	1.78	30.42	50	中	东北	753~798
L 片	出水口回头(白岩圵岩顶小丫下)	8	0.78	10.32	50	中	西北	744~792
M 片	梳妆台石人圪坨、后大凹	28	8.23	3.40	10	中	北	623~787
N 片	老鼠梯(猴山背后上)、窟窿山	10	0.60	16.67	25	中	西	659~703
O 片	稀屎圪通、干圪坨	9	8.33	1.08	40	中	西南	800~918
P 片	圵地河片	59	6.69	8.82	15	谷底	无	848~925
Q 片	河道(前河去大黄连树圪通沿河滩)	27	1.63	16.62	30	谷底	无	777~858
R 片	大黄连树圪通(接东山西丫后)	45	1.94	23.15	30	中	东南	770~808
S 片	圪栏桥(经扫毛坡到麻地沟下、牛蹄沟)	31	1.93	16.10	30	谷底	无	812~874
T 片	麻地沟、黄龙洞沟	4	0.38	10.67	20	谷底	北、西	921~1009
合计		654	44.98	14.54				615~1009

由表 1 可以看出，该地区南方红豆杉资源分布较为集中，主要分布于圵地河片、东西丫后、大黄连树圪通等地。在编号的 654 棵树中，胸径 5cm 以上的共有 585 株。其中，很多南方红豆杉均在不到 1.3m 胸径处分叉，按照全国性森林资源连续清查规则，均作为多颗树进行了调查编号。实际以树主干根系来统计，约 550 株。株高 1m 以上，胸径不足 3cm 的幼树 83 株。

3.2 伴生树种

该区成片分布的南方红豆杉总盖度基本都达到 0.8 以上。乔木层郁闭度平均约 0.6，记录到的优势伴生树种主要以鹅耳栎、五角枫、千金榆、橿子栎、血皮槭、苦檀树、山白树等为主，亦见有北枳椇、黄连木、领春木、异叶榕、山胡椒、白腊、脱皮榆等。灌木层盖度 0.5，优势伴生树种主要以竹叶椒、陕西荚蒾、海州常山为主，亦见有蝟实、荆条、黄栌、连翘、金银花等。草本层盖度约 0.5，优势伴生树种以淫羊藿、节节草、附子、络实、大火草最为多见，亦见有天南星、冬凌草、苎麻、七叶一枝花等。

4 保护现状及建议

4.1 保护现状

在集中分布区，通过开会、讲课、刷写标语、印传单等多种方式加强宣传，提高当地群众的自觉保护意识；对位于路边的野生南方红豆杉资源进行挂牌及围栏保护；加强巡护力度，由过去的标签巡护转变为GPS巡护；加大案件查处力度，发现一起查处一起。

4.2 保护建议

(1)保护区已建立南方红豆杉繁育圃，可考虑将繁育成功的苗木移至区内适生地，以弥补天然更新之不足，扩大资源分布范围。

(2)引入“组织培养”等先进的繁育手段，提高繁育效率，为繁殖野化苗木提供技术支持。

(3)积极争取专项资金，安装无线红外自拍传输系统，进行实时数据传输，实现从人防到技防的转变。

致谢：本次调查得到张增元局长与田随味副局长的大力支持，在此表示衷心感谢。同时感谢参与调查的王朋军、茹李军、董建兵、邢凯等同志及李灵芝副教授和张军工程师。

山西蟒河自然保护区南方红豆杉群落生态位研究*

陈龙涛，高润梅，石晓东
（山西农业大学林学院，山西太谷，030801）

摘　要：基于对蟒河自然保护区内南方红豆杉分布群落的样地调查，采用定量分析的方法，对南方红豆杉群落的生态位特征进行研究，结果表明：①南方红豆杉在群落中的重要值、Levins 生态位宽度值以及 Shannon-Wiener 生态位宽度值均较大，表明其环境适应能力强，资源利用充分，在资源轴上的优势地位显著；②南方红豆杉与其所处群落中生态位较宽的海州常山、鹅耳枥以及连翘的生态位相似性较大，但与它们的生态位重叠指数却不是很大，表明南方红豆杉与群落中其他物种在资源利用上呈现共享趋势，且不存在激烈的竞争；③南方红豆杉群落中，其他物种之间存的竞争关系也较弱。

关键词：南方红豆杉；生态位宽度；生态位相似性比例；生态位重叠指数

自 Grinell[1] 提出生态位概念以来，作为研究物种种间关系，评价物种在群落中地位的重要手段，生态位研究一直是生态学领域的研究热点之一。就其本质而言，生态位是物种在特定空间、环境中的功能单位，能够反映物种和环境之间的相互作用及物种本身的属性特征[2-4]。因此，长期以来群落中物种的生态位研究一直备受人们的关注[5-9]。南方红豆杉（*Taxuschinensis* var. *mairei*）属国家 I 级重点保护植物，其材质优良，紫杉醇含量较高，具有重要的药用价值。因长期被过度砍伐利用，自然分布范围和资源量不断减少。南方红豆杉具有亚热带 常绿阔叶林、常绿阔叶与落叶阔叶混交林的特征，多自然分布于我国南方山区，其分布北缘可达山西省东南部。目前，对该种的生态学研究多集中于南方省区，山西省南方红豆杉的生态位特征研究较少。因此，本文以山西蟒河自然保护区南方红豆杉群落中的木本植物作为“资源状态”，对群落中优势种的生态位特征进行了研究，以期为该地区野生南方红豆杉现有资源的保护和合理开发利用提供参考。

1　研究地区自然状况

蟒河国家级自然保护区（35°12′30″~35°17′20″N，112°22′11″~ 112°31′35″E）位于山西省东南部中条山脉东端的阳城县境内，总面积约 5573hm²，因蟒河流经该区，由此得名。最高点指柱山海拔 1572.6 m，最低点拐庄海拔 300 m。该区属于暖温带半湿润气候区，具有明显的暖温带大陆性气候特点，年均温 11.7℃，1 月均温 -3℃，7 月均温 24.9℃，年较差约为 27.9℃，无霜期 165d，年均降水量 627.4mm。该区属石质山区，主要成土母质以石灰岩和沙质石灰岩为主，土壤类型从山麓到山顶依次为冲积土、山地褐土、山地棕壤[10]。南方红豆杉主要分布区位于河床两侧海拔约 650~750 m 处[11]。

2　研究方法

2.1　样地调查

在对保护区内南方红豆杉资源进行全面踏查的基础上，采用群落学调查方法在不同区域、海拔、坡度以及坡向上共设置 10 个典型样地，记录各样地的海拔、坡度、坡向等生境指标。各样地生境概况如表 1 所示。采用每木调查法，记录样地内所有胸径（*DBH*）≥2.5cm 的树种的种类、数量、高度、胸

* 本文原载于《林业资源管理》，2016，（2）：68-73.

径、地径以及冠幅等。在样地中央设置 5m×5m 的灌木样方，记录灌木层(包括 DBH<2.5cm 的乔木幼树)的物种种类、数量、高度以及冠幅等，同时记录样地的乔、灌总盖度。本次野外调查共统计木本植物 47 种，其中，乔木 22 种，灌木 25 种，并选取 9 种出现频率较高的木本植物进行生态位研究。9 种植物按出现频率依次表示成："1"为南方红豆杉(*Taxuschinensis* var. *mairei*)，"2"为海州常山（*Clerodendrumtrichotomum*)，"3"为鹅耳枥(*Carpinus turczardncnvii*)，"4"为连翘(*Forsythia suspense*)，"5"为荆条(*Vitexnegundo* var. *heterophylla*)，"6"为君迁子(*Diospyros lotus*)，"7"为血皮槭(*Acer griseum*)，"8"为领春木(*Eupteleapleiosperma*)，"9"为华北卫矛（*Euonymus maackii*）。

表 1　样地自然概况

Tab. 1　Conditions of the plots

样地	地理坐标	海拔/m	坡度/°	坡向	郁闭度
1	35°16′24.6″N　112°26′7.8″E	775	56	南坡	0.57
2	35°16′24.6″N　112°26′7.8″E	780	58	北坡	0.60
3	35°16′27.0″N　112°26′28.0″E	770	59	北坡	0.65
4	35°16′24.6″N　112°26′7.8″E	785	46	北坡	0.69
5	36°16′9.6″N　112°26′41.6″E	622	53	北坡	0.52
6	35°16′17.0″N　112°26′8.0″E	780	63	北坡	0.75
7	35°16′ 3.0″N　112°26′56.0″E	618	76	南坡	0.54
8	35°15′16.3″N　112°26′15.0″E	645	63	北坡	0.73
9	35°26′7.8″N　112°26′24.9″E	637	60	北坡	0.49
10	35°14′51.3″N　112°27′55.7″E	670	52	北坡	0.51

2.2　物种重要值的计算

重要值(IV)是以综合数值来表示群落中不同植物的相对重要性。乔木和灌木相应的计算公式卫[12-13]如下：

$$IV(\text{乔木}) = (\text{相对密度}+\text{相对高度}+\text{相对优势度})/300 \tag{1}$$

$$IV(\text{灌木}) = (\text{相对密度}+\text{相对高度})/200 \tag{2}$$

式中：相对密度为样方内某一物种的个体数占所有物种个体数和的百分比；相对高度为样方内某一物种的高度和占所有物种的高度之和的百分比；相对优势度为样方内某一物种的胸高断面积之和占所有物种胸高断面积之和的百分比。

2.3　生态位的研究方法

(1)生态位宽度。

生态位宽度(B_i)是指一个物种所能利用的各种资源的总和，反映了该物种对资源的利用程度。本研究采用 levins 指数和 Shannon-wiener 指数进行计算。计算公式[4]如下：

Levins 指数：

$$B_L = \frac{1}{\sum_{j=1}^{r} r(P_{ij})^2}$$

Shannon-wiener 指数：

$$B_{SW} = -\sum_{j=1}^{r}(P_{ij}\ln P_{ij})$$

式中：① B_L，B_{SW} 为物种 i 的生态位宽度。② $p_{ij} = n_{ij}/N_i$ 为物种 i 在资源 j 上的重要值占该种在所有资源上的重要值之和的比例。其中，n_{ij} 为物种 i 在资源 j 上的重要值；N_i 为物种 i 在所有资源上的重要值之和。③ r 为资源位总位数，即样方数。

(2)生态位相似性。

生态位相似性(C_{ih})是指2个物种利用资源的相似程度。计算公式[14-15]如下：

$$C_{ih} = 1 - \frac{1}{2}\sum_{j=1}^{r} | P_{ij} - P_{kj} |$$

式中：C_{ih} 为物种 i 与物种 h 之间的生态位相似程度，且有 $C_{ih}=C_{hi}$，具有域值[0，1]；P_{ij} 和 P_{hi} 分别为物种 i 和物种 h 在资源位 j 上的重要值百分率。

(3)生态位重叠。

生态位重叠(O_{ik})是指一定资源序列上，2个物种利用同等级资源而相互重叠的情况。计算公式[16]如下：

$$O_{ik} = \frac{\sum_{j=1}^{r} | P_{ij}P_{kj}}{\sqrt{(\sum_{j=1}^{r} | P_{ij})^2(\sum_{j=1}^{r} | P_{kj})^2}}$$

式中：P_{ij} 和 P_{kj} 分别为物种 i 和物种 k 在资源 j 上的重要值。

3 结果与分析

3.1 重要值特征

重要值是群落重要的定量指标，常被用于比较 某一物种在不同群落中的重要性，可以综合说明植物对环境资源的利用效率，能够避免因个体大小而产生的差异。由表2重要值可以看出，南方红豆杉、海州常山以及鹅耳枥在10个样地中的重要值均较高，其中南方红豆杉在所有样地中重要值的均值为0.37，显著高于其他物种，在群落中处于绝对优势地位；海州常山和鹅耳枥的重要值均值分别为0.14和0.16，相对较高，在群落中的地位仅次于南方红豆杉，与南方红豆杉共同组成所处群落的建群种；连翘在除样地3之外的所有样地中均出现，但其重要值都较小，表现出一定程度上的泛化性，为群落的主要伴生种；荆条、领春木也为群落中的伴生种；君迁子在样地5到样地7中具有较大的重要值，在其余样地中重要值却很小，这在一定程度上表现出特化性。此外，血皮槭、华北卫矛偶尔也会出现在南方红豆杉的群落中，表现出一定的偶见性。

3.2 生态位宽度

对南方红豆杉群落主要物种的生态位宽度进行计算，结果(表2)表明：①各物种的 Levins 生态位宽度和 Shannon-Wiener 生态位宽度的大小次序一致。②海州常山、南方红豆杉、鹅耳枥、连翘的生态位宽度明显大于其他物种，其 Levins 生态位宽度和 Shannon-Wiener 生态位宽度分别为0.85，0.83，0.71，0.66和2.21，2.20，2.07，2.03。其中，海州常山、南方红豆杉以及鹅耳枥生态位宽度较大，是由于它们对环境的适应能力强，对资源的利用率高；连翘生态位宽度较大，主要是因为它常在林下与大多数物种相互伴生，分布范围广；其余物种生态位宽度相对较小，一方面是受到群落中优势种群对它们的资源位占有情况的限制，另一方面是由自身的生物学特征所决定，如领春木为中性偏阳生树种，对光照有一定的要求，但其植株高一般多在3 ~5 m，无法与其他高大乔木竞争阳光，因而，它通常只分布在山麓林缘或者河谷缓坡等光照条件较好的地段，其分布范围十分有限，生态位趋于特化[18]。

表 2　南方红豆杉群落的物种重要值和生态位宽度

Tab. 2　Importance value and Niche breadth of species in *Taxus chinensis* var. *mairei* community

物种号	重要值										均值	生态位宽度	
	样地 1	样地 2	样地 3	样地 4	样地 5	样地 6	样地 7	样地 8	样地 9	样地 10		B_L	B_{SW}
1	0. 65	0. 47	0. 35	0. 61	0. 43	0. 30	0. 10	0. 16	0. 31	0. 33	0. 37	0. 83	2. 2
2	0. 03	0. 16	0. 10	0. 08	0. 26	0. 15	0. 16	0. 18	0. 15	0. 14	0. 14	0. 85	2. 21
3	0. 10	0. 12	0. 22	0. 10	0. 09	0. 11	0. 00	0. 27	0. 37	0. 20	0. 16	0. 71	2. 07
4	0. 11	0. 04	0. 00	0. 02	0. 02	0. 05	0. 07	0. 06	0. 02	0. 03	0. 04	0. 66	2. 03
5	0. 02	0. 03	0. 00	0. 04	0. 00	0. 00	0. 08	0. 10	0. 02	0. 00	0. 03	0. 43	1. 61
6	0. 00	0. 00	0. 04	0. 05	0. 13	0. 21	0. 12	0. 00	0. 00	0. 00	0. 05	0. 37	1. 43
7	0. 00	0. 00	0. 00	0. 03	0. 06	0. 00	0. 00	0. 08	0. 09	0. 03	0. 03	0. 43	1. 53
8	0. 00	0. 00	0. 00	0. 00	0. 00	0. 06	0. 08	0. 15	0. 00	0. 13	0. 04	0. 36	1. 32
9	0. 00	0. 02	0. 00	0. 00	0. 00	0. 02	0. 02	0. 00	0. 03	0. 00	0. 01	0. 39	1. 37

表 3　南方红豆杉群落的物种生态位相似性

Tab. 3　Niche similarity of species in *Taxus chinensis* var. *mairei* community

物种号	1	2	3	4	5	6	7	8	9
1	1. 00								
2	0. 70	1. 00							
3	0. 64	0. 68	1. 00						
4	0. 64	0. 69	0. 58	1. 00					
5	0. 45	0. 49	0. 45	0. 58	1. 00				
6	0. 38	0. 53	0. 26	0. 37	0. 30	1. 00			
7	0. 44	0. 57	0. 64	0. 37	0. 45	0. 29	1. 00		
8	0. 24	0. 45	0. 37	0. 49	0. 53	0. 33	0. 37	1. 00	
9	0. 32	0. 44	0. 38	0. 42	0. 41	0. 41	0. 30	0. 33	1. 00

3. 3　生态位相似性

由南方红豆杉群落中主要物种的生态位相似性(表 3)可知：①南方红豆杉与海州常山的生态位相似性值为 0. 70，表明这两种植物的生态位相似程度以及它们对资源利用的相似程度都非常大。②群落中生态位相似性值在 0. 50~0. 70 之间的有 10 对，占所有种对数的 22. 20%，表明这 10 对植物在群落中的生态位相似性同样较高，对生境的要求也极为相似；其余物种之间的生态位相似性值也都大于 0. 20，表明它们之间的生态位之间存在差异，但在一定条件下也比较相似，它们往往以聚集的方式相互伴生出现。③生态位较宽的两个物种之间的生态位相似性也较大，如南方红豆杉与鹅耳枥、南方红豆杉与连翘、海州常山与鹅耳枥以及海州常山与连翘生态位相似性值分别达到 0. 64，0. 64，0. 68 和 0. 69；生态位宽度较小的两物种间也可能存在较为相似的生态位，如荆条与领春木。

3. 4　生态位重叠

由表 4 可知，9 个物种之间均存在生态位相互重叠的现象，且多数生态位重叠值大于 0. 10。其中，南方红豆杉仅与连翘的生态位重叠值超过 0. 10，与其他物种的生态位重叠值均未超过 0. 10，说明南方红豆杉对生境的要求比较特殊，而且其在适应生态位资源方面与其他物种表现出一定的分异性；其余物种之间的生态位重叠值普遍较大，在适应生态位资源方面表现出一定的趋同性。此外，生态位宽度和生态位重叠之间未发现存在相关性。如：南方红豆杉与海州常山的生态位宽度都较大，但它们的生态位重叠值却不是很大；海州常山和鹅耳枥生态位宽度也较大，分别与生态位宽度较小的血皮槭、领春木、华北卫矛之间却存在较大的生态位重叠值；同时，生态位宽度较小的物种之间却存在较大的生态位重叠值。因此，生态位宽度较大的物种虽然对资源的利用能力较强，分布较广，但与其他物种之间的生态位重叠程度却不一定大；生态位宽度较小的物种，与其他物种之间的生态位重叠值也不一定小。

表 4　南方红豆杉群落的物种生态位重叠

Tab. 4　Niche overtap of spedes in *Taxus chinensis* var. *mairei* community

物种号	1	2	3	4	5	6	7	8	9
1	0. 12								
2	0. 09	0. 12							
3	0. 09	0. 10	0. 14						
4	0. 10	0. 09	0. 08	0. 15					
5	0. 07	0. 10	0. 09	0. 14	0. 23				
6	0. 08	0. 12	0. 05	0. 09	0. 07	0. 27			
7	0. 09	0. 12	0. 15	0. 08	0. 13	0. 06	0. 23		
8	0. 06	0. 11	0. 11	0. 12	0. 17	0. 09	0. 13	0. 28	
9	0. 08	0. 11	0. 10	0. 10	0. 12	0. 13	0. 09	0. 07	0. 26

4　结论与讨论

在一个群落中，种群生态位宽度的大小取决于该物种对环境的适应能力、种间竞争强度的大小以及环境因子的分布状况[19]。种群的生态位宽度越大，表明它对环境的适应能力越强，对各种资源的利用越充分，且往往在群落中处于优势地位[20]。本研究发现南方红豆杉在群落中的生态位宽度较大，表明该物种对环境具有较强的适应能力，能够充分利用群落中的各种资源，具有较大的优势度。魏志琴等[18]对珍稀濒危植物的生态位特征研究表明，红豆杉多在林冠下处于受抑制状态，生态位很窄，本研究所得结论与之相反。究其原因，一方面可能是由于本研究以南方红豆杉为目的树种，在选择样地的时候人为地选择了南方红豆杉聚集地作为调查地[21]，但这并不影响群落的结构及其在群落中的地位；另一方面可能是由于南方红豆杉自身对生境的要求比较特殊，在同等条件下，它在群落可利用资源相对较少，种群为了能够得到充足的资源，其生态位宽度往往会变宽[22]。

当两个物种利用同一种资源或共同占有某一资源(食物、营养成分、空间等)时，就会出现生态位重叠现象[23]。一般情况下，生态位宽度较大的种群之间的生态位相似程度较大[7,16]，生态位重叠程度也较大[13,15,24-25]。本研究发现在南方红豆杉群落中，生态位较宽的南方红豆杉与其他生态位较宽种群之间的生态位相似程度也较大；但是南方红豆杉与群落中其他种群的生态位重叠值却都很小，包括生态位较宽的海州常山、鹅耳枥以及连翘。根据 Gause 的竞争排斥理论，若两个种的生态位发生重叠，那么这两个物种之间必然存在竞争现象，而且它们的生态位重叠值越大，竞争也越激烈。可以推测：南方红豆杉与群落中其他物种利用或共同占有某一资源(食物、营养成分、空间等)时主要表现出共享趋势，而缺乏种间竞争力。这也可能是南方红豆杉成为濒危物种的一个原因。

总之，山西蟒河自然保护区内的南方红豆杉在群落中暂时处于相对优势地位，其种群数量能够在一定程度上得到保存，但其种群是否能够在自然情况下得到扩展，还有待于进一步研究。

山西省石蒜科新记录种——忽地笑*

裴淑兰[1]　王刚狮[1]　雷淑慧[1]　梁林峰[2*]
(1. 山西林业职业技术学院，山西太原，030009；2. 山西省林业调查规划院，山西太原，030012)

摘　要：报道山西省石蒜科植物新记录种——忽地笑(*Lycoris aurea*(L'Her.)Herb.)，对其生境、形态特征、地理分布、科研及应用价值进行了探讨，并对其保护与利用提出了建议。凭证标本存放于山西林业职业技术学院植物标本室。

关键词：石蒜科；忽地笑；新记录种；山西

2016年7月29日在进行植物资源调查及植物标本采集过程中，在山西省晋城市阳城县蟒河国家级自然保护区发现有天然分布的石蒜科(Amaryllidaceae)、石蒜属(*Lycoris* Herb.)植物——忽地笑[*Lycorisaurea*(L' Her.)Herb.]，采集了标本，拍摄了照片。经多方考证及查阅相关文献资料[1-6]，山西省记录有石蒜科植物8属10种3变种，全部为引种栽培，无天然分布，其中石蒜属仅有引种盆栽1种[石蒜 *Lycorisradiata*(L'Her.) Herb.]。本次调查发现的忽地笑，属于山西省分布的首次记载，确定其为山西石蒜科一新记录种。至此，山西省已有石蒜科植物8属11种3变种，其中野生1种；石蒜属植物野生1种，引种盆栽1种。

1　忽地笑的形态特征

忽地笑(图1~图3)

Lycorisaurea(L'Her.)Herb. in Curtis's Bot Mag47：5subt21131820，Hancein Journ. Bot. 12：262. 1874；Franchet Savat Enum. PIJap2：441879；Maximin Bot Jahrb6：791885；Baker，Handb Ama－ryll401888；Traubet Moldenke，Amaryllidac. Tribe Amaryll1791949. 中国高等植物志16(1)：20，图版51985. 中国高等植物图鉴5：549，图79281976. －Amaryllisaurea L' Her SertAngl14. 1788，etin Curtis' s BotMag12：409. 1797.

图1　忽地笑植株
Fig. 1　Plants of Lycorisaurea (L'Her.)Herb.

图2　忽地笑花
Fig. 2　Flowers of Lycorisaurea (L'Her.)Herb.

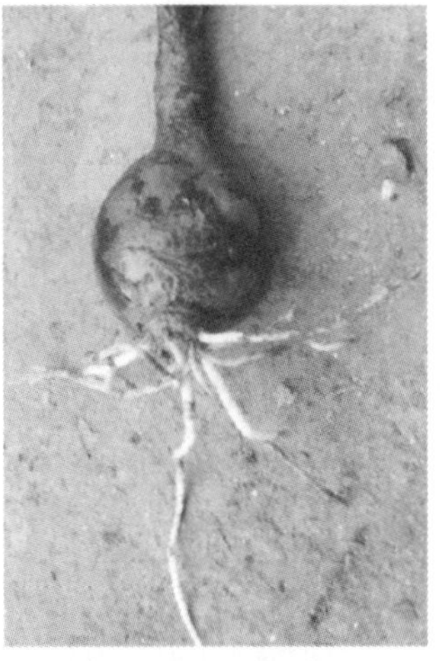

图3　忽地笑鳞茎与根
Fig. 3　Bulbsandroots of Lycorisaurea(L'Her.)Herb.

* 本文原载于《山西大学学报(自然科学版)》，2017，40(4)：892-894.

多年生草本，鳞茎卵形，直径约5cm，外有黑褐色鳞茎皮。秋季出叶，叶基生，剑形，长约60cm，最宽处达2.5cm，向基部渐狭，宽约1.5cm，先端渐尖，上面有光泽，中间淡色带明显。花黄色，先叶开放；伞形花序具花4~8朵，花茎高30~60cm，总苞片2枚，披针形，长约3.5cm，宽约0.8cm；花被裂片6，倒披针形，长约6cm，宽约1cm，边缘皱曲；花被筒长1.2~1.5cm；雄蕊6，与花柱同伸出花被外，长于花被约1/6，花丝黄色；子房下位，3室，花柱细长，柱头头状细小。蒴果具3棱，室背开裂。种子近球形，径约0.7cm，黑色。花期8~9月，果期10月[2-3]。

2 山西省石蒜属植物分种检索表

1. 花红色，花冠裂片长约3cm；叶片长约15cm，先端钝…………… 石蒜 L. radiata(L'Her.)Herb.
1. 花黄色，花冠裂片长约6cm；叶片长约60cm，先端尖 ………… 忽地笑 L. aurea(L'Her.)Herb.

3 忽地笑的生存生境及数量

忽地笑分布于山西省晋城市阳城县桑林乡蟒河树皮沟，地理坐标112°26′08″E，35°16′21″N，海拔814m，坡度30°，土壤为褐土。忽地笑生于北坡下部湿润的橿子栎林(Form. Quercusbaronii)群落边缘，郁闭度0.40，盖度98%，优势树种为橿子栎，伴生植物有枳椇(*Hoveniadulcis* Thunb)、青檀(*Pteroceltis tatarinowii* Maxim.)、海州常山(*Clerodendrum trichotomum* Thunb.)、络石(*Trachelospermum jasminoides* (Lindl.)Lem.)、短尾铁线连(*Clematis brevicaudata* DC. Syst.)、艾麻[*Laportea macrostachya*(Maxim.) Ohwi]、荩草(*Arthraxon hispidus*(Thunb.)Makino)、斑叶堇菜(*Viola variegate* Fisch. ex Link.)、披针叶薹草(*Carex lanceolata* Boott)、小黄花菜(*Hemerocallis minor* Mill.)。忽地笑分布面积约50m^2，零散分布，仅见6株。

4 讨 论

4.1 忽地笑的分类位置及地理分布

按照恩格勒系统，忽地笑属单子叶植物纲(Monocotyledoneae)、百合目(Liliales)、石蒜科、石蒜属。据文献记载[1-6]，全世界有石蒜科植物100多属1200多种，分布于热带、亚热带及温带；我国有17属44种4变种，主要分布于长江以南；山西省有8属10种3变种，均为引种栽培。而石蒜属全世界有20多种，我国有15种[7]，山西仅有1种盆栽植物。

忽地笑分布于福建、台湾、湖北、湖南、贵州、江西、广东、四川、江苏、浙江、云南、河南、陕西[1-6]，生于阴湿、肥沃的地方。从分布区域看，忽地笑属喜温暖植物。阳城县蟒河位于山西省南部，属暖温带气候，自然条件优越，为忽地笑的生存提供了良好的条件。忽地笑在山西省的发现填补了山西石蒜科及石蒜属植物天然分布的空白，并使其在我国的天然分布区域向北推移[1-8]，对研究山西及华北地区植物区系具有较高的科研价值，是研究石蒜属、石蒜科甚至百合目植物在我国的起源、分布的重要依据。

4.2 忽地笑的应用价值

忽地笑观赏价值很高，其早春叶色翠绿，姿态典雅；夏秋花色金黄，花葶挺立，花大色艳，形态奇特，在园林中可应用于岩石园，或布置花坛、花境，或植于庭院，或点缀曲径步道，或水培、盆栽摆于室内，独特的花叶交替观赏，能给人以新奇悦目的自然美感，同时也是一种理想的切花材料。忽地笑还是一种传统的药用植物，其鳞茎含有加兰他敏、力可拉敏、石蒜碱等[9-11]，具有清热解毒、祛痰、利尿、催吐等功效，可用于治疗咽喉肿痛、痈肿疮毒、水肿、食物中毒、风湿性关节炎、老年痴呆、肌无力、小儿麻痹后遗症等[10-12]。

4.3 忽地笑的保护与利用

忽地笑的发现，为山西省增加了一个有天然分布种的科、属种质资源，对研究山西省植被演替、植物区系等具有重要的科学价值，因此应加强对忽地笑资源的保护与更深层次的研究。忽地笑在山西的分布区域很小，目前仅在阳城县蟒河树皮沟发现，其群落面积小，种群数量少，仅发现6株，呈零散分布，且极有可能是忽地笑在我国自然分布的北部边缘。因其花色艳丽，如果不进行适当的保护，则很有可能会由于游人的采摘或其他原因而造成其在山西的天然分布区消失[13-14]。因此，应加强对忽地笑资源的保护，并在相似生境区域进行详细的调查研究，以期发现更多的种群资源。

忽地笑资源的保护及利用需要相关部门的重视与参与，并在科学研究的基础上进行，应采取围栏挂牌，建立保护小区进行就地保护，严禁游人随意采摘；同时，应加大对忽地笑的生物、生态学特性及繁殖机理的观察和研究，掌握其生长发育规律、繁殖技术、对环境条件的要求及适应性，进行迁地引种栽培试验，驯化培育苗木，逐步扩大种群数量及其分布区域。在保护好资源的前提下，采用有效的技术措施，快速繁育苗木，在山西适生地区栽培应用，实现保护与利用的同步发展。

山西蟒河珍稀植物群落谱系结构研究*

张滋庭，张滋芳*，王　凯
（山西师范大学生命科学学院，山西临汾，041004）

摘　要：［目的］探讨山西蟒河珍稀植物的濒危机制。［方法］以山西蟒河国家级自然保护区珍稀植物群落为研究对象，分别对 5 个空间尺度（100、400、900、1600 和 2500 m^2）和 6 个径级（DBH<5 cm、5cm≤DBH<10 cm，10 cm≤DBH <15 cm，15 cm≤DBH <20 cm，20 cm≤DBH <25 cm、DBH≥25 cm）的谱系结构及其在不同研究方向上的改变规律进行分析，据此分析群落成因。结果珍稀植物群落谱系聚集程度和空间尺度是正相关的。随着径级的增大，群落谱系整体上都表现为谱系聚集，谱系结构聚集程度相对平稳。［结论］山西蟒河 珍稀植物群落在不同空间尺度和不同径级下都表现出显著的谱系结构，说明在蟒河珍稀植物群落构建过程中，生态位理论的作用更加重要，而中性理论的谱系随机并不相符。

关键词：群落构建；谱系结构；空间尺度；径级；蟒河国家级自然保护区

目前植物群落动态的研究主要集中在物种多样性，出生率和补员率变化等方面，对于群落内的物种关系，分布格局和聚群过程的动态变化关注较少。群落谱系结构结合了物种的进化历史，反映了群落的组成特征，对于了解长期的群落构建，种间关系和群落聚群等过程有着重要作用[1]。由于植物一些重要的功能特征具有较强的谱系保守性，因此，谱系结构在一定程度上也体现了群落物种的功能结构[2-3]。局部群落的谱系结构会受到很多因素的影响，可以总结为生物和非生物 2 个方面的因素，可以某个群落的谱系结构去分析，从而得到局域生境在进化过程中对进化的选择倾向[4]。研究表明，谱系结构的变化受到很多方面的影响，如尺度，生态特征，环境因子，海拔梯度等[5-8]。依赖于空间和时间尺度，某一个群落的谱系调查显示其为聚集或发散的格局，那么很有可能与环境过滤或者竞争排斥作用等群落聚群规则之间有着关联[9-10]。

在群落谱系结构的研究中，目前的研究中有 3 种机制可以作为谱系结构形成的原因：竞争排斥、生境过滤、中性过程[4,11]。一般来说，当物种之间有着高度的亲缘关系，那么其生态的特征就会产生类似[12]。如果某个群落中，其成因是竞争排斥占据主要的地位，则亲缘关系近的物种就会互相排斥，最后导致群落中亲缘关系远的共同存在，称之谱系发散；如果占主导的是生境过滤，那就是亲缘关系离得近的物种共同存在，因为它们的生态特征类似适应这种过滤，那就是谱系聚集的特点；如果中性过程占主导，物种的分布趋向随机，则呈现谱系随机[4]。因此，对群落进行谱系结构分析是研究其群落构建机制的较好方法之一，所得到的研究结果具有重要的参考价值，可依其判断在群落构成中占主导地位的是生态位过程（竞争排斥和生境过滤）还是中性过程，从而进一步分析群落生态学问题和基本知识[13]。

目前，群落谱系结构在研究热带森林的群落构建时，被应用并得到了理论和实践结合的印证[14]。Kembel 等[15]对巴拿马样地的研究结果显示，空间尺度在增大时（100m^2 及更大的空间尺度），谱系结构呈现聚集的状态，表明它们之间是正相关的。Sival 等[16]研究表明，如果空间狭小，那么生态特征类似的物种就不能共存，其谱系就是发散的状态。Letcher[17]对不同进化演替状态下的植物群落进行分析，发现演替越深入，谱系就越分散，它们的发散程度是更加接近那些径级较大的群落。黄建雄等[18]从整体上分析了谱系结构、环境因子、空间因子和群落动态，发现空间因子占主要地位。但应用不同研究方式和方向分析谱系结构所得出的结果也有差别，由此计算得出的群落构建机制也会不同。鉴于此，笔者通过分析蟒河自然保护区珍稀植物群落的谱系结构探讨了珍稀植物的濒危机制，以期为珍稀植物

* 本文原载于《安徽农业科学》，2018，46（15）：3-6.

群落的保护和恢复提供借鉴。

1 材料与方法

1.1 研究区概况

蟒河自然保护区位于山西省阳城县城蟒河镇，地理坐标为112°22′10″~112°31′35″E、35°12′30″~35°17′20″N。境内地貌复杂，山峰陡峭，岩壁林立，沟壑纵横，指柱山是其海拔最高的山峰，高达1572.6m，最低为300.0m。该区属暖温带半湿润大陆性季风气候，年均气温14℃，无霜期220d，年降水量600~980mm。比较典型的植物有栓皮栎(*Quercus variabilis*)林、橿子栎(*Q. baronii* Skan)林、鹅耳枥(*Carpinus cardata*)林、山茱萸(*Cornus officinalis*)林、荆条(*Vitec negundo* var. Heterophylla)灌丛、黄栌(*Cotinus coggygria*)灌丛、连翘(*Forsythiasus pensa*)灌丛等。主要土壤类型为山地褐土，山麓河谷为冲积土，海拔1500m以上为山地棕壤。

1.2 方法

1.2.1 样方的设置

由于蟒河自然保护区旅游干扰较为严重，在选择样方时尽量避免人为干扰，选取较空旷区(干扰较少)的小环境，采用典型取样法，以珍稀植物为目标物种设置样方，每个样方调查物种类型包括乔木、灌木和草本。设置乔木群落的样方面积为10m×10m，并且在每一个样方中沿对角线设置2个5m×5m灌木层样方，然后在这个样方中再设置4个1m×1m草本层样方。共设置46个乔木样方，92个灌木样方，184个草本样方。记录每个物种的学名、个数、冠幅(盖度)等，并且详细记录样方地点的信息，如海拔、坡向和坡度等。利用网格法，设置10m×10m的样方25个，20m×20m的样方16个，30m×30m的样方9个，40m×40m的样方4个，50m×50m的样方2个；对调查样地中所有胸径1cm的个体，记录其树名、株数、胸径、树高、冠幅等。同时记录各样地的基本情况，包括海拔、坡向和坡度等[19]。

1.2.2 谱系树的构建

统计所调查物种的科和属。将得到的资料逐一输入植物谱系库软件Phylomatic[6]中，软件将被子植物分类系统(APG)当作数据库，信息输入后可智能地自动输出谱系树。使用软件Phylocom[1]提供的算法BLADJ，利用分子及化石定年数据[14]，谱系树中那些不同的分化节点相隔的时间便可以准确地推断出来。其原理是将已经知道的分化时间节点作为固定值，将并不了解的整合成为平均值。以这种方法得出的分支长度是物质连续2次分化时间的间隔长度(每百万年为单位)，从而比分支长度为1时得到的数据更为精确、更加可靠，所以得到的结果可信度更高，利用这种方法得到的谱系树是可以用来对群落的谱系结构进行分析和研究的[20]。

1.2.3 谱系指数的选择

净谱系亲缘关系指数(net relatedness index，NRI)[3]是近年来发展的一个比较可靠的分析方法来代表群落谱系结构，与另一种谱系指数净最近种间亲缘关系指数(net nearest taxa index，NTI)[4]做对比，NRI比较注重从整体上的研究，从整体上反映群落的谱系结构[21]。因此，该研究把NRI作为分析方法。假设在调查中所统计到的物种可以合并在一起形成一个小型的库，该指数先计算出样方中所有物种对的平均谱系距离(mean phylo-genetic distance，MPD)，当固定物种与个体的数量，然后从大的物种库中将刚才得到的库中所有的物种名随机抽取999次，就可以计算出这个小库中的物种在随机零模型下的MPD的分布，再去分析所得到的数据，并且把它们标准化，然后得到NRI。公式为[4]：

$$NRI_{sample} = -1 \times \frac{MPD_{sample} - MPD_{randsample}}{SD(MPD_{randsample})}$$

式中，MPD_{sample}为观察值；$MPD_{randsample}$为物种在谱系树上通过随机后获得的平均值，SD为标准偏差。若 NRI>0，说明小样方的物种在谱系结构上聚集；若 NRI<0，说明小样方的物种在谱系结构上发散；若 NRI=0，说明小样方的物种在谱系结构上随机。

1.2.4 分析方法

主要进行 2 种分析研究：①空间尺度。分别计算 10 m×10 m、0 m×20 m、0 m×30 m、0 m×40 m、50m×50m 5 个空间尺度的样方，根据所得到的数据区计算不同空间尺度下的 NRI 值，而且对每一个得到的 NRI 值都进行 NRI=0 的 t 检验[13]。②树种径级水平。将样方中的个体划分为 6 个径级：Ⅰ径级，DBH <5 cm；Ⅱ径级：5 cm≤DBH <10 cm；Ⅲ径级：10 cm≤DBH<15 cm；Ⅳ径级：15 cm≤DBH<20cm；Ⅴ径级 20 cm≤DBH <25 cm；Ⅵ 径级：DBH≥25 cm。计算 6 个径级整体的 NRI 值，然后分别计算出不同空间尺度下的 NRI 值[13]。利用 R 语言和 SPSS 软件对数据进行统计分析，采用 Excel 2007 软件绘图。

2 结果与分析

2.1 不同空间尺度下的群落谱系结构

调查 5 个空间尺度，得出其 NRI 平均值(表 1)。结果表明，NRI 在不同空间尺度上所得到的数值均大于 0。对所得数值进行 t 检验，NRI 平均值等于 0 的假设值，所有得到的数据均达到极显著水平，珍稀植物的群落所得出的结论都是谱系聚集，并且在 5 个空间尺度上进行分析，NRI 平均值是向着变大的方向进行的，即群落谱系结构是随空间尺度的增大而增大的，聚集程 度也是在不断增加。多重比较分析表明，10 m×10 m 和 20 m×20 m 尺度下的 NRI 平均值和其他数据相比有很大差异，0 m×30 m、0 m×40 m、0 m×50 m 尺度下的谱系聚集程度和其他数据相比较大，并且数据差异不大。

表 1 5 个空间尺度上群落 NRI 分布及平均值为 0 的 t 检验

Table 1 Distributions of NRI values at five spatial scales and t-test of hypothesis that mean of NRI is zero

尺度 Scale	NRI 平均值 Mean of NRI	标准差 Standard deviation	t	P
10 m×10 m	0.2342	0.4332	1.874	0.001***
20 m×20 m	0.4254	0.3652	2.167	0.001***
30 m×30 m	0.8354	0.2731	6.548	0.01**
40 m×40 m	0.8786	0.3273	12.497	0.15
50 m×50 m	0.9534	0.3216	17.896	0.30

注：**$P<0.01$；*** $P<0.001$

2.2 不同径级下的群落谱系结构

分析 6 个径级群落总的 NRI 可知，珍稀植物群落几乎都是表现出谱系聚集，随着径级的增大，从Ⅰ级到Ⅵ群落谱系结构聚集程度相对平稳（图 1）。

从不同空间尺度的角度分析不同径级的群落谱系结构可以看出，这些空间尺度下的谱系都是聚集趋势，随着径级的增大，谱系指数越来越小，珍稀植物群落的谱系结构越来越向发散结构发展，当 DBH≥25 cm 时，相比珍稀植物群落谱系指数较前一个径级的大，聚集程度比Ⅴ级(20 cm≤DBH <25 cm)大，这与所有径级珍稀植物群落总体的 NRI 值的发展趋势相符。10m×10m 空间尺度下所有径级的 NRI 值全部小于其他 4 个空间尺度下各自对应径级的 NRI 值，其余 4 个空间尺度各径级的 NRI 值是随着空间尺度的增加而增大的(图 2)。

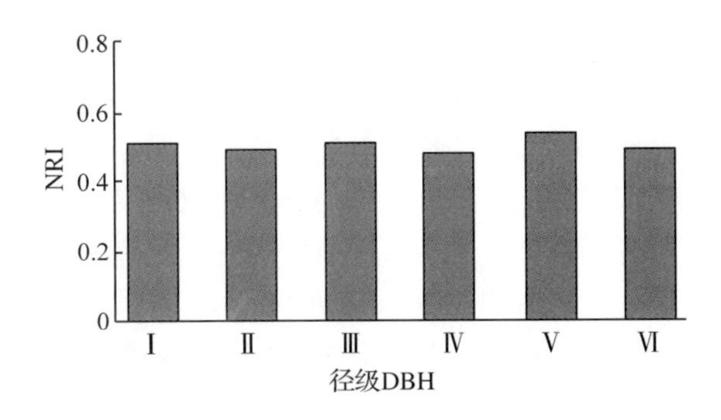

图 1　不同径级群落总体上的 NRI 值

Fig. 1　Overall NRI of communities at different diameter classes

注：Ⅰ. DBH <5 cm；Ⅱ. 5 cm≤DBH < 10 cm；Ⅲ. 10 cm≤DBH<15 cm；Ⅳ. 15 cm≤DBH <20 cm；Ⅴ. 20 cm≤DBH < 25 cm；Ⅵ. DBH≥25 cm

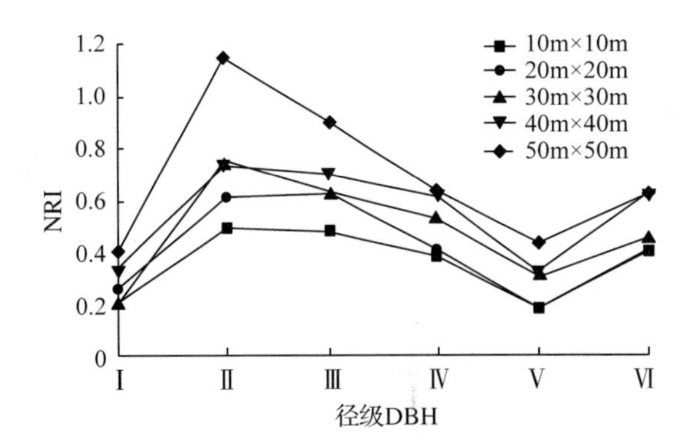

图 2　同空间尺度下不同径级的群落 NRI 分布

Fig. 2　Distributions of NRI of different diameter classes at different spatial scales

3　结论与讨论

一般而言，基因树与物种树 2 种方法都用于构建进化树。并且在进行超矩阵方法时需要先假定 1 个物种中所包含的全部基因都是在相同的生态环境改变中有着一样的进化历史[22]。事实上，因为物种的基因之间是存在杂交、水平转移和重复这些不可避免的因素，该假定是和真实的情况有一定的出入的。这些物种所处的系统位置在构建进化树时对构建所需的评定标准似然值等影响是非常微弱的，数次计算后可以看出它们的系统位置有时会发生改变，不是很稳定。导致这些产生的因素可能有物种的错误鉴定、信息位点稀少等。也有研究表明，把这些错误都剔除，可提高系统发育树的准确性。在尺度较大的情况下对系统发育进行研究，会经常存在不同程度的取样缺失[6-7]。也有研究指出，如果取样不够完全，系统发育树进行分析时对系统发育关系的计算会有一定的错误，而在这种情况下，谱系得出的结果通常更为精确。谱系的研究对于系统发育树的构建有一定的校正作用[8-9]。

该研究表明，近缘物种一般共同生活在低海拔山谷环境中，也就是说在这个环境中占主要地位的是生境过滤；在陡坡及山脊生境，群落是与之相反的组成，说明物种间的竞争排斥在这样的生态环境下占有主导作用[10]。同时，在取样时发现，干扰较小的样地中，稀有种具有较高的系统发育多样性指数，与优势种之间的亲缘关系不近，得出的数据印证了生态位分化假说，也就是说稀有物种由于其在时间和空间上的生态位比较多，使其可与其他的优势种共同生存，该研究结果对当地的生态保护以及生物多样性的研究等都有重要意义，是制定保护政策和可持续发展战略重要的参考依据，也为分析全球变化对群落物种的影响提供了依据[22]。

3.1　不同空间尺度下的群落谱系结构

空间尺度是影响谱系结构变化的重要因子[4,23]。一般来说，随着空间尺度的增加，谱系结构有逐渐聚集的趋势[15]。该研究中，随着研究尺度的增加，群落的整体谱系结构和近缘种谱系结构均表现为聚集，且聚集程度持续增加。在古田山 24hm^2 常绿阔叶林群落不同尺度(取样半径为 5、25、50、75、100m)的谱系研究中所得出的结论是聚集(先增加后下降)，并且在 5~50m 尺度聚集程度增加[14]，与该研究结果一致。可见，生境过滤作用在蟒河珍稀植物群落构建和发展中起主导作用，空间尺度越大，生境过滤作用越强。同时谱系结构的动态变化及其生态过程的效应强度也受到研究尺度的影响[13]。

3.2　不同径级下的群落谱系结构

植物群落的谱系结构和树种径级大小是存在关联性的，该研究中树种径级大小的判断依据就是空间代时间，对6个径级的数据进行分析发现整体上均呈聚集表现，并且径级增大，聚集程度降低，在研究5个不同空间尺度下不同径级群落的谱系结构时发现，所得到的谱系结构其聚集程度会随着径级增大而减少，这和6个径级的整体趋势有着高度的一致性，群落的谱系随着径级的增大而呈现出发散的结构，究其原因，可能是高大的乔木种子难以扩散到其他地方，所有小树种群密度增加从而聚集在一起，所有其群落谱系便会呈现出聚集，并且由于物种之间径级增大，相同物种的竞争排斥会越来越强，则存活下来的物种之间距离就会变大，所以从整体上看是得出谱系发散的结论[1]。这与 Swenson 等[21]的研究结果一致，即当种群是小径级时谱系聚集或随机，当大径级时谱系结构则是朝着发散的格局进行[13]。

现有的研究结果表明，对于群落谱系的分析虽然有着不同的结果，如谱系聚集、谱系发散、谱系随机，但整体分析发现在大部分的植物群落中，物种间的亲缘关系经常是非随机的格局存在规律[5]。在该研究中，几乎不同空间尺度和不同径级下的群落类型都有着谱系结构，而与中性理论是预测出物种的分布没有规律，是随机的，甚至群落构建和谱系结构都是随机[4]的研究结果不同，表明与中性理论相比，生态理论对于该研究环境中的植物群落构建过程更加重要[13]。

该研究是把群落谱系学应用于植物群落干扰及恢复研究中的一次探索性研究[24]。有研究表明，人为干扰对蟒河地区森林群落谱系结构产生了显著影响，但是海拔的不同、物种的不同以及群落结构的不同所造成的影响也不同[18]。同时不同的尺度研究会对该地区的谱系结构得出不同的结论。在对研究所在地区谱系的研究方法和手段上，今后需要引入其他方式方法，寻找合适的基因信息来构建系统树，与生态特征相结合来加以校正，可以更加精准地找出物种之间的亲缘远近[25-26]。此外，获得谱系树后，还可以再利用更为合理的统计模型和指数，增加统计分析和解决问题的能力[13]。

华北地区国家级自然保护区对药用维管植物的保护状况*

张　毓[1]　王庆刚[2]　田　瑜[3]　徐　靖[3]　阙　灵[1]　杨　光[1]　池秀莲[1*]

（1. 中国中医科学院中药资源中心道地药材国家重点实验室培育基地，北京，100871；
2. 中国农业大学资源与环境学院生物多样性与有机农业北京市重点实验室，北京，100193；
3. 中国环境科学研究院生物多样性中心，北京，100012）

摘　要：开展已有就地保护体系对生物多样性的保护现状评估有利于科学指导下一步保护规划工作。本研究收集华北地区46个国家级自然保护区的科学考察报告、多样性研究报告及其他相关文献资料，整理构建了华北地区药用维管植物保护名录数据库，并利用此数据库分析了该地区药用维管植物的就地保护状况。结果发现：华北地区国家级自然保护区不同程度保护了2364种药用维管植物，隶属于165科800属；其中，1710个物种（占总数的72.34%）受保护程度一般，分布的保护区数量少于10个，仅62个物种（占总数的2.62%）受到有效保护，分布的保护区数量大于30个；不同保护类型的保护区对药用维管植物所发挥的保护作用不同，森林生态类型保护区发挥的保护作用最大，保护了华北地区89.04%（2105/2364种）的药用维管植物。研究认为华北地区国家级自然保护区对该地区药用维管植物的就地保护发挥了重要作用，但现有保护状况可进一步完善，尤其应该重视森林生态类型保护区的建设工作以及珍稀濒危药用植物的保护规划。

关键词：药用维管植物；国家级自然保护区；保护类型；物种密度

引　言

我国是药用植物资源十分丰富的国家，也是对药用植物资源消耗量巨大的国家。我国中药市场上供应的70%的药材品种依赖于野生资源[1]。随着社会经济的快速发展，野生药材资源开发力度的不断增大，再加上开发方式不恰当等多种因素使得许多野生药用资源面临枯竭和灭绝的风险[1,2]。一方面，药用植物资源是中医药事业发展的物质基础，保护野生中药品种，恢复其生产能力，对缓解某些道地药材消亡的现状以及避免在中药临床上出现“方对药不灵”的现象具有重要意义[3]；另一方面，药用植物资源也是生物多样性的重要组成部分，药用植物资源保护是保护生物学研究的重要内容之一。保护野生药用植物资源对保障中医药产业的绿色可持续发展和促进生物多样性的保护都有十分重要的意义[1~3]。

对生物资源进行有效保护的方法主要有迁地保护和就地保护两种。由于中药材种植对环境如气候、土壤等条件要求极为严格，迁地保护可能会破坏其道地性[3]，而就地保护能同时很好地保存物种及其原始栖息地和遗传多样性。因此，相比更具应急意义的迁地保护，就地保护更适合用于中药资源的保护。建立自然保护区则是进行生物多样性就地保护最为有效的方式之一。自1956年我国建成第一个自然保护区（即鼎湖山自然保护区）到2014年底，我国已建立了不同类型、不同级别的保护区2729个，总面积达到147万平方千米，其中保护区陆地面积约占全国陆地面积的14.8%[4]。

有关自然保护区体系保护作用的发挥问题一直以来备受各管理部门及学者的关注[5~11]。国内学者在不同尺度上对现有保护区体系的保护状况开展了系列研究。有学者依托国家级自然保护区的实际资源考察数据在全国尺度上对国家重点保护野生植物的就地保护状况开展了评估，得出整个国家级自然保护区体系对国家重点保护植物的保护作用较佳，保护率超过了80%[5]。有学者利用实际资源考察数据评估发现产于我国的1334种兰科植物中，仅有51.9%被现有自然保护区网络覆盖，还有46.9%处于

* 本文原载于《生物资源》，2018，40（3）：193-202，.

保护状况不明状态[6]。也有学者在10km分辨率地理网格尺度分别对我国3244种受威胁高等植物及1449种兰科植物的地理分布和保护状况进行研究，发现现有国家级和省级自然保护区网络仅覆盖了受威胁高等植物分布区域的27.5%，兰科植物分布区域的29.1%，保护区网络的保护力度有待提高[7,8]。还有学者在县级尺度上对我国535种受威胁高等药用植物的地理分布及其保护状况开展了评估分析，也发现较大的保护空缺，并探索性提出了优先保护区域的概念，为完善我国现有保护区网络提供了科学建议[9]。尽管如此，探讨自然保护区网络对野生药用植物类群就地保护情况仍然非常少。考虑到我国99.0%以上的药用植物种类为维管植物，本研究拟以我国华北地区野生药用维管植物为研究对象，搜集各保护区的科学考察报告、多样性研究报告以及其他相关文献资料，分析并评价了现有国家级自然保护区网络对其的保护状况，以期为华北地区药用植物就地保护工作及自然保护区的合理规划提供科学参考。

1 研究方法

1.1 保护区内分布的维管植物名录获取

本文的主要研究范围为我国华北地区，包括北京市、天津市、河北省、山西省、内蒙古自治区(以下简称内蒙古)五省、市和自治区。首先依据中华人民共和国环境保护部公布的2015年全国自然保护区名录(http：//www.zhb.gov.cn/)，整理我国华北地区的国家级自然保护区名录共54个；然后以保护区的名称、“科学考察”“多样性”“植物资源”等为关键词查询并收集公开或未公开发表的各保护区的科学考察报告、多样性研究报告以及其他相关文献资料[12~45]，提取各保护区内的高等植物物种名录。由于大部分保护区资料没有提供苔藓植物的信息，因此本研究实际主要包括蕨类植物、裸子植物以及被子植物(即维管植物)。

本研究共收集得到华北地区46个国家级自然保护区的维管植物名录。这46个保护区总面积达43575.9626 km^2，占华北5省总面积的2.8%。其中，北京包含2个国家级自然保护区，面积为279.5606 km^2，占北京市总面积的1.7%，且保护类型均为森林生态系统类；天津包含3个国家级自然保护区，面积为378.6200 km^2，占天津市总面积的3.2%，保护类型涉及森林生态、古生物遗迹和地质遗迹类；河北包含12个国家级自然保护区，面积为2548.6550 km^2，占河北省总面积的1.4%，保护类型涉及森林生态、海洋海岸生态系统、地质遗迹、草原草甸生态系统及内陆湿地与水域生态系统类；山西包含7个国家级自然保护区，面积为1174.6850 km^2，占山西省总面积的0.8%；内蒙古包含22个国家级自然保护区，面积为39194.4420 km^2，占内蒙古面积的3.3%，保护类型涉及森林生态系统、草原草甸生态系统、野生动物、野生植物、内陆湿地生态系统和荒漠生态系统类。

1.2 药用维管植物保护名录数据库构建

以中国生物物种名录(Catalogue of Life China，简称CoL China，www.catalogueoflife.org)为依据，将以上收集录入的各保护区内分布的植物拉丁名进行逐一校订整理，将不同异名统一整理为对应的接受名。CoLChina依据物种2000的数据标准，每个物种都包含了科学名、同物异名、别名、文献、分类系统、分布区、审核数据专家名字等数据。CoL China未收载的物种以中英文版中国植物志为依据进行校订，最终构建华北地区维管植物保护名录数据库。收集《中国植物主题数据库——民族药用植物数据库》(http：//www.plant.csdb.cn/herb)及第三次全国中药资源普查成果《中国中药资源志要》[10]中涉及的所有药用植物物种信息，用同样的方法进行植物异名校订，构建全国药用植物名录数据库。将华北地区维管植物保护名录数据库与全国药用植物名录数据库匹配分析，筛选得到华北地区药用维管植物保护名录数据库。该数据库内涉及各保护区所包含的各类群药用维管植物物种数见表1。本研究以此数据库为基础，分析了华北地区现有国家级自然保护区对该区域药用维管植物的保护状况。

1.3 物种受保护程度评价标准

由于物种的分布资料及其相关种群数量资料的缺乏，国内外至今尚未形成一套完整的用于评估物种就地保护状况的评价指标，所以在评价物种保护成效时，通常只能依靠专家的经验进行定性判断。因此，本研究参考张昊楠等[11]的研究方法将野生药用维管植物所分布的保护区数量作为评价指标，评估各药用维管植物受到的就地保护程度。一个物种有记录分布的保护区数量越多，则表明该物种受到的保护程度越好。

2 结果

2.1 保护区内药用植物的保护情况

2.1.1 保护区总体的保护情况

本研究分析发现华北地区的46个国家级自然保护区内共分布有4221种维管植物，隶属于179科993属，其中包含药用植物2364种(占总数的56.01%)，隶属于165科800属，涉及蕨类植物78种16科33属、裸子植物32种6科12属以及被子植物2254种143科755属(表1)。其中，菊科(Asteraceae)、蔷薇科(Rosaceae)、豆科(Fabaceae)等为保护物种数前10大科(表2)。这10个科共包含1129种药用维管植物，占总药用维管植物的47.76%。蒿属(*Artemisia*)、委陵菜属(*Potentilla*)、乌头属(*Aconitum*)等为保护物种数前10大属。这10个属共包含222种药用维管植物，占总数的9.39%(表3)。

2.1.2 不同保护区的保护情况

不同保护区内分布的维管植物数量差异较大，且所含不同分类级别数量的大小顺序存在一定的差异(表1)。各保护区内分布的所有维管植物物种数量为58种(内蒙古乌拉特梭梭林-蒙古野驴国家级自然保护区)至988种(河北省小五台山国家级自然保护区)，属数量为46属(内蒙古乌拉特梭梭林-蒙古野驴国家级自然保护区)到473属(山西省历山国家级自然保护区)，科数量为21科(内蒙古乌拉特梭梭林-蒙古野驴国家级自然保护区)到120科(河北省小五台山国家级自然保护区)。受保护的野生药用维管植物物种数、科数最多的均在河北省小五台山国家级自然保护区；属数最多的是山西省历山国家级自然保护区；分布的物种、属、科数最少的均为内蒙古乌拉特梭梭林-蒙古野驴国家级自然保护区(表1)。

表1 华北地区国家级自然保护区内药用维管植物的物种丰富度

Table1 Species richness of medicinal vascular plants in national nature reserves in North China

省/市/自治区	保护区名称	蕨类植物			裸子植物			被子植物			维管植物		
		物种数量	属数量	科数量	物种数量	属数量	科数量	物种数量	属数量	科数量	物种数量	属数量	科数量
北京	百花山	6	5	4	6	5	3	426	276	81	438	286	88
北京	松山	10	6	5	5	4	3	621	360	95	636	370	103
天津	八仙山	4	4	3	2	2	2	209	158	66	215	164	71
天津	古海岸与湿地	0	0	0	7	6	4	217	160	60	224	166	64
天津	蓟县中、上元古界地层剖面	3	3	3	0	0	0	80	71	38	83	74	41
河北	昌黎黄金海岸	0	0	0	0	0	0	208	153	57	208	153	57
河北	大海陀	18	11	10	5	4	3	576	346	91	599	361	104
河北	衡水湖	3	2	2	1	1	1	295	203	67	299	206	70
河北	滦河上游	3	2	2	7	5	3	321	235	77	331	242	82
河北	茅荆坝	30	17	11	10	6	3	667	367	97	707	390	111

（续）

省/市/自治区	保护区名称	蕨类植物			裸子植物			被子植物			维管植物		
		物种数量	属数量	科数量	物种数量	属数量	科数量	物种数量	属数量	科数量	物种数量	属数量	科数量
河北	泥河湾	5	3	3	4	4	3	329	213	67	338	220	73
河北	青崖寨	26	14	9	0	0	0	683	367	95	709	381	104
河北	塞罕坝	1	1	1	7	4	2	308	205	69	316	210	72
河北	驼梁	32	16	10	7	5	3	688	386	106	727	407	119
河北	围场红松洼	4	4	4	2	2	1	402	227	60	408	233	65
河北	雾灵山	4	2	1	5	3	2	132	88	44	141	93	47
河北	小五台山	39	17	12	12	7	4	937	448	104	988	472	120
山西	黑茶山	9	7	7	9	5	3	625	346	83	643	358	93
山西	历山	0	0	0	7	5	4	963	468	112	970	473	116
山西	灵空山	24	12	10	5	3	2	677	378	96	706	393	108
山西	芦芽山	0	0	0	5	3	2	87	77	39	92	80	41
山西	庞泉沟	0	0	0	6	4	2	586	285	67	592	289	69
山西	五鹿山	0	0	0	4	3	2	217	160	62	221	163	64
山西	阳城莽河猕猴	5	3	3	6	4	3	712	400	100	723	407	106
内蒙古	阿鲁科尔沁	0	0	0	5	4	2	361	195	55	366	199	57
内蒙古	白音敖包	1	1	1	5	3	3	332	208	65	338	212	69
内蒙古	达里诺尔	1	1	1	2	1	1	314	217	65	317	219	67
内蒙古	大青沟	8	7	7	3	2	2	213	187	82	224	196	91
内蒙古	大兴安岭汗马	8	4	4	5	3	2	210	146	52	223	153	58
内蒙古	额尔古纳	13	10	9	5	3	2	431	253	70	449	266	81
内蒙古	高格斯台罕乌拉	10	6	6	1	1	1	418	255	72	429	262	79
内蒙古	古日格斯台	10	6	6	6	5	3	463	275	80	479	286	89
内蒙古	哈腾套海	2	1	1	3	1	1	226	137	50	231	139	52
内蒙古	红花尔基樟子松林	9	7	7	1	1	1	420	241	62	430	249	70
内蒙古	辉河	2	1	1	2	2	2	258	179	59	262	182	62
内蒙古	科尔沁	0	0	0	1	1	1	260	172	62	261	173	63
内蒙古	内蒙古大青山	16	9	9	11	5	3	611	329	86	638	343	98
内蒙古	内蒙古贺兰山	0	0	0	6	4	3	319	207	62	325	211	65
内蒙古	内蒙古青山	12	5	5	2	2	1	415	259	75	429	266	81
内蒙古	赛罕乌拉	9	6	6	4	3	3	439	258	70	452	267	79
内蒙古	图牧吉	2	1	1	0	0	0	311	209	65	313	210	66
内蒙古	乌拉特梭梭林-蒙古野驴	0	0	0	1	1	1	57	45	20	58	46	21
内蒙古	乌兰坝	16	8	8	4	3	3	590	308	82	610	319	93
内蒙古	西鄂尔多斯	3	3	3	2	2	2	217	151	59	222	156	64
内蒙古	锡林郭勒草原	0	0	0	0	0	0	378	231	73	378	231	73
内蒙古	呼伦湖	2	1	1	1	1	1	328	202	61	331	204	63
	合计	78	33	16	32	12	6	2254	755	143	2364	800	165

2.1.3 不同类型保护区的保护情况

不同类型保护区对药用植物的保护情况也存在较大差异(图 1)。森林生态系统类型的保护区对药用植物保护作用最大，共保护了 2105 种，占所有保护区内药用植物物种总数的 89.04%。其次是野生动物和草原草甸生态系统类型的保护区，分别保护了 1238 种和 761 种药用植物(图 1)。海洋海岸生态系统类型的保护区对药用植物保护作用最弱，只保护了 208 种。

考虑到面积对物种数量的影响，本研究进一步采用物种密度(species density)即 $D=S/\ln A$（D 代表物种密度，S 代表物种数，A 代表研究面积）[46,47] 分析比较不同保护类型的保护区对药用植物发挥的保护效果差异。结果发现森林生态系统类型保护区的物种密度仍是最大的，说明该类型保护区对药用维管植物发挥的保护作用最强，而海洋海岸生态系统和野生植物类型的保护区的物种密度较小，说明二者发挥的保护作用相对较弱(图 1)。

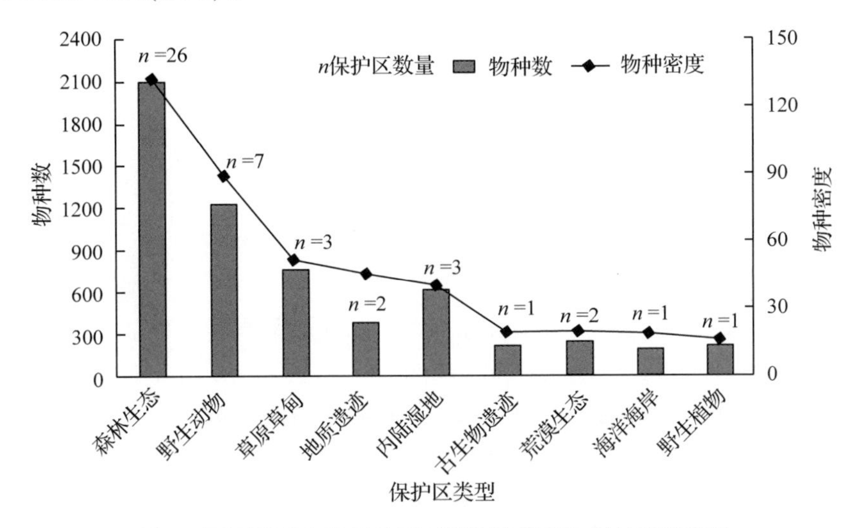

图 1　不同类型自然保护区对药用维管植物保护情况差异

Fig. 1　Differences in protection degree of medicinal vascular plants am ong different types of the nature reserves

表 2　华北地区保护区内有分布记录药用维管植物物种数量排名前十的科信息

Table2　List of families of top ten species richness of medicinal vascular plants in the national nature reserves in North China

科拉丁名	科中文名	物种数
Asteraceae	菊科	292
Rosaceae	蔷薇科	149
Fabaceae	豆科	138
Ranunculaceae	毛茛科	115
Liliaceae	百合科	94
Lamiaceae	唇形科	89
Poaceae	禾本科	76
Apiaceae	伞形科	69
Polygonaceae	蓼科	55
Scrophulariaceae	玄参科	52
合计		1129

表3 华北地区保护区内有分布记录物种数量排名前十的属信息

Table3 List of genera of top ten species richenss of medicinal vascular plants in the national nature reserves in North China

属拉丁名	属中文名	物种数
Artemisia	蒿属	47
Potentilla	委陵菜属	25
Aconitum	乌头属	23
Viola	堇菜属	20
Adenophora	沙参属	20
Allium	葱属	18
Prunus	李属	18
Clematis	铁线莲属	18
Corydalis	紫堇属	17
Euphorbia	大戟属	16
合计		222

2.2 不同药用维管植物受保护程度

在华北地区国家级自然保护区内分布的2364种药用植物中，分布的保护区数量低于6个的物种有1292种，占总数的54.65%，隶属于147科590属(图2)。分布在6~10个保护区内的药用植物有418种，占总数的17.68%，隶属于103科287属。有214种药用植物分布在11~15个保护区里面，占总数的9.05%，隶属于64科159属。此外，分布保护区数目达到16~20个和21~30个的药用植物物种数分别为190种和188种，分别隶属于56科151属和61科150属。分布保护区超过30个的药用植物有62种，占总数的2.62%，隶属于29科56属。这62种药用植物多为广布种，包括龙牙草(*Agrimonia pilosa*)、反枝苋(*Amaranthus retroflexus*)、独行菜(*Lepidium apetalum*)、萹蓄(*Polygonum aviculare*)、黄花蒿(*Artemisia annua*)、榔榆(*Ulmus parvifolia*)、乳浆大戟(*Euphorbia esula*)、蓬子菜(*Galium verum*)、灰绿藜(*Chenopodium glaucum*)等。

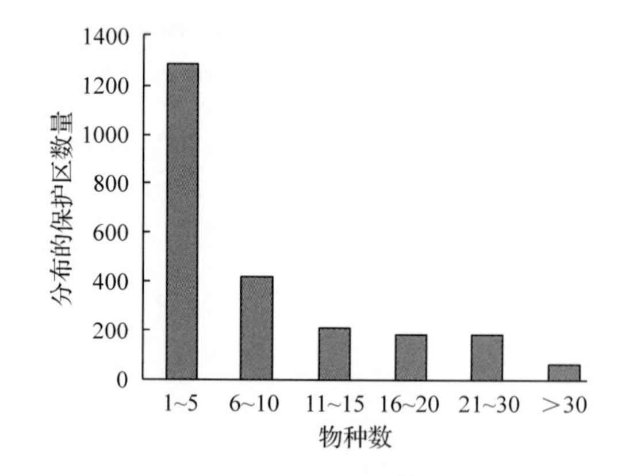

图2 华北地区药用维管植物在华北地区保护区内的分布情况

Fig. 2 Conservation status of m edicinal vascular plants in the national nature reserves in North China

3 讨论

物种保护是自然保护地设立的首要目标之一，开展自然保护地保护的生态有效性评价有利于为保护地的建设和管理提供科学指导[48,49]。一方面，华北地区是我国受气候变化影响最大的地区之一，增温快且范围大，降水减少，干旱趋于严重，区域植被生长发育受影响大[50,51]；另一方面人口众多的华北地区也是人为活动极为剧烈的地区。无节制的采挖、过度的农牧业等加剧了该地区野生植物资源的枯竭，华北地区的药用植物资源保护迫在眉睫。本文通过对现有的科学考察报告及生物多样性研究报告等研究数据的收集、整理和分析，发现华北地区现有的国家级自然保护区网络对我国药用植物多样性的就地保护发挥了重要作用，46 个国家级自然保护区共保护了 2364 种药用维管植物。

与其他针对中国珍稀濒危药用植物的研究结果相比，2364 种被保护物种中有 33 种处于受威胁状态，其中 5 种处于极危状态，11 种处于濒危状态，16 种处于易危状态[9]。但是这些珍稀濒危药用植物受到的保护程度偏低，其中 28 种分布的保护区数量小于 5 个，包括 15 种(含 5 种极危物种)仅在一个保护区内有分布。针对其中如肉苁蓉(*Cistanche deserticola*)、太白贝母(*Fritillaria taipaiensis*)、新疆贝母(*Fritillaria walujewii*)等珍稀中药材的基原植物，保护好其野生资源，是实现中医药事业可持续发展的重要保障。本研究发现约 72.34%的物种所分布的保护区数量低于 10 个的现状，即处于受保护程度较低或者一般的情况[11]，该区域内药用维管植物的就地保护力度还有待进一步提高。因此我们建议在华北地区适当增加国家级保护区或将部分省级自然保护区升级为国家级保护区。当然本研究未能考虑各物种实际种群分布和动态状况，有必要进一步结合实际调查结果，开展保护空缺分析；并且结合实际人力、财力、物力等情况采取适当措施提高保护成效。比如针对保护空缺物种在已有保护区周边的，可以考虑适当扩增原有保护区面积或调整保护区边界；针对保护空缺物种分布范围狭窄、种群数量极少且分散的状况，可以考虑建立新的保护小区或者保护示范点[52]。此外，还应该加强重点保护物种野外种群、群落及生态系统的监测工作，及时掌握物种的种群及其所处群落、生态系统的动态变化，以及时调整相关保护管理措施，同时加大研究投入，帮助部分物种野外种群及其生境的恢复。

另外，在保护区建设中还应该综合考虑不同保护类型的保护区在物种保护作用发挥上的差异。其中，森林生态系统类型的保护区是我国自然保护区建设中的主体，其主要的保护对象为森林植被及其生境[53]，而森林是陆地生态系统中生物多样性最丰富的地方[54]，因此，森林生态系统类型的保护区在物种保护方面发挥的成效如何对我国自然保护区的建设和发展具有重大影响，在下一步保护区体系完善的过程中应该特别关注该类型保护区的建设工作。本文研究结果肯定了森林生态系统类型保护区在保护药用维管植物发挥的关键作用。海洋海岸、荒漠生态、古生物遗迹、地质遗迹等类型保护区虽然所保护的物种数量低于森林生态系统类型保护区，但是由于物种特殊的生境需求，这些类型生态系统内同样分布有大量森林生态系统类型内无法分布的物种，它们是对森林生态系统类型保护区的重要补充，其建设工作也不容忽视。比如本研究发现肉苁蓉(*Cistanche deserticola*)、黑果枸杞(*Lycium ruthenicum*)、锁阳(*Cynomorium coccineum* subsp. *songaricum*)、黄花软紫草(*Arnebia guttata*)、戈壁天冬(*Asparagus gobicus*)等 50 多种药用维管植物仅分布于荒漠生态系统中。

本研究能较好地揭示华北地区药用维管植物的就地保护现状，但也存在一定的局限性。由于数据所限本研究所覆盖的就地保护体系仅涉及国家级自然保护区，其总面积仅占该地区所有保护区面积的 29.80%。虽然剩下的 246 个省市县级自然保护区在物种保护投入和保护效果方面可能不及国家级自然保护区，但其发挥的保护作用仍然是不可忽略的；其他就地保护的辅助体系，如森林公园、风景名胜区等也能对物种保护发挥一定作用[55]。遗憾的是这些省级自然保护区或保护地往往没有或缺乏完整的调查数据，因此目前难以定量评估其保护作用。未来在数据资料积累充足的情况下，应加强这方面的研究。

南方红豆杉实生苗和扦插苗定植后生长量研究*

张建军

(山西阳城蟒河猕猴国家级自然保护区，山西阳城，048100)

摘　要： 笔者在山西蟒河自然保护区前庄区域，将大棚内培育的南方红豆杉实生苗和扦插苗定植到圃地后，对其株高、地径、发枝数进行观测与分析。结果表明，定植 3a 后，幼苗的株高、地径和发枝数在 2 个处理间均存在极显著差异，扦插苗的株高、发枝数均高于实生苗，实生苗的地径生长量高于扦插苗。

关键词： 南方红豆杉；实生苗；扦插苗；生长量

南方红豆杉(*Taxuschinensis* var. *mairei*)是红豆杉科红豆杉属喜马拉雅红豆杉的变种，属中国特有的第三纪孑遗植物，被列为国家Ⅰ级保护植物。南方红豆杉是红豆杉属植物中分布最广、生长最快的物种之一，广泛分布于我国两广北部到山西省东南部海拔 600～1200m 的亚热带山地。南方红豆杉的树皮、枝、叶均可提取抗癌成分紫杉醇，是目前发现的最有效且最安全的抗癌药物，被誉为“植物黄金”。

南方红豆杉在山西阳城蟒河猕猴国家级自然保护区(以下简称蟒河保护区)的分布环境多为“U”型深谷低部或缓地，海拔 500～900m，为第四季冰期时被陡峭的山体所保护的遗存，主要分布在保护区的后大河、前河、后小河、东西崖、拐庄等地，分布点位呈斑块状，生存环境极为脆弱。加强对南方红豆杉种质资源的保护，是自然保护区生态文明建设的一项重要内容。开展南方红豆杉的近地保护和繁育，扩大其种群数量，是自然保护区工作的重要内容。2015 年春季，笔者在蟒河保护区前庄区域对大棚内培育的南方红豆杉实生苗和扦插幼苗进行了野外定植。2018 年春季，对 2015 年定植的南方红豆杉实生苗和扦插苗的生长情况进行了观测。

1　试验地概况

蟒河保护区位于山西省东南部中条山东端的阳城县境内，地理坐标为 112°22′10″～112°31′35″ E，35°12′30″～35°17′20″N，海拔 500～1500m，年平均气温 15.0℃，极端最高气温 41.6℃，极端最低气温 -8.0℃，大于 10℃的积温 4220℃。无霜期 210～240d，年降水量 750～800mm，最高可达 950mm。前庄区域位于保护区的实验区内，接近蟒河上游，海拔 750m。土壤质地为沙壤土，土层厚度 80cm，土壤 pH 值 6.8，该区域与南方红豆杉的自然分布区域环境相近。

2　试验材料与方法

2.1　试验材料

2015 年春季，在蟒河保护区种质资源圃繁育大棚内，选择 24 月龄的南方红豆杉实生苗和 60 月龄的扦插培育苗各 120 株。

2.2　试验方法

2014 年雨季，选取前庄区域的弃耕地、林缘地进行整地。2015 年 3 月，地温回升、土壤刚解冻

* 本文原载于《山西林业科技》，2019，48(2)：21-23，54.

时，在整好的土地内栽植选定的南方红豆杉幼苗，栽植株行距为1.5m×2.0m，密度为3300株/hm^2，品字形排列，栽植技术按照《造林技术规程》(GB/T 15776-2006）执行。栽植后，每年进行中耕抚育管理。栽植时实生苗的平均株高为21.50cm，平均地径为0.35cm；扦插苗的平均株高为23.80cm，平均地径为0.32cm. 发枝数均以栽植后的生长枝条进行计数。

2.3 指标测定

试验采用单因素随机区组设计，设2个处理，分别为实生苗和扦插苗。每个处理4次重复，每次重复随机抽取30株苗木。2018年早春树液流动前，对其苗高、地径、发枝数进行调查，观测时由于有死亡的苗木，每处理的每次重复均观测28株，4次重复共观测112株。

2.4 数据处理

采用SPSS 22.0进行方差分析，用Duncan新复极差法进行多重比较，并用Excel作图。

3 结果与分析

2018年，测量南方红豆杉实生苗、扦插苗定植3a后的株高、地径、发枝数，结果见表1。

表1 南方红豆杉生长量调查

处理	区组					
	Ⅰ			Ⅱ		
	株高/cm	地径/cm	发枝数/条	株高/cm	地径/cm	发枝数/条
实生苗	132.50	3.23	9.00	135.60	3.46	9.00
扦插苗	139.60	2.32	12.00	143.80	2.13	13.00
区组平均偏差	136.05±5.02	2.78±0.64	10.50±2.12	139.70±5.79	2.83±0.98	11.00±62.83
处理	区组					
	Ⅲ			Ⅳ		
	株高/cm	地径/cm	发枝数/条	株高/cm	地径/cm	发枝数/条
实生苗	138.60	3.52	10.00	137.80	3.68	11.00
扦插苗	142.10	2.45	11.00	145.20	2.38	12.00
区组平均偏差	140.35±2.47	2.96±0.71	10.50±0.71	141.50±5.23	3.03±0.92	11.50±0.71

对南方红豆杉实生苗、扦插苗定植3 a后的株高、地径、发枝数进行方差分析，用Duncan新复极差法进行多重比较，结果见图1，图2，图3。

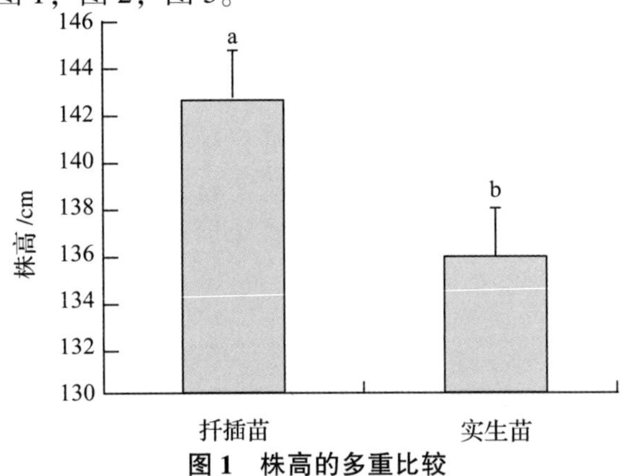

图1 株高的多重比较

从图中可以看出，南方红豆杉实生苗和扦插苗的株高、地径、发枝数间均存在极显著差异，$P < 0.01$. 其中，扦插苗的株高和发枝数远高于实生苗，实生苗的地径远高于扦插苗。

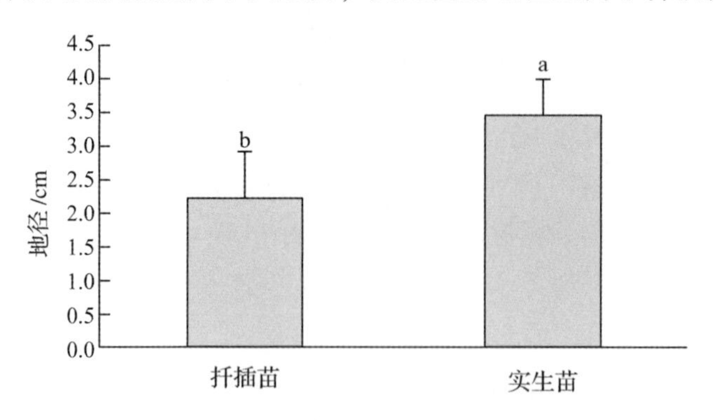

图 2　地径的多重比较

4　结论与讨论

(1)试验中，南方红豆杉生长前期，扦插苗的发枝数大于实生苗，与柯朝坤等 2015 年的观测结果有差异。原因可能是柯朝坤等的试验地点在云南省普洱市，其光热条件比本试验区域优越，促进了南方红豆杉实生苗的营养生长，导致其发枝数高于本区域。

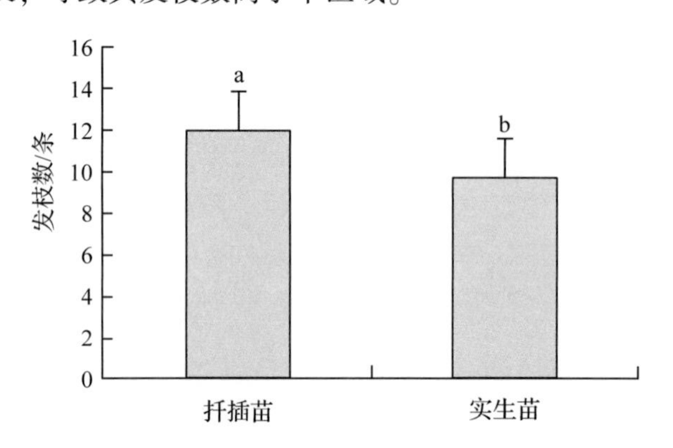

图 3　发枝数的多重比较

(2)本试验南方红豆杉扦插苗的高生长大于实生苗，是由于扦插苗较多地保存了母体养分，枝条恢复生长较快，高生长优势较明显。同时受光合作用影响，促使养分向枝条和叶片集中，导致地径生长量小于实生苗。

(3)本试验发现，定植后的第 1 年，2 个处理的生长量均不明显。定植后第 2 年，即苗龄 3a 后，2 个处理的株高、地径、发枝数等均有明显增加。

(4)本试验采用随机区组设计，遵循了重复、随机和局部控制原则，易于统计分析。由于本试验环境条件基本一致，因此，区组间的差别较小，试验精度较高，统计结果具有科学性。

(5) 本试验采集苗木定植后第 3 年的数据，对于 3 a 后的生长量变化，及环境对其生长量的影响等，还需做进一步的观测和试验。

硒处理对土壤理化性质及杭白菊品质的影响*

程丹[1]　张红[1]　郭子雨[1]　张建军[2]　王志玲[1]　牛颜冰[1]　张春来[1]　吕晋慧[1†]
（1. 山西农业大学林学院，山西太谷，030801；
2. 山西阳城蟒河猕猴国家级自然保护区管理局，山西阳城，048100）

摘　要：以纳米硒为外源硒处理杭白菊，分别采用土壤施硒(T)、叶面喷施硒肥(Y)以及土壤与叶面相结合施硒肥(T+Y)3种施硒方式，以不施硒处理为对照(CK)，研究不同施硒方式对土壤理化性质、杭白菊营养成分、硒含量和产量的影响。结果表明：不同处理下土壤容重、土壤孔隙度和土壤含水量与CK无显著差异。T、Y、T+Y处理下土壤脲酶活性显著低于CK，土壤蔗糖酶活性显著高于CK，土壤碱性磷酸酶活性和土壤过氧化氢酶活性与CK差异不显著。CK处理下菊花花序中Vc含量显著高于其他处理。T、Y、T+Y处理下黄酮和绿原酸含量显著高于CK。T、Y和T+Y处理下花序中硒含量极显著高于CK。T+Y处理下杭白菊单株开花量和单产量显著高于CK。T、Y、T+Y三种施硒方式相比，T+Y处理下杭白菊富硒效果最佳。综合分析比较三种施硒方式对土壤理化性质、杭白菊营养成分、硒含量和产量的影响，确定以土壤与叶面相结合施硒肥(T+Y)效果最佳。这一结果可为富硒杭白菊生产提供实践和理论依据。

关键词：纳米硒；土壤施硒；叶面喷硒；杭白菊；富硒；产量

硒为人体所必需的微量元素。医学研究已经证实中国成人每日平均硒摄入量仅为26.63μg，远低于中国营养学会所推荐的人均每日硒摄入量50μg[1]。目前，国内外关于通过外源施硒生产富硒粮食作物、富硒蔬菜、富硒水果、富硒茶、富硒中药材和富硒菊花等研究已取得一定成效[2-9]。

杭白菊作为富硒能力较强的植物，是较为理想的富硒载体[8]。张懋等[9]研究发现对杭白菊进行叶面喷施硒肥处理可有效提高杭白菊花序中硒含量；于云霞等[10]试验结果表明亚硒酸钠处理显著提高了滁菊花序中总黄酮和绿原酸的含量。田秀英和王正银[11]研究发现施用适量的硒能提高药用菊花的产量。因此，通过科学施硒生产富硒菊花，对提高菊花品质、产量和经济价值，以及改善人体硒营养状况具有重要意义。而土壤是植物生产的基地[12]，刘敏等[13]研究表明水稻根系、茎叶和籽粒中的硒含量均与土壤硒含量成正比。王艳茹等[14]研究发现土壤脲酶、磷酸酶、蔗糖酶活性是影响菊花活性成分含量的重要因子。研究硒处理下土壤理化性质的变化对有效调控茶用菊花硒生物强化具有重要意义。

外源施硒的方式一般包括土壤施硒、叶面喷施硒肥及土壤与叶面相结合施硒肥，三种施硒方式均能有效提高植物体内硒累积量[3-7]。陈火云等[15]研究结果显示，土壤施硒、叶面喷施硒肥、土壤与叶面相结合施硒肥三种施硒方式均显著提高了油菜籽粒中硒含量。赵勇钢[16]研究发现对枣树进行土壤施硒和叶面喷施硒肥处理均显著提高了红枣果实中硒含量。

纳米硒表面积较大，具有更高的吸收利用效率和生物学活性，是更加安全有效的硒源材料，有关纳米硒在茶菊上的应用尚未见报道。为此，本研究以杭白菊为试验材料，以纳米硒为硒源，比较三种不同施硒方式对土壤理化性质、杭白菊营养成分、硒含量和产量的影响，筛选出较为合理的施硒方案，为科学高效生产富硒杭白菊提供理论依据和实践参考。

1　材料与方法

1.1　供试材料

本研究以杭白菊为试验材料，由山西农业大学菊花创新团队扦插繁殖。供试硒肥为纳米硒，由山

* 本文原载于《土壤学报》，2020，57(6)：1449-1457.

西大学提供。

1.2 试验设计

于2018年4月11日将扦插苗定植于试验田中，期间进行浇水、去顶、除草等栽培管理，6月开始进行试验处理，11月采集样本进行样品测定。本试验共设置4个处理。(1)对照(CK)：不施硒肥；(2)处理T：在杭白菊营养生长期土施纳米硒，施用量为0.003kg·hm^{-2}；(3)处理Y：在杭白菊营养生长期至花芽分化前期叶面喷施纳米硒，施用量为0.003kg·hm^{-2}，喷施3次(2018年6月22日，7月12日，8月1日)，喷硒间隔期为20d；(4)T+Y：处理T与处理Y相结合，在杭白菊营养生长期土施纳米硒，施用量为0.0015kg·hm^{-2}，同时于生长期至花芽分化前期叶面喷施纳米硒，施用量为0.0015kg·hm^{-2}。

1.3 研究方法

土壤样品采集：采集0~20cm的耕作层土壤1kg。置于干燥通风的场所自然风干，去除杂物，过0.15mm筛，备用。

植物样品采集：2018年11月11日随机采集各处理杭白菊花序若干，于80℃恒温下烘干，粉碎后测定花序中营养成分和硒含量。

测定方法：土壤容重采用环刀法测定，土壤容重=烘干土质量/环刀容积[17]；土壤孔隙度/%=1-容重/土粒密度×100(土粒密度采用平均值2.65g·cm^{-3}计算)[17]；土壤含水量采用烘干法测定[17]；土壤蔗糖酶活性采用3，5-二硝基水杨酸比色法测定[17]；土壤脲酶活性采用苯酚钠-次氯酸钠比色法测定[17]；土壤碱性磷酸酶活性采用磷酸苯二钠比色法测定[17]；过氧化氢酶活性采用高锰酸钾滴定法测定[17]；杭白菊黄酮含量采用分光光度法测定[18]；杭白菊绿原酸含量采用紫外分光光度法测定[18]；杭白菊Vc含量采用钼蓝比色法测定[18]；杭白菊硒含量采用电感耦合等离子质谱(ICP-MS)法测定[19]。单株开花量采用“S”形布点统计开花量，取平均数；单朵花干物质量测定，烘干时要掌握烘干温度，烘干工艺：先将鲜花平铺在锡纸上，使其保证鲜花为薄薄的一层(有利于烘焙时的散热)，然后将其烘箱打开，温度设置为60~65℃进行烘烤6h，在此过程中，前两个小时应注意烘箱内的除湿，使水分及时散去(有利于花在烘干过程能保持着很好的品相)，在烘干结束时，应等烘箱自然降温后才能打开烘箱，以免花朵的返潮，烘干后称量取平均数；单产量：单株开花量×单朵花干物质量×60000(以每公顷种植60000株计算)。

1.4 数据处理

数据处理、制图和统计采用Excel 2010和SPSS 22.0软件进行，显著性检验采用单因素方差分析邓肯(Duncan)法。

2 结果

2.1 硒处理对土壤理化性质的影响

由表1可知，T、Y、T+Y处理下土壤容重、土壤孔隙度、土壤含水量与CK均无显著差异。T、Y、T+Y处理间差异不显著。表明硒处理对土壤容重、土壤孔隙度及土壤含水量均无显著影响。

由图1可知，T、Y、T+Y处理下土壤蔗糖酶活性高于CK，分别较CK提高了5.85%、6.86%和8.35%，其中T+Y处理下土壤蔗糖酶活性显著高于CK。T、Y、T+Y处理间土壤蔗糖酶活性无显著差异。表明不同施硒处理均能提高土壤蔗糖酶活性。

不同施硒处理土壤碱性磷酸酶活性变化如图1所示，与对照相比，T、Y、T+Y处理下土壤碱性磷酸酶活性与CK均无显著差异。其中Y和T处理下土壤碱性磷酸酶活性与T+Y均无显著差异，T处理下土壤碱性磷酸酶活性显著高于Y。不同施硒处理对土壤碱性磷酸酶活性均无显著影响。

表 1　不同硒处理下的土壤物理性质

Table 1　Effects of Se application on soil physical properties relative to treatment

处理 Treatment	土壤容重 Soil bulk density/(g·cm^{-3})	土壤孔隙度 Soil porosity/%	土壤含水量 Soil water content/(g·kg^{-1})
CK	0.881±0.096a	66.77±0.096a	306.4±0.096a
T	1.009±0.044a	61.92±0.406a	237.2±0.406a
Y	0.928±0.049a	64.99±0.491a	266.0±0.491a
T+Y	0.953±0.040a	64.03±0.439a	289.5±0.439a

注：同一列中不同小写字母表示差异显著($P<0.05$)。下同。

Notes: Different lowercase letters in the same column mean significant difference($P<0.05$). The same below.

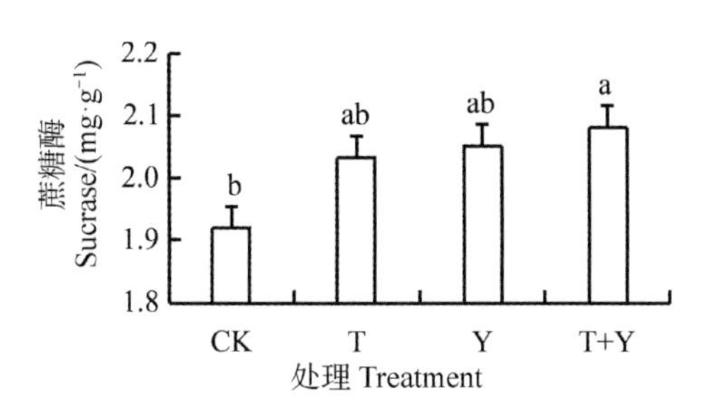

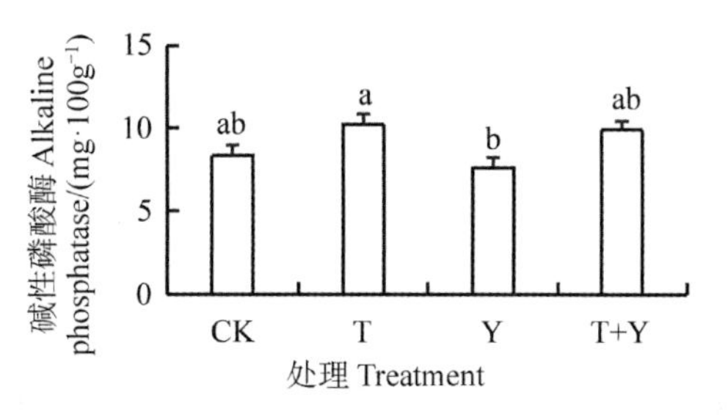

注：图中不同小写字母表示差异显著($P<0.05$)，不同大写字母表示极显著差异($P<0.01$)。下同。

Notes: Different lowercase letters in the figure mean significant difference($P<0.05$), and different uppercase letters mean extremely significant difference($P<0.01$). The same below.

图 1　硒处理下土壤蔗糖酶和土壤碱性磷酸酶活性

Fig. 1　Soil sucrase activity and soil alkaline phosphatase activity relative to treatment

如图 2 所示，T、Y、T+Y 处理下土壤脲酶活性显著低于 CK，分别较 CK 降低了 18.95%、35.37% 和 12.51%。不同处理下土壤脲酶活性高低依次为 CK>T+Y>T>Y，其中 T、T+Y 处理下土壤脲酶活性显著高于 Y，分别为 Y 处理的 1.25 倍和 1.35 倍。不同施硒处理后土壤脲酶活性受到抑制，其中 Y 对土壤脲酶活性的抑制作用最为显著。

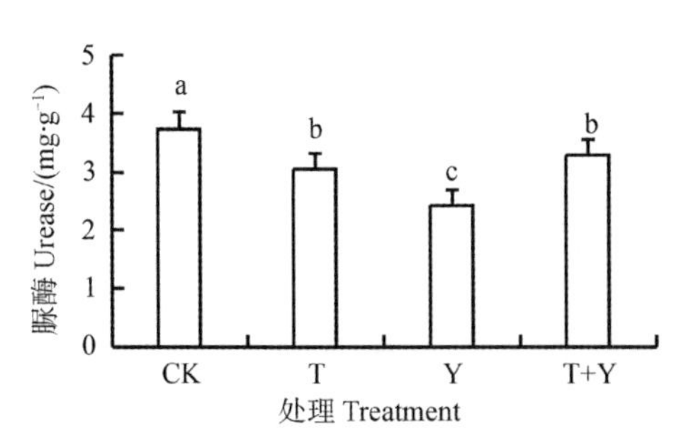

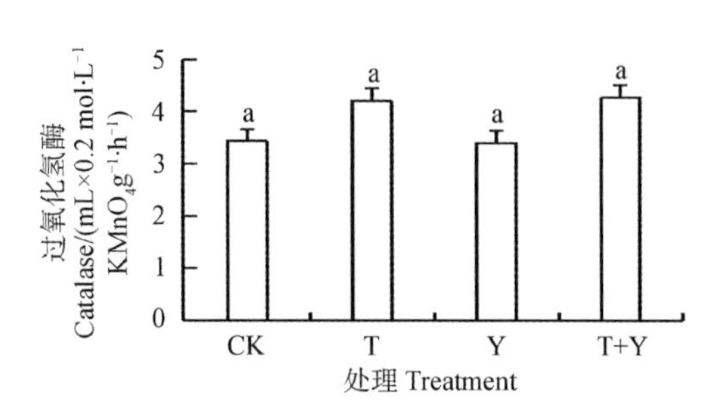

图 2　硒处理下土壤脲酶和过氧化氢酶活性

Fig. 2　Soil urease activity and soil catalase activity relative to treatment

不同施硒处理对土壤过氧化氢酶活性的影响如图 2 所示。与对照相比，T、Y、T+Y 处理下土壤过氧化氢酶活性与 CK 均无显著差异。T、Y、T+Y 处理间土壤过氧化氢酶活性均无显著差异。不同施硒处理对土壤过氧化氢酶活性均无显著影响。

2.2　硒处理对杭白菊营养成分的影响

由图 3 可知，T、Y、T+Y 处理下 Vc 含量与 CK 处理差异达极显著水平。其中 CK 处理下 Vc 含量极显著高于其他处理，为 126.3mg·kg^{-1}。T、Y、T+Y 处理间 Vc 含量均无显著差异。施用纳米硒降低了杭白菊 Vc 含量。

由图 3 可知，T、Y、T+Y 处理下黄酮含量与 CK 处理差异达极显著水平。其中 Y、T+Y 处理下黄酮含量极显著高于 T，Y 和 T+Y 处理间黄酮含量无显著差异。施用纳米硒可有效提高杭白菊黄酮含量，其中 Y 和 T+Y 处理对黄酮含量的提高最为显著。

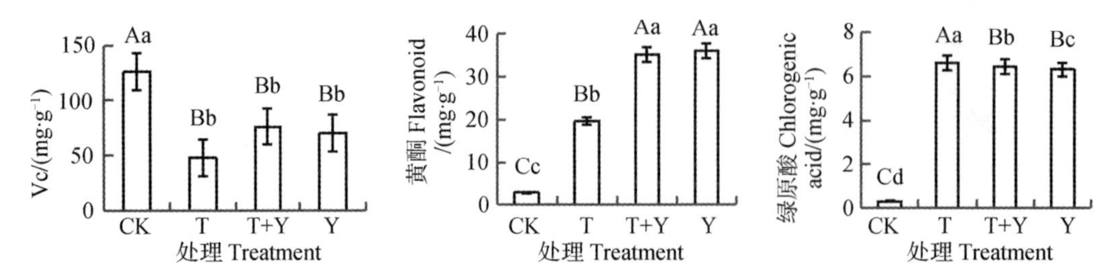

图 3　硒处理下杭白菊 Vc、黄酮和绿原酸含量

Fig. 3　Vc content, flavonoid content and chlorogenic acid content in chrysanthemum flower tea relative to treatment

由图 3 可知，T、Y 和 T+Y 处理下绿原酸含量极显著高于 CK。不同硒处理间相比，T 处理下绿原酸含量显著高于 Y、T+Y，Y 和 T+Y 处理间绿原酸含量无显著差异。施用纳米硒可有效提高杭白菊绿原酸含量。

2.3　硒处理对杭白菊花序中硒累积的影响

由图 4 可知，不同处理杭白菊花序中硒含量在 0.01～0.10mg·kg^{-1} 范围内。T、Y 和 T+Y 处理下杭白菊花序中硒含量极显著高于 CK，分别较 CK 提高了 358.2%、595.6%和 663.3%。T、Y、T+Y 处理间杭白菊花序中硒含量差异达极显著水平，其中 T+Y、Y 处理下杭白菊花序中硒含量极显著高于 T，T+Y 处理下杭白菊花序中硒含量显著高于 Y。土壤与叶面相结合施硒肥促进杭白菊花序富硒，单一施肥方式下，叶面喷施硒肥较土壤施硒能更有效提高杭白菊花序中硒累积。

2.4　硒处理对杭白菊产量的影响

由表 2 可知，T、Y 和 T+Y 处理下杭白菊单株开花量和单产量均高于 CK。其中 T+Y 处理下杭白菊单株开花量和单产量均显著高于 CK。T、Y、T+Y 处理间杭白菊单株开花量、单朵花干物质量和单产量差异不显著。

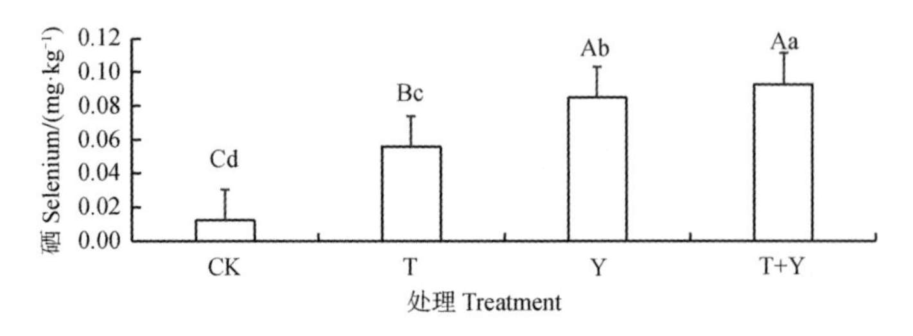

图 4　硒处理下杭白菊硒含量

Fig. 4　Selenium content in chrysanthemum flower tea relative to treatment

表 2　不同硒处理的杭白菊产量

Table 2　Yield of chrysanthemum flower relative to treatment

处理 Treatment	单株开花量 Number of flowers per plant	单朵花干物质量 Dry biomass weight per flower/g	单产量 Yield per unit area/(kg·hm^{-2})
CK	284.0±10.29b	0.195±0.029a	3323±41.15b
T	317.3±13.38ab	0.245±0.005a	4664±17.06ab
Y	308.3±16.50ab	0.237±0.025a	4384±34.64ab
T+Y	332.3±10.68a	0.245±0.038a	4885±46.76a

3 讨论

3.1 硒处理对土壤理化性质的影响及可能的原因

关于不同施硒处理对土壤理化性质的影响，赵建平[20]研究发现，活性硒元复合肥能明显降低油茶成林的土壤容重，提高土壤田间持水量，且对土壤容重的影响随硒浓度的增加呈现先增后减的趋势。本研究结果表明在不同施硒方式下，不同施硒处理对土壤容重、土壤孔隙度和土壤含水量均无显著影响，但纳米硒处理后土壤容重有所增加，土壤孔隙度和土壤含水量均有所下降(表1)。硒可以与黏土矿物水化分解成的 $Al(OH)_3$、$Fe(OH)_3$ 等发生沉淀反应。与土壤单粒结构相比较，土壤团聚体的总孔隙度较大。本研究中硒处理后土壤容重增加、土壤孔隙度降低，可能是纳米硒施入土壤后与土壤的无定形铁、铝发生沉淀反应，导致氧化铁、氧化铝的活化度降低，胶结作用减弱，不利于土壤团粒结构形成，造成土壤孔隙度下降，土壤更加紧实，从而使得土壤贮水能力变弱。

关于不同施硒处理对土壤蔗糖酶活性的影响，樊俊等[21]研究发现，低浓度和高浓度硒酸钠、亚硒酸钠均对土壤蔗糖酶活性表现出抑制效果。而史雅静等[22]研究结果显示，低剂量有机硒对土壤蔗糖酶活性有激活作用，高剂量有机硒对土壤蔗糖酶活性的影响，随培养时间的延长而表现出先激活后抑制的变化。可见硒处理对土壤蔗糖酶活性的影响效果因硒源类型不同而存在差异。本研究中硒处理显著提高了土壤蔗糖酶活性(图1)，可能是纳米硒增加了土壤微生物数量，而微生物数量的增加促进了土壤蔗糖酶的合成与分泌[23]，从而提高了土壤蔗糖酶活性；另一方面可能是根系活力提高，根系代谢增强，根系分泌物增加，促进了土壤蔗糖酶的分泌及土壤微生物的繁殖，从而提高了土壤蔗糖酶活性[24]。

本研究中不同施硒处理对土壤碱性磷酸酶活性均无显著影响；三种施硒方式相比，土壤施硒及土壤与叶面相结合施硒处理下，土壤碱性磷酸酶活性高于叶面喷施硒肥(图1)。这与许舒娴[25]关于硒处理对土壤酸性磷酸酶活性的影响研究结果一致。可能土壤中施入适量硒促进了土壤微生物数量增加[22]，从而促进了土壤碱性磷酸酶活性提高[23]。

纳米硒处理后土壤脲酶活性受到抑制；三种施硒方式相比，叶面喷施硒肥对土壤脲酶活性的抑制作用最为显著，土壤施硒及土壤与叶面相结合施硒肥处理下土壤脲酶活性显著高于叶面喷施硒肥(图2)。土壤脲酶活性的变化不仅受土壤硒含量的影响，可能与土壤微生物的数量、硒在植物体内的代谢机理及植物硒与土壤硒的互作有关。

大量研究表明，低浓度硒可促进土壤过氧化氢酶活性的提高，高浓度硒对其有抑制作用[26]。本研究中硒处理对土壤过氧化氢酶活性无显著影响；三种施硒方式相比，土壤施硒及土壤与叶面相结合施硒处理下，土壤过氧化氢酶活性高于仅叶面喷施硒肥处理下过氧化氢酶活性(图2)。土壤中过氧化氢酶的变化可能是由于土壤中施加纳米硒加强了土壤有机质的分解与腐殖质的合成过程，促进了土壤过氧化氢酶活性的提高，使得土壤施硒及土壤与叶面相结合施硒处理土壤过氧化氢酶活性高于叶面喷施硒[23]。

3.2 硒处理对杭白菊品质的影响

随着人们对硒的生物学意义越来越重视和关注，开展了大量的研究工作。高德凯等[27]认为叶面喷施富硒肥能显著提高冬枣的营养品质。邵旭日等[28]研究发现施硒量大于7g时番茄Vc含量降低，但是施硒量在0~7g时，结果却截然相反。茶菊的主要营养成分包括黄酮、绿原酸和Vc等。本研究中，硒处理后黄酮、绿原酸含量显著提高，其中Y、T+Y处理下黄酮含量显著高于T，T处理下绿原酸含量显著高于Y和T+Y(图3)。李永明[29]发现硒用量 $\leq 2.0 mg \cdot kg^{-1}$ 时，能够提高菊花中黄酮和绿原酸含量，改善菊花的药用品质。硒处理后Vc含量显著降低，不同处理下Vc含量高低依次为：T+Y>Y>T(图

3)。王晋民等[30]研究发现随 Se 浓度的增加，Vc 含量下降，降幅为 7.4%~38.6%。有关硒如何影响黄酮、绿原酸和 Vc 含量的变化仍待进一步研究。

3.3 硒处理对杭白菊硒累积及产量的影响

研究结果表明，不同施硒方式下，杭白菊花序中硒含量均有大幅度提高(图 4)，纳米硒可作为有效硒源被杭白菊所吸收利用。土壤施硒、叶面喷施硒肥、土壤与叶面相结合施硒肥三种施硒方式相比，土壤与叶面相结合施硒肥杭白菊花序中硒含量最高(图 4)，与陈火云等[15]关于施硒方式对油菜籽粒中硒含量的研究结果一致，说明单一施硒方式处理并未使杭白菊花序对硒的吸收达到最大吸收阈值。其中，叶面喷施硒肥较土壤施硒更能有效提高杭白菊花序中硒含量，与于荣[31]的研究结果一致。其原因可能有以下两方面：其一，施入土壤的硒易被土壤有机质、土壤胶体等吸附固定，从而降低其有效性。其二，在不同施硒方式下，植物对硒的吸收转运途径不同，硒从叶面转运至花序中的过程相较通过根系吸收转运至花序的过程可能更加高效，避免了在长距离运输过程中的损失[32]。

关于不同施硒处理对杭白菊产量的影响，彭涛等[33]研究表明，适宜浓度的硒可以提高小麦的产量。殷金岩等[34]发现施用合适剂量的硒有助于提高马铃薯产量。本研究中，硒处理后提高了杭白菊单株开花量、单朵花干物质量和单产量，其中 T+Y 处理下杭白菊单株开花量和单产量较对照显著提高(表 2)。刘芳等[35]研究表明，适宜硒浓度能够促进紫云英茎粗、根长、各部分鲜物质量和干物质量。合适浓度的外源硒可以促进植物生长发育和生理代谢，有利于茶菊产量提高。

4 结论

以纳米硒为硒源，不同硒处理对土壤容重、土壤孔隙度及土壤含水量均无显著影响，不同硒处理促进了土壤蔗糖酶活性的提高，对土壤脲酶活性有抑制作用，对土壤碱性磷酸酶活性和土壤过氧化氢酶活性无显著影响；硒处理提高了杭白菊花序中黄酮、绿原酸和硒含量，Vc 含量下降；硒处理均提高了杭白菊单株开花量和单产量。三种施硒方式相比，土壤与叶面相结合施硒肥处理下土壤酶活性较高、产量高、富硒效果最好。综上所述，通过外源施硒生产富硒茶菊应选择土壤与叶面相结合(T+Y)的方式。

蟒河国家自然保护区硅藻植物新记录*

刘　琪[1,2]　李佳佳[2]　冯　佳[2]　吕俊平[2]　南芳茹[2]　刘旭东[2]　谢树莲[2]
（1. 上海师范大学生命科学院，上海，200234；2. 山西大学生命科学学院，山西太原，030006）

摘　要：文章报道了 2017 年 9 月采自蟒河国家级自然保护区硅藻门的中国新记录 3 种，包括 1 种 2 变种：分别为宽腹异极藻 *Gomphonema tumens* Kociolek & Stoerme、胀大桥弯藻孟加拉变种 *Cymbella turgidula* var. *bengalensis* Keamme、线性双菱藻淡黄变种 *Surirella linearis* var. *helvetica*(Brum) Meister。对每个新记录种的形态分类学特征进行了详细描述，为我国硅藻类分类学研究提供了一定的资料。

关键词：硅藻；新记录；中国蟒河国家自然保护区

硅藻是一类具有硅质化细胞壁的真核藻类，长 2～500 μm，单细胞或群居生活。在水生生态系统中，硅藻是重要的初级生产者[1]。硅藻的分布极广，包括淡水、半咸水、海水以及岩石、潮湿的土壤等地。底栖硅藻是底栖微藻的优势类群，由于它们对环境的变化反应迅速，可以在群落水平上反应环境和生态系统的变化，因此已经成为河流环境监测的重要指示生物[2]。山西省晋城市蟒河生态旅游区位于山西省晋城市阳城县桑林乡，面积 58 km^2，它北承太岳，东接太行，西倚中条，南连王屋，其境内的亚热带植物数量及种类较多，是国家级自然保护区[3]。森林覆盖率在 80%以上，有“山西动植物资源宝库”之美誉[4]。

蟒河国家级自然保护区是我国 4A 级旅游景区，保护区内自然生态环境保护良好，当地村民的生活用水都来自蟒河。目前已有学者对蟒河流域湿地植被数量生态学[5]，猕猴食源植物区系特征[6]，蟒河地区植物群落多样性[7]，蟒河自然保护区种子植物区系开展了研究[8]，但对于该地区硅藻植物的研究还未见报道。对蟒河的藻类进行研究，会对该地区的植物及水质保护提供一定的数据支持。因此 2017 年 9 月，我们对蟒河地区的藻类进行了标本采集，采样生境主要是附着型、底栖型及浮游 3 种，共采集 59 号，其中附着型生境标本最多，28 号标本，其次是底栖型生境，26 号标本，浮游标本最少，5 号标本。并对其中硅藻门植物进行鉴定，发现 4 个中国新记录种，包括 1 种 2 变种。标本存放于山西大学植物标本室(SXU)。

1　材料和方法

2017 年 9 月对蟒河地区的藻类标本进行了采集，采集工具包括生物浮游网、镊子、牙刷、大吸管、小刀、便携式 pH 计、标本瓶、记号笔、采集记录本、记录油性笔。标本采集方法：底栖的硅藻，用大吸管采集到标本瓶中；浮游的硅藻，用浮游生物网呈“八”字形采集到标本瓶中；附着的硅藻，用小刀或镊子采集到标本瓶中。

将采集到的标本进行酸处理。首先将标本用体积分数 4% 的甲醛保存，取 10 mL 水样离心留取沉淀 2 mL，加入 8 mL 浓硝酸，放入消解仪进行酸化处理。处理后，用蒸馏水清洗 6～7 次，留取沉淀放于 1.5 mL 的 EP 管中，并加入一定量的无水乙醇保存。取 10～20 μL 已处理的样品用 Naphrax 胶进行封片固定，制成永久封片[9-13]。使用 Olympus BX 51 光学显微镜观察，并于 100 倍镜下进行拍照。参照 Round 的分类系统进行硅藻鉴定。

* 本文原载于《山西大学学报(自然科学版)》，2021，44(1)：194-198.

2　新记录种的描述

2.1　宽腹异极藻(图版 I，1~5)

Gomphonema tumens Kociolek & Stoermer 1991：fig. 26-29[14-17]。

壳面线形-棒状，中部膨大，末端钝圆。壳面长 35 ~77 μm，宽 6~10 μm。线纹接近中央区呈辐射状，接近两端几乎平行。中轴区狭窄，上下不对称。中央区不对称，具孤点，扩张到孤点的另一侧。中央区线纹 10μm 内 10~12 条，接近末端处 10μm 内 13 ~ 15 条。

生境：苔藓、轮藻、水绵、水草及石块附着的底栖，石壁上附着。

国外分布：北美洲(美国)，亚洲(巴勒斯坦)。

标本号：MH201709042，MH201709063，MH201709065，MH201709066，MH201709067，MH201709071，MH201709073，MH201709080，MH201709081。

2.2　胀大桥弯藻孟加拉变种(图版 I，6~10)

Cymbella turgidula var. *bengalensis* Krammer 2002:67,166;pl. 48,fig. 8-11;pl. 49,fig. 1~5[14,18-21]。

壳面两侧不对称，有明显的背腹之分，背缘呈拱形，腹缘弯曲。壳面末端钝圆，较窄不延伸，壳面的长宽比例为 3.2∶4，壳面长 40~45 μm，宽 11~14 μm。中轴区狭窄，壳缝略偏于腹侧，近缝端向腹缘弯曲，中央区呈椭圆至方形，孤点 3 ~ 4 个。线纹平行且点纹明显，线纹 10 μm 内 8~9 条，点纹 10 μm 内 20~22 个。

生境：底栖，石壁及轮藻附着。

国外分布：欧洲(法国)。

标本号：MH201709061，MH201709062，MH201709063，MH201709064，MH201709067，MH201709078，MH201709079，MH201709083。

2.3　线性双菱藻淡黄变种(图版 II，1~5)

Surirella linearis var. *helvetica* (Brum) Meister 1912：223，pl. 41：fig. 6[14,22-26]。

壳面线形披针形，末端尖圆。壳面长 50 μm ~100 μm，宽 18~25 μm。横肋纹呈左右交替排列，肋纹长度可达壳面的中线处，在壳面的中部形成一个小的披针形区域。肋纹上分布有明显的硅质突起。

生境：苔藓附着及底栖。

国外分布：欧洲(阿尔巴尼亚、英国、捷克等)，北美洲(美国、墨西哥)，南美洲(阿根廷、巴西、哥伦比亚)，亚洲(蒙古)。

标本号：MH201709045，MH201709046，MH201709062，MH201709063。

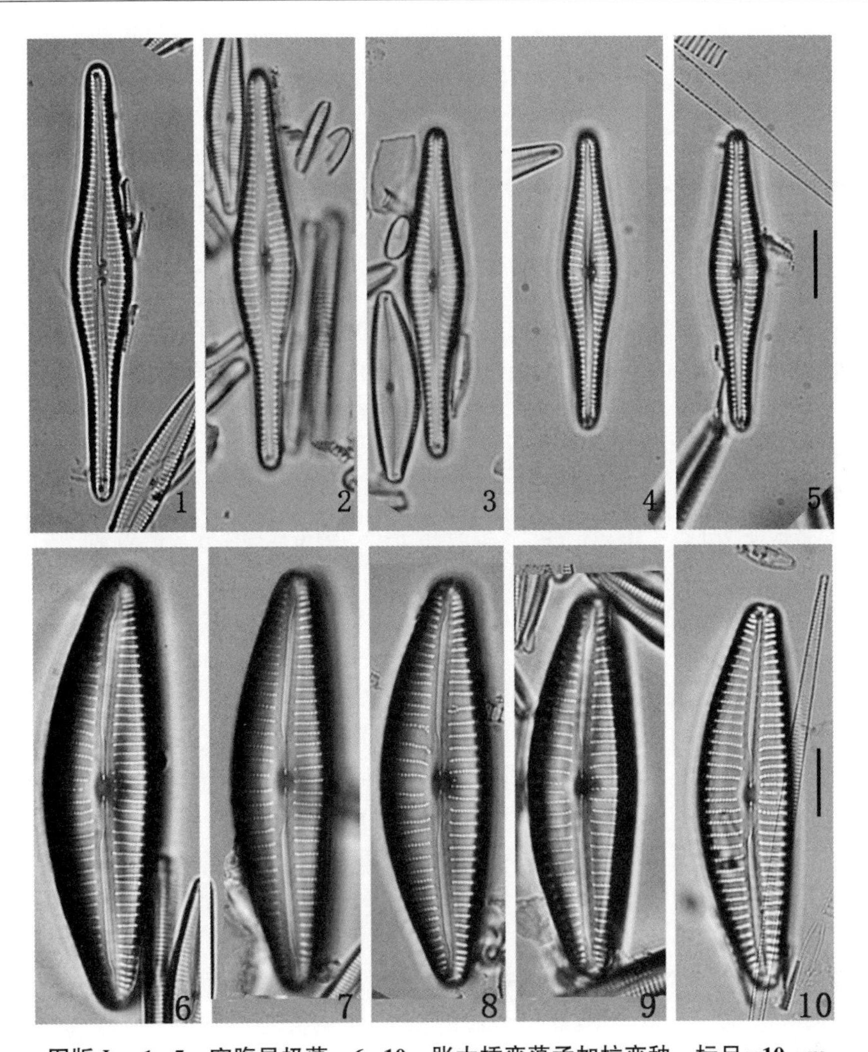

图版Ⅰ　1~5　宽腹异极藻；6~10　胀大桥弯藻孟加拉变种。标尺=10 μm

Plate Ⅰ　1~5　Gomphonema turnens; 6~10 Cymbella turgidula var. bengalensis. Scale bar = 10 μm

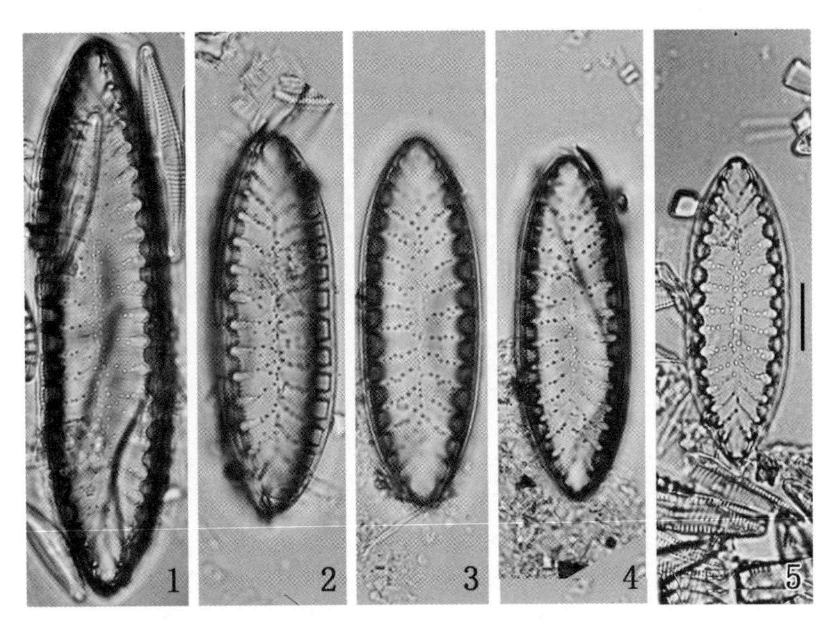

图版Ⅱ　1~5　线性双菱藻淡黄变种。标尺=10 μm

Plate Ⅱ　1~5　Surirella linearis var. helvertica Scale bar = 10 μm

蟒河自然保护区南方红豆杉植物生境调查研究

王玉龙[1]　张建军[2]　王艳军[3]
（1. 山西省林业和草原科学研究院，太原，030012；2. 山西阳城蟒河猕猴国家级
自然保护区管理局，阳城，048100；3. 山西省兴县林业局，兴县，033600）

摘　要：南方红豆杉是中国特有的第三纪孑遗树种，为国家Ⅰ级保护植物。为了解近20年蟒河自然保护区内南方红豆杉周围环境和植被变化情况，笔者于2020年9~10月和2021年4~5月进行了样地调查，结果表明，蟒河保护区南方红豆杉伴生植物中热带地理成分共有10属，占总属数的15.63%，温带地理成分共有50属，占总属数的78.13%，表明该区域以温带成分占优势，但有部分热带种的渗透。

关键词：蟒河保护区；南方红豆杉；生境

南方红豆杉(*Taxus mairei*)是红豆杉科(Taxaceae)红豆杉属(*Taxus*)植物，属中国特有的第三纪孑遗树种，为国家Ⅰ级保护濒危植物[1]。南方红豆杉是亚热带常绿阔叶林、常绿与落叶阔叶混交林的特征种，常与其他阔叶树及针叶树混生，山西东南部是该物种在我国自然地理分布的最北界[2]。2000年以来，有学者对蟒河保护区的南方红豆杉林、群落和种群结构、种群数量、种群生态位等进行过研究[3-6]，部分调查距今已近20年，自然环境和植被均发生了一些变化，在前人研究的基础上，我们对蟒河保护区南方红豆杉分布较集中的后大河、前河区域设置样地进行了调查。

1　蟒河保护区南方红豆杉生境

山西阳城蟒河猕猴国家级自然保护区(以下简称蟒河保护区)位于山西省东南部阳城县境内、南界与河南太行山猕猴国家级自然保护区接壤，地理坐标为112°22′10″~112°31′35″E，35°12′30″~35°17′20″N，属太行山南段。蟒河保护区为石质山区，有大量奥陶纪至震旦纪石灰岩出露，主要成土母岩以奥陶纪石灰岩和沙质石灰岩为主，土壤类型为山地褐土，最高峰(指柱山)海拔1572.6m，最低点(拐庄)海拔仅300m，地貌强烈切割，多以深涧、峡谷、奇峰、瀑潭为主，整个地形是四周环山，中为谷地。蟒河保护区属暖温带半湿润气候区，具有明显的暖温带季风型大陆性气候特点，是东南亚季风的边缘地带，年平均气温15℃，最高气温41.6℃，极端最低气温-8℃，大于10℃的积温4220℃，无霜期210~240d，年降水量750~800mm。区内水资源丰富，主要有后大河、洪水河两条河流，在黄龙庙汇集后称蟒河，全长30km，流经河南省注入黄河[7]。南方红豆杉主要分布在河床两侧的“U”形沟谷，海拔约为650~800m。

2　样地设置与研究方法

蟒河保护区南方红豆杉主要分布在后大河、后小河、前河、拐庄等山地河谷区。本研究选取南方红豆杉分布比较集中的后大河、前河区域，利用Arcgis标定分布区域，根据实地调查情况，结合南方红豆杉生境条件，设置5个样方，样方依据实地地形布设，样方内南方红豆杉为优势木，每个样方不

*　本文原载于《山西林业科技》，2021，50(3).

小于 10m×10m。

2. 1 样地设置方法

本研究使用 Leica Disto S910 测距仪和三角架作为样方设置工具，在三角架的三个支撑腿上标注中线，在 Leica Disto S910 测距仪固定座边缘标注 0°、90°、180°、270°四个方位角。样地设置时，先对测距仪进行罗盘校准，测距仪按横“8”字缓慢移动，直至显示屏上出现 OKl 图标。打开三角架，安装好固定座和测距仪，整平三角架后，利用固定座上的横微调旋纽和纵微调旋纽，对测距仪进行水平调整。调节测距仪，使其前端位于 0°方位，按“DIST”键进行测距，首次测距完成后，转动测距仪，使其 90°或 180°边与原 0°方位边重合，使用“智能角度测量功能”确定转动角度为 90°后，进行二次测距，完成样地 2 条边的测距和设置。移动测距仪至已测定的 2 个点中的其中一点，确定样地第 4 个边界点，完成测距后，在第 4 个边界点进行样地闭合测定，测量周界闭合差不超过 1/100。

2. 2 样地调查

于 2020 年 9~10 月和 2021 年 4~5 月对样地进行调查，记录乔木的种类、株数，对超过 5cm 的每株乔木进行每木检尺，记录树高、胸径、冠幅等，调查记录样地内灌木的种类、高度、盖度等，记录样地内草本的种类、盖度，对藤本和蕨类植物等只记录种类。对样地边缘 10m 内陡坡地带的植物，只记录名称，作为南方红豆杉的伴生植物种类。

3 结　果

本研究野外调查共记录木本植物 76 种，其中，乔木 16 种，灌木和木质藤本 22 种，草本 35 种，蕨类植物 3 种。对所记录的种依据吴征镒关于中国种子植物属的分布区类型做属的分布型统计分析[8]。记录结果见附表 1。

统计结果表明蟒河保护区南方红豆杉伴生植物中热带地理成分共有 10 属，占总属数的 15. 63%，温带地理成分共有 50 属，占总属数的 78. 13%，表明该区域以温带成分占优势，但有部分热带物种的渗透，该结果与茹文明研究结果一致[3]。

4 讨　论

由于所选样地的差异，本研究与茹文明的调查结果 41 种[3]，所记录的植物种类有一些差异，种数增加了 35 种，如领春木、山白树、血皮槭、竹叶椒等均为本次调查中记录的南方红豆杉伴生树种，表明了南方红豆杉起源的古老性。同时，由于气候条件的影响，本研究所记录的物种中出现的亚热带成份有所增加，这也从侧面反映出了蟒河区域 20 年的气候变迁。

野外调查发现，在后大河区域，南方红豆杉受人为干扰较多，入区游客进入分布区踩踏，加之南方红豆杉属阴性树种，对温度、湿度要求较高，导致植株生长受到影响。

在踏查和样地调查中，样地内南方红豆杉的种群更新状况较差，选取的野外样地中更新的幼苗不足 40 株，且 2 年生苗数量较多，野外调查的 5 个样地中，最多的一个样地有南方红豆杉幼苗 14 株，根据野外调查经验推断，南方红豆杉幼苗个体缺乏，竞争力较弱，与伴生灌木和草本在光和空间的争夺上处于劣势，导致种群更新困难，这也是造成南方红豆杉濒危的重要因素，样地中幼苗的更新状况有待进一步的监测。

本研究只涉及蟒河保护区后大河、前河区域南方红豆杉的样地调查，抽样强度较低，调查结果只能反映区域性的部分南方红豆杉资源现状。调查发现后大河受人为干扰较前河严重，样地内幼苗更新情况也比前河区域要差一些。对蟒河保护区全区南方红豆杉资源的调查，仍需增加样地数量，进行长期监测研究，对保护区全区的植物区系分析，也需依据更为全面的调查来确定。

附表 1　南方红豆杉调查样地植物统计表

Table1　Statistical table of Taxus mairei in Standard plot

序号 No.	中文名 Popular name	种名 Species name	属的分布型 Types and subtypes	序号 No.	中文名 Popular name	种名 Species name	属的分布型 Types and subtypes
		乔木层		37	一叶萩	*Flueggea suffruticosa*	4
1	南方红豆杉	*Taxus mairei*	8	38	胡枝子	*Lespedeza bicolor*	9
2	山白树	*Sinowilsonia henryi*	15			草本	
3	领春木	*Euptelea pleiosperma*	14	39	薹　草	*Carex* spp.	14
4	老鸹铃	*Styrax hemsleyanus*	2	40	细叶薹草	*Carex riqescens*	14
5	青　檀	*Pteroceltis tatarinowii*	8	41	络　石	*Trachelospermum jasminoides*	9
6	北枳椇	*Hovenia dulcis*	14	42	蝙蝠葛	*Menispermum dauricum*	9
7	千金榆	*Carpinus cordata*	14	43	山葡萄	*Vitis amurensis*	8
8	鹅耳枥	*Carpinus gurczaninowii*	14	44	葎叶蛇葡萄	*Ampelopsis humulifolia*	9
9	君迁子	*Diospytos lotus*	8	45	风毛菊	*Saussurea japonica*	8
10	栾　树	*Koelreuteria paniculata*	8	46	穿龙薯蓣	*Dioscorea nipponica*	14
11	小叶白蜡	*Fraxinus bungeana*	14	47	薯　蓣	*Dioscorea polystachya*	14
12	黄连木	*Pistacia chinense*	14	48	变豆菜	*Sanicula chinensis*	1
13	血皮槭	*Acer griseum*	8	49	少花万寿竹	*Disporum uniflorum*	9
14	匙叶栎	*Quercus dolicholepis*	8	50	三脉紫菀	*Aster ageratoides*	8
15	栓皮栎	*Quercus variabilis*	8	51	尖裂假还阳参	*Crepidiastrum sonchifolium*	14
16	橿子栎	*Quercus baronii*	8	52	黄鹌菜	*Youngia japonica*	14
17	槲　栎	*Quercus aliena*	8	53	党　参	*Codonopsis pilosula*	14
18	木姜子	*Lindera reflexa*	7	54	荩　草	*Arthraxon lanceolatus*	9
19	八角枫	*Alangium chinense*	4	55	斑叶堇菜	*Viola variegata*	1
20	竹叶椒	*Zanthoxylum armatum*	2	56	北京堇菜	*Viola pekinensis*	1
21	冻　绿	*Rhamnus utilis*	1	57	小果博落回	*Macleaya microcarpa*	14
22	少脉雀梅藤	*Sageretia thea*	3	58	淫羊藿	*Epimedium brevicornu*	10
		灌木、木质藤本		59	糙　苏	*Phlomis umbrosa*	10
23	海洲常山	*Clerodendrum trichotomum*	14	60	展枝唐松草	*Thalictrum squarrosum*	9
24	膀胱果	*Staphylea holocarpa*	8	61	蛇　莓	*Duchesnea indica*	7
25	薄皮木	*Leptodermis oblonga*	8	62	萎陵菜	*Potentilla chinensis*	8
26	黄　栌	*Cotinus coggygria* var. *pubescens*	10	63	福王草	*Nabalus tatarinowii*	9
27	荆　条	*Vitex negundo* var. *heterophylla*	14	64	多裂福王草	*Prenanthes macrophylla*	10
28	连　翘	*Forsythia suspensa*	10	65	三花莸	*Caryopteris terniflora*	14
29	三裂绣线菊	*Spiraea trilobata*	11	66	蝎子草	*Girardinia euspidata*	14
30	小花扁担杆	*Grewia biloba*	8	67	艾　蒿	*Artemisia argvi*	9
31	华中五味子	*Schisandra sphenanthera*	9	68	三叶木通	*Adebia trifoliata*	14
32	南蛇藤	*Celastrus orbiculatus*	2	69	紫　苏	*Perilla frutescens*	8
33	铁线莲	*Clematis florida*	1			蕨类植物	
34	钝萼铁线莲	*Clematis peterae*	1	70	卷　柏	*Selaginella tamariscina*	
35	短梗菝葜	*Smilax scobinicaulis*	2	71	贯　众	*Cyrtomium fortunei*	
36	窄叶紫珠	*Callicarpa membranacea*	8	72	溪洞碗蕨	*Dennstaedtia wilfordii*	

注：属的分布型：1. 世界分布，2. 泛热带分布，3. 热带亚洲和热带美洲间断分布，4. 旧世界热带分布，5. 热带亚洲至热带大洋洲分布，6. 热带亚洲至热带非洲分布，7. 热带亚洲分布，8. 北温带分布，9. 东亚和北美间断分布，10. 旧世界温带分布，11. 温带亚洲分布，12. 地中海、西亚至中亚分布，13. 中亚分布，14. 东亚分布，15. 中国特有分布。

Note: The areal-types and subtypes: 1. Cosmopolitan, 2. Panrtopic, 3. Trop. Asia & Trop. Amer. Disjuncted, 4. Old World Tropics, 5. Tropical Asia & Trop. Australasia, 6. Trop. Asia to Trop. Africa, 7. Trop. Asia(Indo-malesia), 8. North Temperate, 9. E. Asia & N. Amer. Disjuncted, 10. Old World Temperate, 11. Temp. Asia, 12. Mediterranea, W. Asia to C. Asia, 13. C. Asia, 14. E. Asia, 15. Endemic to China.

二、宣教篇

蟒河的传说*

蟒河自然保护区管理所 王玉萍

指柱山

指柱山是蟒山的主峰，它犹如擎天巨柱，挺拔耸立于蟒山的群峰之上。指柱山的四周是万仞绝壁，只有一条人工开凿的小石阶通往山顶。

峰顶大约有两千平方米，上面建有祖师庙、菩萨殿、求子殿、武当道观，每年农历二月二前后，是指柱山的庙会，周围四乡八里的山民远至河南的一些人，携带香火，到山上布施求药、求子。据当地的村民讲"非常灵验"。据传说，峰顶的祖师庙是为纪念让指柱山长高的法师。很久以前，指柱山镶嵌在蟒山的群山峻岭中，并不很高，山上有座道德观，道德观内住着一牛法师，一日道长云游山下，巧遇在晋城凤凰山修炼的师弟。师兄弟多年未见，自然很亲热，一阵寒喧过后，便各自问起修道的情形，师弟侃侃而谈，说自己已修炼得法力无边。长江后浪推前浪，已超过师傅的造诣，那份志德意满傲气实足的样子，让他的师兄听后大为诧异。为了让这位不知天高地厚的小师弟接受些教训，师兄就说："既然师弟已修炼得出神入化，那么，我想和你比一比，以百日为期，看你我所住的山峰，谁长得高就算谁赢。"师弟一听，劲头倍增，当即与师兄击掌而去。

他们回山后，各自作法，果真两山拔地而起，节节高长，指柱山更是一日一新，往下看云雾在半山腰缠绕。在山的顶峰仔细听，隐约可听见天宫传来乐声，师弟见师兄真的胜自已一畴，心生嫉恨，急急烧一纸黄表，向天帝告状，说指柱山节节高长，要把天穿一牛窟窿。天帝闻迅，急派南极仙翁去察看，南极仙翁一出南天门，拨开祥云向下观望，只见一山真的不断高长，遂念动咒语，用手一指，指柱山才停止了生长。从此，人们便把支柱山改名为指柱山。

若不信，你可登山前往，指柱山有半截在云端里，伸手便可摘到天上的星星，在夜深人静的夜晚，隐约可听见天宫传来的仙乐。

水帘洞

蟒河源于山洞，出洞不远，向右拐牛弯，化作两股瀑布，飞流直下深潭，吼声震耳欲聋。在两股瀑布之间，有块约两丈宽的悬崖突出，细流遍布岩上，欲断不能，欲滴不尽，织成了一道道"水帘洞"。洞旁有块岩石，形似乌龟，龟头出彀，伸向苍天，好象是怕落入巨蟒之口而在向过往行人求救，民间传说也因此而产生。

据说在很久以前，这水帘洞是河神府。河神是只乌龟，所管辖的这条河，浇灌着千亩良田。山上附近有只猴子，同河神府的乌龟是朋友。乌龟好吃懒做，从不出府巡查。

一年河水猛涨，淹掉了不少田野村庄，老百姓烧香磕头，向玉皇大帝告河神的状，玉皇一怒，撤了乌龟的河神之职，派了一条蟒蛇守住洞口。

一年天大旱，老百姓有种无收，乌龟深感痛心，于是叫猴子偷来一罐美酒，放在水帘洞口。巨蟒闻得酒香，顾不得天条森严，喝得烂醉。乌龟趁机放水，巨蟒醒来后，找乌龟算帐，乌龟不敢回洞，

* 本文原载于《山西林业》，1994，(1)：30.

变成了一块石头。

蟒山中有野猴数群，常常到水帘洞饮水作乐，当然，这不是《西游记》中的福地洞天的水帘洞，那不过是吴承恩的空想，而这里的水帘洞可是千真万确的。

蟒河棋盘山的传说*

王玉萍

相传很久很久以前，河南省济源市克井乡的一个小山村，有一个叫王三的樵夫，父母双亡，取妻柳氏，家里很穷很穷. 每日里靠打柴为生。

他每天越过晋豫边界，到山西阳城的地面打柴，然后，再返回河南去卖。

有一天，他告别妻子柳氏，出门打柴，往日里他走的是山道，沿山而上。他想，今日我何不顺沟而行，沿着长长的山沟，顺着弯弯曲曲的小溪。他一边走，一边看，沟两边的山峰奇拔峻秀、美丽多姿，正值深秋，树上的叶子火红火红，满山遍野像万紫千红的巨大花园。他被这奇丽的景色迷住了。

正行间，只见远远一座孤峰高耸万仞，像一根圆圆的柱子直插云霄。王三惊讶万分，我每天在这里打柴，怎么从未见过这座山，一种好奇心骤然升起。我何不上去看一看？王三加快脚步，来到了山脚下，放下扁担、绳子，拿着斧头向山上攀去。

他爬呀爬呀，终于爬到了山顶。只见山顶上两位老人，一位身穿白色长袍，银白色的眉毛，在阳光下闪闪发光；一位身穿黄色的长袍，红胡子、红眉毛。他们正在一块很大很大的石盘上下棋，根本没有注意来到身边的王三。

王山看着看着，自己也入了迷。一会儿，他抬起头来，却被山周围的景色惊呆了。

山顶上一朵朵娇艳动人的花，忽然全部凋谢，落了满满一地。他吃惊地睁开眼睛定神一看，山顶上忽然又开满缤纷灿烂的花朵，草丛里一朵落花也没有了。

山顶上一颗很大的栓皮栎，树上的叶子一会转黄了，漫漫落下，一会儿又渐渐抽芽、长叶。再一会儿，叶子又渐黄，落下……王三越看越惊奇。真奇怪，莫非我在梦中？他用牙咬咬手指，好疼。再看看两位老人，一盘棋还没有下完。他再用手使劲拧一下大腿，不由得“哎呀”喊出声来，下棋的老人吃惊回头一看：“年轻人，你从那里来”。王三说“我刚从山下来，看见你们下棋。”只见红胡子老人手拈着胡须，朗朗笑了：“看来这是天意，你快回去吧。”

王三憨厚地点点头说：“没关系，我还想看你们下棋。”

白胡子老人接着说：“年轻人，你快回家看看吧。”

王三心想，就这么一会儿功夫，家里能怎样？说着向山下走去。

王三走下山，扁担坏了，绳子断了，斧头也锈迹斑斑，早已经没有了斧柄，只得空手往家里走。

走啊走啊，终于走出了山口。他被眼前的景色所迷惑，上山时山上的杂草已荡然无存，绿油油的麦田一浪高过一浪。他那小山村也比以前大得多，盖了许多新房子，式样也与以前大不同。他找呀找，怎么也找不见自己家。只有村中间的一颗槐树，记得早晨离家时只有碗口粗，可是眼前怎么长得三五个人围不住，前面走过一个白胡子老人，他忙去向老人打听：“大爷，你知道村西的柳氏吗?”老人说：“他丈夫王三去打柴，走了就再没有回来。”说着，他指着村西新盖的房子，说那就是柳氏后辈的家。

王三想，我才走一天，怎么就几百年呢？他把他的故事，讲给人们听，人们都不相信地摇摇头。王三一时急心里难过，突然靠着老槐树死了。

从此以后，人们把王三住的村子改名为靠老庄。王三看老人下棋的山就是如今阳城县蟒河的棋盘山，人们也叫望蟒孤峰。至今，棋盘山的山顶，还有一块很大的石头，传说就是两位仙人下棋的棋盘。

---

* 本文原载于《山西林业》，1995，（1）：32.

蟒河山萸肉*

王五喜

唐朝诗人王维，有首流传千古，脍炙人口的诗篇《九月九日忆山东兄弟》。诗是这样写的：“独在异乡为异客，每逢佳节倍思亲。遥知兄弟登高处，遍插茱萸少一人。”这诗中的茱萸指的就是山茱萸。山茱萸属山茱萸科，是一种落叶小灌木，其果实去籽后学名为萸肉或山萸肉，是我国中医上常用的名贵药材。在我国，山茱萸有4大产地，阳城县蟒河村一带即为其中之一。

蟒河位于山西省南部的阳城县桑林乡，南边与河南省济源市毗邻。这里地处太行山腹地，山大沟深，山地为褐色土，山麓河谷为冲积土，整个地形四周环山，中间成谷地。由于受东南季风的影响，年降水量530~800mm，年均气温14℃，无霜期180天，自然条件较好，适宜于山茱萸生长。蟒河山茱萸有别于其他产地的标志，是其成熟果实颜色为鲜红色，其他多为黄色。蟒河山茱萸肉厚，药性好，实为同类中的佳品。

近年来，蟒河山萸肉、山萸酒不仅行销国外，还出口到港澳地区及东南亚各地。据《本草纲目》记载，山萸肉性微温；味酸涩，补肝益气，壮阳生津，涩精止泻，通七窍，安五脏。中医常用它与熟地、五味子、枸杞子配伍，治疗阳萎、遗精；与人参配方治疗大汗虚脱；与生地、知母配伍治疗阴虚、盗汗等。现代医学研究表明，山萸肉还是年老体弱或久病体衰者强身健体，延年益寿的滋补佳品。

据《阳城县志》记载，蟒河栽植山茱萸始于明朝末年，大约经过几十年的时间，才发展起来，但数量很少，产量也不高。现在，蟒河村一带还能见到需要两个人合围才能抱住的大树，树龄当在300年以上。由于自然条件和栽培技术的限制，蟒河山茱萸这一历史的特产，若干年来一直处于自然生长的状况。

20世纪70年代初，在阳城县有关部门的帮助下，蟒河村开始人工培育山茱萸。当年栽植的这些树木，现在都已开始结果。长期以来，由于山萸肉产量极低，因而市场价格一直在上涨。1987年每公斤市场价达到180元，这年蟒河村山茱萸大丰收，全村2.5万多株树，收获鲜果100000kg，收入90万元，户均收入4000元。

近年来，针对山茱萸栽培面积不断扩大和大小年结果现象明显的实际，阳城县林业部门组织技术人员对山茱萸的育苗、栽培、管理进行了专题研究，并取得较好的效果。他们克服山茱萸大小年结果现象的主要技术措施：一是除掉树冠下的杂草、灌木丛，并深翻树冠下的土壤，有条件的地方可以垒树盘蓄水保肥，为根系生长创造条件；二是每株大树于冬季施土杂肥40~50kg，开沟施入；春季开花前追肥施尿素1kg；6月份在果实发育和花芽分化时，追施磷肥和氮肥；三是在花期喷施九二零、硼酸、磷酸二氢钾等生长激素。喷施时间在初花期、盛花期、末花期，每次喷施时间最好在早上或下午无风、无雨时进行；四是疏除树冠内膛过密的骨干枝及交叉的徒长枝，以及树干上的藤蔓、青苔并刮去老树皮，剪去根际抽生的萌叶枝，以改善树内通风透光条件。

* 本文原载于《山西林业》，1999，(2)：27.

蟒河鸟巢拾趣*

张青霞

山西蟒河国家级自然保护区位于山西省东南部，与河南接壤，总面积5573公顷，主峰指柱山海拔1572.6米，属暖温带季风型大陆性气候，处于东南亚季风的边缘地带，植被覆盖率达81.9%。区内森林茂密，灌木丛生，沟壑纵横，水流淙淙，为鸟类的生存繁衍提供了充足的食物来源及多样的栖息地类型。

每到三、四月份，气温回升，春暖花开，各种鸟儿竞相营巢，开始一年一度的传宗接代，此时亦是我们寻找鸟巢的绝佳时期。

保护区内的鸟类计有214种之多，其中约有100种在区内繁殖。它们的巢形态各异，营巢材料亦各有不同，巢址选择更是各有千秋。

依据营巢环境，可大致将巢分为“水上人家”“水边住户”“空中楼阁”“地面窝居”四种类型，前两种属湿地鸟巢类型，后两种主要为陆地鸟巢类型。

水上人家

“水上人家”主要是指水中营巢的种类。其中又以小䴙䴘为代表，在水面上的芦苇、蒲草、三棱草等草丛中筑巢。巢的一半在水上，一半在水下，微风吹来，巢随水波上下轻摇，真似一个舒适的摇篮，雏鸟在其中尽情享受着家的温馨与安逸，“任尔外面风狂浪急，吾在巢中自得其乐”。各种野鸭巢都属此类。

水边住户

“水边住户”指在水边滩地营巢的种类，主要是鸻和鹬类，它们的巢堪称“最简陋的巢”，一般距水不远，通常是鸟类在水边地面上的凹坑里铺垫少许草茎、树叶，便大功告成；有的只铺垫少许沙粒；一些“懒汉”，如金眶鸻，甚至什么都不铺，即将卵产于地面自然形成的凹坑中。也许有人会说这实在是太简陋了，简直与周围环境毫无区别。是的，它们的巢完全裸露于河滩之上，暴露在光天化日之下，且周围毫无遮掩物。它们在这样的巢里孵卵不是很危险吗？别担心，它们的身体及卵的颜色就是最好的保护色。人们若不仔细看，根本分辨不出来。我们在调查它们的繁殖情况时，都深感发现其巢之难。

空中楼阁

建于陆地的巢依其占用空间的不同，又可分为“空中楼阁”和“地面蜗居”两大类。我们先说说“空中楼阁”的住户们。它们可是一个大家族，它们中有的细心地将巢址选择在墙洞、树窟、土穴等处，这样的巢能很好地遮风挡雨，我们称之为“遮风挡雨型”空中楼阁，如白鹡鸰和人称“火焰鸟”的北红尾鸲（选择墙洞）、“树木医生”啄木鸟（选择树洞）、各种鳾类（选择土崖洞穴）、家燕和树麻雀（选择房檐下）等皆属此类。

---

* 本文原载于《大自然》，2010，（2）：54-55.

值得一提的是，还有一种嘴红腿赤、背部乌黑发亮、腹白眼褐的大鸟亦属此类，它就是我国一级重点保护动物、被列入国际濒危物种保护公约《红皮书》的黑鹳。它们常选择向阳背风、光照时间长、便于觅食和躲避天敌的悬崖峭壁的平台或凹处营巢，上方突出的岩石常可为它们的巢遮阳挡雨。这种鸟还有“旧巢新筑”的习性，即在繁殖期迁来后，将陈年旧巢修修补补，筑高后继续使用。

还有一些鸟儿不知是粗心大意还是有意让儿女在风雨中锻炼成长，它们的窝棚缺梁少瓦，我们称之为“缺梁少瓦型” 空中楼阁。这些住户通常“八仙过海、各显其能”，有的在电线杆顶部营巢，如灰椋鸟和山麻雀；有的将巢营于沙棘、荆条、白刺花等灌丛中，如各种噪鹛类、鹀类等；还有的将巢筑于高大的杨、柳、榆、槐等的树冠上，如我们熟知的喜鹊、“黄衣公子”黑枕黄鹂、“黑棒槌”黑卷尾及我国二级重点保护的各种猛禽及鹭类等。

“黄衣公子”黑枕黄鹂的巢实为“空中楼阁”之典范，它总是选择高大的阔叶树上靠近树梢而远离树干的水平细枝营巢，距离地面一般 5 米左右，这个高度是我们人类难以企及的。因这么高的树枝过于纤细，就连攀爬高手松鼠也难以企及。其巢呈吊篮状，由干草叶、麻丝、草茎、碎纸等编织而成，在浓密的树叶间若隐若现，有如海市蜃楼。

“鹊巢鸠占”的故事千百年来一直在上演。喜鹊从头年岁末至次年岁初，顶风冒雪，辛辛苦苦往返数百次，才将巢精心营造而成。然而，正当其满心欢喜、欲接爱侣入洞房结婚生子之时，不幸的事情发生了。其天敌红隼发现了它们的“新房”，硬是将其驱逐出境。喜鹊夫妻在新房上方盘旋哀鸣，但又别无他法，只得另觅新址重建家园。我们虽为喜鹊鸣不平，但大自然的竞争就是这样无情，优胜劣汰，适者生存。

地面窝居

“地面窝居”的成员主要是各种雉类，如国家二级重点保护鸟类中的勺鸡、重要的经济鸟类环颈雉，还有人们喜爱的百灵、云雀等。雉类常将巢址选在沟岔纵横、人畜无法行走，野猪、狍子等也难以到达的地段，通常在酸枣、荆条等的根基之下，多用草棍、茅枝、树叶等将巢建造而成，其巢结构疏松，呈碗状。雉鸡巢在麦地中亦常见。

鸟巢的类型通常与其主人的生活习性密切相关，但也不是绝对的。例如，鸳鸯常在水上成双成对自由自在地游弋，你是否就此以为它们就是营巢于水上草丛中的“水上人家”呢？错了。它们营巢于近水高树的树洞中，因此有“水上鸳鸯树上巢”之说。此外，鹳、鹭类则是生活于水上却营巢于悬崖或树冠的种类。

大自然中还有一些终生不营巢的寄生性鸟类，它们便是鹃形目杜鹃科的成员。它们在产卵前总是事先侦察好山鹛、三道鹛、草鹀等(寄主)的巢，然后将卵产于地上，再伺机用喙将自己的卵衔入寄主巢中，之后扬长而去，将孵化和抚育后代的任务全部交给寄主。奇妙的是，它们的儿女通常都能够成活。原来其幼雏在与寄主的儿女同步出壳、羽毛风干后，便用臀部将寄主的亲生骨肉挤出巢外摔死，自己独享养父母的抚育，而寄主对“杀子仇人”依然倍加呵护，甚至在“养子”的体重、体长都超过自己后，还要站在雏鸟背上喂食。

兔年说草兔[*]

张青霞

2011 年是兔年，我很想说一说人们常见但又不太熟悉的草兔。草兔又叫野兔，因广泛分布于北方地区且极善奔跑，又被称为草原兔、蒙古兔、山跳子等，学名为 *Lepus tolai*，隶属于兔形目兔科兔属，已被列入国家林业局 2000 年 8 月 1 日发布的《国家保护的有益的或者有重要经济、科学研究价值的陆生野生动物名录》，简称“三有”动物。

形态特征

草兔体形中等，体重在 2 千克左右，其冬毛长而蓬松，保暖性较好，背毛基部为浅棕灰色，上部为黑色，腹毛为白色或污白色；夏毛为淡棕色，短而无绒，身体两侧的白色针毛较冬毛少得多。其前肢较短，后肢长而有力，非常善于奔跑，最快可达每秒 10 米左右。

草兔的耳朵长而独特，向前拉能明显超过鼻尖，并可以随意地灵活转动，真正能做到耳听八方。当草兔来到一个全新的环境或见到陌生物体时，往往会竖起双耳仔细探听；当认为自己处于安全环境中时，则会双耳下垂。此外，草兔的耳朵还可以作为体温调节器，竖立时可以提高散热效率以降低体温，紧贴在脊背上时则可以起到保温作用。

草兔的眼睛位于头部两侧，可以同时观察前后左右及上下方的动静，真可谓眼观六路，可以及时发现危险并尽快逃离。但眼睛的如此布局也存在着局限性，那就是由于双眼的间距太大而无法聚焦，必须依靠左右移动头部才能看清物体。但是草兔在快速奔跑时往往来不及转头，所以常常撞墙、撞树，“守株待兔”这个成语的出现也许恰好说明了草兔的这一特点。

栖息环境及繁殖习性

有水源的混交林、灌木丛、沟谷、河漫滩、农田附近的荒草坡、坟地、果园及苗圃等都是草兔喜欢生活的地方，它们尤其喜欢林缘灌丛和林缘耕地。除育仔期有固定的巢穴外，草兔平时都过着流浪生活，但通常有一定的游荡范围，不会轻易离开栖息地。春季和夏季，草兔通常在茂密的幼林和灌木丛中生活，到了秋季和冬季，往往匿伏于干草丛中、土圪堆或灌丛下。它们通常用前爪挖出浅浅的约 30×20×10 立方厘米大小的簸箕状小穴并匿伏其中，但是这种浅穴只能将草兔身体的下半部藏住，脊背通常与穴口附近的地面一致或稍高，这时候它们的保护色就能起到重要作用。

草兔终生生活在地面，不掘洞，但善于奔跑。它们昼伏夜出，喜欢走熟悉的固定路径，往往从黄昏开始整夜活动，主要是觅食，有时直到破晓还在活动。白天，草兔通常只有在受到惊扰的情况下才从匿伏处逃走，但很快又会在它认为安全的地方隐蔽起来。

观察表明，草兔的数量在不同生境中有所不同，即使在同一地区，随着季节的不同其数量也有很大变化。5~8 月草兔在野外最为常见，遇见率占全年的 60%以上；11 月至翌年 2 月通常少见，遇见率仅占全年的 10%左右。

草兔初夏开始繁殖，4 月末~5 月初即可在野外见到孕兔，6~8 月为其繁殖高峰期。草兔每胎生产

* 本文原载于《大自然》，2011，(4)：46-47.

3~6 只，仔兔约 1 个月后即可离开亲兔独立生活。

草兔的食性复杂，随栖息地环境而有所改变，它们一般喜食嫩草、野菜和某些乔木和灌木的叶，冬季则啃食草根、枝条或幼树的树皮，有时也吃地衣。草兔数量多的时候，常给林业造成灾害。在农田附近生活的草兔经常盗食各种豆类、红薯、马铃薯等，尤其喜食胡萝卜，春天刚出土的豆苗也常常被它们成片啃食。

智斗天敌

草兔的天敌很多，主要有犬科、鼬科、蛇和猛禽等动物，如狼、狐狸、草原雕、金雕、黄鼬等。我曾亲眼见到老鹰捕食草兔的情景。只见一只老鹰俯冲而至，一只爪子紧紧抓住草兔的臀部，就在草兔转身挣扎着想逃脱的一瞬间，鹰的另一只爪子已经稳稳地扣住草兔的背部。老鹰旋即凌空飞起，很快将草兔带上数十米的高空，随后从高空将草兔重重地扔下来，野兔便被摔死了。这时候，老鹰才重新将猎物抓起，带到山顶上慢慢享用美餐。

但是，草兔也不完全处于束手待毙的状态，在与各类天敌的长期较量中，它们也练就了自己的生存策略。有经验的草兔会在鹰爪快要抓到自己时迅速就地打滚，使鹰爪落空。巨大的俯冲力通常会使鹰着地时因站立不稳而打趔趄，草兔则会抓住这个转瞬即逝的机会纵身跃起，左突右窜，全速奔逃，只要它们能在鹰爪再次到达之前钻进酸枣或沙棘等有刺植物丛里，就能躲过这场劫难。

地理分布及经济价值

草兔在我国主要分布于东北、华北、华中、西南、青藏高原、新疆及云贵高原，其中，在山西省广泛分布，是一种重要的毛皮兽，对发展地区经济意义很大。

近年来，由于天然林保护工程的实施和猎枪的收缴，有些地方的草兔数量剧增，甚至给当地的林业和农业带来较大危害。为了保持生态平衡，在经过实地调查确认草兔数量过多的地方，可以适当采取人工消灭的方式控制其种群数量。消灭草兔的方法应以生物防治为主，即首先加大对鹰等草兔天敌的保护力度，其次是适当放置套索和铁夹，但一定要注意勤检查和定期拆除，防止误伤其他野生动物。特别注意要谨慎使用药杀法，防止造成二次伤害，避免破坏生态环境和生物链。

保护华北“小桂林”之美*

——山西蟒河国家级自然保护区发展纪实

赵益善　田随味

林海茫茫，满目苍翠，峰峦叠障，密林曲径，奇珍异树遍及山野。国家重点保护野生动物金钱豹、猕猴等珍稀动物，在这里繁衍生息。犹如银河般倾泻而下的山水像一条巨蟒奔腾不息、穿山而过，这就是享有华北“小桂林”盛名的山西蟒河国家级自然保护区。为了保护华北“小桂林”之美，山西蟒河国家级自然保护区管理局全体干部职工齐心协力，为自然保护事业谱写了华丽篇章。

山西蟒河国家级自然保护区位于阳城县东南 30 公里、晋豫两省交界处。总面积 5573 公顷，森林面积 4574.3 公顷，活立木蓄积量 75831 立方米，植被覆盖率 82%。有动物 285 种、种子植物 882 种，有国家和省级重点保护野生动物 53 种、国家和省重点保护野生植物 34 种，被誉为山西省动植物资源宝库。

“十一五”期间，山西蟒河国家级自然保护区管理局不断完善内部管理，拓宽发展思路，加强对外协作，在自然资源保护、科学研究、宣传教育、基础建设、社区共建上取得了优异成绩。

强化管护　保护资源

根据 2009 年度启动的“山西省省级重点公益林效益补偿项目”和“国家级森林生态效益补偿项目”，保护区全面强化森林资源保护。

组建队伍建联防。组建了 25 人的应急消防扑火队和 4 支应急小分队，并配备风力灭火机、灭火水枪、二号灭火工具、灭火服和防火帽。与辖区内的 6 个村民委员会签订了森林防火责任状，成立了联防组织机构。

广泛宣传造氛围。管理人员、公安民警、管护员深入山庄窝铺、田间地头、学校，开展森林防火宣传教育，刷写防火标语，散发防火传单，悬挂横幅。充分利用小广播、黑板报、宣传车、宣传单等多种形式广泛宣传防火。5 年来，出动宣传车 300 余车次，防火宣传总计行程 3 万余公里，散发宣传资料 3 万余份，刷写标语 200 余条，受教育群众达 2 万余人。

科学监测保安全。2008 年 5 月，管理局投资 100 余万元，建造了 3 座 20 米高的监控铁塔，改造天麻岭瞭望塔一处，安置全方位摄像头 5 个，监控范围覆盖全区，实现了森林防火预报与监测数字化。经过周密、细致的工作，保护区建区 26 年来，没有发生过一起火情火灾。

打防并举重保护。5 年来，派出所共查结各类林政案件 31 起、治安案件 1 起，处理各类违法人员 29 人，为国家挽回经济损失 63470 元。同时，在保护区的核心区、缓冲区、实验区边界设置了界桩、界碑，实行分区管理。对重点保护野生动物猕猴进行投食驯养，使区内猕猴的种群数量由建区的 150 只发展到 680 余只。救护野生动物 26 只，救助国家一级保护动物金钱豹 4 只。

恢复生态　科研先行

保护区管理局与山西大学、山西省生物研究所、山西农大、山西省林业职业技术学院等院校和科研单位建立长期的合作关系，科研工作取得了较快发展。

* 本文原载于《山西林业》，2012，(17)：31-33.

注重资源调查。调查植物资源 106 科 393 属 882 种，分别占全省种子植物总科数的 75.9%、总属数的 62.3%、总种数的 52.4%。首次发现粟米草科、爵床科两个山西新纪录科的植物粟米草和白接骨。发现 3 种山西省新纪录，分别是栗寄生、油芒和异色菊。有野生动物 285 种，分属 26 目 70 科，发现姬啄木鸟和鼬獾为山西省新纪录。

拓展生态文化。采集制作植物标本 540 种 800 余件，动物标本 64 种 123 件，昆虫标本 600 种约 2000 件，鱼类 3 种 10 件。撰写论文 30 篇，共在各类学术期刊上发表 20 篇。其中《蟒河自然保护区金雕数量及其保护的研究》《蟒河自然保护区鸟类调查初报》《山西蟒河自然保护区雉类调查》等 9 篇论文获山西省野生动物保护协会、省生态学会优秀论文奖。

开展科学研究。建设固定日光大棚 300 平方米，培育南方红豆杉幼苗 4000 余株。投资 25 万元购置水文、水质监测仪器和实验仪器，加强对山西沁河湿地阳城段疫源、疫病、疫情的定期监测。建立生态监测站 2 个、气象观测站 1 处、水文水质监测站 1 处、监测样带 10 条、固定样地 30 个，确定监测对象 29 种，对保护区内野生动植物资源进行了不间断地监测。

夯实基础　增强内功

夯实基础设施。近年来，管理局共筹集建设资金 1211 万元，完成科研办公楼 1033 平方米、宣教馆 1575 平方米、管护站 650 平方米、猴山监测站 100 平方米、瞭望塔 100 平方米，制作界桩 1000 个、界碑 260 个，修建巡护步道 11 公里，维修防火道路 15 公里，工程围栏 53 公里。购置巡护车、电脑、照相机、摄相机、对讲机、GPS 等科研办公设备，增添风力灭火机具、扑火装备 50 套，野外巡护摩托车 9 辆。5 年来，新增职工办公用房 900 平方米，新增固定资产 811 万元。

强化内部管理。对每一个责任区内的林情、山情、社情都逐一登记在册，每年更新，做到家底清楚、一目了然。制定岗位责任制和各类考核办法、工作管理制度，共八大类 95 项。管护站实现了生活用品电器化、资源巡护机械化，配备了高清晰电视、电话机和摩托车，明显提高了巡护效率，大大降低了管护员的劳动强度，提高了管护人员的工作热情。

突出公益特色。保护区将自身建设与社区发展结合起来，工程建设中的通信、电力、围栏、防火道路维修、管护站引水等方面和当地社区进行协作，将投资转化为社区居民的劳务收入，既解决了管理局的实际问题，又增加了当地百姓收益，收到了良好的社会效益。特别是在公益林管护、防火和旅游开发过程中，最大限度地吸纳当地群众参与，使保护区建设与社区群众融为一体，更多地争取到了当地群众的理解、支持和拥护，实现了互利双赢。

通过全局干部职工的努力，保护区管理局先后被省委、省政府命名为“爱国主义教育基地”，被省科协命名为“山西省科普示范基地”；被省林学会命名为“林业科普示范基地”；被中国野生动物协会、中国野生植物协会授予“未成年人生态道德教育先进单位”称号；被省林业厅评为“野生动植物保护 2001~2008 年度先进单位”。

资源搭台　开发旅游

2006 年，在山西省林业厅的支持和帮助下，保护区管理局与阳城县蟒河村、阳城县竹林山煤炭有限责任公司签订了 50 年合作发展蟒河旅游的协议。目前，已投入资金 2.4 亿元，维修硬化了原有道路；对后庄 600 米河道进行了清淤整治；对路边的 27 户居民进行了搬迁；完成了停车场、游客服务中心、桥梁、门楼、黄龙庙集散广场和黄龙庙主体等基础设施建设；建设了可容纳 300 人的集餐饮、住宿于一体的农家乐；完成景区内 7 公里的环线步道、栈道、栏杆建设，拓宽了原桑林乡政府至树皮沟 3.5 公里的道路及隧道、停车场及地面配套设施建设；完成电力增容及相关配套设施建设、绿化等工程建设项目、电子票务系统、内部管理系统、监控系统的软件工程及硬件设备建设等规划项目。

蟒河生态旅游一期规划项目已全部完成，并通过了国家4A级景区的评审，获得了“优秀景区”称号。“十一五”期间，保护区管理局实现旅游收入170万元。被中华文化促进会、人民网络中心、凤凰卫视中文台授予“中华生态文化名牌旅游景区”称号，2010年7月，被亚太旅游联合会、国际度假联盟组织、中华生态旅游促进会命名为“中国低碳旅游示范区”。

如今，山西蟒河国家级自然保护区管理局全体干部职工，力争用“长剑破空举世惊，九天揽月任驰骋”的豪情，书写“十二五”的壮丽华章，使蟒河这个气势雄伟、山明水秀、环境幽雅、景色怡人的美丽地方，尽快展现其独特的魅力，成为巍巍太行一颗耀眼的“绿色宝石”。

为蟒河旅游产业插上灵动的文化翼翅*

——山西阳城蟒河生态旅游有限责任公司“文化全渗透”理念下的品牌塑造纪实

陈　鹏

“文化是旅游的灵魂，旅游是文化的载体。作为文化产业的旅游业，离不开文化的支撑和滋润，正如没有内美的丽人，不会迷人久远，没有软实力的实业，不会行之久远。”

——题记

人文灿烂的原始生态蟒河，在“保护性开发”中渐次绽放出风姿绰约的盛世华彩

蟒河位于山西阳城县的蟒河镇境内，北承太岳，东接太行，西倚中条，南连王屋，“四山神秀齐集于斯，郁郁千峰聚若兰开”，这里青峰环绕，绿水盈盈，空气湿润……特殊的地理位置，得天独厚的自然条件，使千种生灵、万种植物在这里繁衍生息。极目远眺，千峰拥黛，万壑云飘；蟒水东流，如练似绸；山涧幽谷闻鸟鸣，猿声阵阵啼清风，更有那起源古老的珍奇植物青檀、兰草、山萸树、领春木、牛鼻酸、红豆杉星散其间，猕猴、大鲵、麝、金猫、金雕、金钱豹等或嬉骠林莽，或翱翔蓝天……置身于采天清地润、集古韵仙灵于一身的蟒河谷之中，令人在陶醉中感怀，在品味中感悟，在荡涤心灵中释然。

山水蟒河，人文添秀。这里的每一处胜景几乎都有其美丽的传说：九天王母娘娘以头上玉簪划壁而来的、与瑶池相连的蟒河出水口；樵夫石头手持镏金大斧斩杀恶蟒后化作的石人峰、石斧峰；人蜂奇缘的金屋藏娇；如来佛祖以手掌揿就的五指山；汤王妃子翡翠项链染绿的翡翠潭；汤王祈雨的桑林、疗伤的养心池；王莽和其外甥刘秀在峰顶博弈一棋定天下的望蟒孤峰；老鼠阶梯、镇山猫、马刨泉、窟窿山、铡刀缝、支腰崖、绝兰碑、拴马桩、刘秀床……一个个美丽动人的传说代代相传，娓娓倾述着传奇蟒山的亘古神韵。

蟒山不仅有不胜枚举的古老传说，还传诵着许多名人贤达题写的辞赋诗篇。蟒河有山皆奇，有水皆秀，鬼斧神工，妙境天成，“奇”“幽”“秀”“险”的胜景，引得天下文人才子纷至沓来，留下了一篇篇脍炙人口的传世佳作。

明代名臣、文学家马汝骥一首《阳城南望》把蟒河的磅礴气势描述得酣畅淋漓：“析城王屋万峰峦，直接仙人白石坛。古洞风云摇锦嶂，名岩日月抱金丹。带分河济悬相映，襟合嵩邙郁自盘。不得探奇挥短赋，徒怀卜胜挂高冠。”一代名相陈廷敬游蟒河砥柱山时，留下了这样的诗句：“楼外砥柱山，几席浮清空。神禹所表置，高标天阙通。王屋连析城，秀色摩苍穹。登楼遥见之，怀古心忧忡。”而唐代大诗人李商隐则在蟒河红豆杉下与一清纯秀美的村姑发生了一场荡气回肠却又肝肠寸断的凄美爱情。别离时，李商隐赠与村姑一首如泣如诉的伤感之诗：“昨夜星辰昨夜风，画楼西畔桂堂东。身无彩凤双飞翼，心有灵犀一点通。隔夜送钩春酒暖，分灯射覆蜡灯红。嗟余听鼓应官去，走马兰台类转蓬。”

蟒山青青，蟒河长长。裹挟着远古之风、承载着浑厚的人文华彩，锦绣蟒河在岁月凝集的年轮中汲取着天地精华，孕育着别具风韵的妩媚，在天造地就中愈发丰饶壮美、灵秀袭人。

蟒河山水为大自然造化的原生态之境，域内原始森林覆盖率达 92%，由于其处于温带之南缘、亚热带之北界，动植物种类繁多，域内共有动物 285 种，被列为国家一级保护动物的有黑鹳、金雕、金钱豹，国家二级保护动物猕猴为我国地理分布的最北限；种子植物 882 种且“物尽珍品”，被列为国家一级保护植物有红豆杉、无喙兰，二级保护植物有山白树、连香树，其中红豆杉属北方极少见的亚热

* 本文原载于《山西经济日报》，2012. 6. 11，第 4 版.

带树种……蟒河有"山西动植物资源宝库"之美誉。

1983年12月26日，经山西省人民政府批准，蟒河建立了以保护猕猴和森林生态系统为主的省级自然保护区；1993年6月，蟒河被列入国家森林公园；1998年8月18日，经国务院批准，蟒河升格为山西阳城蟒河猕猴国家级自然保护区；2005年11月29日，阳城县人民政府下发《关于加快开发蟒河景区的实施意见》；2005年12月15日，阳城县人民政府同意阳城竹林山煤炭有限公司参与蟒河景区开发建设；2006年5月，阳城竹林山煤炭有限责任公司召开景区策划招标会，南京必得旅游策划公司编制的总体规划于2006年11月通过评审；2007年3月，阳城县竹林山煤炭有限责任公司注册成立蟒河生态旅游有限责任公司，至此，蟒河生态旅游的开发建设驶入了快车道，藏于"闺中"的千年蟒河在保护性开发中渐次绽放风姿绰约的盛世华彩。

以"文化全渗透"为主旨，倾情打造有丰富内涵和文化品位的优质旅游精品

蟒河自然风景旅游区东起三盘山，西至砥柱山，南至河南省界，北至花园岭，景区总面积120多平方公里。景区山奇水秀、峰峦叠嶂，蟒山云蒸雾绕，深邃飘渺；蟒河波光粼粼，群鱼嬉戏；两岸桃花朵朵，艳若红霞，宛如一幅造物之神泼洒的天然画卷，系黄土高原罕见的一处水景富集区，素有"华北小桂林"之雅称。蟒河是目前中国发现较晚、保护最好的一块原始的自然风景富集区。特别是10公里长的地面钙化型峡谷景观，诸多地质专家几经反复勘察，一致认为是目前为止中国东部惟一的峡谷风光，绝对有资格申报世界文化遗产……依托得天独厚的珍稀资源，蟒河生态旅游有限公司坚持"大生态、大蟒河"理念，在景区的开发经营过程中严格遵循"有限开发，无限保护"的原则，竭力打造有丰富内涵和文化品位的优质旅游精品，倾情为游客营造最佳休闲胜地，矢志让蟒河走向全省、走向全国。

为了使开发建设更具严谨性和科学性，蟒河生态旅游公司邀请旅游专家、学者对项目详细规划并进行反复论证，不断完善和改进。在项目二期工程建设中，公司邀请北京巅峰智业达沃斯公司对二期项目进行策划，先后六次组织召开由省内外旅游专家和县相关部门组成的各类评审会，对项目的可行性进行科学充分的论证，先后三次对项目规划进行修改完善。同时邀请南京必得旅游策划公司进行策划，力求选择立意创新、目标明确、思路清晰的规划蓝图，围绕蟒河景区的自然人文资源特点，策划出具有特色的蟒河景区亮点、亮片和亮带。

蟒河生态旅游区综合开发项目分三期进行，概算总投资10.3亿元。一期工程投资3.2亿元，相继完成了洪水停车场、接待服务中心、四星级厕所、绿化、桥梁、门楼建设；完成猴山108亩林地、项目、建筑物转让和修建改造；完成了近5000m^{2}的黄龙庙集散广场和黄龙庙主体及基础修建；配备建设了16户农家乐旅游客栈；完成了景区7公里的环线步道、栈道、栏杆建设，及原桑林至树皮沟3.5km公路建设和隧道、停车场及地面附属物建设；完成了电子票务系统、内部管理系统、监控系统、软件工程、硬件设备建设；完成了农家乐饮水工程及旧村环境整治。电力增容及相关配套设施及装潢、绿化等配套工程项目建设。二期工程投资6.46亿元，项目包括滨河主题会所、国际旅游小镇、卧龙湾度假区、汽车营地等。蟒河二期工程是晋城市"十二五"确定的重点项目之一，根据阳城县委、县政府构建"3+1"大旅游格局的布置，现已按照景区总体规划全面铺开。南迪公路铺装和三龙瀑布景点已开工建设，三龙瀑布水电站工程设计编制方案已完成，即将开工修建……目前已完成投资1.6亿元，2013年将全部完成，届时蟒河生态旅游区将成为国家5A级景区。三期工程投资0.64亿元，包括蟒湖温泉度假区、演艺中心等项目，预计在"十二五"末完成。三期工程完成后，蟒河生态旅游区将成为在国内外具有一定影响力的康体休闲旅游目的地和世界地质公园，年可接待游客116.5万人次，实现门票收入1.7亿元、综合收入5.2亿元，可直接间接拉动就业2200余人。

蟒河生态旅游区综合开发项目规划建设秉承"无限保护，有限利用"的可持续发展原则，围绕"文化全渗透，生态全覆盖，产业全融入"的宗旨，突出"大生态、大蟒河、大旅游、大发展"的理念，通过施以"高起点、高标准、高品位"的开发建设，景区内涵愈发丰富，基础设施得以提档升级，"吃、住、行、游、购、娱"功能完善，山奇水秀的生态蟒河魅力彰显，成为各方游客神往的休闲旅游胜地。

2009年4月18日，蟒河景区对外开放，开始试营业。两星期后，景区迎来试营业的第一个高峰期，在“五一”三天的小长假里，共接待游客18590人，实现了开业开门红。随着客流量的与日俱增，蟒河景区名声大噪，声名远播。而公司上下更是信心大振，不断调整市场营销策略，进一步加大旅游产品开发力度，他们以节促销、以赛促销，全面提升接待能力，大力实施品牌战略，公司在经营发展上新招迭出、亮点纷呈：

2009年5月21日，中央电视台《李白》剧组到蟒河景区选取外景拍摄地；2009年9月5日，国家旅游局AAAA级景区验收组莅临蟒河旅游区考察，蟒河景区顺利通过“国家AAAA级景区”验收；2009年9月11日，蟒河景区参加晋城市第二届“神奇太行·经典晋城”旅游月活动，充分展示了蟒河迷人的风采；2010年3月，蟒河景区荣获“中国(行业)十大影响力品牌”称号；2010年“五一”期间，蟒河景区各景点爆满，三天内接待游客超过1.5万人次，门票收入突破30万元，旅游总收入创下60万元新高；2010年6月，蟒河景区总经理梁家库被授予“2009年旅游年度人物”；2010年9月10日，蟒河生态旅游景区开园仪式盛大举行，全球20多个国家和地区政要企业精英参加了开园仪式。法国前总理、亚太总裁协会轮值主席德维尔潘作了精彩的演讲，并即兴题诗《蟒河，如云》：“蟒河，如云，宛如岩石。舒展花岗的翅，涟漪明月间。浪漫的心绪飘散，给这片柔美的林海，树起边界的藩篱。”这首国际友人对蟒河的赞美之诗，被镌刻在景区的景观石上；2010年9月16日，蟒河生态旅游景区隆重举行开业庆典暨国家AAAA级景区揭牌仪式，省市各部门领导、新闻媒体、旅行商及游客逾8000人参加了此次盛会，仪式结束后，中央电视台“艺苑风景线”栏目在蟒河举行了走进蟒河大型演唱会，央视著名主持人赵宝乐，著名歌手阎维文、田震、祖海、张大礼等为在场观众献上了精彩的文艺节目。当日下午，百家旅行社进入景区踩线，之后纷纷与景区签约，共谋双赢；2010年“十一”黄金周，蟒河景区接待省内外游客约3.5万人次，仅10月3日就接待游客8000余人，实现综合收入近百万元；2010年11月30日，蟒河景区参加了晋城市文化产业(产品)展销会，景区展出的工艺品、土特产、蟒河丛书、画册等旅游产品大受青睐；2011年5月19日，为迎接第一个中国旅游日，蟒河景区举办了“畅游蟒河，畅享健康”大型文艺表演，并推出特殊门票优惠活动；2011年6月4日，电视剧《娲皇圣母》摄制组走入蟒河景区考察外景拍摄点；2011年6月9日，蟒河景区参加了第四届中国(晋城)太行山旅游文化月开幕暨“神奇太行经典晋城”旅游推介会，并在此邀请百家旅行社进入景区踩线；2011年6月13日，山西省林业厅厅长李永林到蟒河景区考察调研，盛赞“蟒河景区是全省国家级自然保护区内开发旅游的典型景区”；2011年8月26日，在中国山西旅游博览会和山西品牌节上，“蟒河”荣获2011山西省著名商标，蟒河景区荣获晋城市十佳品牌企业；2011年9月26日，蟒河景区成为第六届中博会“惟一接待景区”。为迎接“十一”黄金周，景区投资60余万元，购进了观光小火车、多人自行车、乌篷船、水上自行车等特色旅游设施设备，极大地丰富了景区旅游项目……2011年，全年共接待游客21.47万人次，同比增长106%；实现旅游收入1706.8万元，同比增长198%。

蟒山秀水逢盛世，笑迎宾客奏欢歌。在经营业绩、水平显著提高的同时，“百里画廊、生态蟒河”品牌的知名度、美誉度更是与日俱增、深入人心，无尽魅力的蟒河宛如百花桃源中的抚琴仙子，把美景和芬芳伴着曼妙琴音传向四面八方。

发掘、传承、光大在文化建设中精铸旅游影响力品牌

“文化是旅游的灵魂，旅游是文化的载体。作为文化产业的旅游业，离不开文化的支撑和滋润，正如没有内美的丽人，不会迷人久远，没有软实力的实业，不会行之久远。”这是阳城县竹林山煤炭有限责任公司董事长成安太为《蟒河文化系列丛书》作序中的语句，富具哲理的寥寥数语，道出了文化旅游产业的精髓，同时也揭示了蟒河生态旅游景区的发展主线轨迹。

梳理蟒河景区的发展脉络，我们可以清晰地发现，“文化全渗透”已贯穿于蟒河景区规划建设、经营管理、综合服务的每一个环节、每一个层面。在景区开发建设的规划设计和评审中，公司即重视突出文化元素，坚持功能准确定位，资源合理利用，要素和谐体现，充分体现人与自然和谐结合，强调拓宽旅游要素和文化内涵，从而实现大旅游格局建设。在2010年9月18日举办的“蟒河生态旅游区开业庆典——峡谷生态论坛”上，专家、学者对蟒河公司围绕生态旅游保护自然资源和保持生物的多样

性、维持资源利用等实现旅游产业的可持续发展所做出的不懈努力给予了高度评价，并就如何打造蟒河景区的亮点、策划包装、品牌营销等方面进行了深入的交流、探讨，最终，与会专家、学者和蟒河公司领导达成了这样的共识：把蟒河特有的旅游资源和人文优势叠加起来，引导游客认识自然、走进自然、保护自然，是蟒河景区坚持不变的发展主旋律。以此理念为指引，在景区的开发建设中，全面凸显人文和谐，因此，蟒河景区的每一个景点、每一山每一水乃至每一个阶梯台阶处处都彰显着浓郁的文化气息，使游客在心旷神怡的游览中，体会蟒河的地域文化，领悟蟒河山水的无穷魅力，进而情操得以升华。

低碳旅游是当今全球旅游业发展的趋势，也是环保旅游的深层次表现。有鉴于此，蟒间公司非常注重环保行为文化的培育建设。在开发建设中，他们倾情保护景区的一草一木，精心呵护景区的原始生态资源；在运营和管理上，采取有效措施，着力降低能源、节约能源；在旅游发展上，积极营造纯生态环境氛围，引领绿色消费。2010 年 6 月 29 日，蟒河景区以“生态旅游、环保旅游”为主题，举办了第 37 届世界旅游参赛小姐生态环保行活动，来自山西赛区的 30 多名佳丽来到蟒河景区宣传生态环保旅游，向世界宣传推广了蟒河生态旅游区的低碳旅游理念。两个月后的 8 月 5 日，河南卫视《旅游总动员》携河南知名高校大学生走进蟒河景区，此活动不仅扩大了景区的知名度，而且有效地宣传了原生态文化，提高了人们的环保理念。2010 年 7 月 24 日，在第一届中国旅游建设峰会止，蟒河景区被授予“中国低碳旅游示范区”，景区总经理梁家库赢得了“中国低碳旅游建设突出贡献奖”。

为挖掘研究、弘扬传播蟒河绚丽山水背后蕴涵的博大精深之文化，引导游客读者从历史发展轨迹中认知蟒河的历史脉络、文化底蕴及浑厚多彩的人文魅力，2009 年 12 月，公司出版了《话说蟒河》《蟒河诗词》《蟒河故事》《蟒河游记》《蟒河戏曲》《蟒河科普》蟒河文化系列丛书，使游客带着游览观光的惬意离开蟒河时，把蟒河文化的清香也带回了家；企业创办的《蟒河》报成为企业文化建设的有效载体，同时也是宣传蟒河景区文化的媒介；由景区自行编排的舞蹈《神韵蟒河》《喝彩蟒河》，小品《蟒河岸边》等文艺节目，成为景区的代表作，屡次参加县、市多项文体活动并获好评；为了提高景区知名度，更好地培塑和传播蟒河品牌文化，景区先后举办了“蟒河杯”手机摄影大赛；组织山西阳城、陕西韩城、安徽桐城书画家到蟒河采风，并举办了晋陕皖“三城”书画展；邀请台湾画院文化交流代表团一行 18 人到蟒河景区写生采风，把蟒河文化传到了宝岛台湾；独家冠名蟒河杯“影像中国 · 太行风情”全国摄影大赛并承办了颁奖典礼，同时，启动了金秋蟒河摄影周……多触角、多层面、形式多样的文化建设和推广传播，使生态蟒河的旅游品牌文化斑斓多姿、享誉华夏大地，而 2011 年 7 月世界旅游小姐中国山西赛区总决赛在蟒河景区的成功举办，和即将于今年 8 月中旬在蟒河景区举办的 2012 年世界旅游小姐中国总决赛，标志着蟒河景区的文化品位和独特的魅力不仅饮誉晋东南享誉山西，其美誉度已叫响全国走向世界，登上了世界旅游文化的舞台。

旅游文化成就旅游品牌，品牌文化助推旅游发展。伴随着文化建设的纵深推进，蟒河景区的“文化全渗透”效应凸现，在实现经营业绩稳步攀升的同时，景区也相继赢得了“晋城市旅游景区先进单位”“晋城市十佳品牌企业”“山西省著名商标”“中国最具投资价值景区”“中国低碳旅游示范区”等诸多荣誉；蟒河景区总经理梁家库凭借突出的贡献先后被授予“山西省野生动植物保护先进个人”“2009 年旅游年度人物”“晋城文化产业领军人物”“共和国旅游文化杰出人物奖”等多项荣誉称号。

金光灿灿的奖杯奖牌、沉甸甸的荣誉汇集成了一个耀眼的品牌——“生态蟒河”。在这个冉冉升起的品牌里不仅镌刻着执着和创意，还盛装着品位和文化，更有惬意如花的未来。

天晴云归尽　山翠猕猴欢*

周亚军　苏艺

“啊——呜哦——”已是70岁的时旺成老人，冲着山上吼了两嗓子，伴着崖壁回音，几十只猕猴从山涧聚拢，驾树而来。他撒了把玉米粒，猴们欢腾着吃起来。正是这些猕猴，让拥有秀水、奇峰的山西阳城蟒河猕猴国家级自然保护区有了特殊的灵气。

由阳城县城南去40公里，过蜿蜒山路，与河南济源临界处，便是方圆近56平方公里的蟒河保护区。唐代诗人岑参曾称赞这里“天晴云归尽，雨洗月色新”，如今这里被誉为动植物资源宝库。

建立自然保护区，猕猴从150只增长到1000多只。

“以前环境可比现在差远了，那时候老百姓觉得靠山就要吃山，都上山砍柴、打猎，半座山都是光秃秃的。”时旺成告诉记者。改变，发生在蟒河国家级自然保护区成立后。

“20世纪90年代起，猎枪全部收缴，不允许附近村民上山打猎，还加强宣传教育，大家慢慢懂得保护野生动物了。”在此工作了27年的蟒河保护区管理局副局长田随味说，“猕猴是国家二级保护动物，而蟒河是野生猕猴在我国自然地理分布的最北限。1985年，这里的猕猴只有5群150来只，且存活率只有60%甚至更低。保护区成立后，我们选取了其中两群，从科学角度进行人工投食补给试验。”

1983年，这里建立了以保护野生猕猴和森林生态为主的省级自然保护区。1998年，升格为国家级自然保护区。

时旺成担任保护区猕猴投食员已有28年，每日起早贪黑，慢慢成了人们口中的“老猴王”。记者看到，坐着的时旺成用腿托着一碗玉米粒，仔细挑拣着玉米，说“坏的不能让猴们吃。”时旺成告诉记者，“保护区管理局会准备充足的粮食，我还会在玉米里加点盐，增加猴的食欲。”

“尽管人工投食效果好，最重要的还是要保持猴群的自然生存状态，保护所有野生动植物的生存栖息环境才是根本。”田随味说。

为此，保护区的巡护员每人负责一个山头，手持GPS系统，每日巡护。2005年，山西森林公安局还在这里增设了蟒河派出所，专门打击伤害野生动植物等违法犯罪行动。“我们曾与保护区管理局救助过眼睛受伤的金钱豹幼仔，还有搁浅的‘娃娃鱼’等。”蟒河派出所指导员郭国红说。

如今的蟒河，山峦叠翠，泉水淙淙，野生动物也多了起来，猕猴增加到1000多只，存活率达95%左右。“村里人越来越知道保护的重要，你看，这山上满是树，跑山时常能见到野猪、獾，我还见过两次金钱豹呢。”时旺成说。

据统计，蟒河保护区现有国家一级保护动物黑鹳、金钱豹、金雕，国家二级保护动物猕猴、大鲵(娃娃鱼)等，动物共计285种，其中鸟类214种，兽类43种，两栖爬行类28种。

森林覆盖率高达92%，种子植物增至882种。

记者随工作人员临近保护区时，刚要前进，前方一位老汉拴了根红绳，挡住了去路。他拿着登记表和防火宣传单走到车前，“登记下姓名吧，千万别带火种进山。”工作人员告诉记者，这里宝贝的植物太多了，尤其像南方红豆杉这类濒危的国家一级保护植物。为此，保护区管理局、蟒河派出所、阳城蟒河生态旅游有限责任公司以及当地村民形成合力来防火。其中，不仅保护区管理局有专职管护员，对重点区域不间断、不漏失地防火巡护，阳城蟒河生态旅游有限责任公司还组建了25人的半专业消防队，与保护区管理局的4个管护站联合防火。

* 本文原载于《人民日报》，2017.5.17，第13版.

为保护完善的生态环境系统，南方红豆杉等植物还在保护区得到人工繁育。

走在山间小径，田随味指着身边一棵高大的树说，“看到螺旋状互生的叶了吗，这就是南方红豆杉。”蟒河保护区管理局局长张增元介绍，南方红豆杉在大棚经过一两年的育苗，长到20厘米左右移植到大田，待长到1.5米左右，就会移栽上山。

这之后，不仅保护区管理局要定期巡护、观察生长情况，森林公安也要严格执法。“我们配合中条山分局，侦破过3起非法采挖、收购南方红豆杉的刑事案。”蟒河派出所所长申景云介绍。

截至目前，保护区已成功培育近200株南方红豆杉，种子植物也从20世纪90年代的560多种增至882种，森林覆盖率达92%左右。

“地下转地上、黑色变绿色”，产煤大县谋求绿色转型蟒河保护区的好生态，还得益于当地经济发展的绿色转型。

阳城是产煤大县，但在“煤炭产业短期离不了、长期靠不住”的资源依赖困境下，当地开始谋求转型。阳城县委书记窦三马说：“我们将发展思路转向‘生态优先、绿色发展’，保护并发挥生态优势，不仅推进矿区、采空区的生态修复，还把全域旅游作为产业转型的主攻方向。”

2006年，阳城县竹林山煤业有限公司响应全县“地下转地上、黑色变绿色”的号召，成立了蟒河生态旅游有限责任公司，对蟒河保护区进行保护性旅游开发。“几年前，蟒河区域被探明存有优质的温泉资源，但林业等主管部门全都拒绝审批开发。”阳城阳泰集团副总经理梁家库说，“慢慢我们开始理解‘无限保护、有限利用’，坚持只在保护区的实验区及外围适当开发。宁可步子慢一点，也不能毁了大自然。”

数据显示，生态旅游带动蟒河村及周边村镇人均收入超过2.1万元，解决当地60%以上人口的就业。

经过多年的努力，阳城县主要包括煤炭在内的黑色产业与绿色产业的比例，已由73.6∶26.4变为54.1∶45.9。